高等职业院校技能应用型教材 · 数字媒体系列

3ds Max 工作任务式教程（微课版）

封　莉　王丽萍　刘志良◎主　编

赵　雪　张　瑞　陈　浩　李海兰◎副主编

電子工業出版社

Publishing House of Electronics Industry

北京 · BEIJING

内容简介

本书以培养读者的3ds Max实用技能为主旨，以工作任务导向方式进行内容编写。本书整体内容分为两大部分：单元1～单元11为基础教学部分，以三维动画制作的基本工作过程为主线划分学习单元，每个单元包括工作任务、任务描述、任务目标、任务资讯、任务实施、任务拓展、课后思考等基本环节，以完成实际工作任务的方式，介绍3ds Max 2023中模型创建、模型编辑、材质与贴图设置、灯光与摄影机应用、渲染输出及基础动画制作等基本操作技术；单元12和单元13为综合实训部分，通过完成室内效果图制作和室外效果图制作两个项目，介绍3ds Max在实际工作中的应用技巧。

本书既适合作为高等职业院校相关专业及各类培训班的教材，也适合作为三维动画制作爱好者及从业人员的自学用书。

图书在版编目（CIP）数据

3ds Max 工作任务式教程 ：微课版 / 封莉，王丽萍，刘志良主编．-- 北京 ：电子工业出版社，2024. 8.
ISBN 978-7-121-48511-4

Ⅰ. TP391.414

中国国家版本馆CIP数据核字第2024GX1735号

责任编辑：薛华强
印　　刷：三河市良远印务有限公司
装　　订：三河市良远印务有限公司
出版发行：电子工业出版社
　　　　　北京市海淀区万寿路173信箱　　邮编：100036
开　　本：787×1092　1/16　印张：21　字数：538千字
版　　次：2024年8月第1版
印　　次：2024年8月第1次印刷
定　　价：69.90元

凡所购买电子工业出版社图书有缺损问题，请向购买书店调换。若书店售缺，请与本社发行部联系，联系及邮购电话：（010）88254888，88258888。

质量投诉请发邮件至zlts@phei.com.cn，盗版侵权举报请发邮件至dbqq@phei.com.cn。

本书咨询联系方式：（010）88254569，xuehq@phei.com.cn，QQ1140210769。

前言

随着计算机应用技术的发展，利用超越现实的三维动画技术制作真实的三维场景得到广泛应用，如建筑效果图与装修效果图制作、三维游戏制作、影视特技效果制作、影视片头及广告制作、虚拟场景开发等。

3ds Max 作为个人计算机上首选的三维动画制作软件，其功能随着版本的不断更新而更加强大，而且由于具有良好的可操作性，易于初学者掌握，因此它不仅是学校教学和社会培训首选的三维动画制作软件，还是三维动画制作入门者的最好选择。

本书在由王丽萍主编的《3DS MAX 9 基础与实训》和《3ds Max 2012 基础与实训（第 2 版）》的基础上，根据教材应用情况及反馈意见，结合高职高专教育新形势需求，重新进行内容编排设计，以完成实际工作任务的方式，融入爱国主义、中华文化等课程思政元素，并将软件的版本升级至 3ds Max 2023，精心整理编写完成。

本书在内容结构安排上注意结合高职高专教学特点，将理论教学与综合实践相结合。单元 1 ～单元 11 为基础教学部分，以三维动画制作的基本工作过程为主线划分学习单元，每个单元包括工作任务、任务描述、任务目标、任务资讯、任务实施、任务拓展、课后思考等基本环节，以完成实际工作任务的方式，介绍 3ds Max 2023 中模型创建、模型编辑、材质与贴图设置、灯光与摄影机应用、渲染输出及基础动画制作等基本操作技术。单元 12 和单元 13 为综合实训部分，每个单元分别通过完成一个项目的分析与制作，介绍 3ds Max 在实际工作中的应用技巧，培养读者对该软件的综合运用技能，为综合实训教学提供指导。另外，每个单元的开篇提供该单元的工作任务、任务描述、任务目标，不仅有助于教师安排教学，也利于读者自学。每个单元的结束部分提供任务拓展及课后思考，便于读者复习自测。本书内容由浅入深、条理清楚、图文并茂、步骤翔实、注重实用，使读者易于吸收和掌握，并能用于实际工作。

本书由封莉负责全书的统稿与审核，由王丽萍负责全书内容的策划与编写组织。其中，封莉负责编写单元 3、单元 5、单元 6、单元 7，王丽萍负责编写单元 1，刘志良负责编写单元 8、单元 9、单元 10、单元 12、单元 13，赵雪负责编写单元 4、单元 11，张瑞和陈浩负责编写单元 2，李海兰负责设计和制作电子课件。其他参与编写工作的人员还有刘利志、孔宪君、黄超、张媛媛等。

在本书编写过程中得到北京润泽时光数字科技有限公司总经理阮峥和设计总监杜仕凯的悉心指导，在此向他们表示衷心的感谢！

本书的配套资源包含电子课件、微课视频、所有案例及任务拓展的场景文件和相关素材，并在智慧职教平台开设了三维动画制作软件基础在线课程，欢迎大家浏览与学习。

由于编者水平有限，书中难免存在疏漏和不足之处，恳请广大读者批评指正。

编　者

目录

单元 1

初识 3ds Max 2023——制作简单办公场景

随着计算机技术的不断发展，利用计算机制作的三维场景和动画随处可见。3ds Max 是 Autodesk 公司推出的专门用于个人计算机上的三维建模、渲染、动画制作软件，其功能强大、相对简单易学，是大多数三维动画制作初学者的首选。通过对本单元内容的学习，读者能够了解三维动画制作软件的应用及基本工作过程，认识 3ds Max 的操作界面，并能够在 3ds Max 中进行一些基本操作。

工作任务

利用现有模型完成简单办公场景的制作，效果如图 1.1 所示。

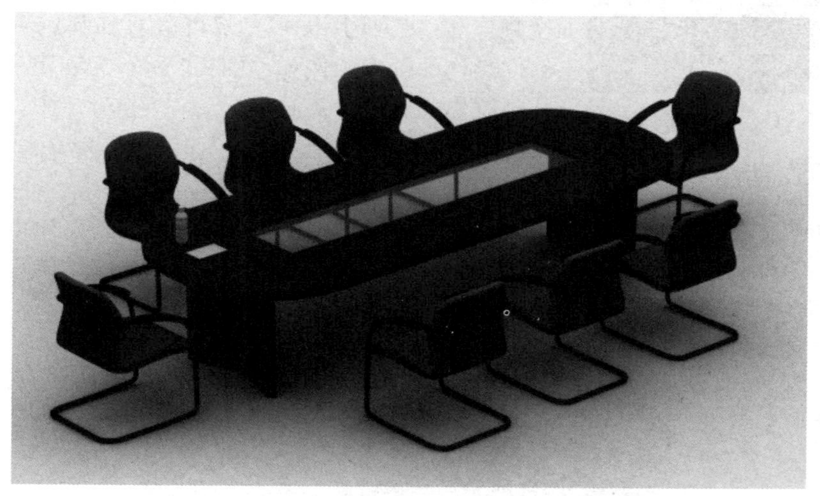

图 1.1　简单办公场景制作完成后的效果

任务描述

熟悉 3ds Max 的操作界面，认识虚拟三维空间，能够在 3ds Max 中进行模型对象的基本变换操作，能够完成简单三维场景对象的空间布置。

任务目标

- 能说出三维动画制作软件的应用领域。
- 能说出三维动画制作的一般工作过程。
- 能启动 3ds Max 2023 并认识操作界面。
- 能进行 3ds Max 2023 视口设置。
- 能运用 3ds Max 2023 视口导航控件。
- 能在 3ds Max 2023 中打开、保存和关闭文件。
- 能在 3ds Max 2023 中进行三维对象的选择、移动、旋转、复制等基本变换操作。
- 能利用基本变换工具完成三维场景对象的空间布置。

任务资讯

1.1 三维动画制作软件的应用

1.1.1 影视制作

由于利用三维动画制作软件可以制作出精美靓丽、以假乱真的场景、角色及特技效果，因此三维动画制作软件被广泛应用于影视作品制作中。在许多科幻影片、视频广告、影视片头中，都可以看到利用三维动画制作软件制作的画面。例如，图 1.2 所示为利用三维动画制作软件制作的影视片头画面。

图 1.2 影视片头画面

1.1.2 游戏制作

三维动画的运用可以使游戏更具真实感和魅力，很多著名计算机游戏中的场景与角色就是利用三维动画制作软件制作而成的。例如，图 1.3 所示为利用三维动画制作软件制作的一个三维游戏场景。

图 1.3 一个三维游戏场景

1.1.3　建筑艺术

利用三维动画制作软件可以制作逼真的建筑效果图、装修效果图、建筑施工及漫游动画等，在工程施工前就可以看到最终结果，有利于及时修改设计方案，避免损失和浪费。例如，图 1.4 所示为利用三维动画制作软件制作的室内装修效果图。

图 1.4　室内装修效果图

1.1.4　工业设计

三维制作技术在工业产品辅助设计中也有着广泛的应用。利用三维动画制作软件的造型技术开发与设计新产品，比以往的手工绘制图纸不仅更准确、形象，也更易于调整、修改。例如，图 1.5 所示为利用三维动画制作软件制作的一种产品造型设计效果图。

图 1.5　一种产品造型设计效果图

1.1.5　广告制作

三维动画大量应用于现代广告，将三维动画融入现实场景的影视特技更使现代广告充满吸引力，如图 1.6 所示。

图 1.6　三维广告

1.1.6　虚拟现实

虚拟现实（Virtual Reality，VR）系统的核心内容之一是虚拟环境的建立，利用三维动画制作软件可以根据应用的需要建立相应的虚拟环境模型。随着虚拟现实技术的发展，三维动画制作软件也得到了更广泛的应用。例如，图 1.7 所示为利用三维动画制作软件制作的一种三维虚拟场景。

图 1.7　一种三维虚拟场景

1.2　三维动画制作的基本工作过程

本节以航天火箭发射模拟演示动画制作为例，介绍一般情况下三维动画制作的基本工作过程。

（1）创建模型：创建场景中各个对象的三维模型，如图 1.8 所示。

（2）指定材质和贴图：给三维模型赋予相应材质、表面纹理和图案，使其更加真实，如图 1.9 所示。

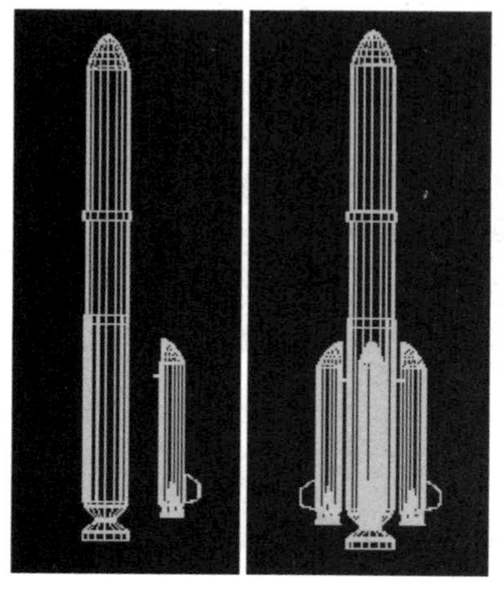

图 1.8　创建模型

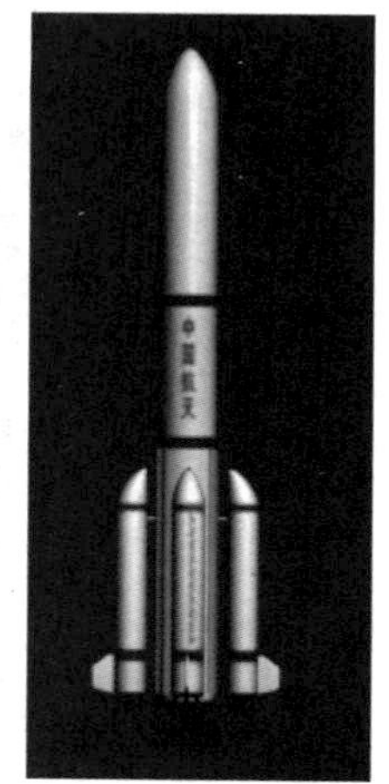

图 1.9　指定材质和贴图

（3）创建灯光、摄像机：加入场景照明及光效，烘托场景气氛；设置观察视角，建立合理的输出画面，如图 1.10 所示。

（4）创建动画：让三维模型动起来，如图 1.11 所示。

（5）特效及后期合成：给场景添加一些特效（如火箭喷射火焰效果，见图 1.12）、设置环境和背景（见图 1.13）等，让画面更丰富。

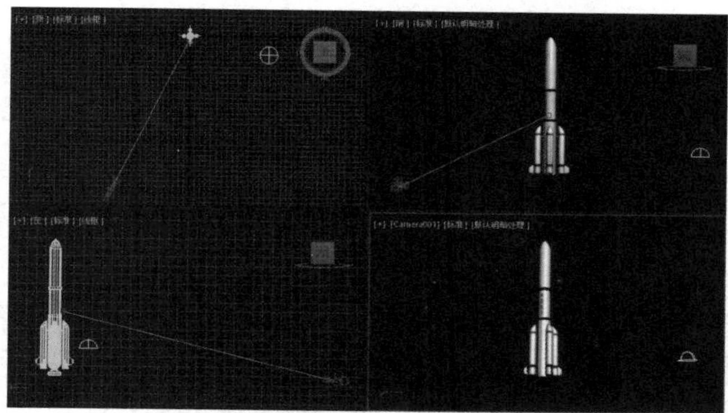

图 1.10　创建灯光、摄像机

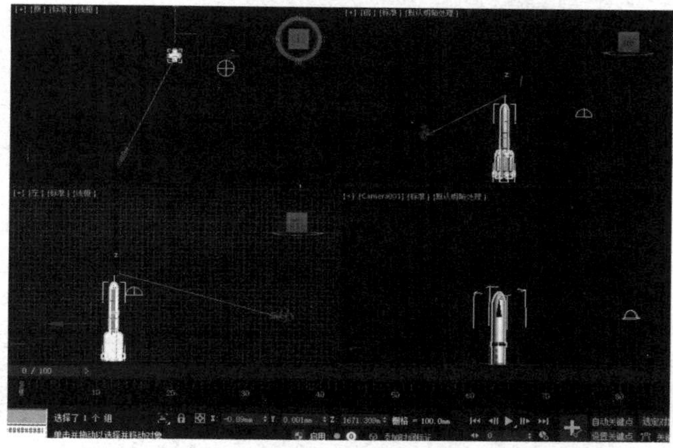

图 1.11　创建动画

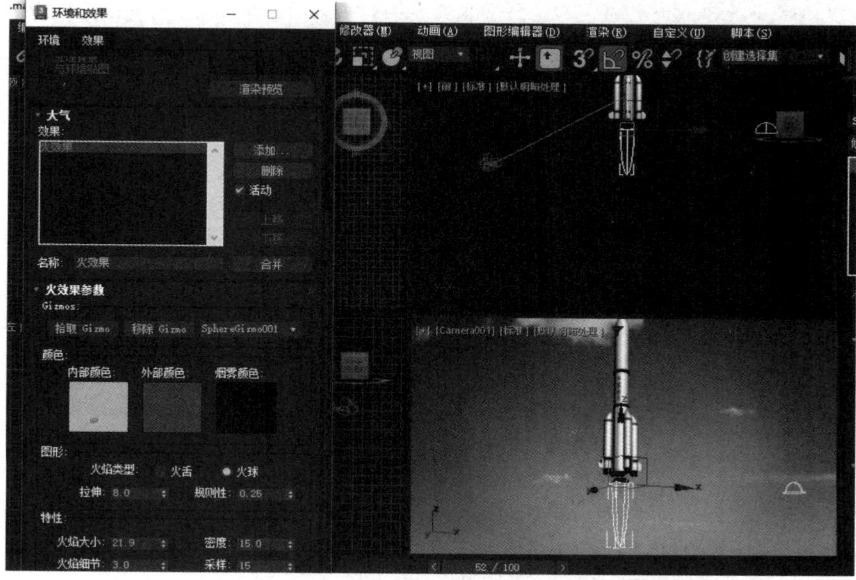

图 1.12　添加特效（火箭喷射火焰效果）

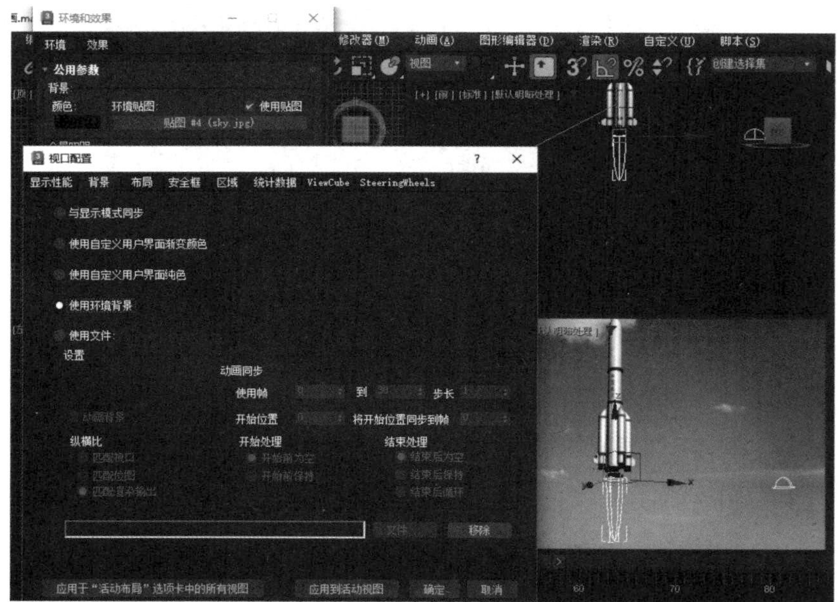

图 1.13　设置环境和背景

（6）渲染输出：将作品以一定的文件格式输出，如图 1.14 和图 1.15 所示。

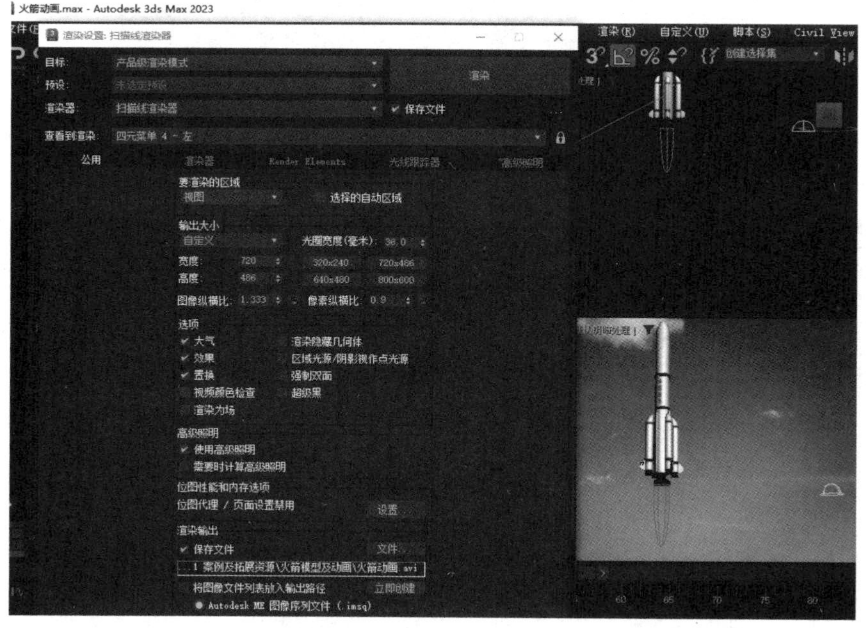

图 1.14　渲染设置

渲染结束后，我们可以打开渲染完成的动画文件，观看动画效果。

火箭动画文件参见“案例及拓展资源 / 单元 1/ 火箭模型及动画 / 火箭动画 .avi”文件。

当然，根据不同的制作需要，上述操作过程也会有所取舍，不尽相同。

下面就让我们启动三维动画制作软件 3ds Max 2023，认识它的操作界面和基本操作，开启我们的三维动画制作之旅吧。

图 1.15　渲染窗口

1.3　3ds Max 2023 的启动

启动 3ds Max 2023 有以下两种方法。

方法一：如果是第一次启动 3ds Max 2023，则可以单击计算机系统桌面左下角的（开始）按钮，在弹出的菜单中选择“Autodesk”下的“3ds Max 2023-Simplified Chinese”命令，即可启动中文版 3ds Max 2023。

方法二：双击计算机系统桌面上的 3ds Max 2023 快捷图标，即可启动该软件。

3ds Max 2023 启动后，默认会显示一个循环播放的欢迎屏幕窗口，如图 1.16 所示，用户可以通过欢迎屏幕窗口了解 3ds Max 2023 的基本功能，并找到相关的学习资源。如果启动软件时不想看到欢迎屏幕窗口，则可以在该窗口左下角取消勾选“在启动时显示此欢迎屏幕”复选框。单击该窗口右上角的（关闭）按钮即可关闭该窗口。以后操作中如果想再次打开欢迎屏幕窗口，则在 3ds Max 2023 操作界面内选择“帮助”菜单中的“欢迎屏幕”命令即可。

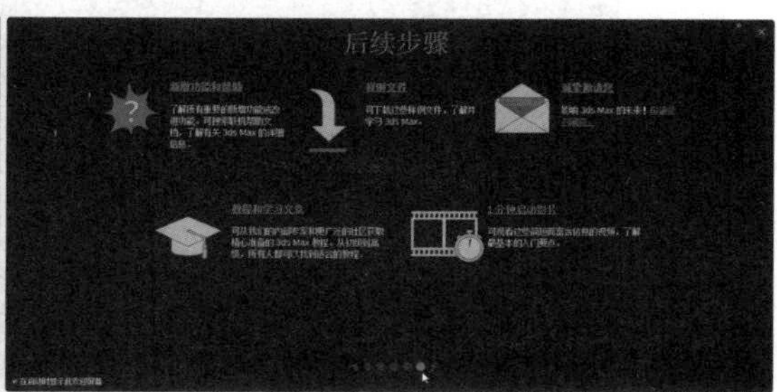

图 1.16　欢迎屏幕窗口

1.4 3ds Max 2023 的操作界面

欢迎屏幕窗口关闭后，计算机系统桌面上显示的就是 3ds Max 2023 的默认操作界面，如图 1.17 所示。

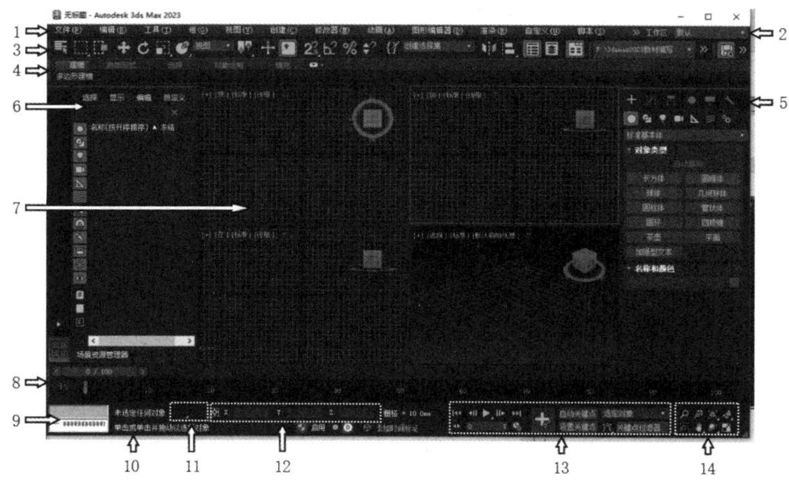

1—菜单栏；2—工作区选项；3—工具栏；4—功能区；5—命令面板；6—场景资源管理器；7—视图区；8—时间轴；9—MAXScript 迷你侦听器；10—状态栏和提示行；11—孤立当前选择和选择锁定切换；12—坐标显示；13—动画和时间控件；14—视口导航控件。

图 1.17 3ds Max 2023 的默认操作界面

1.4.1 菜单栏

菜单栏提供了 3ds Max 2023 中几乎所有的操作命令，单击任意一个主菜单名称，都会弹出一个相应的下拉菜单，如图 1.18 所示，在下拉菜单中选择某个命令的名称，即可执行相应操作。命令名称后的“...”符号表示选择该命令将会出现一个对话框；命令名称后面的右向三角形表示该命令有下级子菜单；命令名称右侧的字母或数字表示该命令的快捷键，如图 1.18 所示。

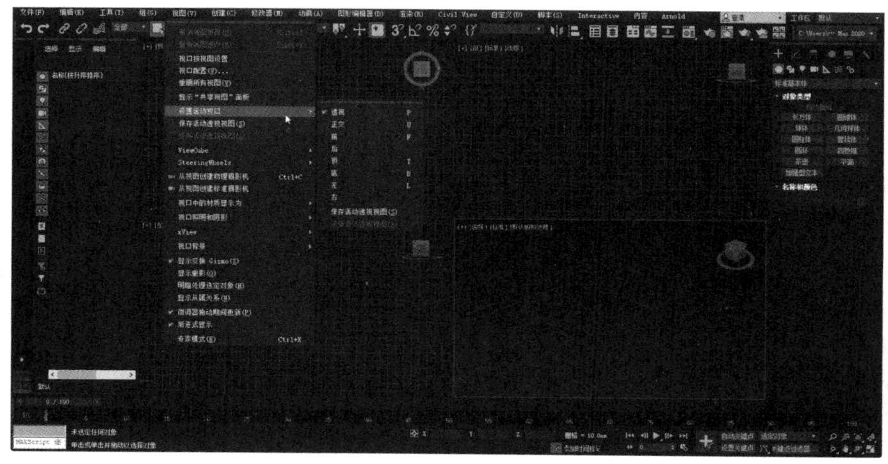

图 1.18 菜单栏及下拉菜单

1.4.2　工作区选项

工作区选项位于 3ds Max 2023 操作界面的右上角，如图 1.19 所示。在首次启动 3ds Max 2023 时，操作界面显示为默认工作区，单击“工作区”下拉按钮，在弹出的下拉列表中选择其他的工作区选项，操作界面会随之改变。

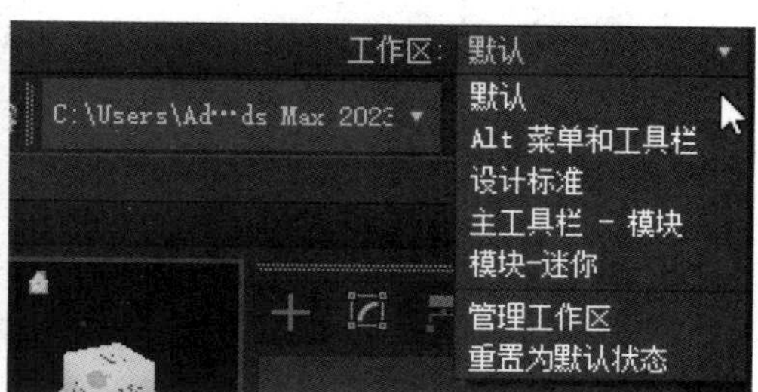

图 1.19　工作区选项

1.4.3　工具栏

3ds Max 中的很多命令均可由工具栏中的按钮实现。工具栏分为主工具栏和附加工具栏两种。

在默认情况下，主工具栏位于操作界面的顶部，其中提供了一些使用频率较高的命令的快捷按钮。图 1.20 将主工具栏显示为两部分。

图 1.20　主工具栏

如果计算机屏幕分辨率较低或缩小操作界面，则主工具栏将不能完全显示。此时，如果要观察主工具栏中的所有工具，则将鼠标指针移动到工具栏灰色区域，在鼠标指针变成形状后，如图 1.21 所示，按住鼠标左键不放，左右拖动鼠标，即可平移工具栏，显示出其余工具。

图 1.21　平移工具栏

将鼠标指针指向工具栏中的某个按钮，稍后即可显示该按钮的名称和提示。

单击工具栏中的某个按钮，该按钮呈高亮显示，表示该按钮处于启用状态。

右下角带有三角形的按钮表示该按钮处为一组按钮，在该按钮上按住鼠标左键不放，即可弹出其他按钮，继续按住鼠标左键不放，移动鼠标指针到其中某个按钮处后松开鼠标左键，则该按钮就成为当前选择按钮。

右击主工具栏左侧的双虚线，会弹出工具栏显示选项菜单，如图 1.22 所示，选择相应选项，可以显示或关闭相应工具栏。在默认情况下，首次启动 3ds Max 2023 时主工具栏可见，如果想将其关闭或重新打开，则可以右击双虚线，通过弹出的快捷菜单中的命令进行设置，也可以在“自定义”菜单的“显示 UI”子菜单中选择“主工具栏”命令将其打开，如图 1.23 所示。

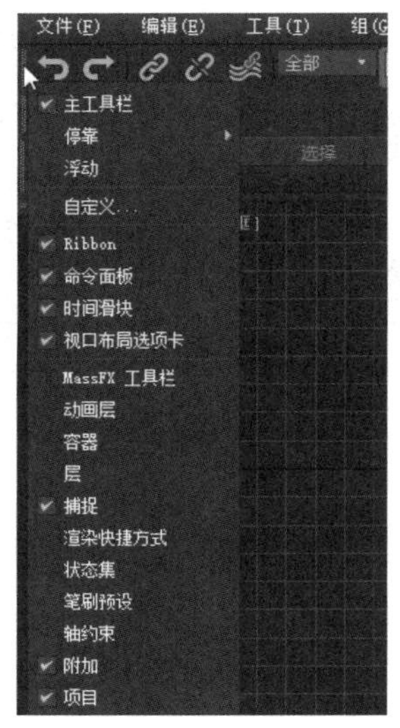

图 1.22　工具栏显示选项菜单

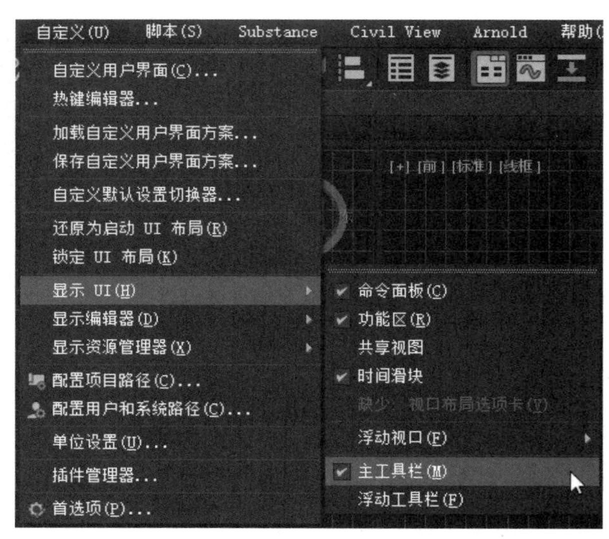

图 1.23　选择“主工具栏”命令

1.4.4　功能区

图 1.24 所示为功能区，其中包含“建模”、“自由形式”、“选择”、“对象绘制”和“填充”选项卡，每个选项卡都包含许多面板和工具，它们的显示与当前场景中的操作相关。可以通过单击主工具栏中的 （显示功能区）按钮来打开或关闭功能区显示。

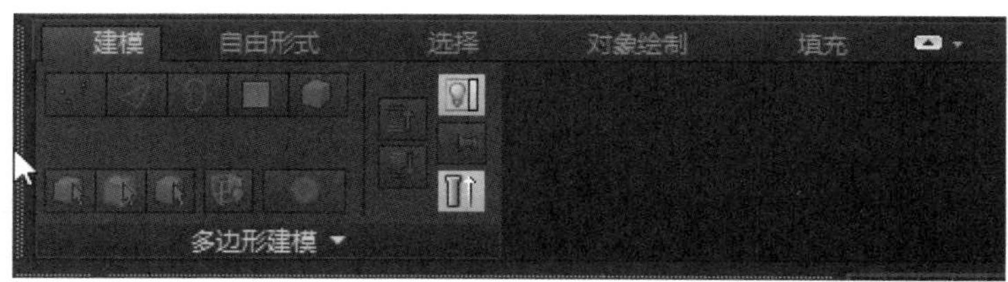

图 1.24　功能区

1.4.5　命令面板

图 1.25　命令面板选项按钮

在默认视口下，视口区右侧为命令面板。命令面板中包含创建和修改对象的几乎所有命令，它是 3ds Max 操作的核心所在。命令面板的顶部包含 6 个选项按钮，如图 1.25 所示，单击某个选项按钮，即可在下方显示相应的命令面板。

- （创建）按钮：单击该按钮，可以打开“创建”命令面板，该命令面板包含 3ds Max 2023 中的所有创建命令，用于创建对象。
- （修改）按钮：单击该按钮，可以打开“修改”命令面板，该命令面板包含 3ds Max 2023 中的所有修改命令，在选定某个对象后，选择相应的修改命令即可对其进行修改操作。
- （层次）按钮：单击该按钮，可以打开“层次”命令面板，该命令面板包含用于管理层次、关节和反向运动学中链接的命令。

- （运动）按钮：单击该按钮，可以打开“运动”命令面板，该命令面板包含对动画和轨迹的各种控制命令。
- （显示）按钮：单击该按钮，可以打开“显示”命令面板，该命令面板包含各种显示控制命令，用于控制对象的显示、隐藏、冻结等。
- （实用程序）按钮：单击该按钮，可以打开“实用程序”命令面板，该命令面板包含其他工具程序，还可以访问 3ds Max 2023 的多数插件。

1.4.6　场景资源管理器

场景资源管理器既可以用于查看、排序、过滤和选择对象，也可以用于重命名、删除、隐藏和冻结对象，还可以创建和修改对象层次，以及编辑对象属性。单击工具栏中的（切换场景资源管理器）按钮，可以关闭和重新在视图中显示场景资源管理器窗口。

1.4.7　视图区

主工具栏下方的大部分区域为视图区，它是三维模型创建和动画制作的主要工作区域，用于创建及观察对象和场景。

在默认情况下，视图区显示为 4 个等分的视口，分别为顶视图、前视图、左视图、透视图视口。通过不同的视图，用户可以从不同的角度、以不同的显示方式来观察场景。顶视图、前视图、左视图均为正交视图，能够准确地表现高度和宽度的关系，而透视图则可以从任意角度显示场景，类似于人眼或摄影机观察的真实效果，更接近于我们现实生活中的观察和感受。

除了上述 4 个视图，正交视图还有底视图、后视图、右视图，与透视图观察效果类似的还有用户视图和摄影机视图。另外，视口布局也可以根据工作需要进行改变。

1.4.8　时间轴

图 1.26 所示为时间轴，用于显示当前场景中的时间总长度。时间轴的上方为时间滑块，可以用鼠标左右拖动这个滑块来改变当前场景所处的时间位置。

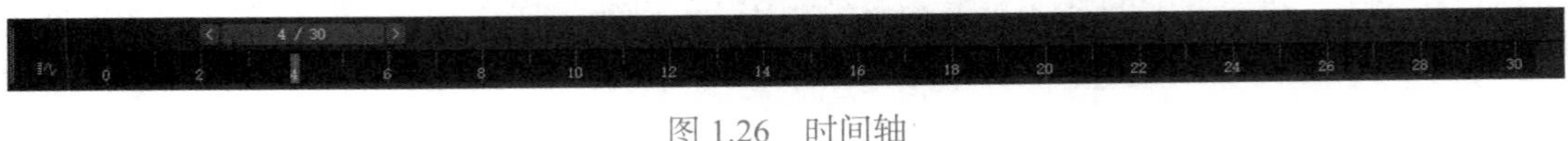

图 1.26　时间轴

单击时间轴左侧的（打开迷你曲线编辑器）按钮，可以打开“轨迹栏”窗口，如图 1.27 所示，在该窗口中可以对动画进行编辑。单击该窗口中的“关闭”按钮即可关闭该窗口。

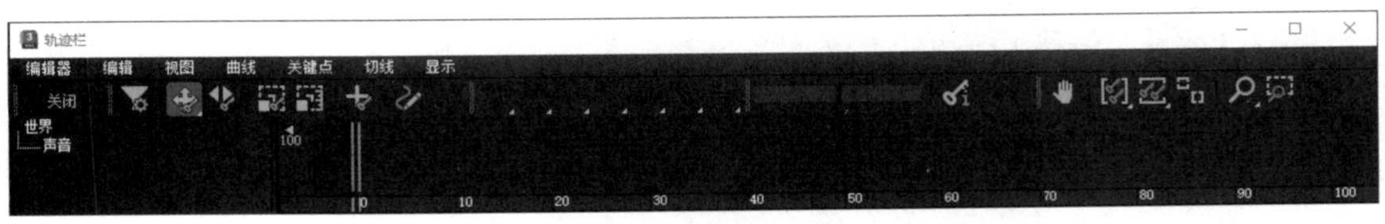

图 1.27　“轨迹栏”窗口

1.4.9 MAXScript 迷你侦听器

图 1.28 MAXScript 迷你侦听器窗口

时间轴的左下方为 MAXScript 迷你侦听器控制区。在其中右击，可以打开 MAXScript 迷你侦听器窗口，如图 1.28 所示，它能让用户通过编写脚本来交互式地使用 3ds Max。

1.4.10 状态栏和提示行

MAXScript 迷你侦听器的右侧是状态栏和提示行，如图 1.29 所示。状态栏显示当前选定对象的数量和类型；提示行显示当前工具的作用和使用方法，其中的内容会根据当前工具的不同而发生变化。

选择了 1 个 组
单击并拖动以选择并移动对象

图 1.29 状态栏和提示行

1.4.11 孤立当前选择和选择锁定切换

单击（孤立当前选择）按钮，可以暂时隐藏当前选定对象以外的其他所有对象，防止在处理某个选定对象时选中其他对象。再次单击该按钮，则所有对象重新恢复显示。图 1.30 所示为在选定椅子对象的情况下，单击（孤立当前选择）按钮前后视口显示状态的对比。

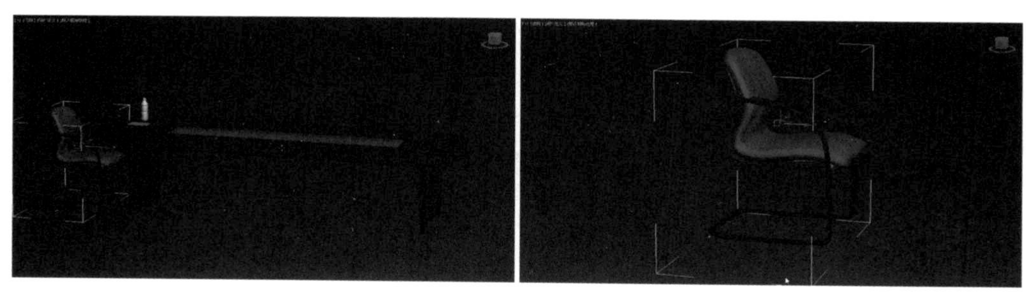

图 1.30 单击（孤立当前选择）按钮前后视口显示状态的对比

单击（选择锁定切换）按钮可以启用或禁用当前对象的锁定状态。如果当前对象在锁定状态下，则场景中的其他对象不可被选中，可以避免误操作。键盘上的空格（Space）键为锁定操作的快捷键。

1.4.12 坐标显示

图 1.31 所示为坐标显示区域，用于显示坐标位置及栅格大小等信息。（绝对 / 偏移）按钮是绝对模式和偏移模式变换按钮，单击该按钮，可以在绝对模式和偏移模式之间进行切换。当（绝对）按钮处于激活状态时，“X”、“Y”和“Z”数值框中的数值为绝对坐标值；当（偏移）按钮处于激活状态时，“X”、“Y”和“Z”数值框中的数值为相对于当前位置的坐标偏移值。

X: -81.006 Y: -13.221 Z: 18.943 栅格 = 10.0

图 1.31 坐标显示区域

1.4.13　动画和时间控件

图 1.32 所示为动画和时间控件，主要用于动画播放、记录、动画帧的选择及动画时间控制等。

图 1.32　动画和时间控件

1.4.14　视口导航控件

操作界面的右下角为视口导航控件区域，如图 1.33 所示，其中的按钮主要用于控制视口的显示状态。

图 1.33　视口导航控件区域

- （缩放）按钮：用于在当前视口中放大或缩小视图。单击即可启用该按钮，此时在任意视口中按住鼠标左键后上下拖动鼠标，视图随之放大或缩小，松开鼠标左键即可结束缩放操作。

在任何时候，滚动三键鼠标的中间滚轮，都可以对当前视图进行缩放操作。

- （缩放所有视图）按钮：用于同时缩放所有视图。单击即可启用该按钮，在对某个视图进行缩放操作时，其他所有标准视图也会同步进行缩放。
- （最大化显示）按钮：用于在当前视图中最大化显示全部对象。该按钮为弹出按钮，将鼠标指针移动到该按钮上后按住鼠标左键不放，会弹出（最大化显示选定对象）按钮，继续按住鼠标左键不放，拖动鼠标，将鼠标指针移动到（最大化显示选定对象）按钮上后松开鼠标左键，即可启用（最大化显示选定对象）按钮，可以在当前视图中最大化显示当前选定对象。
- （所有视图最大化显示）按钮：用于在所有视图中最大化显示全部对象。该按钮为弹出按钮，将鼠标指针移动到该按钮上后按住鼠标左键不放，会弹出（所有视图最大化显示选定对象）按钮，继续按住鼠标左键不放，拖动鼠标，将鼠标指针移动到（所有视图最大化显示选定对象）按钮上后松开鼠标左键，即可启用（所有视图最大化显示选定对象）按钮，可以在所有视图中最大化显示当前选定对象。
- （视野）按钮：该按钮只有在透视图和摄影机视图中才可用，用于通过调整视野来改变视图的透视效果。该按钮为弹出按钮，将鼠标指针移动到该按钮上后按住鼠标左键不放，会弹出（缩放区域）按钮，继续按住鼠标左键不放，拖动鼠标，将鼠标指针移动到（缩放区域）按钮上后松开鼠标左键，即可启用（缩放区域）按钮，可以在视图内拖动鼠标产生一个矩形区域进行放大显示（该操作在摄影机视图中不可用）。
- （平移视图）按钮：用于在视口中拖动鼠标沿任何方向移动视图。该按钮为弹出按钮，将鼠标指针移动到该按钮上后按住鼠标左键不放，会弹出（穿行）按钮，继续按住鼠标左键不放，拖动鼠标，将鼠标指针移动到（穿行）按钮上后松开鼠标左键，即可启用（穿行）按钮，可以在透视图和摄影机视图中，利用方向键在内的一组快捷键在视口中移动视图，就像在视频游戏中的 3D 世界内导航一样。
- （环绕）按钮：用于环绕视图中心旋转视图。该按钮为弹出按钮，将鼠标指针移动到该按钮上后按住鼠标左键不放，会弹出（选定的环绕）按钮、（环绕子对象）按钮、（动态观察关注点）按钮。

- （最大化视口切换）按钮：单击该按钮，可以将当前视图布满整个视图区；再次单击该按钮，可以恢复视图原始显示。

1.5 3ds Max 文件的操作

1.5.1 新建文件

启动 3ds Max 2023 后，即开启一个新文件，我们可以在默认状态下制作场景文件。

选择“文件”菜单的“新建”子菜单中的“新建全部”命令，可以清除当前场景中的对象，但保留场景当前设置，开启一个新的文件。

选择“文件”菜单的“新建”子菜单中的“从模板新建”命令，可以从打开的模板选项窗口中选择模板新建文件，这种操作一般使用较少。

1.5.2 打开文件

选择“文件”菜单中的“打开”或“打开最近”命令都可以打开已有的 .max 文件。

选择“文件”菜单中的“打开”命令，打开“案例及拓展资源 / 单元 1/ 休闲桌椅 / 休闲桌 .max”文件，如图 1.34 所示。

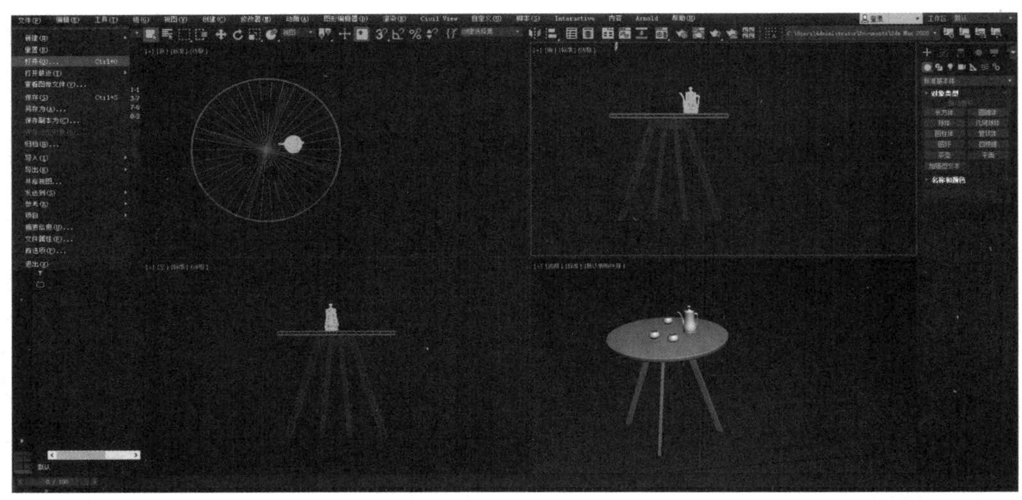

图 1.34 打开“案例及拓展资源 / 单元 1/ 休闲桌椅 / 休闲桌 .max”文件

1.5.3 导入与合并文件

3ds Max 2023 允许导入非 max 格式的文件，如使用 AutoCAD 制作的 DWG 格式文件等，也可以合并其他的 3ds Max 场景文件。执行这些操作的命令要在“文件”菜单的“导入”子菜单中进行选择。

练一练

在 1.5.2 节打开的“案例及拓展资源 / 单元 1/ 休闲桌椅 / 休闲桌 .max”文件中，选择“文件”菜单的“导入”子菜单中的“合并”命令，在弹出的“合并文件”对话框中找到“案

例及拓展资源 / 单元 1/ 休闲桌椅 / 休闲椅 .max”文件，单击“打开”按钮；在弹出的“合并”对话框的列表框中选择要合并的对象“椅”，如图 1.35 中的左图所示，单击“确定”按钮；在弹出的“重复材质名称”对话框中，可以单击“使用合并材质”按钮，如图 1.35 中的右图所示。操作结束后，休闲椅对象即可合并到当前场景中，如图 1.36 所示。

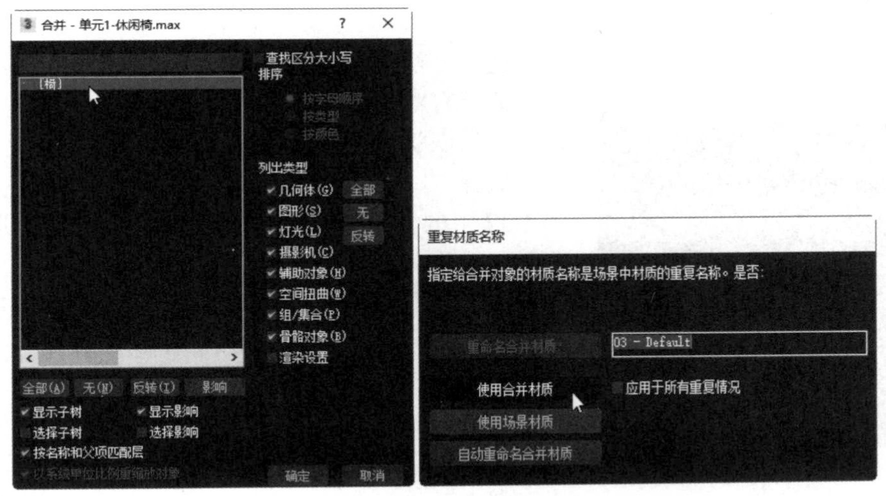

图 1.35　合并场景选项

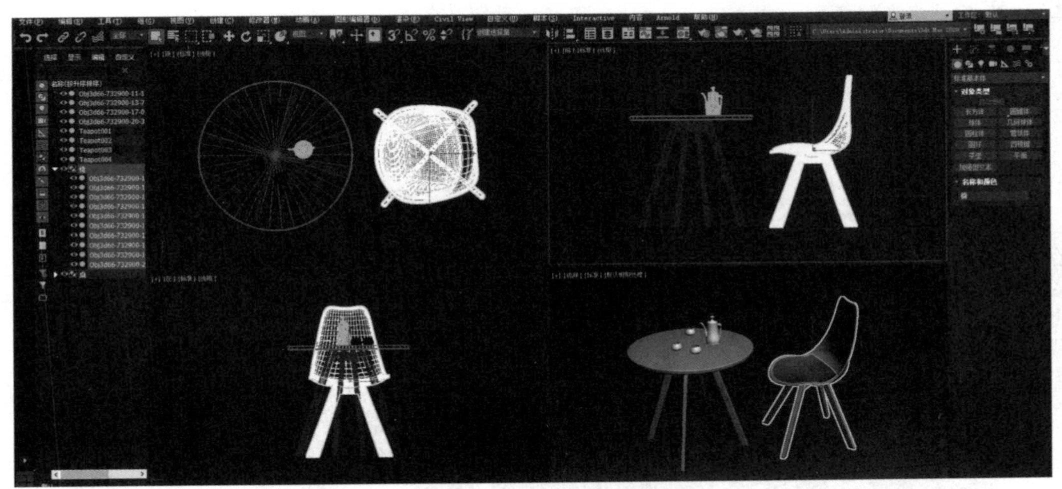

图 1.36　休闲椅对象与当前场景合并完成

1.5.4　保存文件

选择“文件”菜单中的“保存”命令，可以保存当前文件。

选择“文件”菜单中的“另存为”命令，可以将当前文件重新命名并另存为一个新文件。

选择“文件”菜单中的“保存副本”命令，可以保存一个现有文件的副本文件。

选择“文件”菜单中的“归档”命令，可以创建一个压缩的归档文件，其中包含当前场景文件及其引用的其他任何文件（如纹理贴图、外部参照对象、外部参照场景等）。

练一练

选择“文件”菜单中的“另存为”命令，将 1.5.3 节中合并完成的文件另存为“休闲桌椅场景 .max”文件，并利用“文件”菜单中的“归档”命令生成一个归档文件。

1.5.5 重置文件

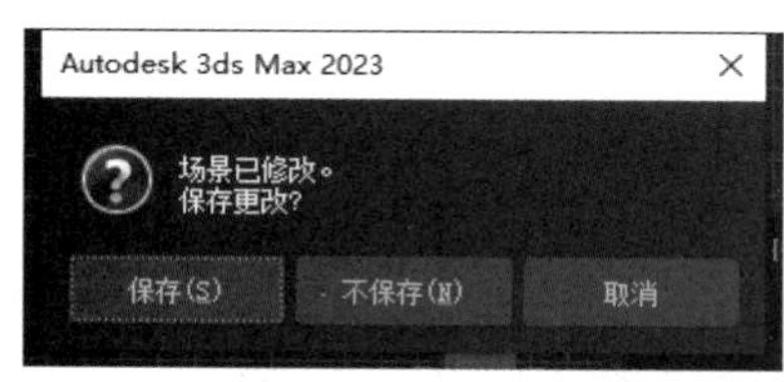

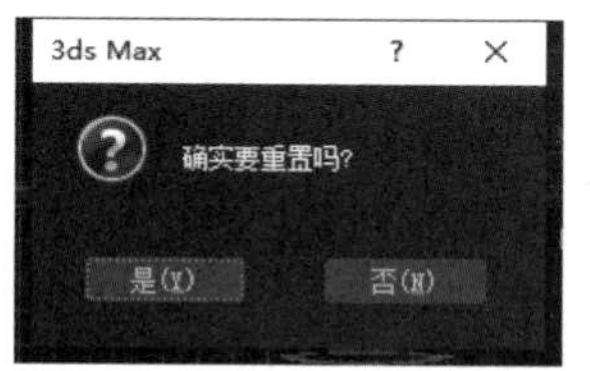

图 1.37　重置文件时的选项对话框

选择“文件”菜单中的“重置”命令，可以将场景中的所有对象清除，将视图及各项参数重新恢复到系统初始默认状态。

选择“文件”菜单中的“重置”命令，会弹出如图 1.37 中的上图所示的对话框。如果单击“取消”按钮，则会取消重置操作；如果单击“保存”按钮，则会对文件进行保存后重置软件系统；如果单击“不保存”按钮，则会不保存对原文件的修改操作并重置软件系统。单击“保存”按钮和“不保存”按钮都会弹出确认重置对话框，如图 1.37 中的下图所示，如果单击“是”按钮，则表示进行重置操作；如果单击“否”按钮，则表示取消重置操作。

练一练

在将 1.5.3 节中合并完成的文件保存后，选择“文件”菜单中的“重置”命令，重置软件系统。

1.6 3ds Max 2023 工作区及视口设置

选择“文件”菜单中的“打开”命令，打开“案例及拓展资源 / 单元 1/ 办公桌场景 / 办公桌椅 .max”文件，在默认工作区状态下，操作界面和视口如图 1.38 所示。可以根据需要对操作界面和视口布局进行重新设置。

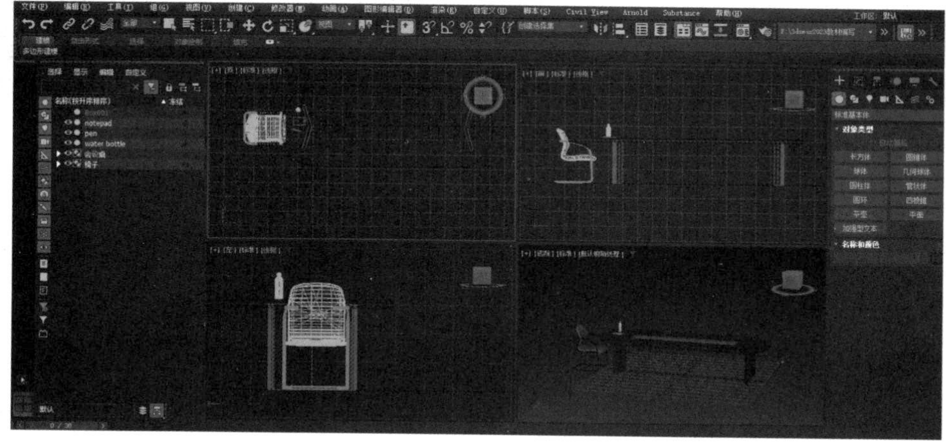

图 1.38　打开“办公桌椅 .max”文件时的默认操作界面和视口布局

1.6.1　工作区设置

3ds Max 2023 包含多个预先配置的工作区，单击操作界面右上角的“工作区”下拉按钮，在弹出的下拉列表中可以选择相应的工作区选项，如图 1.39 所示。

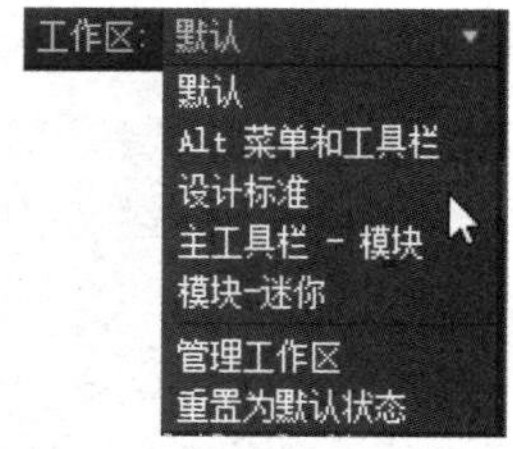

图 1.39　工作区选项

图 1.40 所示为“设计标准”工作区界面。“设计标准”工作区将常用功能和学习资源放置在功能区中，适合初学者学习、应用。

任何一个工作区界面都有一个初始的默认状态，应用中可以根据操作需要进行相应的调整和改变。选择“工作区”下拉列表中的“重置为默认状态”选项，可以将工作区界面恢复为该工作区界面的默认状态；选择“工作区”下拉列表中的“管理工作区”选项，可以在弹出的窗口中将调整后的界面另存为新工作区或保存为默认工作区。

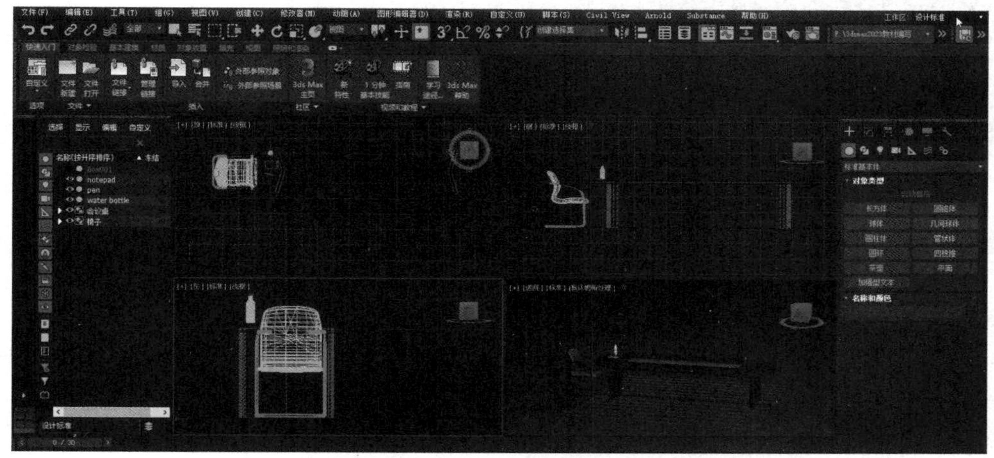

图 1.40　“设计标准”工作区界面

1.6.2　自定义操作界面

通过对操作界面中的面板、窗口、工具栏等进行浮动和停靠设置，可以改变操作界面。在操作界面中，工具栏的左侧和其他面板或窗口的顶部均有两条灰色的虚线，这些虚线是工具栏和其他面板或窗口的控制线，如图 1.41 所示，右击这些控制线，通过弹出的快捷菜单中的命令进行相应设置即可。

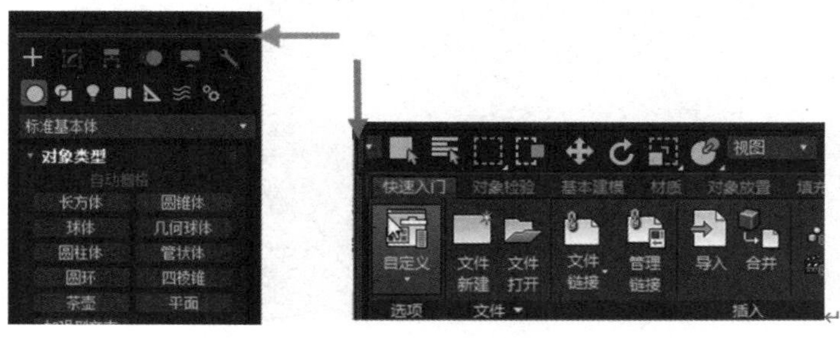

图 1.41　命令面板和工具栏的控制线

练一练

在前面打开的“案例及拓展资源 / 单元 1/ 办公桌场景 / 办公桌椅 .max”文件中，右击“快速入门”选项卡左侧的控制线，弹出的快捷菜单如图 1.42 所示，通过该快捷菜单可以设置相应项的停靠位置，还可以通过勾选或取消勾选某项来设置该项是否在操作界面中显示。例如，在图 1.42 所示的快捷菜单中取消面板名称“Ribbon”前的勾选，则该面板会在界面中消失，在其他面板的控制线上右击，在弹出的快捷菜单中勾选面板名称“Ribbon”，则该面板会重新在原位置出现；在该快捷菜单中选择“停靠”，其右侧弹出的子菜单中会显示“顶”、“底”、“左”和“右”等停靠位置选项，选择其中一项后，则“Ribbon”面板会按照选择的位置选项停靠；在该快捷菜单中选择“浮动”命令，则“Ribbon”面板会在窗口中浮动显示。

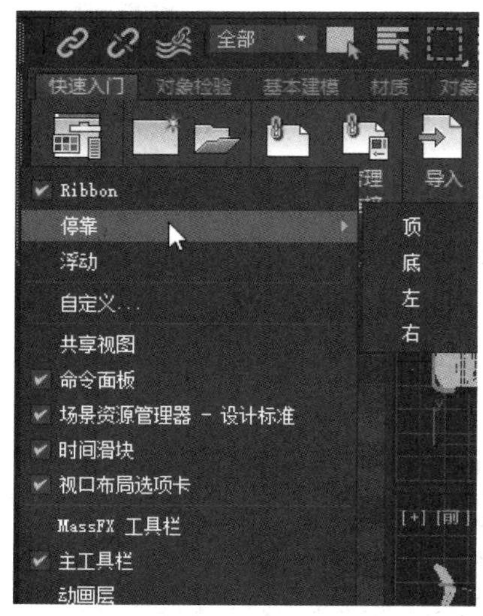

图 1.42　右击“快速入门”选项卡左侧的控制线弹出的快捷菜单

利用上述方法，我们关闭当前文件的“Ribbon”和“场景资源管理器”面板显示。

另外，在控制线上按住鼠标左键后拖动鼠标，也可以改变工具栏或面板的停靠位置。读者可以练习操作。

1.6.3　改变视口布局

在任何工作区界面中，视口均默认采用 2×2 的均等布局显示。3ds Max 2023 还提供了另外 13 种布局方式，可以通过“视口配置”对话框或“创建新的视口布局选项卡”按钮进行设置。

方法一：选择“视图”菜单中的“视口配置”命令，在打开的“视口配置”对话框中选择“布局”选项卡，如图 1.43 所示，选择不同的布局形式，单击“确定”按钮即可完成设置，改变视口布局后的效果如图 1.44 所示。

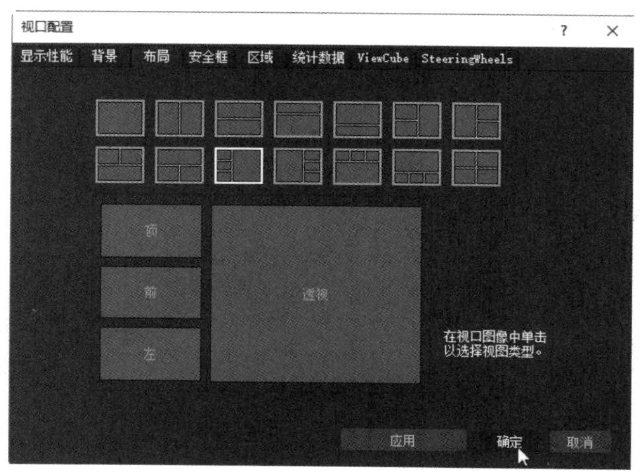

图 1.43　“视口配置”对话框

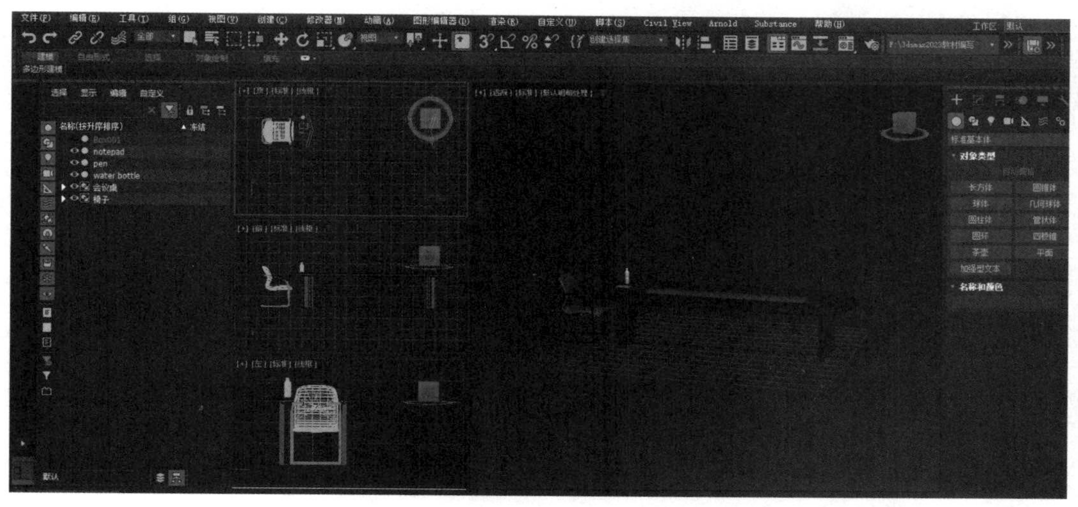

图 1.44　改变视口布局后的效果

方法二：利用“创建新的视口布局选项卡”按钮改变视口布局。单击操作界面左下角的 （创建新的视口布局选项卡）按钮，如图 1.45 中的上图所示，会弹出视口布局方式列表，如图 1.45 中的下图所示，选中某种布局方式，即可按照所选布局方式显示视口。这里我们重新选择四视口均等布局方式。

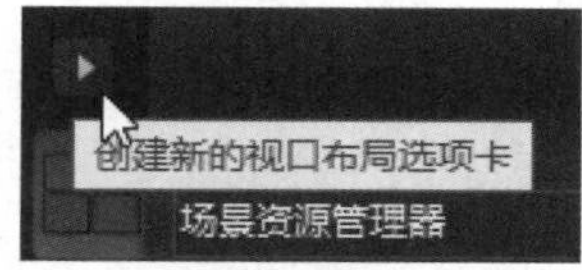

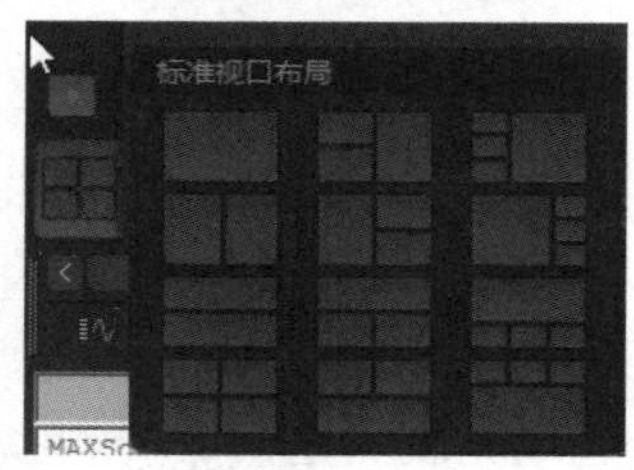

图 1.45　创建新的视口布局选项卡

方法三：拖动视口分界线改变视口布局。将鼠标指针移动到两个视口的分界处，鼠标指针会变为双向箭头 或 ；将鼠标指针移动到 4 个视口的交界点处，鼠标指针会变为十字箭头 。当鼠标指针变为上述形状时，按住鼠标左键不放拖动鼠标，即可改变视口布局，如图 1.46 所示。

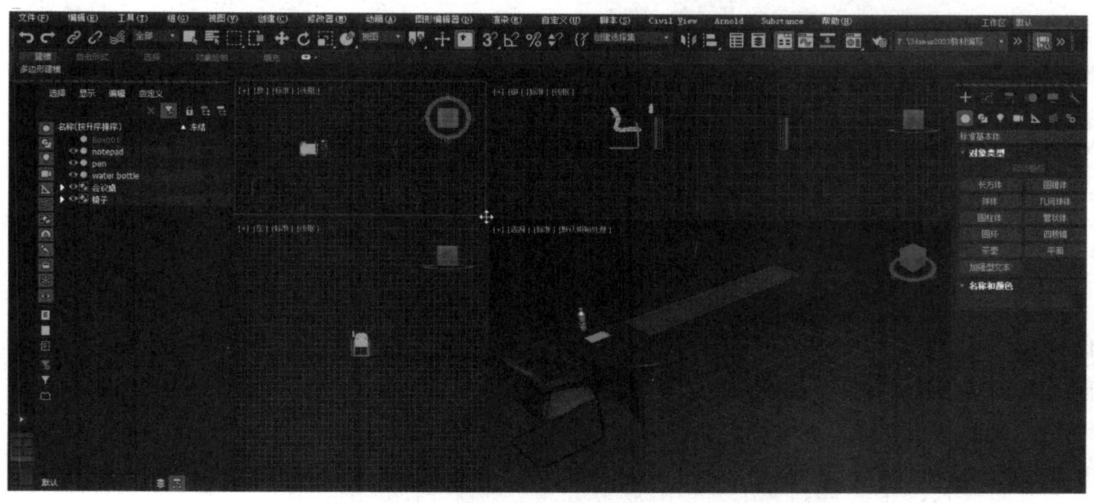

图 1.46　拖动视口分界线改变视口布局

将鼠标指针移动到 4 个视口的交界点处，当鼠标指针变为十字箭头时右击，在弹出的快捷菜单中选择“重置布局”命令，如图 1.47 所示，即可恢复为默认的四视口均等布局显示。

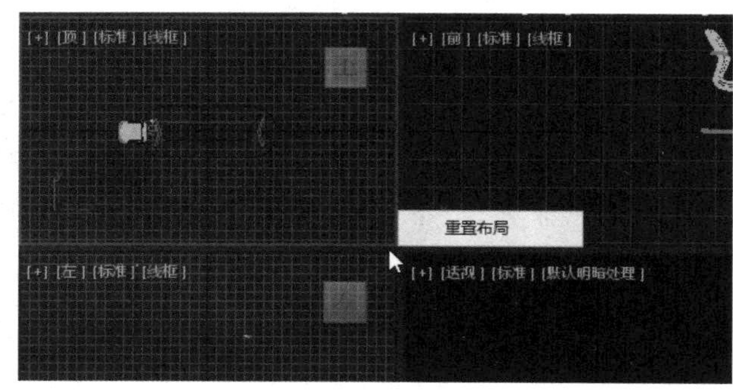

图 1.47　选择“重置布局”命令

1.6.4　视口显示设置

每个视口的左上角都有视口标签菜单，如透视图视口标签菜单为[+] [透视] [用户定义] [默认明暗处理]，单击其中的某个标签，即可弹出相应的菜单，通过菜单中的命令可以对视口进行相应的设置。

1. 栅格隐藏与显示

单击透视图左上角的[+]标签，在弹出的菜单中取消勾选“显示栅格”，如图 1.48 所示，则透视图中的栅格即可隐藏。再次单击[+]标签，在弹出的菜单中勾选“显示栅格”，如图 1.49 所示，则透视图中又会出现栅格。切换栅格显示与隐藏的快捷键为 G。其他视图中的操作相同。

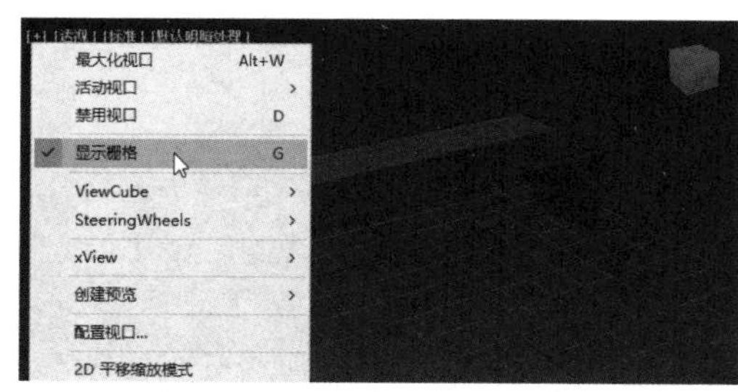

图 1.48　取消勾选“显示栅格”

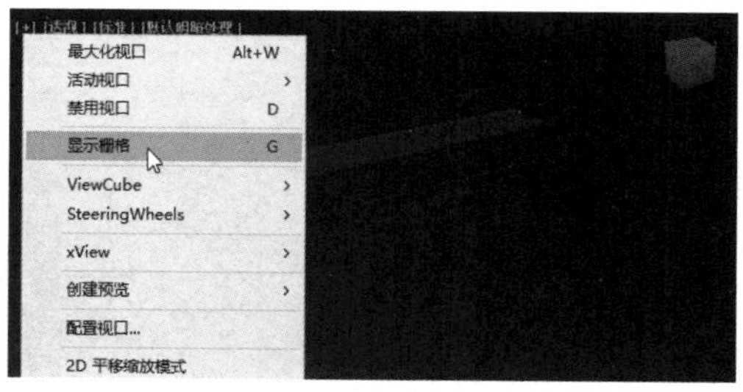

图 1.49　勾选“显示栅格”

2. 切换视图类型

单击透视图左上角的[透视]标签，在弹出的菜单中选择相应命令，如图 1.50 所示，可以切换视图类型。另外，记住快捷键也可以对当前视图进行快速切换，如 T- 顶视图、F- 前视图、L- 左视图、P- 透视图、C- 摄影机视图等。

3. 改变视口中对象的显示方式

在默认情况下，透视图中对象的显示方式为默认明暗处理，其他 3 个正交视图中对象的显示方式为线框。单击顶视图左上角的[线框]标签，在弹出的菜单中选择“默认明暗处理”

命令，如图 1.51 所示，改变对象显示方式后的顶视图如图 1.52 所示，可以看到，标签名称同时改变为[默认明暗处理]。单击[默认明暗处理]标签，在弹出的菜单中选择“线框覆盖”命令，则顶视图中对象的显示方式又会恢复为线框。读者可以试着使用同样的方法改变其他视图中对象的显示方式。

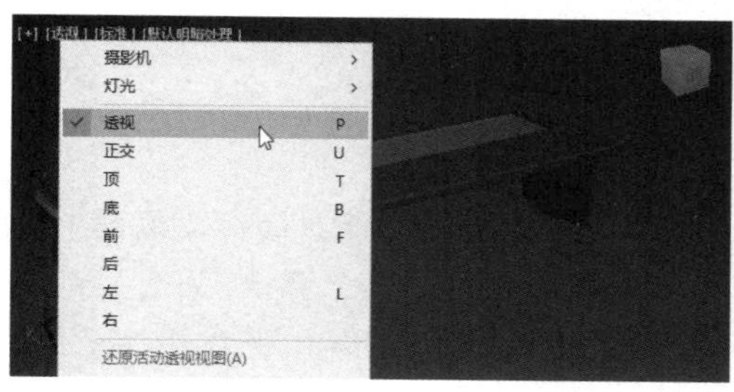

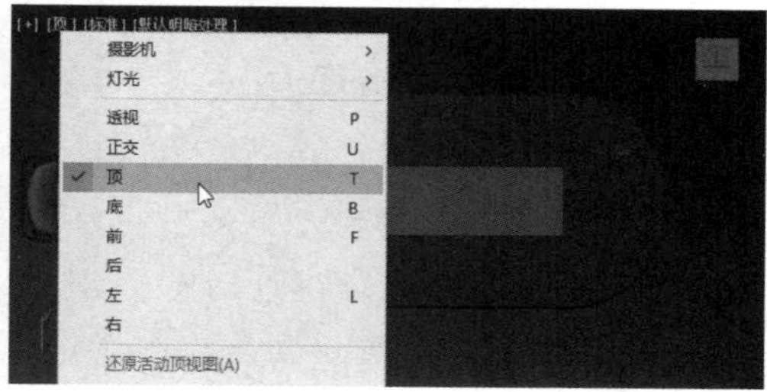

图 1.50　切换视图类型

图 1.51　选择“默认明暗处理”命令

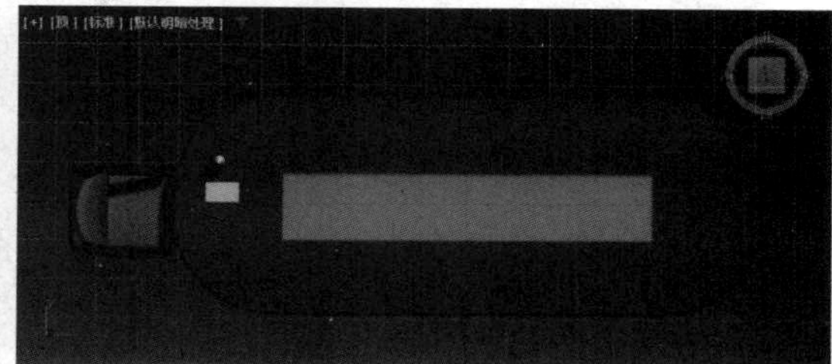

图 1.52　改变对象显示方式后的顶视图

1.6.5　激活视口

在对某个视口进行操作时，必须先激活该视口，使之成为当前工作视口，被激活的视口的边界线呈高亮显示。图 1.53 所示为被激活的视口的显示状态。3ds Max 中只能有一个视口被激活，在被激活的视口中操作对象时，其他视口会同时显示其变化。激活视口的方法如下：

（1）在某个视口中单击或右击，视口的边框变为黄色，即表明该视口已经被激活。

（2）在视口中单击某个对象，或者对该视口进行某项操作，该视口同时被激活。

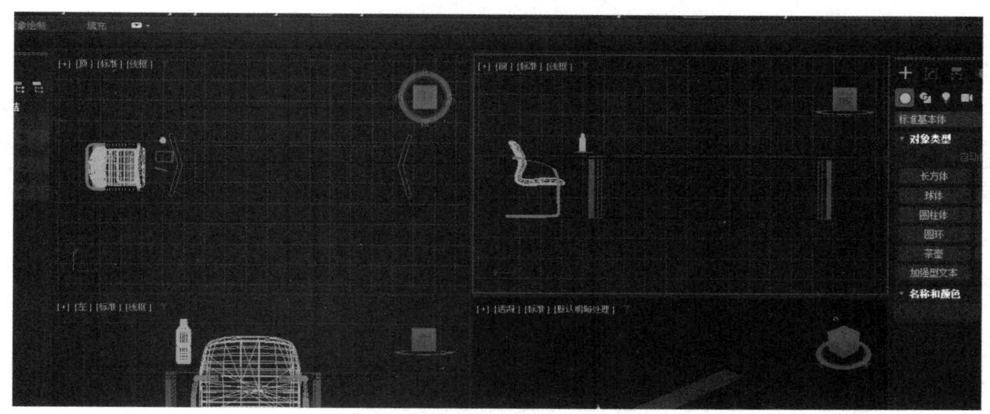

图 1.53　被激活的视口的显示状态

1.7 视口导航控件的应用

利用视口导航控件可以对视图进行缩放，或者对透视图或摄影机视图进行旋转，调整观察角度，以便更好地观察模型对象，方便对模型进行精确的修改。下面我们结合练习来熟悉视口导航控件的应用。

练一练：视口导航控件的应用

1. 最大化显示视口

打开“案例及拓展资源 / 单元 1/ 办公桌场景 / 办公桌椅 .max”文件，在透视图中单击，将其激活，单击（最大化视口切换）按钮，可以将透视图视口最大化显示，如图 1.54 所示，再次单击该按钮，当前窗口恢复为四视口均等布局显示。（最大化视口切换）按钮的快捷键为 Alt+W。

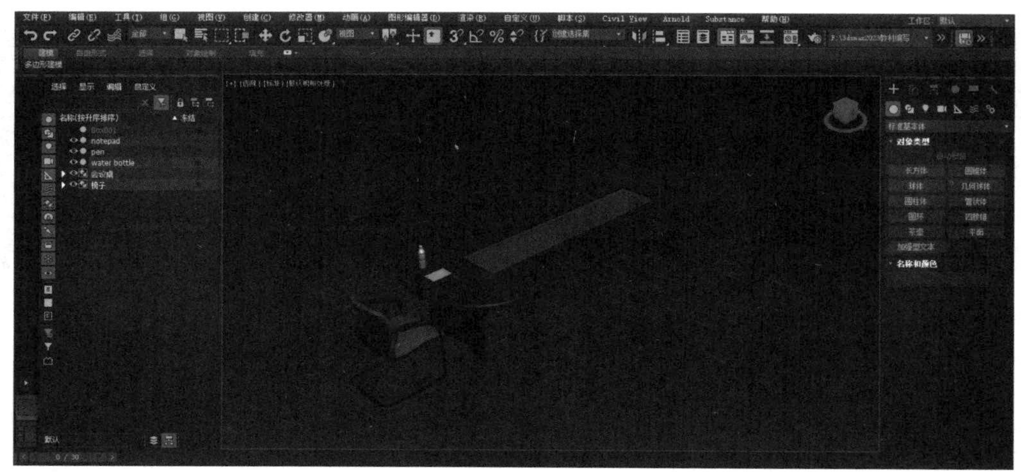

图 1.54　将透视图视口最大化显示

2. 最大化显示视图中的选定对象

在透视图内选中椅子对象，椅子对象呈高亮显示。将鼠标指针移动到（所有视图最大化显示）按钮上后按住鼠标左键不放，在（所有视图最大化显示选定对象）按钮弹出后，继续按住鼠标左键不放，拖动鼠标，将鼠标指针移动到（所有视图最大化显示选定对象）按钮上后松开鼠标左键，椅子对象即在所有视图中呈最大化显示，如图 1.55 所示；将鼠标指针移动到（所有视图最大化显示选定对象）按钮上后按住鼠标左键，在（所有视图最大化显示）按钮弹出后，继续按住鼠标左键不放，拖动鼠标，将鼠标指针移动到（所有视图最大化显示）按钮上后松开鼠标左键，即可重新实现在所有视图中最大化显示全部对象，如图 1.56 所示。

将鼠标指针移动到（最大化显示）按钮上后按住鼠标左键不放，会弹出（最大化显示选定对象）按钮，继续按住鼠标左键不放，拖动鼠标，将鼠标指针移动到（最大化显示选定对象）按钮上后松开鼠标左键，则选定的椅子对象只在当前激活视图中最大化显示，如图 1.57 所示。将鼠标指针移动到（最大化显示选定对象）按钮上后按住鼠标左键不放，会弹出（最大化显示）按钮，继续按住鼠标左键不放，拖动鼠标，将鼠标指针移动到（最大化显示）按钮上后松开鼠标左键，则在当前激活视图中最大化显示全部对象。

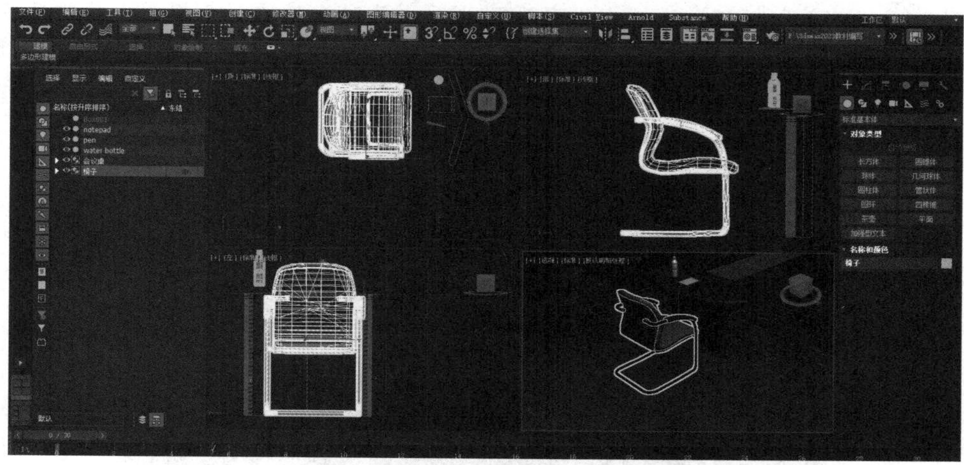

图 1.55　在所有视图中最大化显示选定对象

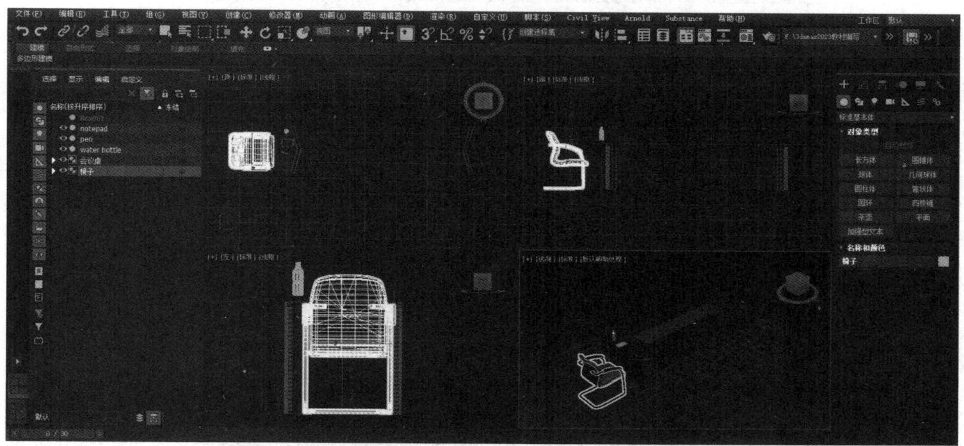

图 1.56　在所有视图中最大化显示全部对象

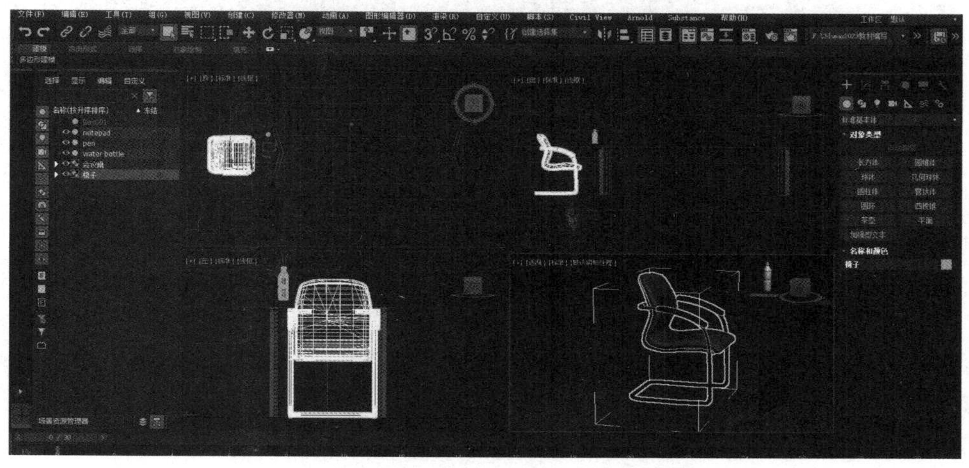

图 1.57　在当前激活视图中最大化显示选定对象

3. 缩放视图

单击（缩放）按钮，鼠标指针变为形状，此时在任意一个视图中按住鼠标左键不放，上下拖动鼠标，即可以当前鼠标指针为中心进行当前视图的缩放变化，如图 1.58 所示。右击可以结束执行该按钮的功能。滚动鼠标中间的滚轮，可以实现同样的视图缩放变化。

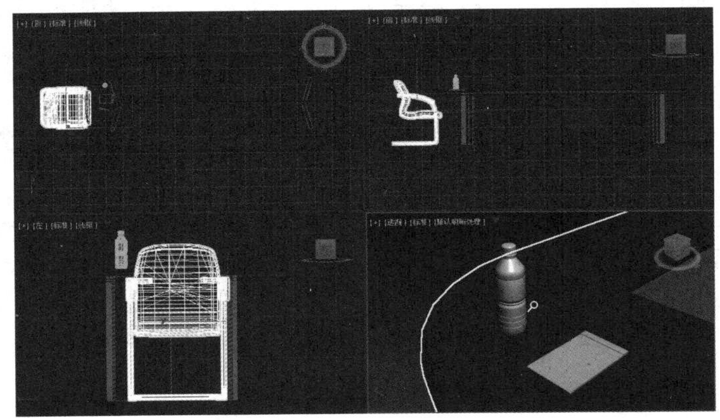

图 1.58　缩放当前视图

单击（缩放所有视图）按钮，则在任意一个视图中按住鼠标左键不放，上下拖动鼠标，可以实现所有视图的缩放变化，如图 1.59 所示。

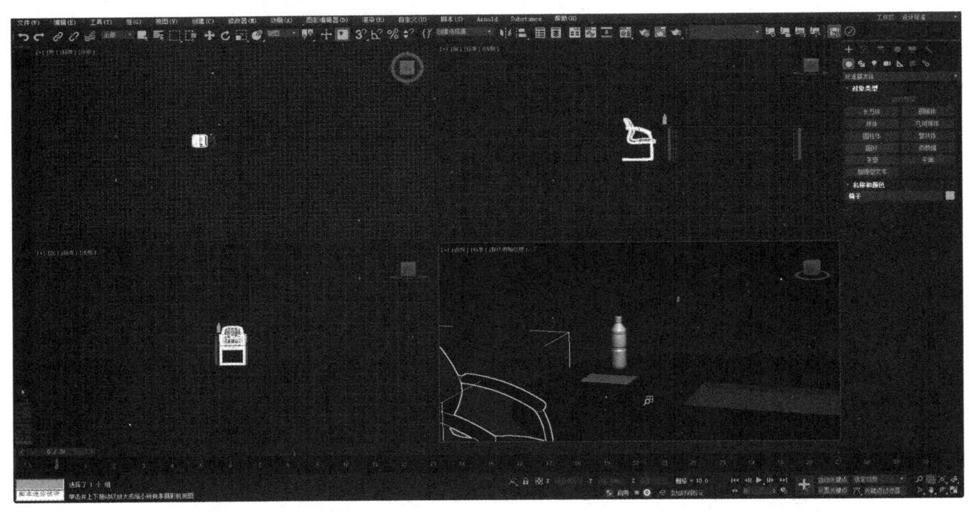

图 1.59　同时缩放所有视图

4. 平移视图

单击（平移视图）按钮，鼠标指针变为手形，如图 1.60 所示，在视图中按住鼠标左键不放，拖动鼠标可以沿任意方向平移视图，松开鼠标左键，平移结束。另外，在任何时候按住鼠标中间的滚轮不放，鼠标指针也会变为手形，此时拖动鼠标也可以实现视图的平移效果。

5. 调整视图观察角度

在透视图中单击，将其激活，单击（环绕）按钮，当透视图中出现环绕圆环时，移动鼠标指针到圆环中心，鼠标指针变为形状（见图 1.61 中的左图），此时按住鼠标左键不放可以上下、左右拖动鼠标，透视图观察角度随之发生旋转变化；移动鼠标指针分别到圆环的左、右两个节点处（见图 1.61 中的中图），按住鼠标左键不放只能左右拖动鼠标，视图左右观察角度随之变化；移动鼠标指针到圆环的上、下两个节点处（见图 1.61 中的右图），按住鼠标左键不放只能上下拖动鼠标，视图上下观察角度随之变化。在按住 Alt 键的同时按住鼠标滚轮，拖动鼠标可以实现同样的效果。

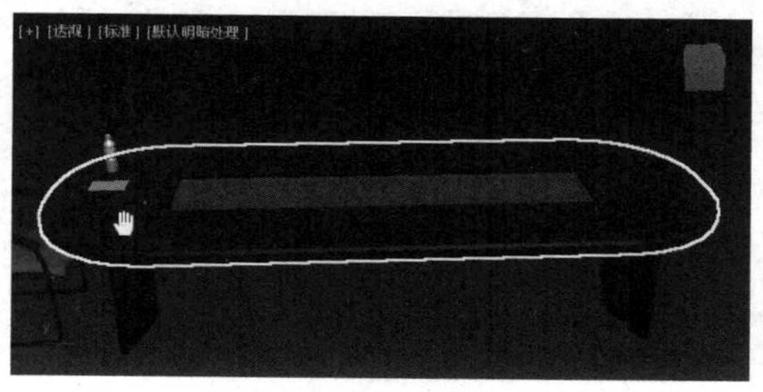

图 1.60　平移视图

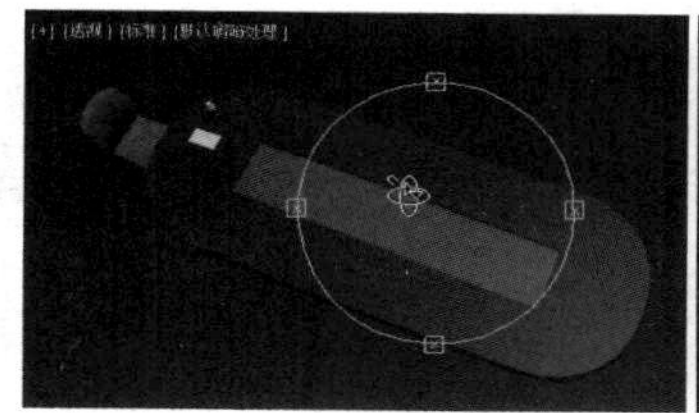
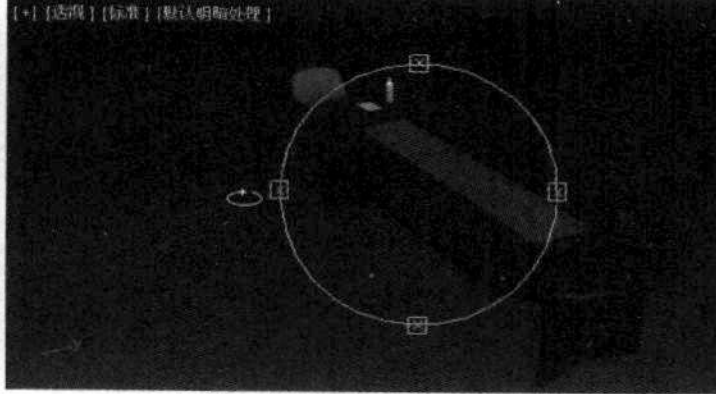
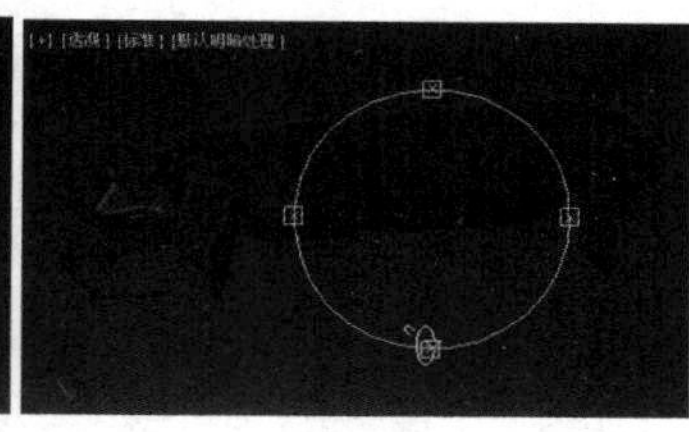

图 1.61　调整视图观察角度

1.8　认识 3ds Max 的空间坐标

在 3ds Max 中，系统提供的工作环境是一个虚拟的三维空间，在工作时，我们一定要知道自己身处何处，而空间坐标系统就是三维模型和动画制作中的重要位置参考。

1.8.1　坐标轴

在 3ds Max 虚拟三维空间中，分别用 *X*、*Y*、*Z* 轴来定义空间方向，*X*、*Y*、*Z* 轴彼此以 90 度角的正交方式存在，3 个轴的交点为坐标中心，即原点 (0,0,0) 的位置，在默认状态下，坐标原点在视口栅格的黑色线相交处，空间中的每个位置都有对应的坐标值。

在 3ds Max 中，在选择某个对象后，在视口中就会显示 *X*、*Y*、*Z* 轴，3 个轴的交点为对象的轴点。在利用（选择并移动）按钮、（选择并旋转）按钮、（选择并均匀缩放）按钮等变换工具选中某个对象后，*X*、*Y*、*Z* 轴分别显示为红、绿、蓝 3 种颜色。当将鼠标指针移动到某个轴线上时，该轴线呈黄色显示，表示锁定该轴线为当前工作轴线，即变换操作将只在该轴线方向上进行。另外，对象的旋转、缩放操作均以其轴心为中心进行。图 1.62 所示为在前视图中利用（选择并移动）按钮选定椅子对象时坐标轴的显示状态。

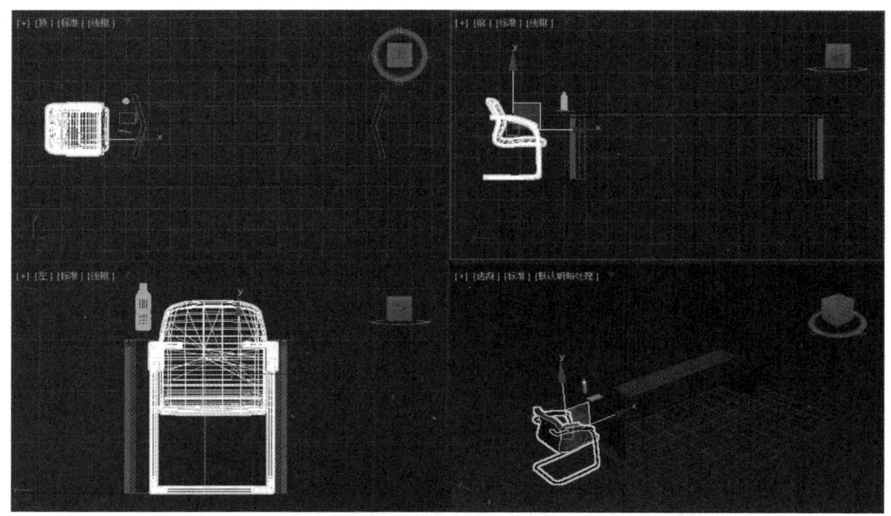

图 1.62　在前视图中利用（选择并移动）按钮选定椅子对象时坐标轴的显示状态

1.8.2　坐标系统

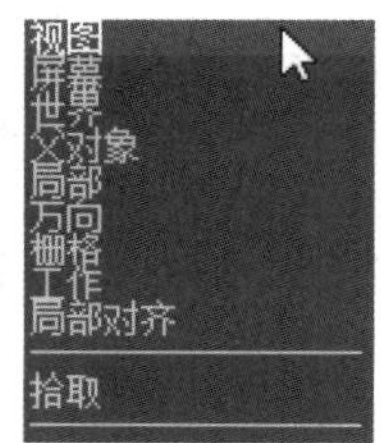

图 1.63　“参考坐标系”下拉列表

3ds Max 中设置有多种坐标系统。单击主工具栏中的视图（参考坐标系）下拉按钮，即可弹出“参考坐标系”下拉列表，如图 1.63 所示，根据操作的需要进行选择即可。下面我们介绍几种常用的坐标系统。

1. 视图坐标系

视图坐标系是 3ds Max 默认的坐标系统，也是使用最普遍的坐标系统，它是屏幕坐标系与世界坐标系的结合。

在视图坐标系中，所有正交视图（如顶视图、前视图、左视图等）中的 X 轴均为当前视口的左右方向，Y 轴为上下方向，Z 轴为垂直于屏幕方向。在透视图中，从视口正前方看，X 轴为左右方向，Y 轴为垂直于屏幕方向，Z 轴为上下方向，而且方向始终不变。图 1.64 所示分别为当前视图、顶视图、左视图、透视图为当前激活视图时，利用（选择并移动）按钮选定椅子对象时坐标轴的显示状态。

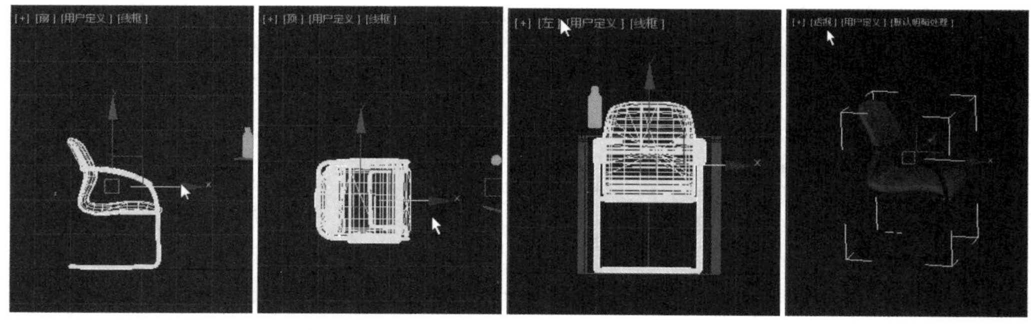

图 1.64　在视图坐标系下选定椅子对象时坐标轴的显示状态

2. 屏幕坐标系

屏幕坐标系是相对于计算机屏幕而言的，它将屏幕的左右方向定义为 *X* 轴，将屏幕的上下方向定义为 *Y* 轴，将垂直于屏幕的方向定义为 *Z* 轴，而且所有视口都使用同样的坐标轴向。

3. 世界坐标系

世界坐标系的坐标轴定义为从视口的正前方看，*X* 轴为左右方向，*Z* 轴为上下方向，*Y* 轴为垂直屏幕方向，这个坐标轴向在所有的视口中都固定不变。

4. 父对象坐标系

父对象坐标系是根据对象链接而设定的坐标系统，把链接对象中父对象的坐标系统作为子对象的坐标轴向，可以使子对象保持与父对象之间的依附关系。

5. 局部坐标系

局部坐标系以对象自身的坐标轴为坐标系统。对象自身的坐标轴可以通过“层次”命令面板中的相关命令进行调节。图 1.65 所示为对象采用局部坐标系进行移动操作。

6. 栅格坐标系

栅格坐标系是一个辅助的坐标系统。在 3ds Max 中可以定义一种虚拟的栅格对象，它具有对象的属性，但渲染后看不到。以该栅格对象的坐标轴作为坐标系统，可以辅助对象的制作。

7. 拾取坐标系

拾取坐标系是一种由用户自己定义的坐标系统。在选择该坐标系后，可以在视图中任意选择一个对象，以该对象的坐标轴作为当前视图坐标系。在进行环绕某对象旋转、阵列等变换操作时，常利用这种坐标系统。图 1.66 所示为选择圆桌面的坐标轴作为当前视图坐标系。

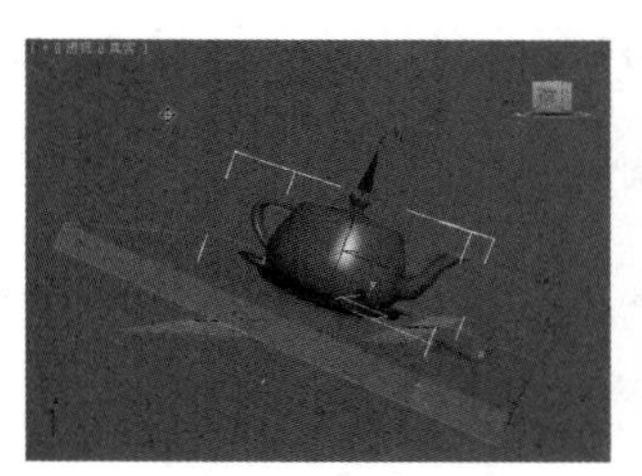

图 1.65 对象采用局部坐标系进行移动操作

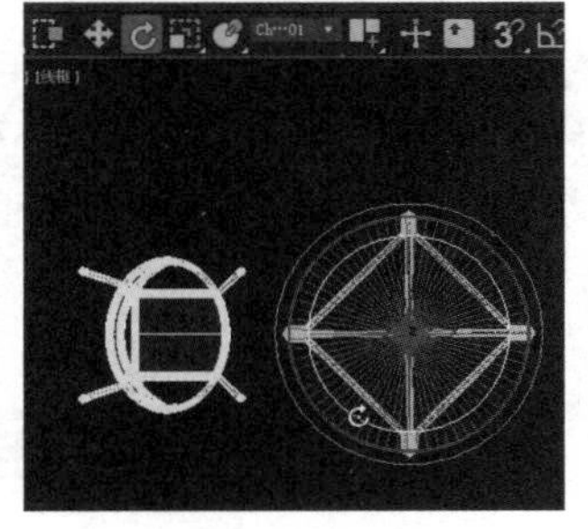

图 1.66 选择圆桌面的坐标轴作为当前视图坐标系

1.8.3 坐标轴心

每个对象在创建完成后，都会有一个默认的坐标轴心。在选中某个对象时，在视口中显示的 *X*、*Y*、*Z* 这 3 个轴的交点就是该对象的坐标轴心，该对象的移动、旋转、缩放等变换操作都是以其坐标轴心为中心进行的。坐标轴心也可以更改，从而产生不同的旋转和缩放等变换效果。

设置坐标轴心的方法包括利用“使用中心”弹出按钮和“层次”命令面板。

1. 利用“使用中心”弹出按钮设置坐标轴心

在利用（选择并移动）按钮、（选择并旋转）按钮等变换工具选定某个对象后，将鼠标指针移动到主工具栏中的（使用轴点中心）按钮上，按住鼠标左键不放，会弹出 3 个按钮，分别为（使用轴点中心）按钮、（使用选择中心）按钮、（使用变换坐标中心）按钮，在选择某个按钮后，即可为当前变换操作指定所使用的坐标轴心。

- （使用轴点中心）按钮：用于使用选定对象自身的轴心作为旋转或缩放的中心，这是操作时的默认状态。
- （使用选择中心）按钮：用于使用所有选定对象的共同几何中心为中心点，进行多个对象的旋转或缩放。
- （使用变换坐标中心）按钮：用于使用当前坐标系的中心作为对象旋转或缩放的中心点。

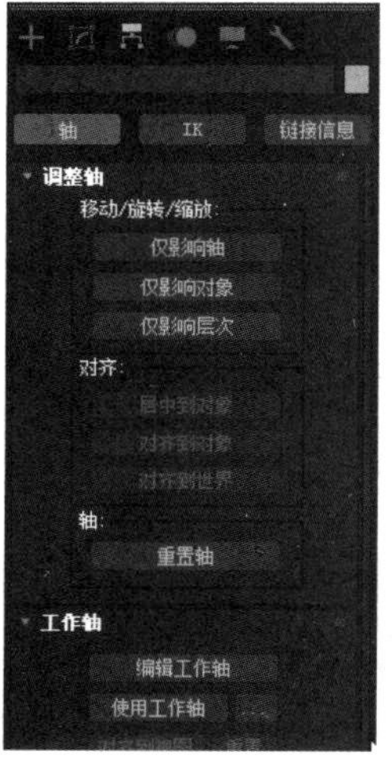

图 1.67 “层次”命令面板

2. 利用“层次”命令面板设置坐标轴心

单击命令面板中的（层次）按钮，打开“层次”命令面板，如图 1.67 所示。选择其中的“轴”选项卡，在“调整轴”卷展栏中单击相应的按钮，即可对当前对象的坐标轴进行重新定位。单击“移动 / 旋转 / 缩放”选区中的“仅影响轴”按钮后，当前选定对象的坐标轴变成粗箭头显示，这时利用（选择并移动）按钮、（选择并旋转）按钮等变换工具即可对坐标轴分别进行移动、旋转等操作，从而改变对象坐标轴的位置和方向。另外，在单击“仅影响轴”按钮后，单击“对齐”选区中的“居中到对象”按钮，轴心将移动到对象的中心处。单击“轴”选区中的“重置轴”按钮，坐标轴又会恢复为默认状态。

提示：在调整坐标轴后，一定要注意再次单击“仅影响轴”按钮，结束对坐标轴的操作，然后才能对场景中的选定对象进行变换操作。

1.9 对象的基本操作

1.9.1 对象的选择操作

3ds Max 与其他所有 Windows 系统中的应用软件一样，所有关于对象的操作都要遵循先选定、后操作的原则，因此，对象的选择是进行任何变换和修改的基础。

1. 利用（选择对象）按钮进行选择

主工具栏中的（选择对象）按钮可以用于对场景中的单个或多个对象进行选择。

练一练

【步骤 01】打开“案例及拓展资源 / 单元 1/ 办公桌场景 / 办公桌椅 .max”文件，单击主工具栏中的（选择对象）按钮，使之处于激活状态。

【步骤 02】移动鼠标指针到座椅对象上，鼠标指针变为十字形，同时显示该对象的名称，此时单击即可选定该对象。选定的对象在线框图中呈白色显示，在默认明暗处理视图中，选定的对象的周围有白色边框，如图 1.68 所示。

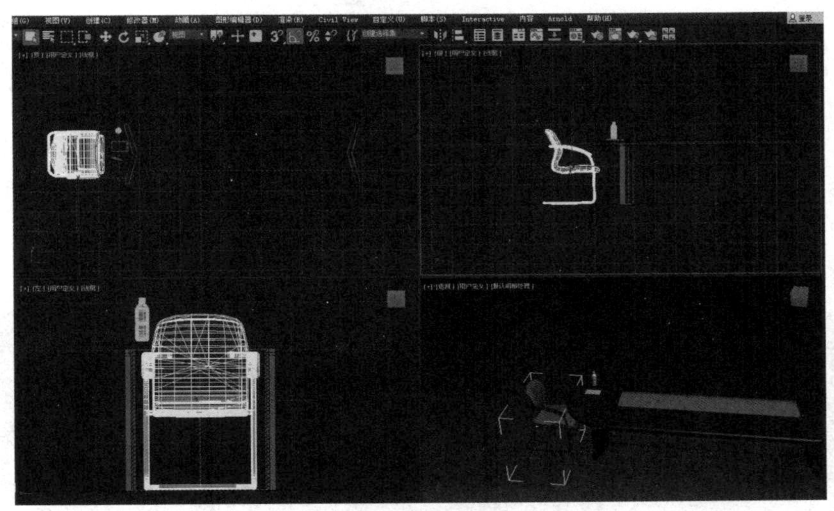

图 1.68　选定椅子对象

【步骤 03】在视图中单击桌面上的水瓶对象，即可将其选定。单击选定新对象的同时会自动取消对前一个对象的选择。

【步骤 04】在视图中的空白处单击，可以取消对对象的选定。

【步骤 05】按住键盘上的 Ctrl 键，分别单击要选择的对象，可以同时选择多个对象。

【步骤 06】如果要从多个已选定对象中取消对某个对象的选择，则按住键盘上的 Alt 键后单击要取消选择的对象即可。

主工具栏中的（选择并移动）按钮、（选择并旋转）按钮、（选择并均匀缩放）按钮也具备与（选择对象）按钮相同的选择功能，读者可以自己操作练习。

2. 区域选择

（选择对象）按钮配合主工具栏中的（矩形选择区域）按钮及（窗口 / 交叉）按钮，可以通过创建选择区域对对象进行选择。

（矩形选择区域）按钮为弹出按钮，在该按钮上按住鼠标左键不放，会弹出系统提供的 5 个选择区域按钮，分别为（矩形选择区域）按钮、（圆形选择区域）按钮、（围栏选择区域）按钮、（套索选择区域）按钮、（绘制选择区域）按钮，选择某个选择区域按钮后，单击（选择对象）按钮、（选择并移动）按钮、（选择并旋转）按钮、（选择并缩放）按钮中的任意一个，在视图中按住鼠标左键不放，拖动鼠标即可定义一个选择区域。

（窗口 / 交叉）按钮用于设置选择区域的选择模式。单击该按钮，可以在窗口模式和交叉模式之间进行切换。当（交叉）按钮处于激活状态时，对象只要被选择区域边框触及就会被选中；当（窗口）按钮处于激活状态时，只有完全处于选择区域内的对象才会被选中。

练一练

【步骤 01】在主工具栏中单击（选择并移动）按钮，使之处于激活状态。

【步骤 02】将鼠标指针移动到主工具栏中的（矩形选择区域）按钮上，按住鼠标左键不放，在弹出的按钮中选择某个按钮后，该选择区域模式即被选中，此时主工具栏中会显示相应的按钮图标，在视图中按住鼠标左键不放，拖动鼠标即可产生相应的选择区域。

【步骤 03】在主工具栏中的（交叉）按钮处于激活状态的情况下，在前视图中按住鼠标左键后拖动鼠标，即可看到选择区域边框，如图 1.69 中的左图所示，松开鼠标左键，选择区域的边框触碰到的对象即被选中，利用这种方法选择整个办公桌对象及水瓶对象，如图 1.69 中的右图所示。

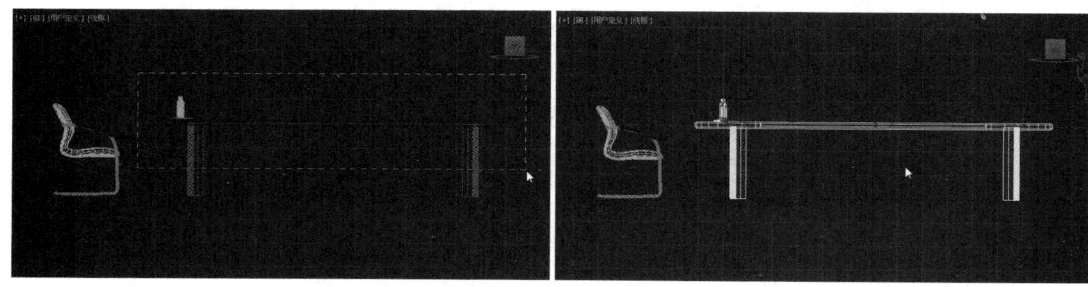

图 1.69　使用交叉模式选择对象

【步骤 04】单击主工具栏中的（交叉）按钮，将其切换为（窗口）按钮，在前视图中按住鼠标左键后拖动鼠标，框选桌面上的水瓶对象、本对象、笔对象，如图 1.70 中的左图所示，松开鼠标左键，只有全部在选择区域内的对象才被选中，如图 1.70 中的右图所示。

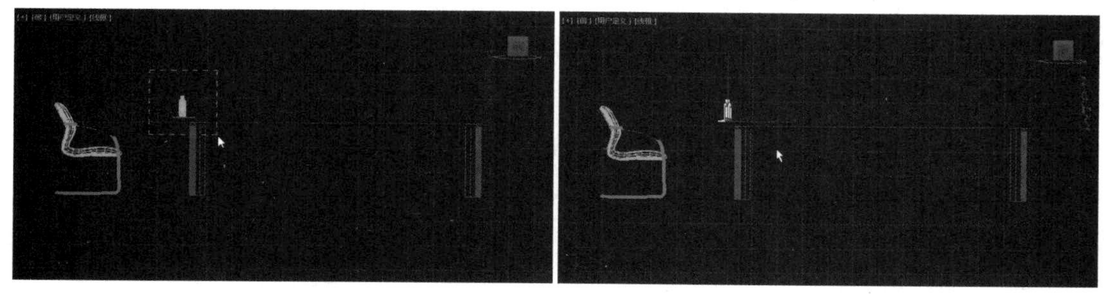

图 1.70　使用窗口模式选择对象

【步骤 05】在按住 Alt 键的同时在水瓶对象上单击，可以取消对水瓶对象的选定。

【步骤 06】在按住 Ctrl 键的同时分别在桌面对象、水瓶对象上单击，即可增加选定的对象。

3. 按名称选择

在 3ds Max 中，每创建一个对象，系统都会自动为它命名一个名称，我们也可以根据需要为对象重新命名。利用名称选择对象，有利于在复杂场景中快捷、准确地选择想要操作的对象，因此，我们最好养成在创建对象时为对象命名的习惯。

练一练

【步骤 01】单击主工具栏中的（按名称选择）按钮，会弹出一个“从场景选择”对话框，如图 1.71 所示。

【步骤 02】在“名称(按升序排序)”列表框中某个对象的名称上单击，可以选择某个对象；按住 Shift 键后单击不同对象的名称，可以选择连续的多个对象；按住 Ctrl 键后单击不同对象的名称，可以选择间隔的多个对象；在输入文本框中输入对象的名称可以快速选择某个对象。这里我们选择会议桌对象和椅子对象。

【步骤 03】选择完成后，单击该对话框右下角的“确定”按钮，同时关闭该对话框。如果单击“取消”按钮，则本次选择无效。

【步骤 04】在场景资源管理器中单击某个对象的名称，即可直接选中该对象，如图 1.72 所示。在按住 Shift 键或 Ctrl 键后，连续单击多个对象的名称，可以选择多个对象。

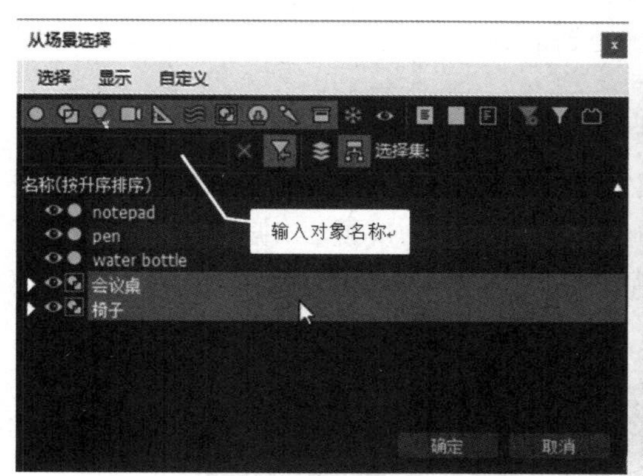

图 1.71　“从场景选择”对话框

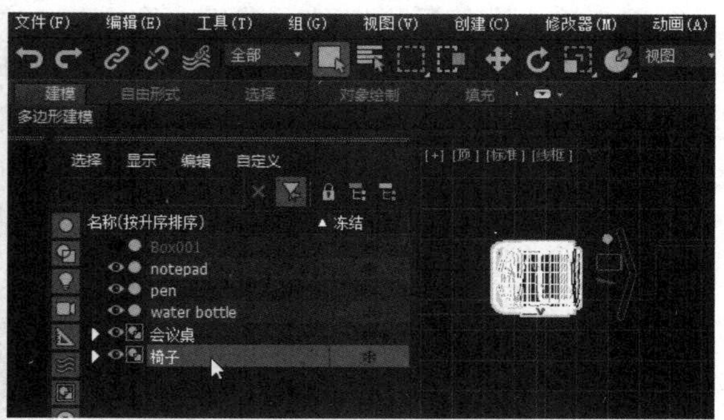

图 1.72　在场景资源管理器中选择对象

4. 选择过滤器

3ds Max 中创建的对象有多种类型，当场景中对象类型复杂、空间位置重叠较多时，利用选择过滤器可以暂时过滤掉一部分不想选择的对象，使选择更加方便。

单击主工具栏中的（选择过滤器）下拉按钮，弹出“选择过滤器”下拉列表，如图 1.73 所示。选择过滤器的默认状态为“全部”，在这种状态下，可以在视图中选择任何类型的对象。选择“选择过滤器”下拉列表中的任意一个选项，“选择过滤器”下拉按钮中即会显示该选项的名称，在视图中就只能选择这种类型的对象。例如，在场景中的模型创建完成后，当进行灯光设置时，可以在“选

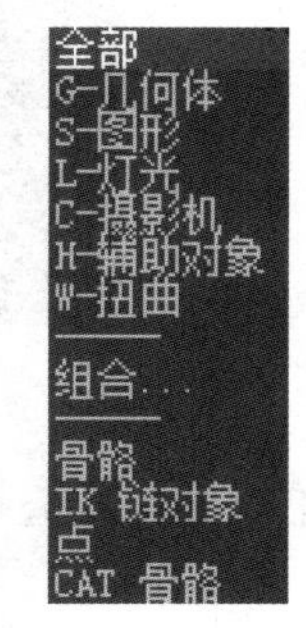

图 1.73　“选择过滤器”下拉列表

择过滤器”下拉列表中选择“L-灯光”选项，这样在场景中只可以选定灯光对象进行操作，可以避免对其他对象的误操作。

1.9.2 对象的基本变换操作

在 3ds Max 中，对象的基本变换操作是指对象的移动、旋转和缩放操作，这些操作分别应用主工具栏中的（选择并移动）按钮、（选择并旋转）按钮、（选择并均匀缩放）按钮进行。缩放变换共有 3 种形式，将鼠标指针移动到（选择并均匀缩放）按钮上后按住鼠标左键不放，会弹出 3 种缩放按钮，分别为（选择并均匀缩放）按钮、（选择并非均匀缩放）按钮、（选择并挤压）按钮。

在视口中的任意位置右击，在弹出的快捷菜单中选择“移动”、“旋转”或“缩放”等命令，会同时激活主工具栏中的相应按钮，也可以进行相应的变换操作。

进行变换操作的基本方法有两种，分别是拖动鼠标进行变换操作和准确变换操作。

（1）拖动鼠标进行变换操作：在主工具栏中单击某个变换按钮后，在视口中单击变换对象，按住鼠标左键锁定某个坐标轴或坐标平面后拖动鼠标，即可进行相应的变换操作，在状态栏中可以同时显示当前变换操作的数值。如果在拖动对象时按住键盘上的 Shift 键，则会在进行变换操作的同时进行对象的复制操作。

（2）准确变换操作：在工具栏中的某个变换按钮上右击，会打开一个对应的变换输入窗口，输入数值后可以进行准确变换。

例如，图 1.74 所示为右击（选择并移动）按钮后打开的“移动变换输入”窗口。其中“绝对：世界”选区中的数值为被移动对象在世界坐标系中的绝对坐标值位置，在输入新数值后，按 Enter 键，被选定的对象将移动到新数值指定的位置。“偏移：屏幕”选区中的数值为相对当前位置的偏移数值，在输入新数值后，按 Enter 键，被选定的对象将相对于其当前位置偏移输入的数值距离。

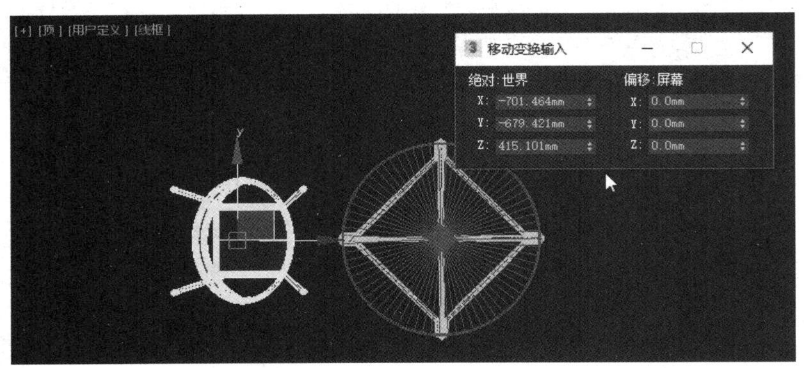

图 1.74 “移动变换输入”窗口

右击（选择并旋转）按钮、（选择并均匀缩放）按钮也会打开相应的变换输入窗口，如图 1.75 所示。在相应的数值框中输入数值，对象的角度和大小就会发生变化。

在单击某个变换按钮后，操作界面底部的状态栏如图 1.76 所示，它就类似于变换输入窗口，在该状态栏中会显示选定对象的当前坐标位置，在“X”、“Y”和“Z”数值框中直接输入数值就可以进行准确变换。单击（绝对 / 偏移）按钮，可以在绝对模式和偏移模式之间进行切换，从而分别进行绝对数值变换和相对偏移数值变换。当（绝对）按钮处于激活状态时，“X”、“Y”和“Z”数值框中显示或输入的数值为绝对数值；当（偏移）按钮处于激活状态时，“X”、“Y”和“Z”数值框中显示或输入的数值为相对偏移数值。

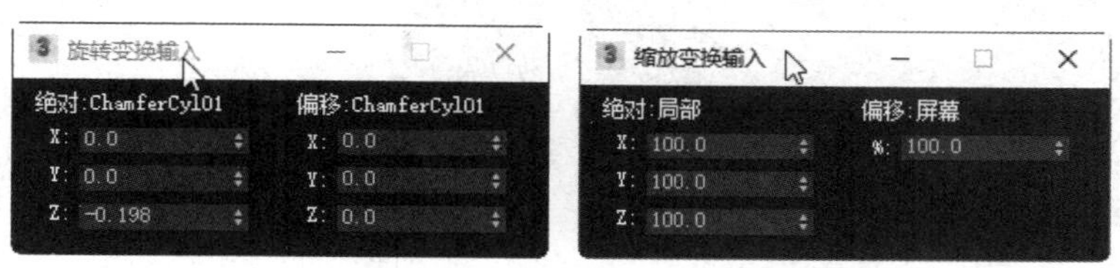

图 1.75　“旋转变换输入”窗口和“缩放变换输入”窗口

图 1.76　状态栏

练一练：移动变换

【步骤 01】打开“案例及拓展资源 / 单元 1/ 象棋 / 象棋 .max”文件，将顶视图中对象的显示方式设置为“默认明暗处理”，如图 1.77 所示。

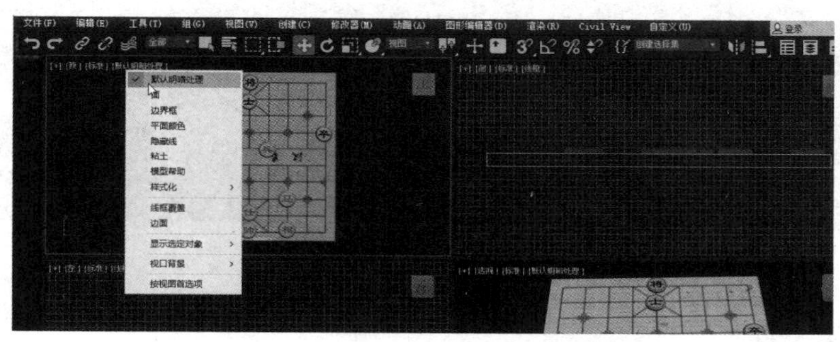

图 1.77　设置顶视图中对象的显示方式

【步骤 02】单击主工具栏中的（选择并移动）按钮，在顶视图中单击棋盘上的兵棋，将鼠标指针移动到 *X* 轴上，*X* 轴变为黄色显示，按住鼠标左键不放，沿 *X* 轴拖动鼠标，则兵棋锁定在 *X* 轴上移动，如图 1.78 所示；将鼠标指针移动到 *Y* 轴上，*Y* 轴变为黄色显示，按住鼠标左键不放，沿 *Y* 轴拖动鼠标，则兵棋锁定在 *Y* 轴上移动。

【步骤 03】在顶视图中单击马棋，将鼠标指针移动到 *X* 轴与 *Y* 轴交叉平面上，按住鼠标左键不放，拖动鼠标，则马棋可以在 *X* 轴与 *Y* 轴两个轴向同时移动，将马棋移动到图 1.79 所示的位置。

【步骤 04】选中帅棋，右击前视图，将其激活，在前视图中沿 *X* 轴移动帅棋观察效果，帅棋在棋盘上左右移动；将鼠标指针移动到 *Y* 轴上，按住鼠标左键不放，拖动鼠标，则帅棋沿 *Y* 轴上下移动，帅棋离开棋盘平面，如图 1.80 所示。在移动棋子的同时观察状态栏中“X”、“Y”和“Z”数值框内数值的变化。

【步骤 05】在（选择并移动）按钮上右击，打开“移动变换输入”窗口，在“绝对：

世界”选区中的“Z”数值框内输入“0.0”，按键盘上的Enter键，则棋子重新回到棋盘上。分别在状态栏中的“X”、“Y”和“Z”数值框中输入数值，观察视口中对象的变化。

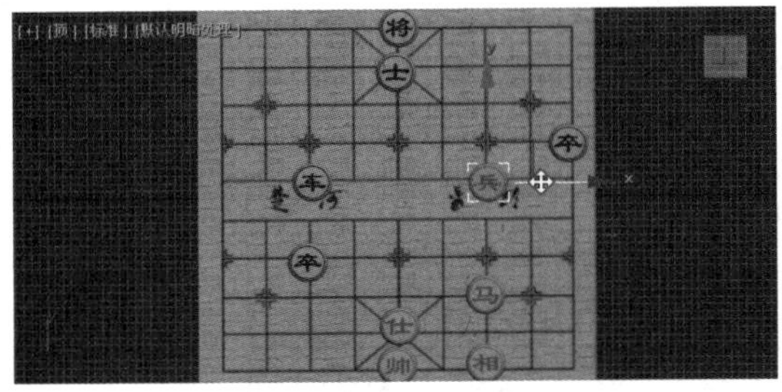
图 1.78　锁定 *X* 轴移动

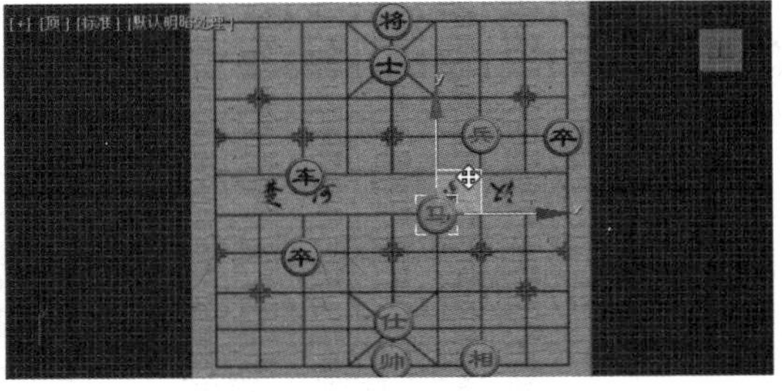
图 1.79　锁定 *X* 轴与 *Y* 轴移动

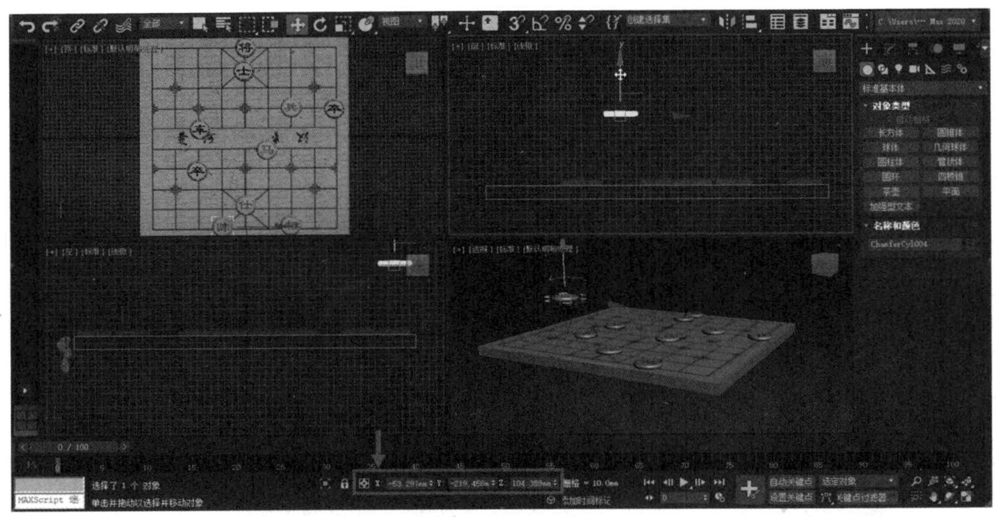
图 1.80　在前视图中沿 *Y* 轴移动帅棋

练一练：旋转变换

【步骤 01】打开“案例及拓展资源 / 单元 1/ 休闲桌椅 / 休闲桌椅 .max”文件。

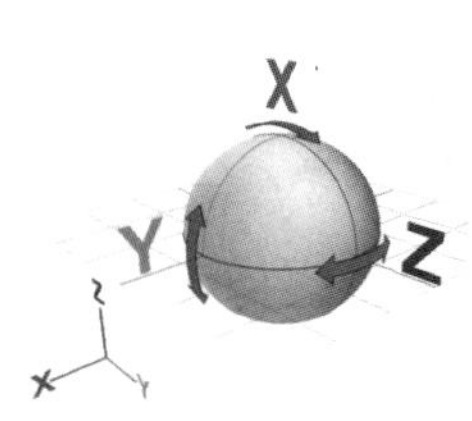

图 1.81　旋转坐标轴

【步骤 02】沿某个坐标轴旋转对象。单击主工具栏中的 （选择并旋转）按钮，在视口中单击某个对象，就会出现旋转坐标。旋转坐标由红色、绿色、蓝色 3 个圆环表示，分别代表 *X*、*Y*、*Z* 轴，如图 1.81 所示。移动鼠标指针到某个圆环上，该圆环变为黄色，按住鼠标左键不放，拖动鼠标，即可约束对象沿该坐标轴旋转，同时在视口中还会显示一个旋转文本标签，显示旋转角度值的变化。松开鼠标左键，对象旋转结束。

例如，在透视图中利用 （选择并旋转）按钮选定椅子对象后，将鼠标指针移动到 *Z* 轴上（水平圆环），按住鼠标左键不放，拖动鼠标，沿 *Z* 轴旋转椅子对象的效果如图 1.82 所示。

【步骤 03】任意旋转对象。将鼠标指针移动到旋转坐标之间的区域，按住鼠标左键不放，拖动鼠标，可以任意旋转对象，如图 1.83 所示。

图 1.82　沿 Z 轴旋转椅子对象的效果

【步骤 04】在当前视口平面上旋转对象。将鼠标指针移动到旋转坐标最外面的浅灰色圆环上，按住鼠标左键不放，拖动鼠标，即可在当前视口平面上旋转对象，如图 1.84 所示。

图 1.83　任意旋转对象

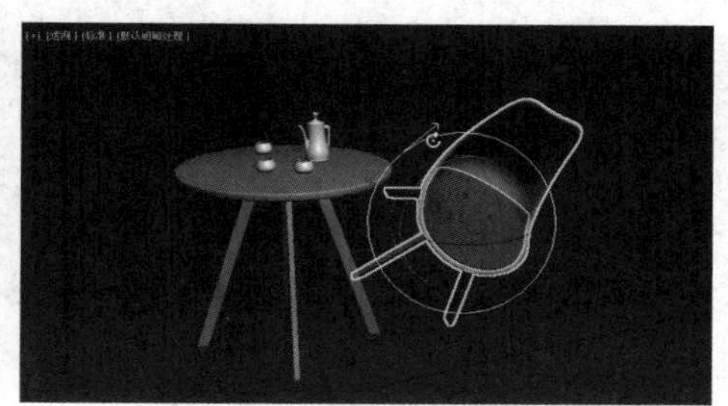

图 1.84　在当前视口平面上旋转对象

【步骤 05】通过修改状态栏中的坐标值旋转对象。在旋转状态下，修改状态栏中相应坐标轴数值框内的数值，可以准确地旋转对象。激活状态栏中的 （绝对）按钮，在数值框右侧的数值调节按钮上右击，可以将当前旋转数值归零，如图 1.85 中的左图所示；在“Z”数值框中输入“90.0”，则对象将沿 Z 轴旋转 90.0 度，如图 1.85 中的右图所示。

图 1.85　将旋转数值归零及沿 Z 轴旋转 90.0 度后的效果

练一练：坐标轴心与旋转操作

【步骤 01】重新打开“案例及拓展资源 / 单元 1/ 休闲桌椅 / 休闲桌椅 .max”文件。

【步骤 02】单击工具栏中的 （选择并旋转）按钮，单击视口中的椅子对象，并对其进行任意轴向上的旋转，可以看到旋转默认绕其自身轴心进行。按 Ctrl+Z 组合键，撤销刚才的操作。

【步骤03】单击 （层次）按钮，打开“层次”命令面板，选择“轴”选项卡，单击“调整轴”选区中的“仅影响轴”按钮，该按钮变为蓝色，视口中选定对象的坐标轴变为空心粗箭头显示。此时利用 （选择并移动）按钮、 （选择并旋转）按钮等进行操作，只对坐标轴起作用。我们可以利用 （选择并移动）按钮改变椅子对象的坐标轴心位置，如图 1.86 所示。

【步骤04】再次单击“层次”命令面板中的“仅影响轴”按钮，结束对轴的编辑操作。利用 （选择并旋转）按钮对椅子对象进行任意旋转，观察旋转中心的变化，如图 1.87 所示。

图 1.86　改变椅子对象的坐标轴心位置

图 1.87　改变坐标轴心位置后的旋转操作

【步骤05】单击“仅影响轴”按钮，开启对轴的编辑操作，单击“重置轴”按钮，使椅子对象的坐标轴心恢复原始状态。

【步骤06】单击“仅影响轴”按钮，结束对轴的编辑操作。

【步骤07】单击 （选择并旋转）按钮，按住 Ctrl 键不放，在前视图中分别单击椅子对象和圆桌对象，将两个对象同时选定。

【步骤08】确认主工具栏中的 （使用轴点中心）按钮处于激活状态，将鼠标指针移动到任意一个对象的某个轴线上，按住鼠标左键不放，拖动鼠标，可以看到两个对象各自以自身的轴点为中心同时进行旋转，如图 1.88 所示。

图 1.88　两个对象各自以自身的轴点为中心同时进行旋转

【步骤 09】在主工具栏中的（使用轴点中心）按钮上按住鼠标左键不放，在弹出的 3 个按钮中选择（使用选择中心）按钮，则在两个对象之间出现坐标轴心。单击（选择并旋转）按钮，在视口中拖动鼠标旋转对象，可以看到两个对象环绕它们公共的轴点进行旋转，如图 1.89 所示。

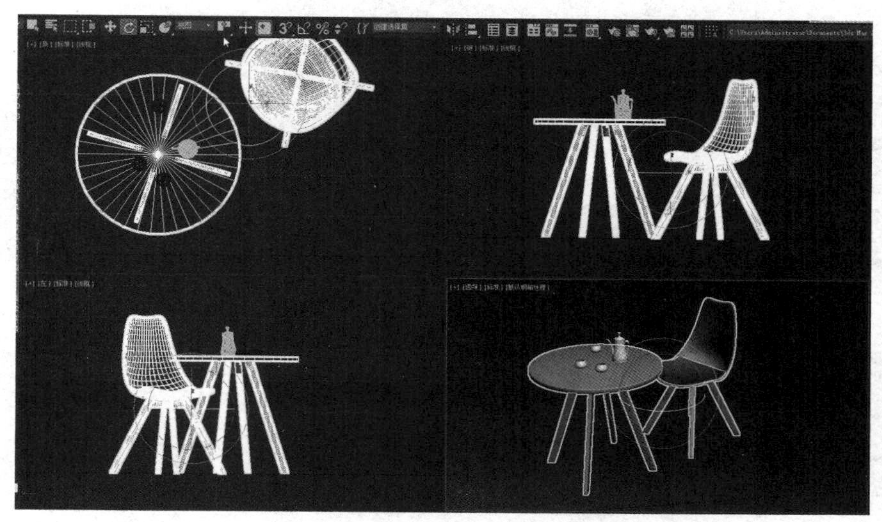

图 1.89　两个对象环绕它们公共的轴点进行旋转

【步骤 10】在视图中的空白处单击，取消对对象的选择。

【步骤 11】利用（选择并旋转）按钮选定椅子对象。

【步骤 12】单击主工具栏中视图（参考坐标系）下拉按钮，在弹出的下拉列表中选择“拾取”选项，单击圆桌对象，设置圆桌对象的轴心为当前参考坐标系，如图 1.90 所示。

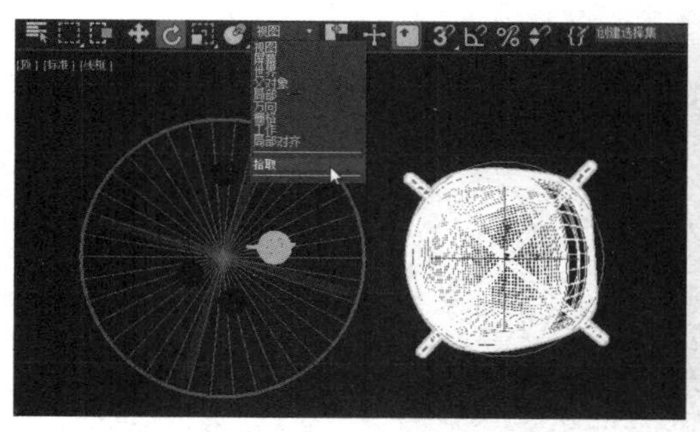

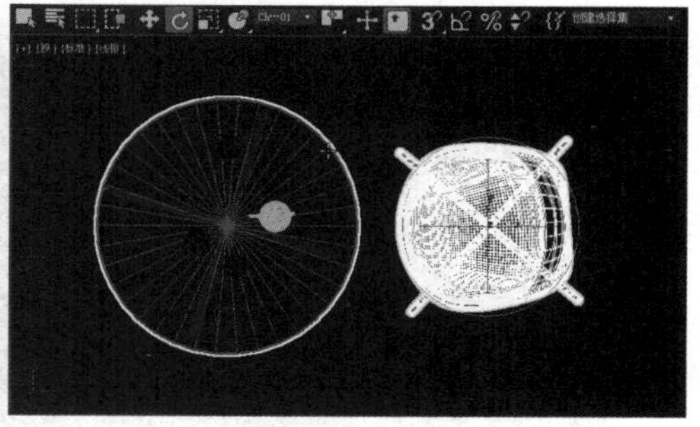

图 1.90　设置拾取坐标系

【步骤 13】在（使用轴点中心）按钮上按住鼠标左键不放，在弹出的按钮中选择（使用变换坐标中心）按钮，则椅子对象的坐标轴心移动到圆桌对象的轴心处，在顶视图中按住鼠标左键不放，沿 Z 轴拖动鼠标，可以看到椅子对象围绕圆桌对象进行旋转，如图 1.91 所示。

【步骤 14】按住 Shift 键不放，沿 Z 轴（顶视图中的圆环）拖动鼠标进行旋转操作，可以围绕圆桌对象复制椅子对象。在弹出的“克隆选项”对话框的“对象”选区内选中“实例”单选按钮，设置副本数为 3，如图 1.92 所示，椅子对象复制完成后，单击“确定”按钮，然后单击（所有视图最大化显示）按钮，效果如图 1.93 所示。

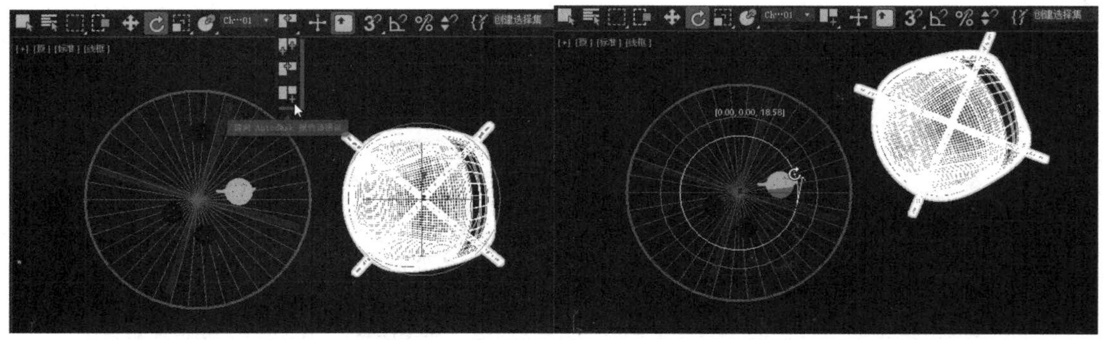

图 1.91′ 椅子对象围绕圆桌对象进行旋转

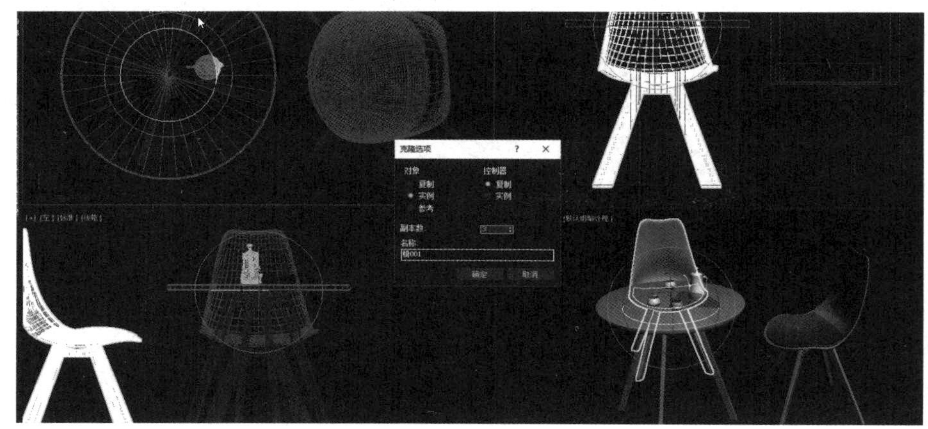

图 1.92　“克隆选项”对话框

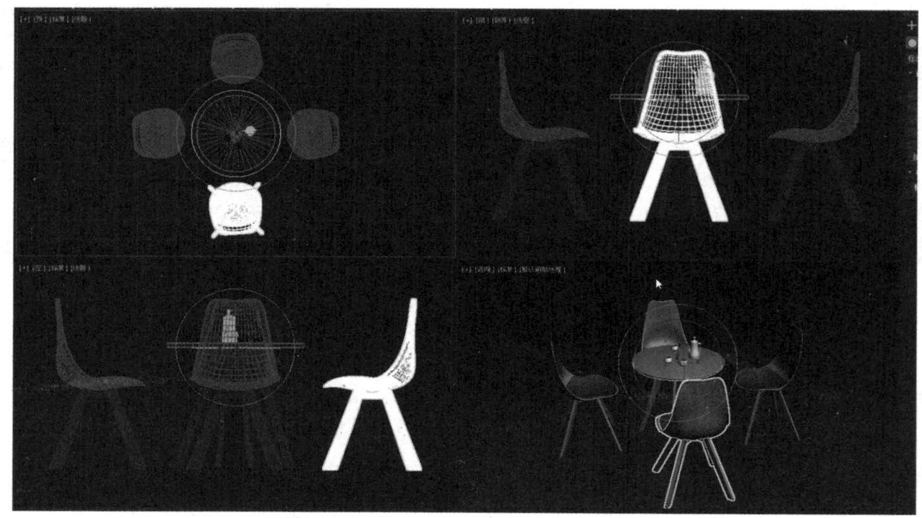

图 1.93　围绕圆桌对象复制椅子对象并在所有视图中最大化显示后的效果

练一练：缩放变换

【步骤 01】重新打开“案例及拓展资源 / 单元 1/ 休闲桌椅 / 休闲桌椅 .max”文件。

【步骤 02】单击主工具栏中的（选择并均匀缩放）按钮，在透视图中单击桌面上的茶杯对象，就会显示缩放坐标，如图 1.94 所示。

图 1.94　缩放坐标轴

【步骤 03】将鼠标指针移动到坐标系中间由 3 个轴构成的黄色三角形中，如图 1.95 中的左图所示，此时按住鼠标左键不放，拖动鼠标，即可实现对象的等比例缩放。

【步骤 04】将鼠标指针移动到 *X*、*Y*、*Z* 轴中的任意一个坐标轴上，按住鼠标左键不放，拖动鼠标，可在当前坐标轴方向缩放对象，如图 1.95 中的中图所示。将鼠标指针移动到坐标之间的梯形面，按住鼠标左键不放，拖动鼠标，则只在该平面方向缩放对象，如图 1.95 中的右图所示。

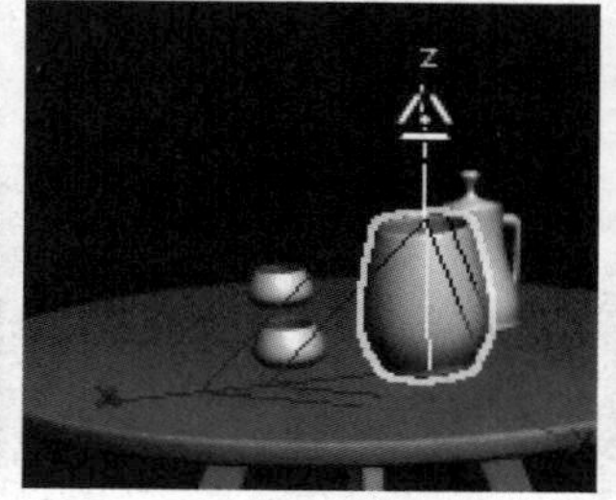

图 1.95　不同缩放状态

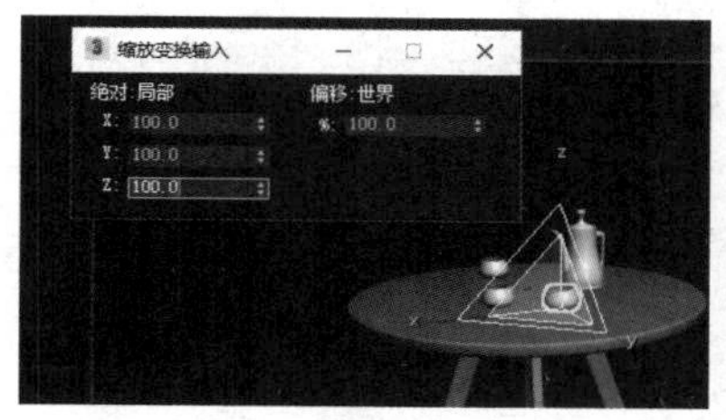

图 1.96　“缩放变换输入”窗口

【步骤 05】在主工具栏中的（选择并均匀缩放）按钮上右击，在弹出的“缩放变换输入”窗口中，将“绝对：局部”选区中“X”、“Y”和“Z”数值框内的值均设置为 100.0，如图 1.96 所示，茶杯对象恢复为原状。

读者还可以试一试在状态栏中的数值框内输入数值，观察缩放效果。

任务实施：制作简单办公场景

【步骤 01】打开文件。启动 3ds Max 2023，打开“案例及拓展资源 / 单元 1/ 办公桌场景 / 办公桌椅 .max”文件，如图 1.97 所示。

【步骤 02】激活顶视图。在顶视图中单击，设置顶视图为当前工作视图。

【步骤 03】选定椅子对象。单击主工具栏中的（选择并移动）按钮，在顶视图中选定椅子对象。

【步骤 04】移动椅子对象。在顶视图中将鼠标指针移动到椅子对象的 *Y* 轴上，*Y* 轴呈高亮显示，此时按住鼠标左键不放，拖动鼠标，椅子对象即可锁定在 *Y* 轴方向上移动，移动到合适位置后松开鼠标左键，如图 1.98 所示。

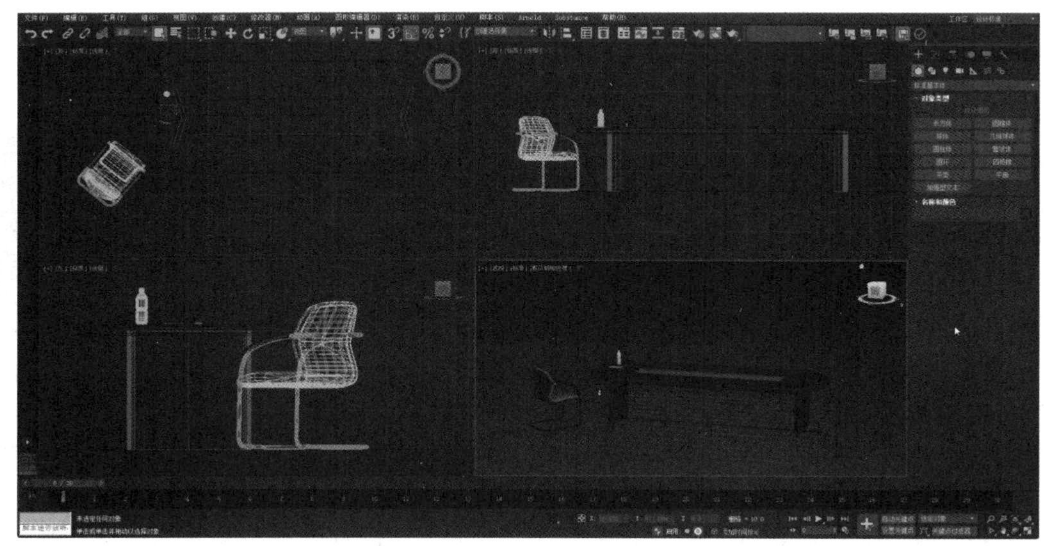

图 1.97　打开文件

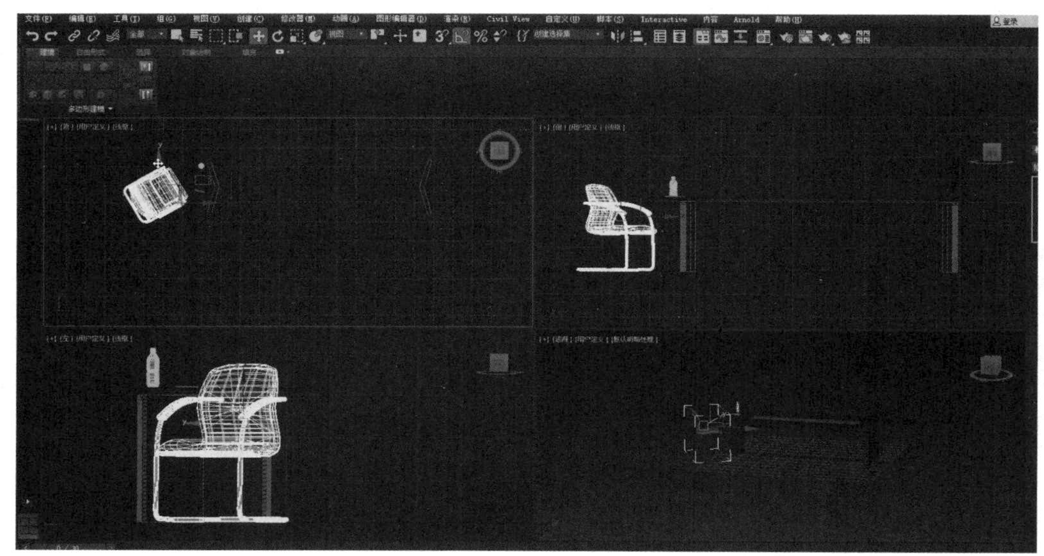

图 1.98　移动椅子对象

【步骤 05】旋转椅子对象。单击主工具栏中的（选择并旋转）按钮，移动鼠标指针到椅子对象上，此时椅子对象上的坐标轴显示为圆环状，将鼠标指针移动到 *Z* 轴上（圆环处），按住鼠标左键不放，拖动鼠标，椅子对象开始旋转，并在圆环上显示旋转角度，旋转至合适角度后松开鼠标左键，如图 1.99 所示。

【步骤 06】移动复制椅子对象。再次单击工具栏中的（选择并移动）按钮，或者在椅子对象上右击，在弹出的快捷菜单中选择“移动”命令，将鼠标指针移动到 *X* 轴与 *Y* 轴交叉的平面处，*X* 轴与 *Y* 轴都变为黄色，按住 Shift 键的同时按住鼠标左键，拖动鼠标，椅子对象即可锁定在 *XY* 平面移动，松开 Shift 键和鼠标左键，会弹出“克隆选项”对话框，在“对象”选区内选中“实例”单选按钮，其他保持默认设置，如图 1.100 所示，单击“确定”按钮关闭该对话框，即可复制产生一个新的椅子对象。

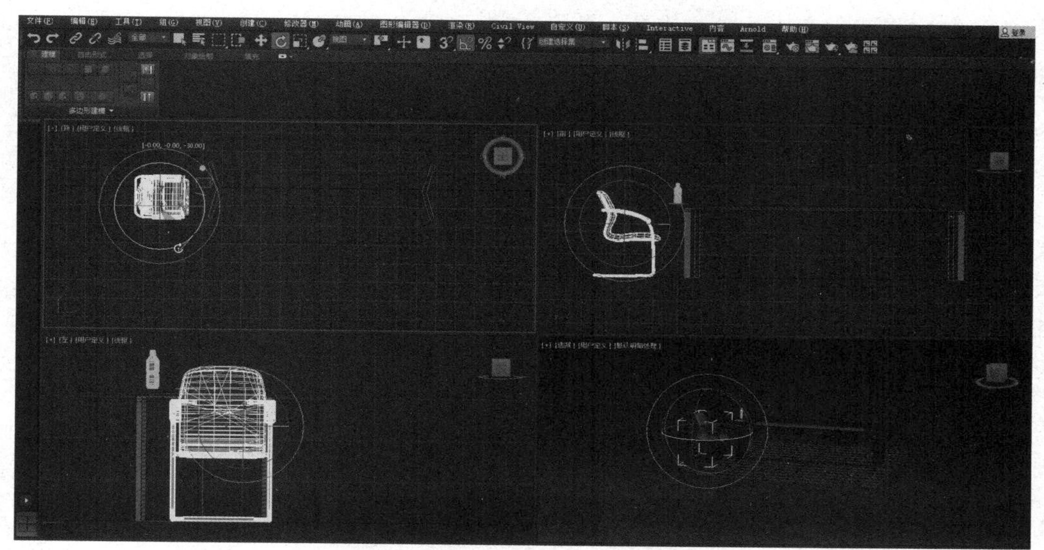

图 1.99　旋转椅子对象

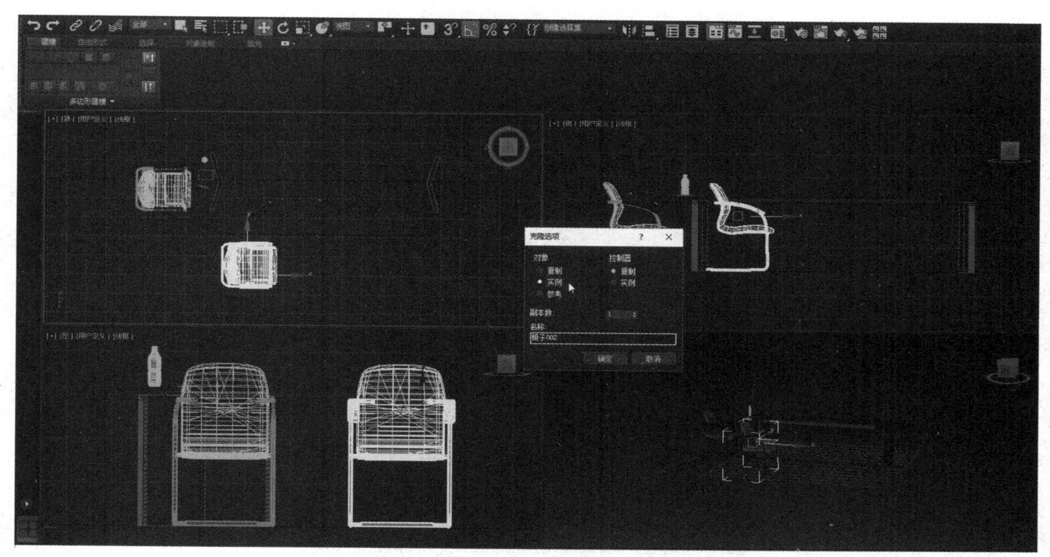

图 1.100　移动复制椅子对象

【步骤 07】调整椅子对象的角度与位置。在顶视图中沿 *Z* 轴旋转椅子对象至合适角度，并利用 ✥（选择并移动）按钮适当调整椅子对象的位置。进行上述操作的同时观察其他几个视图的变化。调整后的效果如图 1.101 所示。

【步骤 08】移动复制相邻的其他椅子对象。单击主工具栏中的 ✥（选择并移动）按钮，在顶视图中选定会议桌对象一侧的椅子对象，按住 Shift 键，沿 *X* 轴方向移动椅子对象至合适位置，松开鼠标左键，会弹出“克隆对象”对话框，在“对象”选区内选中“实例”单选按钮，在“副本数”数值框中输入“2”，如图 1.102 所示，单击“确定”按钮，生成两个椅子对象，如图 1.103 所示。

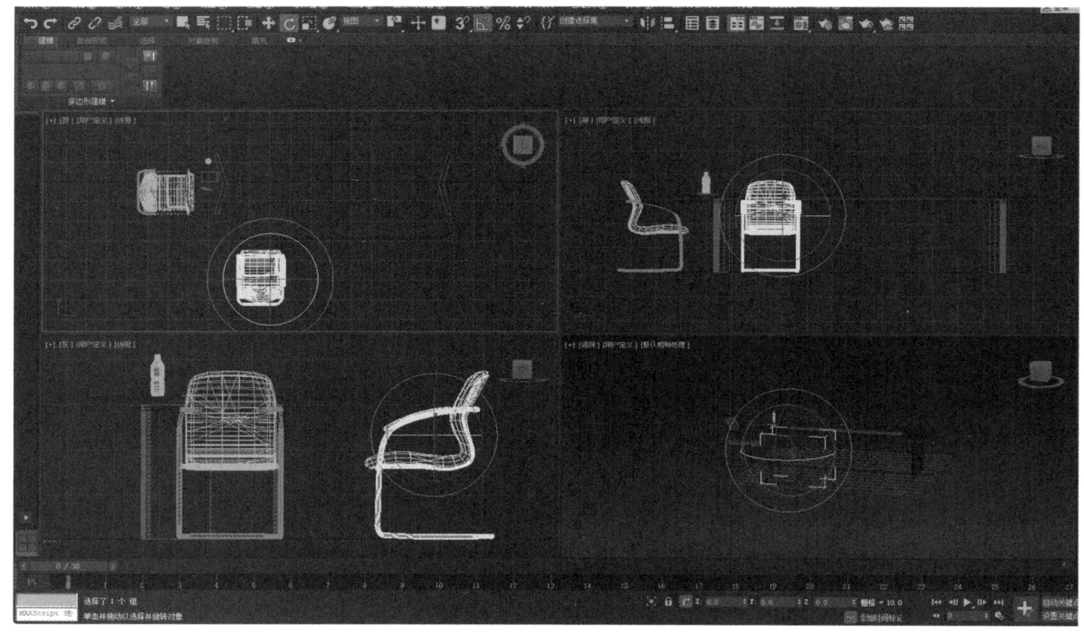

图 1.101　调整椅子对象的角度与位置后的效果

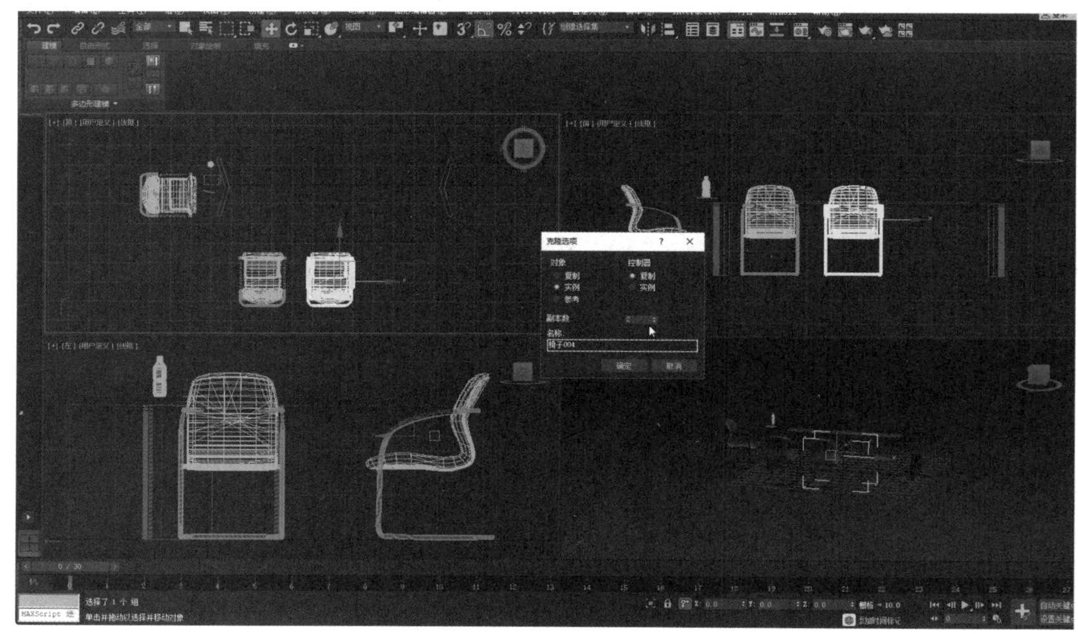

图 1.102　移动复制相邻的椅子对象

【步骤 09】镜像复制会议桌对象另一侧的椅子对象。在主工具栏中的（交叉）按钮处于激活状态下，在顶视图中按住鼠标左键不放，拖动鼠标，框选会议桌对象一侧的 3 个椅子对象（触碰即选定），单击主工具栏中的（镜像）按钮，在弹出的“镜像：屏幕 坐标”对话框中，在“镜像轴”选区内选中“Y”单选按钮，在“偏移”数值框中设置数值为 95.0（既可以直接在数值框中输入数值，也可以通过数值框右侧的调节按钮调整数值），在“克隆当前选择”选区内选中“实例”单选按钮，如图 1.104 中的左图所示，单击“确定”按钮，关闭该对话框，即可镜像复制会议桌对象另一侧的椅子对象。单击视口导航控件中的（所有视图最大化显示）按钮，观察 4 个视口中的效果，如图 1.104 中的右图所示。

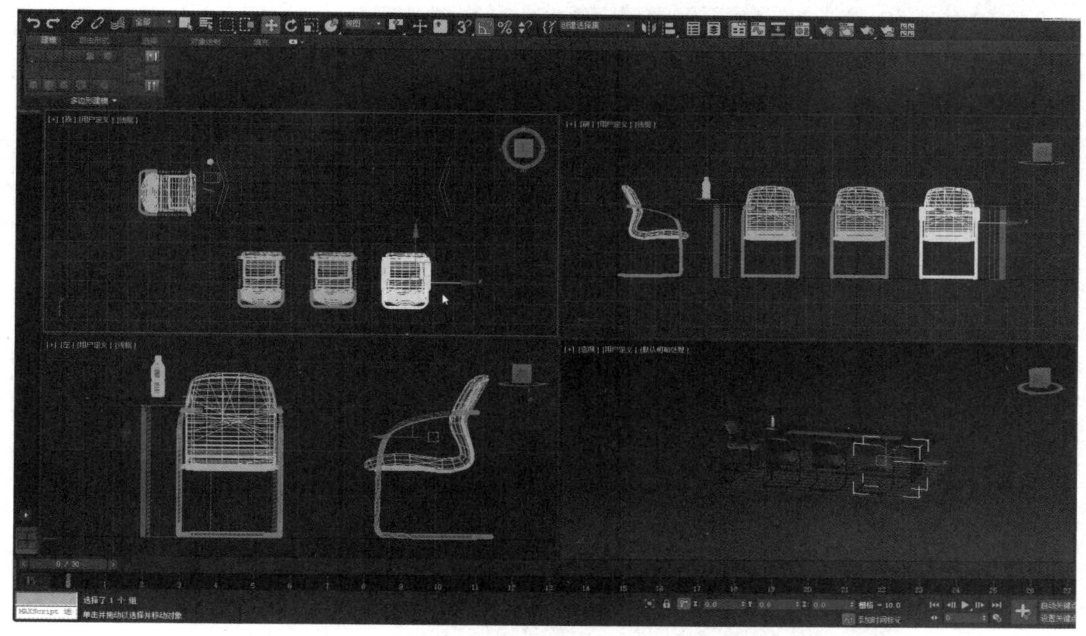

图 1.103　相邻的椅子对象移动复制完成

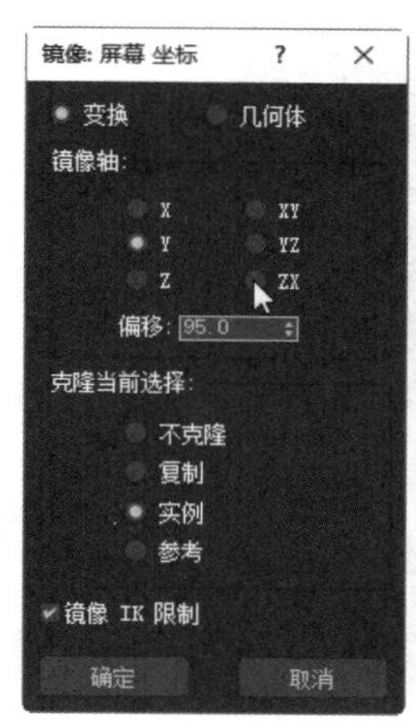

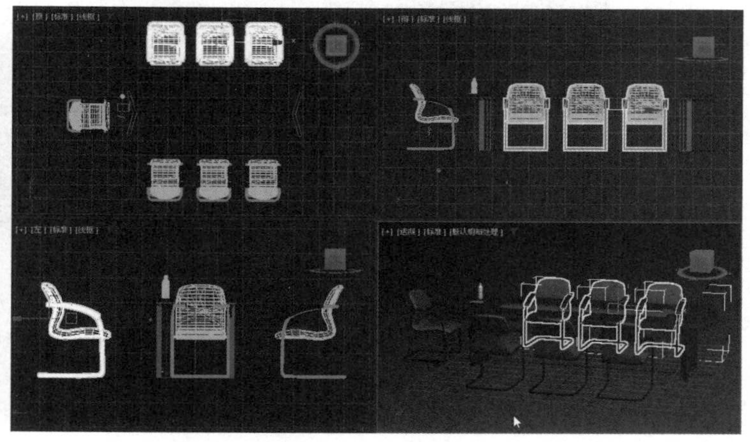

图 1.104　镜像复制会议桌对象另一侧的椅子对象

使用同样的方法镜像复制会议桌对象对面的另一个椅子对象，如图 1.105 所示。

【步骤 10】调整透视图显示效果。在透视图中单击，将其激活为当前工作视图，单击（所有视图最大化显示）按钮，所有视图中都最大化显示场景中的全部对象。单击（最大化视口切换）按钮，或者按 Alt+W 组合键，使透视图最大化显示。单击（环绕）按钮，在视图中按住鼠标左键不放，拖动鼠标，调整视图观察角度。设置完成后的效果如图 1.106 所示。

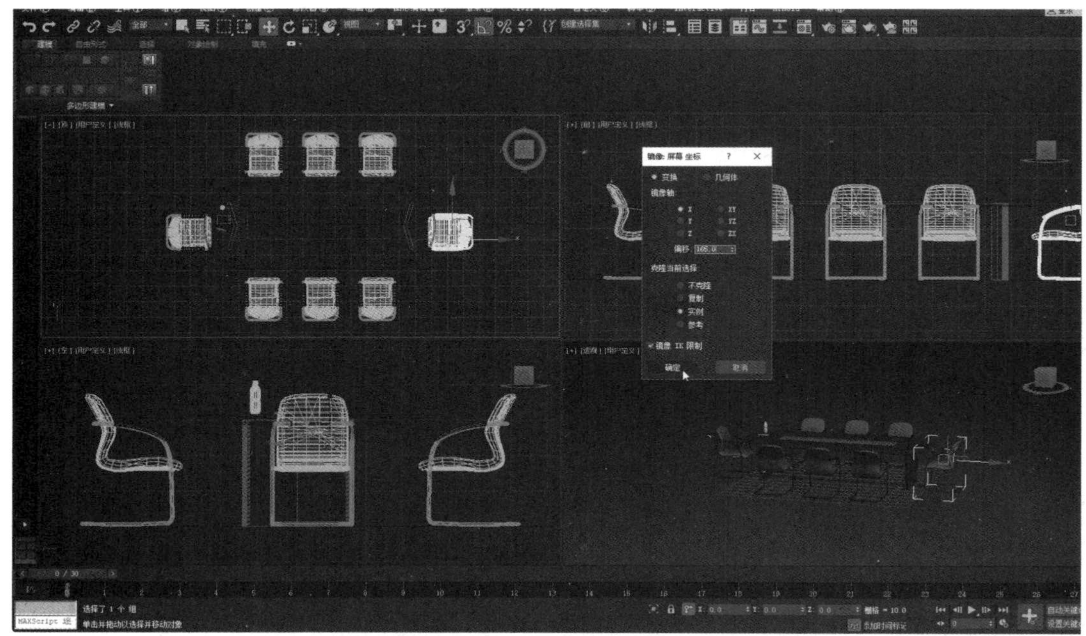

图 1.105　镜像复制会议桌对象对面的另一个椅子对象

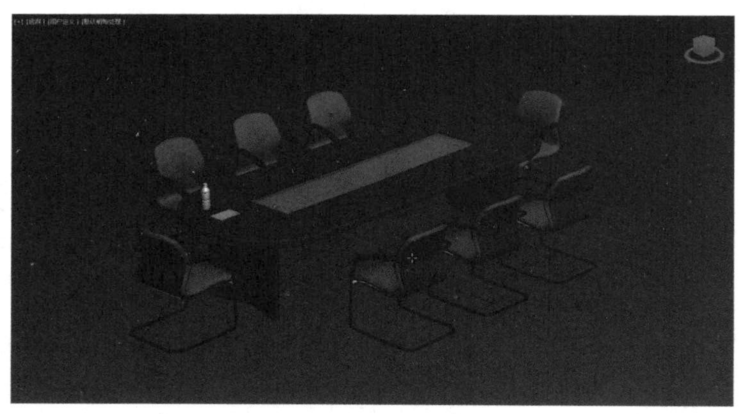

图 1.106　最大化显示透视图后的效果

【步骤 11】选择“文件”菜单中的“另存为”命令，保存文件。

任务拓展

1. 利用“案例及拓展资源/单元1/任务拓展/拓展1”文件夹中的“单元1-圆桌.max”和“单元1-椅.max”文件，完成如图1.107所示场景的制作，并保存文件。（操作提示：打开文件、合并模型、应用基本变换工具、设置坐标轴心。）

2. 利用“案例及拓展资源/单元1/任务拓展/拓展2”文件夹中的“单元1-会议桌.max”和“单元1-活动室场景.max”文件，仿照图1.108所示的活动室空间布置效果对活动室空间进行布置，并保存文件。（操作提示：合并文件，应用移动、旋转、复制、缩放对象等操作）。

图 1.107 圆桌椅合并场景

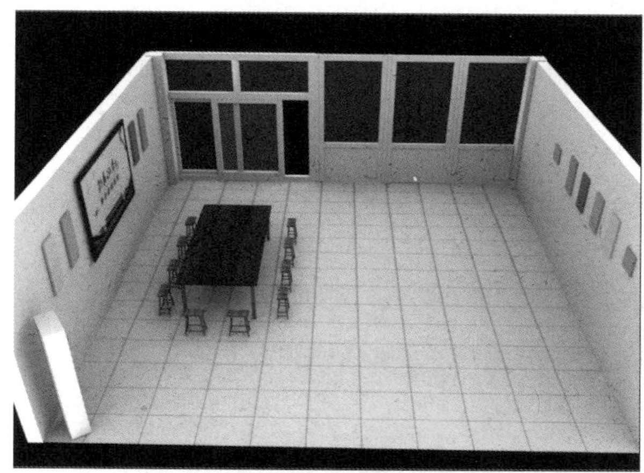

图 1.108 活动室空间布置效果

课后思考

1. 三维动画制作软件有哪些应用领域？

2. 三维动画制作的一般工作过程是什么？

3. 3ds Max 2023 默认操作界面中的视图区显示的是哪几个视口？如何进行视口的切换？如何改变视口布局？

4. 3ds Max 中文件的合并与导入有什么区别？

5. 3ds Max 常用的坐标系有哪几种？

6. 如何设置 3ds Max 的坐标轴心？

7. 在使用变换工具选定对象时，视图中 *X*、*Y*、*Z* 轴的默认颜色各是什么？

8. 在 3ds Max 中，如何对对象进行准确的移动、旋转、缩放等操作？

9. 视口导航控件中有哪些按钮？如何最大化显示当前视图中的所有对象？如何进行当前视图最大化显示？

基本编辑操作——制作绢扇背景墙

我们在 3ds Max 学习之初，除了要对软件操作界面进行初步认识，为了操作上的方便，还要掌握一些软件的基本操作方法，并可以结合快捷键进行简单模型的创建与编辑。本单元将主要介绍在 3ds Max 2023 中编辑对象时一些常用辅助工具的应用，熟练掌握这些基本操作方法，对于快速、准确地制作三维场景有着非常重要的意义。

工作任务

完成绢扇背景墙的制作，效果如图 2.1 所示。

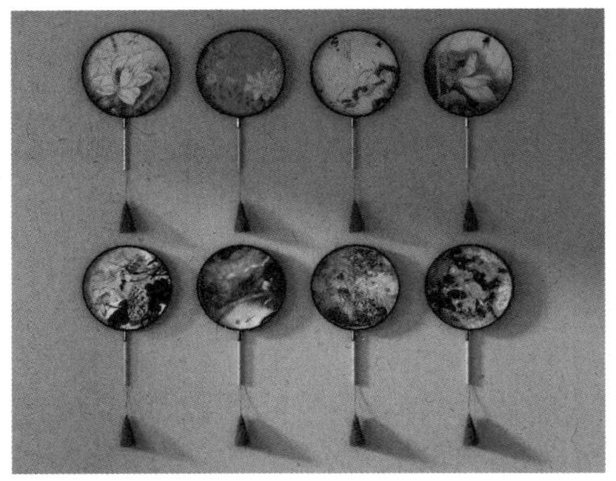

图 2.1　绢扇背景墙制作完成后的效果

任务描述

运用 3ds Max 中的选择、复制、阵列、对齐、捕捉等基本操作方法快速、准确地完成绢扇背景墙的制作。

任务目标

- 能运用组的设置并理解不同组命令的区别。
- 能进行对象的复制、镜像、对齐等基本操作。

- 能运用阵列与间隔工具。
- 能够参照任务实施完成操作任务。

任务资讯

2.1　组的使用

在 3ds Max 中，对于要同时操作的多个对象，可以有秩序地将它们结成组。组是在场景中组织对象的一种非常好的方法。

单击“组”菜单名称，即可弹出相应的下拉菜单，选择该下拉菜单中的某个命令，即可执行相关的组操作。

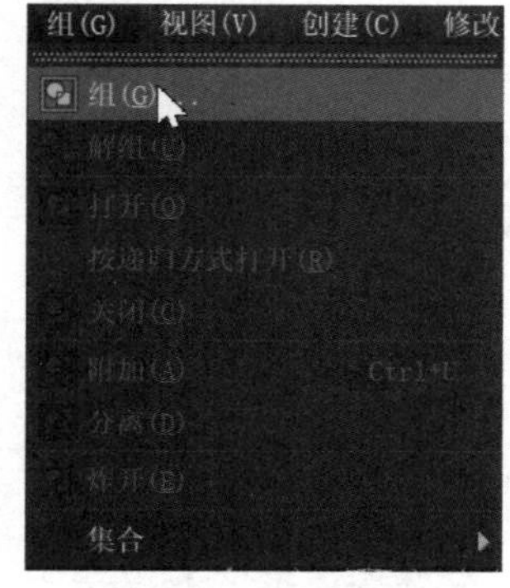

图 2.2　选择“组”命令

2.1.1　成组

在按住 Ctrl 键的同时，选择视口中要结成组的多个对象，选择“组”菜单中的“成组”命令，会弹出“组”对话框，默认组名为“组 001”，如图 2.3 所示，可以根据需要修改组名。单击“确定”按钮，即可将被选择的对象结成一组。

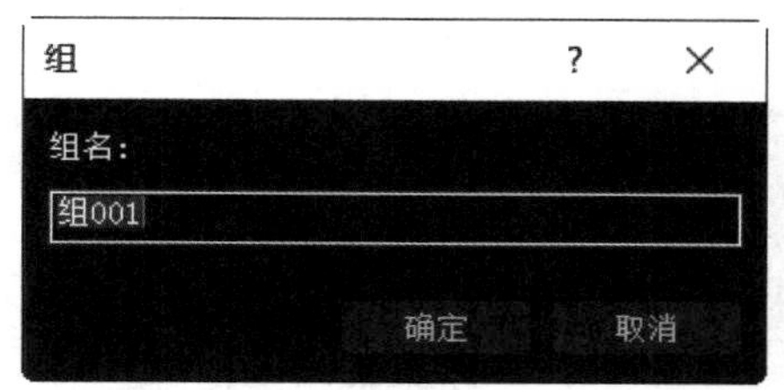

图 2.3　“组”对话框

3ds Max 中的组允许嵌套，即组中还可以有组，结成组的对象可以是组与组或组与其他单独的对象。

2.1.2　解组

选中需解组的组，选择“组”菜单中的“解组”命令即可，如图 2.4 所示。选择“组”菜单中的“炸开”命令，可以把当前选中的组及组内嵌套的组都彻底解开。

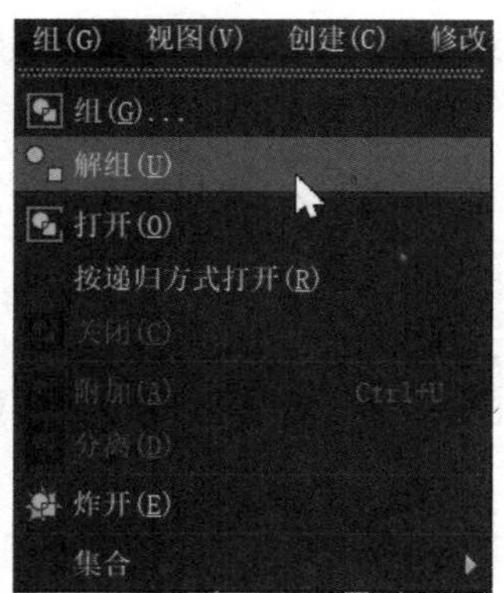

图 2.4　选择“解组”命令

2.1.3　打开 / 关闭组

选中一个组，选择“组”菜单中的“打开”命令，如图 2.5 所示，可以暂时打开一个组，组外围会出现一个粉色的框，此时可以选择组内的单个对象进行修改。完成修改后，先选中组内的某个对象或单击粉色外框使其变成白色外框，再选择“组”菜单中的“关闭”命令，如图 2.6 所示，即可恢复成组状态。如果要编辑多层嵌套组中的单个对象，则可以选择“组”菜单中的“按递归方式打开”命令，编辑完成后，选中最外层的嵌套组，选择“组”菜单中的“关闭”命令即可。

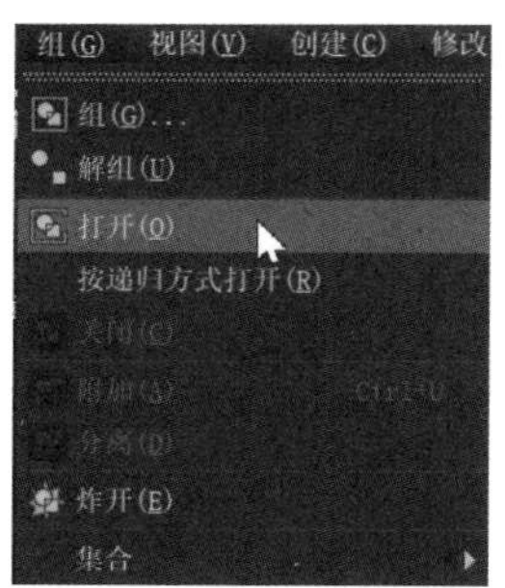

图 2.5　选择“打开”命令

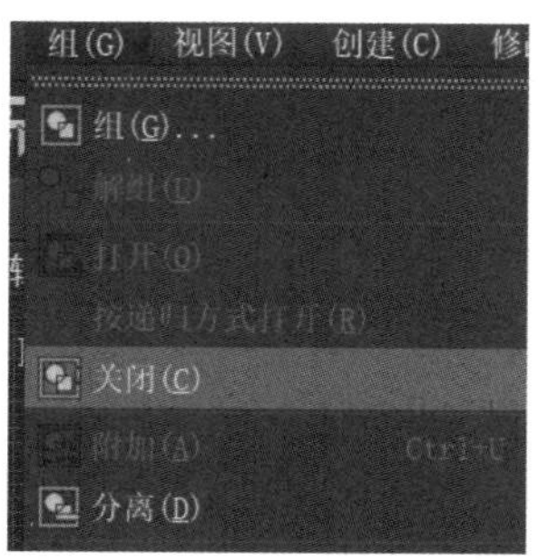

图 2.6　选择“关闭”命令

2.1.4　增加组对象

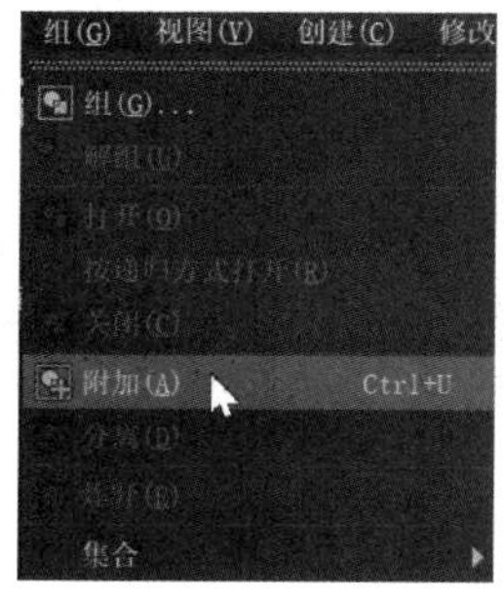

图 2.7　选择“附加”命令

如果场景中存在“组”对象，先在视图中选择“组”对象以外的某个对象，然后选择“组”菜单中的“附加”命令，如图 2.7 所示，接着单击视图中的“组”对象，可以将刚才在视图中选择的“组”对象以外的那个对象添加到“组”对象中。

2.1.5　分离组对象

选中某个组，先选择“组”菜单中的“打开”命令将其打开，选中该组内的某个对象，再选择“组”菜单中的“分离”命令，如图 2.8 所示，即可将该对象从组中分离出来。

图 2.8　选择“分离”命令

在学习组的相关命令时，一定要区分“打开”、“解组”、“炸开”、“关闭”和“附加”命令的含义。例如，“炸开”命令用于将选中的组或多组结合体都炸开，使其成为一个一个的单体。在组与组结成的大组中进行某个对象的编辑时，需要先层层解组，完成编辑后，再层层关闭组。

练一练：茶具成组

【步骤 01】打开“案例及拓展资源 / 单元 2/ 练一练 /2.1 组练习 / 组练习 .max”文件。

【步骤 02】利用 Ctrl 键将 7 个小茶杯对象都选中，选择“组”菜单中的“组”命令，在弹出的“组”对话框中将组名设置为“茶杯”，如图 2.9 所示。

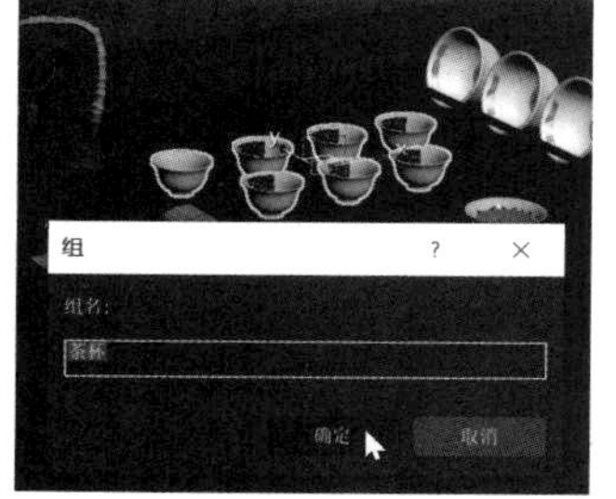

图 2.9　设置组名

【步骤 03】选中“茶桌”组，“茶碗”组是嵌套在该组中的，选择“组”菜单中的“解组”命令，此时“茶碗”组就独立出来了。

【步骤 04】选中“茶具”组，然后选择“组”菜单中的“打开”命令，此时“茶具”组的周围是粉色外框，选中嵌套其中的“竹签毛笔”组，如图 2.10 所示，选择“组”菜单中的“分离”命令，将“竹签毛笔”组从“茶具”组中分离出来。单击“茶具”组的粉色外框使其变成白色外框，然后选择“组”菜单中的“关闭”命令，恢复成组状态。

【步骤 05】选中“茶杯”组，然后选择“组”菜单中的“附加”命令，单击场景中的“茶具”组，就将“茶杯”组嵌套在了“茶具”组中。

【步骤 06】按照步骤 05，依次将热水壶对象、烫洗壶对象、“茶水”组、“茶碗”组附加到“茶具”组中。此时所有的茶具都在一个组中了，如图 2.11 所示。由于“茶具”组的名称会以最后附加进来的“茶碗”组命名，因此最后需要将组名修改为“茶具”。

图 2.10 选中“竹签毛笔”组

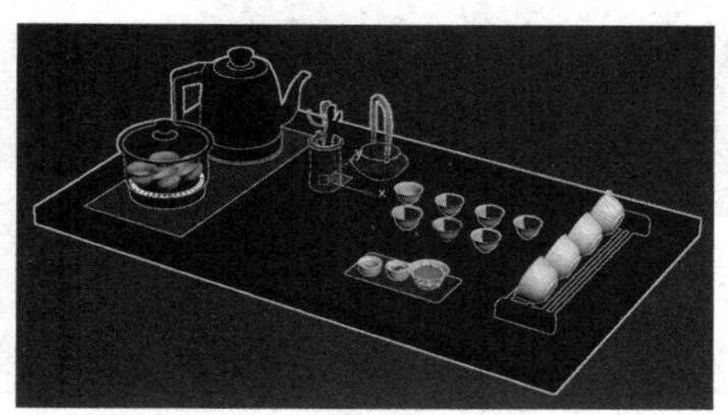

图 2.11 “茶具”组

2.2 对象的复制

对象的复制既可以利用“复制”命令进行，也可以利用变换工具配合 Shift 键进行。

2.2.1 利用“复制”命令复制对象的操作方法

（1）选中视口内待复制的对象。

（2）选择“编辑”菜单中的“克隆”命令，会弹出一个“克隆选项”对话框，如图 2.12 所示。

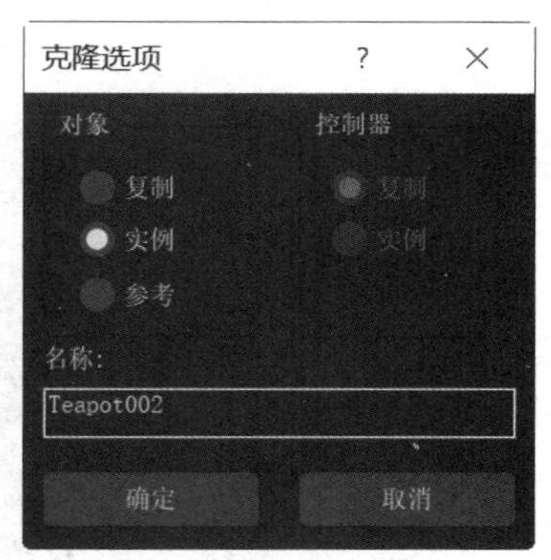

图 2.12 “克隆选项”对话框 1

（3）在“对象”选区内选择一种复制方式。3ds Max 中对象的复制有 3 种方式，分别是复制、实例、参考。“复制”方式将产生一个独立的新对象，该对象除了继承原对象所有的属性，与原对象之间将不再有任何联系；“实例”方式产生的新对象与原对象之间存在关联关系，在对其中任意一个对象进行修改操作时，另一个对象也会随之发生相同的变化；“参考”方式产生的新对象会受原对象修改变化的影响，即对原对象进行的修改操作会同时出现在新对象上，但对新对象进行的修改操作不会对原对象有任何影响。在操作时，应根据不同的复制目的合理选择复制方式。

图 2.13 克隆对象后的效果

（4）命名新对象。“名称”文本框内是系统默认的新对象名称，可以将其修改为合适的新名称。

（5）单击“确定”按钮，复制结束。

采用“克隆”命令复制产生的新对象与原对象重叠在一起，利用移动工具将其移开，就可以看到两个同样的对象，效果如图 2.13 所示。

2.2.2 利用变换工具配合 Shift 键复制对象的操作方法

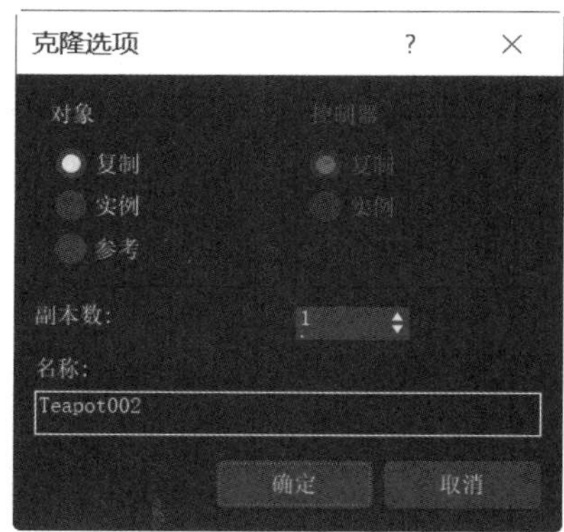

图 2.14 “克隆选项”对话框 2

在选中一个对象后，先按住键盘上的 Shift 键不放，然后对选定的对象进行移动、旋转或缩放等操作，这时会弹出一个“克隆选项”对话框，这个对话框与图 2.12 所示的对话框基本相同，只是增加了一个“副本数”数值框，如图 2.14 所示，可以在该数值框中输入想要复制的对象个数，单击“确定”按钮后，即可按输入的数值复制产生相应数量的新对象。

练一练：熊猫

【步骤 01】打开“案例及拓展资源 / 单元 2/ 练一练 /2.2 熊猫 / 熊猫 .max”文件。单击（选择并移动）按钮，选中其中一个小熊猫对象，在按住 Shift 键的同时按住鼠标左键，向左拖动鼠标，拖动到合适的位置后松开 Shift 键和鼠标左键，在弹出的“克隆选项”对话框的“对象”选区内选中“实例”单选按钮，将副本数设置为 3，如图 2.15 所示，单击“确定”按钮。

【步骤 02】利用（选择并移动）按钮和（选择并旋转）按钮调整复制出的 3 个小熊猫对象的位置和方向。

【步骤 03】按照步骤 01 和 02，分别对另两个姿势的小熊猫对象进行实例复制，将副本数设置为 3，并调整复制出的小熊猫对象的位置和方向。

【步骤 04】选中所有的小熊猫对象，结成组，设置组名为“小熊猫”。最终效果如图 2.16 所示。

图 2.15 实例复制小熊猫对象

图 2.16 复制小熊猫对象后的最终效果

练一练：收纳桶

【步骤 01】打开“案例及拓展资源 / 单元 2/ 练一练 /2.2 收纳桶 / 收纳桶 .max”文件。

【步骤 02】选中桶杆对象，单击（选择并移动）按钮，如图 2.17 所示。

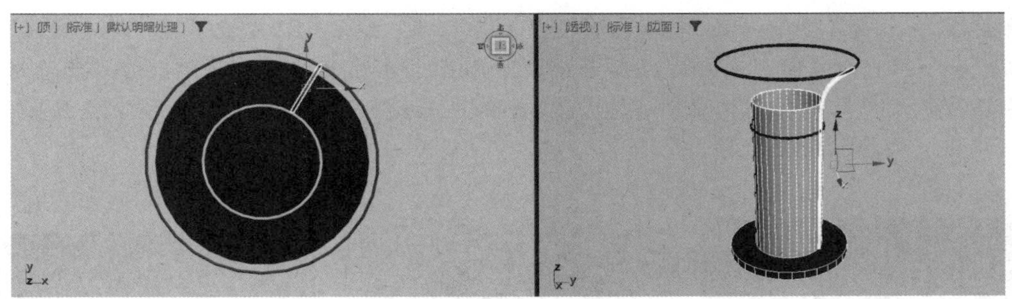

图 2.17　选中桶杆对象

【步骤 03】保持桶杆对象处于选中状态，右击顶视图，将其激活。

【步骤 04】单击“层次”命令面板中的“仅影响轴”按钮，如图 2.18 所示。在底部的状态栏中将“X”和“Y”数值框内的数值均设置为 0.0mm，如图 2.19 所示。因为收纳桶坐标的 X 值和 Y 值也为 0，所以桶杆的坐标在 XY 平面和收纳桶的中心是对齐的，如图 2.20 所示。

【步骤 05】再次单击“仅影响轴”按钮，结束对坐标轴的编辑操作。

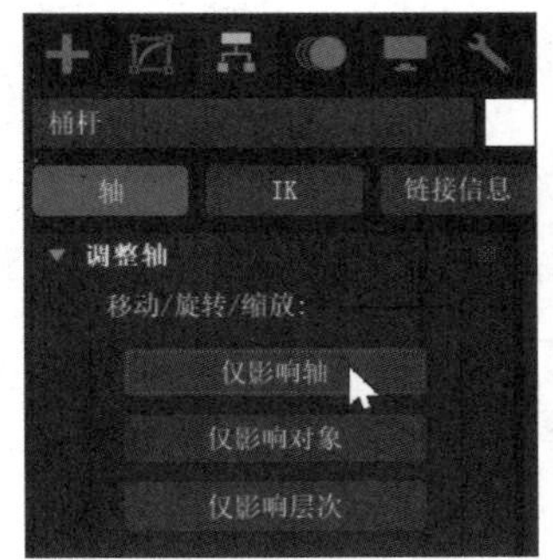

图 2.18　单击“仅影响轴”按钮

图 2.19　设置“X”和“Y”数值框内的数值

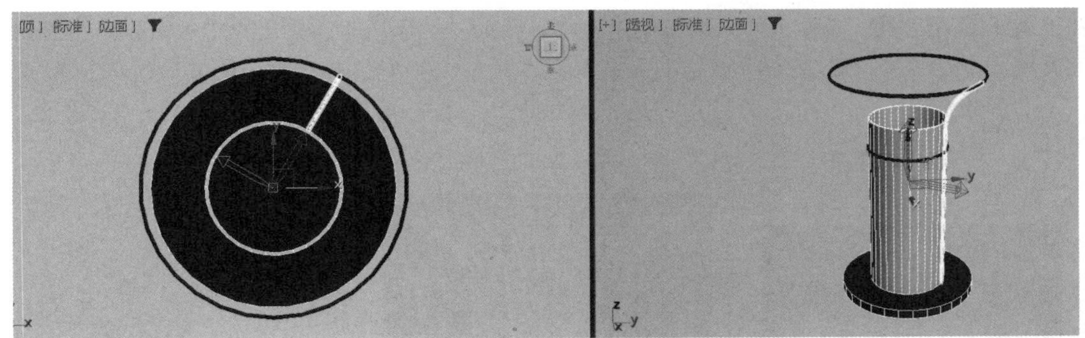

图 2.20　调整坐标轴位置

【步骤 06】右击（角度捕捉）按钮，在弹出的“栅格和捕捉设置”窗口的“选项”选项卡中，将角度设置为 12.0 度，如图 2.21 所示。关闭该窗口，单击（角度捕捉）按钮，将其激活。

【步骤 07】单击（选择并旋转）按钮，按住 Shift 键，将鼠标指针移动到坐标轴的蓝色圆框上（绕 Z 轴旋转），当蓝色圆框变为黄色时，按住鼠标左键不放，拖动鼠标，当复制出一个桶杆对象时，如图 2.22 所示，松开 Shift 键和鼠标左键，在弹出的“克隆选项”对话框的“对象”选区内选中“实例”单选按钮，设置副本数为 29，如图 2.23 所示，单击“确定”按钮，效果如图 2.24 所示。

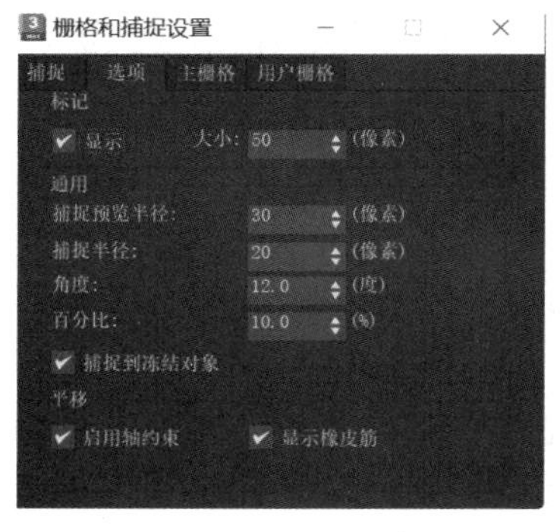

图 2.21　设置捕捉角度

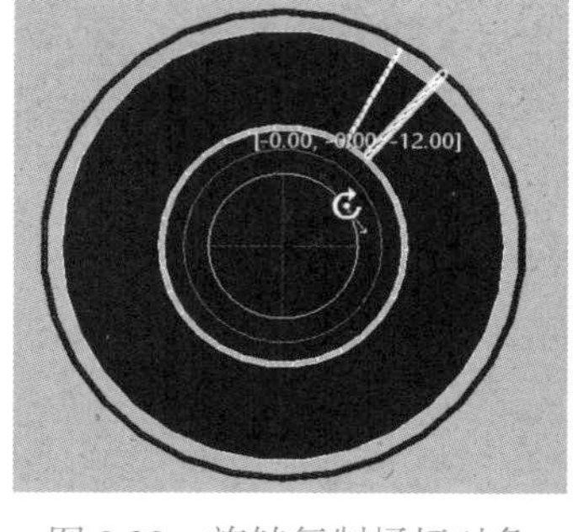

图 2.22　旋转复制桶杆对象

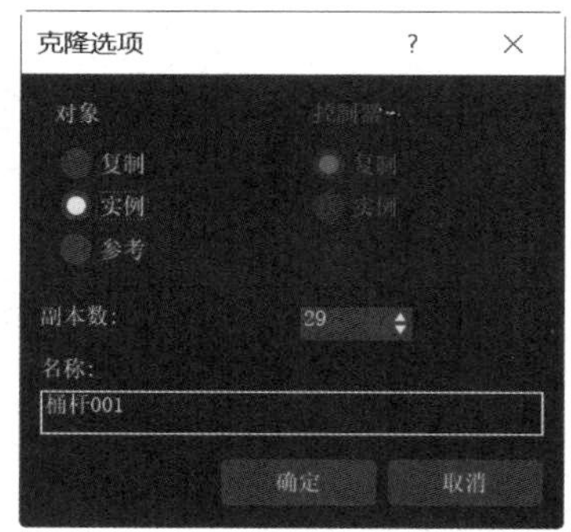

图 2.23　“克隆选项”对话框 3

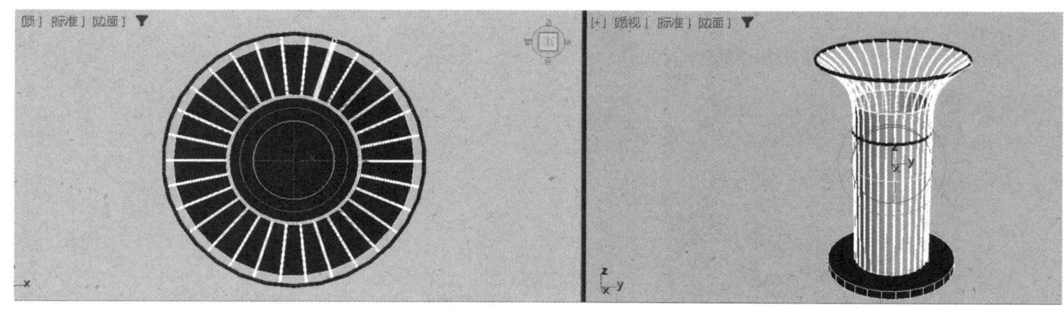

图 2.24　旋转复制桶杆对象后的效果

【步骤 08】激活前视图，单击（选择并移动）按钮，选中固定圈对象，按住 Shift 键，将鼠标指针移动到 Z 轴上，按住鼠标左键后向下移动鼠标，当复制出一个固定圈时，松开 Shift 键和鼠标左键，在弹出的“克隆选项”对话框的“对象”选区中选中“实例”单选按钮，设置副本数为 2，如图 2.25 所示，单击“确定”按钮，关闭该对话框。效果如图 2.26 所示。

【步骤 09】将 3 个固定圈对象都选中，按照上述方法向下移动复制。最终效果如图 2.27 所示。

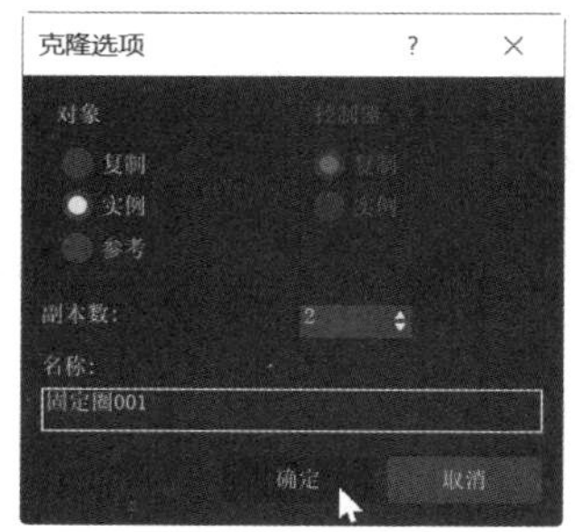

图 2.25　“克隆选项”对话框 4

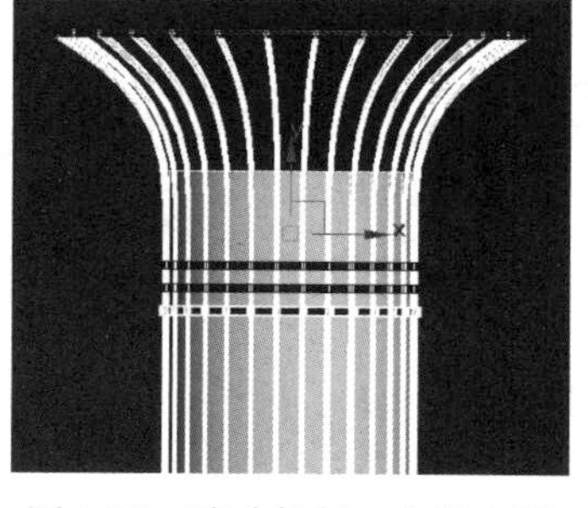

图 2.26　移动复制一个固定圈对象后的效果

图 2.27　最终效果

2.3　阵列与间隔工具应用

阵列是以当前选定物体为对象，一次复制产生多个有序排列的复制对象的操作方法。这种操作对于需要制作大批量具有一定变换规律的对象来说非常快捷、方便，如复制产生一所建筑大楼的窗户、剧场内的座椅等。利用间隔工具可以复制产生多个新对象，并使其沿设置的路径进行排列。

2.3.1　阵列

1. 操作方法

（1）先选中要进行阵列复制的对象。

（2）选择“工具”菜单中的“阵列”命令，打开“阵列”对话框，如图 2.28 所示。也可以在主工具栏中的空白处右击，在弹出的快捷菜单中选择“附加”命令，打开“附加”浮动面板，单击（阵列）按钮，会弹出“阵列”对话框。

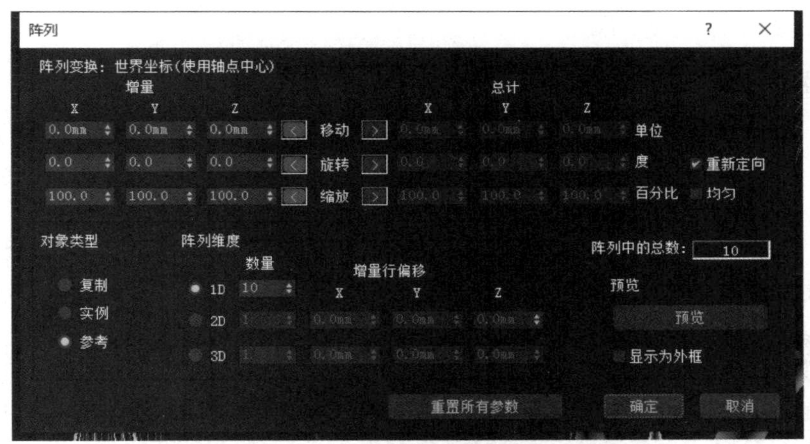

图 2.28　“阵列”对话框

（3）在“阵列”对话框中进行相应设置后，单击“确定”按钮，完成阵列操作。

2. 参数设置

“阵列”对话框中的“阵列变换”选区用于设置阵列复制时各种变换的数值。“阵列变换”名称右侧显示的是当前采用的参考坐标系及轴心设置，这两者直接影响阵列时复制对象的变换及排列效果，在进行对象阵列之前必须先进行合理设置。“增量”下面的参数用于显示和设置阵列对象之间在当前操作视口中 X、Y、Z 轴上移动、旋转、缩放变化的依次递增量，“总计”下面的参数用于显示和设置阵列变换在 X、Y、Z 轴上移动、旋转、缩放发生的总量，两者是相互关联的。在默认状态下，“增量”下面的数值框处于激活状态，在其中输入数值后，“总量”下面的相应数值框内就会根据阵列的数量显示变换的总量。单击各变换名称前后的 < 和 > 按钮可以在“增量”与“总量”之间切换。选择何种设置方式，取决于操作的方便与否。比如，要在公路上制作一排栏杆，只需要先制作一个栏杆对象，然后利用阵列复制，按照要放置栏杆的总长度和栏杆的个数，在总量中进行设置会更方便些。

“旋转”变换数值框右侧的“重新定向”复选框用于设置阵列对象绕当前坐标轴旋转时是否也绕其自身的轴心旋转。在勾选“缩放”变换数值栏右侧的“均匀”复选框后，只需在 X 轴对应的数值框中进行缩放设置即可，Y 和 Z 轴统一采用 X 轴中的数值，即阵列对象的缩放为均匀缩放。

“对象类型”选区用于设置阵列对象的复制方式，与普通的复制方式意义相同。

“阵列维度”选区用于设置阵列复制维数和复制的数量。其中 1D、2D、3D 分别代表一维阵列、二维阵列、三维阵列。“数量”下面的数值框用于设置相应维数上复制对象的总数，“增量行偏移”下面的 X、Y、Z 轴对应的数值框用于设置第二维、第三维在各个轴向上的偏移增量。

“阵列中的总数”文本框中显示阵列对象的总数量。

单击“预览”按钮，当前设置的效果及每次设置的变化都可以随时显示在视口中，便于观察与调整。

单击“重置所有参数”按钮，则所有参数将恢复到默认状态，可以重新进行设置。

阵列参数的设置稍微复杂一些，需要多做练习才能熟练掌握。下面通过两个练习来介绍一下阵列的具体操作及效果。

练一练：魔方

【步骤 01】打开“案例及拓展资源 / 单元 2/ 练一练 /2.3.1 魔方 / 魔方 .max”文件，将切角长方体对象的颜色设置为白色，在“修改”命令面板中观察其参数，如图 2.29 所示。

【步骤 02】选中切角长方体对象上方的另一个长方体对象，将其颜色设置为黑色，如图 2.30 所示。

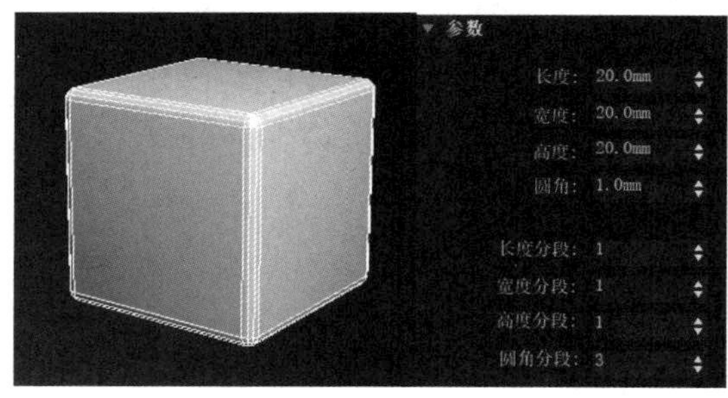

图 2.29　切角长方体对象及其参数

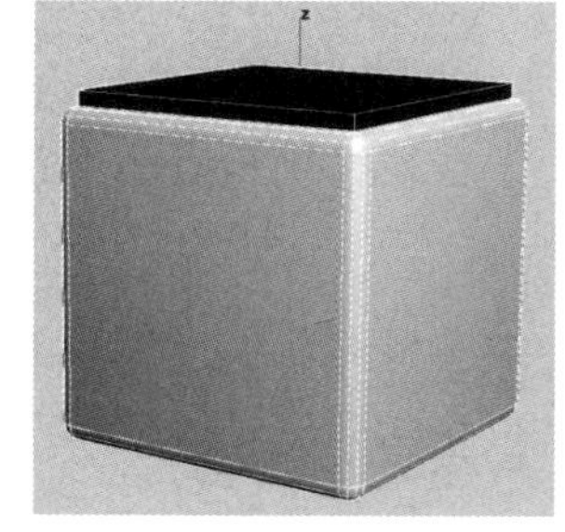

图 2.30　设置长方体对象的颜色

【步骤 03】保持黑色长方体对象处于选中状态，在透视图中按住 Shift 键，利用移动工具，沿 Z 轴对长方体对象进行移动复制，如图 2.31 所示。

【步骤 04】单击工具栏中的 （对齐）按钮，将鼠标指针移动到切角长方体对象上，当鼠标指针变为十字形时单击切角长方体对象，在弹出“对齐当前选择”对话框中，勾选“Z 位置”复选框，在“当前对象”选区内选中“最大”单选按钮，在“目标对象”选区内选中“最小”单选按钮，如图 2.32 中的左图所示，单击“确定”按钮，关闭该对话框。此时复制的长方体对象对齐在切角长方体对象的底部，如图 2.32 中的右图所示。

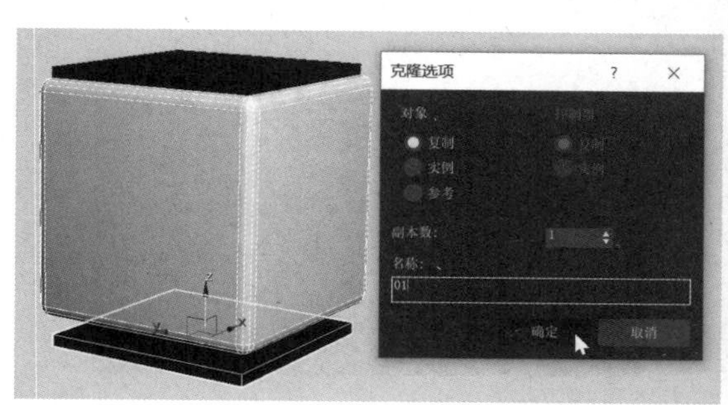

图 2.31　移动复制长方体对象

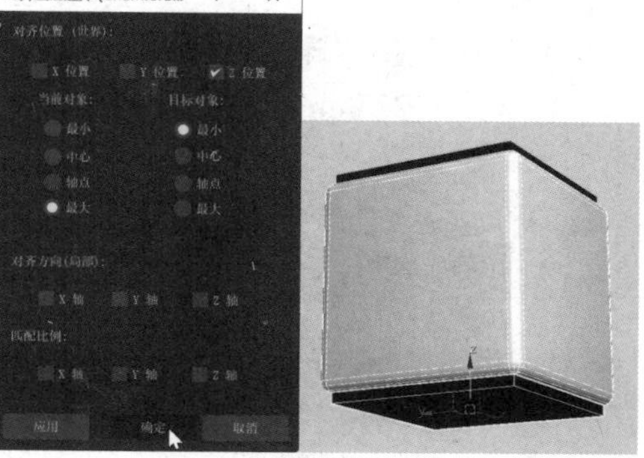

图 2.32　对齐操作

【步骤 05】选中两个长方体对象，单击（角度捕捉切换）按钮，然后右击该按钮，在弹出的“栅格和捕捉设置”对话框中设置角度为 90 度，如图 2.33 所示。

【步骤 06】激活前视图，单击（选择并旋转）按钮，按住 Shift 键，对两个长方体对象进行旋转复制，如图 2.34 所示。

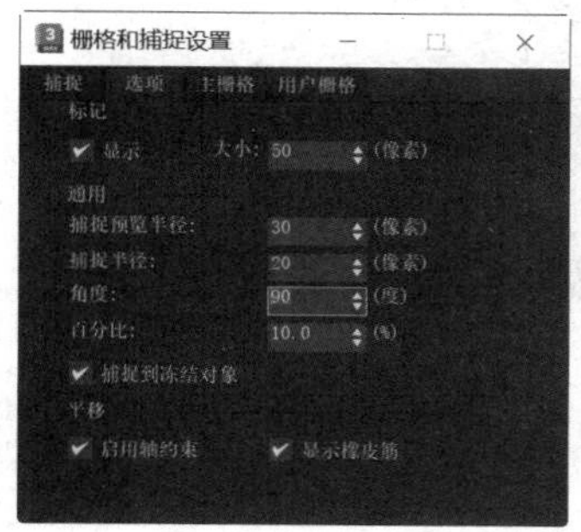

图 2.33　设置角度

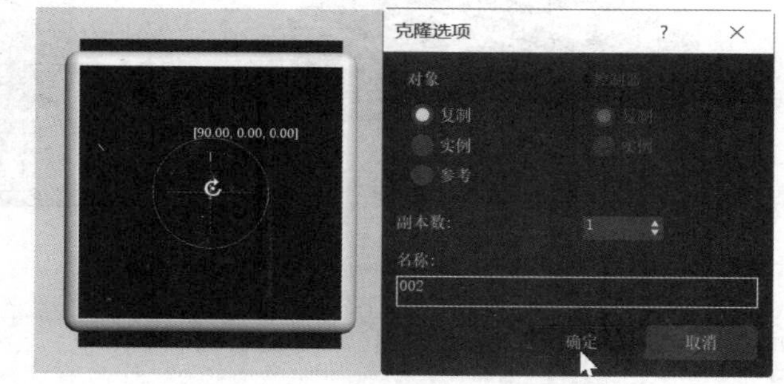

图 2.34　旋转复制长方体对象 1

【步骤 07】按照步骤 05 和 06，复制出另两个面上的长方体对象，如图 2.35 所示。复制完成后，单击（角度捕捉切换）按钮，取消捕捉。

【步骤 08】选中所有的对象，选择“工具”菜单中的“阵列”命令，打开“阵列”对话框，在“阵列变换：世界坐标（使用选择中心）”选区中，设置 *X* 轴方向的增量为 22.0mm，在“阵列维度”选区内选中“1D”单选按钮，将数量设置为 3，如图 2.36 所示。

图 2.35　旋转复制长方体对象 2

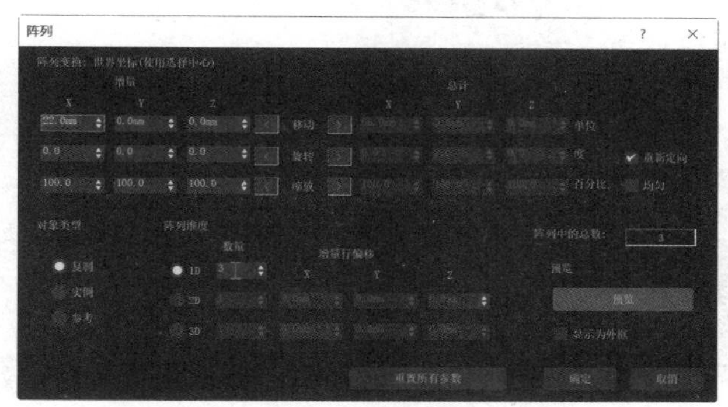

图 2.36　一维阵列设置

【步骤 09】单击“预览”按钮，效果如图 2.37 所示。

【步骤 10】在“阵列维度”选区内选中“2D”单选按钮，将数量设置为 3，设置 *Y* 轴方向的增量为 22.0mm，如图 2.38 所示。

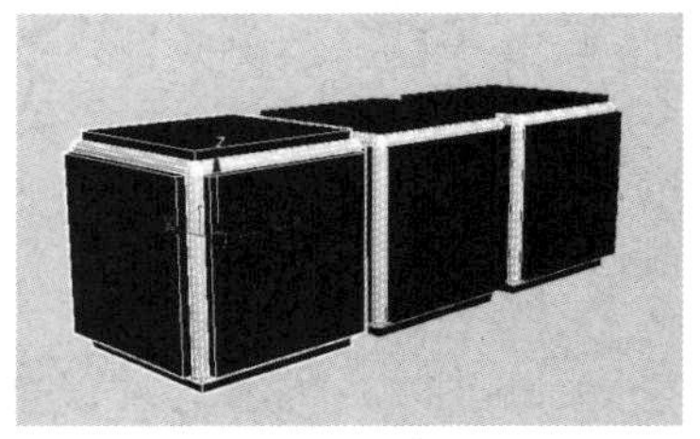

图 2.37　一维阵列预览效果

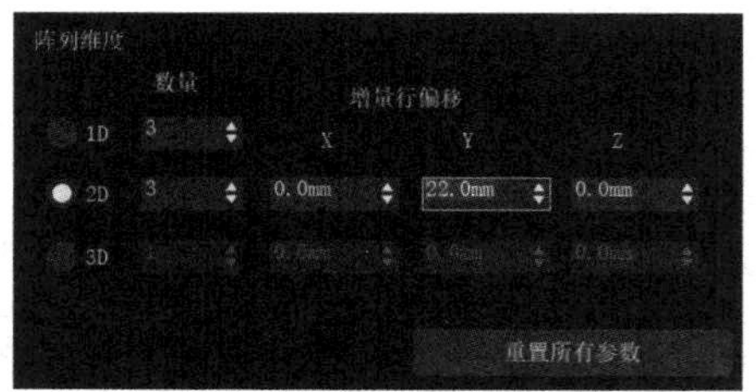

图 2.38　二维阵列设置

【步骤 11】单击“预览”按钮，效果如图 2.39 所示。

【步骤 12】在“阵列维度”选区内选中“3D”单选按钮，将数量设置为 3，设置 *Z* 轴方向的增量为 22.0mm，如图 2.40 所示。

图 2.39　二维阵列预览效果

图 2.40　三维阵列设置

【步骤 13】单击“预览”按钮，效果如图 2.41 所示。单击“确定”按钮，关闭“阵列”对话框。

【步骤 14】调整各个长方体对象的颜色，最终效果如图 2.42 所示。

图 2.41　三维阵列预览效果

图 2.42　魔方的最终效果

练一练：时光

【步骤 01】打开“案例及拓展资源 / 单元 2/ 练一练 /2.3.1 时光 / 钟表 .max”文件。

【步骤 02】选择表示刻度的长方体对象，单击（选择并移动）按钮，单击“层次”命令面板中的“仅影响轴”按钮，单击工具栏中的（对齐）按钮，将鼠标指针移动到表盘对象，当鼠标指针变为十字形时单击表盘对象，在弹出的“对齐当前选择”对话框中，勾选“X 位置”和“Y 位置”复选框，在“当前对象”和“目标对象”选区内均选中“中心”单选按钮，如图 2.43 所示，此时坐标轴移动到了表盘对象中心，单击“确定”按钮，关闭该对话框，效果如图 2.44 所示。再次单击“仅影响轴”按钮，结束对坐标轴的编辑操作。

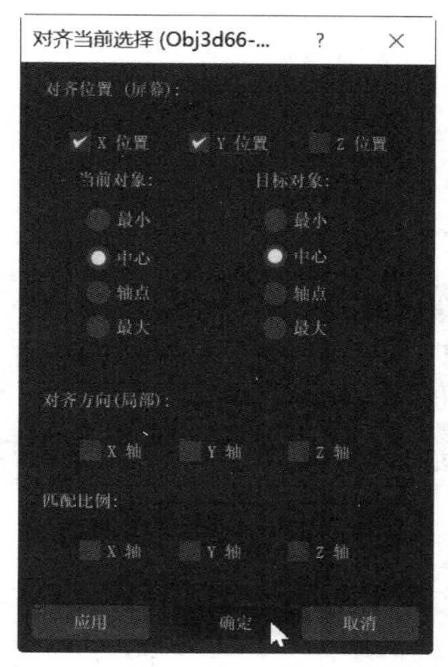

图 2.43　“对齐当前选择”对话框

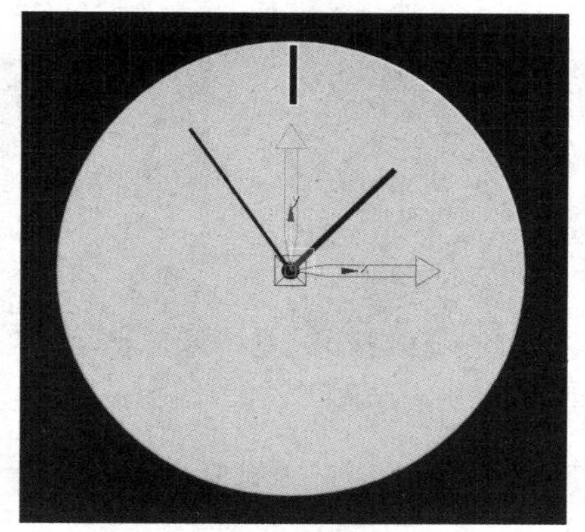

图 2.44　调整坐标轴位置后的效果

【步骤 03】保持表示刻度的长方体对象处于选中状态，选择“工具”菜单中的“阵列”命令，在弹出的“阵列”对话框中，将 *Z* 轴方向的旋转增量设置为 30.0，在“阵列维度”选区内选中“1D”单选按钮，将数量设置为 12，如图 2.45 所示。单击“确定”按钮，关闭该对话框。阵列效果如图 2.46 所示。

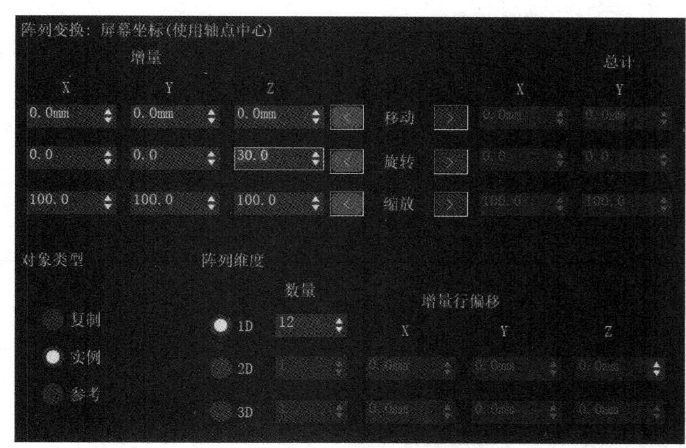

图 2.45　阵列设置

图 2.46　阵列效果

2.3.2　间隔工具

应用间隔工具可以将选定的对象沿特定的样条线进行阵列操作。选中物体，选择“工具”菜单的“对齐”子菜单中的“间隔工具”命令或按 Shift+I 组合键，就会弹出“间隔工具”窗口。

练一练：牵牛花

【步骤 01】打开“案例及拓展资源 / 单元 2/ 练一练 /2.3.2 牵牛花 / 藤蔓 .max”文件，场景如图 2.47 所示。

【步骤 02】选中场景中的牵牛花对象和路径线，按 Alt+Q 组合键，将两者孤立，如图 2.48 所示。

【步骤 03】选中场景中的牵牛花对象，选择“工具”菜单的“对齐”子菜单中的“间隔工具”命令，如图 2.49 所示，或者按 Shift+I 组合键，就会弹出“间隔工具”窗口，如图 2.50 所示。

图 2.47　藤蔓场景

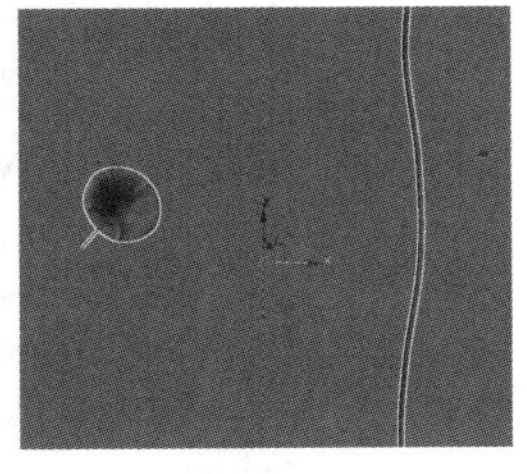

图 2.48　孤立选定对象

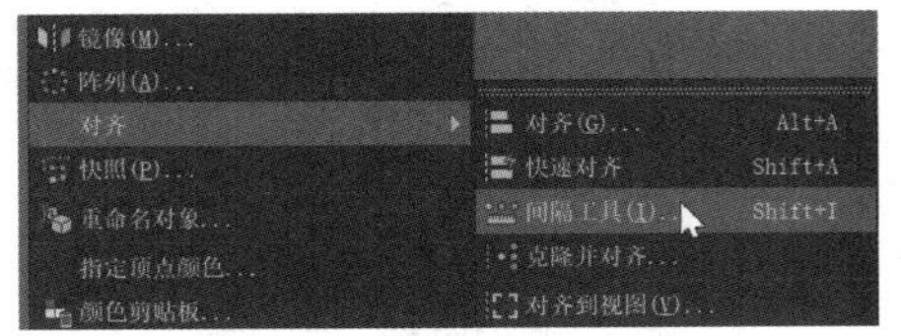

图 2.49　选择“间隔工具”命令

【步骤 04】单击“间隔工具”窗口中的“拾取路径”按钮，单击视图中的路径线，牵牛花对象就分布到路径线上了，同时“拾取路径”按钮变为当前选择的样条线的名称，如图 2.51 所示。

【步骤 05】在“参数”选区中勾选“计数”复选框，在该复选框右侧的数值框中输入“6”，在下拉列表中选择“均匀分隔，没有对象位于端点”选项。设置完成后，单击“应用”按钮，使设置生效，效果如图 2.52 所示。如果单击“取消”按钮，则设置不生效。单击“确定”按钮，关闭该对话框。

【步骤 06】利用旋转工具调整牵牛花对象的角度，调整完成后按 Alt+Q 组合键，取消孤立，将原始牵牛花对象和路径线删除，最终效果如图 2.53 所示。

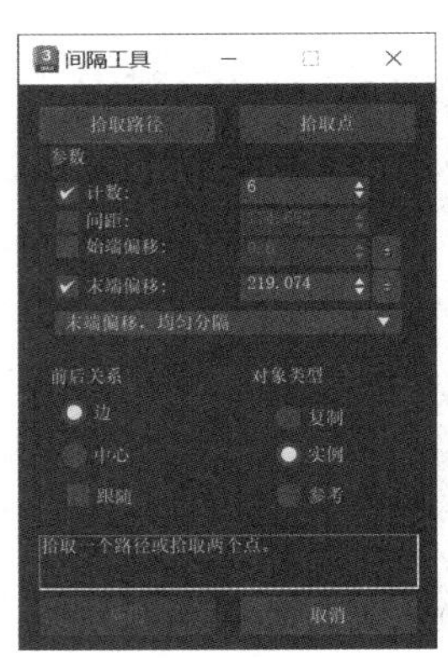

图 2.50　“间隔工具”窗口

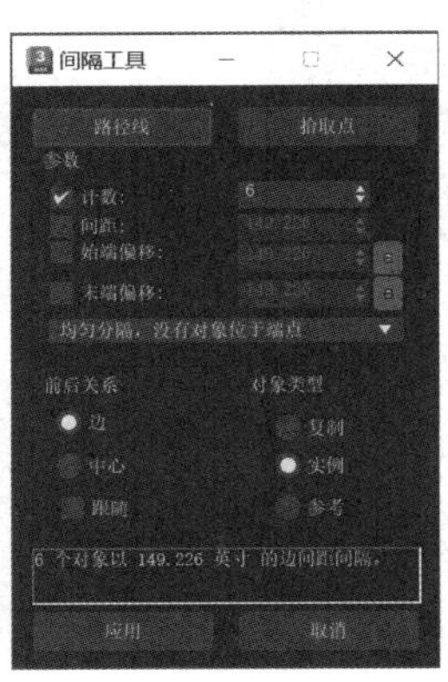

图 2.51　设置参数 1

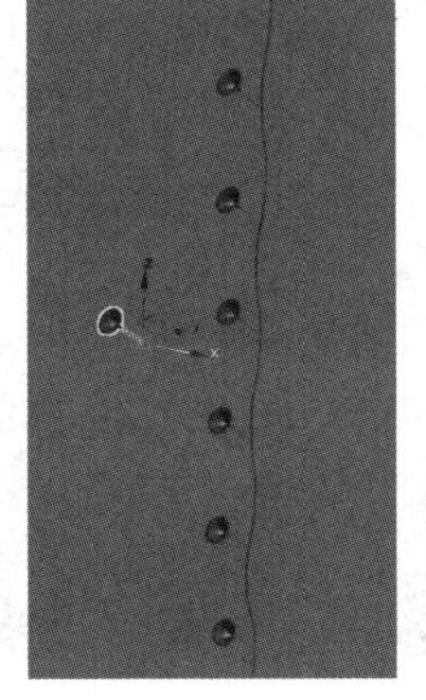

图 2.52　间隔复制效果

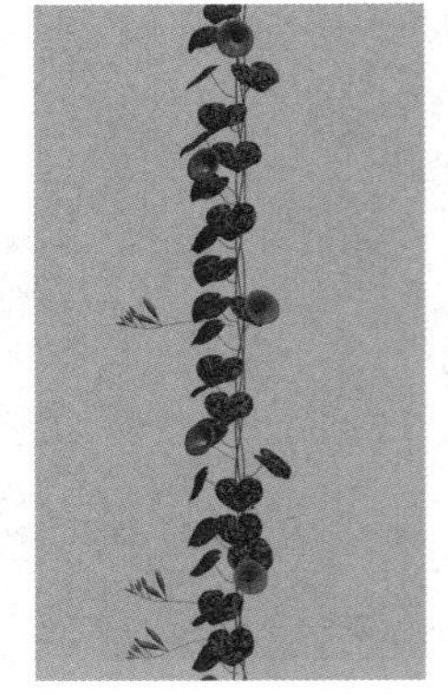

图 2.53　调整牵牛花对象角度后的最终效果

练一练：列车

【步骤 01】打开“案例及拓展资源 / 单元 2/ 练一练 /2.3.2 列车 / 列车 .max”文件。

【步骤 02】在工具栏中的空白处右击，在弹出的快捷菜单中选择“附加”命令，会弹出“附加”浮动面板，单击该浮动面板的“阵列”下拉列表中的“间隔工具”按钮，打开“间隔工具”窗口，如图 2.54 所示。

【步骤 03】在“参数”选区内的下拉列表中选择“从始端开始，设置间距”选项，将间距设置为 1400.0mm，如图 2.55 所示。

【步骤 04】激活顶视图，选中车厢对象，单击“间隔工具”窗口中的“拾取点”按钮，在车厢对象的后面单击，确定间隔分布的起始点，移动鼠标，可以看到在视图中出现一条蓝色的直线，将鼠标指针移动到适当位置后单击，确定结束点，这时即可看到车厢对象按设置的间距进行了间隔分布，如图 2.56 所示，单击对话框中的“应用”按钮，确定设置效果。

【步骤 05】调整间隔复制出的车厢对象的位置，最终效果如图 2.57 所示。

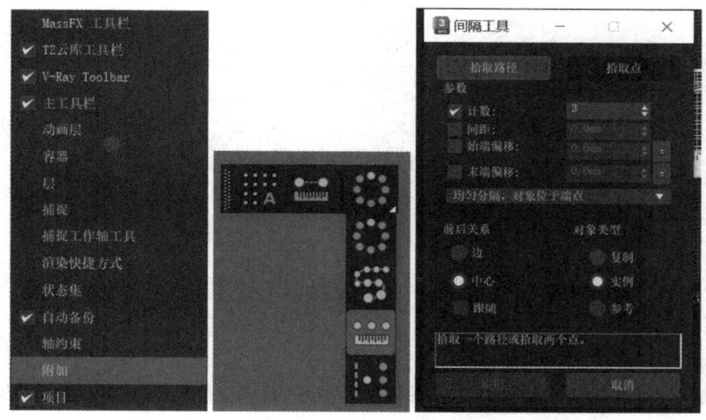

图 2.54　通过“附加”浮动面板打开“间隔工具”窗口

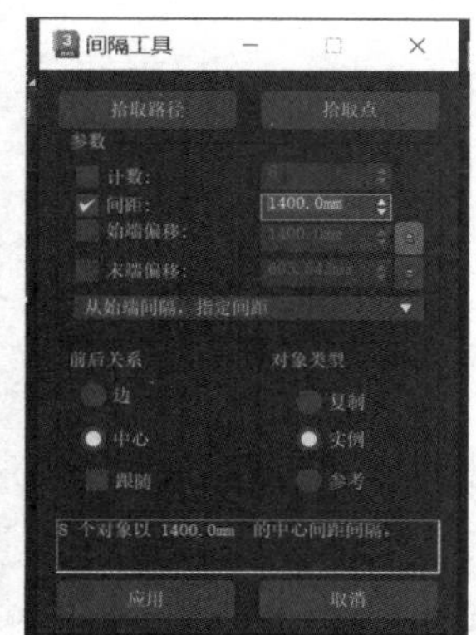

图 2.55　设置参数 2

图 2.56　间隔分布效果

图 2.57　调整车厢对象的位置后的最终效果

2.4　镜像

镜像可以将选择的某个对象沿指定的轴向进行翻转或翻转复制，适用于制作轴对称的模型。

练一练：导视系统形象背景墙

【步骤 01】打开“案例及拓展资源 / 单元 2/ 练一练 /2.4 导视系统形象背景墙 / 背景墙 .max”文件。

【步骤 02】选中场景中的所有对象，如图 2.58 所示，单击主工具栏中的 （镜像）按钮，或者选择“工具”菜单中的“镜像”命令，会弹出“镜像：屏幕坐标”对话框，“镜像轴”选区用于设置镜像的方向，“偏移”数值框用于设置镜像对象的轴点偏离原始对象轴点的距离。“克隆当前选择”选区用于设置镜像对象是否进行复制及复制的方式。默认状态为“不克隆”，即仅对选中的对象进行镜像移动而不复制对象。选中其他几个单选按钮，则会按照不同复制方式镜像产生新对象。

在“镜像轴”选区内选中“X”单选按钮，设置偏移为 0.0mm，在“克隆当前选择”选区内选中“不克隆”单选按钮，视图中的效果如图 2.59 所示。

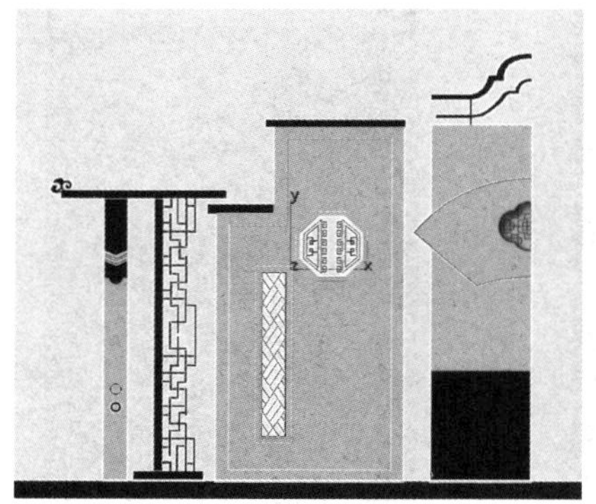

图 2.58 选中场景中的所有对象

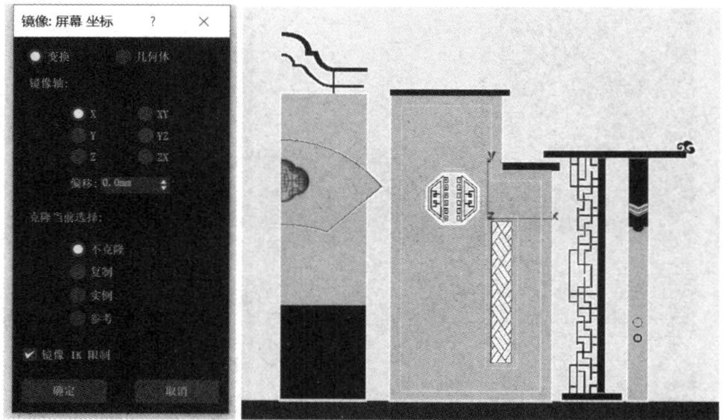

图 2.59 镜像不克隆的效果

【步骤 03】在“镜像轴”选区内选中“X”单选按钮，在“克隆当前选择”选区内选中“实例”单选按钮，调整偏移值，如图 2.60 所示，单击“确定”按钮关闭该对话框。镜像效果如图 2.61 所示。

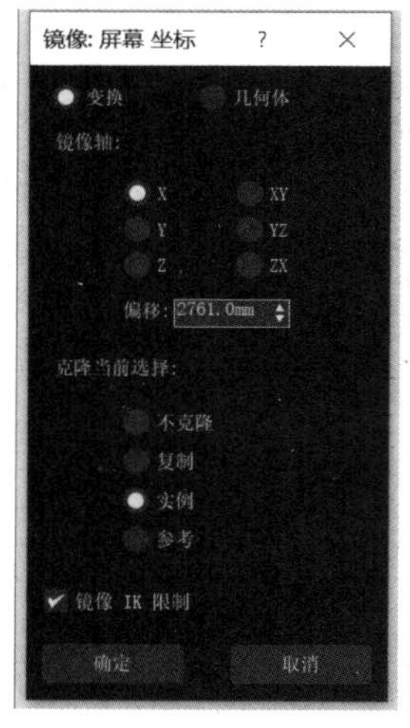

图 2.60 镜像设置

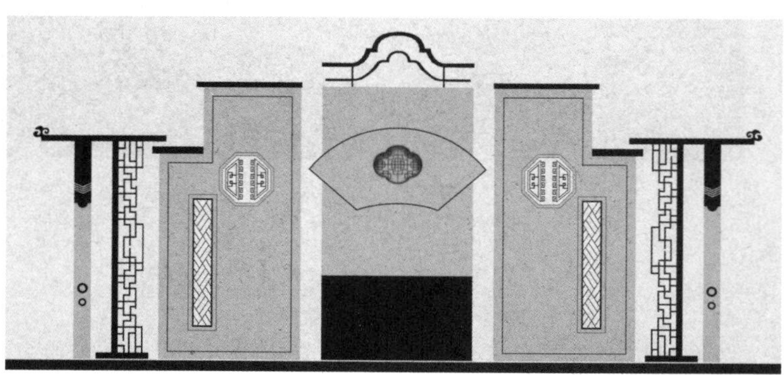

图 2.61 镜像效果

2.5　对齐

对齐是使选定的对象按照指定的坐标方向和某种方式与目标对象对齐。

在工具栏中，对齐工具为一组弹出按钮，默认为（对齐）按钮，在该按钮上按住鼠标左键不放，会弹出其他几种对齐方式按钮，分别为（快速对齐）按钮、（法线对齐）按钮、（放置高光）按钮、（对齐摄影机）按钮、（对齐到视图）按钮。

2.5.1　最常用的对齐方式

利用工具栏中的（对齐）按钮或“工具”菜单中的“对齐”命令，将选定的对象在空间位置上按照相应设置与目标对象对齐，这是最普通、最常用的一种对齐方式。

练一练：火车积木

【步骤 01】打开“案例及拓展资源 / 单元 2/ 练一练 /2.5.1 火车积木 / 积木 .max”文件，场景如图 2.62 所示。

【步骤 02】激活顶视图，选择场景中的褐色长方体对象，单击工具栏中的（对齐）按钮，鼠标指针在视图中变为对齐状态图标，将鼠标指针移动到圆柱体火车头对象上，鼠标指针变为十字形，如图 2.63 所示，稍后显示该对象的名称，单击火车头对象，弹出“对齐当前选择 (火车头)”对话框，目标对象的名称将显示在对话框的标题栏中，勾选“X 位置”和“Y 位置”复选框，在“当前对象”和“目标对象”选区内均选中“中心”单选按钮，如图 2.64 所示，单击“应用”按钮，长方体对象和火车头对象就中心对齐了。此时“对齐当前选择 (火车头)”对话框中的参数恢复到初始状态。

图 2.62　火车积木场景

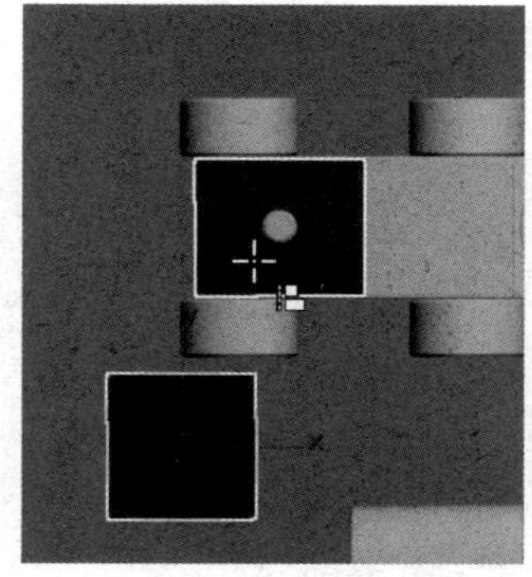

图 2.63　对齐操作

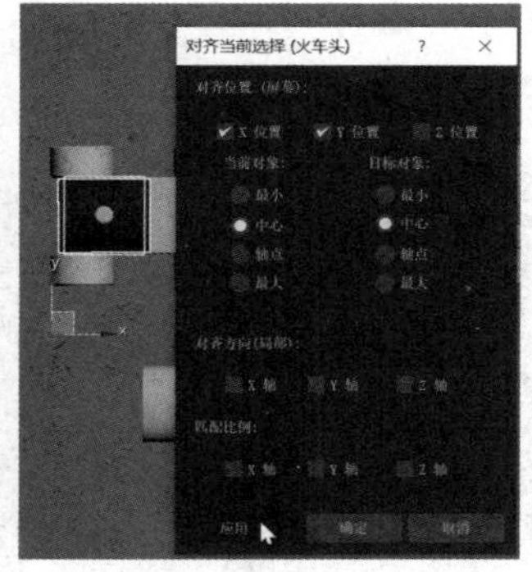

图 2.64　中心对齐设置 1

【步骤 03】在“对齐当前选择 (火车头)”对话框中，勾选“Z 位置”复选框，在“当前对象”和“目标对象”选区内均选中“最小”单选按钮，如图 2.65 所示。单击“应用”按钮，长方体对象和火车头对象在 Z 轴方向上就底部对齐了。

【步骤 04】在“对齐当前选择 (火车头)”对话框中，勾选“X 位置”复选框，在“当前对象”和“目标对象”选区内分别选中“最小”和“最大”单选按钮，如图 2.66 所示。单击“应用”按钮，长方体对象和火车头对象在 X 轴方向上就前后对齐了，效果如图 2.67 所示。单击“确定”按钮，关闭该对话框。

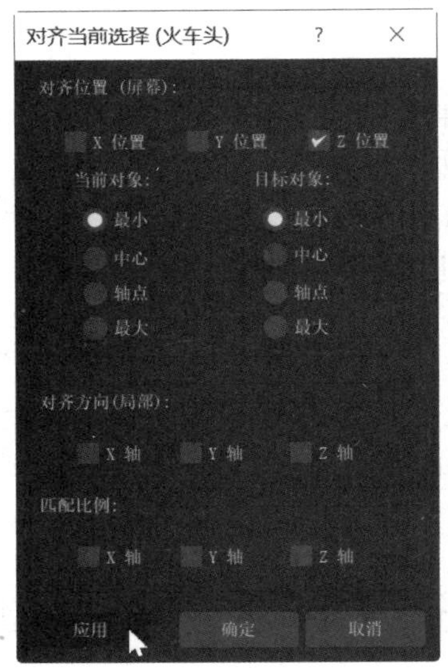

图 2.65　Z 轴方向上底部对齐设置

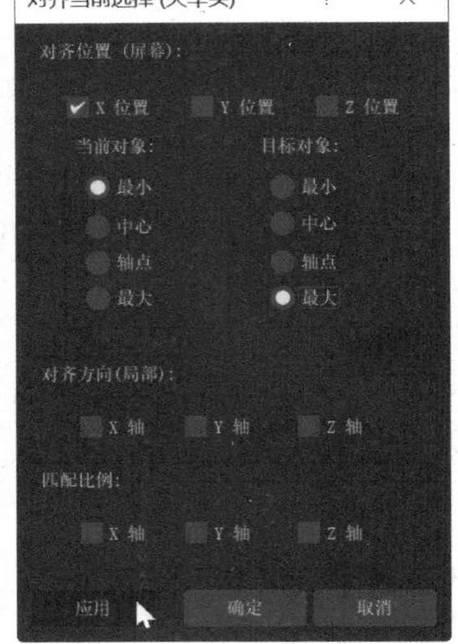

图 2.66　前后对齐设置

图 2.67　前后对齐的效果

【步骤 05】选中黄色正方体对象，单击工具栏中的（对齐）按钮，将鼠标指针移动到棕色长方体对象上单击，在弹出的“对齐当前选择（对象 006）”对话框中，勾选“X 位置”和“Y 位置”复选框，在“当前对象”和“目标对象”选区内均选中“中心”单选按钮，如图 2.68 所示。单击“应用”按钮，使设置生效。

【步骤 06】在“对齐当前选择（对象 006）”对话框中，勾选“Z 位置”复选框，在“当前对象”和“目标对象”选区内分别选中“最小”和“最大”单选按钮，如图 2.69 所示。单击“应用”按钮，对齐效果如图 2.70 所示。单击“确定”按钮关闭该对话框。

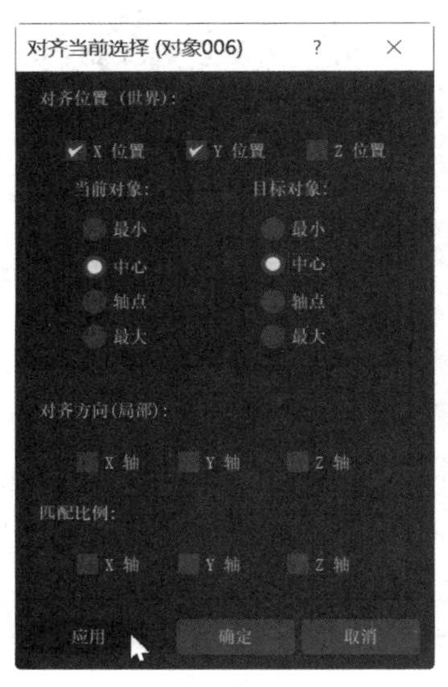

图 2.68　中心对齐设置 2

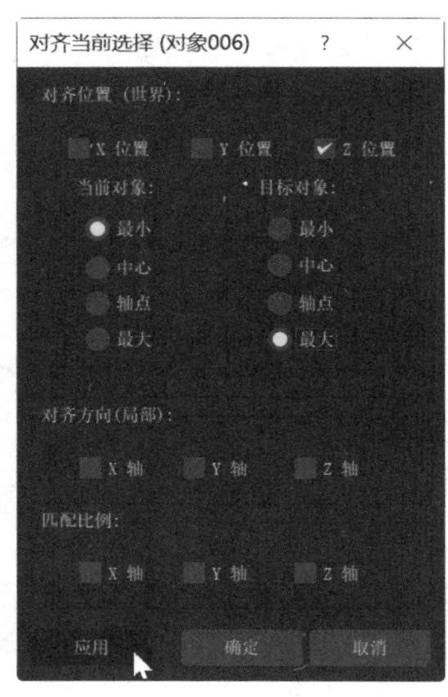

图 2.69　上下对齐设置

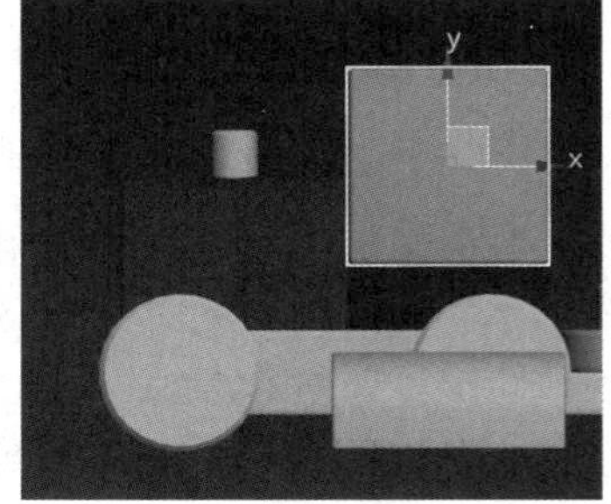

图 2.70　对齐效果

【步骤 07】按照上述方法将顶部对象对齐到正方体对象的上方，将小象对象放置到合适的位置。火车积木的最终效果如图 2.71 所示。

图 2.71　火车积木的最终效果

2.5.2　其他对齐方式

1. 快速对齐

在选择单个或多个对象后，单击主工具栏中的（快速对齐）按钮，或者选择“工具”菜单中的“快速对齐”命令，也可以按快速对齐的快捷键 Shift+A，此时鼠标指针变为闪电形状，在要对齐的目标对象上单击，可以快速将当前选择对象的轴点与目标对象的轴点对齐，不会弹出“对齐当前选择”对话框。

2. 法线对齐

法线是定义面或顶点指向方向的向量。法线对齐主要用于对齐对象表面，多用于表面不规则的物体。

练一练：手机展台

【步骤 01】打开“案例及拓展资源 / 单元 2/ 练一练 /2.5.2 手机展台 / 手机展台 .max”文件，场景如图 2.72 所示。

【步骤 02】选中手机对象，在工具栏中的（对齐）按钮上按住鼠标左键不放，在弹出的按钮中选择（法线对齐）按钮，单击手机对象的侧面，这时会出现一条蓝色垂线，即该处表面的法线，如图 2.73 所示。将鼠标指针移动到展架对象的侧面，当鼠标指针变为十字形时，如图 2.74 所示，单击，会弹出“法线对齐”对话框，这里采用默认参数设置，此时手机对象和展架对象的侧面就对齐了，效果如图 2.75 所示，单击“确定”按钮，关闭该对话框。

图 2.72　手机展台场景

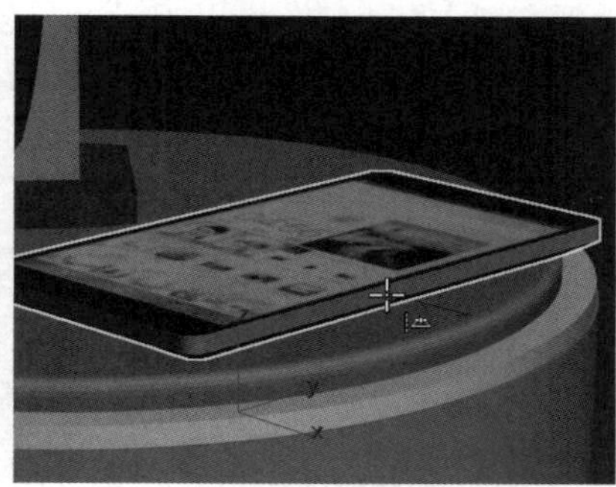

图 2.73　对齐法线

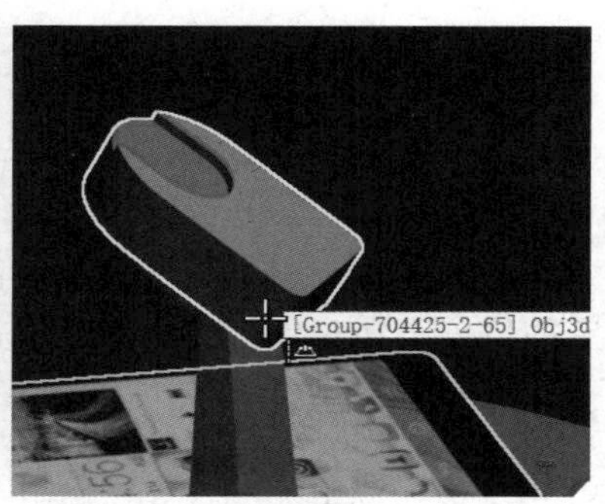

图 2.74　鼠标指针变为十字形

【步骤 03】保持手机对象处于选中状态，单击（法线对齐）按钮，在手机对象的底面单击，会出现蓝色法线，移动鼠标指针到展架对象的上表面，当鼠标指针变为十字形时单击，会弹出“法线对齐”对话框，其中“位置偏移”选区用于设置在 3 个坐标轴方向相对于法线对齐位置的偏移量，“旋转偏移”选区用于设置围绕法线偏移的角度，勾选“翻转法线”复选框可以使法线反向对齐。调整数值的效果可以直接在视图中显示，观察达到要求后，如图 2.76 所示，单击“确定”按钮，关闭该对话框，结束法线对齐操作。

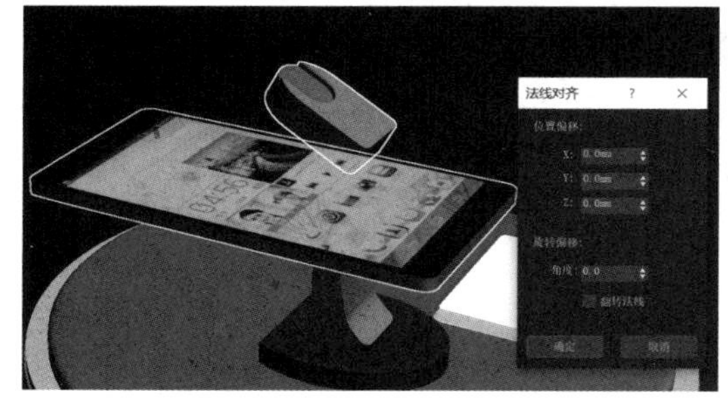

图 2.75　手机对象和展架对象的侧面对齐后的效果

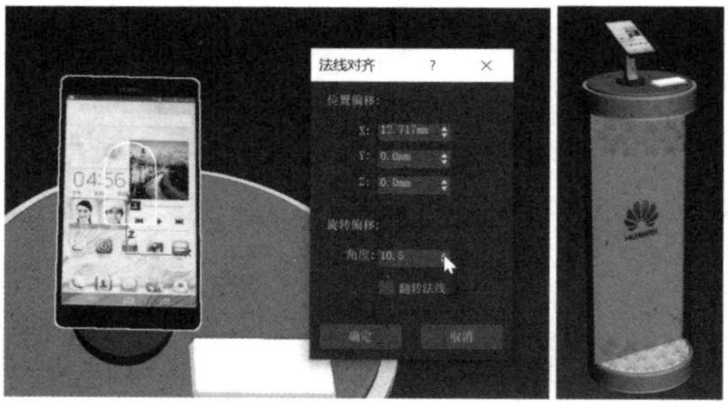

图 2.76　调整对齐参数及最终效果

3. 放置高光

（放置高光）按钮用于重新定位对象表面的高光点。在场景中创建灯光后，先选择灯光，然后单击（放置高光）按钮，在需要设置高光的对象表面上单击，灯光的位置即可发生变化，在该处产生高光。

4. 对齐摄影机

（对齐摄影机）按钮用于将选定的摄影机对齐到选定对象表面的法线上。在创建摄影机后，先选中摄影机，再单击（对齐摄影机）按钮，单击要对齐的对象目标表面处，摄影机的位置即可发生相应调整，与所选择面的法线对齐。

5. 对齐到视图

（对齐到视图）按钮用于将选定对象的局部坐标轴与当前视图坐标轴对齐。先选择要对齐的对象，再单击（对齐到视图）按钮，在弹出的“对齐到视图”对话框中设置要与当前视图对齐的坐标轴，在视图中即可看到对齐效果，单击“确定”按钮，关闭该对话框。当误操作将对象创建在错误的视图中时，利用“对齐到视图”命令改正对象的方向会非常方便。

2.6 捕捉工具

捕捉工具是一种操作辅助工具，通过对捕捉工具进行适当设置，可以将光标捕捉到指定的位置，在对象创建和修改时帮助精确定位。

2.6.1 捕捉与栅格设置

选择“工具”菜单的“栅格和捕捉”子菜单中的“栅格和捕捉设置”命令，或者在

主工具栏中的 （2.5D 捕捉）按钮、 （角度捕捉切换）按钮或 （百分比捕捉切换）按钮上右击，打开“栅格与捕捉设置”对话框，如图 2.77 所示。在该对话框中可以进行捕捉设置、改变捕捉增量及改变视图中栅格的大小等。选择该对话框中的某个选项卡，即可显示相应对话框选项。

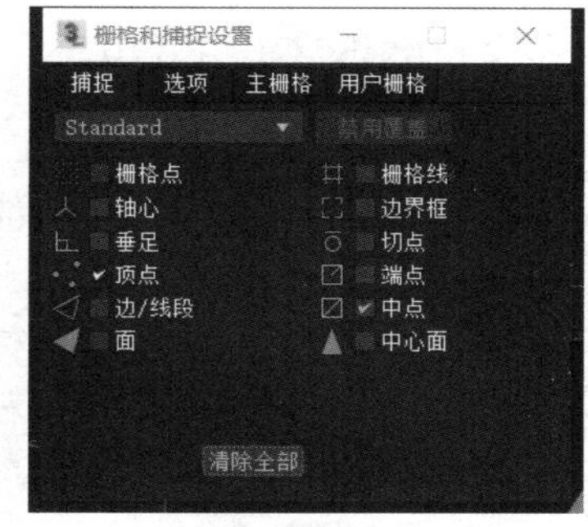

图 2.77　“栅格和捕捉设置”对话框

1. 捕捉对象设置

“栅格与捕捉设置”对话框中的“捕捉”选项卡用于设置捕捉对象。该选项卡内的下拉列表中默认为 Standard 捕捉类型，单击下拉按钮，在弹出的下拉列表中还可以选择 Body Snaps 或 NURBS 捕捉类型，对话框中显示的捕捉对象会随即发生改变。

在 Standard 捕捉类型中，默认选项为“栅格点”，即在创建对象时光标将捕捉视图中栅格线的交点。在“捕捉”选项卡中勾选任意一个选项对应的复选框，即可将该选项选为捕捉点，取消勾选复选框可以取消对该选项的选择。可以一次选择多个捕捉点，在这种情况下操作时，光标将捕捉最近的对象。单击“清除全部”按钮可以取消所有捕捉设置。

2. 捕捉精度设置

“栅格和捕捉设置”对话框中的“选项”选项卡用于设置捕捉的强度、范围及捕捉时光标的大小等。“选项”选项卡如图 2.78 所示。

“标记”选区用于设置捕捉时捕捉标记是否显示及显示的大小。默认应用“显示”标记。

“通用”选区中的“捕捉预览半径”和“捕捉半径”数值框用于设置捕捉的范围，一般为了获得最佳效果，需要设置“捕捉预览半径”的值比“捕捉半径”的值多 10 像素或更多。“角度”数值框用于设置旋转操作时的递增角度，“百分比”数值框用于设置缩放操作时递增的百分比例。如果勾选“捕捉到冻结对象”复选框，则视图中的冻结对象也可以作为捕捉目标。

3. 主栅格和用户栅格设置

利用“主栅格”和“用户栅格”选项卡，可以对视图中栅格线之间的距离及栅格显示等进行设置，有利于根据视图中的栅格定位对象及确定对象的大小。“主栅格”选项卡如图 2.79 所示，“用户栅格”选项卡如图 2.80 所示。

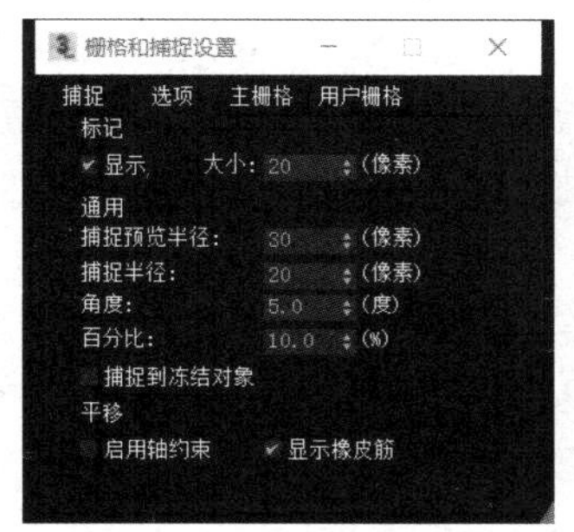

图 2.78　“选项”选项卡

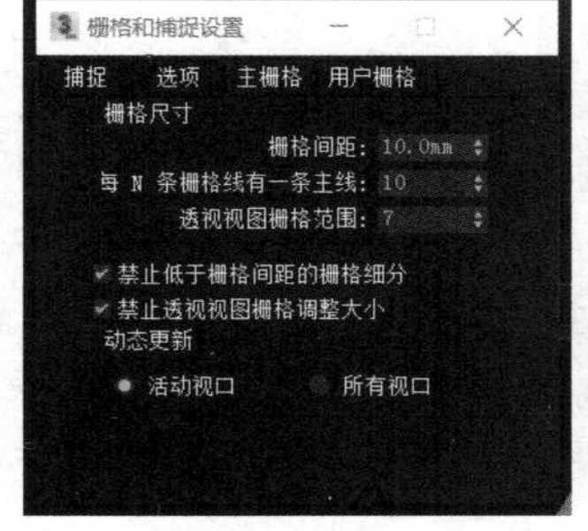

图 2.79　“主栅格”选项卡

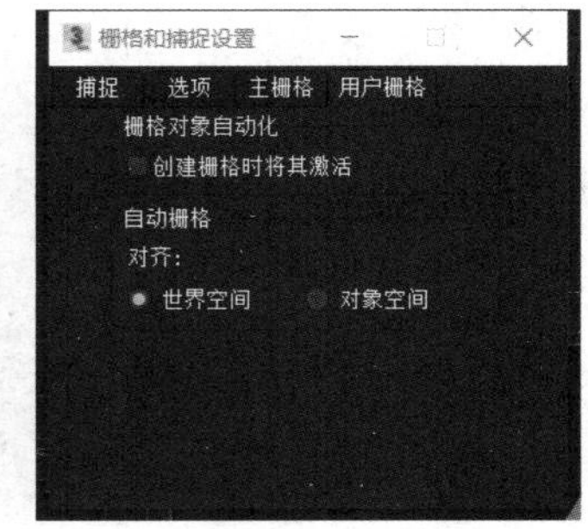

图 2.80　“用户栅格”选项卡

在“栅格与捕捉设置”对话框中完成相应设置后，单击该对话框右上角的按钮，关闭该对话框。

2.6.2 捕捉工具的使用

捕捉设置必须在捕捉工具启用后才起作用。在主工具栏中提供了 4 个捕捉工具按钮，分别是（2.5D 捕捉）按钮、（角度捕捉切换）按钮、（百分比捕捉切换）按钮、（微调器捕捉切换）按钮。在进行捕捉操作前，需要先单击相关按钮（按钮呈黄色显示），捕捉设置才可以生效。在任意一个捕捉工具按钮上右击，都会打开“栅格和捕捉设置”对话框，在该对话框中可以进行相关捕捉设置。

（2.5D 捕捉）按钮是一个弹出按钮，在该按钮上按住鼠标左键不放，会弹出（2D 捕捉）按钮和（3D 捕捉）按钮。在选择并启用（3D 捕捉）按钮后，当绘制二维图形或创建三维对象时，鼠标指针可以在三维空间的任意位置进行捕捉；在选择并启用（2D 捕捉）按钮后，将只捕捉当前激活视图中栅格平面上的元素。例如，在顶视图中，鼠标指针将只捕捉位于 *XY* 平面上的元素；在选择并启用（2.5D 捕捉）按钮后，将只捕捉当前激活视图中栅格上对象投影的顶点或边缘。

（角度捕捉切换）按钮用于启用与关闭角度捕捉设置，可以在拖动鼠标进行对象的旋转操作时精确控制旋转角度。单击（角度捕捉切换）按钮，将其激活，旋转操作将按照在“栅格和捕捉设置”对话框的“选项”选项卡中设置的角度递增。比如，在“栅格和捕捉设置”对话框的“选项”选项卡中，将角度设置为 30.0 度，则旋转对象时将以 30.0 度角为单位递增旋转。

（百分比捕捉切换）按钮用于启用与关闭百分比捕捉设置，可以在进行缩放操作时控制精确的缩放百分比。在单击（百分比捕捉切换）按钮后，对象的缩放操作将按照“栅格和捕捉设置”对话框的“选项”选项卡中设置的百分比进行缩放变化。

在启用（微调器捕捉切换）按钮后，当单击参数数值框右侧的数值调节按钮时，参数的数值将按照固定的增量增加或减少，默认值为 1.0。在该按钮上右击，会弹出“首选项设置”对话框，在“常规”选项卡的“微调器”选区中可以设置捕捉值。

练一练：月饼礼盒

【步骤 01】打开“案例及拓展资源 / 单元 2/ 练一练 /2.6 月饼礼盒 / 月饼礼盒 .max”文件，场景如图 2.81 所示。

【步骤 02】激活顶视图，选中月饼对象，按住 Shift 键，移动复制一个月饼对象，并将复制的月饼对象命名为“月饼 001”，如图 2.82 所示。

【步骤 03】选中月饼 001，在（角度捕捉切换）按钮上右击，打开“栅格和捕捉设置”对话框，在“选项”选项卡中设置角度为 60 度，如图 2.83 所示。单击（角度捕捉切换）按钮，将其激活。

【步骤 04】在工具栏中的（使用轴点中心）按钮上按住鼠标左键不放，在弹出的按钮中选择（使用变换坐标中心）按钮，在参考坐标系下拉列表中选择“拾取”选项，如图 2.84 所示。在盒子对象上单击，此时月饼 001 的坐标轴移动到了盒子对象的中心。

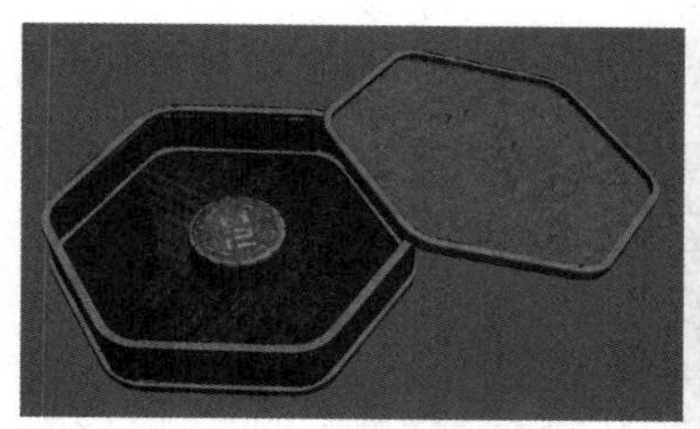

图 2.81　月饼礼盒场景

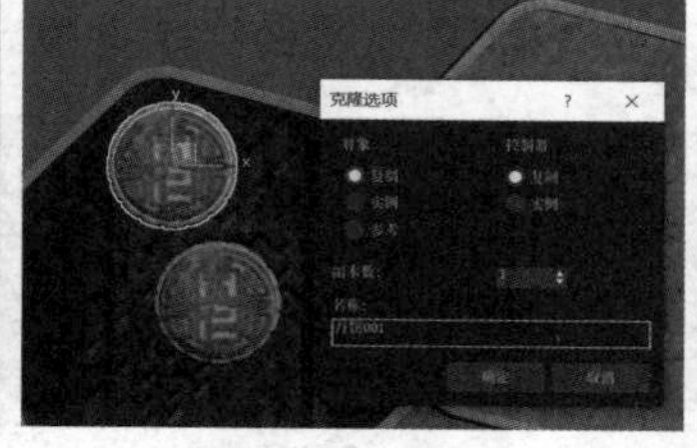

图 2.82　移动复制一个月饼对象

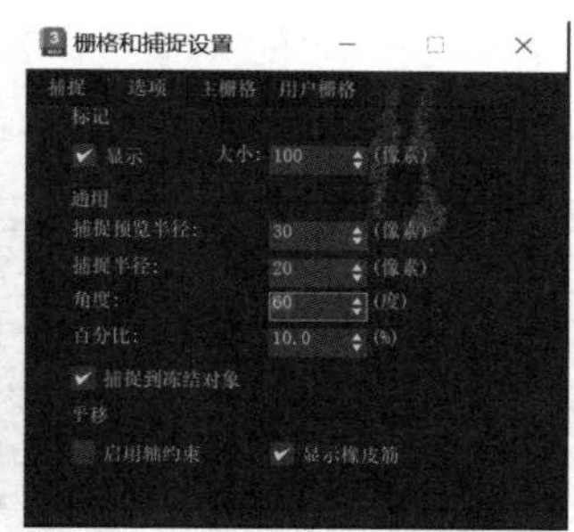

图 2.83　设置捕捉角度

【步骤 05】单击 (选择并旋转）按钮，在按住 Shift 键的同时按住鼠标左键，移动鼠标复制出一个月饼对象，如图 2.85 所示，松开 Shift 键和鼠标左键，在弹出的“克隆选项”对话框中设置副本数为 5，如图 2.86 所示。月饼礼盒的最终效果如图 2.87 所示。

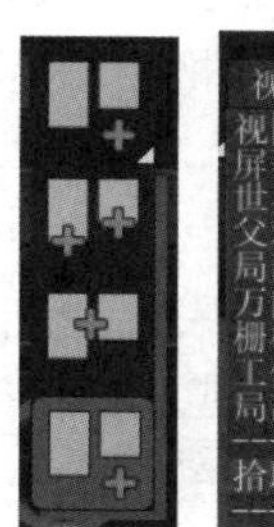

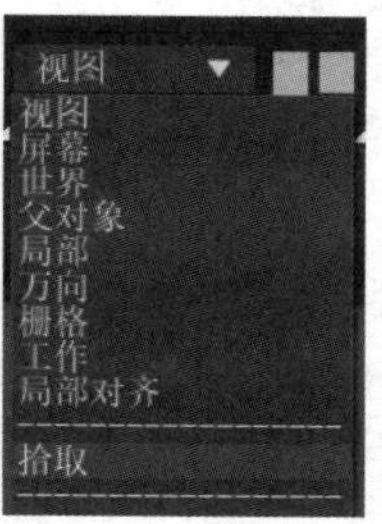

图 2.84　轴心和坐标设置

图 2.85　再次复制一个月饼对象

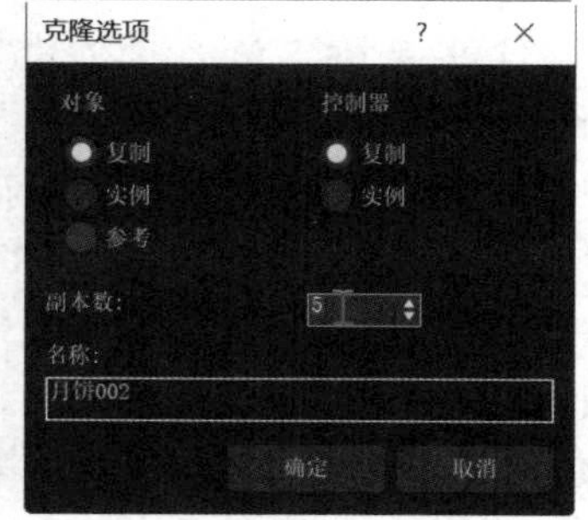

图 2.86　设置副本数

图 2.87　月饼礼盒的最终效果

任务实施：制作绢扇背景墙

【步骤 01】打开“案例及拓展资源 / 单元 2/ 任务 / 绢扇背景墙 .max”文件。

【步骤 02】单击“创建”命令面板中的“线”按钮，如图 2.88 所示。激活前视图，单击创建一个端点，在按住 Shift 键的同时向上移动鼠标，拉出一条直线，到合适的位置单击后松开 Shift 键，就创建了一条线段，如图 2.89 所示，将其命名为“扇柄”。右击两次，结束线段的创建。

【步骤 03】在主工具栏中的 (2.5D 捕捉）按钮上右击，打开“栅格和捕捉设置”

对话框。在“捕捉”选项卡中单击“清除全部”按钮，勾选“端点”复选框，如图 2.90 所示，在“选项”选项卡中勾选“启用轴约束”复选框，如图 2.91 所示。关闭该对话框。

图 2.88 “创建”命令面板

图 2.89 创建的线段

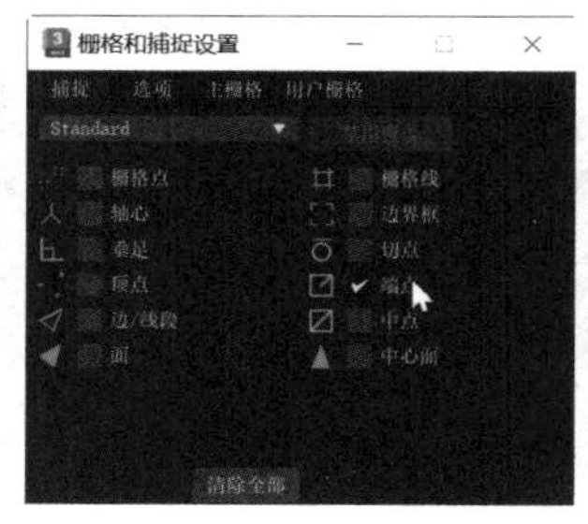

图 2.90 勾选“端点”复选框

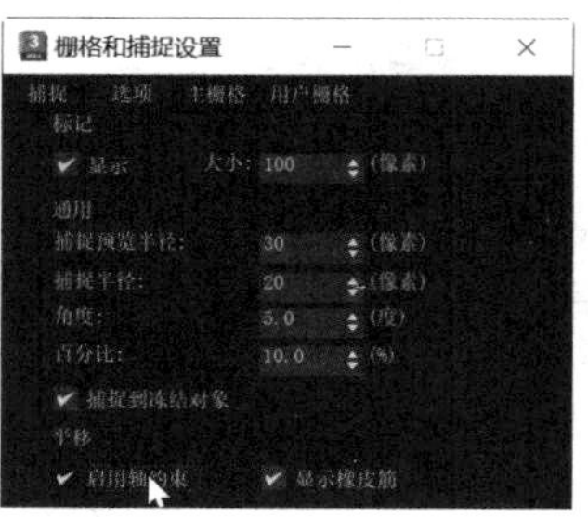

图 2.91 勾选“启用轴约束”复选框

【步骤 04】在主工具栏中单击（2.5D 捕捉）按钮，将其激活。

【步骤 05】单击“创建”命令面板中的“圆”按钮 圆 ，激活前视图，将鼠标指针移动到扇柄的上端点，当鼠标指针变为黄色十字形时，按住鼠标左键后拖动鼠标，拖动到合适的位置后松开鼠标左键，此时以扇柄的上端点为圆心生成一个圆形，如图 2.92 所示，右击结束圆的创建。将圆形命名为“圆 01”。

【步骤 06】保持（2.5D 捕捉）按钮处于启用状态，选中刚才创建的圆形，单击界面底部的（锁定）按钮，将圆形锁定。单击工具栏中的（选择并移动）按钮，将鼠标指针移动到圆形的底部，当鼠标指针变为黄色十字形时，按住鼠标左键后拖动鼠标，将鼠标指针向上拖动到扇柄的上部端点，当鼠标指针变为绿色十字形时松开鼠标左键，此时圆形的底部顶点就和扇柄的顶点对齐了，效果如图 2.93 所示。单击（2.5D 捕捉）按钮，取消捕捉。

【步骤 07】单击界面底部的（锁定）按钮，取消对圆形的锁定。选中圆形，按 Ctrl+V 组合键复制出一个圆形，此时复制出的圆形处于选中状态，并自动命名为“圆 02”。给圆 02 添加“挤出”修改器，设置“参数”卷展栏的“数量”数值框中的数值为 0.5mm，如图 2.94 所示，效果如图 2.95 所示。将其命名为“扇面”。

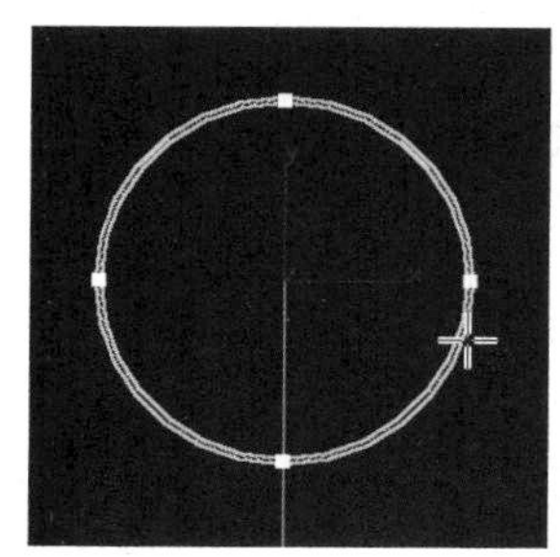

图 2.92 创建的圆形

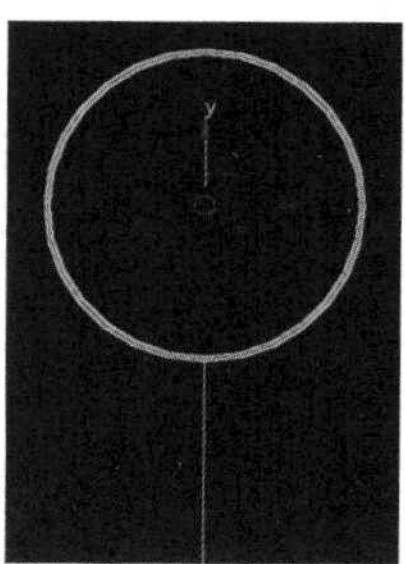

图 2.93 对齐效果 1

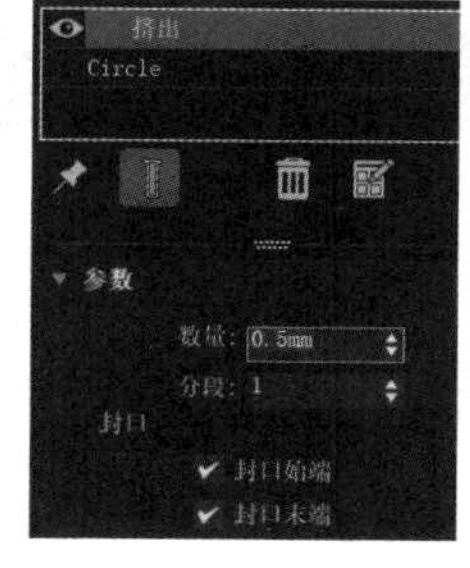

图 2.94 挤出设置

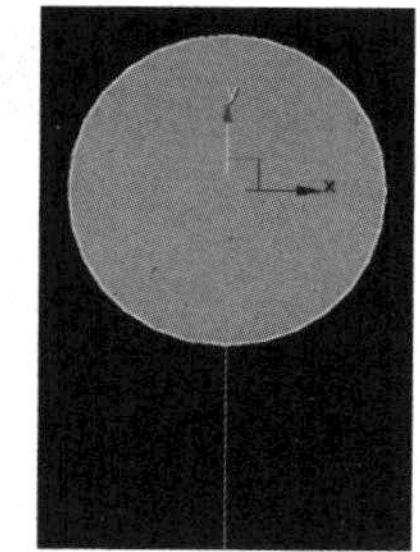

图 2.95 挤出效果

【步骤 08】选中圆 01，在“渲染”卷展栏中勾选“在渲染中启用”和“在视口中启用”复选框，选中“矩形”单选按钮，并设置长度和宽度的数值，如图 2.96 所示，效果如图 2.97 所示。将其命名为“扇框”。

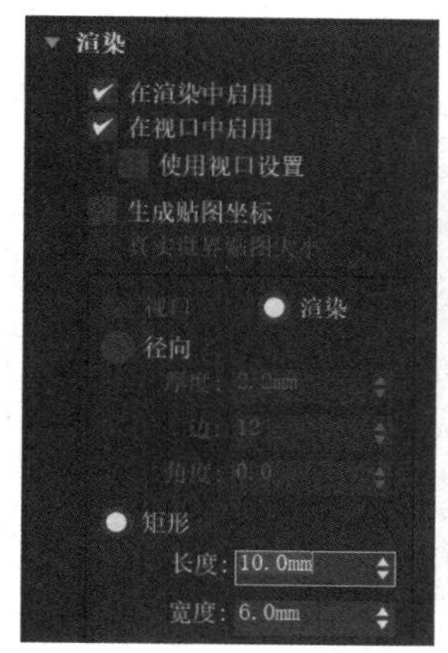

图 2.96　设置圆 01 的参数

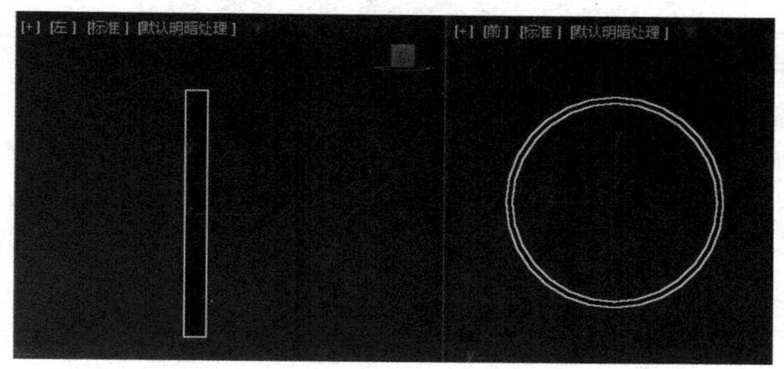

图 2.97　修改圆 01 的参数后的效果

【步骤 09】选中扇柄，在“渲染”卷展栏中设置其参数，如图 2.98 所示，效果如图 2.99 所示。

【步骤 10】右击 (2.5D 捕捉）按钮，在弹出的“栅格和捕捉设置”对话框中选择“选项”选项卡，取消勾选“启用轴约束”复选框，关闭该对话框。

【步骤 11】将扇柄、扇面、扇框结成组，在 （2.5D 捕捉）按钮上按住鼠标左键不放，在弹出的按钮中选择并启用 （3D 捕捉）按钮，单击工具栏中的 （选择并移动）按钮，将鼠标指针移动到扇柄的底部，当鼠标指针变为黄色十字形时，按住鼠标左键后拖动鼠标，将鼠标指针拖动到场景中的扇穗顶部，当鼠标指针变为绿色十字形时，如图 2.100 所示，松开鼠标左键，效果如图 2.101 所示。单击 （3D 捕捉）按钮，取消捕捉。

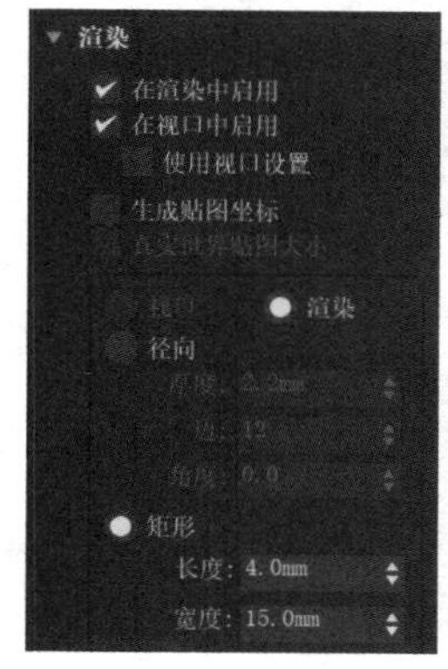

图 2.98　设置扇柄的参数

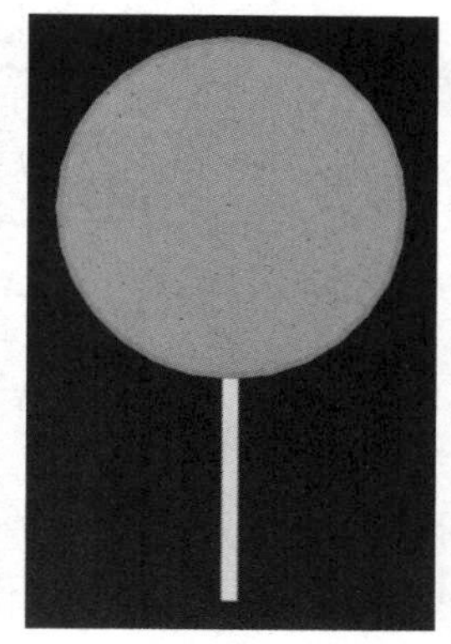
图 2.99　设置扇柄的参数后的效果

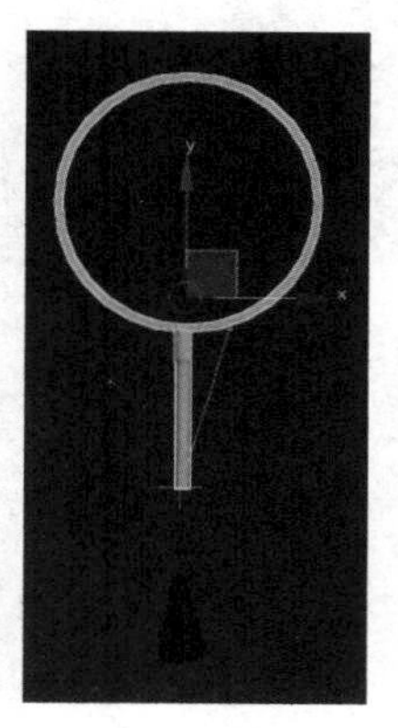
图 2.100　移动对齐

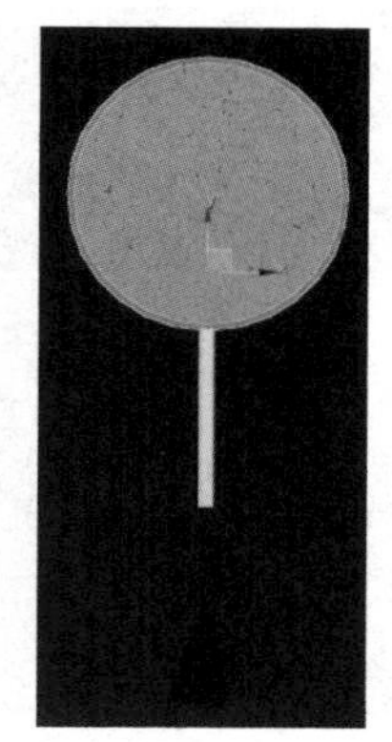
图 2.101　对齐效果 2

【步骤 12】将扇柄、扇面、扇框、扇穗结成组并命名为“绢扇”，激活前视图，选中绢扇，选择“工具”菜单中的“阵列”命令，在弹出的“阵列”对话框中，设置 X 轴方向上的数量为 4，增量为 500.0mm，Z 轴方向上的数量为 2，增量为 1000.0mm，如图 2.102 所示，效果如图 2.103 所示。

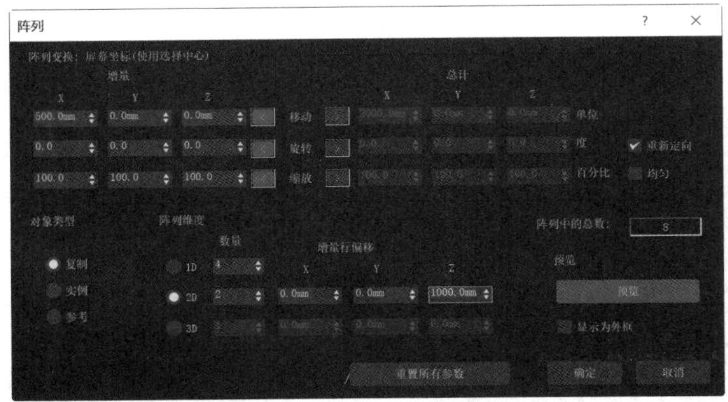

图 2.102　“阵列”对话框

图 2.103　阵列效果

【步骤 13】保持绢扇处于选中状态，激活顶视图，单击工具栏中的（对齐）按钮，单击视图中的背景墙对象，在弹出的“对齐当前选择(背景墙)”对话框中，勾选“Y 位置”复选框，在“当前对象”选区内选中“最大”单选按钮，在“目标对象”选区内选中“最小”单选按钮，如图 2.104 所示，绢扇就对齐到了背景墙对象。

【步骤 14】激活前视图，利用移动工具调整绢扇垂直方向的位置，并给绢扇赋予材质与贴图，最终效果如图 2.105 所示。

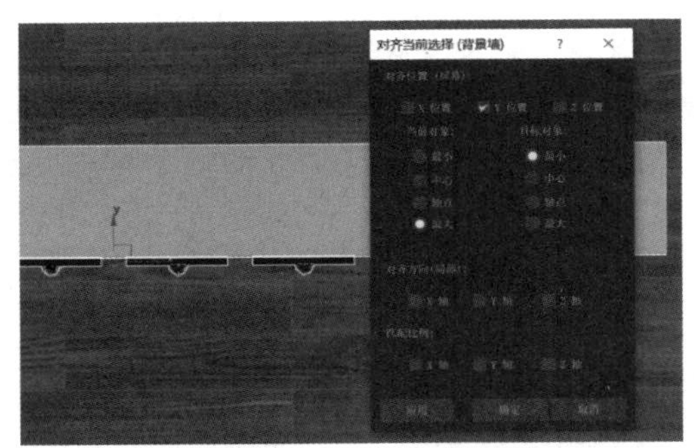

图 2.104　“对齐当前选择(背景墙)”对话框

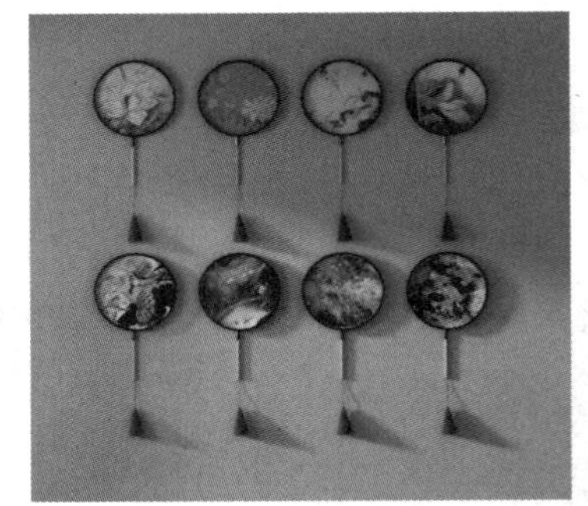

图 2.105　绢扇背景墙制作完成后的最终效果

任务拓展

1. 打开“案例及拓展资源 / 单元 2/ 任务拓展 /DNA 链 /DNA 链 .max”文件，利用阵列工具完成如图 2.106 所示 DNA 链模型的制作。

2. 打开“案例及拓展资源 / 单元 2/ 任务拓展 / 套娃 / 套娃 .max”文件，利用阵列工具完成如图 2.107 所示套娃模型的制作。

3. 打开“案例及拓展资源 / 单元 2/ 任务拓展 / 古风凉亭 / 古风凉亭 .max”文件，利用阵列工具完成如图 2.108 所示古风凉亭模型的制作。

4. 打开“案例及拓展资源 / 单元 2/ 任务拓展 / 报告厅 / 报告厅 .max”文件，利用阵列工具完成如图 2.109 所示报告厅场景的制作。

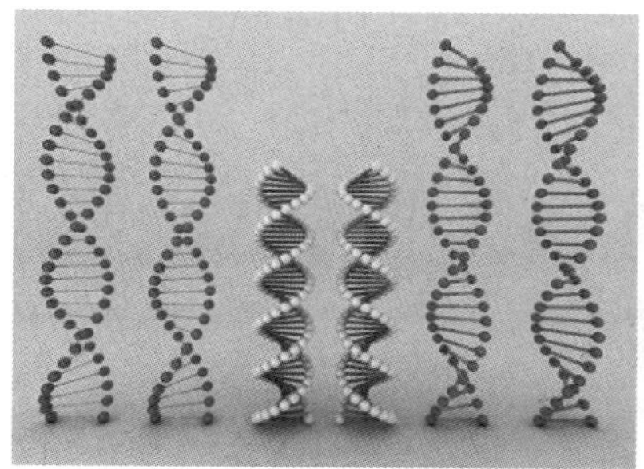

图 2.106　DNA 链模型

图 2.107　套娃模型

图 2.108　古风凉亭模型

图 2.109　报告厅场景

课后思考

1. 3ds Max 中用于选择对象的工具有哪些？
2. 如何进行区域选择？
3. 如何进行对象的成组？如果要对组中的某个对象单独进行编辑，则需要怎样做？
4. 3ds Max 中对象的复制方法有哪几种？
5. 何为阵列？如何进行阵列操作？
6. 如何制作绕某个对象进行的环绕阵列效果？
7. 3ds Max 中对象的对齐方式有几种？如何进行对齐操作？
8. 3ds Max 中捕捉工具的意义是什么？如何进行捕捉设置？

单元 3

基本模型创建——咖啡馆三维场景建模

建模是三维模型制作的基础，在 3ds Max 中创建三维模型的方法有多种，其中系统提供了一些基本的创建命令，可以用于创建一些简单的几何体。这些几何体虽然简单，但是却是三维模型的基础，许多复杂的三维模型就是在此基础上通过进一步的修改完成的。

工作任务

完成咖啡馆三维场景建模，效果如图 3.1 所示。

图 3.1 咖啡馆三维场景建模完成后的效果

任务描述

利用基本几何体创建命令完成咖啡馆三维场景建模。

任务目标

- 能够利用各种基本体创建命令创建模型，并能进行相应参数的设置。
- 能够应用各种基本体创建命令进行三维场景模型的设计与制作。

任务资讯

3.1 对象创建基本方法简介

3.1.1 利用“创建”命令面板创建对象

单击 + （创建）按钮，打开“创建”命令面板，如图 3.2 所示，单击不同的对象类型图标，即可打开相应的创建面板，单击某种创建按钮，即可在视图中进行相应对象的创建操作。

图 3.2 “创建”命令面板

3.1.2 利用“创建”菜单中的命令创建对象

单击“创建”菜单名称，可以在弹出的菜单中选择所要创建的对象类型，选择相应的创建命令即可进行创建操作，如图 3.3 所示。

图 3.3 “创建”菜单中的命令

利用上述两种方法创建对象的操作过程完全相同，下面以利用“创建”命令面板创建对象为例进行介绍。

3.2 创建标准基本体

单击 + （创建）按钮，打开“创建”命令面板，单击 ● （几何体）按钮，下拉列表中默认为“标准基本体”选项，在“对象类型”卷展栏中显示的就是各种标准基本体的创建按钮（见图 3.2）。

3ds Max 2023 提供了 11 种标准基本体的创建按钮，单击其中一个按钮，在视图中按住鼠标左键后拖动鼠标，即可进行对应标准基本体的创建，每种标准基本体在创建前，可以进行参数设置，以便产生不同形态的几何体。

“名称和颜色”卷展栏用于显示和修改所创建基本体的名称与颜色。当单击某个创建按钮在视图中创建对象时，名称文本框中会自动为所创建的对象以当前基本体名称加序号来命名，如 Box001、Box002、Sphere001 等，选中该名称，可以对对象进行重新命名。名称文本框右侧的颜色按钮用于设置视图中对象的显示颜色，单击该按钮可以打开“对象颜色”对话框，如图 3.4 所示。

单击调色板中任意一个色块可以重新设置对象的显示颜色。单击“确定”按钮即可关闭“对象颜色”对话框。在“对象颜色”对话框中，上端的“基本颜色”选区提供了两种调色板设置方式：“3ds Max 调色板”和“AutoCAD ACI 调色板”，选中不同的单选按钮可以显示不同的调色板。在“自定义颜色”选区中，单击其中某个色块后单击“添加自定义颜色 ...”按钮，即可打开“颜色选择器：添加颜色”对话框，如图 3.5 所示，设置好新的颜色，单击“添加颜色”按钮，可以将该颜色添加到“自定义颜色”中。设置好颜色后，在视图中创建几何体，其颜色就是设置的颜色。

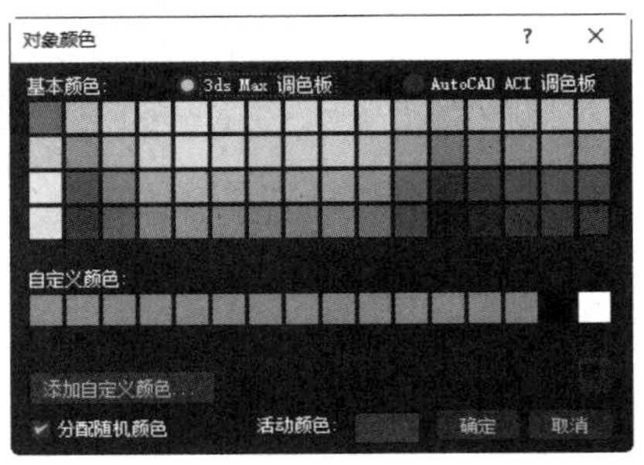

图 3.4 “对象颜色”对话框

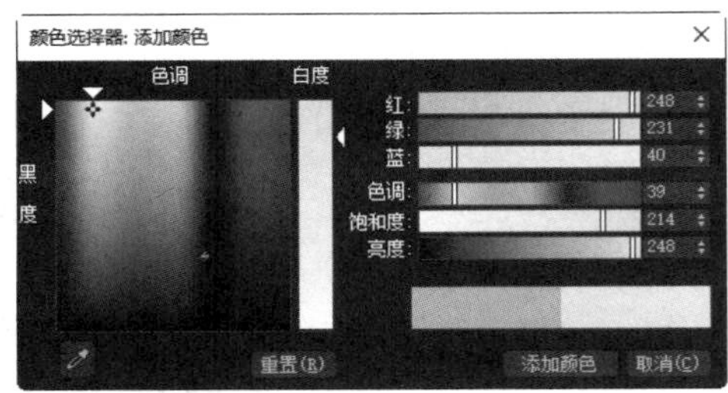

图 3.5 “颜色选择器 : 添加颜色”对话框

如果为创建的对象指定了材质，则当前颜色设置就会自动失去渲染意义。

3.2.1 平面

“平面”按钮 平面 用于创建一个平面对象。单击“平面”按钮 平面 后，该按钮会处于亮显状态，将鼠标指针移动到视图中的合适位置，当鼠标指针变为十字形时，按住鼠标左键不放，拖动鼠标，就会拖出一个平面，释放鼠标左键即可完成平面对象的创建，此时可以根据需要对“参数”卷展栏中的参数进行修改，如图 3.6 所示。

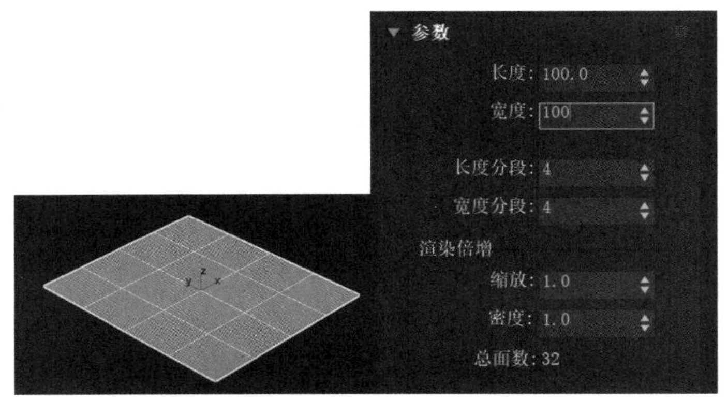

图 3.6 平面对象及“参数”卷展栏

3.2.2 长方体

"长方体"按钮 长方体 用于创建正方体、立方体和矩形平面。单击"长方体"按钮 长方体 ，打开长方体创建面板，各个卷展栏如图 3.7 所示。如果在"创建方法"卷展栏内选中"立方体"单选按钮，则在视图中的合适位置按住鼠标左键后拖动鼠标，即可创建一个长、宽、高相等的立方体。"参数"卷展栏中显示当前创建的长方体的长、宽、高等数值，双击选中相应数值后可以进行修改，单击或按住数值框右侧的数值调节按钮，可以进行数值的微调。修改"长度分段""宽度分段""高度分段"数值框中的数值，可以控制所创建对象的精密度，分段数越多，越易进行变形，但在操作时计算机的运算量也越大，因此应合理设置。"生成贴图坐标"和"真实世界贴图大小"复选框分别用于自动指定贴图坐标和真实世界贴图大小，一般不进行设置。

练一练：木凳模型

【步骤 01】单击"长方体"按钮 长方体 ，展开长方体创建面板。

【步骤 02】在"创建方法"卷展栏内选中"长方体"单选按钮。在顶视图中的合适位置按住鼠标左键后拖动鼠标，拖出一个矩形平面后释放鼠标左键，向上移动鼠标以确定长方体的高度。如果向下移动鼠标，则长方体的高度为负值。单击即可完成长方体的创建。

【步骤 03】调整"参数"卷展栏中的数值，凳面模型创建完成，如图 3.8 所示。长方体创建完成后，在顶视图中右击，结束创建过程，"参数"卷展栏也随之消失，如果要改变长方体的参数，就必须单击 （修改）按钮，进入"修改"命令面板进行了。

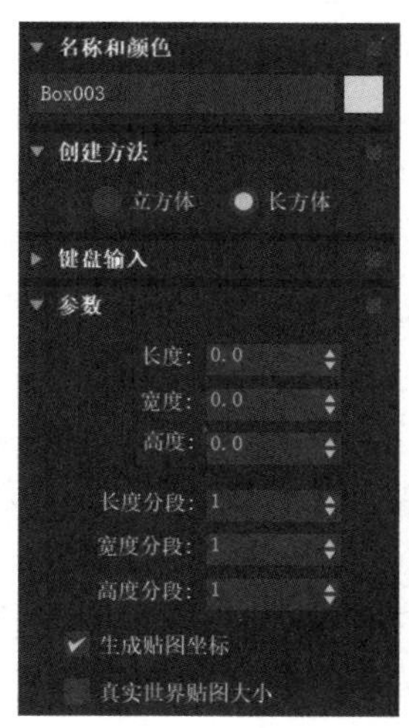

图 3.7 长方体创建面板中的卷展栏

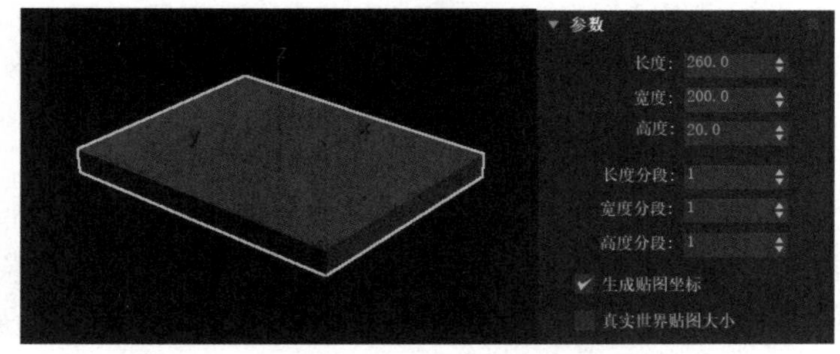

图 3.8 凳面模型及"参数"卷展栏

【步骤 04】也可以利用键盘创建长方体。激活顶视图或透视图，单击"创建"命令面板中的"长方体"按钮 长方体 ，在"键盘输入"卷展栏中的"长度"、"宽度"和"高度"数值框内分别输入长方体的长度值、宽度值、高度值，单击"创建"按钮，完成凳子腿模型的创建。利用移动和对齐工具将其调整到合适的位置，参数和效果如图 3.9 所示。

【步骤 05】同理，创建和复制出其他的凳子腿模型，并调整到合适的位置，最后给木凳模型添加材质与贴图，添加材质与贴图前后的效果如图 3.10 所示。

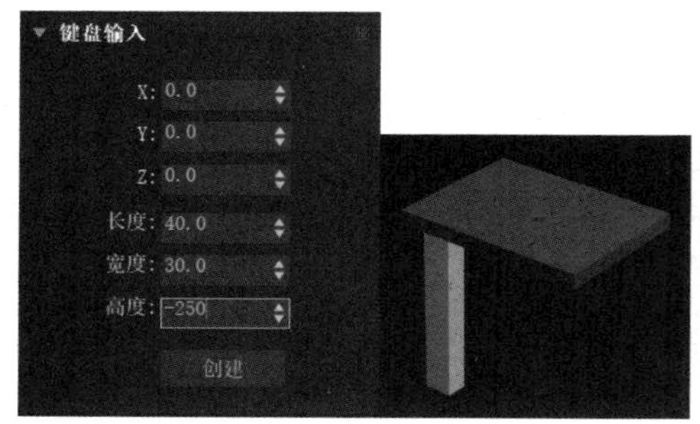

图 3.9　参数和凳子腿模型效果

图 3.10　添加材质与贴图前后的效果

3.2.3　圆锥体

“圆锥体”按钮用于制作圆锥、圆台、棱锥、棱台，以及它们的局部模型等。创建圆锥体的方法有两种：一种是利用鼠标创建圆锥体，另一种是利用键盘输入参数创建圆锥体。下面对利用鼠标创建圆锥体的方法进行介绍。

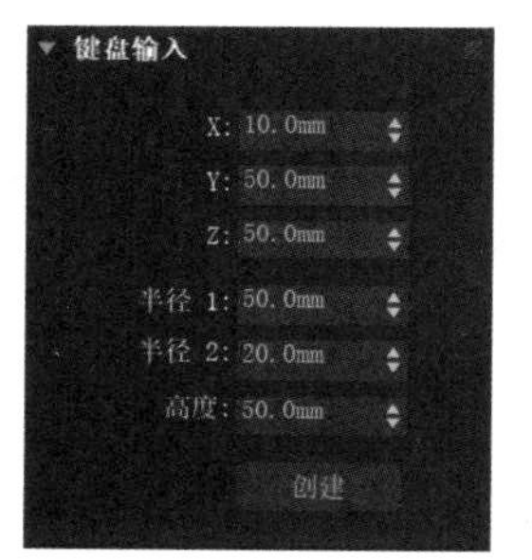

图 3.11　圆锥体的“键盘输入”卷展栏

单击“圆锥体”按钮，展开圆锥体创建面板。如果利用键盘输入参数创建圆锥体，就在“键盘输入”卷展栏中设置各个参数，如图 3.11 所示，然后单击“创建”按钮即可。如果利用鼠标创建圆锥体，则在“创建方法”卷展栏中选择一种创建方法：如果选中“边”单选按钮，则从圆锥体边界点拉出锥体底面；如果选中“中心”单选按钮，则以中心方式拉出锥体，这种创建方法为默认方法。在任意一个视图中按住鼠标左键后拖动鼠标，拉出底面圆形；在释放鼠标左键后，向上移动鼠标以设置锥体的高度，单击确定；再次移动鼠标，以设置另一个底面的大小，单击即可完成椎体的创建。

在“参数”卷展栏中进行参数调整，“半径 1”和“半径 2”数值框分别用于设置锥体两个端面的半径。其他参数保持默认设置，如果将半径 1 和半径 2 中的其中一个值设置为 0.0mm，则产生圆锥体，如图 3.12 所示；如果半径 1 和半径 2 的值都不为 0.0mm 且不相等，则产生圆台体，如图 3.13 所示；如果半径 1 和半径 2 的值相等，则产生圆柱体，如图 3.14 所示。“高度”数值框用于设置锥体的高度。“高度分段”数值框用于设置锥体高度上的分段数。“端面分段”数值框用于设置两个端面沿半径辐射的段数。“边数”数值框用于设置端面圆周上的段数，数值越大，锥体越光滑。如果勾选“光滑”复选框，则圆锥体、圆台体的表面自动光滑。如果没有勾选“光滑”复选框，则会产生棱锥体、棱台体，如图 3.15 所示。如果勾选“启用切片”复选框，并在“切片起始位置”和“切片结束位置”数值框中分别设置切片的起始角度和终止角度，则可以制作不完整的锥体和台体。例如，设置切片参数后的棱锥体与棱台体及其参数如图 3.16 所示。

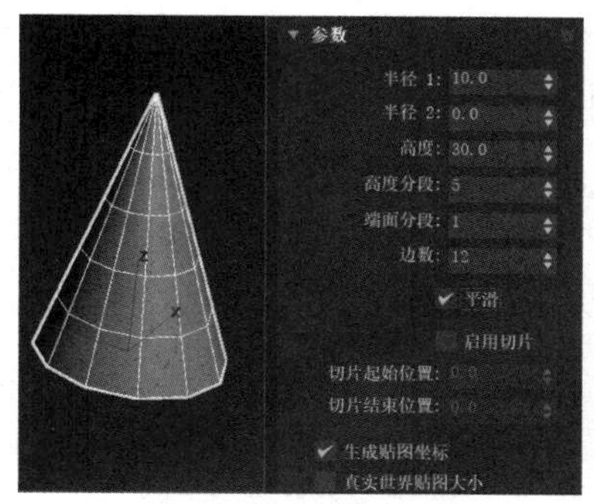

图 3.12　圆锥体及其参数

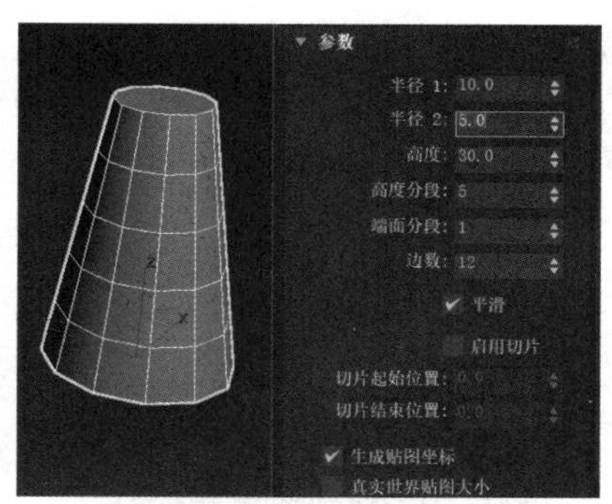

图 3.13　圆台体及其参数

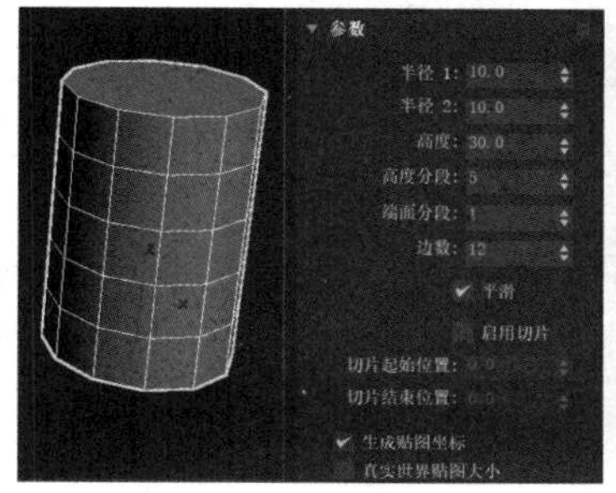

图 3.14　圆柱体及其参数

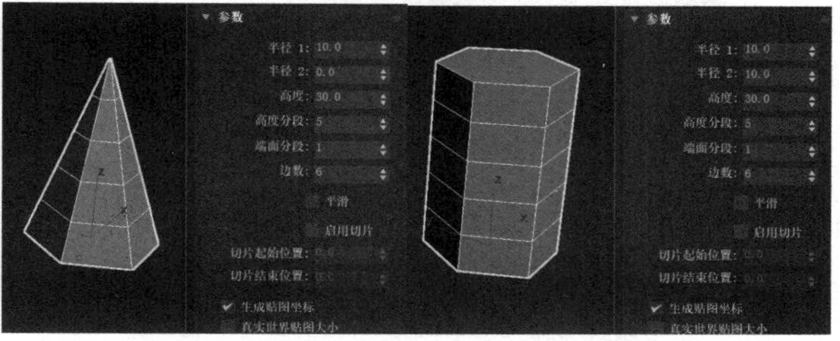

图 3.15　棱锥体与棱台体及其参数

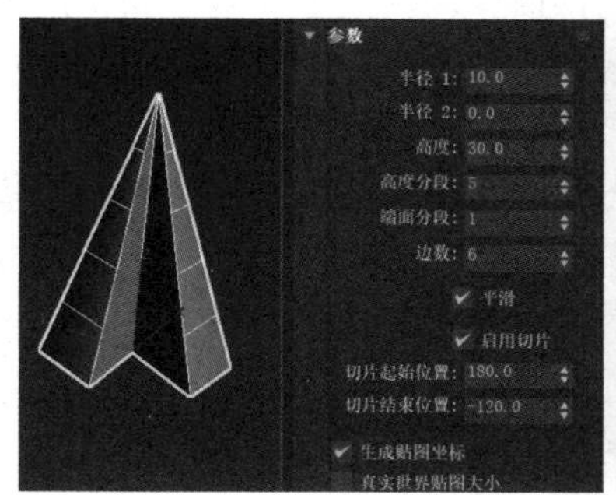

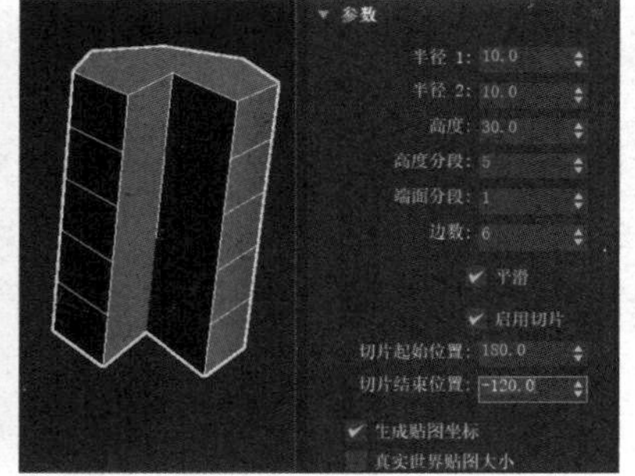

图 3.16　设置切片参数后的棱锥体与棱台体及其参数

3.2.4　球体

“球体”按钮 球体 用于创建光滑或面状球体，也可以用于制作球体的局部模型，如图 3.17 所示。单击“球体”按钮 球体 ，在任意一个视图中按住鼠标左键后拖动鼠标，拉出球体，释放鼠标左键后即可完成球体的创建。在右侧的“参数”卷展栏中可以调整创建的球体的参数，如图 3.18 所示。

“半径”数值框用于设置球体半径大小；“分段”数值框用于设置表面划分的片段数，值越大，表面越光滑；如果勾选“平滑”复选框，则球体表面会自动进行光滑处理；“半球”数值框用于设置纵向球体切分，其值默认为 0.0，为完整的球体，当该值为 0.5 时为纵向半球；如果选中“切除”单选按钮，则根据“半球”数值框中的数值，从下向上进行球体切除，球体分段数减少；如果选中“挤压”单选按钮，则从底部向上挤压产生球体缺面，球体总分段数保持不变。“启用切片”复选框用于设置是否进行切片。勾选该复选框后，可以在“切片起始位置”和“切片结束位置”数值框中分别设置切片的起始值和结束值，用于创建球体的局部模型。

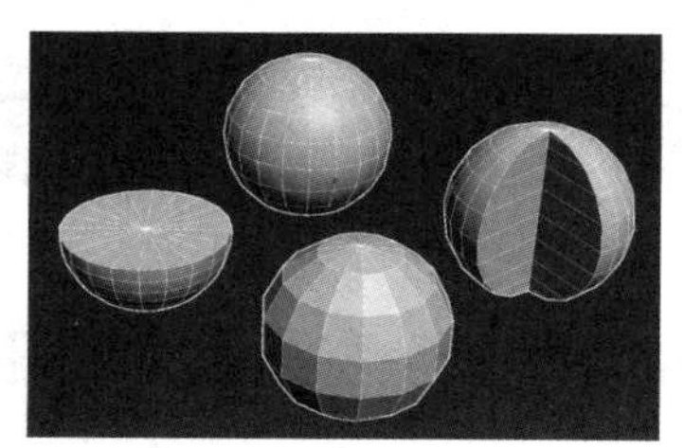

图 3.17　球体

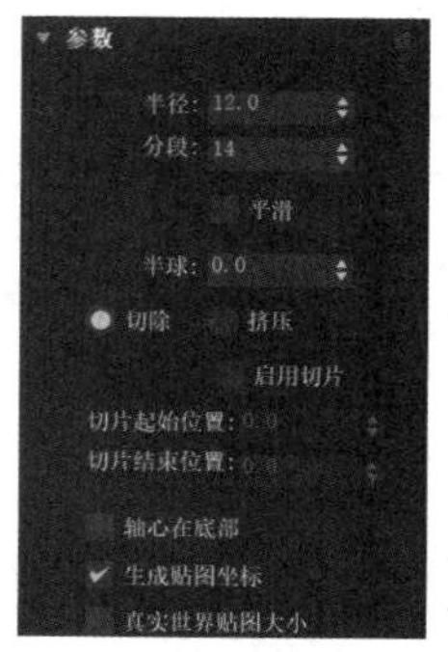

图 3.18　球体的参数

在创建球体时，球体的中心点默认在球体的中心，勾选“轴心在底部”复选框可以将球体的轴心设置在球体的底部。

3.2.5　几何球体

“几何球体”按钮 几何球体 用于创建以三角面拼接成的球体或半球。几何球体的外形与球体相同，但不能进行切片设置，如图 3.19 所示。

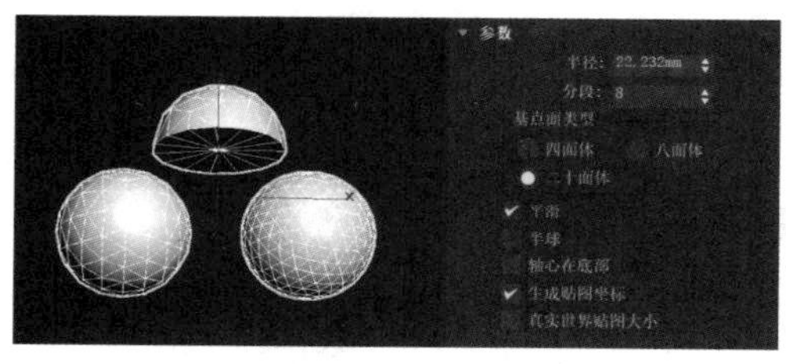

图 3.19　几何球体及其“参数”卷展栏

创建几何球体的方法与创建球体的方法相同。单击“几何球体”按钮 几何球体 ，在任意一个视图中按住鼠标左键后拖动鼠标，拉出几何球体，释放鼠标左键即可完成几何球体的创建。在“参数”卷展栏中设置参数可以调整几何球体的形状。

3.2.6　圆柱体

“圆柱体”按钮 圆柱体 用于创建圆柱体、棱柱体，以及它们的局部模型等。图 3.20 所示为圆柱体及其“参数”卷展栏。

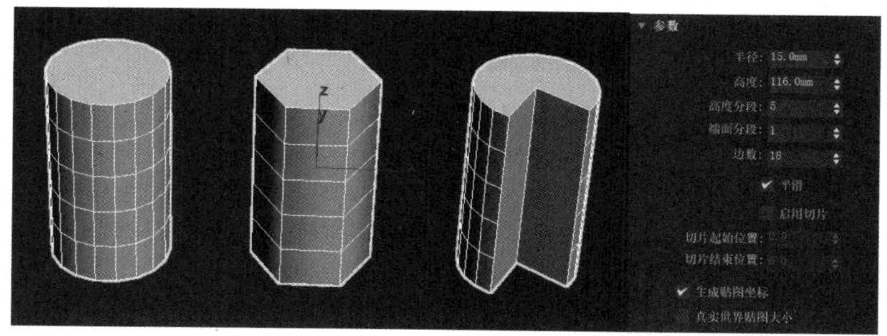

图 3.20　圆柱体及其“参数”卷展栏

单击“圆柱体”按钮 圆柱体 ，在任意一个视图中按住鼠标左键后拖动鼠标，拉出底面圆形，释放鼠标左键后，向上移动鼠标确定圆柱体的高度，单击即可完成圆柱体的创建。也可以利用键盘输入参数的方法进行创建，方法与前面几种对象的创建方法相同。在“参数”卷展栏中设置参数可以调整圆柱体的形状。

3.2.7　管状体

“管状体”按钮 管状体 用于创建各种空心圆管、棱管及局部圆管。图 3.21 所示为管状体及其“参数”卷展栏。

单击“管状体”按钮 管状体 ，在任意一个视图中按住鼠标左键后拖动鼠标，拉出一个圆形，释放鼠标左键后，移动鼠标，拉出另一个圆形，产生底面圆环，单击后再次移动鼠标，以设置圆管的高度，单击即可完成圆管的创建。在“参数”卷展栏中设置参数可以调整管状体的形状。

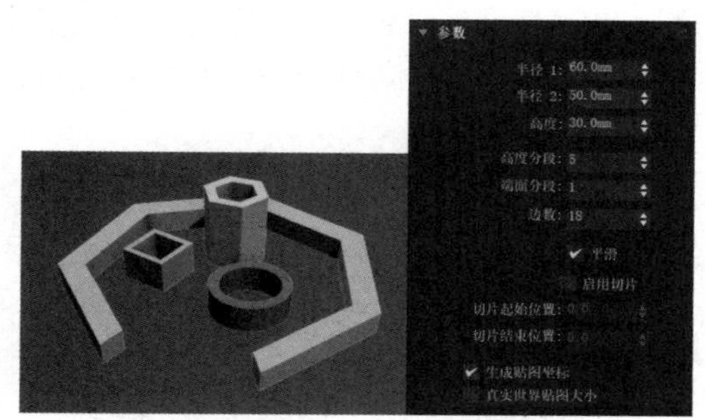

图 3.21　管状体及其“参数”卷展栏

3.2.8　圆环

“圆环”按钮 圆环 用于制作各种环状体，如图 3.22 所示。

单击“圆环”按钮 圆环 ，在任意一个视图中按住鼠标左键后拖动鼠标，拉出一级圆环，释放鼠标左键后，移动鼠标，确定二级圆环，单击即可完成圆环的创建。在“参数”卷展栏中设置参数可以调整圆环的形状，如图 3.23 所示。“半径 1”数值框用于设置环状体的半径；“半径 2”数值框用于设置环形截面的半径；“旋转”数值框用于设置每一片段圆环截面纵向旋转的角度；“扭曲”数值框用于设置每个截面扭曲的角度；“分段”数值框用于确定圆周上片段的划分数，数值越大，圆环越光滑；“边数”数值框用于设置环状体横截面的边数；“平滑”选区用于设置环状体表面的光滑状态；如果勾选“启用切片”复选框，则可以对环状体进行切片设置，产生缺口圆环。

图 3.22　环状体

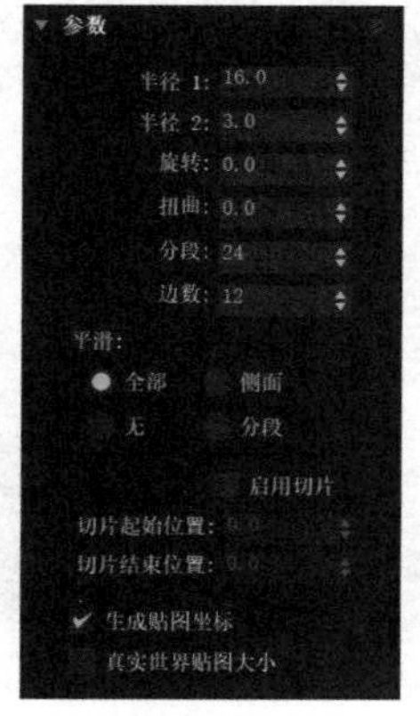

图 3.23　圆环的“参数”卷展栏

3.2.9 四棱锥

“四棱锥”按钮用于创建四棱锥，如图 3.24 所示。

单击“四棱锥”按钮，在任意一个视图中按住鼠标左键后拖动鼠标，拉出四棱锥底面图形，释放鼠标左键后，移动鼠标，以确定四棱锥的高度，单击即可完成四棱锥的创建。

在“参数”卷展栏中设置参数可以调整四棱锥的形状，如图 3.25 所示。“宽度”、“深度”和“高度”数值框分别用于设置底面矩形的长度、宽度及锥体的高度。“宽度分段”、“深度分段”和“高度分段”数值框分别用于设置对应方向的片段划分数。

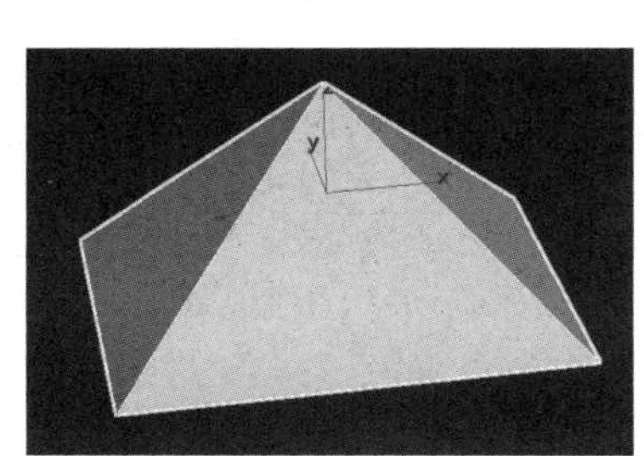

图 3.24　四棱锥

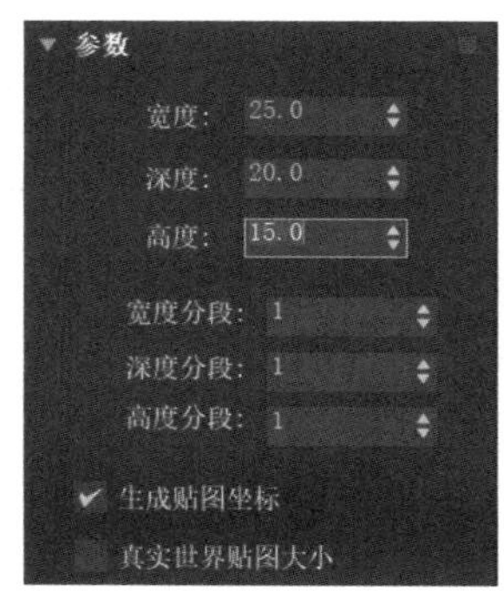

图 3.25　四棱锥的“参数”卷展栏

3.2.10 茶壶

“茶壶”按钮用于创建茶壶或它的一部分部件（如壶盖、壶把、壶嘴）等，如图 3.26 所示。

单击“茶壶”按钮，在任意一个视图中按住鼠标左键后拖动鼠标，释放鼠标左键即可完成茶壶的创建。默认创建完整的茶壶，如果想隐藏茶壶的一部分部件，则可以在“参数”卷展栏的“茶壶部件”选区中取消勾选相应部件的复选框。茶壶的“参数”卷展栏如图 3.27 所示。

图 3.26　茶壶及其部件

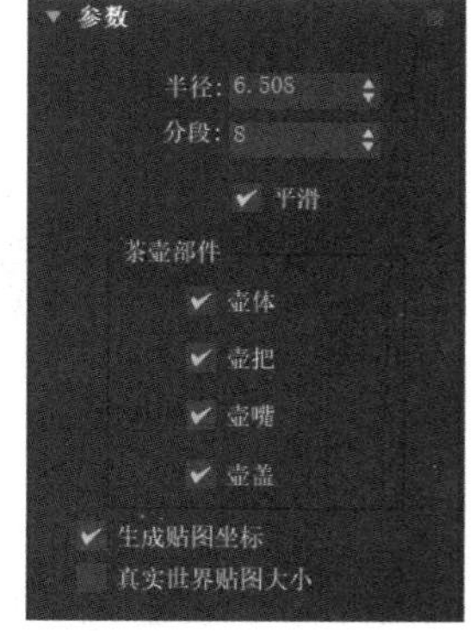

图 3.27　茶壶的“参数”卷展栏

“半径”数值框用于设置茶壶的大小；“分段”数值框用于设置茶壶表面的细分精度，

数值越大，茶壶表面越细腻；“平滑”复选框用于设置表面是否进行光滑处理。“茶壶部件”选区用于设置是否创建局部模型，其中包括“壶体”、“壶把”、“壶嘴”和“壶盖”复选框，勾选哪个复选框，则创建茶壶时即产生该局部模型，默认勾选所有的复选框，表示创建完整的茶壶。

3.2.11　加强型文本

“加强型文本”按钮 加强型文本 用于实现 3D 文字的设计和创造。单击“加强型文本”按钮 加强型文本 ，在任意一个视图中单击即可完成加强型文本的创建。加强型文本及其对应的卷展栏如图 3.28 所示。

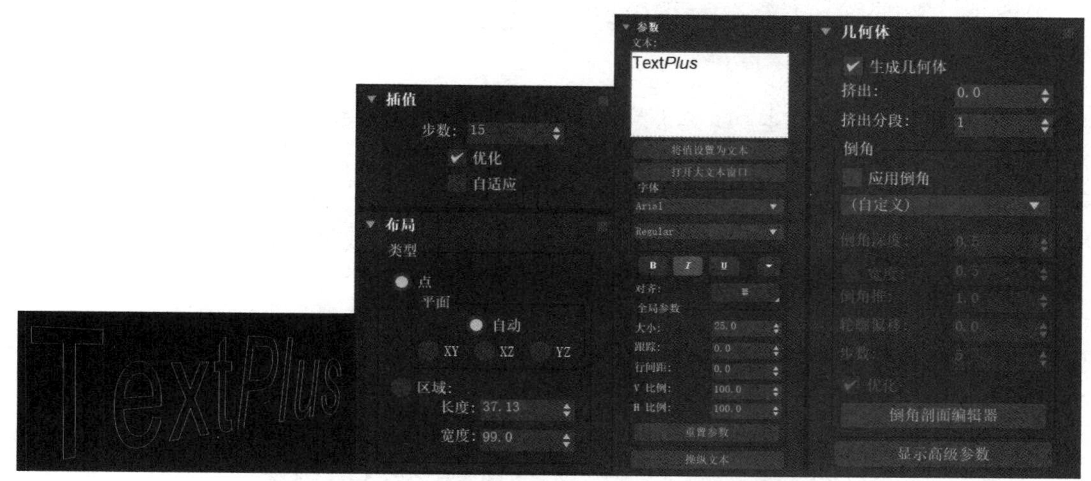

图 3.28　加强型文本及其对应的卷展栏

“插值”卷展栏中的“步数”数值框用于设置文本图形线段间的端点数，数值越大，形状越平滑；“优化”复选框用于设置是否使端点连接处更加平缓（默认勾选）。选中“布局”卷展栏的“类型”选区中的“点”单选按钮，会使文本建立在锚点中心，选中“自动”单选按钮将识别所在平面；选中“布局”卷展栏的“类型”选区中的“区域”单选按钮，就会出现一个文本框，文字将被限制在该文本框内，可以调整该文本框的宽度和长度，轴心的位置也会发生改变。布局类型不同的文本的效果如图 3.29 所示。

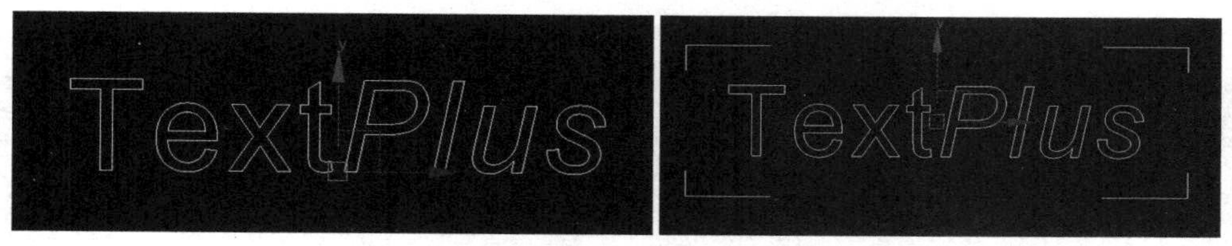

图 3.29　布局类型不同的文本的效果

练一练：不忘初心

【步骤 01】在视图中创建加强型文本，在“参数”卷展栏的“文本”文本框中输入的内容会更新至视图中，如图 3.30 所示。

【步骤 02】单击“打开大文本窗口”按钮，就会打开一个“输入文本”对话框，如图 3.31 所示，在该对话框中可以输入更多数量的文本。

图 3.30　在“文本”文本框中输入文本

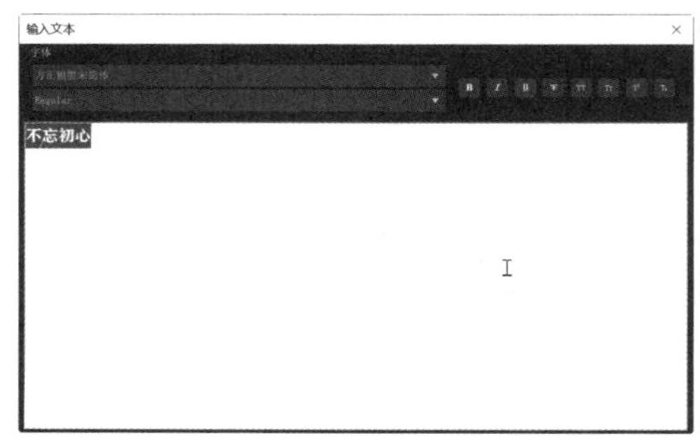

图 3.31　“输入文本”对话框

【步骤 03】选中“文本”文本框中的文字，可以在“字体”选区中修改文本的字体及其粗细等常规设置。“全局参数”选区中的“大小”数值框用于设置文本整体大小，“跟踪”数值框用于设置字体间距（数值越大，间距越大），“行间距”数值框用于设置文本多行间距，“V 比例”数值框用于设置文本上下缩放，“H 比例”数值框用于设置文本左右缩放。

【步骤 04】先勾选“几何体”卷展栏中的“生成几何体”复选框，文本会由线框转换为面，再调整“挤出”和“挤出分段”数值框中的数值，则文本会转换为立体文本，效果如图 3.32 所示。“挤出分段”数值框用于设置挤出面与底面的分段数。

图 3.32　调整“挤出”和“挤出分段”数值框中数值后的效果

【步骤 05】勾选“应用倒角”复选框后，文本几何体边线将生成倒角，在下拉列表中可以选择倒角类型，“倒角深度”数值框用于设置倒角的影响深度，“宽度”数值框用于设置倒角影响的轮廓大小。图 3.33 所示为设置以上参数后的效果。

【步骤 06】“倒角推”数值框用于设置倒角形状线的延伸，是在倒角深度的基础上进行倒角形状的细节调整。图 3.34 所示为将“倒角推”数值设置为正值后的效果。

图 3.33　立体文本倒角效果

图 3.34　设置“倒角推”数值后的效果

单击“倒角剖面编辑器”按钮，在弹出的“倒角剖面编辑器”窗口中，可以通过增加或删除锚点、调节手柄角度等操作来编辑倒角线的形状。

3.3　创建扩展基本体

单击 +（创建）按钮，打开“创建”命令面板，单击（几何体）按钮，在下拉列表中选择“扩展基本体”选项，在“对象类型”卷展栏中即可出现 3ds Max 提供的扩展基本体的创建按钮，如图 3.35 所示。

3ds Max 提供了 13 种扩展基本体的创建按钮。扩展基本体的创建方法与标准基本体的创建方法基本相同，但扩展基本体比标准基本体要复杂一些。

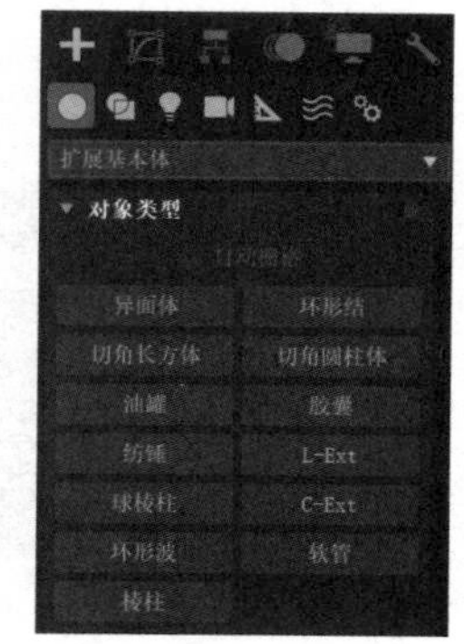

图 3.35　扩展基本体创建面板

3.3.1　异面体

“异面体”按钮 异面体 用于创建多种具备奇特表面的多面体，如图 3.36 所示。

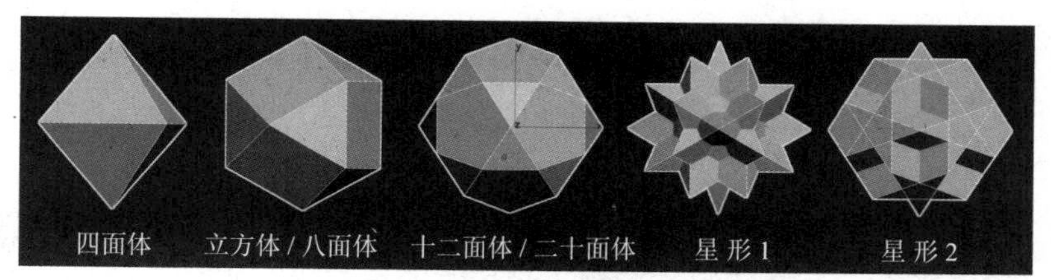

图 3.36　异面体

单击“异面体”按钮 异面体 按钮，在任意一个视图中按住鼠标左键后拖动鼠标，即可创建多面体，释放鼠标左键即可完成创建。在“参数”卷展栏中调整参数可以制作出多种造型，如图 3.37 所示。“系列”选区提供了 5 种基本形体方式，分别是“四面体”、“立方体 / 八面体”、“十二面体 / 二十面体”、“星形 1”和“星形 2”。在“系列参数”选区中，调整“P”和“Q”数值框中的数值可以切换点和面的位置。当创建的多面体为“十二面体 / 二十面体”类型，P 值设置为 0.36，Q 值设置为 0.0，其他参数采用默认设置时，效果如图 3.38 所示，可以用于创建足球模型。

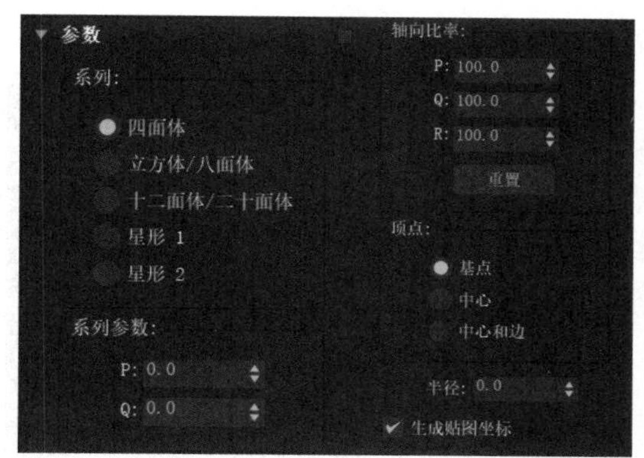

图 3.37　异面体的“参数”卷展栏

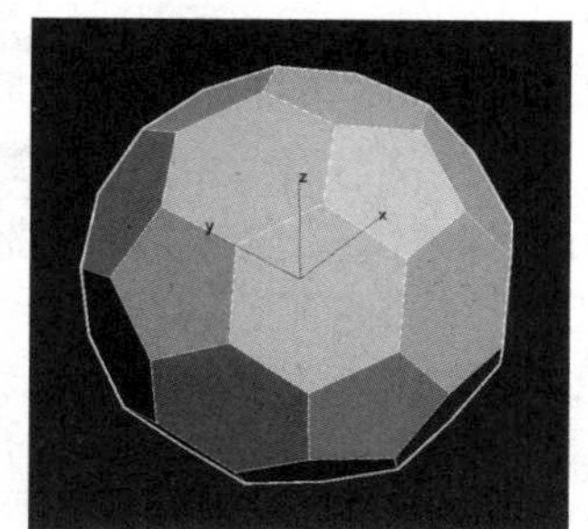

图 3.38　设置 P 值和 Q 值后的效果

异面体的表面都是由 3 种类型的平面图形拼接而成的，包括三角形、矩形和五边形，“轴向比率”选区中的“P”、“Q”和“R”数值框就是分别用于设置这 3 种类型的平面图形的比例的。单击“重置”按钮，则各个参数的值恢复到初始设置。“顶点”选区用于设置异面体内部顶点的创建方式。“半径”选区用于设置异面体的大小。

3.3.2 环形结

“环形结”按钮 环形结 用于创建管状缠绕等多种造型，如图 3.39 所示。

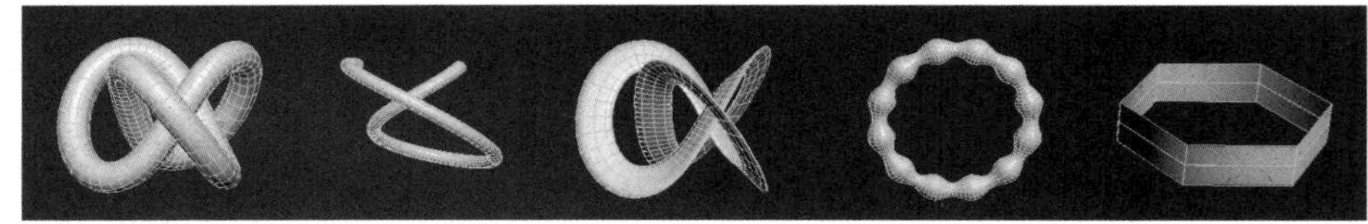

图 3.39 环形结

单击“环形结”按钮 环形结 ，在任意一个视图中按住鼠标左键后拖动鼠标，释放鼠标左键，确定环形结的大小；再次移动鼠标，确定环形结的截面大小，单击即可完成环形结的创建。在“参数”卷展栏中调整相关参数可以制作出各种样式的环形结。

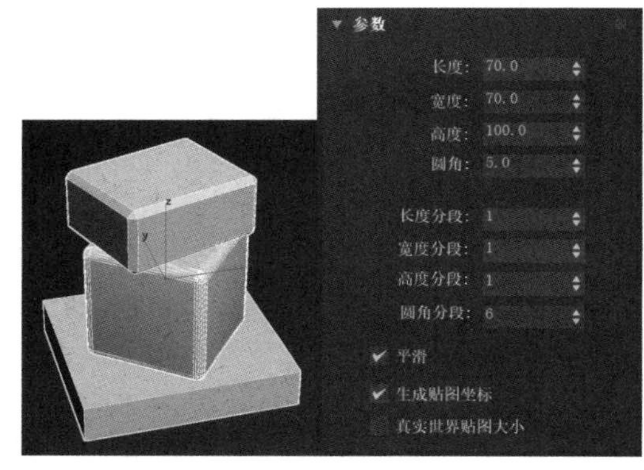

图 3.40 切角立方体及其“参数”卷展栏

3.3.3 切角长方体

“切角长方体”按钮 切角长方体 用于创建带切角的长方体，如图 3.40 中的左图所示。

单击“切角长方体”按钮 切角长方体 ，在视图中按住鼠标左键后拖动鼠标，拉出底面矩形；释放鼠标左键后，移动鼠标以设置高度，单击确定；向上移动鼠标，以确定切角的大小，单击即可完成创建。

在“参数”卷展栏中设置参数可以调整切角长方体的形状，如图 3.40 中的右图所示。其中“圆角”数值框用于设置切角的大小；“圆角分段”数值框中的数值越大，切角越圆滑。

3.3.4 切角圆柱体

“切角圆柱体”按钮 切角圆柱体 用于创建切角圆柱体，如图 3.41 中的左图所示。

单击“切角圆柱体”按钮 切角圆柱体 ，在任意一个视图中按住鼠标左键后拖动鼠标，产生切角圆柱体的底面；释放鼠标左键后，移动鼠标以设置切角圆柱体的高度，单击确定；向上移动鼠标，以确定切角的大小，单击即可完成切角圆柱体的创建。

在“参数”卷展栏中调整相关参数，确定切角圆柱体的形状，如图 3.41 中的右图所

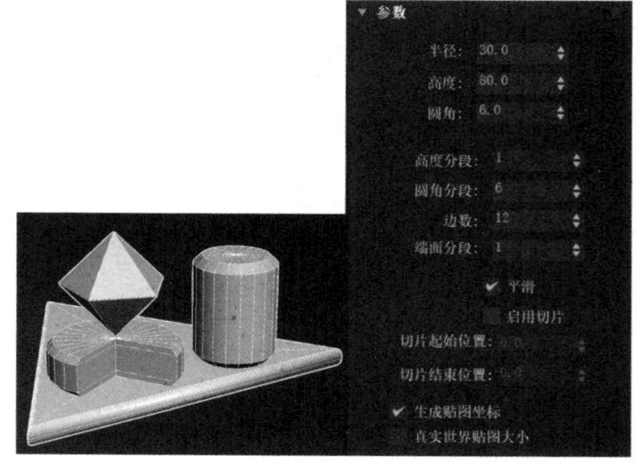

图 3.41 切角圆柱体及其“参数”卷展栏

示。其中“圆角”数值框用于设置切角的大小;“圆角分段”数值框用于设置切角的分段数,数值越大,切角越圆滑;“边数”数值框用于设置圆周划分的段数,数值越大,圆柱体越圆滑。取消勾选“平滑”复选框可以产生棱柱效果;“启用切片”复选框用于设置是否进行切片处理,如果勾选该复选框,并在“切片起始位置”和“切片结束位置”数值框中分别设置切片的起始点和结束点,则可以制作切角圆柱体的局部模型。

3.3.5　油罐

“油罐”按钮 油罐 用于创建类似油桶的顶部拱起的柱体形状,如图 3.42 所示。

单击“油罐”按钮 油罐 ,在视图中按住鼠标左键后拖动鼠标,确定油罐端面大小;在释放鼠标左键后,移动鼠标以设置油罐的高度,单击确定;向上移动鼠标,以确定油罐端面拱起的高度,单击即可完成油罐的创建。

在“参数”卷展栏中设置参数可以调整油罐的形状,如图 3.43 所示。其中“半径”数值框用于设置油罐底面半径,“高度”数值框用于设置油罐的高度,“封口高度”数值框用于设置两端拱起面的高度。如果选中“总体”单选按钮,则“高度”数值框中的数值为油罐的总高度;如果选中“中心”单选按钮,则“高度”数值框中的数值为油罐中部柱体高度。“混合”数值框用于使拱形顶部与中间柱体间的边缘圆滑;“边数”用于设置油罐圆周上划分的段数;“高度分段”用于设置高度上的段数;“平滑”复选框用于设置是否进行表面光滑处理;“启用切片”复选框用于设置是否进行切片处理,如果勾选该复选框,并在“切片起始位置”和“切片结束位置”数值框中分别设置切片的起始点和结束点,则可以制作油罐的局部模型。

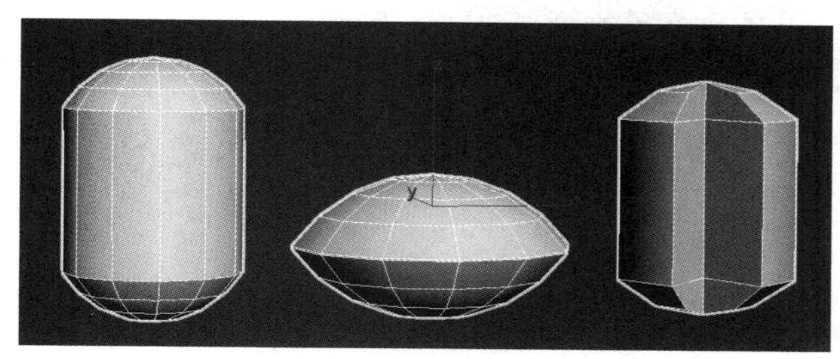

图 3.42　油罐

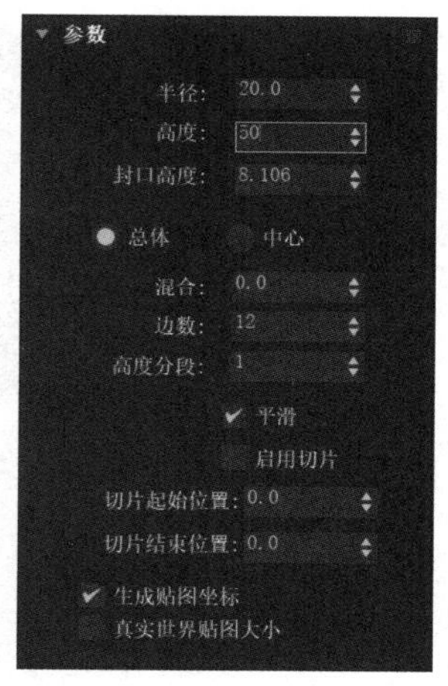

图 3.43　油罐的“参数”卷展栏

3.3.6　胶囊

“胶囊”按钮 胶囊 用于创建类似胶囊形状的两端为半球状的柱体,它包含了切角圆柱体和油罐的特点,如图 3.44 所示。胶囊的创建方法及参数设置分别类似于油罐的创建方法及参数设置。

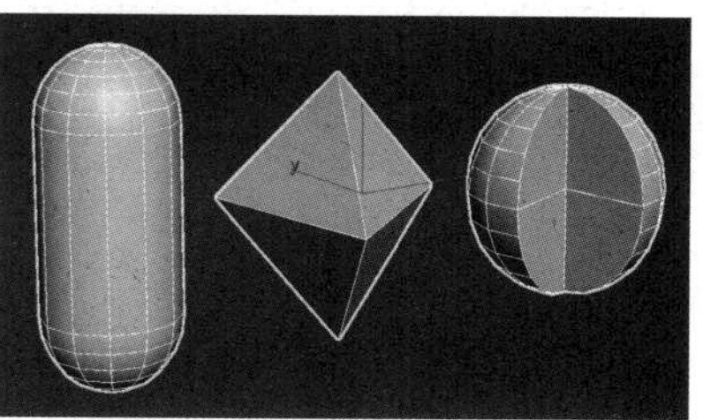

图 3.44　胶囊

3.3.7 纺锤

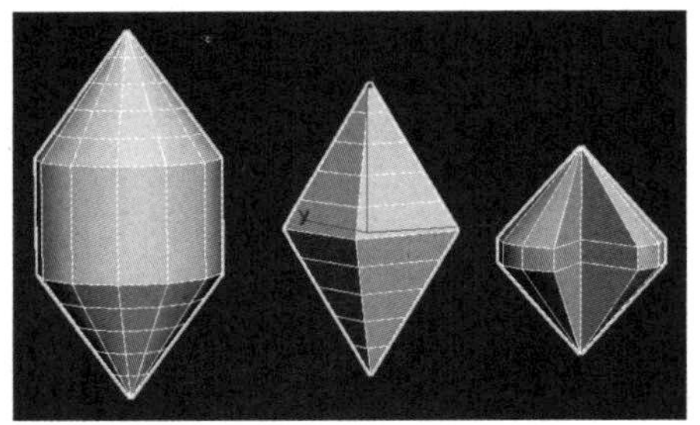

图 3.45 纺锤体

“纺锤”按钮用于创建类似于纺锤体的两端为圆锥顶的柱体，如图 3.45 所示。纺锤体的创建方法及参数设置分别类似于油罐的创建方法及参数设置。

3.3.8 L-Ext（L- 墙体）

“L-Ext”按钮用于创建 L 形的立体墙模型，用于建筑快速建模，如图 3.46 中的左图所示。

单击“L-Ext”按钮，在视图中按住鼠标左键后拖动鼠标，以设置 L- 墙体的大小；在释放鼠标左键后，移动鼠标，以设置 L- 墙体的高度，单击确定；向上移动鼠标，以设置 L- 墙体的厚度，单击即可完成 L- 墙体的创建。

在“参数”卷展栏中可以设置 L- 墙体各部分的具体数值，如图 3.46 中的右图所示。“侧面长度”和“前面长度”数值框分别用于设置两面墙的长度；“侧面宽度”和“前面宽度”数值框分别用于设置两面墙的厚度；“高度”数值框用于设置 L- 墙体的高度；“侧面分段”、“前面分段”、“宽度分段”和“高度分段”数值框分别用于设置各部分的细分段数。

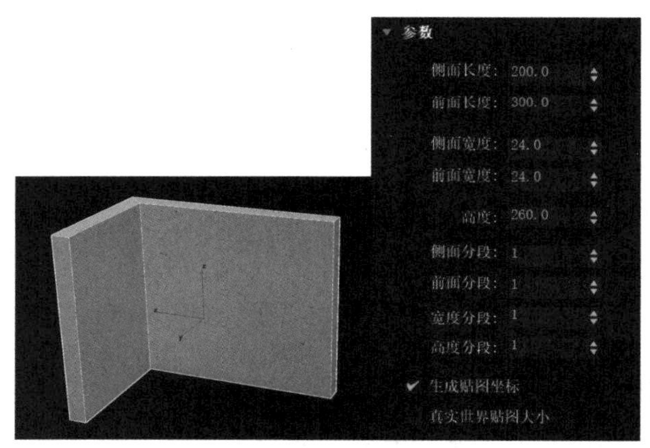

图 3.46 L- 墙体及其“参数”卷展栏

3.3.9 球棱柱

“球棱柱”按钮用于创建带有切角棱的正多棱柱体，如图 3.47 中的左图所示。

单击“球棱柱”按钮，在视图中按住鼠标左键后拖动鼠标，拉出底面多边形后释放鼠标左键；移动鼠标以设置高度，单击确定；向上移动鼠标，以产生切角棱，单击即可完成球棱柱的创建。在“参数”卷展栏中设置参数可以调整球棱柱的形状，如图 3.47 中的右图所示。其中“边数”数值框用于设置棱数，“半径”数值框用于设置底面的半径，“圆角”数值框用于设置棱上的圆角值，“高度”数值框用于设置棱柱的高度。“侧面分段”、“高度分段”和“圆角分段”数值框分别用于设置各部分的分段数。“平滑”复选框用于设置是否进行表面光滑处理。

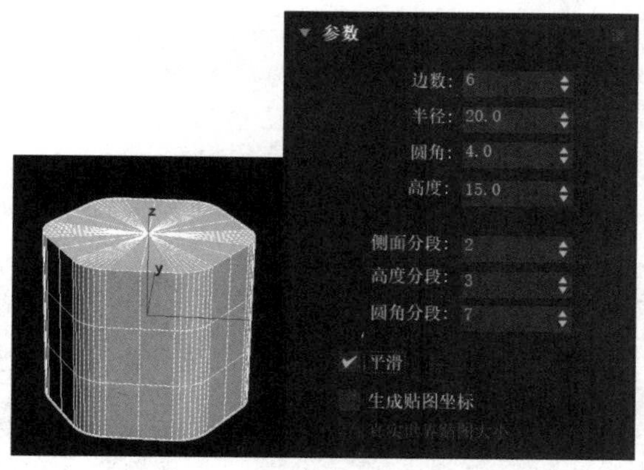

图 3.47　球棱柱及其“参数”卷展栏

3.3.10　C-Ext（C- 墙体）

“C- 墙体”按钮 C-Ext 用于创建 C- 墙体，如图 3.48 所示。C-Ext（C- 墙体）的创建方法及参数设置分别类似于 L-Ext（L- 墙体）的创建方法及参数设置。

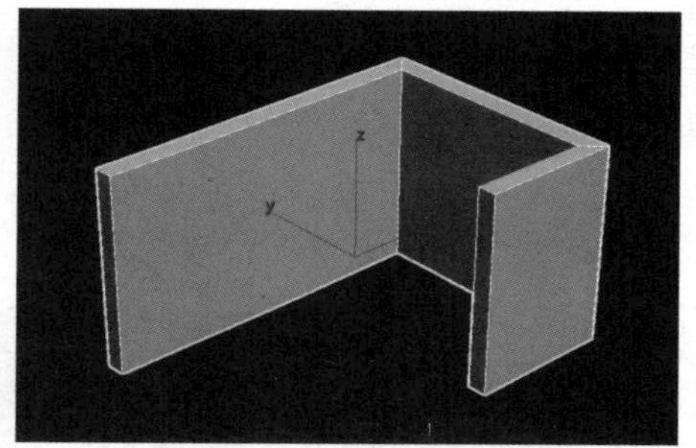

图 3.48　C- 墙体

3.3.11　软管

“软管”同样是一种参数化三维模型，通过设置参数值可以非常方便地确定截面形状、管体长度及褶皱数，如图 3.49 所示。“软管”是一种可变形对象，它可以连接在两个对象之间，随两端对象的变化而相应改变。

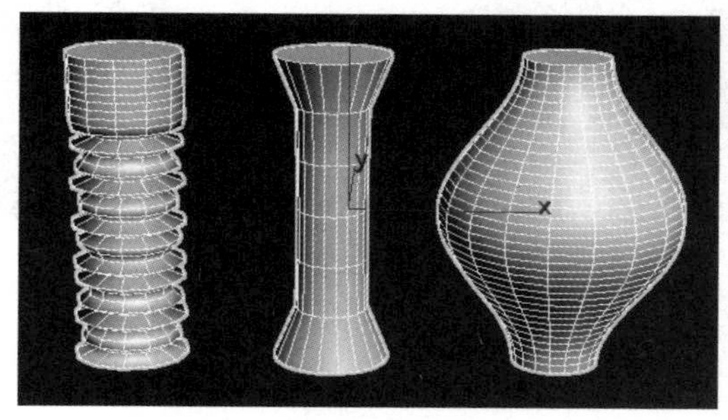

图 3.49　软管

练一练：抽油烟机烟囱

【步骤 01】打开“案例及拓展资源 / 单元 3/ 练一练 / 抽油烟机烟囱 .max”文件。

【步骤 02】单击“软管”按钮 软管 ，在视图中按住鼠标左键后拖动鼠标，拉出软管的底面，松开鼠标左键后，向上移动鼠标，以设置软管的高度，单击即可完成创建，如图 3.50 所示。

【步骤 03】创建两个圆柱体，如图 3.51 所示。

【步骤 04】选中软管，选中“软管参数”卷展栏的“端点方法”选区内的“绑定到对象轴”单选按钮，然后单击“绑定对象”选区中的“拾取顶部对象”按钮，在视图中单击任意一个圆柱体后，单选“绑定对象”选区中的“拾取底部对象”按钮，在视图中单击另一个圆柱体，此时软管的两端就连接到了两个圆柱体的轴心处，效果如图 3.52 所示。

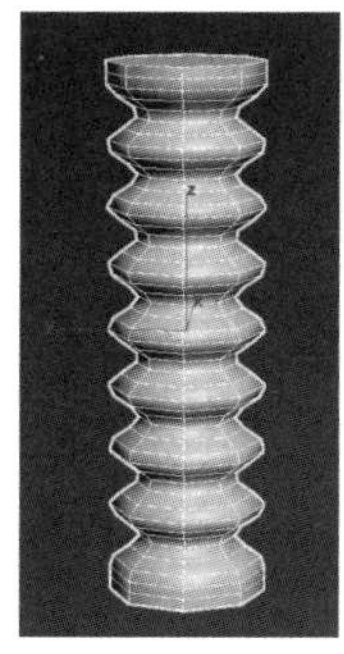

图 3.50　软管

图 3.51　创建两个圆柱体

图 3.52　软管和圆柱体连接效果

【步骤 05】分别移动两个圆柱体到合适的位置，可以看到软管随之发生变化。

【步骤 06】在“软管参数”卷展栏中调整相关参数，如图 3.53 中的左图所示，可以改变连接软管的形状，最终效果如图 3.53 中的右图所示。

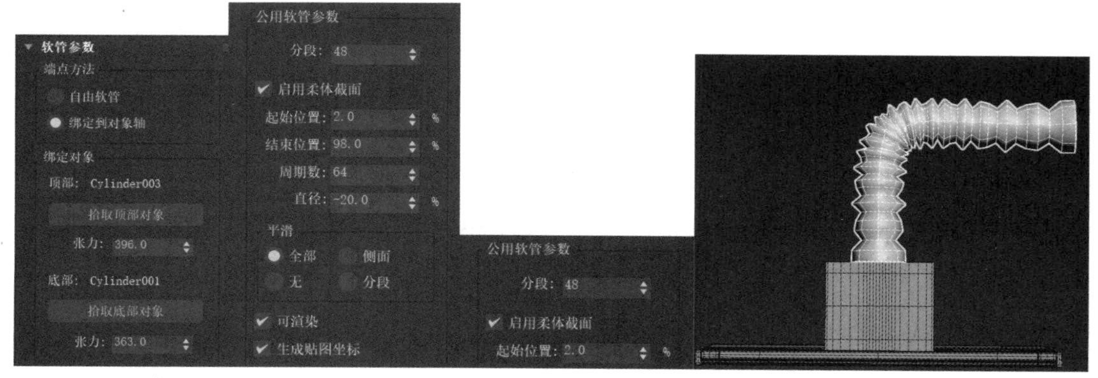

图 3.53　“软管参数”卷展栏及最终效果

3.3.12　棱柱

“棱柱”按钮 棱柱 用于创建棱柱，如图 3.54 所示。

单击“棱柱”按钮 棱柱 ，在“创建方法”卷展栏中选择一种创建方法，其中“二等边”用于创建等腰三棱柱，配合 Ctrl 键可以创建底面为等边三角形的三棱柱，“基点 / 顶点”用于创建底面为不等边三角形的三棱柱。在视图中按住鼠标左键后拖动鼠标，拉出三角形底面，释放鼠标左键后，移动鼠标，以设置三角形底面的两个边长，单击确定，再次移动鼠标，以设置棱柱的高度，单击即可完成创建。在“参数”卷展栏中可以对棱柱的三条边长及分段数进行设置，如图 3.55 所示。

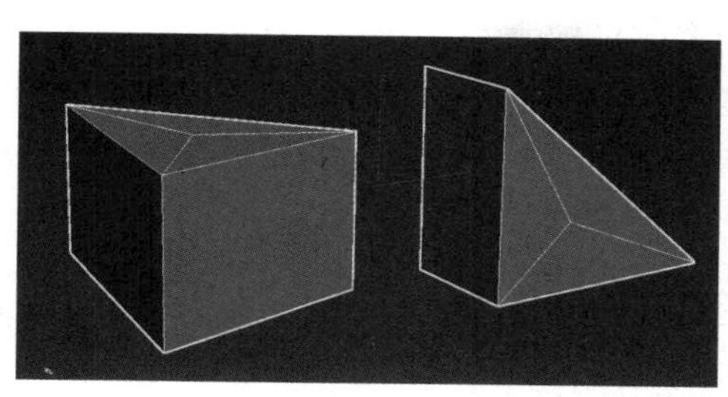

图 3.54　棱柱

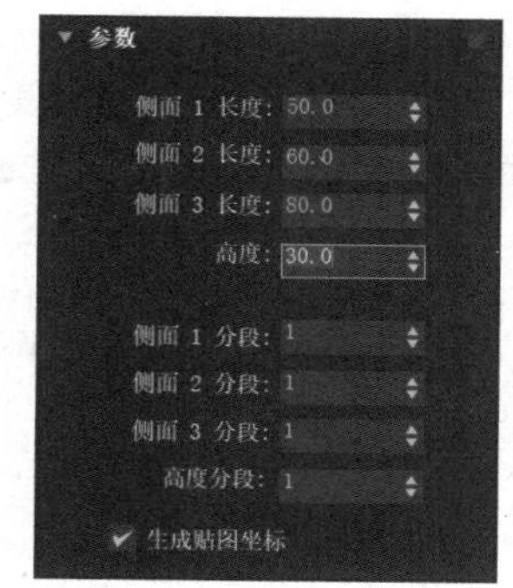

图 3.55　棱柱的“参数”卷展栏

3.3.13　环形波

“环形波”按钮用于创建具有动画功能的不规则边缘特殊圆环，常用于特效动画制作中，如图 3.56 所示。

单击“环形波”按钮，在视图中按住鼠标左键后拖动鼠标，拉出环形波环，释放鼠标左键后，移动鼠标以设置内部波形，单击即可完成创建。在“参数”卷展栏中设置参数可以调整环形波的形状，如图 3.57 所示。

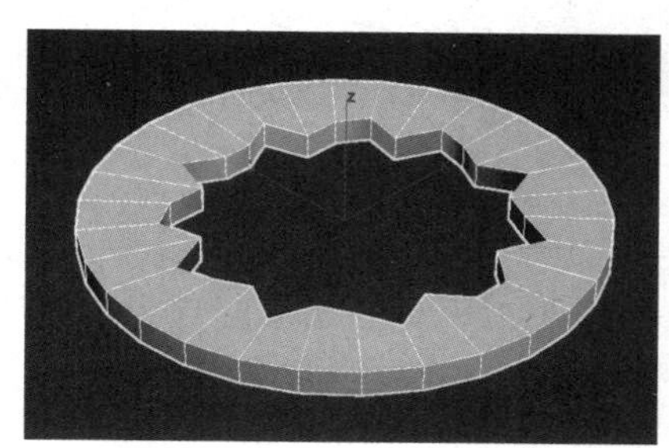

图 3.56　环形波

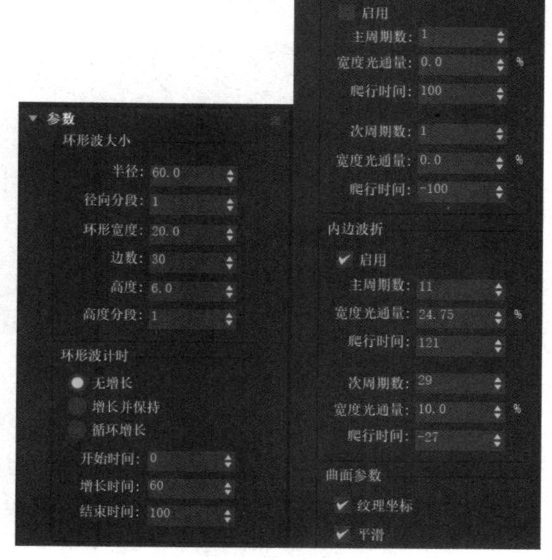

图 3.57　环形波的“参数”卷展栏

“环形波大小”选区用于设置环形波的半径、径向分段、环形宽度、边数、高度、高度分段。

“环形波计时”选区用于设置环形波变形的时间和方式。如果选中“无增长”单选按钮，则可以设置一个静止环形波；如果选中“增长并保持”或“循环增长”单选按钮，则可以通过设置开始时间、增长时间、结束时间来确定环形波的变形效果。

“外边波折”与“内边波折”选区分别用于设置环形波外边缘与内边缘的形状和动画。在勾选“启用”复选框后，参数设置有效。其中“主周期数”数值框用于设置环形波边缘上主波的数量，“宽度光通量”数值框用于设置主波的大小，“爬行时间”数值框用于设置每个主波沿环形波外沿移动一周所用的时间。“次周期数”数值框用于设置环形波外沿上次波的数量，其下的“宽度光通量”和“爬行时间”数值框分别用于设置次波的大小及次波沿其各自主波外沿移动一周的时间。

环形波设置好后，单击▶（播放动画）按钮，可以观看环形波的动画效果。

3.4 创建建筑对象

3.4.1 门

图 3.58 门的创建面板

单击＋（创建）按钮，打开“创建”命令面板，单击●（几何体）按钮，单击“标准基本体”下拉按钮 标准基本体 ▼，在弹出的下拉列表中选择“门”选项，在“对象类型”卷展栏中即可出现 3ds Max 提供的门的创建按钮，如图 3.58 所示。

3ds Max 提供直接创建门对象的工具，可以快速地产生各种型号的门对象。这里提供了 3 种样式的门，分别是枢轴门、推拉门、折叠门，如图 3.59 所示，它们的参数大同小异。

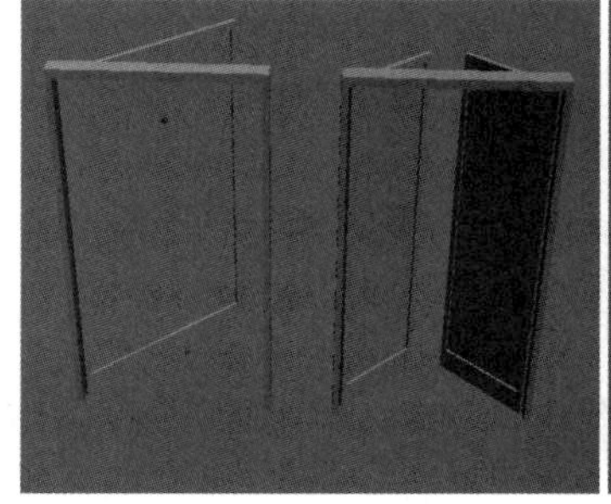  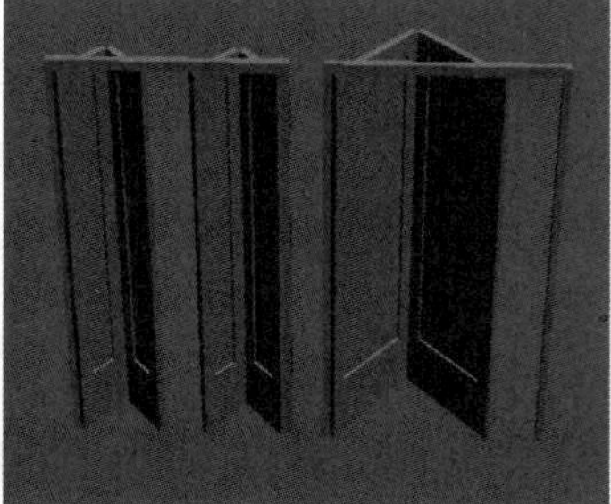

图 3.59 枢轴门、推拉门、折叠门

“枢轴门”按钮用于制作单扇枢轴门和双扇枢轴门，这些门既可以向内开，也可以向外开。门的木格数可以设置，门上的玻璃厚度可以指定，还可以产生切角的框边。“推拉门”按钮用于制作左右滑动的门。“折叠门”按钮用于制作可折叠的双扇门或四扇门。

在“对象类型”卷展栏中，单击要创建的门类型的创建按钮，如“枢轴门”按钮 枢轴门 ，在视图中拖动鼠标创建两个点，在默认创建方式下产生门的宽度和门脚的角度，释放鼠标左键后，移动鼠标以设置门的深度，单击确定，再次移动鼠标以设置门的高度，单击即可完成创建。

在“创建方法”卷展栏中，可以将创建顺序从“宽度 / 深度 / 高度”更改为“宽度 / 高度 / 深度”。在“参数”卷展栏中设置参数可以调整门的形状，如图 3.60 中的左图所示。

“参数”卷展栏中的“高度”、“宽度”和“深度”数值框分别用于设置门的高度、深度和宽度；勾选“双门”复选框，可以产生对开的双扇门；勾选“翻转转动方向”复选框，可以将门向另一面打开；勾选“翻转转枢”复选框，可以将门枢放置到另一侧门框；“打开”数值框用于设置门的打开角度。勾选“创建门框”复选框，可以创建门框，“宽度”和“深度”数值框分别用于设置门框的宽度和高度；“门偏移”数值框用于设置门与门框之间的偏移距离。

“页扇参数”卷展栏用于设置门扇的相关数值，如图 3.60 中的右图所示。“厚度”数值框用于设置页扇的高度，“门挺 / 顶梁”数值框用于设置门顶部和侧面的面板框的宽度，“底梁”数值框用于设置门底部的面板框的宽度，“水平窗格数”数值框用于设置水平方向上窗格的数目，“垂直窗格数”数值框用于设置垂直方向上窗格的数目，“镶板间距”数值框用于设置窗格之间的距离。“镶板”选区用于设置门上窗格的形状。如果选中“无”单选按钮，则不会产生窗格；如果选中“玻璃”单选按钮，则会产生不带切角的玻璃窗格，“厚度”数值框用于设置玻璃的厚度。如果选中“有倒角”单选按钮，则可以产生带倒角的窗格，其中数值控制倒角的形状。

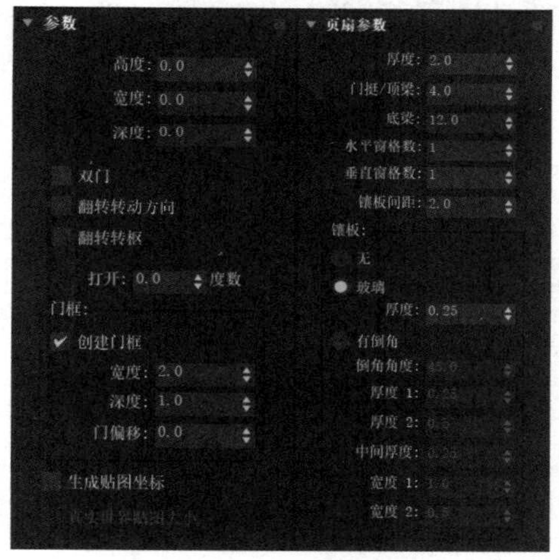

图 3.60　枢轴门的“参数”和“页扇参数”卷展栏

推拉门、折叠门的创建方法及参数设置分别类似于枢轴门的创建方法及参数设置。

3.4.2　窗

单击（创建）按钮，打开“创建”命令面板，单击（几何体）按钮，单击“标准基本体”下拉按钮 标准基本体 ，在弹出的下拉列表中选择“窗”选项，在“对象类型”卷展栏中即可出现 3ds Max 提供的窗的创建按钮，如图 3.61 所示。

窗户是非常有用的建筑模型。这里提供了 6 种样式的窗，如图 3.62 ～图 3.67 所示。它们的创建方式都相同，创建方法可参照门的创建方法。

图 3.61　窗的创建面板

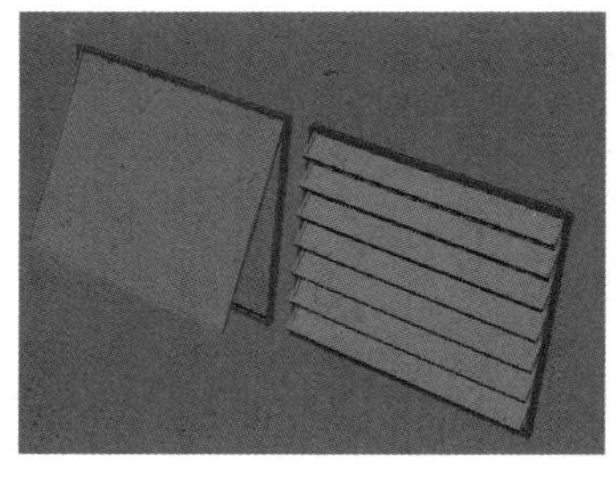

图 3.62 遮篷窗

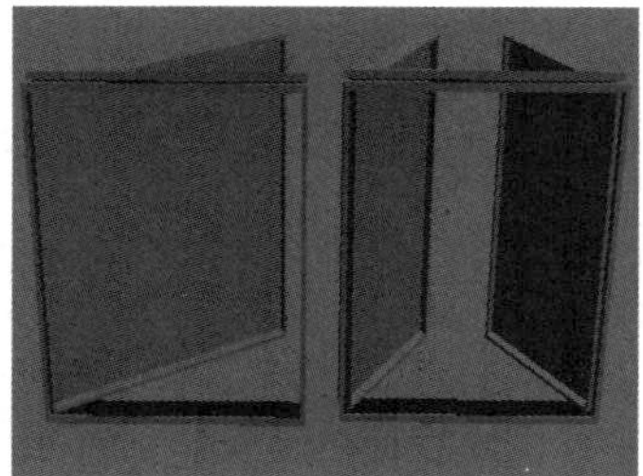

图 3.63 平开窗

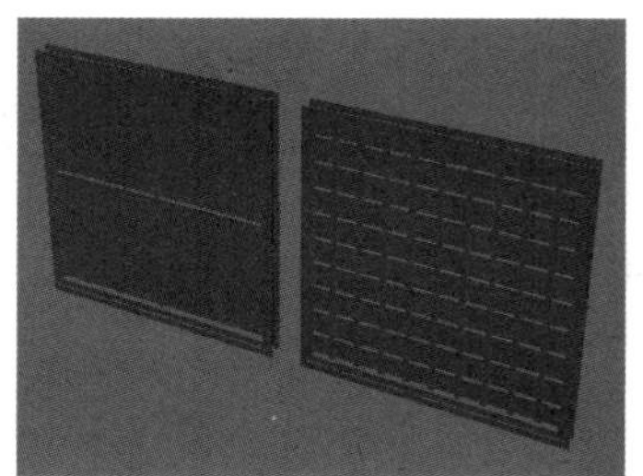

图 3.64 固定窗

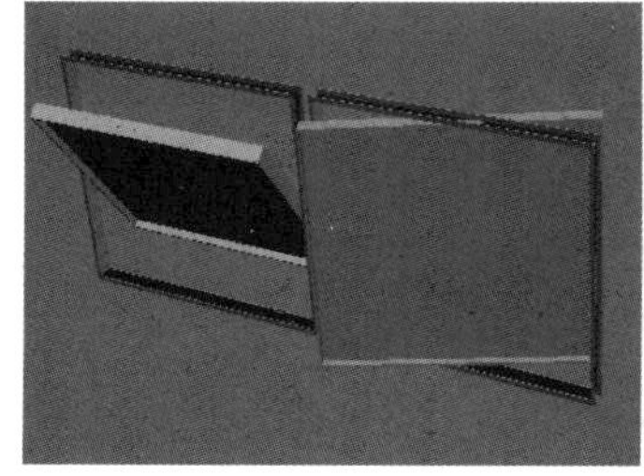

图 3.65 旋开窗

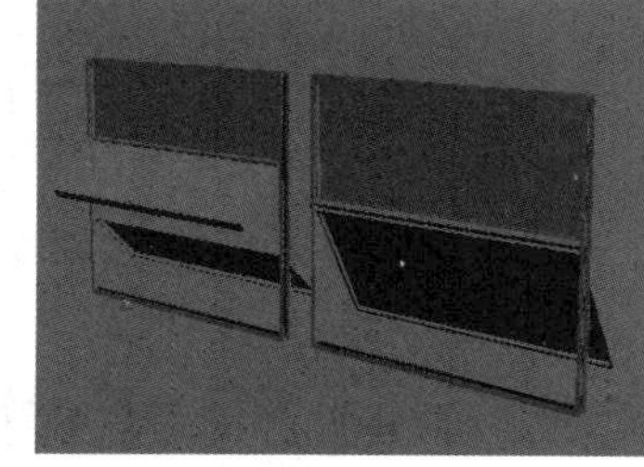

图 3.66 伸出式窗

图 3.67 推拉窗

3.4.3 楼梯

单击 （创建）按钮，打开“创建”命令面板，单击 （几何体）按钮，单击“标准基本体”下拉按钮 标准基本体 ，在弹出的下拉列表中选择“楼梯”选项，在“对象类型”卷展栏中即可出现 3ds Max 提供的楼梯的创建按钮，如图 3.68 所示。

楼梯是较为复杂的一类建筑模型，往往需要花费大量的时间。3ds Max 里提供的参数化楼梯大大方便了用户，不仅提高了制作速度，还使得模型容易修改，只需要修改几个参数就可以让楼梯改头换面。这里提供了 4 种样式的楼梯，分别是直线楼梯、L 形楼梯、U 形楼梯、螺旋楼梯，如图 3.69 所示。每种样式的楼梯的创建方法基本相同，下面以创建直线楼梯为例进行介绍。

图 3.68 楼梯的创建面板

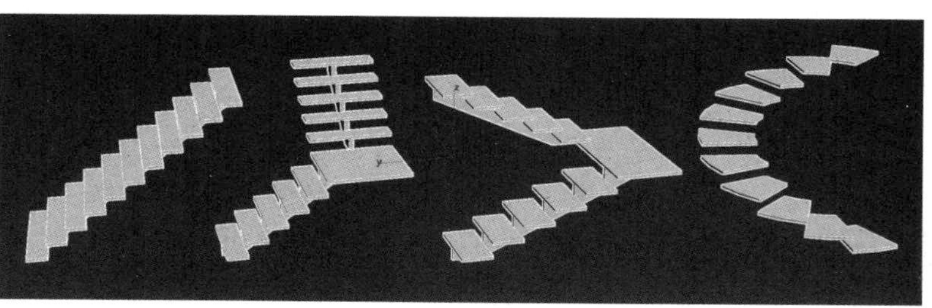

图 3.69 4 种样式的楼梯

单击“直线楼梯”按钮 直线楼梯 ，在视图中按住鼠标左键后拖动鼠标，拉出直线楼梯的长度，释放鼠标左键后，移动鼠标以设置直线楼梯的宽度，单击确定，再次移动鼠标以设置直线楼梯的高度，单击即可完成创建。在“参数”卷展栏中设置参数可以调整直线楼梯的形状。直线楼梯的“参数”卷展栏及相关卷展栏如图 3.70 所示。

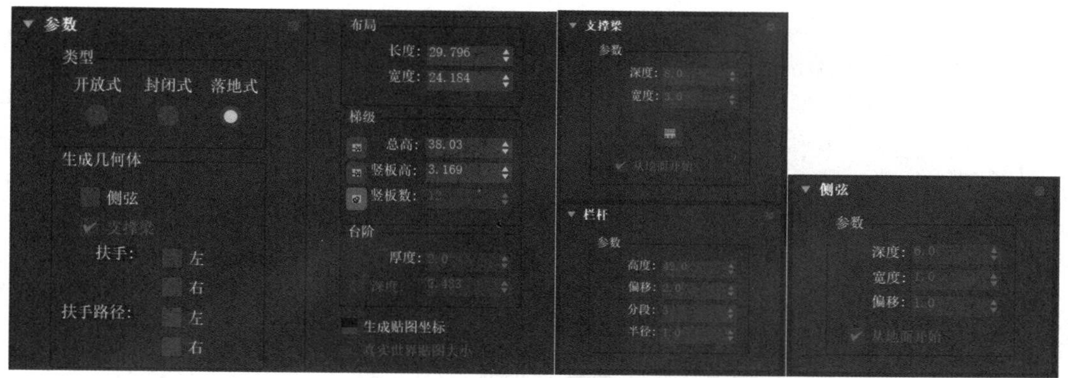

图 3.70　直线楼梯的“参数”卷展栏及相关卷展栏

在“参数”卷展栏的“类型”选区中，可根据需要选中“开放式”、“封闭式”或“落地式”单选按钮，这 3 类直线楼梯的效果如图 3.71 所示。

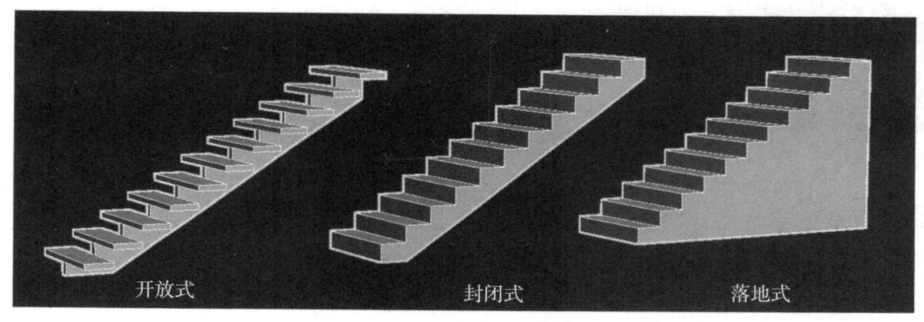

图 3.71　3 类直角楼梯的效果

在“参数”卷展栏的“生成几何体”选区中，“侧弦”复选框用于设置是否沿台阶的末端创建楼梯的侧弦；“支撑梁”复选框用于设置是否创建楼梯的支撑梁；“扶手”选区用于设置是否创建楼梯的左右扶手；“扶手路径”选区用于设置是否创建左右栏杆路径，栏杆路径是一条用于创建自定义栏杆的样条线，结合使用 AEC 扩展的创建面板中的“栏杆”按钮，可以创建与楼梯相适应的栏杆。

在“参数”卷展栏的“布局”选区中，“长度”数值框用于设置楼梯的长度，“宽度”数值框用于设置楼梯的宽度。

“参数”卷展栏的“梯级”选区用于设置楼梯的梯级的高度和数量。单击某个参数左侧的按钮图标，可以在调整另两个参数时将该项锁定。“总高”数值框用于设置总体高度，“竖板高”数值框用于设置梯级的高度，“竖板数”数值框用于设置梯级的数量。

在“参数”卷展栏的“台阶”选区中，“厚度”数值框用于设置台阶的厚度，“深度”用于设置台阶的深度。

“支撑梁”卷展栏中的“深度”数值框用于设置支撑梁距离地面的高度，“宽度”数值框用于设置支撑梁的宽度。■（支撑梁间距）按钮用于设置支撑梁的间距，只有在勾选“支撑梁”复选框后才可以激活该按钮；“从地板开始”复选框用于设置支撑梁是否在地板处被切平。

调整“栏杆”卷展栏中的参数，可以生成沿楼梯两侧的简单扶手栏杆对象。只有在

“参数”卷展栏的“生成几何体”选区中设置了创建扶手或扶手路径，才能在此处做调整。此处的栏杆并不表现结构，只是为了帮助观察。要创建栏杆，可以通过先生成栏杆路径，再使用 AEC 扩展的创建面板中的“栏杆”按钮来制作。“高度”数值框用于设置栏杆与台阶之间的高度；“偏移”数值框用于设置栏杆在台阶两侧偏移的数值；“分段”数值框用于设置栏杆截面的多边形边数，分段越多越光滑；“半径”数值框用于设置栏杆的粗细。

“侧弦”卷展栏中的“深度”数值框用于设置侧弦距离地面的高度，“宽度”数值框用于设置侧弦的宽度，“偏移”数值框用于设置侧弦向下偏移的数值。

3.4.4 AEC 扩展

图 3.72 AEC 扩展的创建面板

单击（创建）按钮，打开“创建”命令面板，单击（几何体）按钮，单击“标准基本体”下拉按钮，在弹出的下拉列表中选择“AEC 扩展”选项，在“对象类型”卷展栏中即可出现 3ds Max 提供的扩展的创建按钮，如图 3.72 所示。对象类型包括植物、栏杆和墙 3 种，主要用于创建建筑工程领域的特殊几何体，为高效、快捷地创建室内外效果图提供了便利的条件。

单击“植物”按钮，在“收藏的植物”卷展栏中选择一种植物，然后在视图中单击即可创建，在“参数”卷展栏中设置参数可以调整植物的形状。

“栏杆”按钮用于制作栏杆对象，通过对应卷展栏中的相应参数控制，可以对组成栏杆的各个部分分别进行调整，制作出各式各样的栏杆。栏杆可以和楼梯配合使用，制作楼梯扶手栏杆。图 3.73 所示为 3 种栏杆模型。

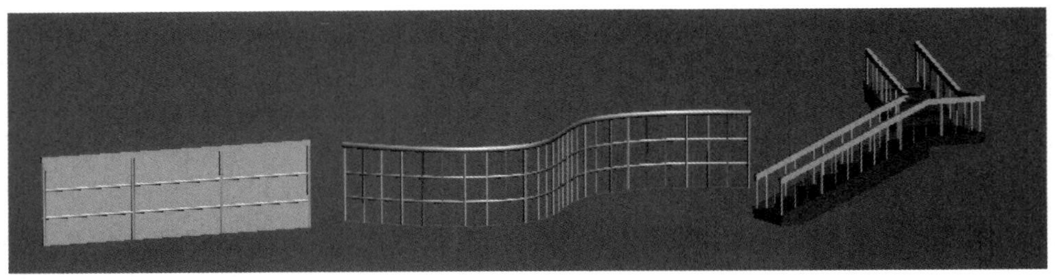
图 3.73 3 种栏杆模型

单击“栏杆”按钮，在视图中按住鼠标左键后拖动鼠标，拖动所需的长度后释放鼠标左键，向上移动鼠标以设置所需的高度，单击即可完成创建。

在默认情况下，3ds Max 可以创建上围栏、两个立柱、高度为围栏高度一半的下围栏，以及两个间隔相同的支柱，可以更改对应卷展栏中的相应参数，对围栏的分段、长度、剖面、深度、宽度和高度进行调整。栏杆的相关卷展栏如图 3.74 所示。

在“栏杆”卷展栏中，单击“拾取栏杆路径”按钮，可以单击选取视图中的样条线作为路径，被指定到路径上的栏杆会自动根据路径的变化进行调整；“分段”数值框用于设置栏杆的分段数，增加分段数，可以使栏杆与弯曲路径更好地匹配；如果勾选“匹配拐角”复选框，则可以设置栏杆的拐角，以便与路径的拐角匹配；“长度”数值框用于设置栏杆的长度。“上围栏”和“下围栏”选区分别用于设置上围栏的形状和下围栏的形状。单击“下围栏”选区中的（下围栏间距）按钮，会打开“下围栏间距”窗口，如图 3.75 所示，在该窗口中可以设置下围栏的数量及间距。

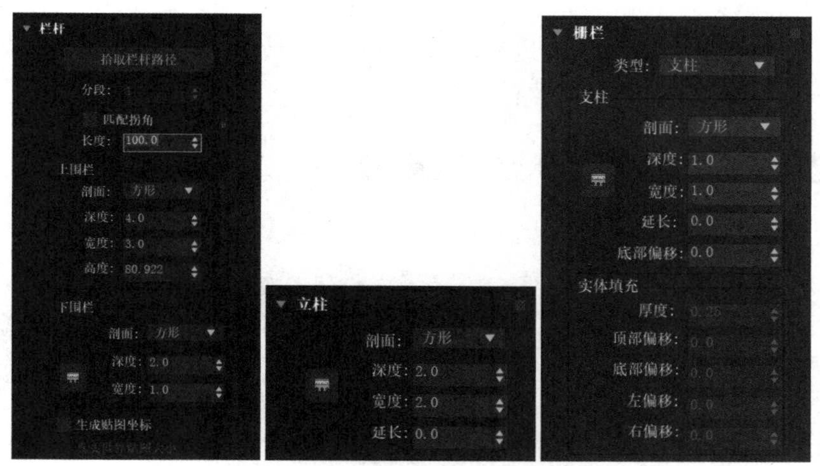

图 3.74　栏杆的相关卷展栏

“立柱”和“栅栏”卷展栏分别用于设置立柱的形状和栅栏的形状。单击“立柱”卷展栏中的（立柱间距）按钮，可以打开“立柱间距”窗口，如图 3.76 所示，在该窗口中可以设置立柱的数量及间距；单击“栅栏”卷展栏中的（支柱间距）按钮，可以打开“支柱间距”窗口，如图 3.77 所示，在该窗口中可以设置支柱的数量及间距。栅栏可以设置为支柱和实体两种类型。

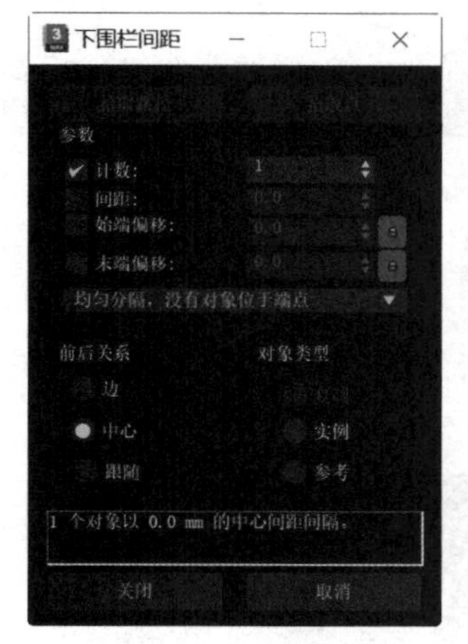

图 3.75　“下围栏间距”窗口

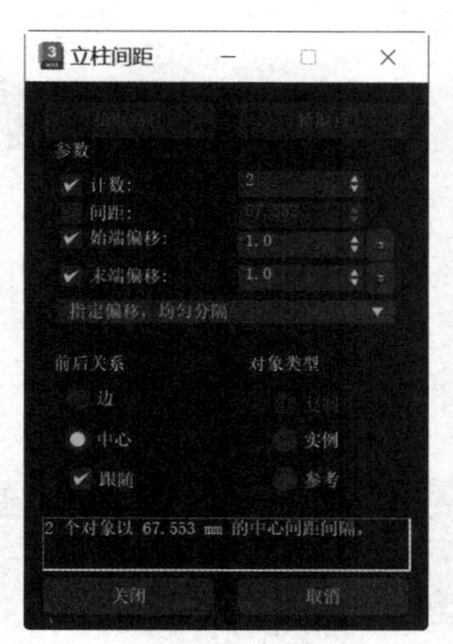

图 3.76　“立柱间距”窗口

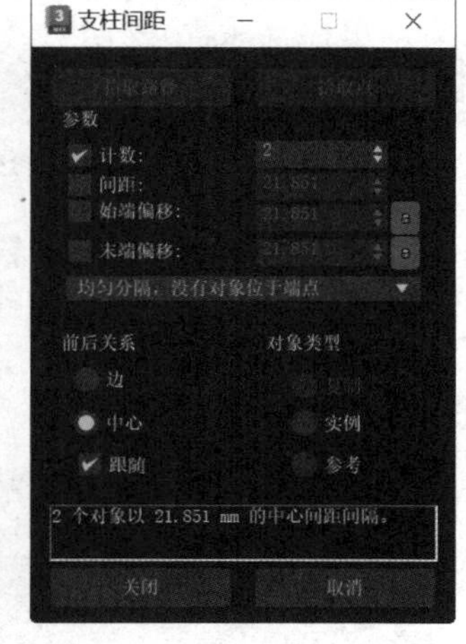

图 3.77　“支柱间距”窗口

“墙”按钮 墙 用于创建墙对象，通过其“顶点”、“分段”、“剖面”子对象可以对墙对象进行断开、插入、删除等操作。墙对象由子对象墙分段构成，可以在“修改”命令面板中进行编辑。

墙的创建方法比较简单。单击“墙”按钮 墙 ，在视图中单击，创建墙的一个端点，移动鼠标以拖出一面墙，单击确定，再次移动鼠标继续创建其他墙体，右击即可完成创建。在“参数”卷展栏中可以调整墙体的宽度与高度。

也可以利用键盘输入参数创建墙体。在“键盘输入”卷展栏的“X”、“Y”和“Z”数值框中输入数值，可以分别设置墙对象各分段端点的 X、Y、Z 轴的坐标；单击“添加点”按钮，可以根据输入的 X、Y、Z 轴坐标增加点；单击“关闭”按钮，可以结束墙的创建并闭合墙体；单击“完成”按钮，可以结束创建并形成开放墙体；单击“拾取样条线”按钮，可以拾取一条样条线作为墙对象的路径。

任务实施：咖啡馆三维场景建模

1. 创建方桌模型

【步骤 01】创建桌面。单击（创建）按钮，打开“创建”命令面板，单击（几何体）按钮，单击“标准基本体”下拉按钮 标准基本体，在弹出的下拉列表中选择“扩展基本体”选项，单击“切角长方体”按钮 切角长方体，在透视图中创建一个切角长方体，在“参数”卷展栏中调整参数，如图 3.78 所示。

【步骤 02】创建桌腿。单击“软管”按钮 软管，在透视图中创建一个软管，在“参数”卷展栏中调整参数，如图 3.79 所示。

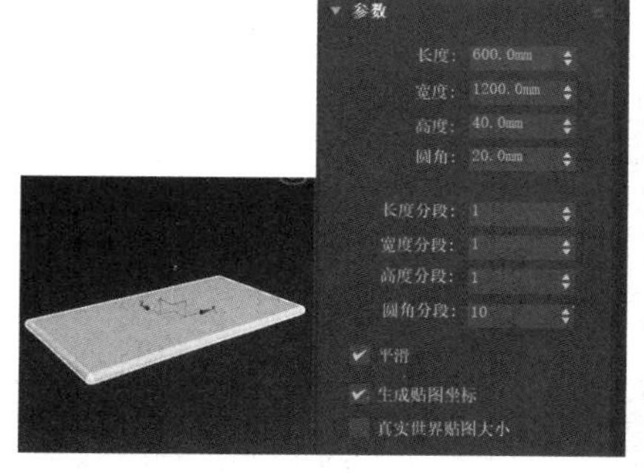

图 3.78　切角长方体及其参数

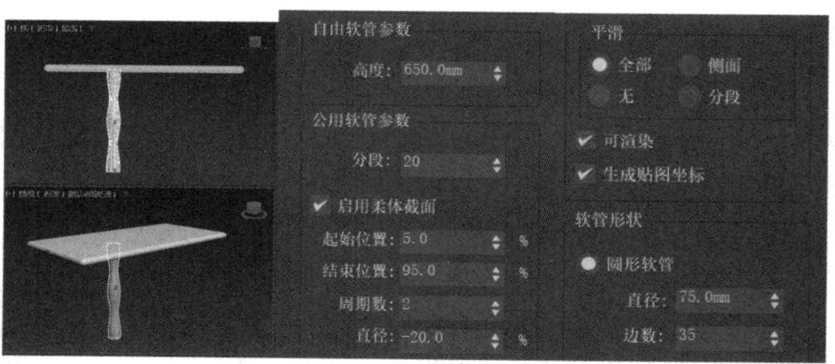

图 3.79　软管及其参数

【步骤 03】选中创建的软管，按住 Shift 键不放，单击（选择并移动）按钮，按住鼠标左键后移动鼠标到合适的位置，松开 Shift 键和鼠标左键，在弹出的“克隆选项”对话框的“对象”选区内选中“实例”单选按钮，单击“确定”按钮，实例复制出另一个桌腿，如图 3.80 所示。

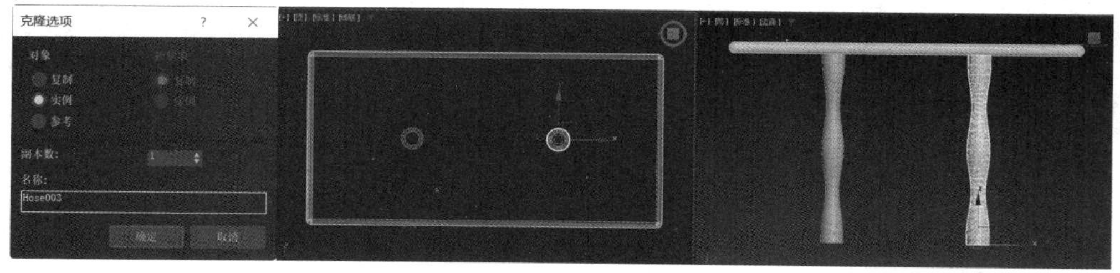

图 3.80　实例复制出另一个桌腿

【步骤 04】同时选中两个桌腿，选择“组”菜单中的“组”命令，在弹出的“组”对话框中将组名设置为“桌腿”，如图 3.81 所示，单击“确定”按钮，将两个桌腿结成组。

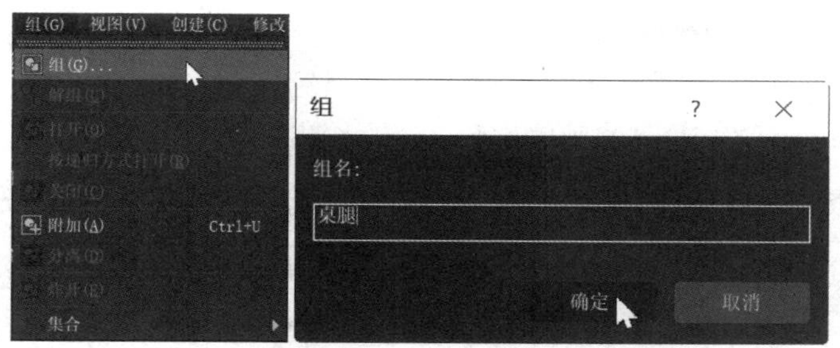

图 3.81　选择“组”命令及设置组名

【步骤 05】选中步骤 04 中的“桌腿”组，单击（对齐）按钮，在透视图中将鼠标指针移动到桌面上，当鼠标指针为十字形时，单击桌面，打开“对齐当前选择”对话框，在“对齐位置（世界）”选区中勾选“X 位置”和“Y 位置”复选框，在“当前对象”和“目标对象”选区内均选中“中心”单选按钮，单击“应用”按钮，此时在 XY 平面内桌腿中心和桌面中心就对齐了，如图 3.82 所示。

【步骤 06】取消勾选“X 位置”和“Y 位置”复选框，勾选“Z 位置”复选框，在“当前对象”和“目标对象”选区内分别选中“最大”和“最小”单选按钮，单击“确定”按钮，此时桌腿上端和桌面下端就对齐了，如图 3.83 所示。

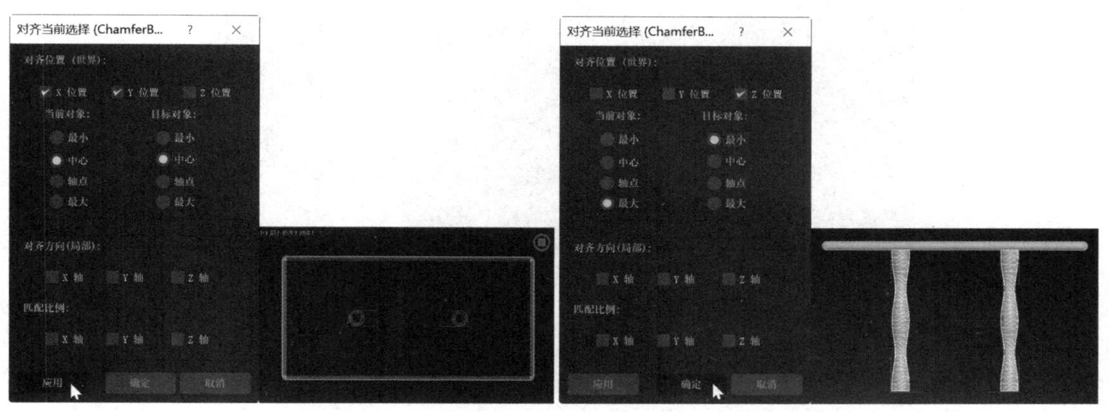

图 3.82　水平中心对齐　　图 3.83　垂直方向对齐

【步骤 07】创建桌子垫脚。单击“圆锥体”按钮 圆锥体 ，在视图中创建一个边数为 4 的圆锥体，如图 3.84 所示。

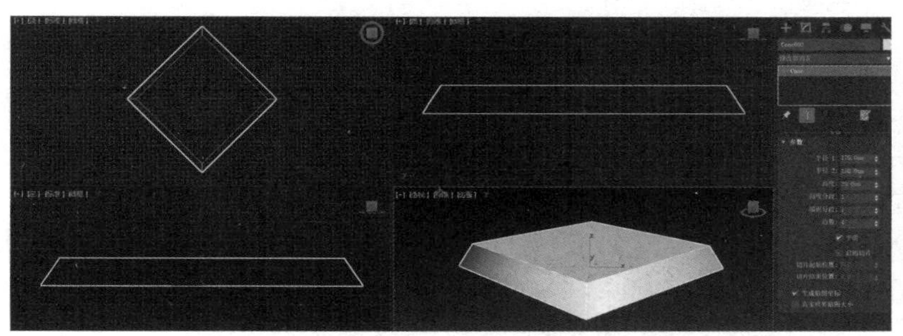

图 3.84　创建圆锥体

【步骤 08】在顶视图内选中创建的圆锥体，单击 （选择并旋转）按钮，然后在该按钮上右击，打开“旋转变换输入”窗口，在“绝对 : 世界”选区的“Z”数值框中设置数值为 45.0，按 Enter 键，此时圆锥体旋转 45 度，如图 3.85 所示。

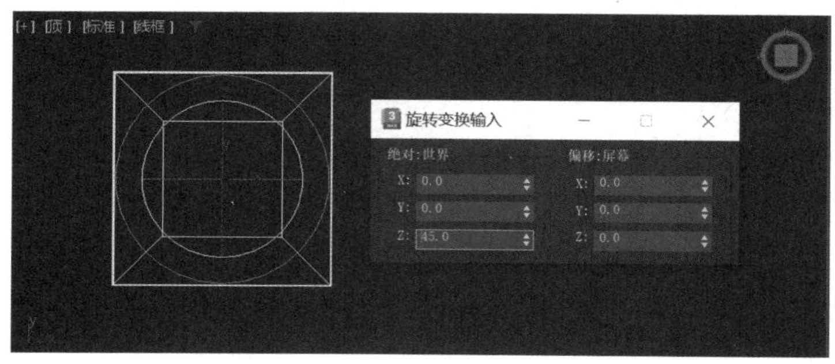

图 3.85　旋转圆锥体

【步骤 09】利用缩放工具对圆锥体进行缩放，并调整其参数，利用对齐工具将其和桌腿对齐。方桌模型的最终效果如图 3.86 所示。

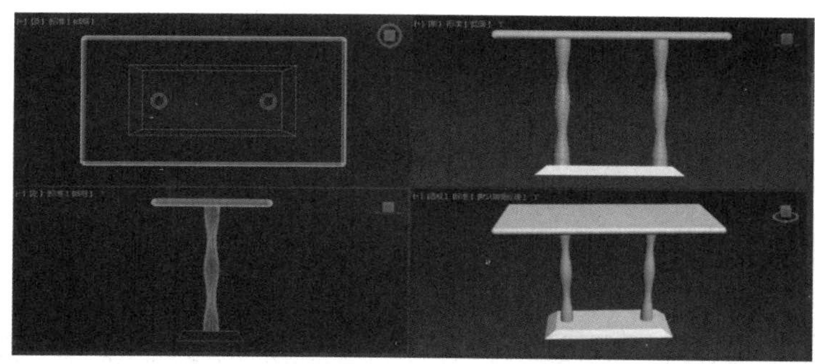

图 3.86　方桌模型的最终效果

【步骤 10】按住 Ctrl 键不放，选中桌面、桌腿、桌子垫脚，选择“组”菜单中的“组”命令，在弹出的“组”对话框中将组名设置为“方桌”，单击“确定”按钮，将三者结成组。在选择要结成组的对象后，如果“组”菜单中的“组”命令处于灰显状态，不能结成组，则在成组对象处于选中状态时，单击 （取消链接选择）按钮，此时“组”菜单中的“组”命令的状态会变成亮显，说明这时可以正常结成组了。

2. 创建椅子模型

【步骤 01】利用切角圆柱体在透视图中创建一个椅子腿，如图 3.87 所示。

【步骤 02】单击 （镜像）按钮，在弹出的“镜像：世界坐标”对话框中，将镜像轴设置为 *X* 轴，选中“实例”单选按钮，单击“确定”按钮，实例复制出第二个椅子腿，如图 3.88 所示。

【步骤 03】选中其中一个椅子腿，进行镜像复制，将镜像轴设置为 *X* 轴，采用复制方式，复制出第三个椅子腿，如图 3.89 所示。调整第三个椅子腿的高度，如图 3.90 所示，利用镜像工具实例复制出第四个椅子腿，如图 3.91 所示。

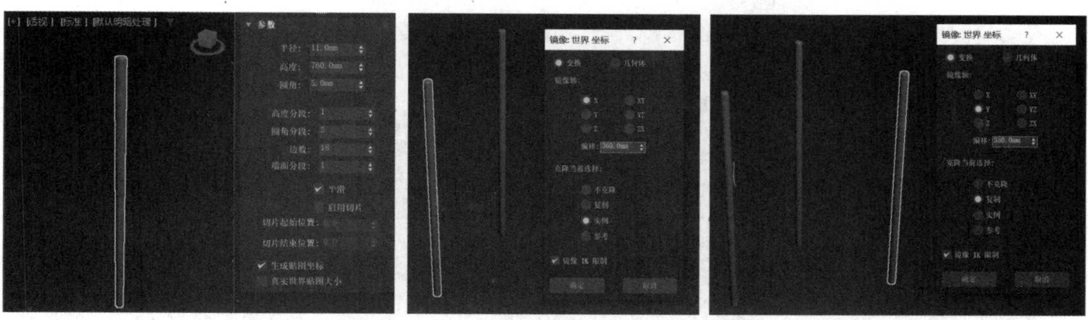

图 3.87　创建椅子腿　　图 3.88　实例复制第二个椅子腿　　图 3.89　复制第三个椅子腿

【步骤 04】利用“棱柱”按钮在视图中创建楔形块，调整大小和方向，并利用镜像工具实例复制出另一个楔形块，用于支撑椅面，如图 3.92 所示。

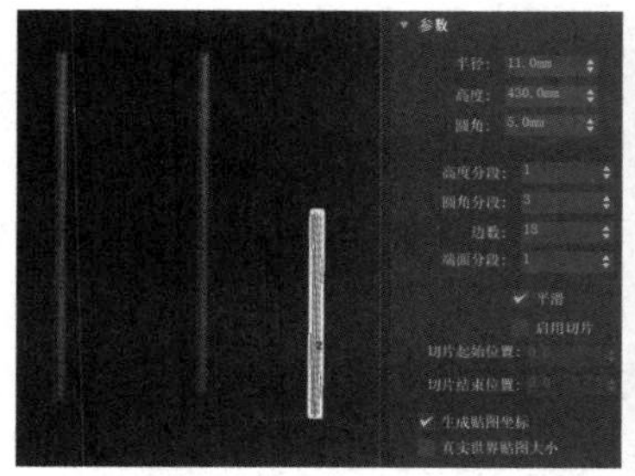

图 3.90　调整第三个椅子腿的高度

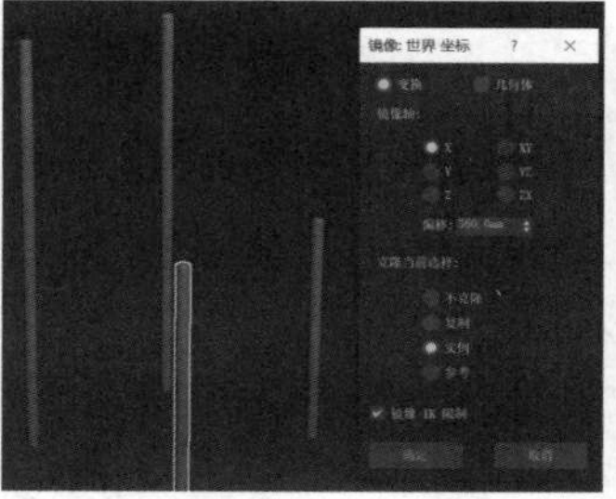

图 3.91　实例复制第四个椅子腿

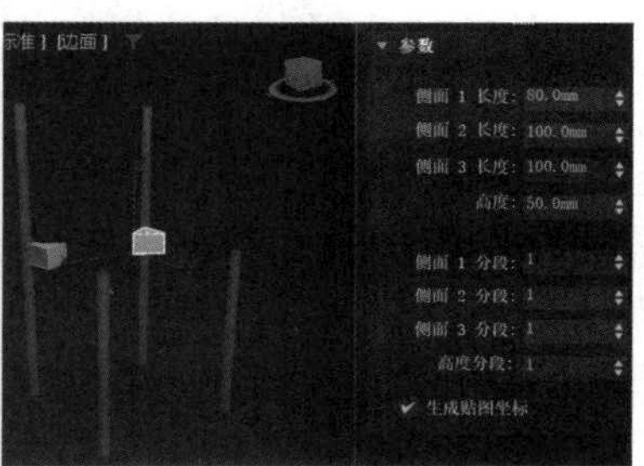

图 3.92　创建楔形块

【步骤 05】利用“L-Ext”按钮创建 L 形的支撑架，如图 3.93 所示。

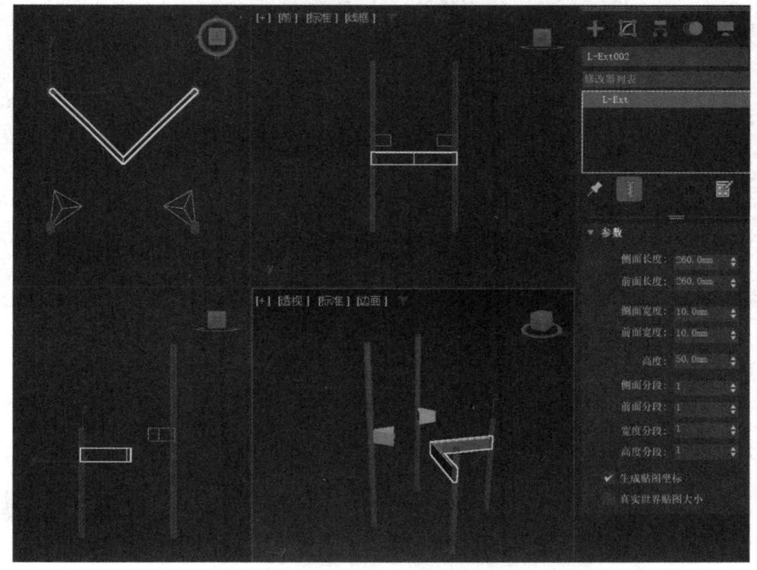

图 3.93　创建 L 形的支撑架

【步骤 06】在视图中创建切角圆柱体作为椅座，利用移动工具和对齐工具将其调整到如图 3.94 所示的位置。

【步骤 07】制作椅子靠背。在前视图中创建切角长方体，在“参数”卷展栏中调整参数，如图 3.95 所示。

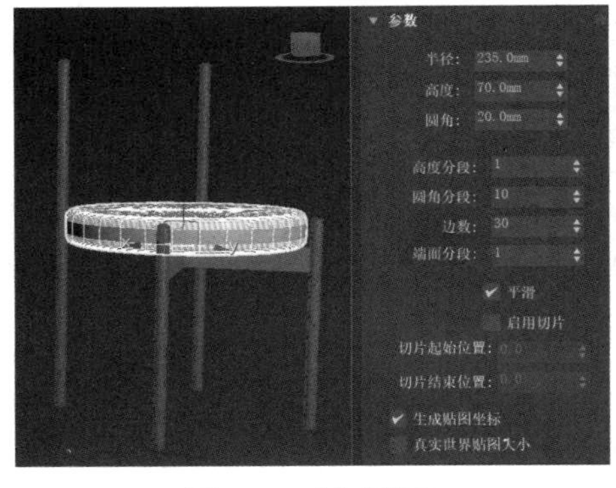

图 3.94　创建椅座

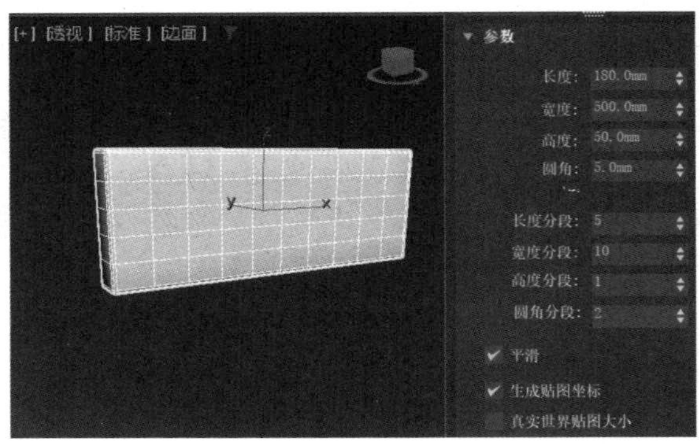

图 3.95　创建切角长方体

【步骤 08】选中切角长方体，在“修改”命令面板的“修改器列表”下拉列表中选择“Bend”（弯曲）选项，为切角长方体添加“弯曲”修改器，将弯曲角度设置为“-95.0”，将弯曲轴设置为 X 轴，如图 3.96 所示。

【步骤 09】在“修改”命令面板的“修改器列表”下拉列表中选择“松弛”选项，为切角长方体添加“松弛”修改器，调整参数，如图 3.97 所示。

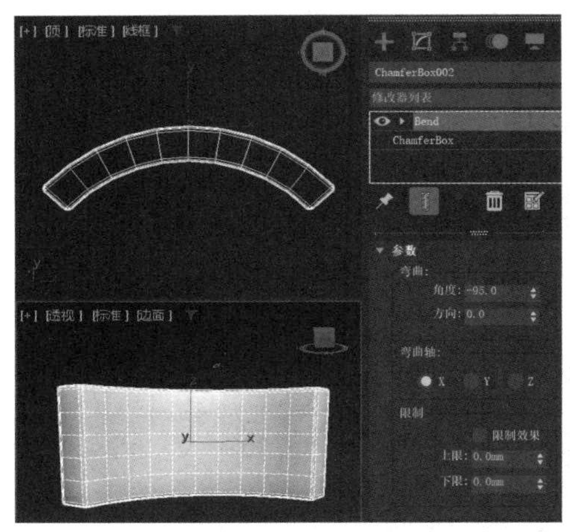

图 3.96　设置椅子靠背的弯曲效果

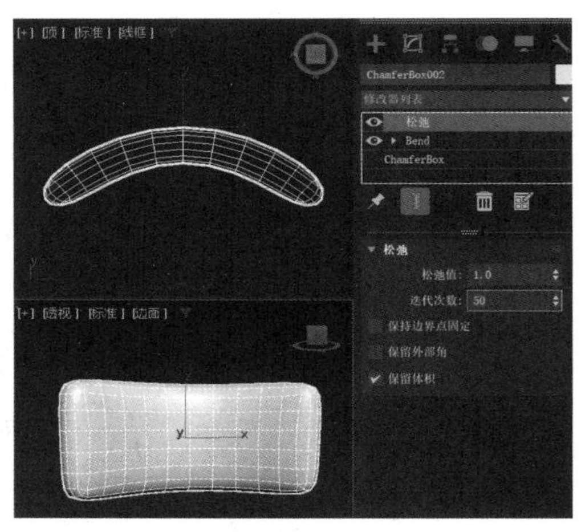

图 3.97　设置椅子靠背的松弛效果

【步骤 10】移动椅子靠背到合适的位置。椅子模型的最终效果如图 3.98 所示。

3. 创建沙发模型和圆桌模型

【步骤 01】创建沙发模型。单击“管状体”按钮 管状体 ，在视图中创建一个管状体 1 作为沙发底座，调整其参数，如图 3.99 所示。

【步骤 02】按 Ctrl+V 组合键，打开“克隆选项”对话框，在“对象”选区内选中“复制”单选按钮，如图 3.100 所示，单击“确定”按钮，原地复制一个管状体 2。

【步骤 03】保持管状体 2 处于选中状态，激活透视图，单击（对齐）按钮，在透视图内选中管状体 1，打开“对齐当前选择 (Tube001)”对话框，在“对齐位置（世界）”选区内勾选“Z 位置”复选框，在“当前对象”选区内选中“最小”单选按钮，在“目标对象”选区内选中“最大”单选按钮，如图 3.101 所示，单击“确定”按钮。调整管状体 2 的参数，效果如图 3.102 所示。

图 3.98　椅子模型的最终效果

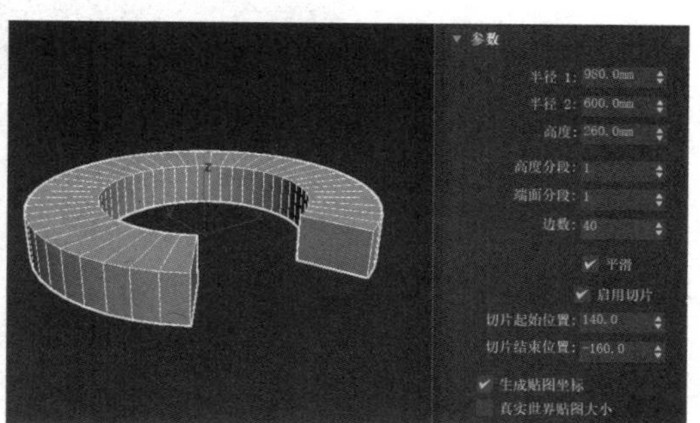

图 3.99　沙发底座及其参数

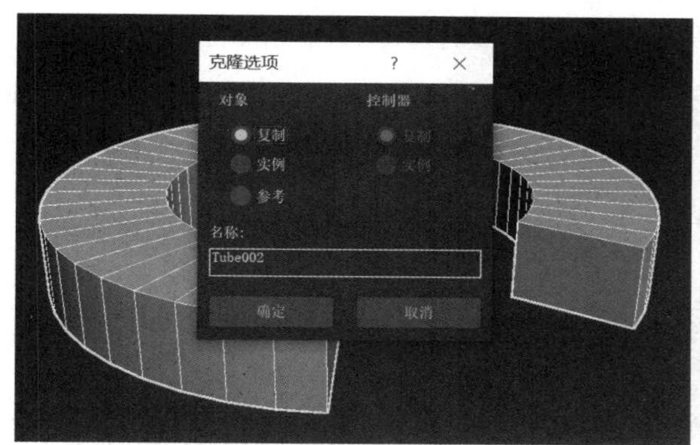

图 3.100　“克隆选项”对话框

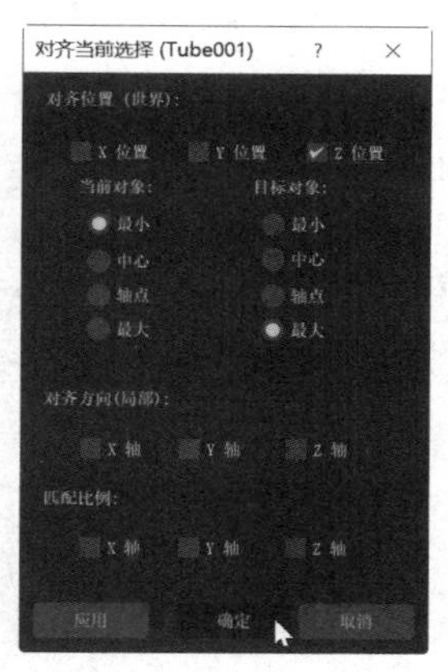

图 3.101　“对齐当前选择 (Tube001)”对话框

【步骤 04】选中管状体 2，按 Ctrl+V 组合键打开“克隆选项”对话框，原地复制一个管状体 3 作为沙发坐垫，利用对齐工具将其对齐到管状体 2 的上方，调整管状体 3 的参数，效果如图 3.103 所示。

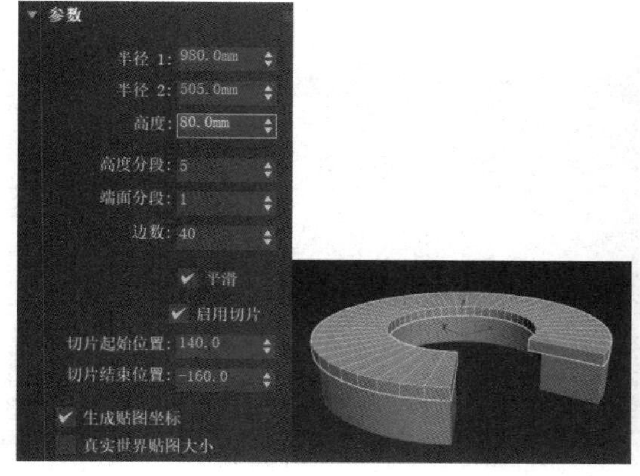

图 3.102　调整管状体 2 的参数及效果

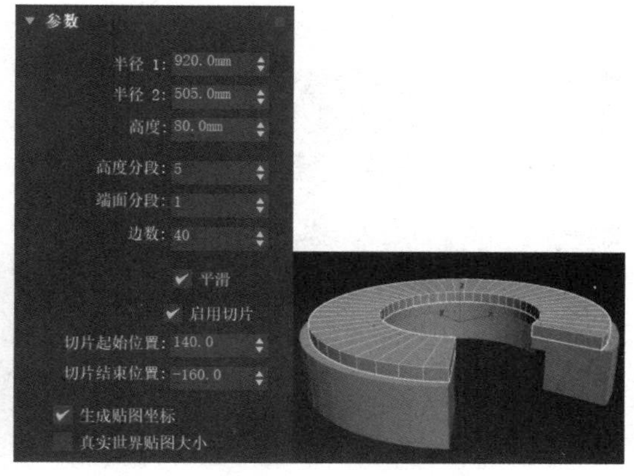

图 3.103　调整管状体 3 的参数及效果

【步骤 05】在“修改”命令面板的“修改器列表”下拉列表中选择“切角”选项，为管状体 3 添加“切角”修改器，调整参数，效果如图 3.104 所示。

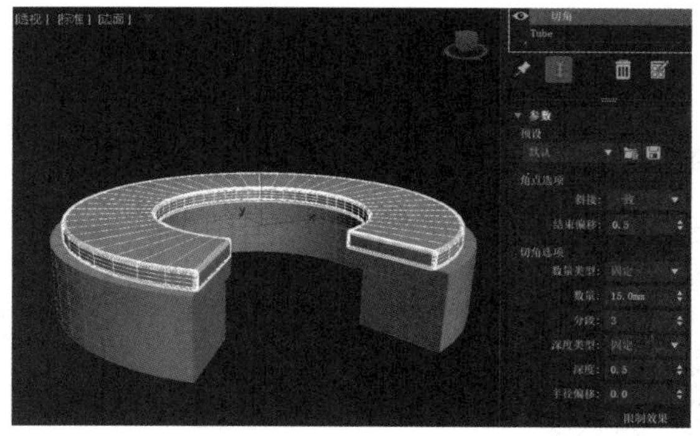

图 3.104　添加“切角”修改器并调整参数后的效果 1

【步骤 06】选中管状体 2，按 Ctrl+V 组合键打开“克隆选项”对话框，原地复制一个管状体 4 作为沙发靠背，利用对齐工具将其对齐到管状体 2 的上方，调整管状体 4 的参数，效果如图 3.105 所示。为管状体 4 添加“切角”修改器，调整参数，效果如图 3.106 所示。

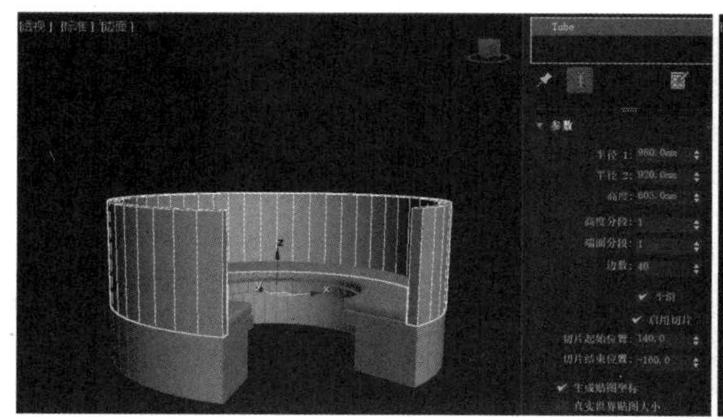

图 3.105　调整管状体 4 的参数后的效果

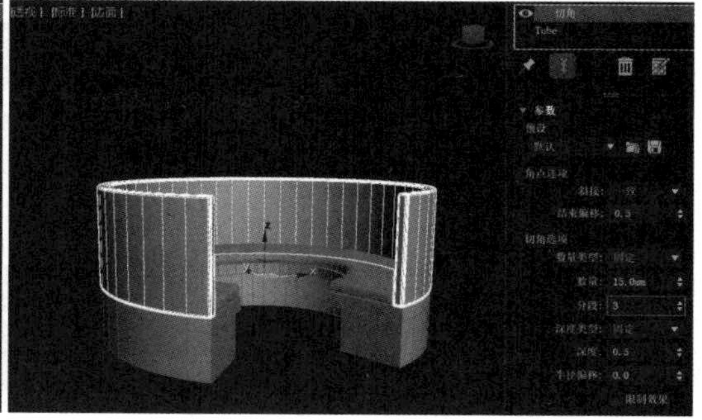

图 3.106　添加“切角”修改器并调整参数后的效果 2

【步骤 07】选中管状体 1，按 Ctrl+V 组合键打开“克隆选项”对话框，原地复制一个管状体 5 作为沙发背板，调整其参数，效果如图 3.107 所示。为管状体 5 添加“切角”修改器，调整参数，效果如图 3.108 所示。

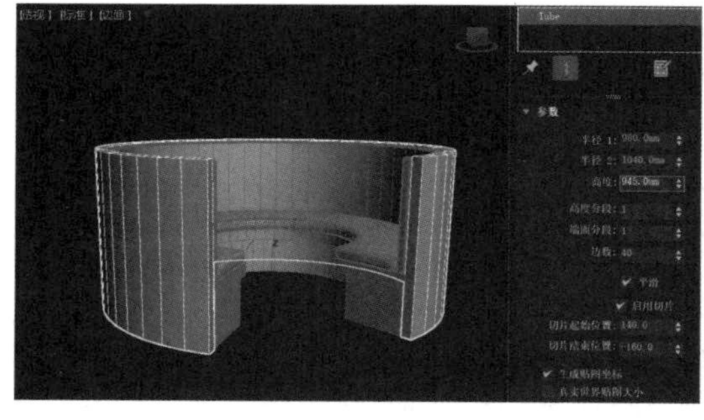

图 3.107　调整管状体 5 的参数后的效果

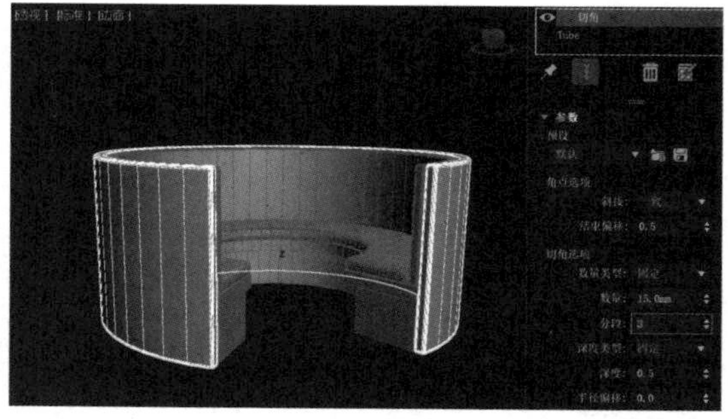

图 3.108　添加“切角”修改器并调整参数后的效果 3

【步骤 08】创建圆桌模型。首先创建一个切角圆柱体作为圆桌的底座，其参数如图 3.109 所示。

【步骤 09】单击“软管”按钮 软管 ，在视图中创建软管，其参数如图 3.110 所示。利用对齐工具将软管和切角圆柱体对齐，如图 3.111 所示。

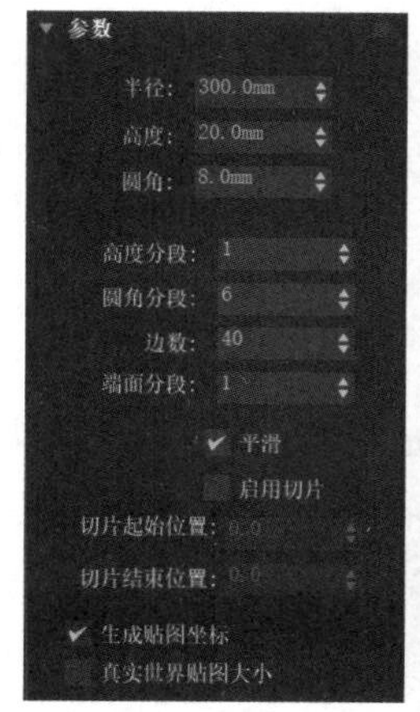

图 3.109　切角圆柱体的参数

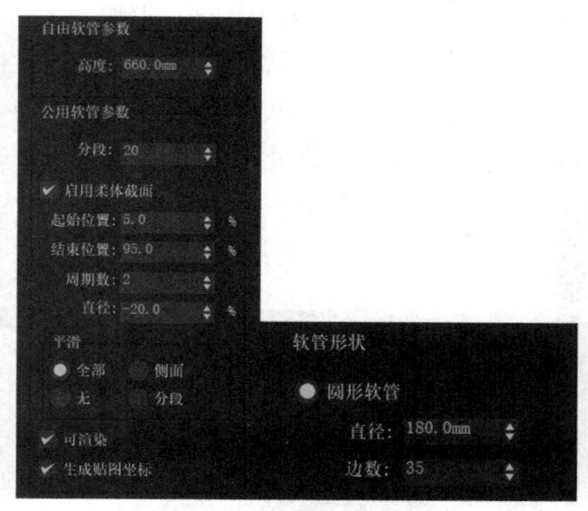

图 3.110　软管的参数

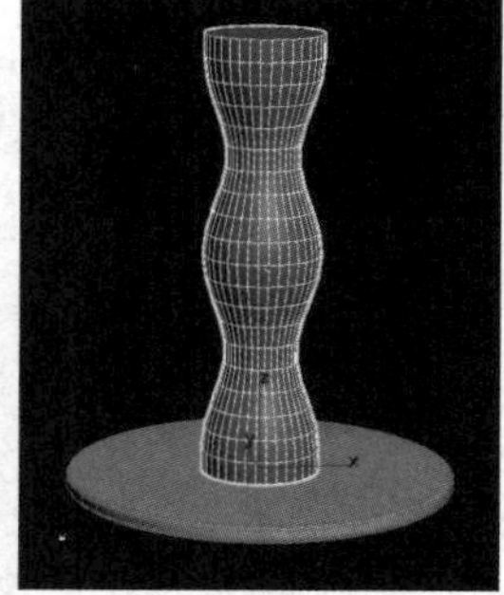

图 3.111　将软管和切角圆柱体对齐

【步骤 10】选中切角圆柱体，按住 Shift 键不放，利用移动工具向上移动圆柱体，复制出一个圆柱体作为圆桌的桌面，调整其参数，如图 3.112 中的左图所示，效果如图 3.112 中的右图所示，利用对齐工具将其和软管对齐。将以上创建的两个圆柱体和一个软管结成组，并命名为“圆桌”。

【步骤 11】单击“平面”按钮 平面 ，在视图中创建地面模型，并利用对齐工具将前面创建的方桌模型、椅子模型、沙发模型、圆桌模型与地面模型对齐。

【步骤 12】选择“文件”菜单中的“导入”命令，将“案例及拓展资源 / 单元 3/ 任务 / 模型源文件 / 房屋框架 .fbx”文件导入场景，利用对齐工具将其与地面模型对齐，如图 3.113 所示。

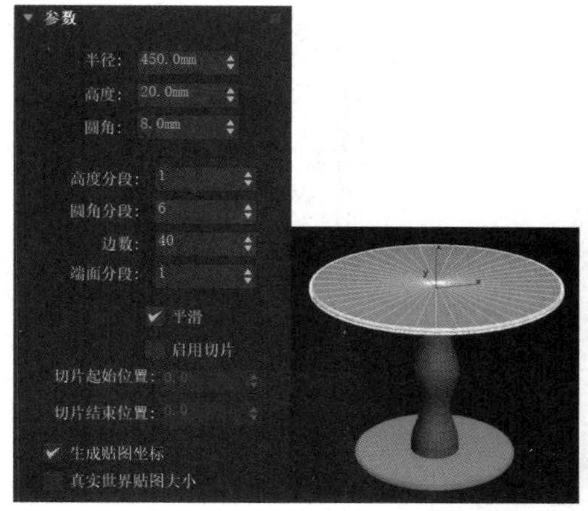

图 3.112　圆桌桌面的参数及效果

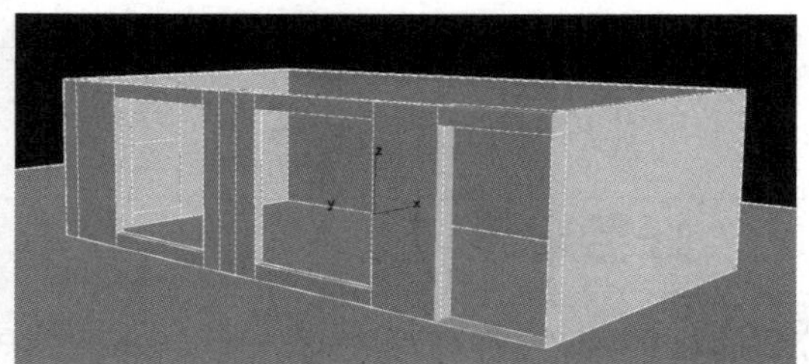

图 3.113　将房屋框架与地面模型对齐

【步骤 13】在窗的创建面板的“对象类型”卷展栏中单击“固定窗”按钮，如图 3.114 中的左图所示。默认创建方法为“宽度 - 深度 - 高度”，在视图中按住鼠标左键后拖动鼠标，当拖动到合适的宽度时松开鼠标左键，即可确定固定窗的宽度；继续移动鼠标，当移动到合适的深度时单击，即可确定固定窗的深度；继续向上移动鼠标，当移动到合适的高度后单击，即可确定固定窗的高度，此时一个完整的固定窗创建完成，调整参数并将固定窗移动到房屋框架的窗口位置，如图 3.114 中的右图所示。

【步骤 14】选中创建好的固定窗，按住 Shift 键不放，利用移动工具向上移动固定窗，复制出一个固定窗，调整其参数和位置，效果如图 3.115 所示。

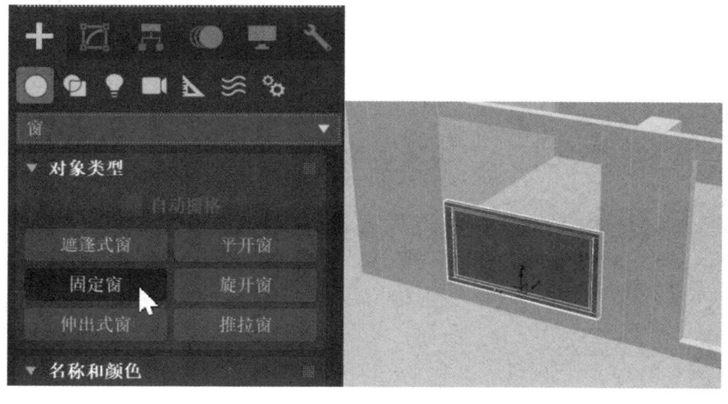

图 3.114　创建一个固定窗

图 3.115　复制一个固定窗后的效果

【步骤 15】选中上面创建的两个固定窗，然后进行复制，并将复制出的两个固定窗移动到另一个窗口处，固定窗的效果如图 3.116 所示。

【步骤 16】分别复制上面创建的方桌、椅子、沙发和圆桌等模型，并调整其位置，效果如图 3.117 所示。

图 3.116　固定窗的效果

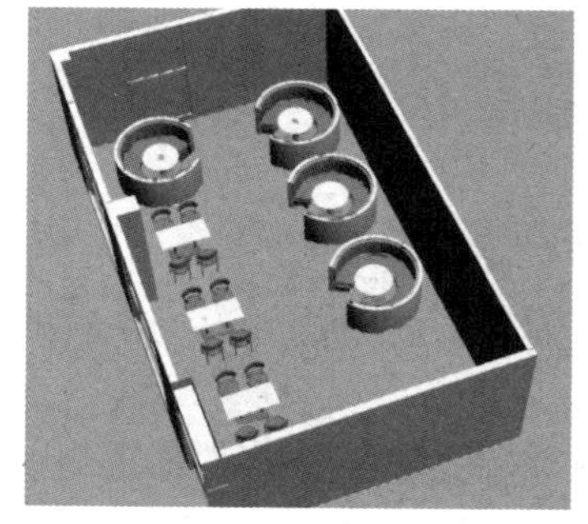

图 3.117　咖啡馆三维场景布置效果

【步骤 17】导入窗帘、植物等模型，最终效果如图 3.1 所示。

任务拓展

练习制作如图 3.118 所示的房屋模型。

图 3.118 房屋模型

课后思考

1. 3ds Max 2023 中的标准基本体有几种？它们分别是什么？
2. 3ds Max 2023 中的扩展基本体有几种？它们分别是什么？
3. 利用基本创建命令可以创建哪些常见的实物模型？

图形建模——制作红色文化建筑

在 3ds Max 2023 中，图形是重要的组成部分。三维场景中的图形可以通过可渲染设置进行渲染输出，更重要的是，可以利用相应的造型手段，以图形为基础创建比较复杂的三维造型，另外，图形还能作为动画制作中物体运动的轨迹等。本章将重点介绍绘制与编辑二维图形——样条线对象的相关知识。

工作任务

完成红色文化建筑的制作，效果如图 4.1 所示。

图 4.1　红色文化建筑制作完成后的效果

任务描述

通过对样条线对象的绘制与编辑创建出三维模型，完成红色文化建筑的制作。

任务目标

- 认识图形对象。
- 能绘制样条线对象。

- 能编辑样条线对象。
- 能编辑样条线子对象。
- 能运用渲染参数设置将样条线创建为三维模型。
- 能运用“挤出”修改器将样条线创建为三维模型。
- 能运用“倒角”修改器将样条线创建为三维模型。
- 能运用“车削”修改器将样条线创建为三维模型。
- 能参照任务实施完成操作任务。

任务资讯

4.1　图形的创建

三维制作软件中的图形并不是单纯意义上的平面图形，它也可能是立体的，如类似于弹簧的螺旋线本身就是一个立体的图形。因此，在三维制作软件中，二维图形可以定义成由一条或多条样条线组成的对象。样条线是由一系列点定义的曲线。

3ds Max 2023 中提供了多种图形的创建工具，不仅可以直接创建各种图形，还可以通过对图形的编辑来生成更多任意的形状。

单击 （创建）按钮，打开“创建”命令面板，单击 （图形）按钮，即可打开图形创建面板。

3ds Max 2023 中的图形有 4 种类型，分别是样条线、NURBS 曲线、复合图形和扩展样条线。单击图形类型下拉按钮，在弹出的下拉列表中可以进行相应选择，如图 4.2 所示。

图 4.2　图形类型下拉列表

4.1.1　样条线的创建

样条线是所有常见图形（如线、矩形、圆、弧、多边形、星形等）的统称。

样条线创建面板的“对象类型”卷展栏中包含 13 种图形的创建按钮，如图 4.3 所示，单击某个创建按钮后，即可在视图中拖动鼠标创建相应的图形。

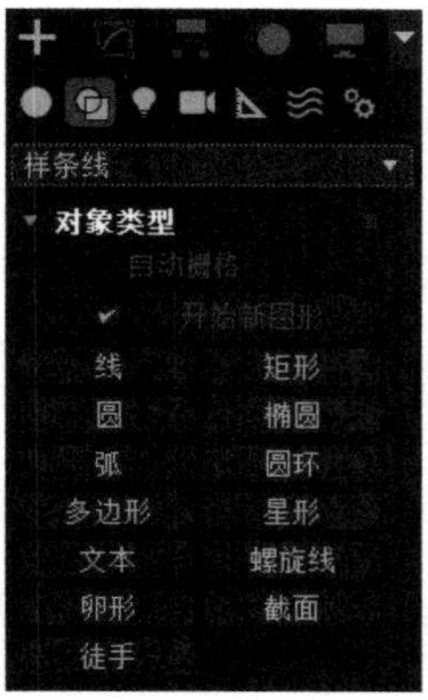

图形创建按钮上方的“开始新图形”复选框用于设置创建图形时是否开始新的图形，默认为勾选，即每次创建的图形都是彼此独立的新图形。在取消勾选该复选框后，利用创建按钮创建的各个图形同属于一个图形对象。

图 4.3　样条线创建面板

1．绘制线

线是一切图形的基础，可用于自由绘制任何开放或封闭的图形。

单击样条线创建面板中的“线”按钮 线 ，在视图中单击确定线的起点，移动鼠标指针到合适位置，再次单击确定一点，绘制直线，继续移动鼠标指针至合适位置，按住鼠标左键后拖动鼠标，绘制曲线，右击即可完成绘制，同时生成开放的样条线，如图 4.4 所示。

如果要绘制封闭的图形，则可以在完成绘制时将鼠标指针移动到起始点处单击，系统会弹出一个“样条线”对话框，询问是否闭合样线条。如果单击“是”按钮，则起始点与结束点将合并为一个顶点，产生封闭的图形，同时完成绘制；如果单击“否”按钮，则生成开放的样条线。

在“创建方法”卷展栏中，“初始类型”选区用于设置单击时产生的顶点类型，包括“角点”和“平滑”两种；“拖动类型”选区用于设置按住鼠标左键后拖动鼠标时产生的顶点类型，包括“角点”、“平滑”和“Bezier”3 种，如图 4.5 所示。

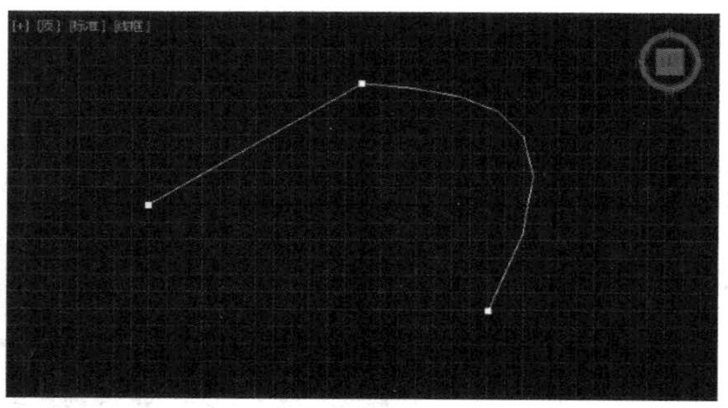

图 4.4　创建线对象

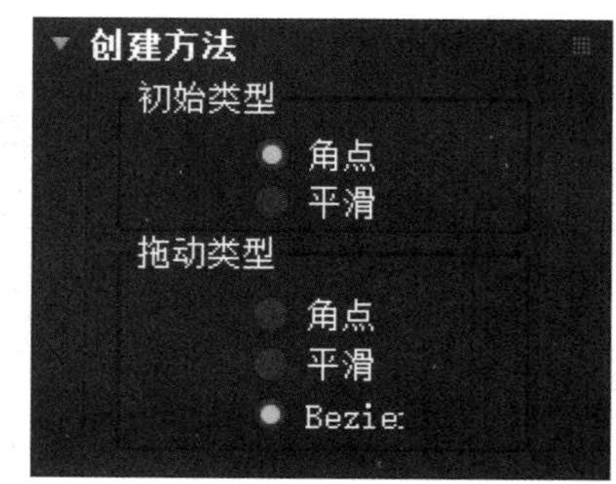

图 4.5　线的“创建方法”卷展栏

顶点的类型直接影响线条的形状。图形的顶点有 4 种类型，分别是角点、平滑、Bezier、Bezier 角点。“角点”顶点两端的线段为直线；通过“平滑”顶点的线段为平滑的曲线，但是曲线的曲率不能调节；通过“Bezier”顶点的线段也为平滑的曲线，但“Bezier”顶点带有调节句柄，可以通过调整调节句柄改变曲线的曲率，是最优秀的曲线方式；“Bezier 角点”顶点与“Bezier”顶点类似，不同的是它可以对该顶点两端的调节句柄分别进行调整，控制两端曲线的曲度。“Bezier 角点”顶点不能直接创建，但在编辑线条时可以将顶点转换为这种类型。

2. 绘制矩形

矩形是由 4 条样条线组成的闭合图形。“矩形”按钮 矩形 用于创建矩形、正方形、圆角矩形。

单击样条线创建面板中的“矩形”按钮 矩形 ，在任意一个视图中按住鼠标左键后拖动鼠标，释放鼠标左键即可创建一个矩形；配合 Ctrl 键拖动鼠标可以创建正方形，如图 4.6 所示。其中，在“创建方法”卷展栏中，如果选中“边”单选按钮，则图形绘制起始点为矩形的一角；如果选中“中心”单选按钮，则图形绘制起始点为矩形的中心点。

在“参数”卷展栏中调整参数，可以控制产生的形状，如图 4.7 所示。例如，在“参数”卷展栏中，设置矩形的长度、宽度，增加“角半径”数值框中的数值，可以生成圆角矩形，如图 4.8 所示。

在“键盘输入”卷展栏中设置长度、宽度和角半径，如图 4.9 所示，单击“创建”按钮，可以在当前视图中创建矩形，如图 4.10 所示。

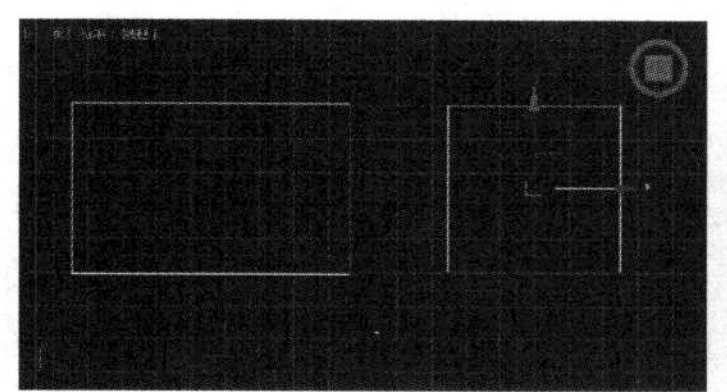

图 4.6　绘制矩形和正方形

图 4.7　矩形的“参数”卷展栏

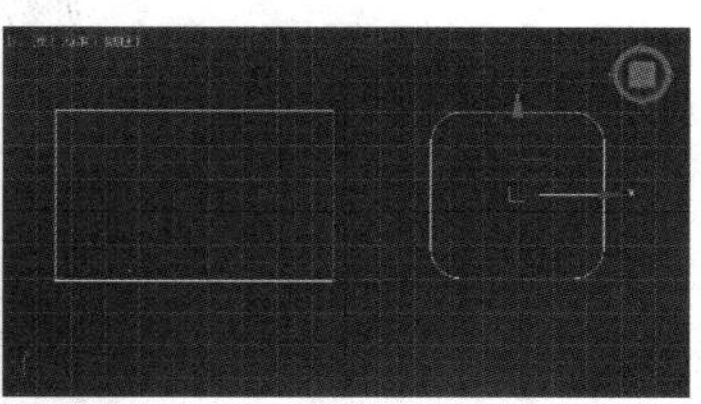

图 4.8　绘制圆角矩形

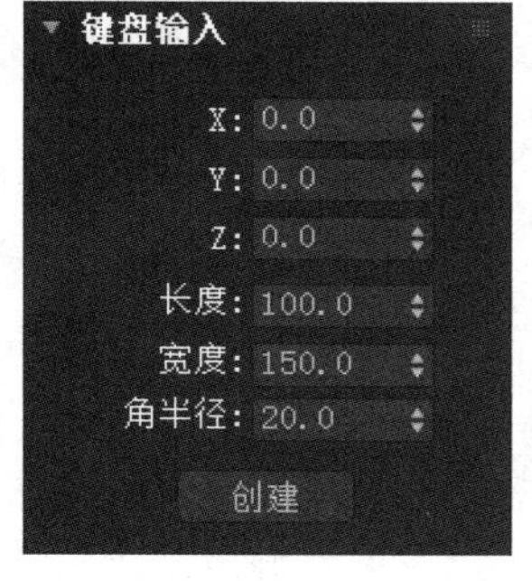

图 4.9　“键盘输入”卷展栏

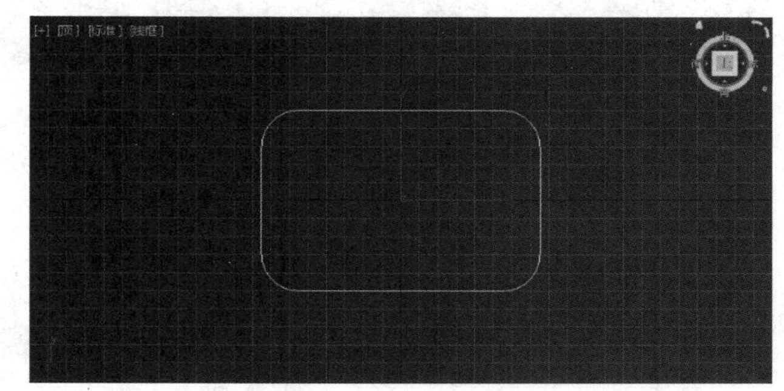

图 4.10　使用“键盘输入”卷展栏中的参数创建矩形

3. 绘制圆形

圆形的创建方法与矩形的创建方法相似。单击样条线创建面板中的“圆”按钮 圆 ，在“创建方法”卷展栏中选择一种创建方法，在任意一个视图中按住鼠标左键后拖动鼠标，释放鼠标左键即可创建圆形。在“参数”卷展栏中设置“半径”数值框中的数值，可以调整圆形的大小。

4. 绘制椭圆形

椭圆形的创建方法与圆形的创建方法相同。单击“椭圆”按钮 椭圆 ，在任意一个视图中按住鼠标左键后拖动鼠标，释放鼠标左键即可创建椭圆形。在“参数”卷展栏中设置椭圆的长度和宽度，可以控制椭圆的形状。

5. 绘制弧

“弧”按钮 弧 用于创建圆弧或扇形。弧的创建方法有两种：“端点 - 端点 - 中央”方法和“中心 - 端点 - 端点”方法，如图 4.11 所示。

方法一：“端点 - 端点 - 中央”方法。单击样条线创建面板中的“弧”按钮 弧 ，在“创建方法”卷展栏内选中“端点 - 端点 - 中央”单选按钮，在视图中按住鼠标左键后拖动鼠标，先产生圆弧的两个端点，在释放鼠标左键后，再次拖动鼠标以设置弧线的长度，单击即可结束创建。

方法二：“中间 - 端点 - 端点”方法。与上面的方法一同理，在“创建方法”卷展栏内选中“中间 - 端点 - 端点”单选按钮，在视图中按住鼠标左键确定圆弧的中心点，然后拖动鼠标产生圆弧的半径，在释放鼠标左键后，再次拖动鼠标以设置弧线的长度，单击即可结束创建。在如图 4.12 所示的“参数”卷展栏中设置参数可以调整弧的形状，如果勾选“饼形切片”复选框，则将创建封闭的扇形。

图 4.13 所示为利用“弧”按钮创建的图形。

图 4.11　弧的“创建方法”卷展栏

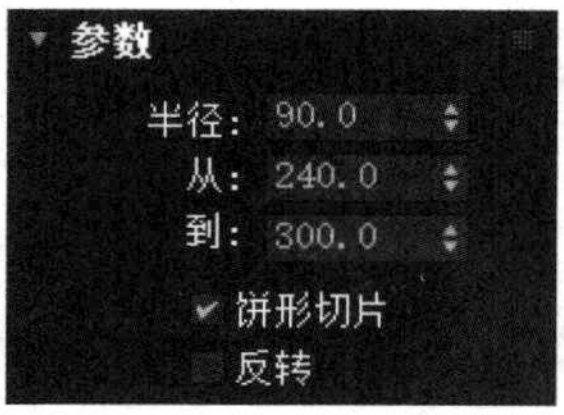

图 4.12　弧的“参数”卷展栏

图 4.13　利用“弧”按钮创建的图形

6. 绘制圆环

“圆环”按钮 圆环 用于创建同心的圆环。

单击样条线创建面板中的“圆环”按钮 圆环 ，在任意一个视图中按住鼠标左键后拖动鼠标，产生第一个圆形，释放鼠标左键后向圆环内部或外部移动鼠标，产生另一个圆形，单击即可结束创建。在“参数”卷展栏中设置参数可以调整圆环的形状，如图 4.14 所示，可以分别设置圆环中两个圆形的半径。

图 4.15 所示为利用“圆环”按钮创建的图形。

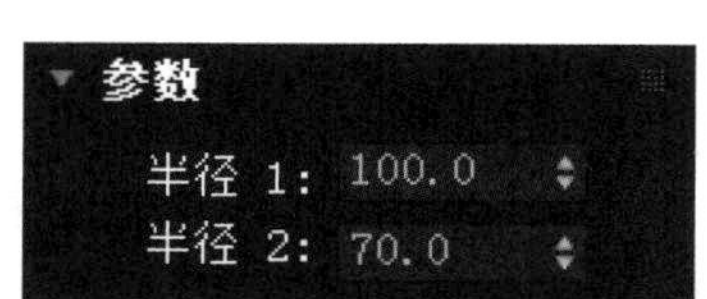

图 4.14　圆环的“参数”卷展栏

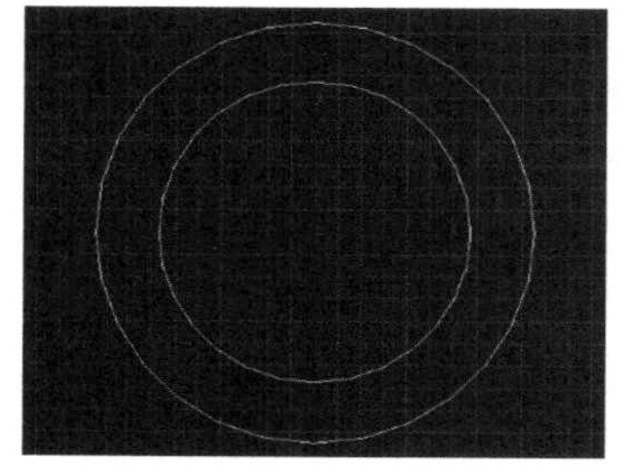

图 4.15　利用“圆环”按钮创建的图形

7. 绘制多边形

“多边形”按钮 多边形 用于创建多边形或具有多个顶点的圆形。

单击样条线创建面板中的“多边形”按钮 多边形 ，在任意一个视图中按住鼠标左键后拖动鼠标，释放鼠标左键即可完成多边形的创建。在“参数”卷展栏中设置参数可以调整多边形的形状，如图 4.16 所示。“半径”数值框用于设置多边形的大小，“内接”和“外接”单选按钮分别用于控制设置的半径值为多边形内切圆半径还是外切圆半径。“边数”数值框用于设置多边形的边数，默认为正六边形。“角半径”数值框用于设置多边形的圆角程度。如果勾选“圆形”复选框，则多边形将变为具有多个顶点的圆形。

图 4.17 所示为利用“多边形”按钮创建的图形。

8. 绘制星形

“星形”按钮 星形 用于创建多角星形、齿轮形状，以及多种奇特的图案。

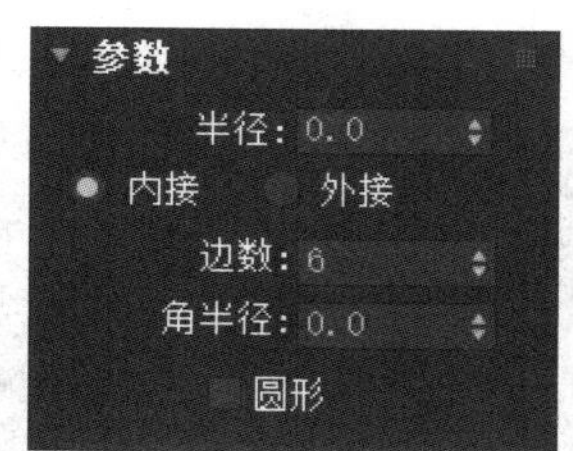

图 4.16　多边形的“参数”卷展栏

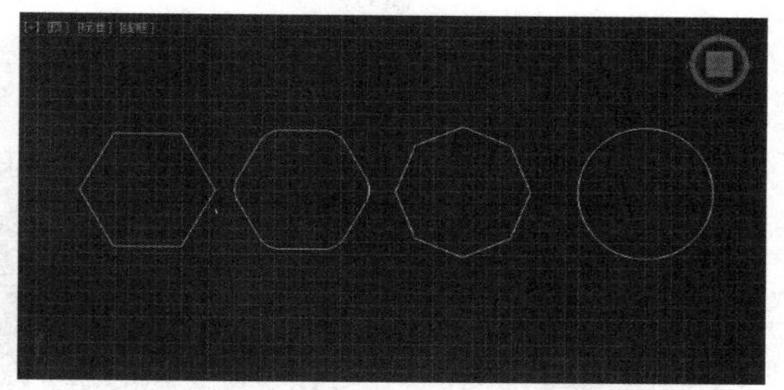
图 4.17　利用“多边形”按钮创建的图形

单击样条线创建面板中的“星形”按钮 星形 ，在任意一个视图中按住鼠标左键后拖动鼠标，绘制星形的外角形状或内角形状，释放鼠标左键后向内移动鼠标或向外移动鼠标，绘制星形的内角或外角形状，单击即可结束星形的创建。在“参数”卷展栏中设置参数可以调整星形的形状，如图 4.18 所示。“半径 1”和“半径 2”数值框分别用于设置星形的内角半径值和外角半径值。“点”数值框用于设置星形的尖角个数。增加“扭曲”数值框中的数值，可以使星形产生扭曲的效果。“圆角半径 1”和“圆角半径 2”数值框分别用于设置星形内角和外角的圆角化程度。通过设置不同的参数值，可以创建多种奇特的图案。

图 4.19 所示为利用“星形”按钮创建的图形。

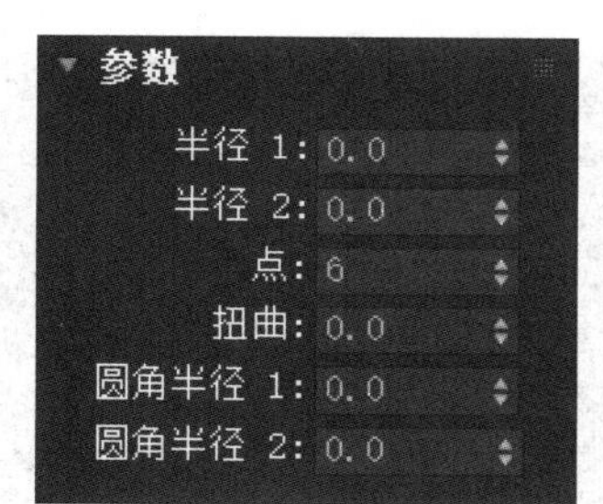

图 4.18　星形的“参数”卷展栏

图 4.19　利用“星形”按钮创建的图形

9. 创建文本

文本是一种特殊的二维图形。“文本”按钮 文本 用于创建文本图形。

单击样条线创建面板中的“文本”按钮 文本 ，在“参数”卷展栏的“文本”文本框中输入文本，在任意一个视图中单击即可创建文本图形。在“参数”卷展栏中既可以设置字体、大小、字间距等，也可以重新输入文本。

图 4.20 所示为文本的“参数”卷展栏及利用“文本”按钮创建的文本图形。

10. 绘制螺旋线

“螺旋线”按钮 螺旋线 用于创建螺旋线。

单击样条线创建面板中的“螺旋线”按钮 螺旋线 ，在任意一个视图中按住鼠标左键后拖动鼠标，以设置螺旋线的半径 1；释放鼠标左键后，再次移动鼠标，以设置螺旋线的高度；再次移动鼠标，以设置螺旋线的半径 2，单击即可结束创建。在“参数”卷展栏中设置参数可以调整螺旋线的形状，可以结合其他视图观察螺旋线的变化。

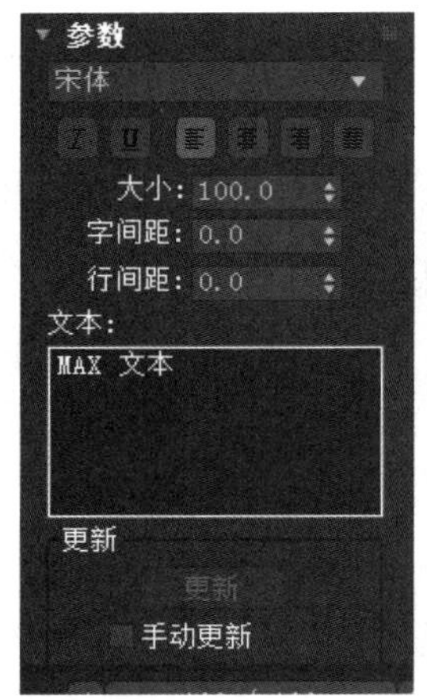

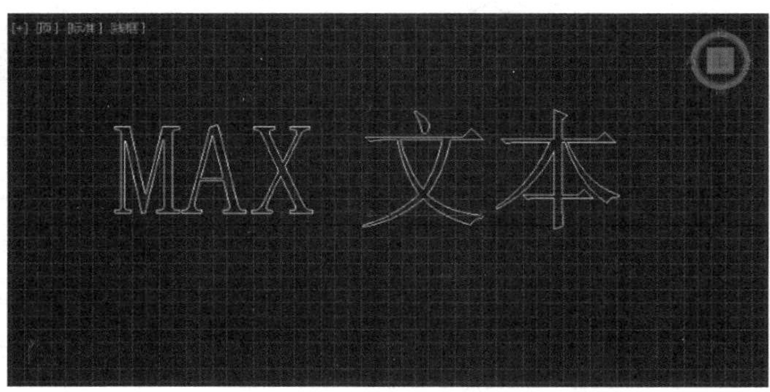

图 4.20　文本的“参数”卷展栏及利用“文本”按钮创建的文本图形

螺旋线的“参数”卷展栏如图 4.21 所示。其中“半径 1”和“半径 2”数值框分别用于设置螺旋线两个半径的大小，“高度”数值框用于设置螺旋线的高度，“圈数”数值框用于设置螺旋线旋转的圈数，“偏移”数值框用于设置螺旋线在高度上的偏向程度，“顺时针”和“逆时针”单选按钮用于设置螺旋线的旋转方向。

图 4.22 所示为利用“螺旋线”按钮创建的图形。

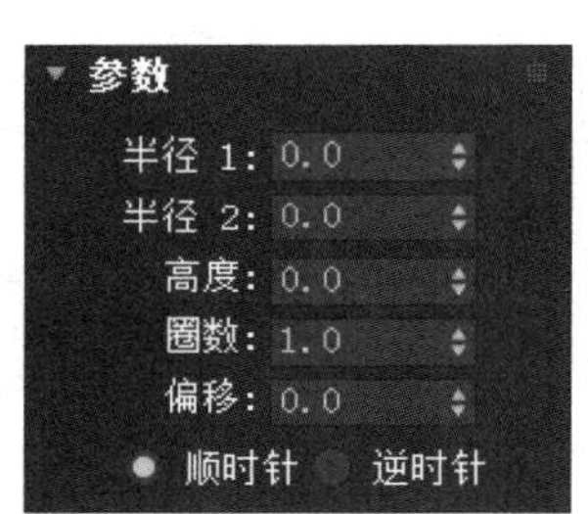

图 4.21　螺旋线的“参数”卷展栏

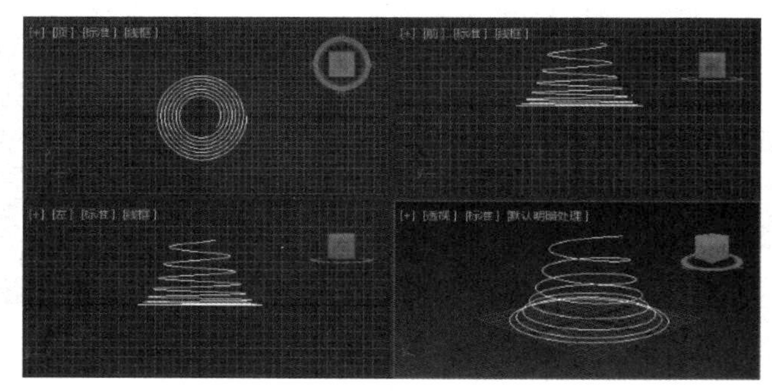

图 4.22　利用“螺旋线”按钮创建的图形

11. 绘制卵形

“卵形”按钮 卵形 用于创建一个蛋的形状线形，创建方法和圆的创建方法相同，其参数设置包括长度、宽度、角度和厚度。图 4.23 所示为利用“卵形”按钮创建的图形。

12. 绘制截面

截面就是三维模型被剖切后的平面，所以，必须先创建三维模型，然后创建一个平面来截取视图中三维模型的剖面，从而获得图形。

首先，在顶视图中创建一个茶壶，单击“截面”按钮 截面 ，在顶视图中按住鼠标左键后拖动鼠标，产生截面平面。移动或旋转截面平面到茶壶适当的位置，可以看到茶壶表面出现黄色线形，如图 4.24 所示。

单击 （修改）按钮，打开“修改”命令面板，单击“截面参数”卷展栏中的“创建图形”按钮，如图 4.25 所示，在弹出的对话框中输入图形名称，单击“确定”按钮，即可得到截面图形。

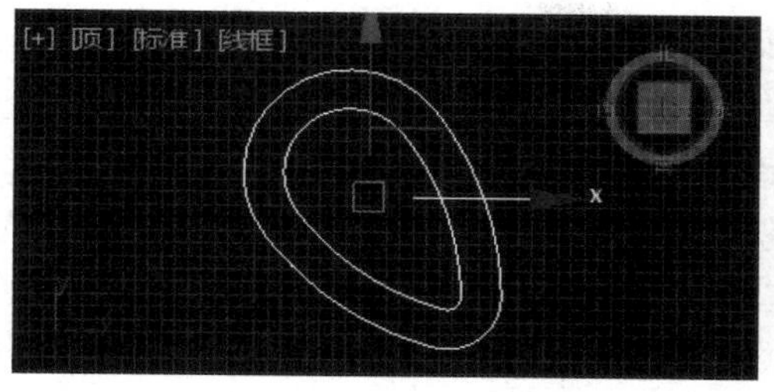

图 4.23　利用“卵形”按钮创建的图形

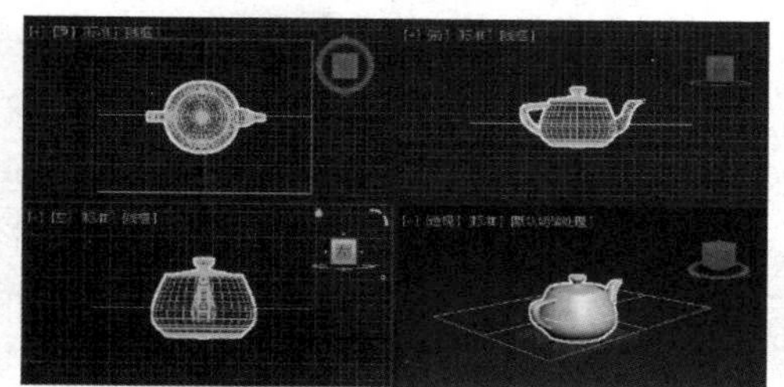

图 4.24　创建的截面

按键盘上的 Delete 键删除截面平面，移动茶壶的位置，观察截面图形的形状，效果如图 4.26 所示。

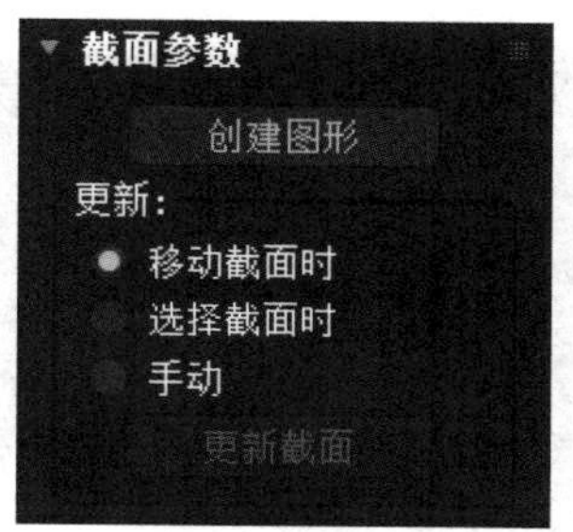

图 4.25　截面的“参数”卷展栏

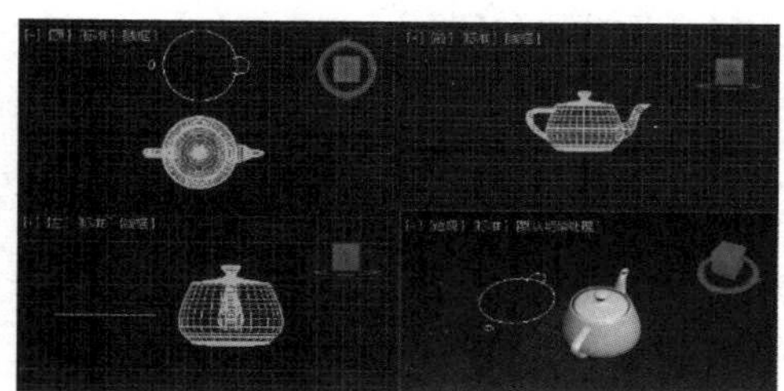

图 4.26　截面图形效果

13. 徒手工具

徒手工具是非常简单的绘制样条线的工具，类似 Photoshop 中的自由套索工具。单击“徒手”按钮 徒手 ，在视图中按住鼠标左键后任意拖动鼠标，即可绘制样条线对象，可在“修改”命令面板的“徒手样条线”卷展栏中设置相关选项和参数。

4.1.2 NURBS 曲线的创建

NURBS 曲线用于创建曲面模型。根据创建方法，NURBS 曲线可分为点曲线和 CV 曲线，如图 4.27 所示。在“对象类型”卷展栏中激活相关按钮，即可创建点曲线和 CV 曲线，如图 4.28 所示。

图 4.27　“对象类型”卷展栏

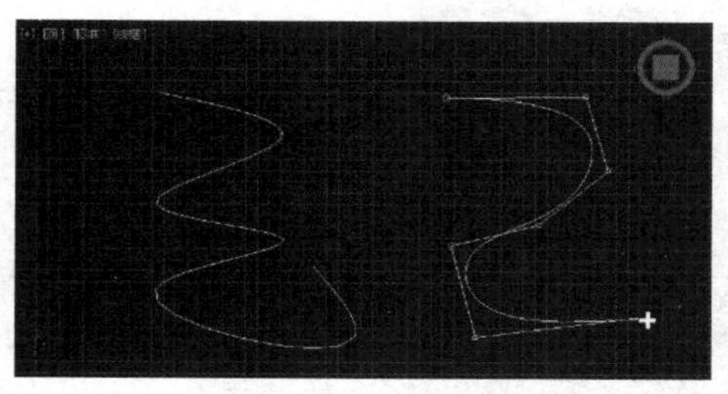

图 4.28　NURBS 曲线

4.1.3 复合图形

复合图形其实是 3ds Max 早期版本中的二维布尔运算命令，是对两个相交的二维图形进行并集、差集、交集等复合运算，从而生成另一种二维图形。首先绘制两个二维图形，然后选择其中一个二维图形，接着单击 （创建）按钮，打开“创建”命令面板，单击 （图形）按钮，打开图形创建面板，在图形类型下拉列表中选择“复合图形”选项，在“对象类型”卷展栏中单击“图形布尔”按钮 图形布尔 ，单击“布尔参数”卷展栏中的“添加运算对象”按钮 添加运算对象 ，接着在视图中选择另一个二维图形，此时，可以尝试使用“运算对象参数”卷展栏中的不同按钮创建出不同的图形。图 4.29 所示为复合图形效果。

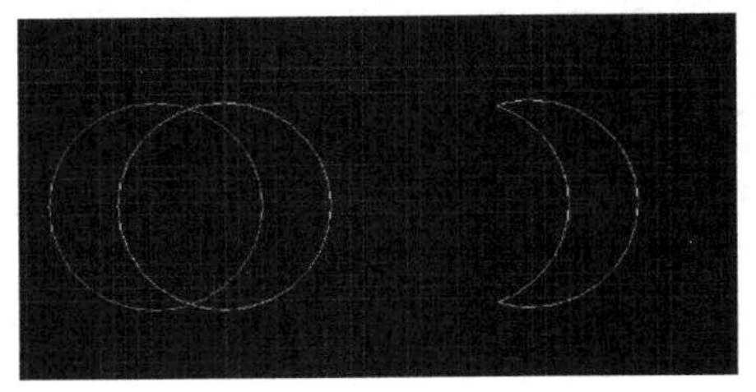

图 4.29 复合图形效果

4.1.4 扩展样条线

扩展样条线是一些特殊的二维图形，如 T 形、回字形、C 形、L 形等，在“对象类型”卷展栏中激活相关按钮后即可创建。图 4.30 所示为扩展样条线效果。

图 4.30 扩展样条线效果

4.2 图形的编辑

在 3ds Max 2023 中，构成对象的基本元素被称为对象的子对象。图形的子对象分为 3 级，分别是顶点、线段、样条线。顶点是最基本的子对象层级，两个顶点之间为线段，数条连接在一起的线段构成样条线，一个图形可以由一条或多条独立的样条线构成。通过对构成图形的子对象进行编辑，可以从根本上改变图形的形状，能够创建复杂的图形。

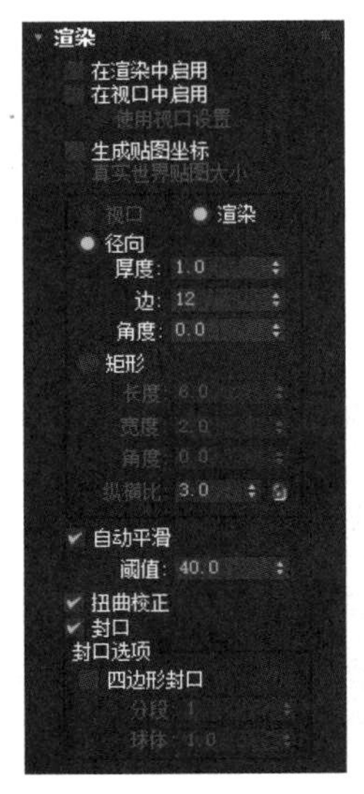

图 4.31 “渲染”卷展栏

4.2.1 样条线的渲染

在默认情况下，三维场景中的图形是不能渲染输出的，只有在“渲染”卷展栏中勾选“在渲染中启用”复选框后，才可以使二维图形在渲染时显示为 3D 实体对象。

“渲染”卷展栏如图 4.31 所示，用于设置图形的渲染属性。

单击“圆环”按钮 圆环 ，在顶视图中绘制圆环，如图 4.32 所示。在勾选“在渲染中启用”复选框的情况下，选中“径向”单选按钮，并设置厚度、边和角度，效果如图 4.33 所示。在选中“径向”单选按钮时，渲染的图形截面显示为圆形，其中“厚度”数值框用于设置图形线条的粗度，“边”数值框用于设置图形线条的边数，“角度”数值框用于设置线条横截面的旋转角度。

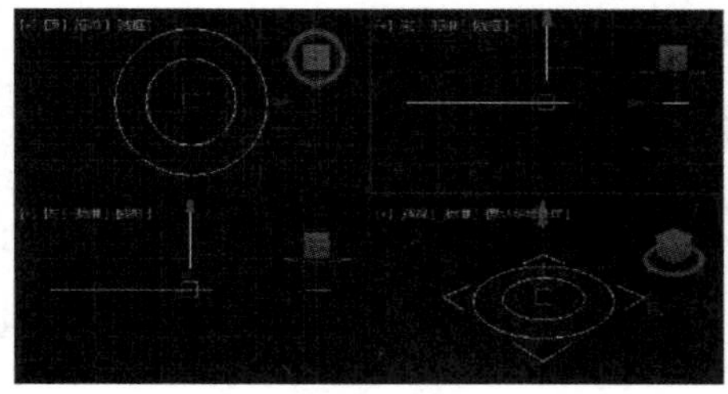
图 4.32　绘制圆环

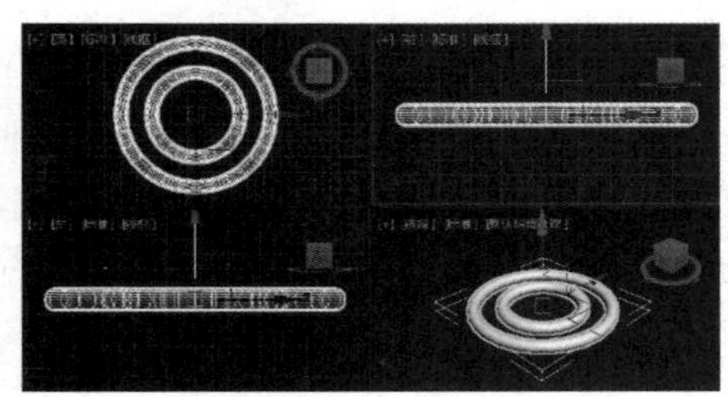
图 4.33　“径向”渲染效果

如果选中“矩形”单选按钮，则渲染时图形截面为矩形，在其下面的数值框中可以设置截面的长度、宽度，效果如图 4.34 所示。

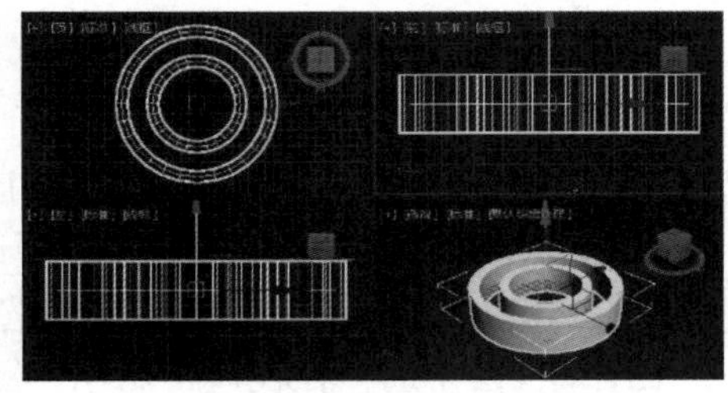
图 4.34　“矩形”渲染效果

如果勾选“在视口中启用”复选框，则图形在视图中显示实体效果，默认按渲染设置进行显示。如果勾选“使用视口设置”复选框，则可以选中下面的“视口”单选按钮，在“径向”或“矩形”单选按钮下面的数值框中输入相应数值，可以控制图形在视图中的显示效果，一般用于提高显示速度。

如果勾选“自动平滑”复选框，则会按照“阈值”数值框中设置的数值对可渲染的样条线实体进行自动平滑处理。

4.2.2　图形的编辑方法

1. 直接进入“修改”命令面板进行编辑

对于利用“线”按钮创建的图形，单击（修改）按钮，打开“修改”命令面板后，单击修改器堆栈中“Line”名称前的按钮，即可展开样条线的 3 个子对象层级：顶点、线段、样条线，如图 4.35 所示。可以选择不同的子对象层级进行编辑。

2. 将图形转换为可编辑样条线

当选择除“线”按钮以外的其他命令绘制样条线时，在“修改”命令面板中无法找到该样条线的子对象层级。所以需要先选中该图形，在视图中右击，在弹出的快捷菜单中选择“转换为”子菜单中的“转换为可编辑样条线”命令，或者在修改器堆栈中右击，在弹出的快捷菜单中选择“转换为”子菜单中的“可编辑样条线”命令，此时修改器堆栈中原图形名称取消，变为“可编辑样条线”名称。单击该名称前的按钮，也可以展开样条线的 3 个子对象层级。

在将图形转换为可编辑样条线后，原有的参数设置丢失，不能再退回到原层次进行修改。图 4.36 所示为将矩形图形转换为可编辑样条线后在修改器堆栈中的显示。

图 4.35　“Line”在修改器堆栈中的显示

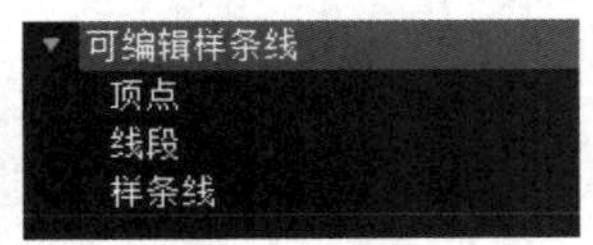

图 4.36　“可编辑样条线”在修改器堆栈中的显示

4.2.3 图形的主对象编辑

进入图形的编辑状态后，当修改器堆栈中的“可编辑样条线”或“Line”名称条呈蓝色选中状态显示时，为主对象层级的编辑状态。在这种状态下，不仅可以对图形进行整体的编辑操作（如移动、旋转、缩放、复制、删除等），还可以通过“修改器列表”下拉列表为图形指定相关的修改器等。另外，只有在主对象层级才可以对场景中的其他对象进行选择。

在主对象层级，“修改”命令面板包括“渲染”、“插值”、“选择”、“软选择”和“几何体”卷展栏。

1. “渲染”卷展栏

在系统默认情况下，样条线既不能进行渲染，也不能赋予材质和贴图，只有在勾选“在渲染中启用”和“在视口中启用”复选框后，样条线才具有三维模型的所有属性。“渲染”卷展栏如图 4.37 所示。其中，在勾选“在渲染中启用”复选框后，渲染时可看到绘制的三维图形；在勾选“在视口中启用”复选框后，可在透视图中观察三维效果。例如，在“渲染”卷展栏中勾选“在视口中启用”复选框后，分别选中“径向”和“矩形”单选按钮并设置参数后的三维效果如图 4.38 所示。

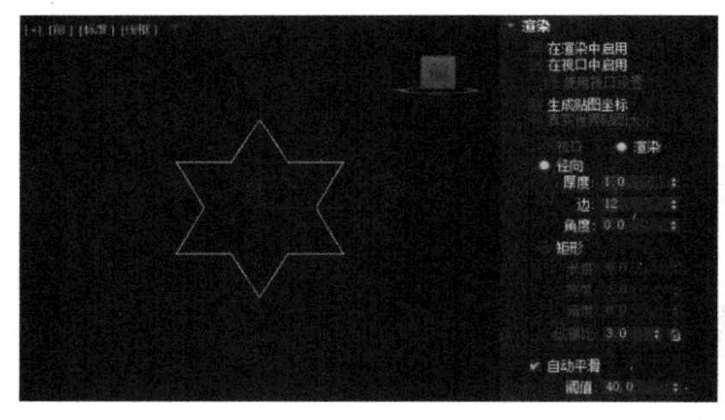

图 4.37 “渲染”卷展栏

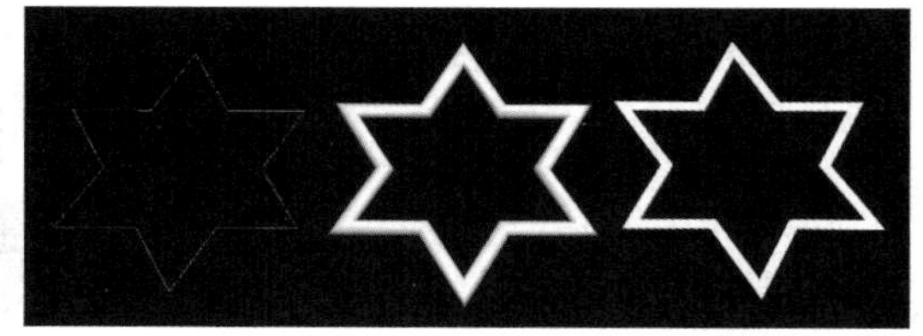

图 4.38 径向和矩形三维效果

2. “插值”卷展栏

“插值”卷展栏用于设置曲线图形的光滑程度，如图 4.39 所示。其中“步数”数值框用于设置两个顶点之间由多少个直线段构成曲线，数值越大，曲线越平滑；如果勾选“优化”复选框，则将会自动去除曲线上多余的步数分段；如果勾选“自适应”复选框，则会根据曲线曲度的大小自动设置步数，弯曲度大的地方会自动插入较多的步数，以产生平滑的曲线，而直线的步数将会设置为 0。

3. “选择”卷展栏

在修改器堆栈中单击顶点、线段、样条线子对象层级，当名称条变为蓝色时，即可进入相应的子对象层级的编辑状态，在视图中选择相应的子对象可以进行编辑。

单击“选择”卷展栏中的（顶点）按钮、（线段）按钮、（样条线）按钮，也可以进入相应的子对象层级，同时修改器堆栈中相应子对象名称变为蓝色。当选择不同的子对象层级时，该面板中的可选择内容也不同。

在某个子对象层级的编辑状态，在视图中单击某个子对象即可将其选中。按住鼠标左键后拖动鼠标产生选择框，或者在选择时按住 Ctrl 键不放，可以同时选中多个同级别的子对象，配合 Alt 键，可以集中取消选择多个子对象。选中的子对象在视图中呈红色显示。

图 4.40 所示为“顶点”子对象层级的“选择”卷展栏。在该卷展栏中，如果勾选“锁定控制柄”复选框，则可以在选定了多个“Bezier”或“Bezier 角点”顶点时，锁定其调节句柄，在调整某个顶点的调节句柄时，所有相应的调节句柄一同发生相应变化。如果选中“相似”单选按钮，则同一方向的调节句柄同时变化；如果选中“全部”单选按钮，则所有调节句柄都会一起变动。

“区域选择”数值框用于设置选区范围，在选择某个顶点时将指定区域内的顶点同时选中。

在勾选“线段端点”复选框之后，单击某条线段，即可选定该线段与单击点最近的一个顶点，配合 Ctrl 键可以多选。

如果勾选“显示”选区中的“显示顶点编号”复选框，则可以显示当前图形中所有顶点的编号。同时，在该卷展栏的底部会标注当前选择的子对象数量。

4. “几何体”卷展栏

“几何体”卷展栏如图 4.41 所示。

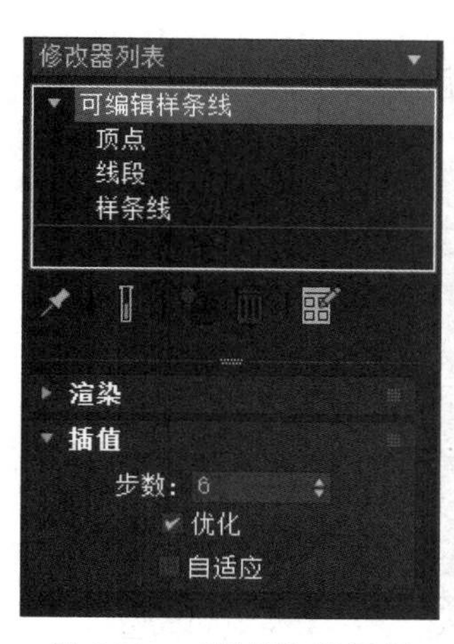

图 4.39　“插值”卷展栏

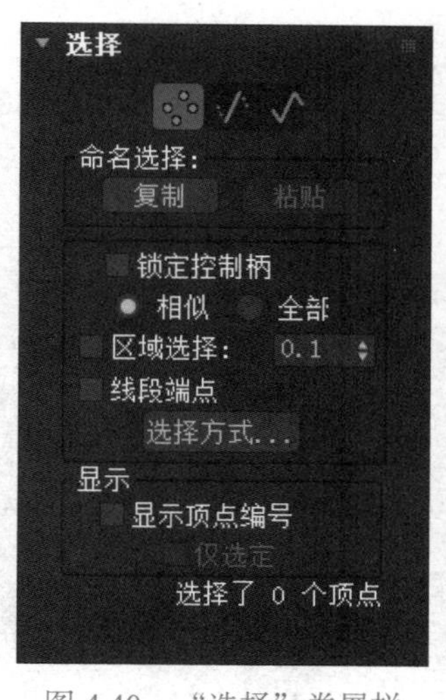

图 4.40　“选择”卷展栏

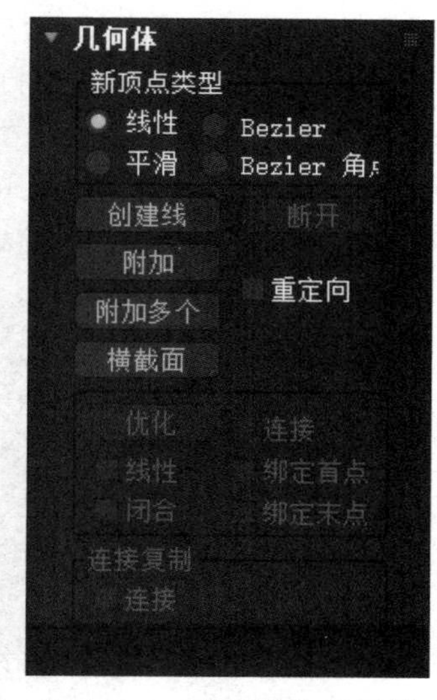

图 4.41　“几何体”卷展栏

“创建线”按钮用于在任意一个视图中创建属于当前图形的新的子样条线，如图 4.42 所示。

“附加”按钮用于将其他图形结合到当前图形中，使之成为同一个图形对象。单击“附加”按钮 附加 ，在视图中将鼠标指针移动到另一个图形上，当鼠标指针变为图 4.43 中的左图所示的形状时单击，可以将该图形附加到当前图形中，使之成为当前图形的一个“样条线”子对象，如图 4.43 中的右图所示。单击“附加多个”按钮 附加多个 ，弹出“附加多个”对话框，可以一次选择多个图形进行结合。在视图中右击或再次单击“附加”按钮，可以结束附加操作。

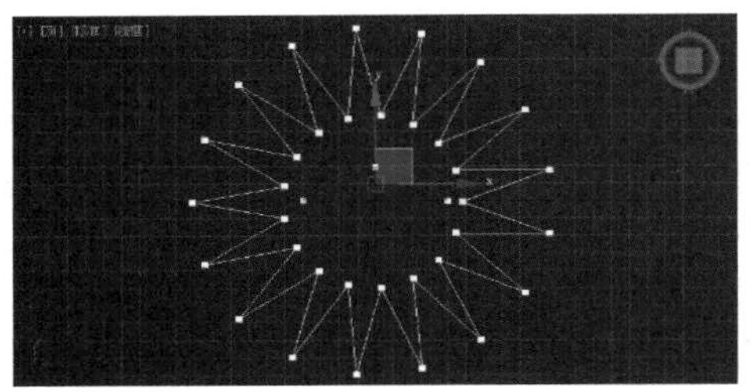

图 4.42　利用“创建线”按钮创建新的子样条线

图 4.43　利用“附加”按钮添加图形子对象

4.2.4　图形的子对象编辑

在选中某个图形后，单击 （修改）按钮，打开“修改”命令面板，除了可以进一步修改该图形的创建参数，对图形主对象进行编辑，还可以对构成图形的基本元素（即子对象）进行编辑，进而创建出更加符合需要的二维图形。

1. 编辑“顶点”子对象

在修改器堆栈中单击“顶点”子对象层级，或者单击“选择”卷展栏中的 （顶点）按钮，即可进入“顶点”子对象层级的编辑状态，此时视图中图形的各个顶点呈白色实心点显示。选中图形中的顶点，即可利用工具栏中的变换工具或“修改”命令面板中的相关命令进行编辑。选中的顶点呈红色实心点显示状态。按键盘上的 Delete 键可以删除顶点。

1）通过改变顶点类型对顶点进行编辑

样条线上的顶点有 4 种类型，分别是角点、平滑、Bezier、Bezier 角点。在选中的顶点上右击，在弹出的快捷菜单（见图 4.44）中进行选择，可以改变当前顶点的类型，从而可以改变或调节曲线的形状。

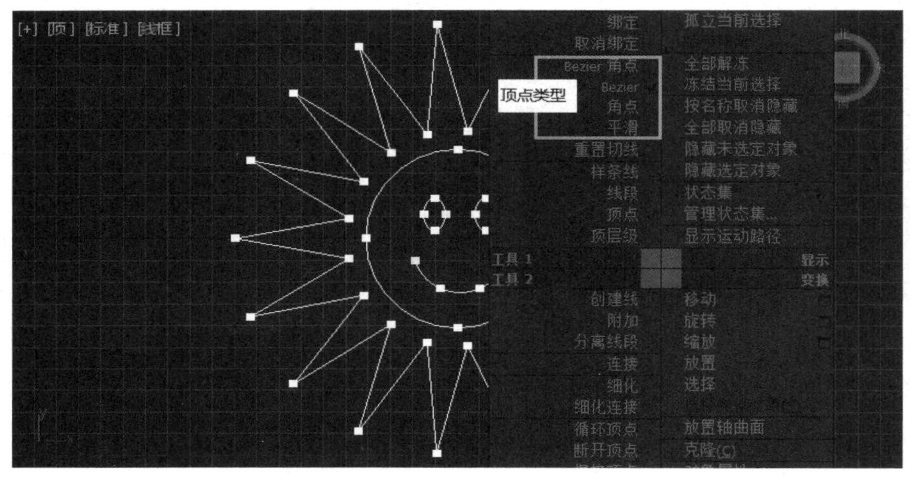

图 4.44　顶点类型

如果选择“角点”类型，则该顶点的两端为直线段，曲线在该顶点处产生折角。如果选择“平滑”类型，则强制该顶点处为光滑曲线，但曲线的曲率不能调节，只能通过移动该顶点来改变曲线的形状。如果选择“Bezier”类型，则该顶点两侧的曲线保持平滑过渡，而且该顶点带有一个直线调节杆，利用工具栏中的 （选择并移动）按钮拖动该顶点两端绿色的调节句柄，可以调节曲线的曲度。如果选择“Bezier 角点”类型，则曲线在该顶点处也产生折角，该顶点的两侧带有调节杆，但与“Bezier”顶点不同的是，利用移动工具可以单独调节某一端的调节句柄，改变该顶点某一侧曲线的曲度。图 4.45 所示为 4 种类型顶点及相关曲线的效果。

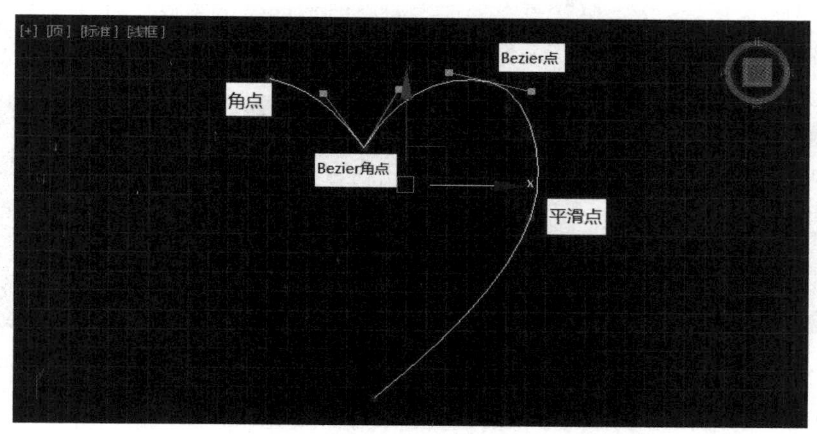

图 4.45　4 种类型顶点及相关曲线的效果

2）利用“修改”命令面板的“几何体”卷展栏中的命令对顶点进行编辑

在选中“顶点”子对象层级的情况下，可以利用“修改”命令面板的“几何体”卷展栏中的命令对选中的顶点进行编辑，常用的操作如下所述。

（1）断开。单击“断开”按钮 断开 ，可以将选中的顶点分离为两个顶点，使该顶点两端的样条线断开。此时两个顶点重叠，单击该顶点，使用移动工具对选中的顶点进行移动，可以观察到原来的一个顶点已经断开为两个顶点。

（2）焊接、熔合、连接。

“焊接”按钮 焊接 用于将分离的两个或几个端点焊接为一个顶点。操作时先将要焊接的端点同时选中，然后单击“焊接”按钮 焊接 ，如果不能焊接，则可以先增加“焊接”按钮 焊接 右侧数值框中的数值（焊接阈值），然后再次单击“焊接”按钮 焊接 进行焊接操作，可以反复调节，直到可以焊接。

另外，如果勾选“几何体”卷展栏的“端点自动焊接”选区中的“自动焊接”复选框，并在“阈值距离”数值框中设置自动焊接的距离范围，如图 4.46 所示，则当前图形中在阈值范围内的顶点将自动焊接。

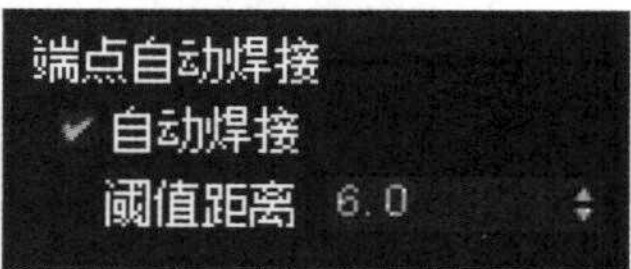

图 4.46　设置自动焊接

“熔合”按钮 熔合 用于将当前选中的多个顶点的位置重叠到一起，但并不进行焊接。选中要熔合的顶点，单击“熔合”按钮 熔合 即可完成熔合操作。单击熔合在一起的顶点，使用移动工具对选中的顶点进行移动，可以将熔合在一起的顶点分开。

“连接”按钮 连接 用于连接两个断开的顶点。单击该按钮，将鼠标指针移动到样条线的一个顶点处，当鼠标指针变为十字形时，按住鼠标左键后拖动鼠标，将鼠标指针移动到另一个顶点上，当鼠标指针变为如图 4.47 所示的形状后释放鼠标左键，即可在两个顶点之间产生一条线段，将两个顶点连接。

（3）优化、插入：用于在曲线上增加顶点。

单击“优化”按钮 优化 ，在任意线段上单击，可以在不改变曲线形态的前提下增加新的顶点，可以连续操作。右击或再次单击该按钮，即可结束优化操作。单击“插入”按钮 插入 ，在曲线上单击也可以增加顶点，但与“优化”按钮 优化 不同的是，在通过单击“插入”按钮 插入 增加顶点时会改变曲线的形状。插入操作也可以连续进行，右击即可结束操作。图 4.48 所示为分别使用优化操作和插入操作增加顶点的前后对比。

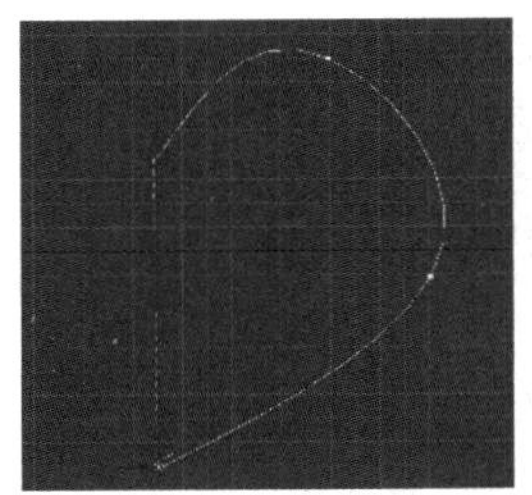

图 4.47　连接顶点

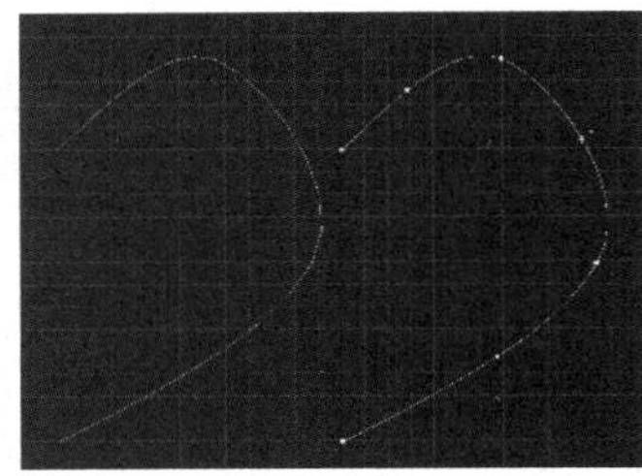

图 4.48　分别使用优化操作和插入操作增加顶点的前后对比

（4）圆角、切角：用于对图形中的角点进行加线处理。

选中某个角点，增加“圆角”按钮 圆角 右侧数值框中的数值，即可对该角点进行圆角化处理。另外，单击“圆角”按钮 圆角 ，将鼠标指针移动到视图中某个角点处单击并拖动鼠标，也可以对该角点进行圆角操作，此时鼠标指针的形状变为 。“切角”按钮 切角 的操作方法与“圆角”按钮 圆角 完全相同，只是“切角”按钮的操作结果是对角点进行斜切处理。图 4.49 所示为对矩形的一个角点分别进行圆角操作和切角操作后的效果。圆角操作和切角操作可以同时处理多个选中的角点。

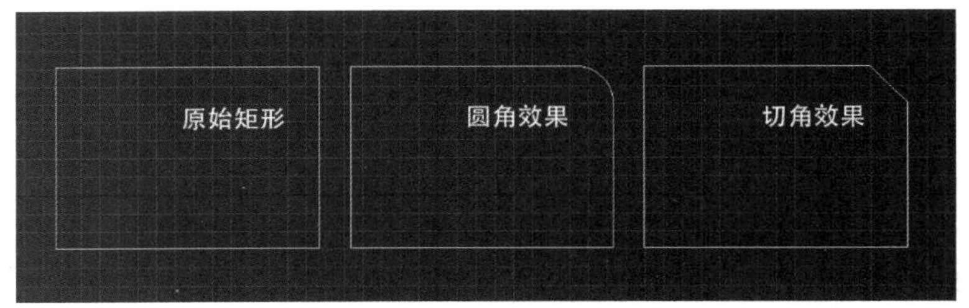

图 4.49　对矩形的一个角点分别进行圆角操作和切角操作后的效果

（5）其他编辑命令。“设为首顶点”按钮 设为首顶点 用于将选定顶点设置为起始点。“循环”按钮 循环 用于设置顶点的循环选择。“隐藏”按钮 隐藏 和“全部取消隐藏”按钮 全部取消隐藏 分别用于设置选定顶点的隐藏与显示。“绑定”按钮 绑定 和“取消绑定”按钮 取消绑定 分别用于将端点绑定到某个线段的中点处和取消绑定。“删除”按钮 删除 用于删除选定的子对象，该按钮的作用与键盘上的 Delete 键的作用相同。

2. 编辑“线段”子对象

在修改器堆栈中单击“线段”子对象层级，或者单击“选择”卷展栏中的 （线段）按钮，即可进入“线段”子对象层级的编辑状态。选择视图中当前图形的某条或多条线段，选中的线段呈红色显示，利用工具栏中的移动、旋转、缩放等变换工具，或者“修改”命令面板的“修改”卷展栏中的相关命令，即可对线段进行编辑。按键盘上的 Delete 键可以删除选定的线段。

在“修改”命令面板的“几何体”卷展栏中，“线段”子对象的编辑命令不多，一些编辑命令与“顶点”子对象的编辑命令相同。其中“拆分”按钮 拆分 专门用于“线段”子对象的编辑，用于对选定的线段进行拆分操作。在选定某条线段后，在“拆分”按钮 拆分 右侧的数值框中设置拆分顶点数，单击“拆分”按钮 拆分 ，即可在该线段上插入相应数量的顶点，将一条线段分解为相应数量的线段。该按钮经常用于在某条线段上均匀增加大量顶点的操作。

“分离”按钮 分离 用于将当前选中的“线段”子对象分离为一个独立的样条线或图形，如图 4.50 所示，如果没有勾选“同一图形”复选框，单击该按钮，则可以将选定的线段从当前图形中分离出去，成为一个独立的图形；如果勾选“同一图形”复选框，单击该按钮，则会将选定的线段分离为当前图形的一个“样条线”子对象。如果勾选“重定向”复选框，则分离出的线段会重新放置。如果勾选“复制”复选框，则分离出的图形为当前选定线段的复制品，当前的线段仍然保留。

图 4.50　“分离”按钮

3. 编辑“样条线”子对象

在修改器堆栈中单击“样条线”子对象层级，或者单击“选择”卷展栏中的（样条线）按钮，即可进入“样条线”子对象层级的编辑状态，在视图中选择当前图形的样条线，即可进行相应的编辑操作。同样可以进行移动、旋转、缩放、复制等编辑操作，或者利用“修改”命令面板中的命令进行相应的编辑。按键盘上的 Delete 键可以删除选定的样条线。

在“样条线”子对象层级的编辑状态，“修改”命令面板的“几何体”卷展栏中有一些专门应用于样条线的特有编辑命令。

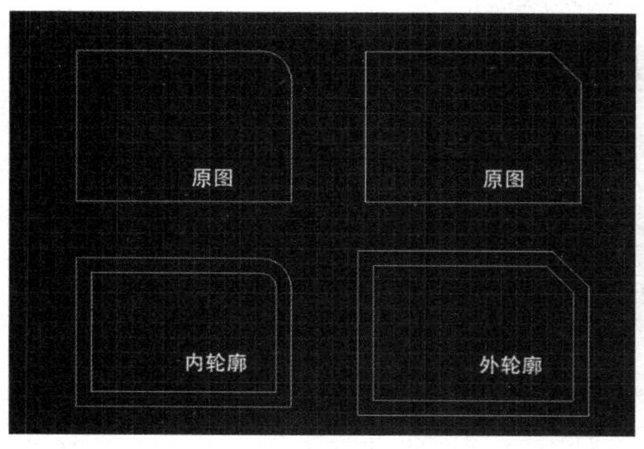

图 4.51　利用“轮廓”按钮制作轮廓线

（1）“轮廓”按钮 轮廓 ：单击该按钮，移动鼠标指针到视图中的某条样条线上，当鼠标指针变成十字形时，按住鼠标左键后上下拖动鼠标，即可产生当前样条线的一个内轮廓线或外轮廓线，如果当前样条线为开放线条，则在产生轮廓线时图形自动闭合，如图 4.51 所示。另外，先在视图中选定某条样条线，然后调整“轮廓”按钮 轮廓 右侧数值框中的数值，也可以产生内轮廓线或外轮廓线。如果勾选数值框下的“中心”复选框，则会以当前样条线为中心向两侧扩展产生轮廓线。

（2）“布尔”按钮 布尔 ：该按钮用于对同一个图形中两条相交的样条线进行并集、差集、交集的求解运算，产生新的图形。（并集）按钮用于将两条相交的样条线合并成一条样条线，其中重叠的部分被删除，不重叠的部分保留构成一条样条线；（差集）按钮用于对相交图形进行相减运算，即从第一条样条线中减去与第二条样条线重叠的部分，同时删除第二条样条线的其他部分；（交集）按钮用于只保留两个图形重叠部分的样条线，其他部分全部删除。

布尔的操作方法是：先选择一条样条线，单击“布尔”按钮 布尔 和该按钮右侧的某种运算操作按钮（、、），然后选择第二条样条线，右击即可结束操作。布尔结果如图 4.52 所示。

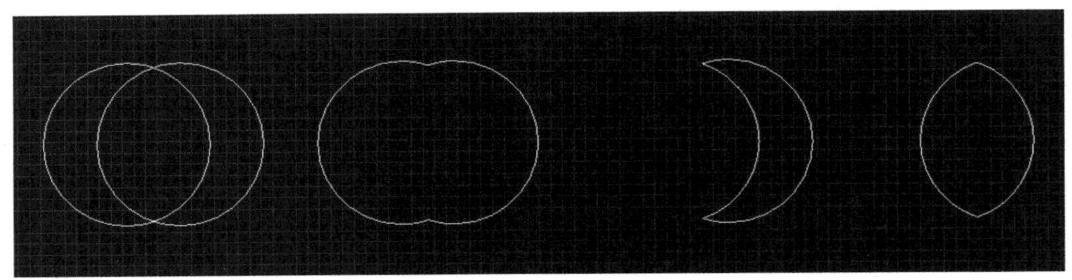

图 4.52　布尔结果（依次为原图、并集结果、差集结果、交集结果）

（3）“镜像”按钮 镜像 ：该按钮用于对选定的样条线进行水平、垂直、对角镜像。先选定某条样条线，然后单击“镜像”按钮 镜像 右侧（水平镜像）按钮、（垂直镜像）按钮、（对角镜像）按钮中的一个，最后单击“镜像”按钮 镜像 即可产生相应的镜像图形。如果勾选“镜像”按钮 镜像 下方的“复制”复选框，则将会产生一个原对象的镜像复制品；如果勾选“以轴为中心”复选框，则将会以样条线的中心为镜像中心。

（4）“修剪”按钮 修剪 ：该按钮用于对相交的样条线在交叉点处进行修剪处理，用于去除图形中多余的线条。在单击该按钮后，将鼠标指针移动到要修剪的样条线上，当鼠标指针变为形状时，单击即可将线条从曲线的交叉点处剪除，交叉点处会自动生成两个断点，右击即可结束修剪操作。图 4.53 所示为样条线的修剪操作。

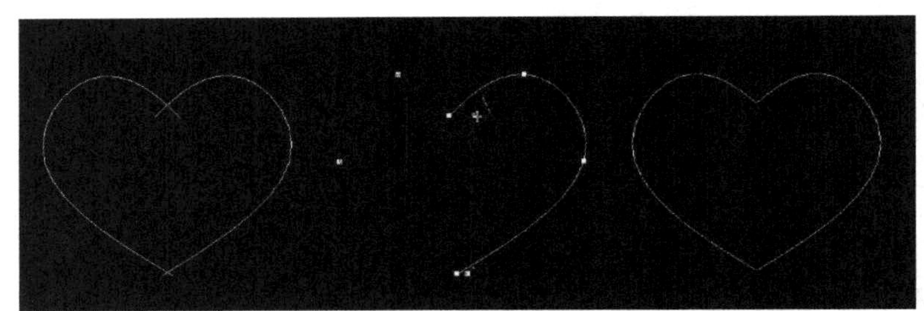

图 4.53　样条线的修剪操作（依次为原图、修剪中、修剪后的结果）

（5）“延伸”按钮 延伸 ：该按钮用于延伸开放样条线的某个端点，直至与某条样条线相交。在单击该按钮后，将鼠标指针移动到某个端点上，单击即可执行延伸操作，如果延伸该样条线不能与某条线条相遇，则该操作不能执行。

（6）“炸开”按钮 炸开 ：该按钮用于将选定的样条线打散为单独的线段。如果选中“样条线”单选按钮，则炸开的线段为原图形的子对象；如果选中“对象”单选按钮，则炸开的线段为独立的新图形。

4.3　应用于样条线的修改器

4.3.1　“编辑样条线”修改器

在选中图形后，单击（修改）按钮，打开“修改”命令面板，单击“修改器列表”下拉按钮，在弹出的修改器下拉列表中选择“编辑样条线”选项，此时修改器堆栈中在原图形名称上显示“编辑样条线”名称，单击该名称前的按钮，即可展开样条线的 3 个子对象层级。单击某个子对象层级，可以在视图中选择相应的子对象，然后利用“修改”命令面板中的相应命令进行编辑。

在应用“编辑样条线”修改器后，原图形的参数属性仍然保留，可以在修改器堆栈中单击进入原图形层次进行参数的修改。

图 4.54 所示为对一个六边形添加“编辑样条线”修改器后的修改器堆栈显示。

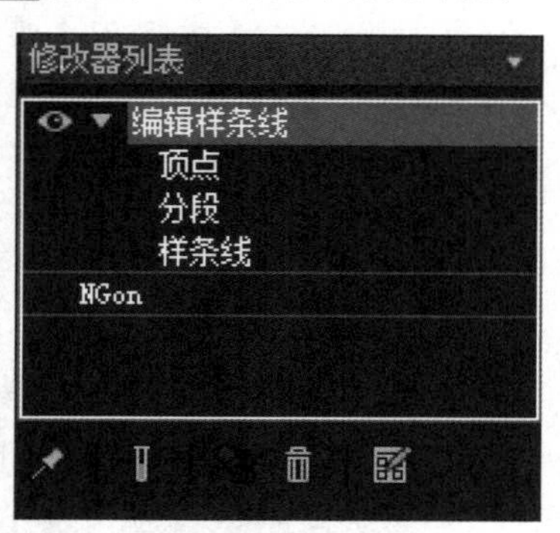

图 4.54　对一个六边形添加“编辑样条线”修改器后的修改器堆栈显示

4.3.2　“挤出”修改器

挤出建模是由二维图形生成三维模型的最基本的方法，应用广泛。它的制作原理非常简单，就是以二维图形为轮廓，为其挤压出一定的厚度，从而由二维图形转变为三维模型实体。

在许多建模编辑器中都有“挤出”命令，它们的功能基本相同。

1. 操作方法

首先，创建用于挤出建模的二维图形，然后在“修改”命令面板中单击“修改器列表”下拉按钮，在弹出的修改器下拉列表中选择“挤出”选项，或者选择“修改器”菜单的“网格编辑器”子菜单中的“挤出”命令，为二维图形添加“挤出”修改器，在“挤出”修改器的“参数”卷展栏中设置挤压数量，并调整参数。

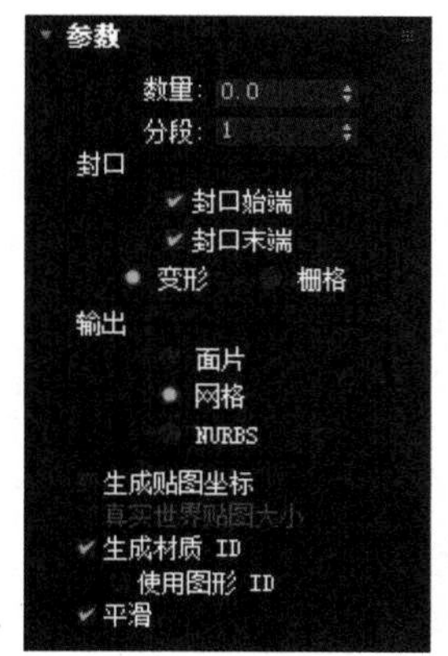

图 4.55　“挤出”修改器的“参数”卷展栏

2. 参数设置

图 4.55 所示为“挤出”修改器的“参数”卷展栏。

“数量”数值框用于设置挤出的厚度。数值可以为 0、正值或负值，当数值为 0 时为且仅为一个平面，当数值为正值或负值时挤出厚度的方向不同。“分段”数值框用于设置在挤出厚度上的细分段数。

“封口”选区中的“封口始端”和“封口末端”复选框用于设置挤出后的两个端面是否封盖。如果勾选复选框，则在相应端面生成封闭表面；如果未勾选复选框，则相应端面为空。如果选中“变形”单选按钮，则将不进行面的精简计算，以便制作变形动画；如果选中“栅格”单选按钮，则将会对生成的面进行精简计算，不能用于变形动画的制作。

“输出”选区用于设置生成挤出物体的类型。默认为“网格”类型，也可以选择“面片”类型或“NURBS”类型。

“生成贴图坐标”复选框用于设置是否为挤出物体指定贴图坐标。“生成材质 ID”复选框用于设置是否为挤出物体指定不同的材质 ID。“使用图形 ID”复选框用于设置是否使用曲线的材质 ID。“平滑”复选框用于设置挤出物体的表面是否自动光滑。

练一练：挤出建模实例

【步骤 01】单击 ＋（创建）按钮，打开“创建”命令面板，单击 （图形）按钮，打开图形创建面板，单击“文本”按钮 文本 ，在“参数”卷展栏的“文本”文本框中输入“中国梦”，设置字体为隶书，字号为 100.0，字间距为 10.0。

【步骤 02】在前视图中创建文字轮廓，如图 4.56 所示。

【步骤 03】在“修改”命令面板中单击“修改器列表”下拉按钮，在弹出的修改器下拉列表中选择“挤出”选项。

【步骤 04】在“参数”卷展栏中进行数量设置，设置数量为 20，分段为 5，勾选“封口始端”和“封口末端”复选框，效果如图 4.57 所示。

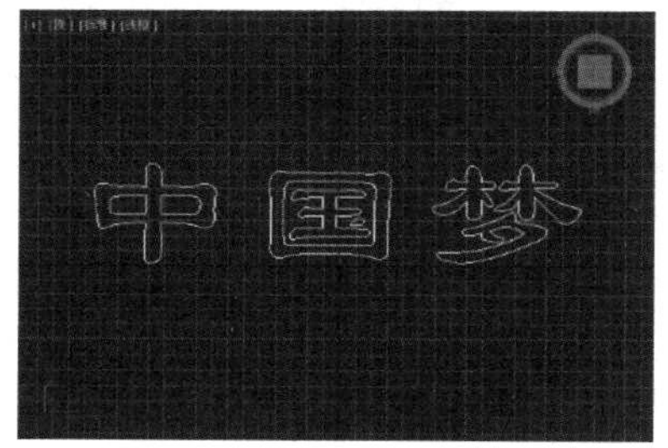

图 4.56　创建文字轮廓

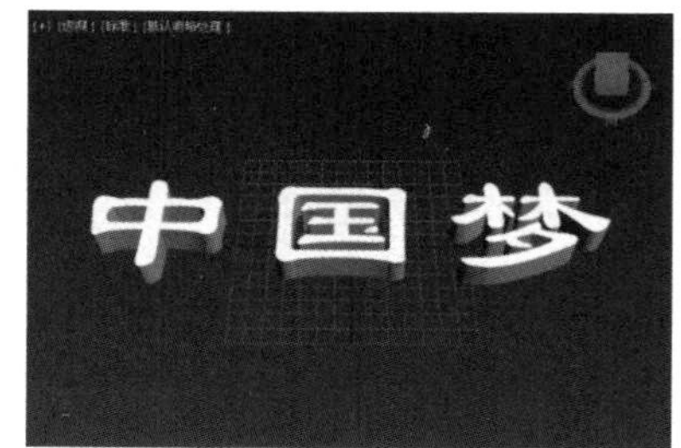

图 4.57　挤出文字效果

需要注意的是，“挤出”修改器可以将非闭合样条线挤出为面片，将闭合样条线挤出为三维模型实体，挤出效果对比如图 4.58 所示，所以当样条线挤出后为面片效果时，需要检查该样条线是否闭合。

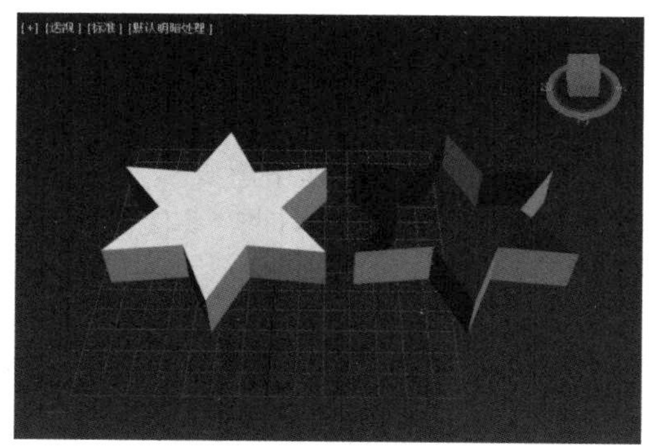

图 4.58　闭合与非闭合样条线挤出效果对比

4.3.3　“倒角”修改器

倒角建模与挤出建模类似，也是通过为二维图形增加厚度来生成三维模型，但与挤出建模不同的是，它不仅可以分 3 次设置挤出值，还可以通过设置每次挤出产生的轮廓面大小，控制挤出表面的形状变化，经常用于制作立体文字、标志等。

1. 操作方法

首先，创建用于倒角建模的二维图形，然后在“修改”命令面板中单击“修改器列表”下拉按钮，在弹出的修改器下拉列表中选择“倒角”选项，在“倒角”修改器的“倒角值”卷展栏中设置各级倒角的高度及轮廓值，在“参数”卷展栏中设置倒角模型表面的参数，以控制倒角的形状。

2. 参数设置

“倒角”修改器的“参数”和“倒角值”卷展栏如图 4.59 所示。

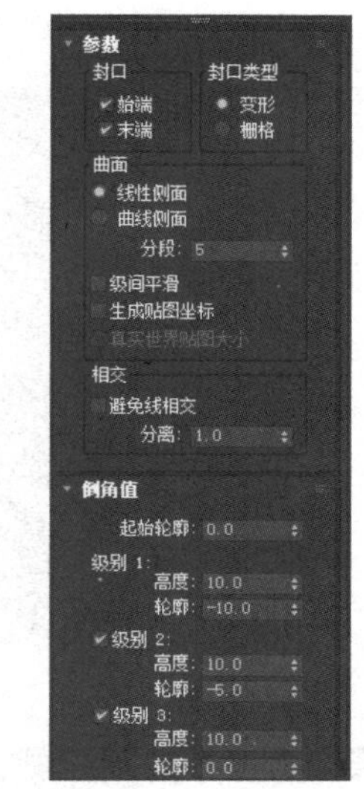

图 4.59　“倒角”修改器的“参数”和“倒角值”卷展栏

“倒角值”卷展栏用于设置各级倒角的高度及轮廓值。“起始轮廓”数值框用于设置原始倒角图形外轮廓大小。当数值为 0 时，将以创建的二维图形轮廓为基础进行倒角制作。“级别 1”用于设置第一次倒角的挤出高度和挤出面的轮廓值，如果要进行二次或三次倒角挤出制作，则需要先勾选对应级别的复选框，然后在对应的“高度”和“轮廓”数值框中进行挤出设置。

“参数”卷展栏用于设置倒角表面的形状。“封口”选区与挤出操作中的设置完全相同。“曲面”选区用于设置倒角造型侧面的形状。如果选中“线性侧面”单选按钮，则倒角各段间采用直线方式；如果选中“曲线侧面”单选按钮，则倒角各段间采用曲线方式，可以产生圆弧形表面效果。“分段”数值框用于设置各级倒角的片段划分数，数值越大，倒角越圆滑。“级间平滑”单选按钮用于设置是否对各级倒角间表面进行光滑处理。图 4.60 所示为选中“线性侧面”与“曲线侧面”单选按钮时的效果对比。

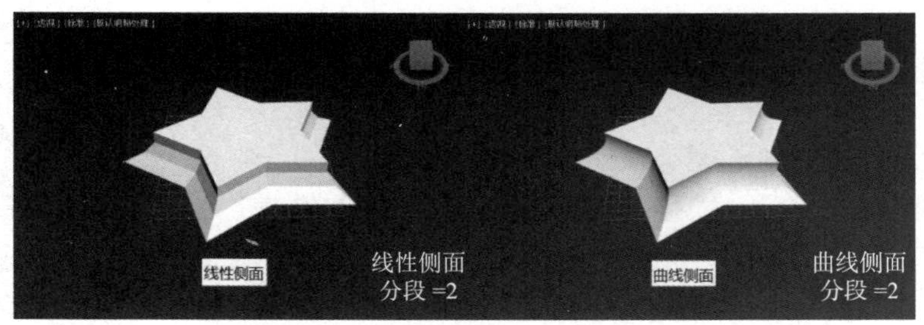

图 4.60　选中“线性侧面”与“曲线侧面”单选按钮时的效果对比

如果在“相交”选区中勾选“避免线相交”复选框，则可以防止因尖锐折角而产生的突出变形。“分离”数值框用于设置两个边界线之间保持的距离间隔，防止越界交叉。

练一练：倒角建模实例

【步骤 01】参照“挤出”修改器的实例，创建出“中国梦”文本样条线。

【步骤 02】在“修改”命令面板中单击“修改器列表”下拉按钮，在弹出的修改器下拉列表中选择“倒角”选项。在“倒角值”卷展栏中进行倒角设置，在“参数”卷展栏的“曲面”选区内选中“曲线侧面”单选按钮，适当提高“分段”数值框中的数值，倒角边缘变圆滑，参数设置及倒角文字效果如图 4.61 所示。

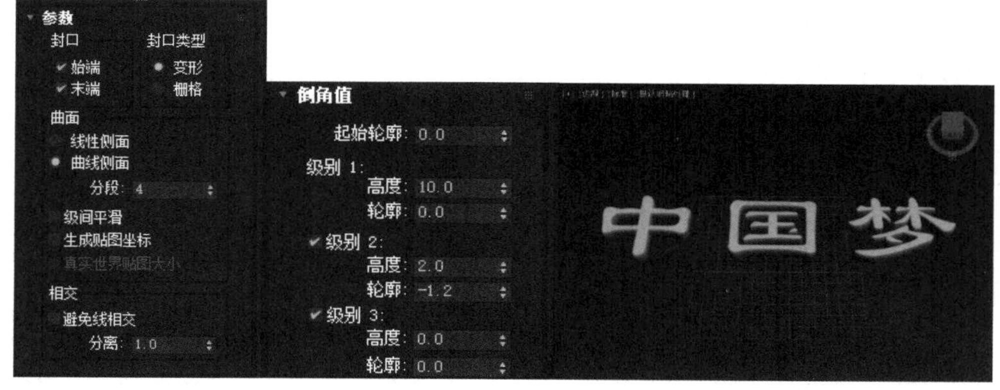

图 4.61　参数设置及倒角文字效果

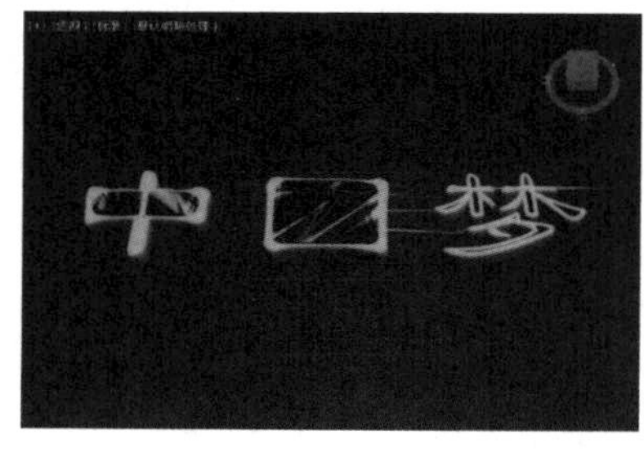

图 4.62　尖锐折角效果

【步骤 03】将“级别 3”复选框下的“轮廓”数值框中的数值修改为“-1.0”，其他参数设置保持不变，效果如图 4.62 所示，倒角表面出现线交叉现象，效果出现错误。

在“参数”卷展栏的“相交”选区中勾选“避免线相交”复选框，可以看到倒角的表面恢复正常。

4.3.4　“车削”修改器

车削的建模方法是通过对二维图形沿某个轴心进行旋转来生成三维模型，凡是以一个轴心向外放射的物体（如酒杯、酒瓶、碗等）都可以利用这种方法制作。

1. 操作方法

首先，创建用于旋转建模的二维图形，然后在“修改”命令面板中单击“修改器列表”下拉按钮，在弹出的修改器下拉列表中选择“车削”选项，在“车削”修改器的“参数”卷展栏中设置旋转角度、旋转方向及旋转轴心等，以控制旋转造型的形状。

2. 参数设置

“车削”修改器的“参数”卷展栏如图 4.63 所示。

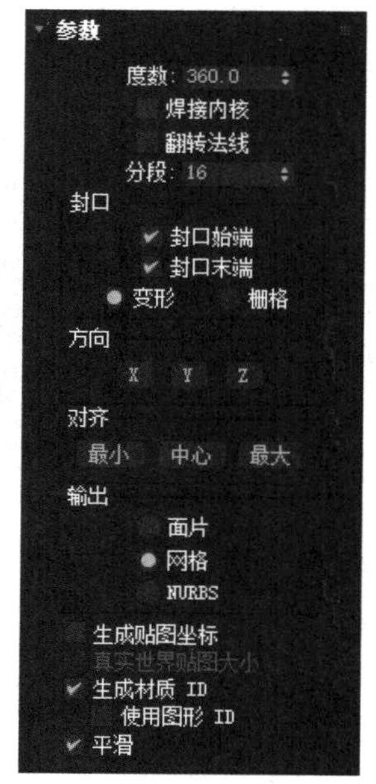

图 4.63　“车削”修改器的“参数”卷展栏

“度数”数值框用于设置旋转的角度，角度的取值范围是 0.0 度～ 360.0 度。“焊接内核”复选框用于设置是否将车削旋转中心处重合的点进行焊接精简，使该处表面平滑，如果旋转生成的三维模型要制作变形动画，则不能勾选该复选框。当生成的三维模型的表面显示不正确时，勾选“翻转法线”复选框可以改变表面显示方向。“分段”数值框用于设置旋转后模型表面上划分的片段数，数值越大，旋转表面越平滑。

“方向”选区用于设置旋转的轴向。如果单击该选区中的某个轴向按钮，则围绕该轴向进行旋转。

“对齐”选区用于设置旋转轴心位置。单击该选区中的“最小”、“中心”和“最大”按钮，分别表示将旋转轴心设置在旋转曲线坐标值的最小、中心、最大值处。

提示：法线是与物体表面垂直的线，在 3ds Max 2023 中，只有与法线面对时才能看到该表面，如果法线方向相反，则该表面为不可见。通过“翻转法线”复选框可以调节表面显示方向。

练一练：车削建模实例

【步骤 01】单击 （创建）按钮，打开“创建”命令面板，单击 （图形）按钮，打开图形创建面板，单击“线”按钮 线 ，在前视图中绘制图形；单击 （修改）按钮，打开“修改”命令面板，对样条线进行编辑，在“插值”卷展栏中设置步数为 20，效果如图 4.64 所示。

【步骤 02】单击“修改器列表”下拉按钮，在弹出的修改器下拉列表中选择“车削”选项。

【步骤 03】设置方向为“Y”，对齐为“最小”，如果表面显示效果不对，则可以勾选“翻转法线”复选框。最终效果如图 4.65 所示。

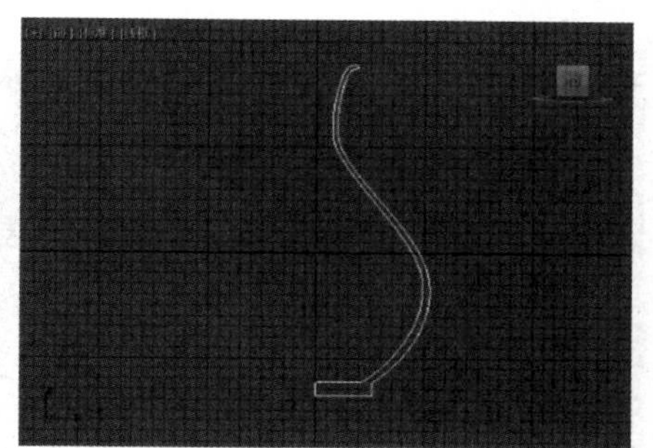

图 4.64 创建并修改图形

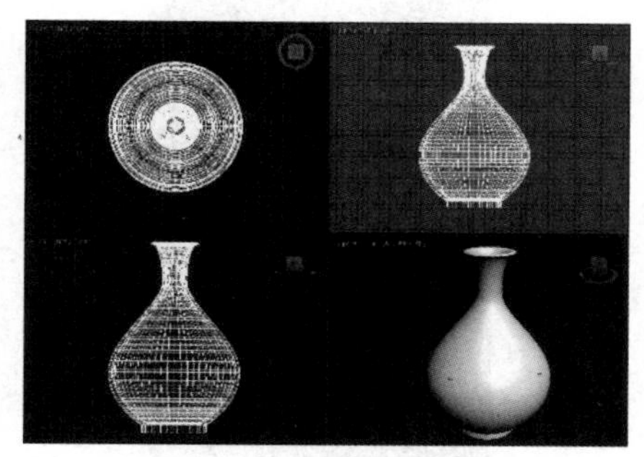

图 4.65 车削建模的最终效果

任务实施：制作红色文化建筑

1. 旗面的制作

【步骤 01】选择“文件”中的“重置”命令，重新初始化系统。

【步骤 02】在前视图中单击，将其激活为当前视图，单击 （最大化视口切换）按钮将其最大化显示。

【步骤 03】单击 （创建）按钮，打开“创建”命令面板，单击 （图形）按钮，打开图形创建面板，单击“线”按钮 线 ，在前视图中绘制如图 4.66 所示的红旗飘扬的形状。

【步骤 04】单击（修改）按钮，打开“修改”命令面板，单击“选择”卷展栏中的（顶点）按钮进入“顶点”子对象层级的编辑状态。

【步骤 05】选中如图 4.67 所示的顶点，在该顶点上右击，在弹出的快捷菜单中选择“Bezier”类型，利用（选择并移动）按钮调节其调节句柄，使曲线圆滑。使用同样的方法对其他节点逐一进行调节，直到实现飘扬的旗面形状。

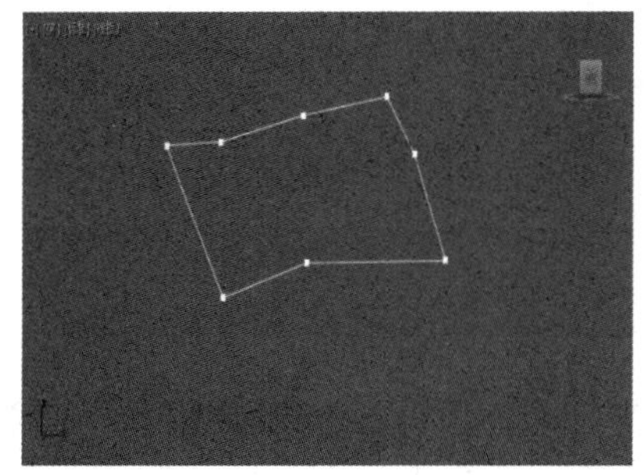

图 4.66　绘制旗面的初始形状

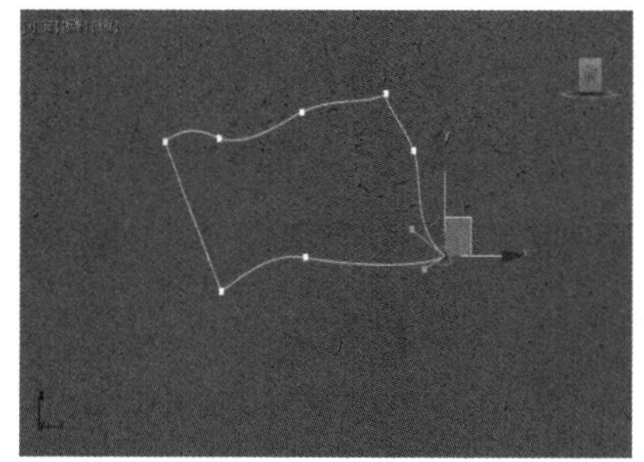

图 4.67　改变顶点的类型并调节曲度

【步骤 06】退出当前子对象层级的编辑状态，选择旗面形状，单击（修改）按钮，打开“修改”命令面板，单击“修改器列表”下拉按钮，在弹出的修改器下拉列表中选择“挤出”选项，添加“挤出”修改器，其参数设置如图 4.68 所示，将旗面立体化，效果如图 4.69 所示。

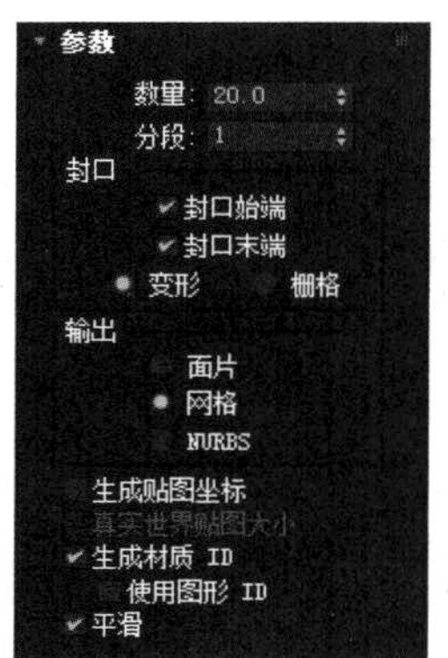

图 4.68　“挤出”修改器的参数设置

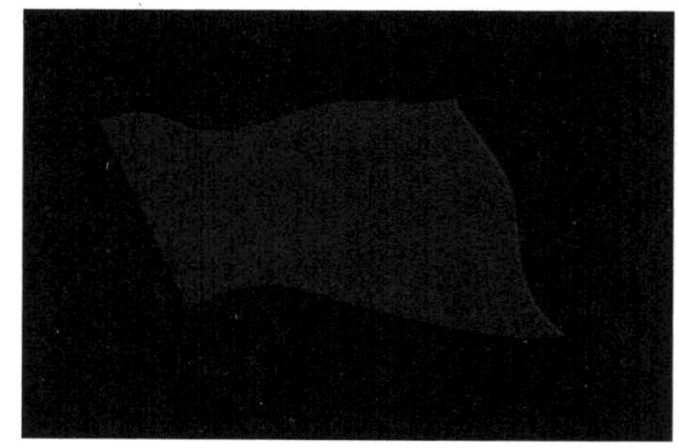

图 4.69　旗面立体化的效果

2. 旗杆的制作

【步骤 01】单击（创建）按钮，打开“修改”命令面板，单击（图形）按钮，打开图形创建面板，单击“线”按钮 线 ，在前视图中绘制如图 4.70 中左图所示的形状。单击“选择”卷展栏中的（顶点）按钮进入“顶点”子对象层级的编辑状态，参考第一步调节曲线的方法，将样条线调整为如图 4.70 中右图所示的效果。

【步骤 02】选择该样条线，单击（修改）按钮，打开“修改”命令面板，单击“修改器列表”下拉按钮，在弹出的修改器下拉列表中选择“车削”选项，添加“车削”修改器，其参数设置如图 4.71 所示，设置方向为“Y”，对齐为“最小”，旗杆头部的最终效果如图 4.72 所示。

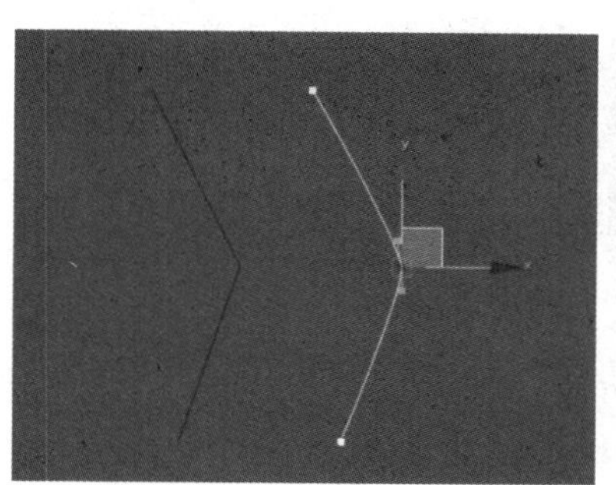

图 4.70　绘制旗杆头部轮廓线

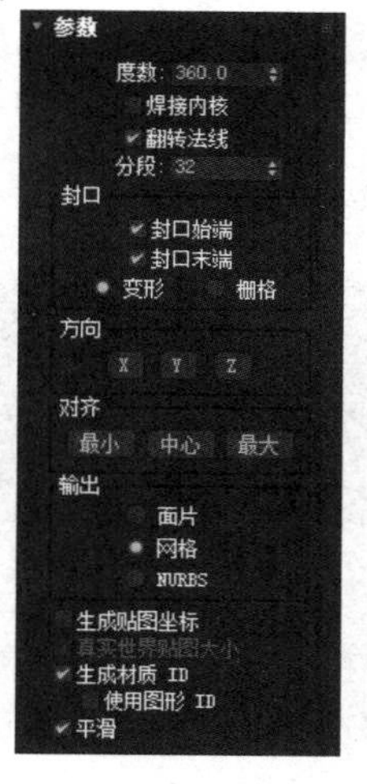

图 4.71　“车削”修改器的参数设置

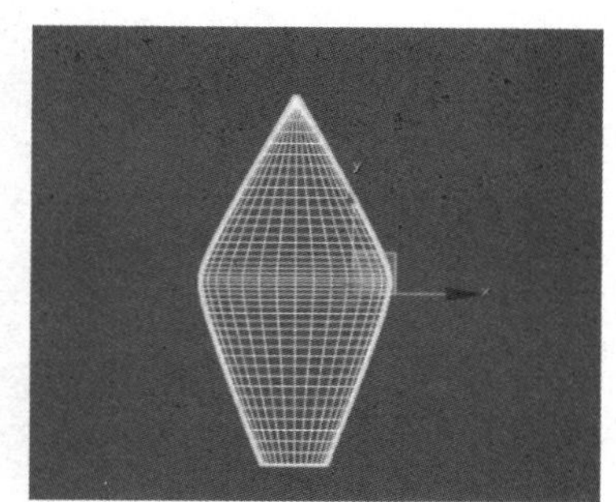

图 4.72　旗杆头部的最终效果

【步骤 03】在顶视图中创建圆柱体作为旗杆，参数设置如图 4.73 所示，选中旗杆圆柱体，单击（对齐）按钮，在前视图中单击旗杆头部模型，弹出“对齐当前选择(Line005)”对话框，如图 4.74 所示，设置对齐方向为“X 轴”，将旗杆和头部中心点对齐，根据旗杆的尺寸调整头部的大小，并移动到旗杆的顶端。同时将二者结成组，选择“组”菜单中的“组”命令即可，在弹出的“组”对话框中将组名设置为“旗杆”。

【步骤 04】选中旗杆，在前视图中应用旋转工具，旋转旗杆至与旗面斜边保持平行即可。使用对齐工具将二者的中心点对齐，调整旗杆与旗面的位置，使用缩放工具调整旗面的大小，直到达到理想效果，如图 4.75 所示。

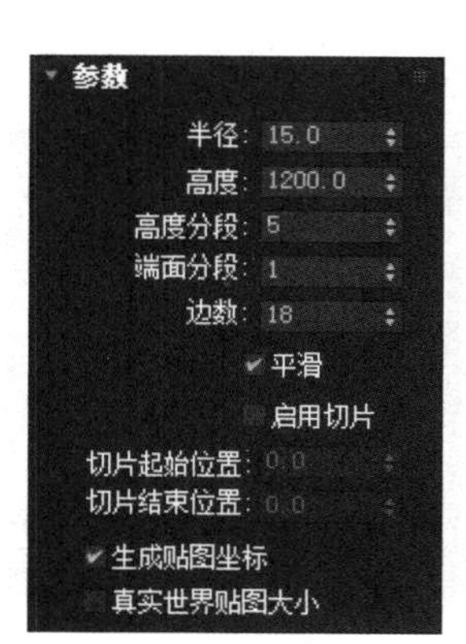

图 4.73　圆柱体的参数设置

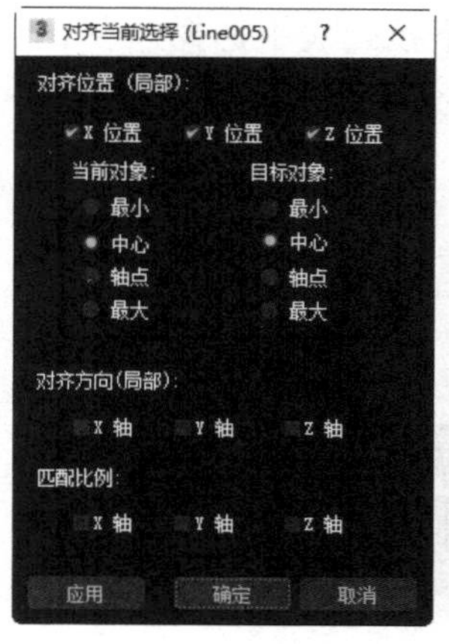

图 4.74　“对齐当前选择 (Line005)”对话框

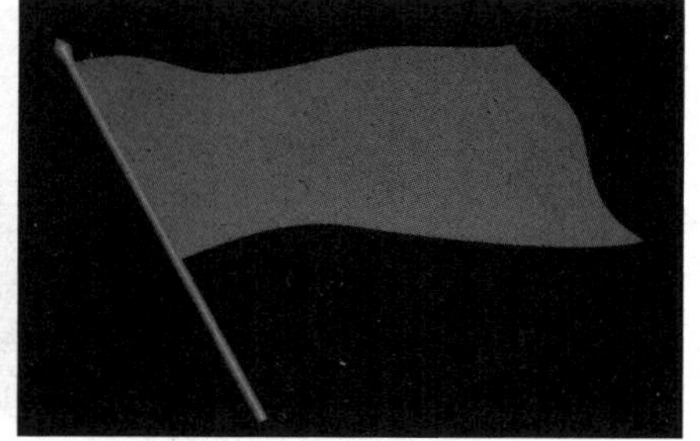

图 4.75　红旗效果

3. 文字展牌的制作

【步骤 01】单击（创建）按钮，打开“创建”命令面板，单击（图形）按钮，打开图形创建面板，单击“圆环”按钮 圆环 ，在前视图中创建圆环，参数设置如图 4.76

所示。单击“矩形”按钮 矩形 ，在前视图中创建矩形，参数设置如图 4.77 所示。使用对齐工具将两个图形的中心点对齐，如图 4.78 所示。

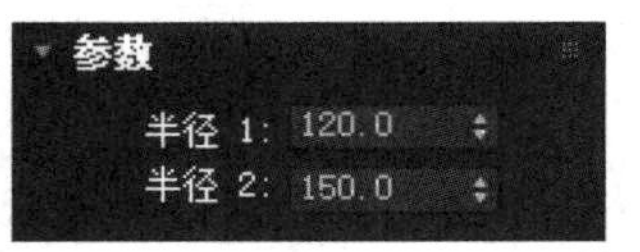

图 4.76　圆环的参数设置

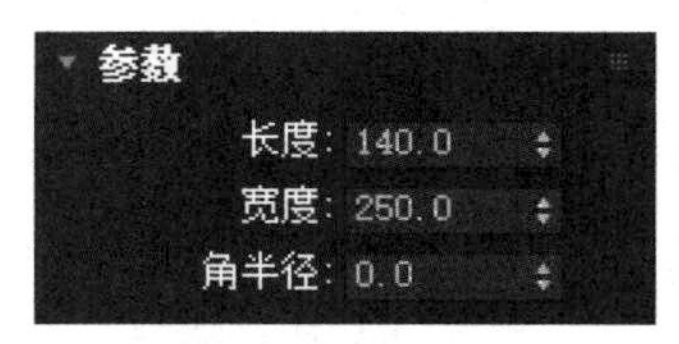

图 4.77　矩形的参数设置

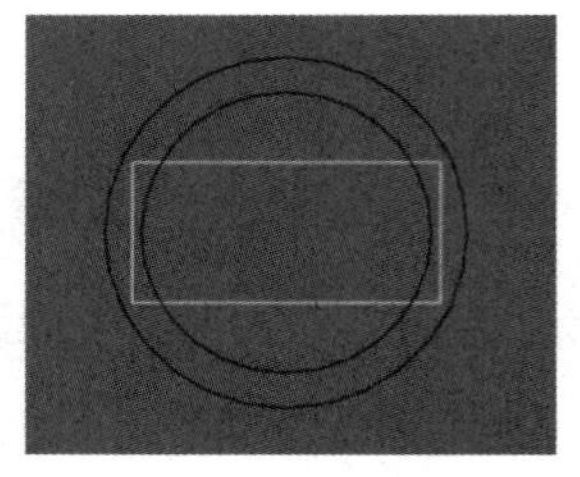
图 4.78　对齐圆环和矩形的中心点

【步骤 02】选择圆环并右击，在弹出的快捷菜单中选择“转换为”子菜单中的“转换为可编辑样条线”命令，在“修改”命令面板中可以发现圆环的名称已经转变成“可编辑样条线”，单击“几何体”卷展栏中的“附加”按钮 附加 后，在视图中单击矩形，将两个样条线附加。

【步骤 03】在“修改”命令面板中选择“样条线”子对象层级，单击“几何体”卷展栏中的“修剪”按钮 修剪 ，将鼠标指针移动到图形上，对交叉的样条线进行修剪，效果如图 4.79 所示。

【步骤 04】对修剪过的 4 个交叉点进行焊接，确保图形为完全闭合的路径。应用（矩形选择区域）按钮框选其中一个交叉点（实则两点重合），单击“几何体”卷展栏中的“焊接”按钮 焊接 ，将两点焊接为一点。使用同样的方法对其他 3 个交叉点进行操作。优化路径可以通过在“插值”卷展栏中将步数数值调大来实现，这里将步数设置为 20，如图 4.80 所示。

【步骤 05】选择图形，单击（修改）按钮，打开“修改”命令面板，单击“修改器列表”下拉按钮，在弹出的修改器下拉列表中选择“挤出”选项，在“参数”卷展栏中设置数量为 20，将二维图形创建为三维模型，效果如图 4.81 所示。

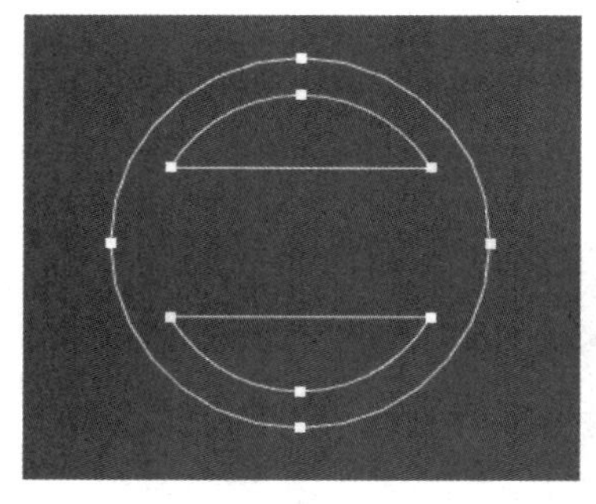
图 4.79　对图形进行修剪后的效果

图 4.80　“插值”卷展栏

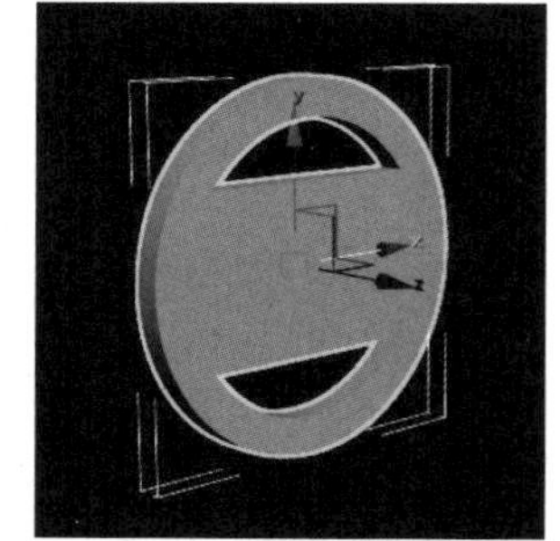
图 4.81　三维模型的效果

【步骤 06】单击（创建）按钮，打开“创建”命令面板，单击（图形）按钮，打开图形创建面板，单击“文本”按钮 文本 ，在前视图中创建文本图形，并应用“挤出”修改器将二维图形创建为三维模型，应用对齐工具将立体文字对齐放置到如图 4.81 所示模型的中间，如图 4.82 所示。

【步骤 07】绘制立方体作为文字展牌的中轴，调整位置与文字展牌对齐。

【步骤 08】绘制圆角矩形，并应用“倒角”修改器进行立体模型的创建，参数设置如图 4.83 所示，同时创建文本图形，应用“挤出”修改器将文本图形创建为三维立体文字，调整到如图 4.84 所示的位置。

图 4.82　添加立体文字

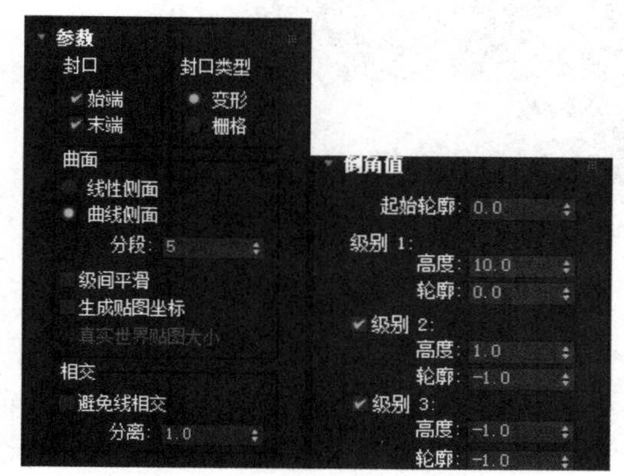

图 4.83　“倒角”修改器的参数设置

【步骤 09】应用克隆命令最终实现 3 个文字展牌，并将其调整到适当的位置，最终效果如图 4.85 所示。

图 4.84　单个文字展牌的效果

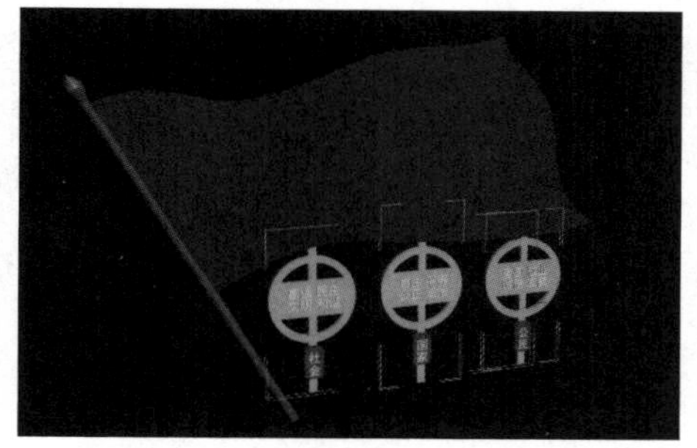

图 4.85　文字展牌的最终效果

4. 添加底座和文字

【步骤 01】制作祥云模型。激活前视图，选择“视图”菜单的“视口背景”子菜单中的“配置视口背景”命令，打开“视口配置”对话框，单击“文件”按钮，打开素材文件中的祥云图片，单击“打开”按钮后，单击“应用到活动视图”按钮，将祥云图片导入前视图作为视口背景，效果如图 4.86 所示。

【步骤 02】单击 + （创建）按钮，打开“创建”命令面板，单击 （图形）按钮，打开图形创建面板，单击“线”按钮 线 ，在前视图中，沿背景图片中的祥云轮廓进行样条线绘制，对样条线进行顶点调节，直至线条平滑，并确保路径闭合。

【步骤 03】应用“挤出”修改器将祥云样条线创建为三维模型，并调整到旗面的合适位置。

【步骤 04】创建立方体作为建筑的底座，应用线工具绘制山体轮廓，并应用“挤出”修改器将山体创建为三维模型，并调整到合适的位置。

【步骤 05】应用“倒角”修改器制作“中国梦”立体文字和“社会主义核心价值观”

立体文字。最终效果如图 4.87 所示。

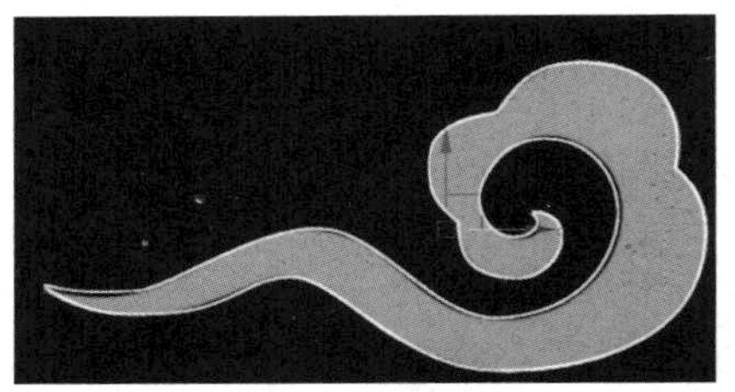

图 4.86　将祥云图片导入前视图后的效果

图 4.87　添加底座和文字后的最终效果

5. 背景和灯光的添加

【步骤 01】选择“渲染”菜单中的“环境”命令，打开“环境和效果”窗口，单击“环境贴图”下的“无”按钮，打开“材质 / 贴图浏览器”对话框，双击该对话框中的“位图”选项，打开“选择位图图像文件”对话框，选择素材文件中的“背景”图片，单击“打开”按钮，将该图片导入文件。此时“环境和效果”窗口如图 4.88 所示。

【步骤 02】选择“渲染”菜单的“材质编辑器”子菜单中的“精简材质编辑器”命令，打开“材质编辑器”窗口，将“环境和效果”窗口中的 贴图 #1 (背景图片.jpg) 用鼠标拖动到“材质编辑器”窗口中的空白材质示例球上，这时会弹出“实例（副本）贴图”对话框，勾选“实例”复选框，单击“确定”按钮即可。在贴图的“坐标”卷展栏内的“贴图”下拉列表中选择“屏幕”选项。

【步骤 03】如果透视图中未能显示背景图片，则可以先激活透视图，然后在菜单栏中选择“视图”菜单的“视口背景”子菜单中的“配置视口背景”命令，打开“视口配置”对话框，在“背景”选项卡内选中“使用环境背景”单选按钮，即可在透视图中显示背景图片，效果如图 4.89 所示。根据背景图片，通过摇移调整场景中的模型角度，直到与背景完美契合。

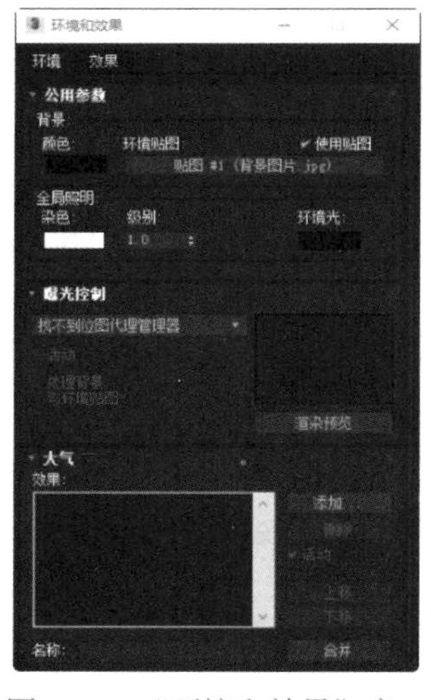

图 4.88　“环境和效果”窗口

图 4.89　添加背景图片后的效果

【步骤 04】为了提升场景的真实性，需要使用灯光添加模型的阴影。单击 + （创建）

按钮，打开“创建”命令面板，单击（灯光）按钮，打开灯光创建面板，如图 4.90 所示，在“光度学”下拉列表中选择“标准”选项，在“对象类型”卷展栏中单击“泛光”按钮 泛光 ，在顶视图中单击创建一盏泛光灯。在“修改”命令面板中，勾选“常规参数”卷展栏的“阴影”选区中的“启用”复选框，如图 4.91 所示。结合 3 个正交视图的角度，将灯光调整到模型的左上方即可。

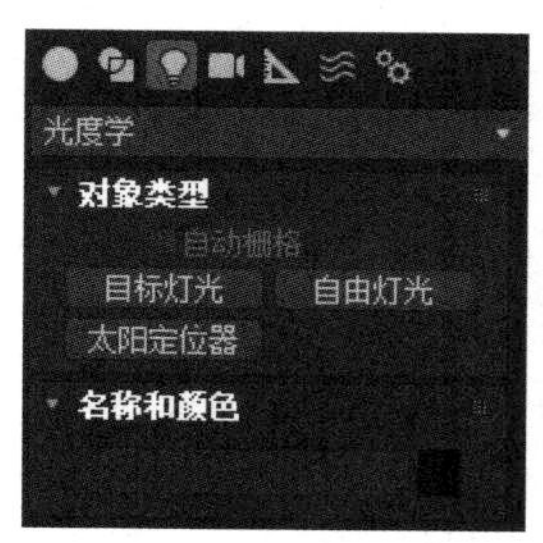

图 4.90　灯光创建面板

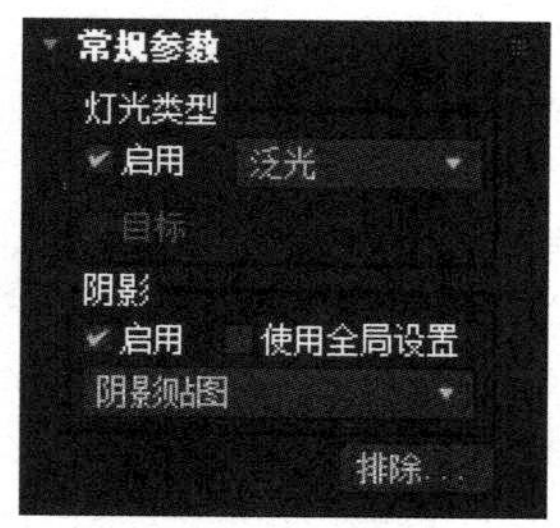

图 4.91　启用灯光阴影

【步骤 05】创建平面，并将其放置在模型的下方模拟地面，打开“材质编辑器”窗口，选择一个空白的材质示例球，单击 Standard (Legac （类型）按钮，打开“材质 / 贴图浏览器”对话框，在材质或贴图的可滚动列表中双击“无光 / 投影”选项，参数设置保持默认即可。将材质赋予平面，确保显示模型的投影，并在渲染时不显示该平面。红色文化建筑的最终效果如图 4.1 所示。

任务拓展

练习制作如图 4.92 所示的公益雕塑模型。

图 4.92　公益雕塑模型

课后思考

1. 图形的创建方法有哪几种？
2. 如何进行图形的编辑？图形的子对象有哪几种？
3. 如何增加样条线中的点？
4. 如何进行顶点的焊接、图形轮廓线的制作、图形的修剪等操作？

复合对象建模——制作美陈 3D 场景

复合对象是指利用两种或两种以上二维图形或三维模型复合生成一种新的三维模型。本单元将介绍几种复合对象建模方法，利用这些方法可以创建比较复杂的三维模型。

工作任务

完成美陈 3D 场景的制作，效果如图 5.1 所示。

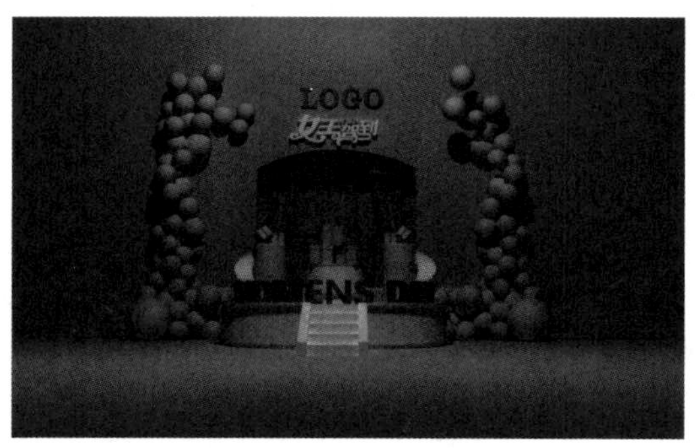

图 5.1　美陈 3D 场景制作完成后的效果

任务描述

通过对复合对象建模基本知识的学习，完成比较复杂的美陈 3D 场景的制作。

任务目标

- 掌握各种利用复合对象命令进行复合模型创建的方法和技巧。
- 能参照任务实施完成操作任务。

任务资讯

3ds Max 2023 提供了 12 种复合对象的建模工具。复合对象建模通常是将两个或多个对象组合成单个对象，既可以通过在“创建”命令面板中单击相应的按钮实现，如图 5.2

所示，也可以通过选择“创建”菜单的“复合”子菜单中复合对象的建模命令实现，如图 5.3 所示。复合对象建模既可以简化复杂模型的建模过程，也可以对模型进行细节的修改。

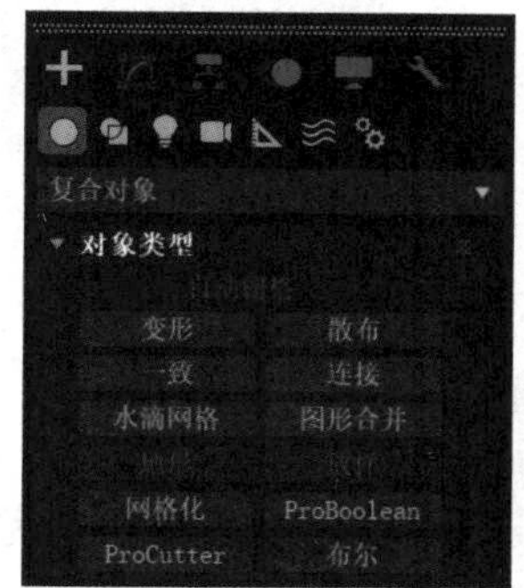

图 5.2　复合对象创建面板

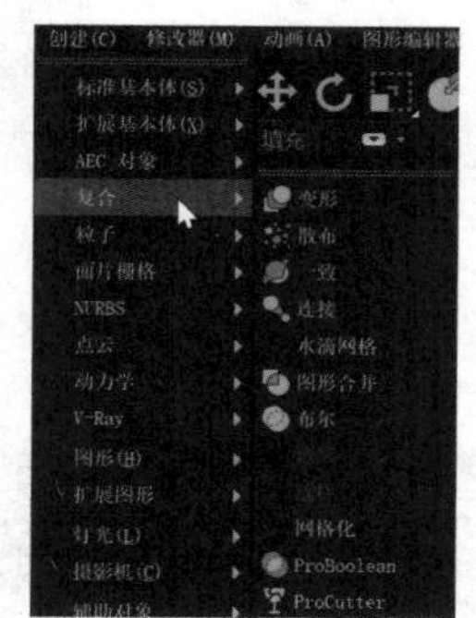

图 5.3　创建复合对象菜单

5.1　布尔

布尔是通过对两个或两个以上对象进行并集、差集、交集的运算，从而得到新对象的方法。除并集运算以外，在进行差集和交集运算时对象必须相交。布尔操作是一种非常重要的三维建模手段，它的修改过程还可以记录成动画，经常用于表现一些神奇的切割效果，应用非常广泛。

在场景中创建一个长方体和一个球体，如图 5.4 所示。先选择长方体，单击复合对象创建面板中的“布尔”按钮 布尔 ，打开“布尔参数”卷展栏，再单击该卷展栏中的“添加运算对象”按钮 添加运算对象 ，然后单击场景中的球体，这时单击“运算对象参数”卷展栏中的“并集”按钮 并集 ，长方体和球体就会进行并集运算，效果如图 5.5 所示。

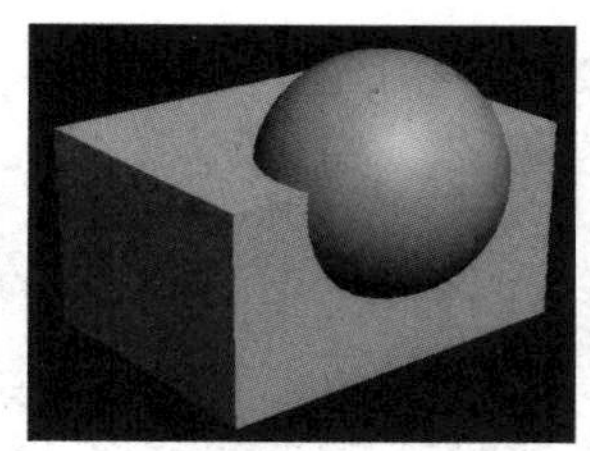

图 5.4　创建布尔运算对象

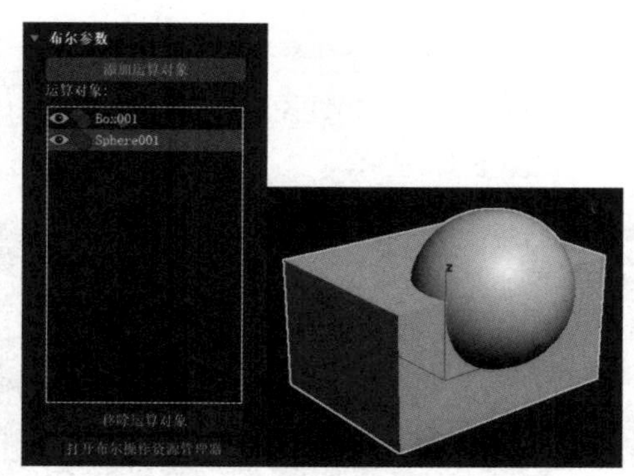

图 5.5　并集运算效果

选中运算对象列表中的球体，单击“运算对象参数”卷展栏中的“交集”按钮 交集 ，则两者进行交集运算，场景中只显示两者相交的部分，效果如图 5.6 所示。单击“运算对象参数”卷展栏中的“差集”按钮 差集 ，则两者进行差集运算，两者的公共部分被长方体减去，效果如图 5.7 所示。合并、附加和插入运算的效果与并集运算的效果相同，如图 5.8 所示。

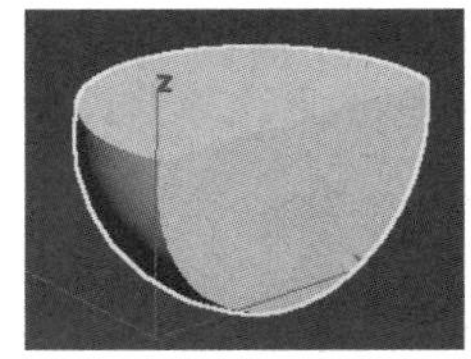

图 5.6 交集运算效果

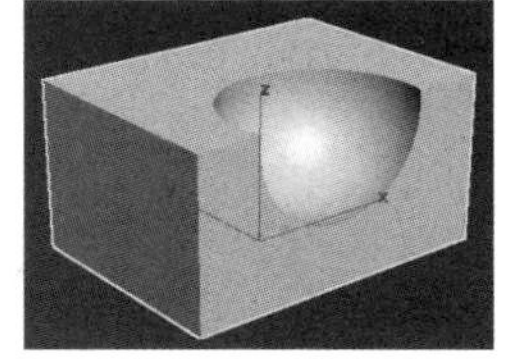

图 5.7 差集运算效果

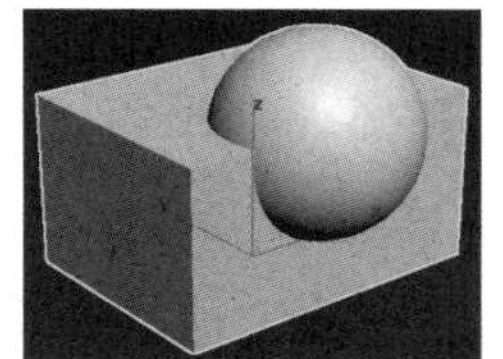

图 5.8 合并、附加、插入运算效果

给进行合并运算后的模型添加一个“编辑多边形”修改器，选中“元素”子对象层级，将合并的模型移动到一边，会发现还有一个交集的模型，如图 5.9 所示，可见合并是并集和交集共同运算的结果。给进行附加运算后的模型添加一个“编辑多边形”修改器，选中“元素”子对象层级，可以单独移动长方体和球体，两者被完整地保留了，如图 5.10 所示。给进行插入运算后的模型添加一个“编辑多边形”修改器，选中“元素”子对象层级，可以选中球体，将其移动到一边，另一个模型就是差集运算效果，如图 5.11 所示。

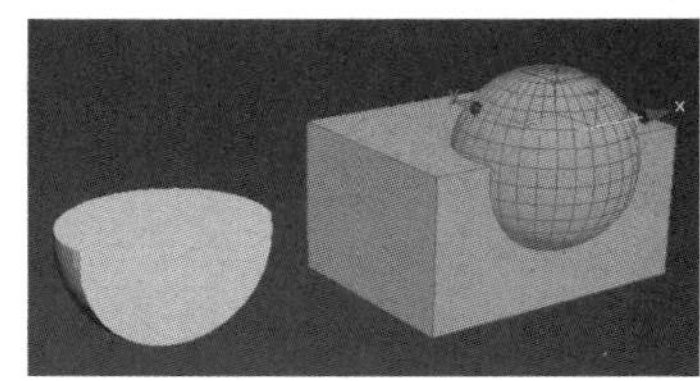

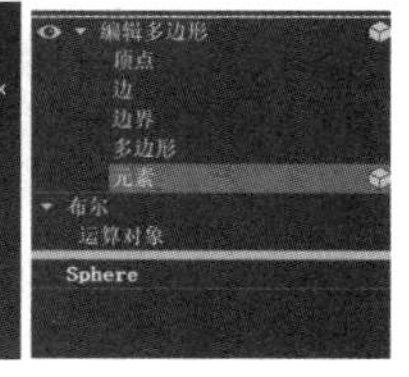

图 5.9 合并是并集和交集共同运算的结果

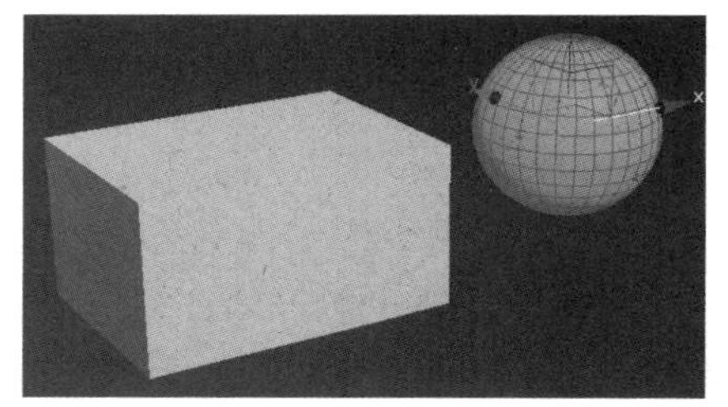

图 5.10 附加是完整地保留两个运算对象

图 5.11 插入是差集运算效果和运算对象

对长方体和球体进行并集运算，同时勾选“盖印”复选框，则球体会消失，长方体留下了球体的轮廓线，如图 5.12 所示。如果勾选“切面”复选框，则球体轮廓线部分的面被切除，如图 5.13 所示。

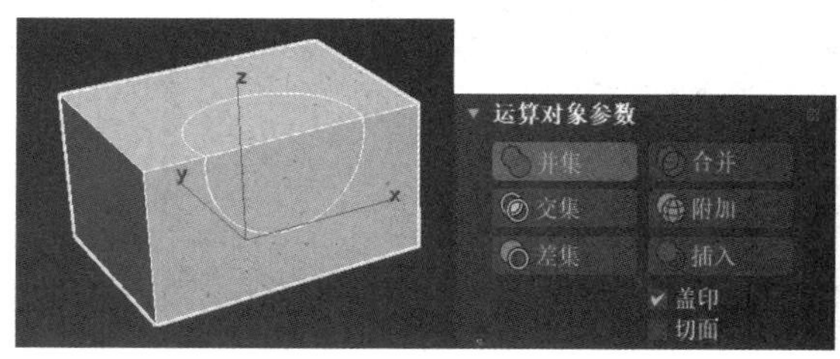

图 5.12 并集运算与盖印的效果

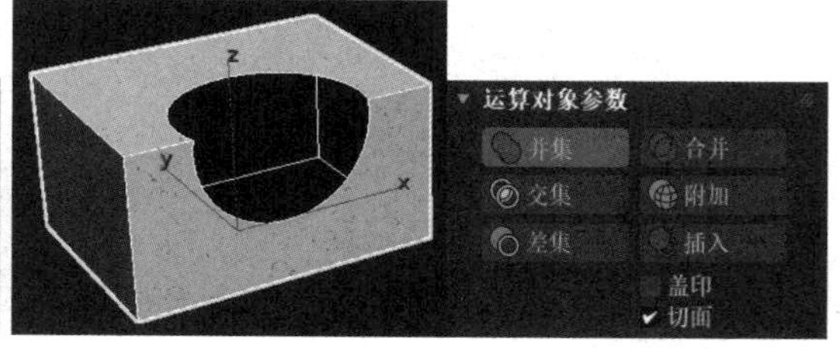

图 5.13 并集运算与切面的效果

练一练：石桌模型

【步骤 01】在前视图中利用样条线创建桌墩模型的截面线型，可以结合“修改”命令面板中的子对象对其进行适当调整，效果如图 5.14 所示。给样条线添

加“车削”修改器，调整分段数，生成的桌墩模型的效果如图 5.15 所示。

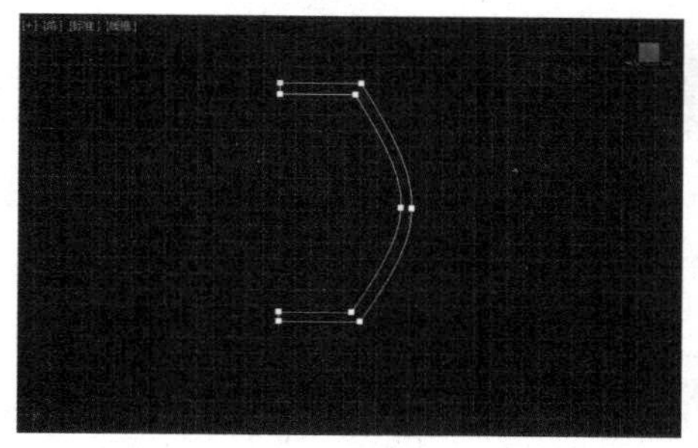

图 5.14　桌墩模型的截面线型效果

图 5.15　生成的桌墩模型的效果

【步骤 02】在左视图中创建一个圆柱体，其长度大于桌墩模型的直径，适当增加边数，使其表面光滑。利用对齐工具将圆柱体与桌墩模型中心对齐，效果如图 5.16 所示。

【步骤 03】单击（层次）按钮，打开“层次”命令面板，选择“轴”选项卡，单击“调整轴”卷展栏中的“仅影响轴”按钮，使其激活，再单击“对齐”选区中的“居中到对象”按钮，如图 5.17 所示，将圆柱体的轴心移动到其中心位置。再次单击“仅影响轴”按钮使其关闭。完成对圆柱体坐标轴心位置的调整。

【步骤 04】单击（角度捕捉切换）按钮，将其激活，并在该按钮上右击，在弹出的“栅格和捕捉设置”对话框中设置角度为 90 度，然后关闭该对话框。

【步骤 05】单击工具栏中的（选择并旋转）按钮，按住 Shift 键，在顶视图中旋转圆柱体，复制产生另一个与原对象垂直方向的圆柱体，效果如图 5.18 所示。

图 5.16　圆柱体与桌墩模型中心对齐后的效果

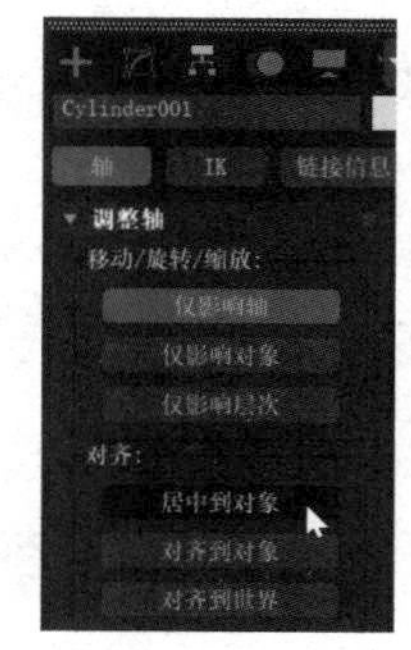

图 5.17　“层级”命令面板

图 5.18　复制产生另一个圆柱体后的效果

【步骤 06】单击（角度捕捉切换）按钮将其关闭。

【步骤 07】选中桌墩模型，单击复合对象创建面板中的“布尔”按钮 布尔 。

【步骤 08】在“运算对象参数”卷展栏中单击“差集”按钮 差集 。

【步骤 09】单击“布尔参数”卷展栏中的“添加运算对象”按钮 添加运算对象 ，在视图中单击拾取一个圆柱体。第一次布尔操作的效果如图 5.19 所示。

【步骤 10】在视图中右击，结束第一次布尔运算。

【步骤 11】确认布尔生成的复合对象处于选中状态，右击，在弹出的快捷菜单中选择“转换为:”子菜单中的“转换为可编辑多边形”命令，在将复合对象转换为多边形对象后，再次单击“布尔”按钮 布尔 。

【步骤 12】在“运算对象参数”卷展栏中单击“差集”按钮 差集 ，单击“布尔参数”卷展栏中的“添加运算对象”按钮 添加运算对象 ，在视图中单击拾取另一个圆柱体。第二次布尔操作的效果如图 5.20 所示。

【步骤 13】单击扩展基本体创建面板中的“切角圆柱体”按钮 切角圆柱体 ，并勾选“自动栅格”复选框。在顶视图中拖动鼠标创建一个切角圆柱体作为石桌模型的桌面，效果如图 5.21 所示。可以试着为它添加石材的贴图。

图 5.19 第一次布尔操作的效果

图 5.20 第二次布尔操作的效果

图 5.21 石桌模型的效果

5.2 放样

放样是利用两个或两个以上的二维图形来制作三维模型的一种复合对象建模方法。

5.2.1 放样建模的原理和条件

放样建模的原理是：利用一个二维图形作为建模的路径，利用一个或多个二维图形作为模型不同部位的截面图形，利用放样建模方法，将截面图形放置到路径的不同位置，在各个截面图形间产生过渡表面，从而生成三维模型。

在使用放样建模方法时，作为路径的图形只能有一个，既可以是开放的曲线，也可以是封闭的图形。截面图形可以有一个或多个，并且可以是任意二维图形，但应具有同样的样条线数。

5.2.2 “创建方法”卷展栏和“路径参数”卷展栏

（1）创建用于放样建模的路径图形和截面图形。例如，在顶视图中创建一个圆形和一个星形作为放样的截面图形，在前视图中，利用 Shift 键自上而下创建一条直线作为放样的路径图形，如图 5.22 所示。

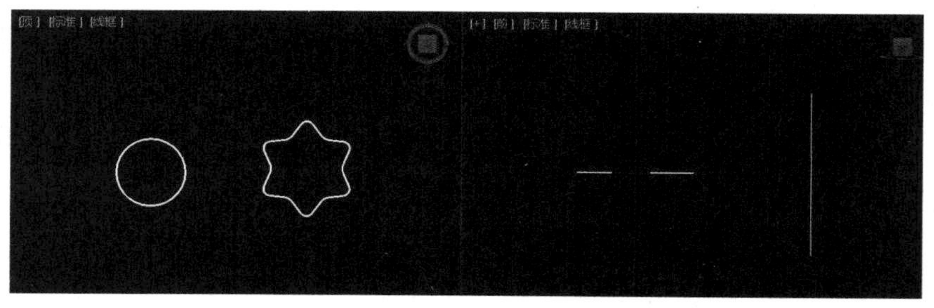

图 5.22 创建放样的截面图形和路径图形

（2）选择其中任意一个图形。先选择的图形既可以是路径图形，也可以是一个截面图形。在放样生成造型时，先选择的图形位置不动，其他图形移动到该图形位置生成造型。因此，是先选择路径图形还是先选择截面图形，要根据造型来定。这里选择直线作为路径图形。

（3）单击“创建”命令面板中的几何体类型下拉按钮，在弹出的下拉列表中选择“复合对象”选项，如图 5.23 所示。

（4）在“对象类型”卷展栏中单击“放样”按钮 放样 ，如图 5.24 所示。此时，“对象类型”卷展栏中会显示放样的参数面板，如图 5.25 所示。

图 5.23 选择“复合对象”选项

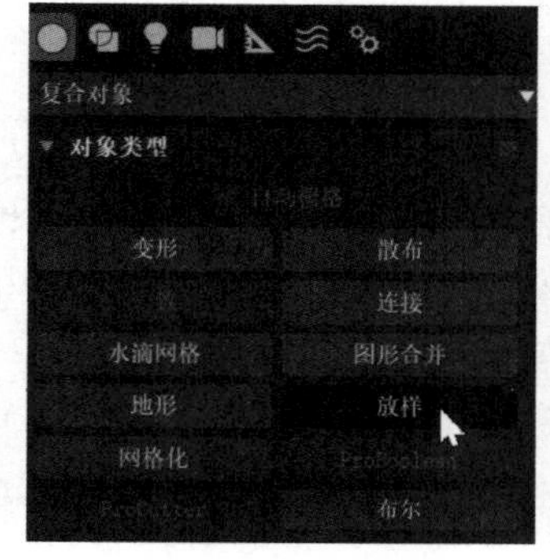

图 5.24 单击“放样”按钮

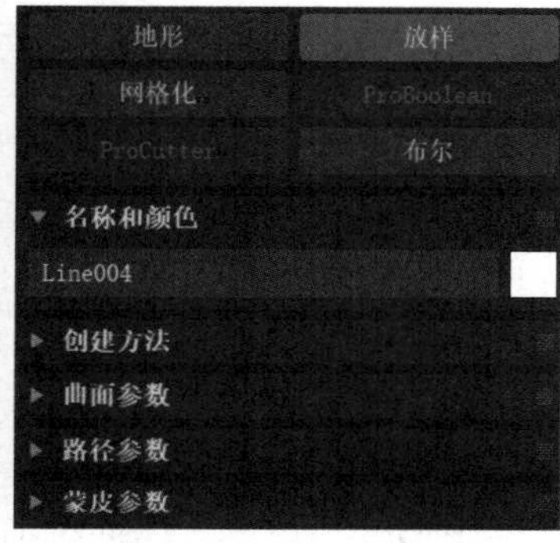

图 5.25 放样的参数面板

（5）在“创建方法”卷展栏中选择一种创建方式。如果先前选取的图形是作为路径的图形，则此时应单击“获取图形”按钮；如果先前选取的图形是作为截面形状的图形，则此时应单击“获取路径”按钮。“移动”、“复制”和“实例”单选按钮用于设置获取其他形状时采用的方式。

选中“复制”单选按钮，因为步骤（2）中选择的是作为路径图形的直线，所以此时单击“获取图形”按钮 获取图形 ，在视图中单击星形，该图形就会移动并配合前一个图形生成放样造型，如图 5.26 所示。

（6）在“路径参数”卷展栏中，“路径”数值框用于设置拾取的截面图形在路径上的位置。默认选中“百分比”单选按钮，数值的取值范围是 0 ～ 100，0 为路径的起点位置，100 为路径的终点位置。如果选中“距离”单选按钮，则将以路径的绝对距离来确定插入点的位置。如果选中“路径步数”单选按钮，则将以路径的分段形式来确定插入图形的位置。如果勾选“捕捉”数值框右侧的“启用”复选框，则在“捕捉”数值框中输入的数值，可以作为单击“路径”数值框右侧的数值调节按钮 时数值的增加值。比如，在“捕捉”数值框中输入“10.0”，则单击“路径”数值框右侧的数值调节按钮 ，路径的数值将以 10.0 为间隔进行改变。通过设置不同的百分比数值，可以在路径上放置多个截面图形。

继续步骤（5）的操作，选中“百分比”单选按钮，在“路径”数值框中输入“50.0”，即路径一半的位置，此时可以看到在放样造型的路径上出现一个黄色的“×”符号，该点就是插入截面图形的位置，单击“获取图形”按钮，在视图中单击星形，然后在“路径”数值框中将数值修改为 60.0，在视图中单击圆形，效果如图 5.27 所示。

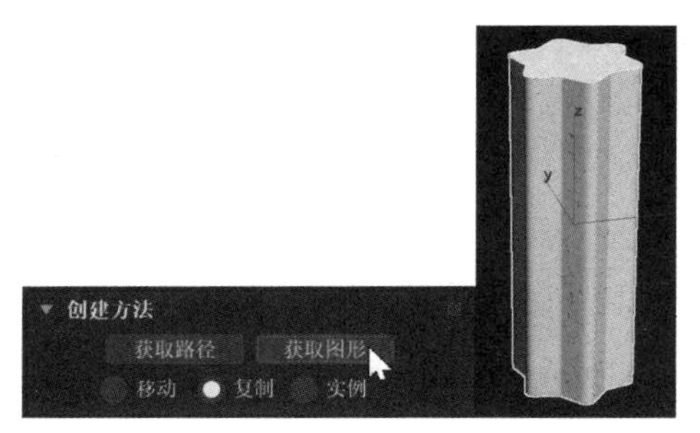

图 5.26　拾取星形后的放样效果

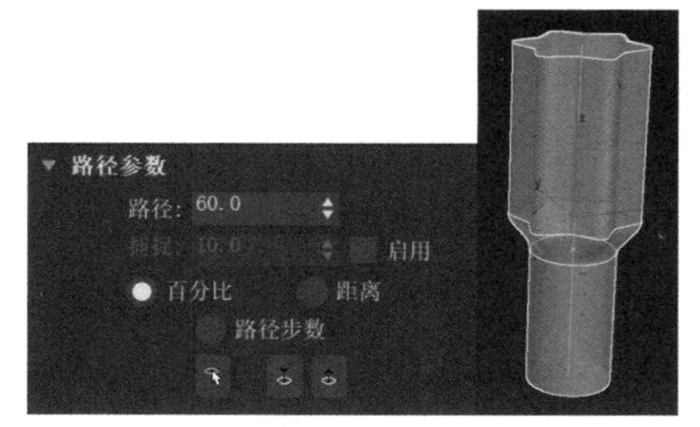

图 5.27　拾取图形后的效果

5.2.3　“变形”卷展栏

“变形”卷展栏包括“缩放”、“扭曲”、“倾斜”、“倒角”和“拟合”5 个按钮，如图 5.28 所示。单击这 5 个按钮会打开相应的对话框，对话框使用相同的布局。每个按钮右侧的灯泡按钮用来设置相应变形的生效与失效，亮显状态表示生效。

单击“变形”卷展栏中的“缩放”按钮 缩放 ，打开“缩放变形 (X)”窗口，如图 5.29 所示。中间窗口用于 *X* 轴缩放的曲线为红色，用于 *Y* 轴缩放的曲线为绿色。默认曲线值为 100%。当曲线值大于 100% 时，将使图形变得更大；当曲线值小于 100% 且大于 0% 时，将使图形变得更小；当曲线值小于 0% 时，将会对图形进行缩放和镜像。

变形曲线上的控制点可以生成曲线或锐角转角（取决于控制点的类型）。要更改控制点的类型，可以右击控制点，在弹出的快捷菜单中进行选择即可，如图 5.30 所示。

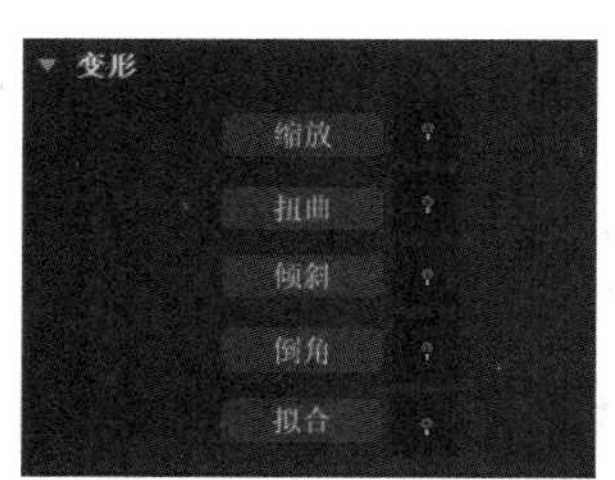

图 5.28　“变形”卷展栏

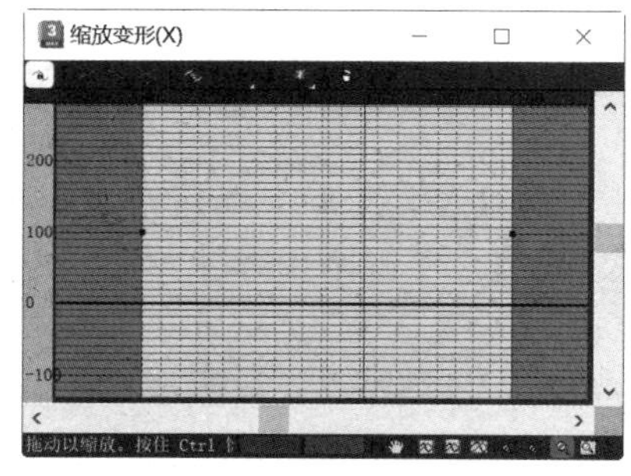

图 5.29　“缩放变形 (X)”窗口

图 5.30　选择控制点的类型

“缩放变形 (X)”窗口的上部是工具栏，工具栏中有多个快捷按钮。（均衡）按钮既是一个动作按钮，也是一种曲线编辑模式，可以用于对轴和形状应用相同的变形。如果单击（显示 X 轴）按钮，则仅显示红色的 *X* 轴变形曲线。如果单击（显示 Y 轴）按钮，则仅显示绿色的 *Y* 轴变形曲线。如果单击（显示 XY 轴）按钮，则同时显示 *X* 轴和 *Y* 轴变形曲线，各条曲线使用各自的颜色。如果单击（交换变形曲线）按钮，则在 *X* 轴和 *Y* 轴之间复制曲线，该按钮在启用“均衡”按钮时是禁用的。（移动控制点）按钮是一个弹出按钮，该弹出按钮包含 3 个用于移动控制点和 Bezier 控制柄的按钮。（插入控制点）按钮是一个弹出按钮，该按钮包含用于插入两个控制点类型的按钮：一个是“插入角点”按钮，另一个是“插入 Bezier 点”按钮。（删除控制点）按钮用于删除所选定的控制点，也可以通过按 Delete 键来删除所选定的控制点。（重置曲线）按钮用于删除所有控制点（但两端的控制点除外）并恢复曲线的默认值。

“缩放变形 (X)” 窗口的下部是状态栏和视图控制按钮。下面利用 “缩放变形 (X)” 和 “扭曲变形” 窗口了解一下按钮的应用。

选中如图 5.27 中右图所示的模型，单击 “变形” 卷展栏中的 “缩放” 按钮缩放，在弹出的 “缩放变形 (X)” 窗口中单击 *（插入控制点）按钮，插入 3 个控制点，单击（移动控制点）按钮，调整控制点的位置，效果如图 5.31 所示。调整完成后关闭窗口。保持模型处于选中状态，单击 “扭曲” 按钮扭曲，在弹出的 “扭曲变形” 窗口中单击 *（插入控制点）按钮，插入 1 个控制点，单击（移动控制点）按钮，调整控制点的位置。为了使模型光滑，调整 “蒙皮参数” 卷展栏的 “路径步数” 数值框中的数值，效果如图 5.32 所示。

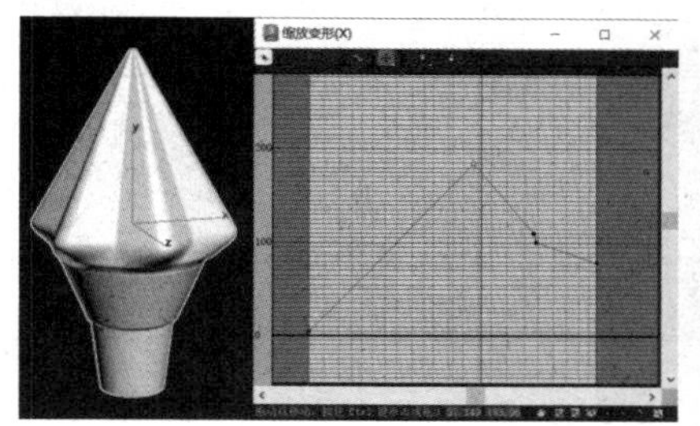

图 5.31　“缩放变形 (X)” 窗口及效果

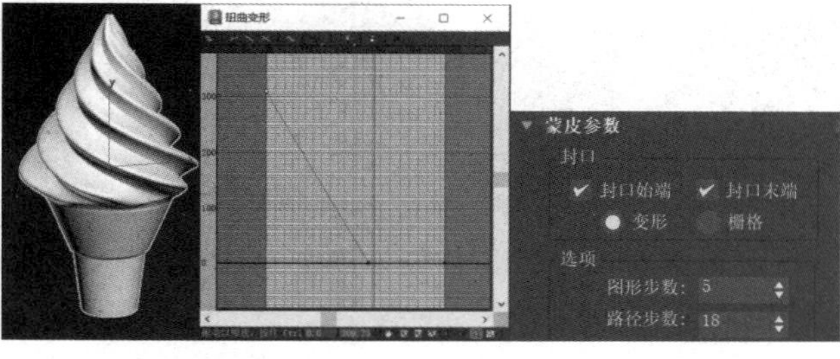

图 5.32　“扭曲变形” 窗口及调整路径步数后的效果

5.2.4　“曲面参数” 卷展栏

“曲面参数” 卷展栏用于对放样物体设置表面光滑处理，并指定贴图坐标及输出方式，如图 5.33 所示。“平滑长度” 和 “平滑宽度” 复选框分别用于设置放样物体沿路径方向及截面表面的光滑处理。“贴图” 选区用于设置贴图在路径上的重复次数。“材质” 选区用于设置放样物体的材质 ID。“输出” 选区用于设置放样物体的输出类型，可以选择面片类型或网格类型，默认为网格类型。

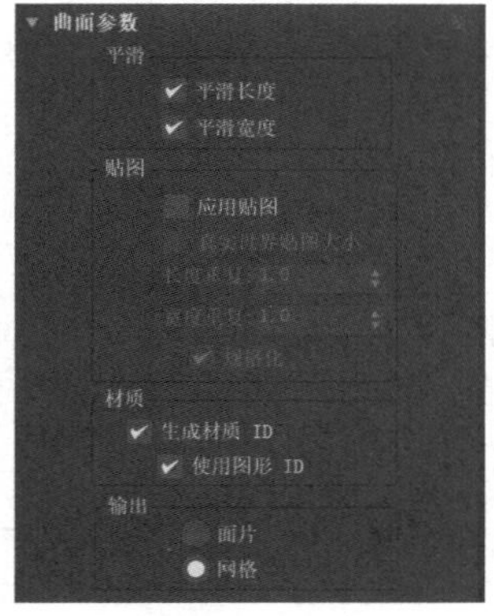

图 5.33　“曲面参数” 卷展栏

5.2.5　“蒙皮参数” 卷展栏

“蒙皮参数” 卷展栏用于设置放样物体表面的各种特性，如图 5.34 所示。“封口” 选区用于设置放样物体两端是否产生封盖表面。“选项” 选区用于设置放样物体表面的一些基本参数。“显示” 选区用于设置放样物体表面 “蒙皮” 在视图中是否显示。

图 5.34　“蒙皮参数” 卷展栏

5.2.6　放样对象的子对象编辑

1. 图形和路径对应的卷展栏

单击 “Loft” 左侧的 “+” 按钮，展开子对象选项。放样物体的子对象有 “图形” 和 “路径” 两种，如图 5.35 所示。单击任意一种子对象的名称，下面的面板中会出现相应的卷展栏，如图 5.36

所示，在视图中选择相应子对象即可在对应卷展栏中进行编辑。

先选中“图形”选项，再单击视图中某个“截面图形”子对象，则“修改”命令面板中还会出现该图形拾取前的创建或修改层级名称，可以退回到其原始层级进行编辑，放样物体随之发生相应变形。比如，选中图 5.32 中左图所示的模型，在“修改”命令面板中选择“图形”层级，在视图中单击路径上的星形，则星形出现在“Loft”下面，单击星形的名称，则下面的卷展栏会变为星形的“参数”卷展栏，如图 5.37 所示，在该“参数”卷展栏中可以对星形进行原始参数的修改。

图 5.35　放样物体的子对象

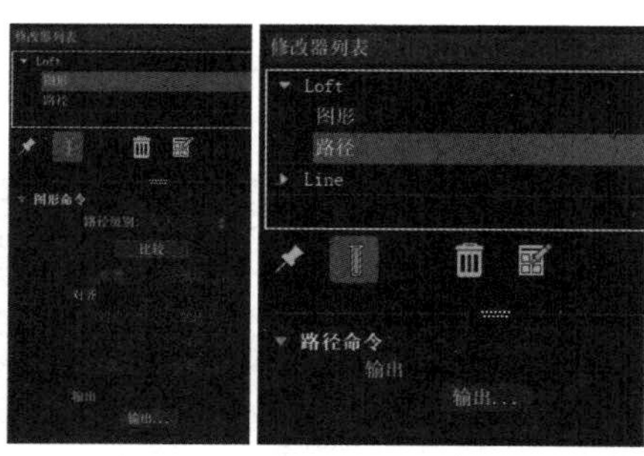

图 5.36　图形和路径子对象被选中时的卷展栏

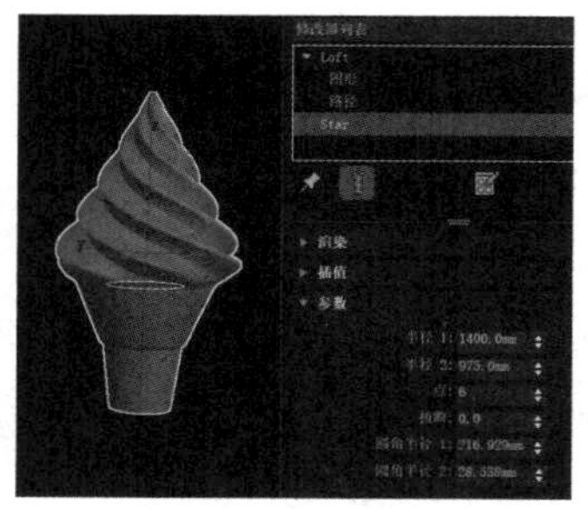

图 5.37　星形被选中时的“参数”卷展栏

2. “图形命令”卷展栏应用

“图形命令”卷展栏中的“路径级别”数值框用于设置当前截面图形在路径上的位置，既可以通过调节该数值框中的数值来改变截面图形的位置，也可以利用（选择并移动）按钮直接改变选定的截面图形的位置。比如，选中图 5.32 中左图所示的模型，单击“比较”按钮，打开“比较”窗口，单击该窗口中的（拾取图形）按钮，在视图中分别单击圆形和星形，图形就会出现在该窗口中，如图 5.38 所示。可以比较图形起始点的位置（小方块处），该位置不在一条直线上时，图形表面会出现扭曲现象。要想矫正扭曲现象，可以在视图内选中某个图形（如圆形），利用旋转工具对图形进行旋转操作，观察“比较”窗口中小方块点对齐后结束操作。

单击“图形命令”卷展栏中的“重置”按钮，可以取消对选中的截面图形的编辑操作。单击“删除”按钮，可以删除选中的截面图形，比如图 5.39 所示为删除星形后的效果。

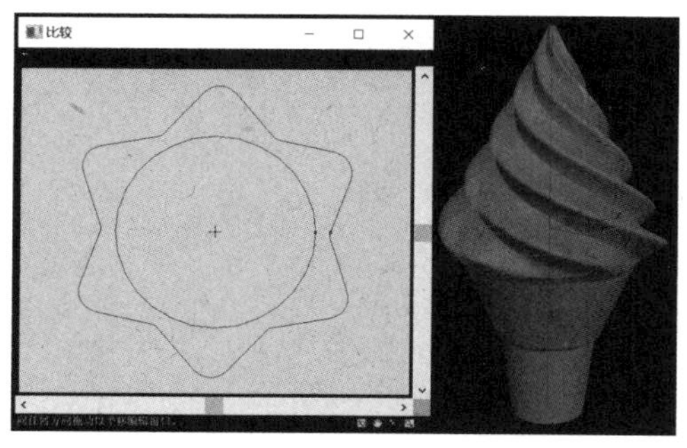

图 5.38　“比较”窗口

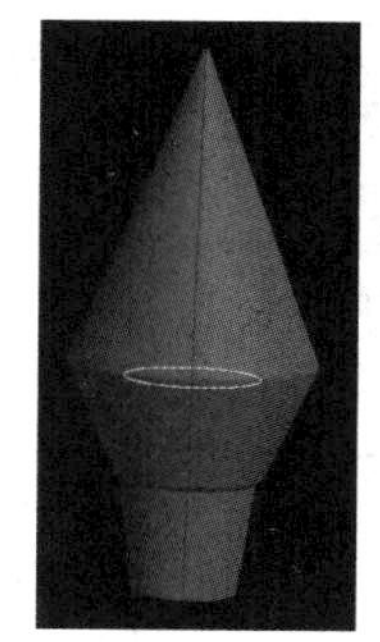

图 5.39　删除星形后的效果

“图形命令”卷展栏中的“对齐”选区用于设置截面图形与路径的对齐方式。“居中”表示将截面图形中心对齐在路径上；“默认”表示恢复最初截面图形放置在路径上的相对位置；“左”表示将截面图形的左边界对齐到路径上；“右”表示将截面图形的右边界对齐到路径上；“顶部”表示将截面图形的顶边界对齐到路径上 “底部”表示将截面图形的底边界对齐到路径上。

练一练：圆桌布模型

【步骤 01】在前视图中创建一条直线作为放样的路径图形，在顶视图中创建一个圆形和一个星形作为放样的截面图形，如图 5.40 所示。选中直线，单击复合对象创建面板中的“放样”按钮 放样 ，放样的“路径参数”卷展栏如图 5.41 所示。

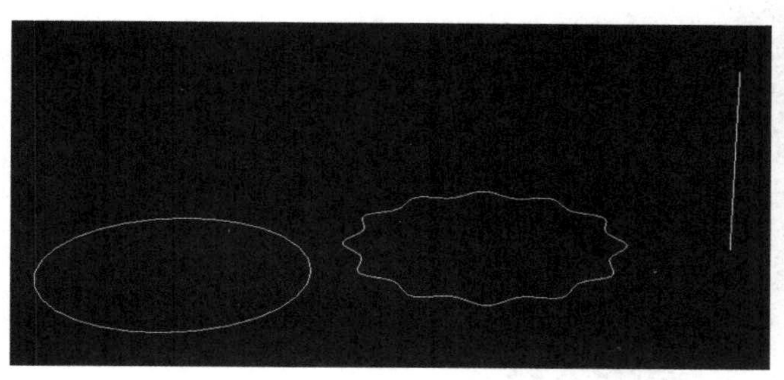

图 5.40　创建放样的截面图形和路径图形

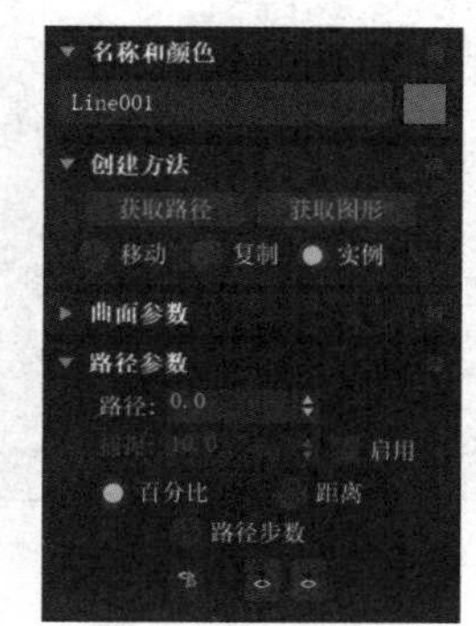

图 5.41　放样的“路径参数”卷展栏

【步骤 02】在“创建方法”卷展栏中单击“获取图形”按钮，如图 5.42 中的左图所示，单击圆形进行选择，这时沿直线生成了一个圆柱体，效果如图 5.42 中的右图所示。如果先前选取的图形是作为路径的图形，则应单击“获取图形”按钮；如果先前选取的图形是作为截面的图形，则应单击“获取路径”按钮。

【步骤 03】在“路径参数”卷展栏的“路径”数值框中输入“100.0”，单击“获取图形”按钮后，在视图中拾取星形，效果如图 5.43 所示。

图 5.42　拾取圆形后的效果

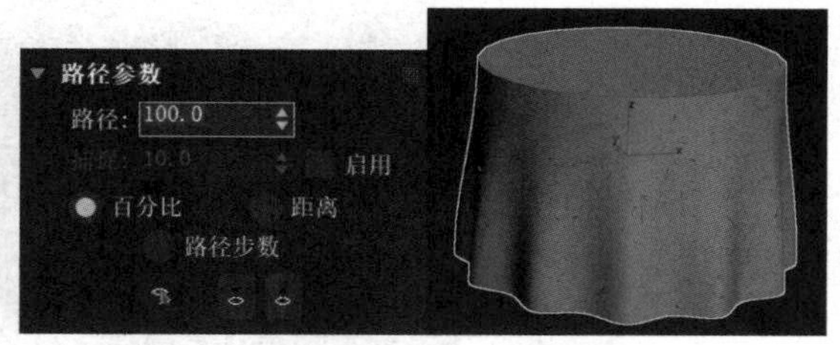

图 5.43　拾取星形后的效果

【步骤 04】在桌布上右击，在弹出的快捷菜单中选择“转换为：”子菜单中的“转换为可编辑多边形”命令，如图 5.44 所示。

【步骤 05】选择可编辑多边形的“边”子对象层级，框选桌布最上面的一圈边，如图 5.45 所示。

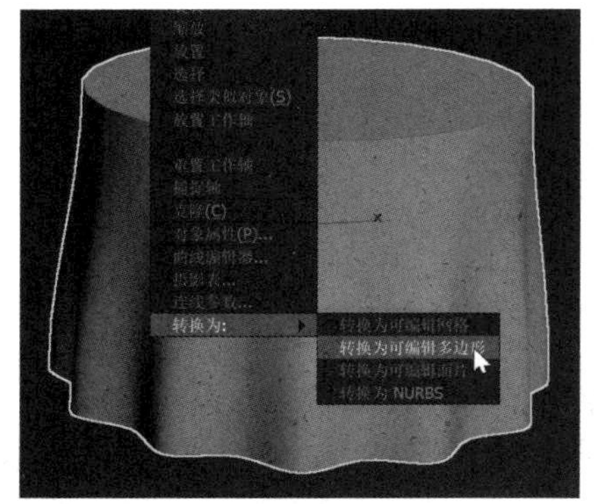

图 5.44　选择“转换为可编辑多边形”命令

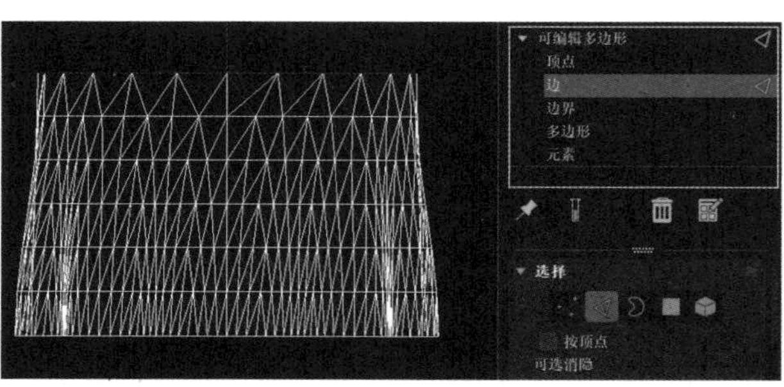

图 5.45　选中边

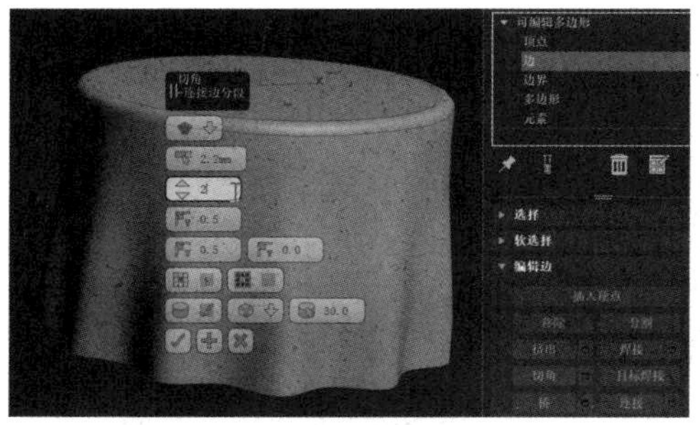

图 5.46　切角操作

【步骤 06】单击“编辑边”卷展栏中的“切角”按钮 切角 右侧的设置按钮，在弹出的面板中设置边切角量为 2.2mm，连接边分段为 2，如图 5.46 所示，设置完成后，单击最下端的按钮，将面板关闭。

5.3　图形合并

图形合并是将三维对象与一个或多个图形合成复合对象的操作方法。它将图形投影到三维对象表面，产生相交或相减的效果，经常用于在对象表面产生镂空或浮雕文字、花纹等效果。下面通过制作纸抽盒模型来介绍其操作方法。

【步骤 01】创建一个长方体和一个椭圆形。调整椭圆形的位置，使它能垂直投影到长方体的表面，如图 5.47 所示。

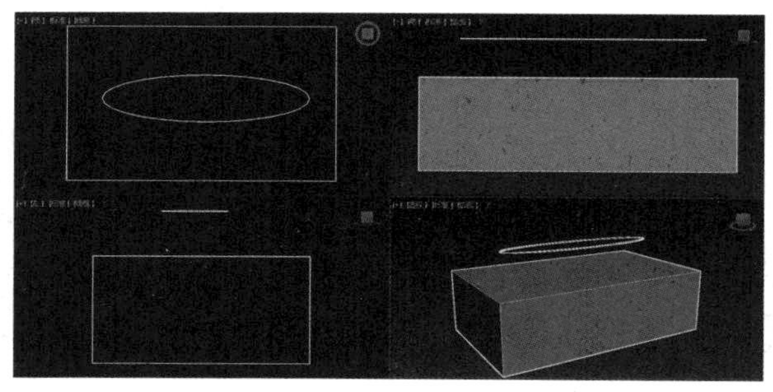

图 5.47　创建长方体和椭圆形

【步骤 02】在视图内选中长方体，单击复合对象创建面板中的“图形合并”按钮 图形合并 。

【步骤 03】在“拾取运算对象”卷展栏中单击“拾取图形”按钮 拾取图形 ，如图 5.48 所示，在视图中单击椭圆形，完成图形合并，效果如图 5.49 所示。

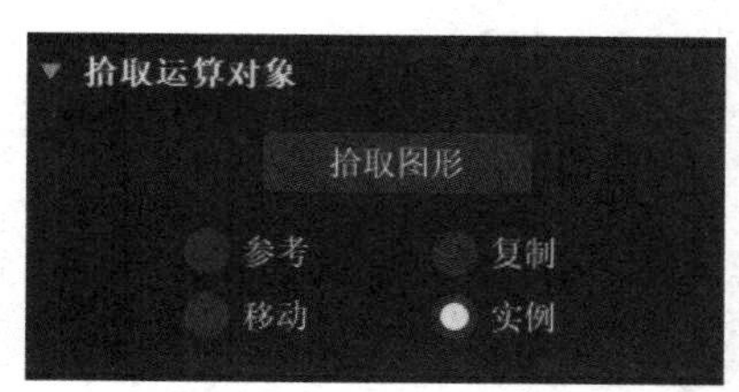

图 5.48　“拾取运算对象”卷展栏

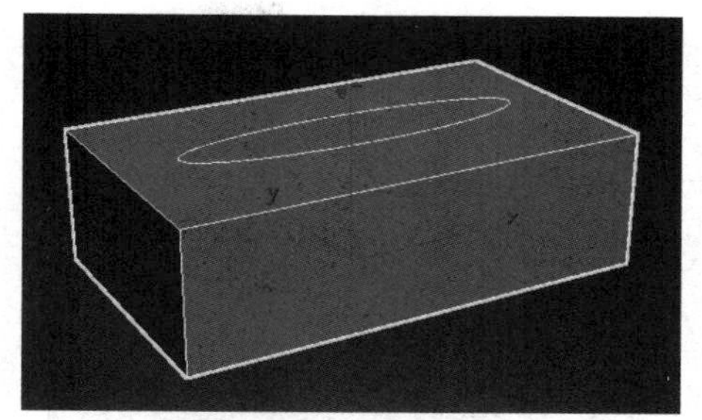

图 5.49　图形合并后的效果

【步骤 04】在“参数”卷展栏中进行相应设置，控制融合方式。在“操作”选区内，默认选中“合并”单选按钮，如图 5.50 所示，即图形投影合并到三维模型的表面，如图 5.49 所示。选中“饼切”单选按钮，则投影处的对象表面被切除，效果如图 5.51 所示，此时如果勾选“反转”复选框，则切除投影外的表面，效果如图 5.52 所示。

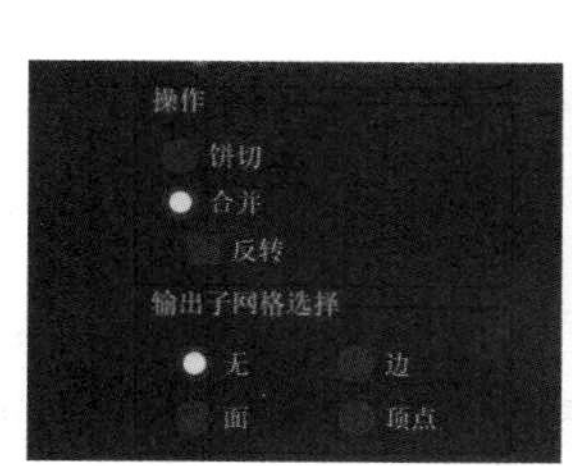

图 5.50　“操作”选区

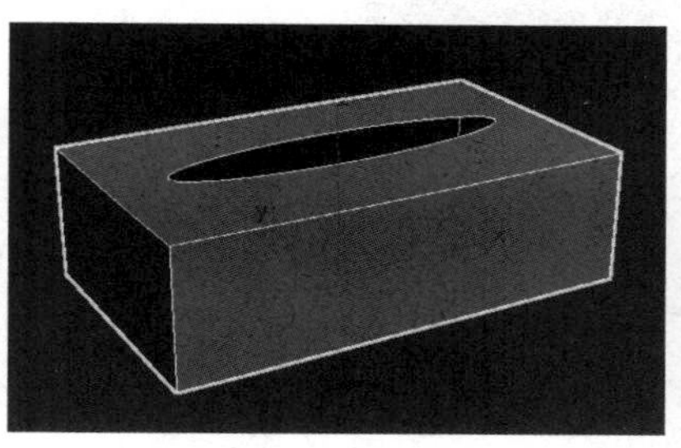

图 5.51　饼切效果

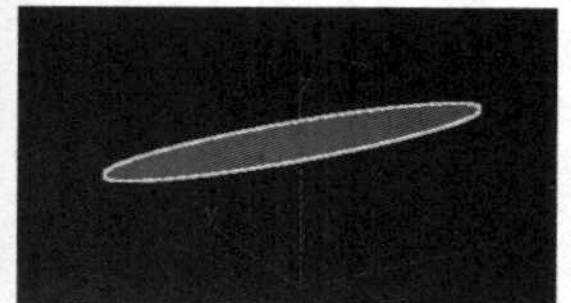

图 5.52　反转效果

练一练：公益雕塑模型

【步骤 01】单击图形创建面板中的“线”按钮，在前视图中创建如图 5.53 所示的图形。

【步骤 02】给图形添加“挤出”修改器，并调整数量参数，做出模型 1，效果如图 5.54 所示。

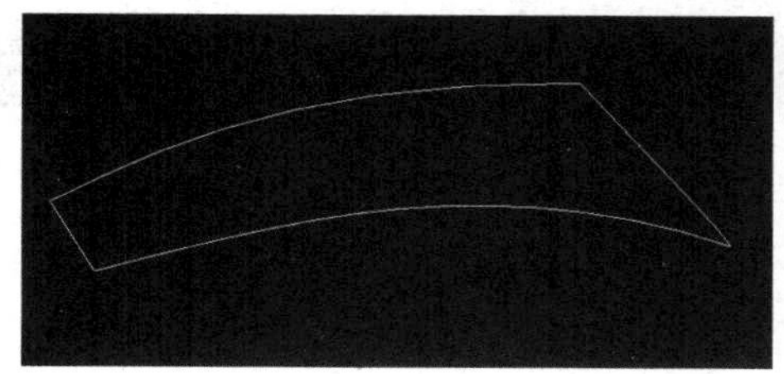

图 5.53　创建图形

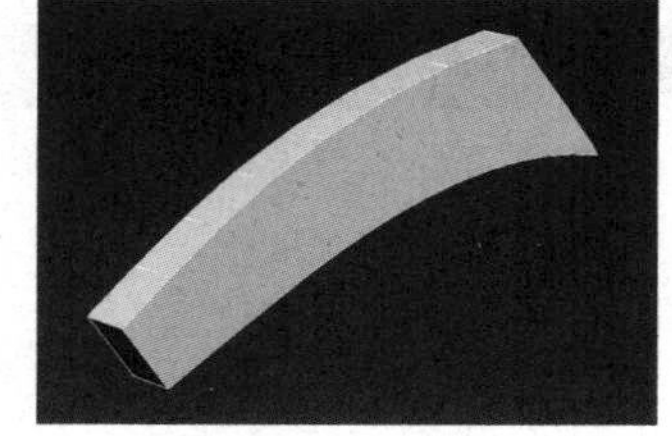

图 5.54　挤出效果

【步骤 03】在前视图中创建一个长方体，分段数尽量设置大些，厚度要小于步骤 02 中模型的厚度，使模型 1 完全穿过长方体，如图 5.55 所示。

对长方体和模型 1 进行布尔运算，得到模型 2，右击模型 2，在弹出的快捷菜单中选择“转换为：”子菜单中的“转换为可编辑多边形”命令，将其转换为可编辑多边形，效果如图 5.56 所示。

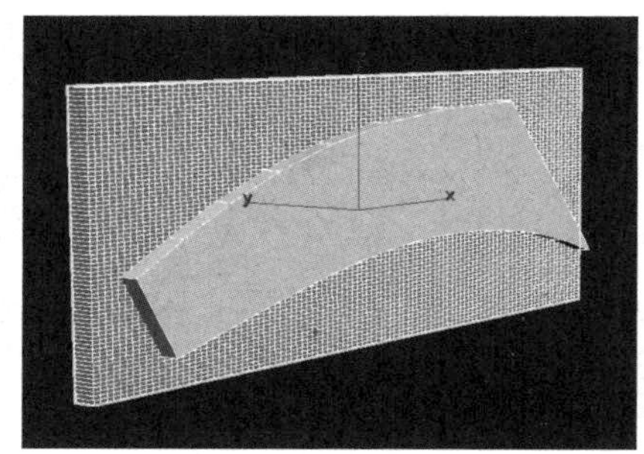

图 5.55　创建长方体

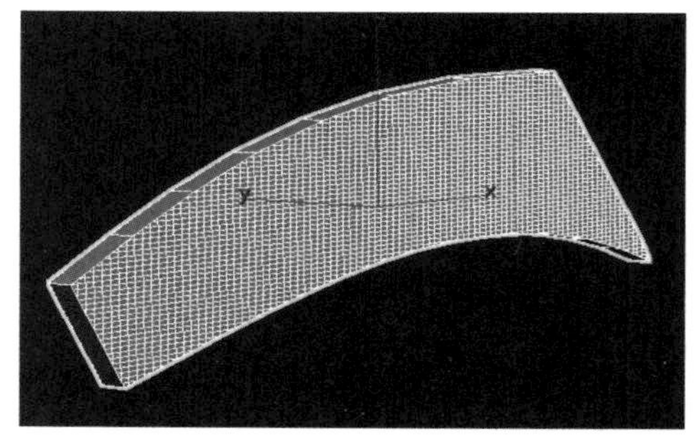

图 5.56　将模型转换为可编辑多边形后的效果

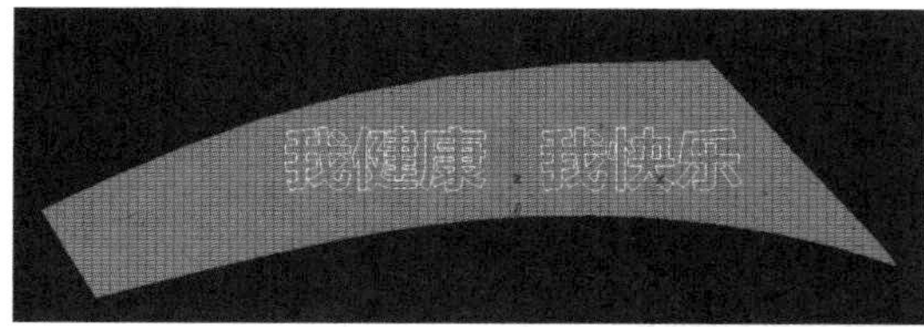

图 5.57　创建文本图形

【步骤 04】在前视图中创建文本图形“我健康　我快乐”，调整文本的大小及位置，如图 5.57 所示。

【步骤 05】选中长方体，单击复合对象创建面板中的“图形合并”按钮 图形合并 ，打开图形合并操作面板，“操作”选区内默认选中“合并”单选按钮，单击“拾取运算对象”卷展栏中的“拾取图形”按钮 拾取图形 ，默认使用实例方式，单击场景中的文字，这时文字就投射到长方体上了，如图 5.58 所示。因为默认使用实例方式，所以当改变文字的字号或字体等属性时，投射到长方体上的文字也会跟着变化。如果选中“参考”或“复制”单选按钮，则长方体上的投射文字不会随原文字变化而变化。如果选中“移动”单选按钮，则完成拾取图形操作后原图形文字会消失。

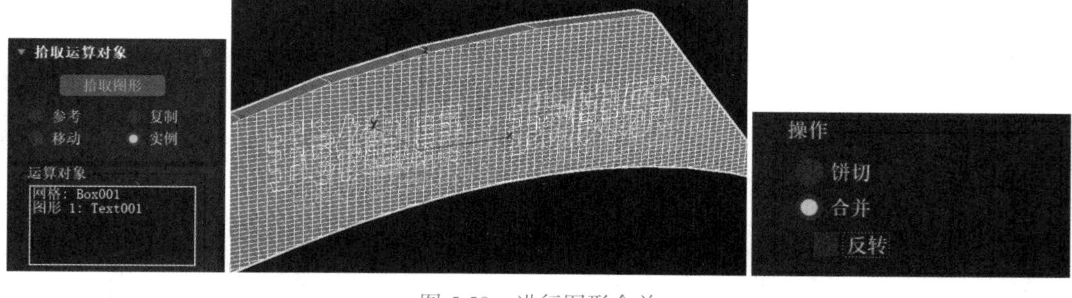

图 5.58　进行图形合并

“操作”选区内默认选中“合并”单选按钮，如果选中“饼切”单选按钮，则文字投射部分出现镂空效果，如图 5.59 所示。反转一般是结合饼切一起使用的，比如图 5.60 所示为两者结合使用后的效果。

【步骤 06】选中“合并”单选按钮进行图形合并后，右击合并后的图形，在弹出的快捷菜单中选择“转换为：”子菜单中的“转换为可编辑多边形”命令，将其转换为可编辑多边形，选择“多边形”子对象层级，则文字部分被选中，如图 5.61 所示，单击“挤出”按钮，在场景中按住鼠标左键后拖动鼠标，效果如图 5.62 所示。

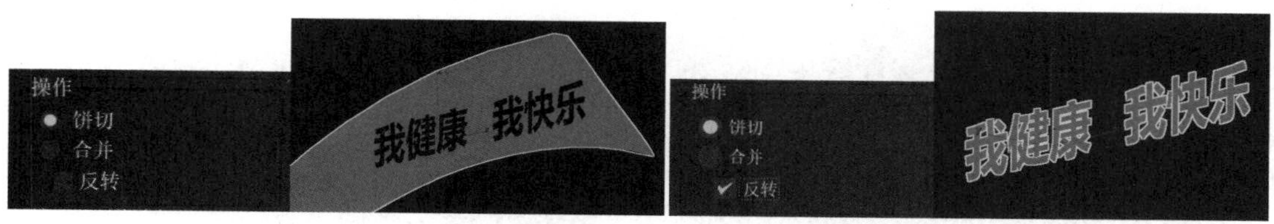

图 5.59　选中“饼切”单选按钮及其效果　　图 5.60　饼切和反转结合使用后的效果

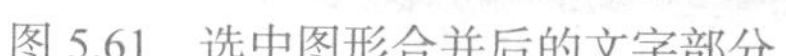
图 5.61　选中图形合并后的文字部分

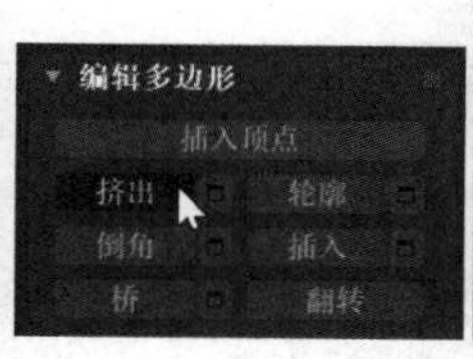

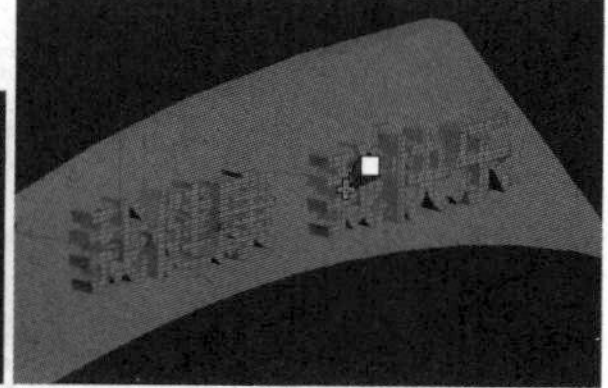

图 5.62　文字挤出效果

【步骤 07】利用标准基本体中的管状体创建圆环模型，利用长方体创建地台模型，利用文本的挤出创建英文字母模型，利用线的挤出创建人物模型，给模型添加材质贴图。公益雕塑模型的最终效果如图 5.63 所示。

图 5.63　公益雕塑模型的最终效果

5.4　散布

散布是将源对象随机散布到目标对象表面或散布为阵列，产生大量的复制品的操作方法，在 3ds Max 中经常用于制作人的头发、草地、地面上分布的石块等，而且散布过程可以进行各种变动的动画设置，能够产生多种动画效果，因此应用十分广泛。

练一练：花池

【步骤 01】打开“案例及拓展资源 / 单元 5/ 练一练 / 花池 .max”文件，如图 5.64 所示。

【步骤 02】选中植物模型，单击复合对象创建面板中的“散布”按钮 散布 ，单击“拾取分布对象”卷展栏中的“拾取分布对象”按钮 拾取分布对象 ，单击场景中的草地平面，植物就分布到了草地平面上，如图 5.65 所示。

【步骤 03】调整“源对象参数”选区内的“重复数”数值框中的数值，可以增加植物分布的数量，效果如图 5.66 所示。

图 5.64　打开文件

图 5.65　将植物分布到草地平面上

图 5.66　调整重复数后的效果

【步骤 04】在“分布对象参数”卷展栏中进行设置，可以实现不同的分布效果。比如，图 5.67 所示为选中“随机面”单选按钮及其效果。

图 5.67　选中“随机面”单选按钮及其效果

【步骤 05】在“显示”卷展栏内，如果选中“代理”单选按钮，则以面数非常少的模型代替原来的模型，这样会使操作更流畅，也不会影响渲染效果，如图 5.68 所示。

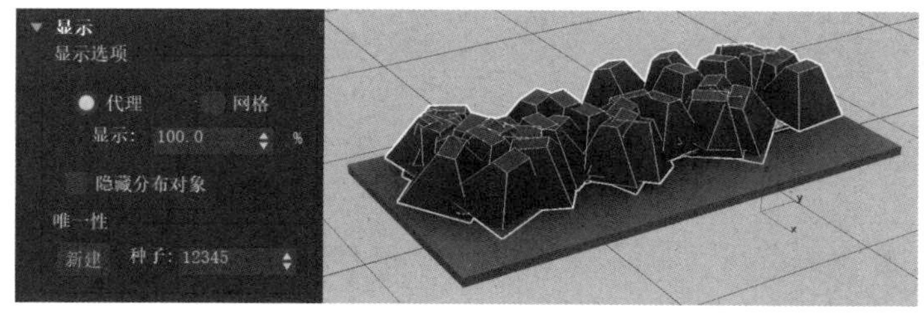

图 5.68　选中“代理”单选按钮及其效果

【步骤 06】在“显示”卷展栏中，“显示”数值框用于设置散布对象在视图中显示的百分比，它不会影响渲染效果，只是为了提高显示速度。如果勾选“隐藏分布对象”复选框，则只显示散布对象的分布效果而不显示分布对象。改变“种子”数值框中的数值可以更新对象的分布效果。在“显示选项”选区中进行设置后的效果如图 5.69 所示。

图 5.69　在“显示选项”选区中进行设置后的效果

5.5　一致

一致是将一个对象表面的顶点投影到另一个对象上，使被投影的对象产生形变的操作方法，通常用于制作包裹动画，如制作崎岖不平的山路、为商品贴标签等。与变形操作不同的是，一致可以用于制作不同顶点数之间对象的形变。

练一练：山路

【步骤 01】打开“案例及拓展资源 / 单元 5/ 练一练 / 山路 .max”文件，其中有两个模型，一个是山丘模型，另一个是道路模型，如图 5.70 所示。

【步骤 02】选中道路模型，单击复合对象创建面板中的“一致”按钮 一致 ，在“拾取包裹对象”卷展栏中单击“拾取包裹对象”按钮，选中“实例”单选按钮，并在“顶点投影方向”选区内选中“使用活动视口”单选按钮。在顶视图中单击地形对象，即可看到包裹效果，如图 5.71 所示。

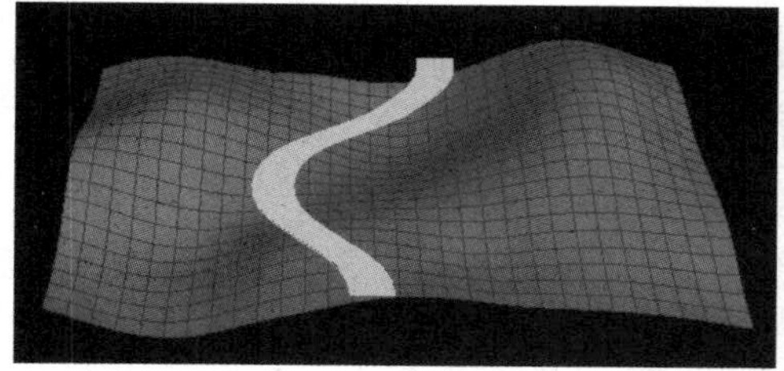

图 5.70　山丘模型和道路模型

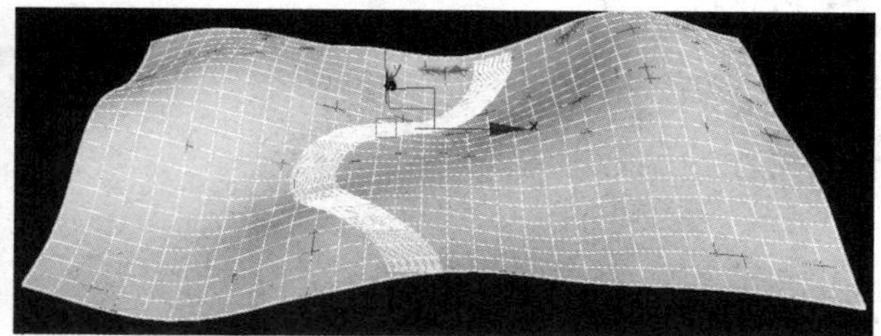

图 5.71　包裹效果

【步骤 03】勾选“参数”卷展栏的“更新”选区中的“隐藏包裹对象”复选框，即可将包裹对象隐藏起来，如图 5.72 所示。

在选中“顶点投影方向”选区内的“使用活动视口”单选按钮后，一定要选择恰当的视图进行操作，才能得到正确的包裹效果。本例应在顶视图中进行包裹操作，如果当前视图为其他视图，则操作结果将会出现错误，可以在切换顶视图为当前视图后，单击“重新计算投影”按钮。为模型添加材质贴图，最终效果如图 5.73 所示。

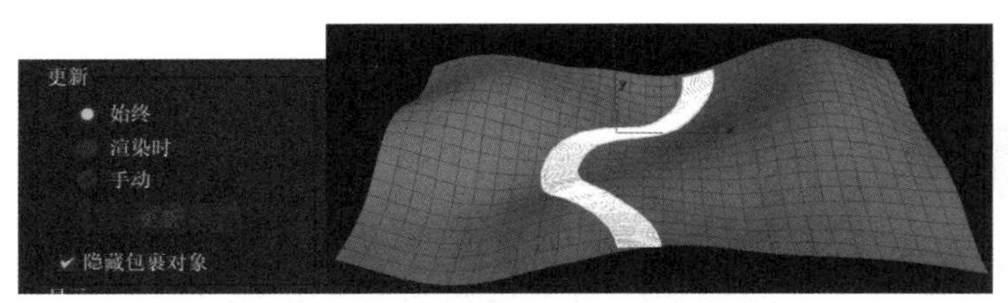

图 5.72　勾选“隐藏包裹对象”复选框及其效果

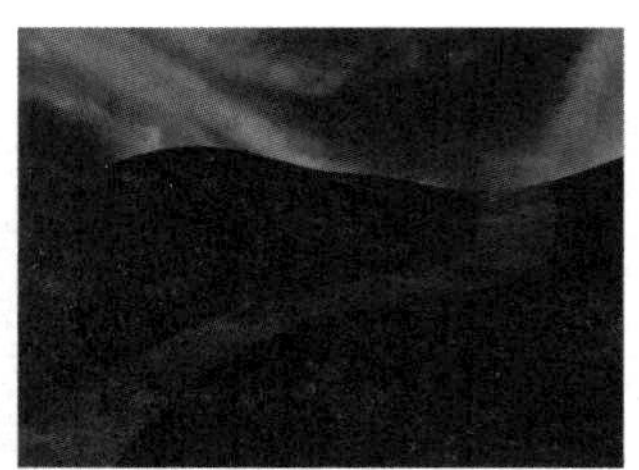

图 5.73　山路的最终效果

5.6　地形

地形是在不同高度表述地形的轮廓线之间形成过渡连接，从而创建出不同形式的三维地形模型的操作方法，主要用于创建地形对象。

练一练：假山

【步骤 01】利用二维图形在顶视图中创建几条地形轮廓线，在前视图中分别向上移动到不同位置，如图 5.74 所示。

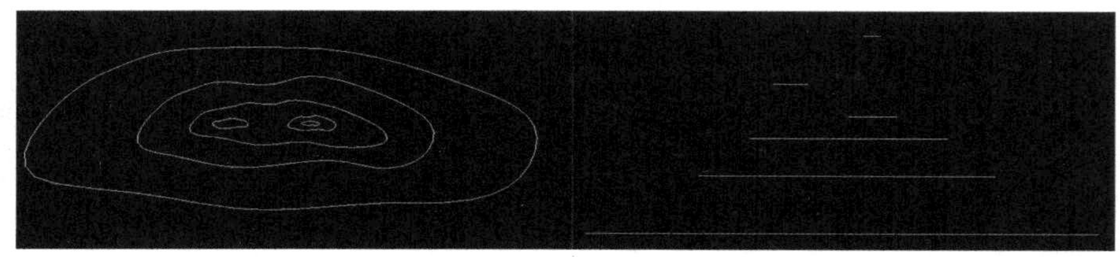

图 5.74　创建地形轮廓线

【步骤 02】选择所有的地形轮廓线，单击复合对象创建面板中的“地形”按钮 地形 ，即可生成地形模型，如图 5.75 所示。

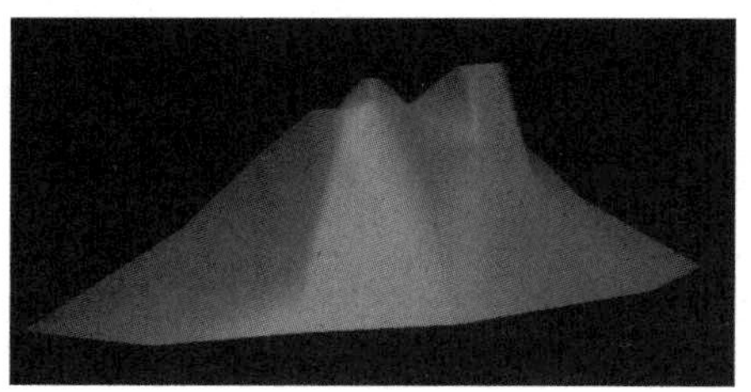

图 5.75　生成地形模型

【步骤 03】在创建地形时，也可以先选定某条轮廓线，然后单击“拾取运算对象”卷展栏中的“拾取运算对象”按钮 拾取运算对象 ，如图 5.76 所示，在视图中单击要加入地形对象中的轮廓线，即可生成地形模型。利用此种方法，还可以在原有地形中加入新的轮廓线。如果在拾取某条轮廓线时选中“拾取运算对象”卷展栏中的“覆盖”单选按钮，则该轮廓线将作为该处地形的封顶线，其上的轮廓线将不再起作用。在“参数”卷展栏中调整参数，也可以改变地形对象的显示效果。图 5.77 所示为地形的“参数”卷展栏。

【步骤 04】“运算对象”选区的列表框中列出了轮廓线的名称，选择其中某个对象选项，进入“修改”命令面板，可以对其进行编辑。单击“删除运算对象”按钮，可以将当前选定的轮廓线删除。“外形”选区用于设置地形的生成形式，使用 3 种形式生成的地形效果如图 5.78 所示。

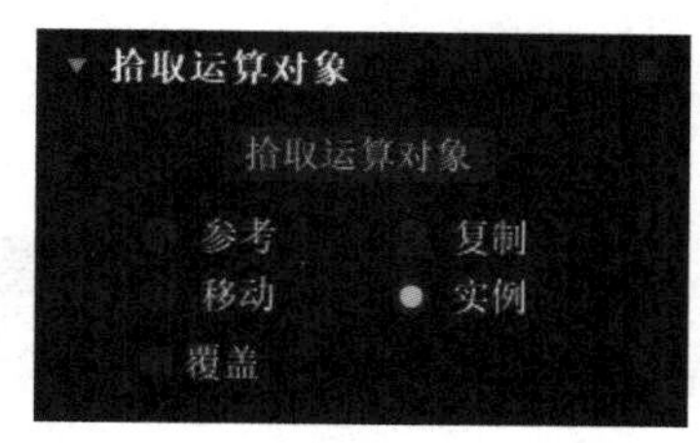

图 5.76　“拾取运算对象”卷展栏

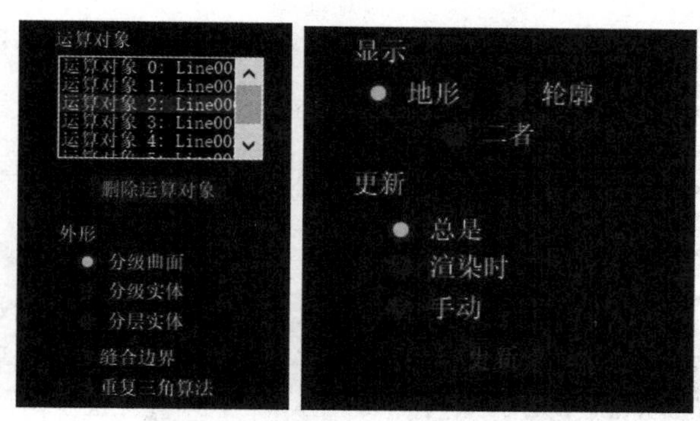

图 5.77　地形的“参数”卷展栏

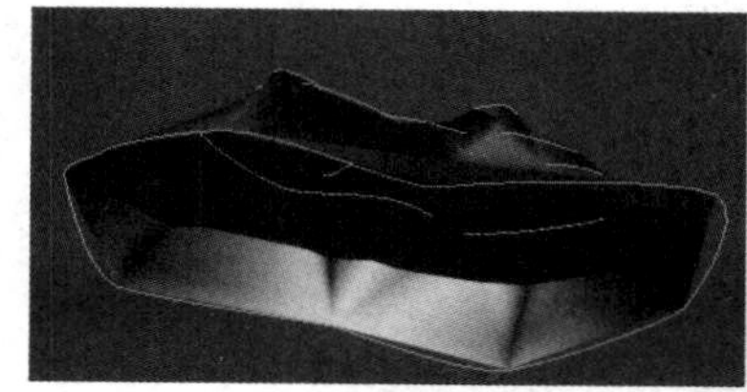
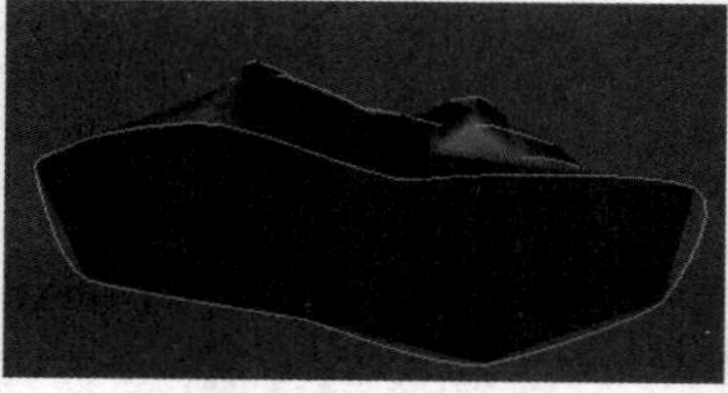

图 5.78　使用 3 种形式生成的地形效果（左：分级曲面；中：分级实体；右：分层实体）

【步骤 05】应用“按海拔上色”卷展栏，可以对不同高度的地形进行着色设置。单击“创建默认值”按钮 创建默认值 ，即可给创建的地形添加颜色，效果如图 5.79 所示。可以修改“按海拔上色”卷展栏中的相关参数，以设置不同的颜色。

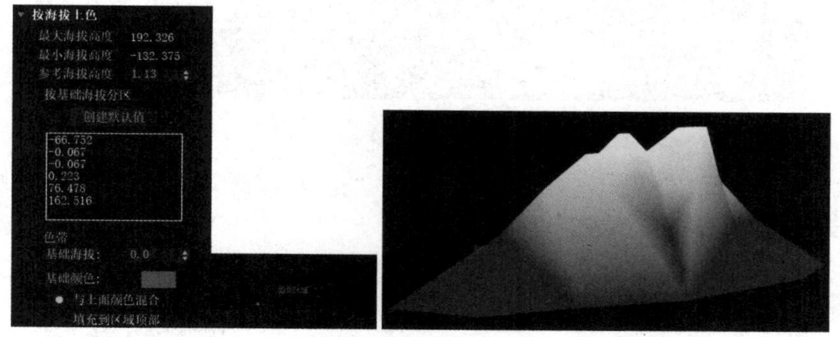

图 5.79　为地形上色后的效果

5.7　变形

变形是通过将一个对象的顶点对应到另一个对象的顶点所发生的位置移动形成变形效果，并记录成动画的操作方法，主要用于制作对象的变形动画。在 3ds Max 中，很多人物的表情、对话等动画效果是利用这种方法制作的。

进行变形的最初对象称为“种子对象”或“源对象”，变形要得到的对象称为“目标对象”。一个种子对象可以在不同的关键帧变形为多种形态的目标对象，并自动产生关键帧之间的变形过渡动画。

应用变形操作必须满足两个条件：一是变形对象必须是网格对象、面片对象或多边形对象；二是变形对象所包含的顶点的数量必须完全相同。

练一练：变形动画

【步骤 01】创建 4 个茶壶，并分别添加不同的修改器进行变形处理，效果如图 5.80 所示。

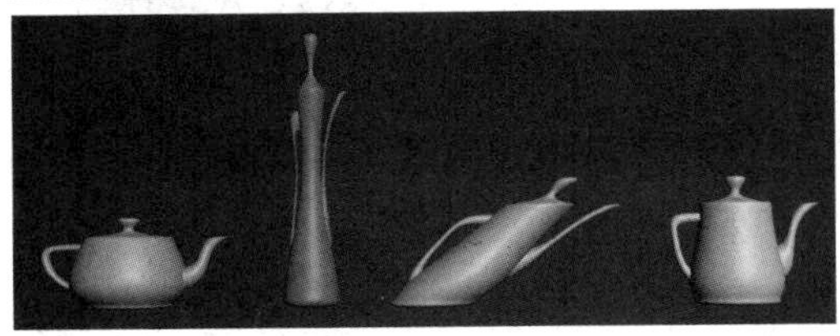

图 5.80 创建茶壶并进行变形处理后的效果

【步骤 02】选中左侧第一个茶壶作为变形的种子对象，单击“变形”按钮 变形 ，在“拾取目标”卷展栏中单击“拾取目标”按钮，同时选中“实例”单选按钮。

【步骤 03】将时间轴上的时间滑块拖动到第 30 帧，在视图中单击第二个茶壶，效果如图 5.81 所示。

图 5.81 拾取第二个茶壶后的效果

【步骤 04】拖动时间滑块至第 60 帧，确认“拾取目标”按钮仍处于激活状态，在视图中单击第三个茶壶，效果如图 5.82 所示。

图 5.82 拾取第三个茶壶后的效果

【步骤 05】拖动时间滑块至第 90 帧，在视图中单击第四个茶壶，效果如图 5.83 所示。

【步骤 06】拖动时间滑块至第 100 帧，在“当前对象”卷展栏的“变形目标”列表框中选择第一个茶壶选项，然后单击“创建变形关键点”按钮 创建变形关键点 ，可以看到在第 100 帧茶壶又变形成第一个茶壶。

图 5.83　拾取第四个茶壶后的效果

【步骤 07】单击 （播放动画）按钮，即可看到茶壶在 4 种状态之间的变形动画效果。

5.8　ProBoolean 和 ProCutter

ProBoolean 可以连续对两个或多个对象进行布尔运算，将它们形成复合对象，同时在进行运算时，可以选择将运算对象的材质应用于所得到的面，也可以保留原始材质。一般布尔是简单运算，生成的面较简单，占用的计算机内存少，但是对稍复杂的模型，容易出错。所以，简单的运算（如基本体建模等）可用一般布尔，复杂的运算（如多边形建模等）可用 ProBoolean。

ProCutter 是一种特殊的布尔运算，它可以利用一个实体或曲面对象作为切割器，将某个对象断开为可编辑网格元素或单独对象。切割器可以多次使用，连续剪切一个或多个对象，并且在一个对象上也可以使用多个切割器。

练一练：宣传雕塑模型

【步骤 01】创建“山形”样条线，将其命名为“shan1”，如图 5.84 所示。选中 shan1 样条线，按住 Shift 键不放，拖动鼠标，复制出一条样条线，将其命名为“shan2”。选中 shan1 样条线，为其添加“挤出”修改器，调整“数量”数值框中的数值，得到如图 5.85 所示的效果。

【步骤 02】创建一个长方体，使其高度和厚度分别大于 shan1 样条线挤出的模型的高度和厚度，调整位置，使其同 shan1 样条线挤出的模型相交，按住 Shift 键不放，拖动鼠标，复制出多个立方体，如图 5.86 所示。

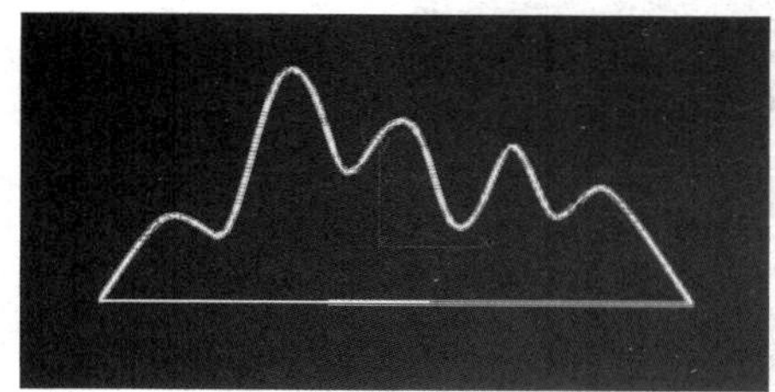

图 5.84　创建“山形”样条线

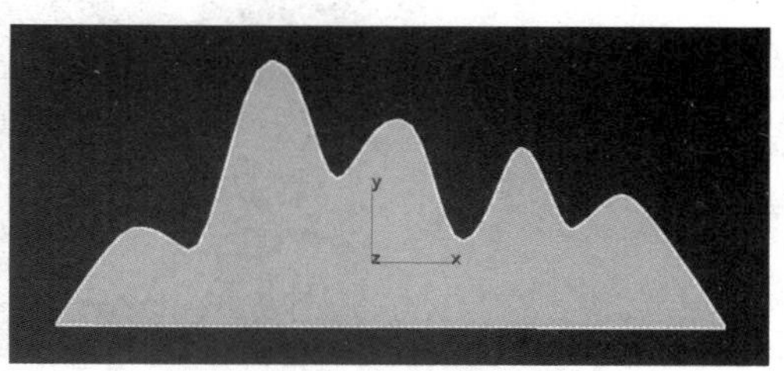

图 5.85　shan1 样条线挤出效果

【步骤 03】选中 shan1 样条线挤出的模型，将其转换为可编辑多边形，保持其处于选中状态，将其作为切割器，单击复合对象创建面板中的“ProCutter”按钮 ProCutter ，如图 5.87 所示。在“切割器拾取参数”卷展栏的“切割器工具模式”选区中勾选“自动提取网格”和“按元素展开”复选框，在“切割器参数”卷展栏的“剪切选项”选区中勾选“被切割对象在切割器对象之内”复选框，其他参数采用默认设置，如图 5.88 所示。在“切割器拾取参数”卷展栏中单击“拾取原料对象”按钮 拾取原料对象 ，依次单击长方体，单击完毕，将“山形”模型删除，得到如图 5.89 所示的效果。

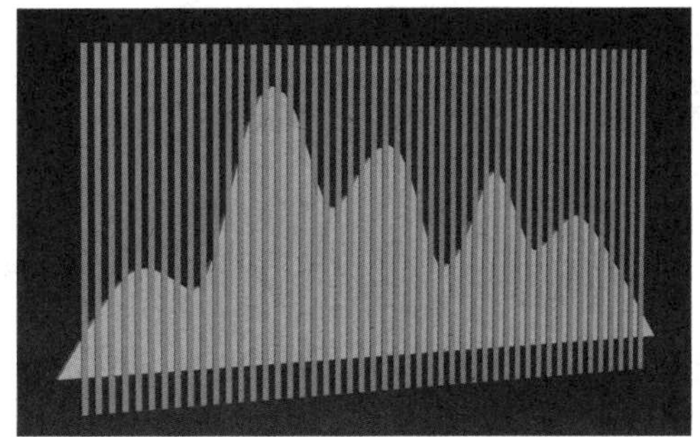

图 5.86 创建长方体

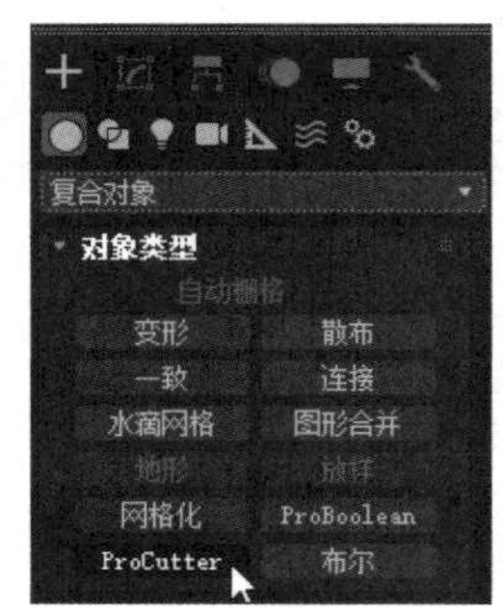

图 5.87 单击“ProCutter”按钮

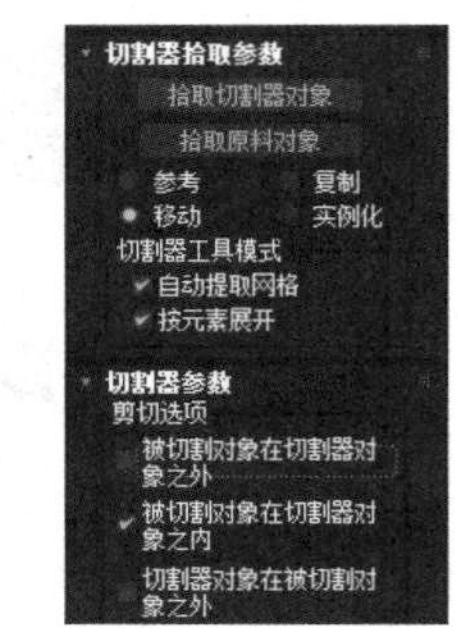

图 5.88 “切割器拾取参数”卷展栏

【步骤 04】选中 shan2 样条线，选中“样条线”子对象层级，在“几何体”卷展栏的“轮廓”按钮 轮廓 右侧的数值框中输入数值，给样条线添加外轮廓线，单击“Line”进入主对象层级，单击“修改器列表”下拉按钮，在弹出的修改器下拉列表中选择“挤出”选项，调整“数量”数值框中的数值，效果如图 5.90 所示。利用样条线和基本体创建其他模型，宣传雕塑模型的最终效果如图 5.91 所示。

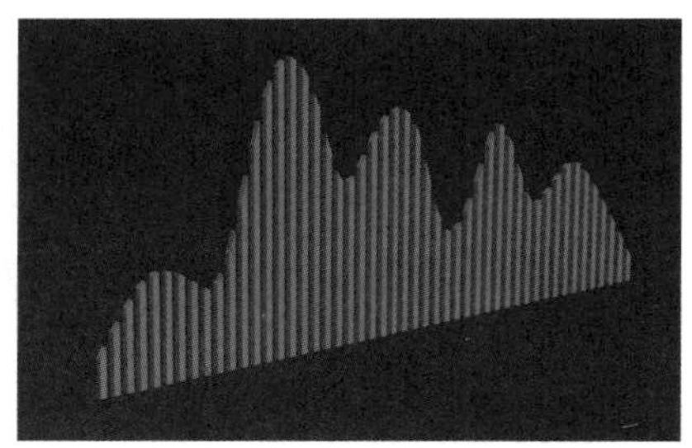

图 5.89 ProCutter 运算后的效果

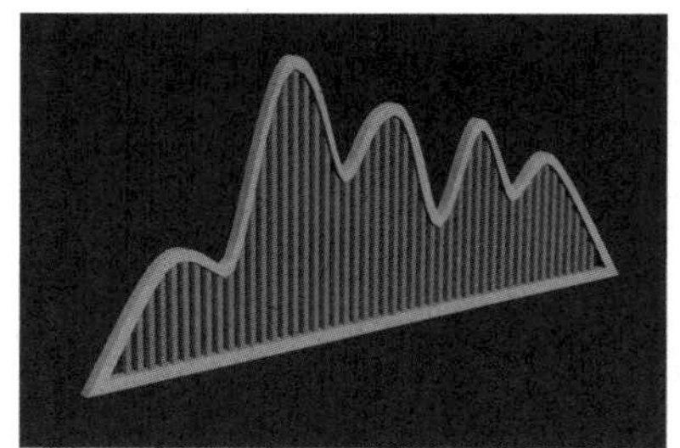

图 5.90 挤出轮廓效果

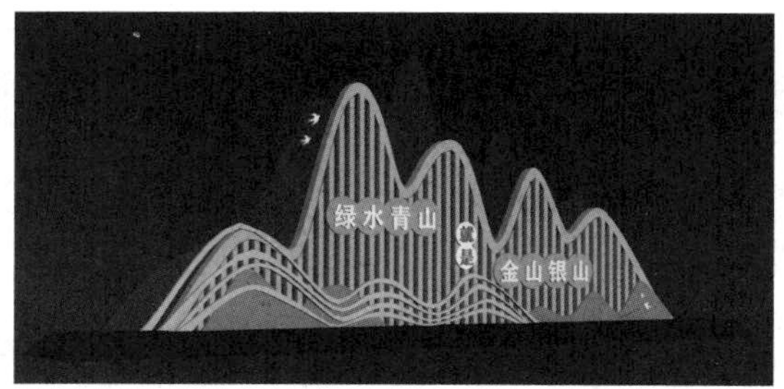

图 5.91 宣传雕塑模型的最终效果

5.9　连接

连接是将两个或多个对象在对应的删除面之间建立封闭的表面，将它们连接在一起形成一个新的复合对象的操作方法。要进行连接操作，需要先删除各个对象要连接处的面，在其表面创建一个或多个洞，并使洞与洞之间面对面，然后应用“连接”命令。

练一练：哑铃模型

【步骤 01】创建切角圆柱体，在“参数”卷展栏中设置圆角分段为 2，边数为 6，端面分段为 2，如图 5.92 所示。

【步骤 02】选中切角圆柱体后右击，在弹出的快捷菜单中选择“转换为：”子菜单中的“转换为可编辑多边形”命令。如图 5.93 所示。

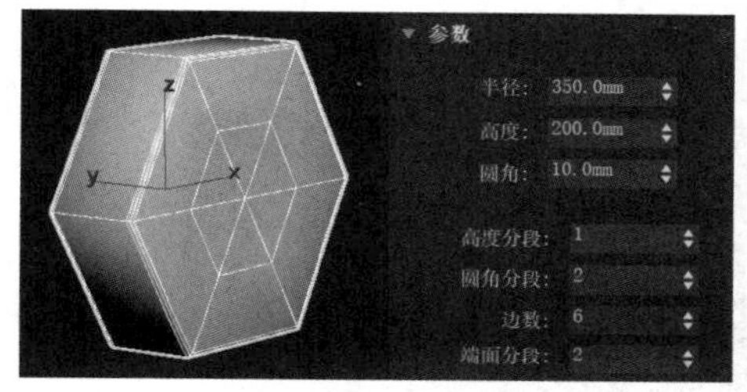

图 5.92　创建切角圆柱体并设置参数

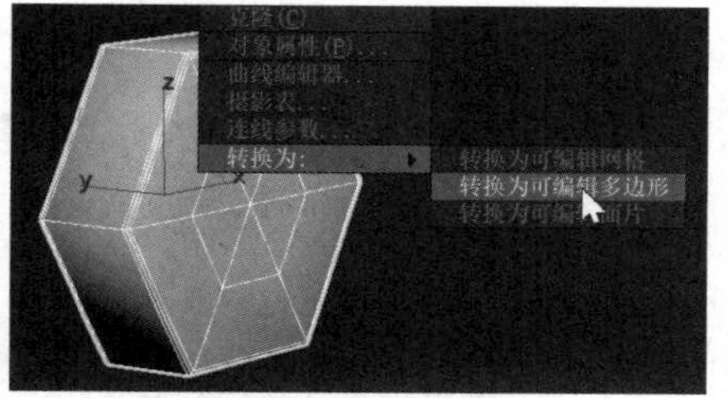

图 5.93　选择“转换为可编辑多边形”命令

【步骤 03】单击“选择”卷展栏中的■（多边形）按钮，进入“多边形”子对象层级，并选择中间的一个多边形，按住 Ctrl 键，选择中间的其他几个多边形，如图 5.94 所示。按 Delete 键可以删除多边形，效果如图 5.95 所示。再次单击“多边形”按钮将它关闭。

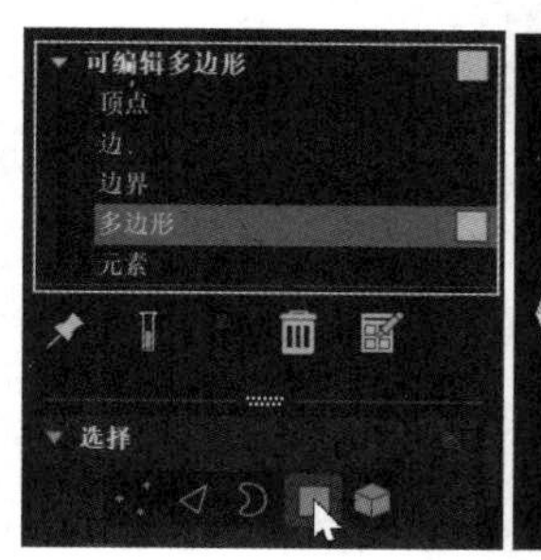

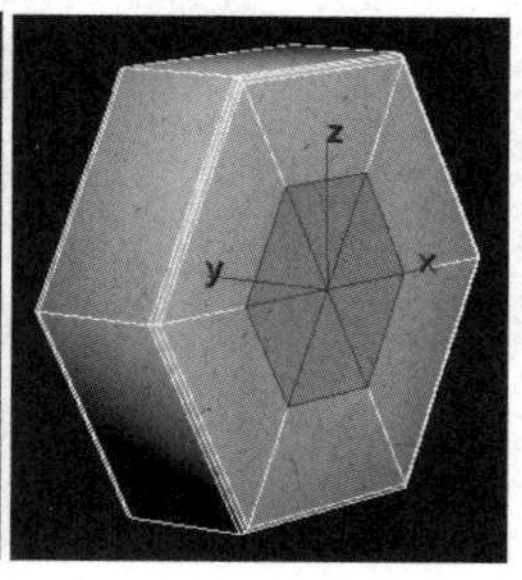

图 5.94　选择多边形

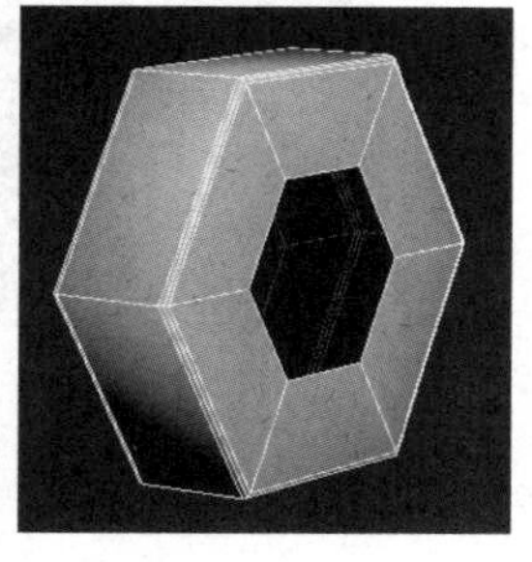

图 5.95　删除多边形后的效果

【步骤 04】选择模型，单击工具栏中的（镜像）按钮，在弹出的“镜像：世界坐标”对话框中，设置镜像轴为 *Y* 轴，偏移数值为 -1400.0mm，采用实例方式，设置完成后单击“确定”按钮，这样就复制出另一个模型，并且中间缺口的部分都是朝向对方，如图 5.96 所示。

【步骤 05】选择左侧的模型，先单击复合对象创建面板中的“连接”按钮 连接 ，接着单击“拾取运算对象”卷展栏中的“拾取运算对象”按钮 拾取运算对象 ，然后单击右侧的模型，中间会出现一个三维结构，将两个缺口的部分进行连接，如图 5.97 所示。

【步骤 06】在“插值”选区中将分段设置为 5，将张力设置为 0.16，如图 5.98 中的左图所示，效果如图 5.98 中的右图所示。

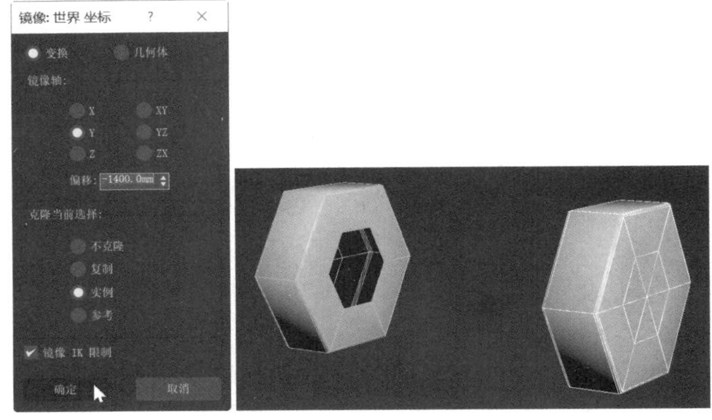

图 5.96　实例复制另一个模型

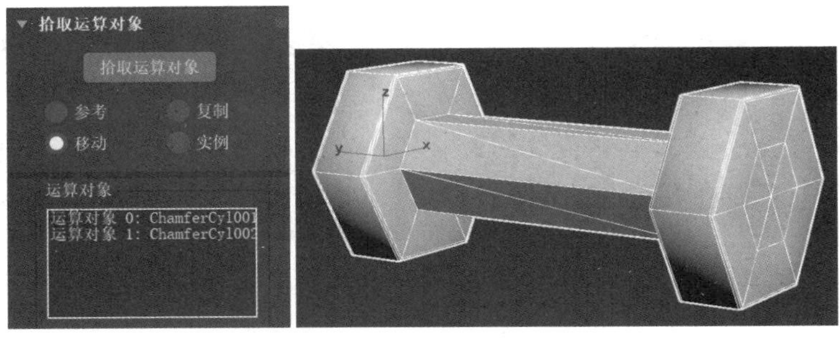

图 5.97　连接两个模型

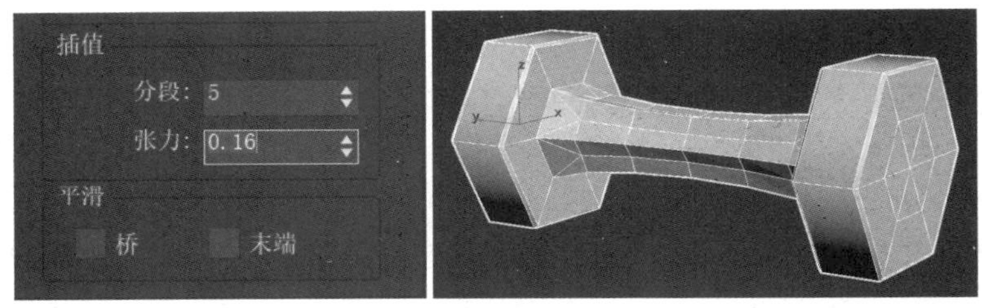

图 5.98　设置分段和张力及效果

【步骤 07】添加“网格平滑”修改器，在“细分量”卷展栏中设置平滑度为 0.7，如图 5.99 中的左图所示，效果如图 5.99 中的右图所示。

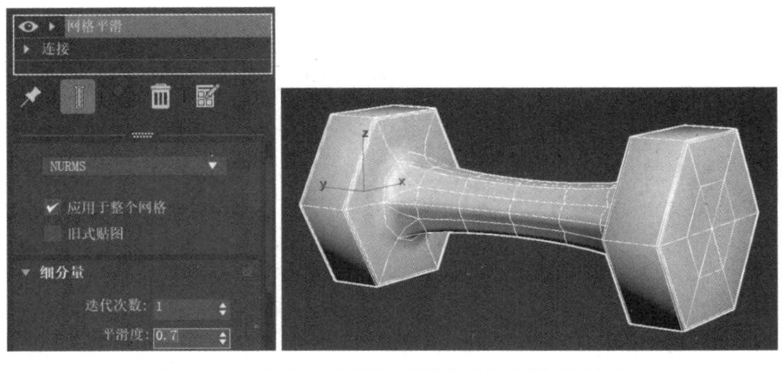

图 5.99　添加“网格平滑”修改器及效果

任务实施：制作美陈 3D 场景

1. 制作幕布

【步骤 01】本任务中的路径图形、截面图形均为开放线条。在前视图中创建一条直线作为放样的路径图形，在顶视图中创建两条波浪线作为放样的截面图形，如图 5.100 所示。

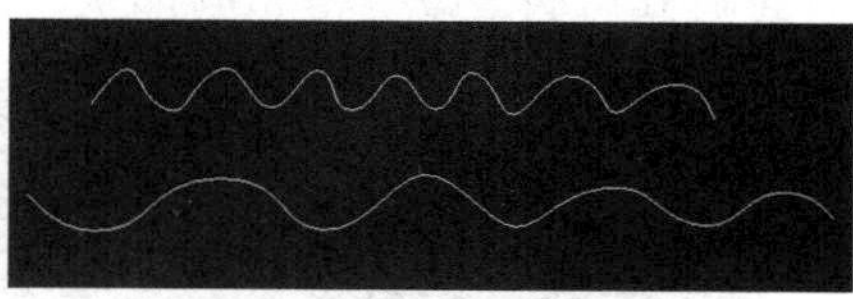

图 5.100　放样的截面图形

【步骤 02】选中作为路径图形的直线，单击复合对象创建面板中的“放样”按钮 放样 ，在“创建方法”卷展栏中单击“获取图形”按钮 获取图形 ，选中“移动”单选按钮，在视图中单击拾取第一个截面图形（波浪较密的），效果如图 5.101 所示。在“路径参数”卷展栏中设置路径为 100.0，单击“获取图形”按钮，在视图中单击拾取第二个截面图形，效果如图 5.102 所示，将该幕布命名为“幕布”，按住 Shift 键不放，拖动“幕布”幕布复制一个幕布出来，并将其命名为“幕布 1”，作为背景幕布。

图 5.101　拾取第一个截面图形后的效果

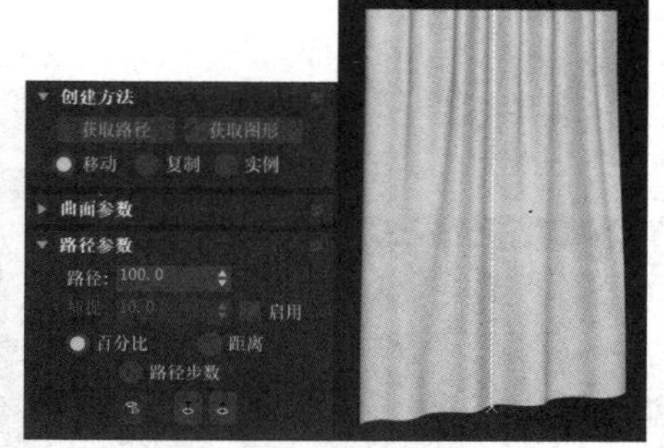

图 5.102　拾取第二个截面图形后的效果

【步骤 03】选中“幕布”幕布，单击“变形”卷展栏中的“缩放”按钮 缩放 ，在弹出的“缩放变形 (X)”窗口中，单击 （插入控制点）按钮，在控制曲线中间位置插入一个控制点，单击 （移动控制点）按钮，调整控制点的位置，产生中部收缩的效果，将末端的控制点向下拖动，收缩幕布底部，此时效果如图 5.103 所示。

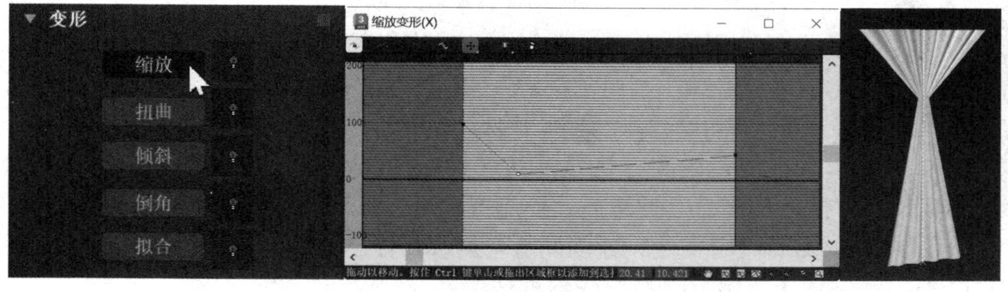

图 5.103　对窗帘进行缩放变形及其效果

【步骤 04】单击修改器堆栈中的“图形”子对象，选择路径上的两个截面图形，单击“图形命令”卷展栏中的“左”按钮 左 ，将两个截面图形的左端对齐到路径上，此时幕布的效果如图 5.104 所示，为挂到一侧的效果。

【步骤 05】单击修改器堆栈中的“Loft”名称，回到主层级。重新单击“变形”卷展栏中的“缩放”按钮，打开“缩放变形 (X)”窗口，选中控制曲线中间的控制点后右击，在弹出的快捷菜单中选择“Bezier- 角点”命令，如图 5.105 所示。调整控制点的位置及两端的调节句柄，改变幕布的形状，效果如图 5.106 所示。

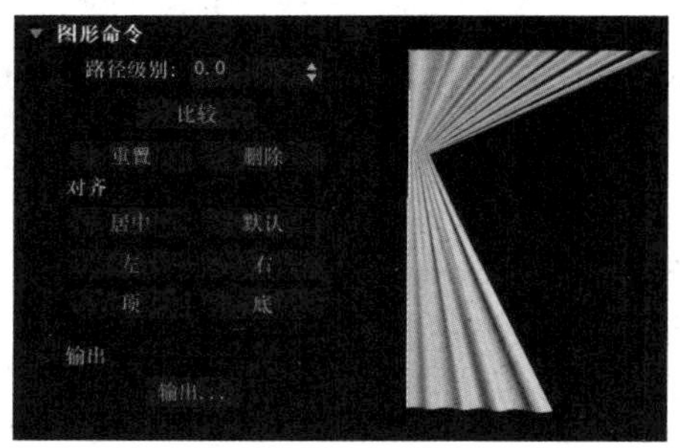

图 5.104　改变截面图形与路径对齐方式及其效果

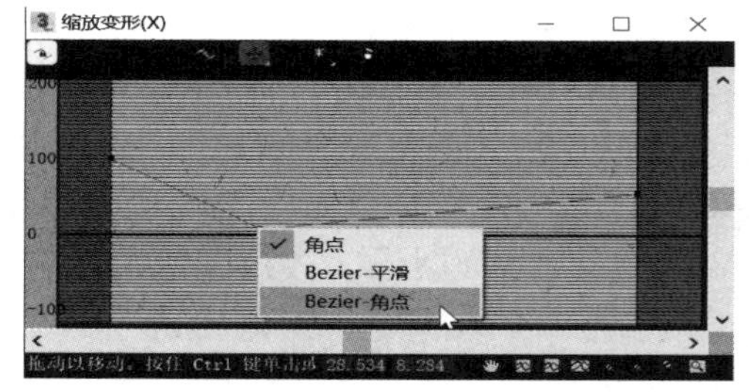

图 5.105　选择“Bezier- 角点”命令

【步骤 06】确定前视图为当前工作视图，单击主工具栏中的（镜像）按钮，在弹出的镜像设置对话框中设置镜像轴为 *X* 轴，采用实例方式，单击“确定”按钮，关闭该对话框。调整复制出的模型的位置，效果如图 5.107 所示。

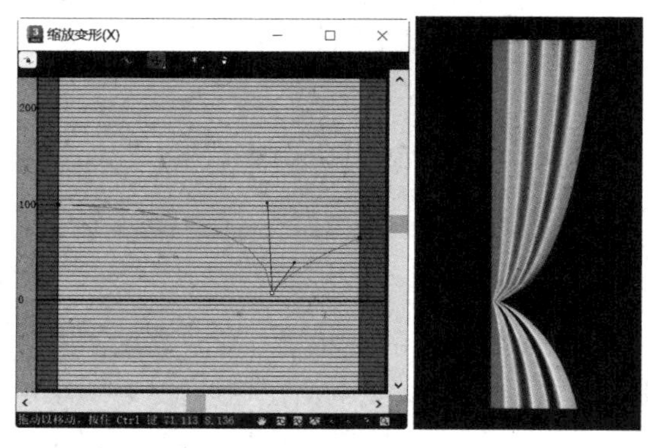

图 5.106　控制点及调整控制点后的效果

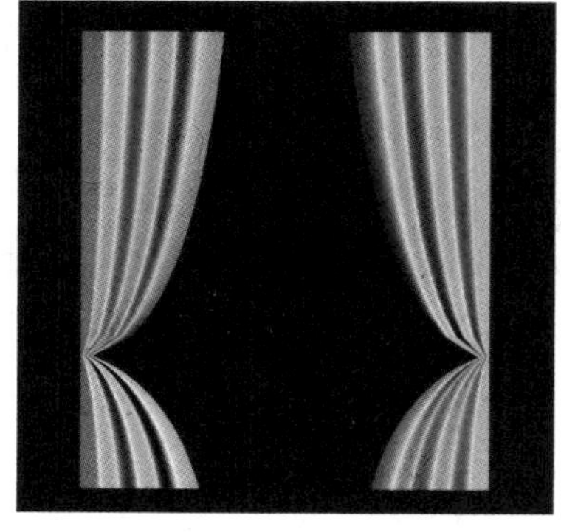

图 5.107　实例复制幕布后的效果

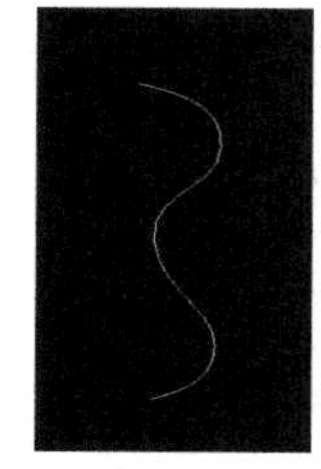

图 5.108　幕布的截面图形

【步骤 07】在顶视图中沿水平方向绘制一条直线作为幕布的放样路径。在左视图中绘制一条纵向曲线作为截面图形，如图 5.108 所示。

【步骤 08】利用“放样”按钮生成幕布的初始形状，如图 5.109 所示。

【步骤 09】单击（修改）按钮，打开“修改”命令面板。单击“变形”卷展栏中的“缩放”按钮，在弹出的“缩放变形 (X)”窗口中利用“插入控制点”按钮插入控制点，适当移动，将上部的几个控制点转换为 Bezier- 平滑类型，拖动调节句柄改变控制曲线的形状，如图 5.110 所示。

【步骤 10】在修改器堆栈中展开“放样”的子对象层级，选中“图形”子对象层级，在视图中框选截面图形，单击“图形命令”卷展栏的“对齐”选区中的“底”按钮。幕布的最终效果如图 5.111 所示。

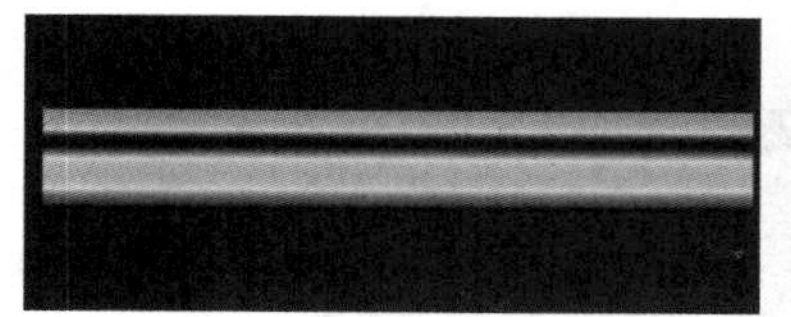

图 5.109　幕布的初始形状

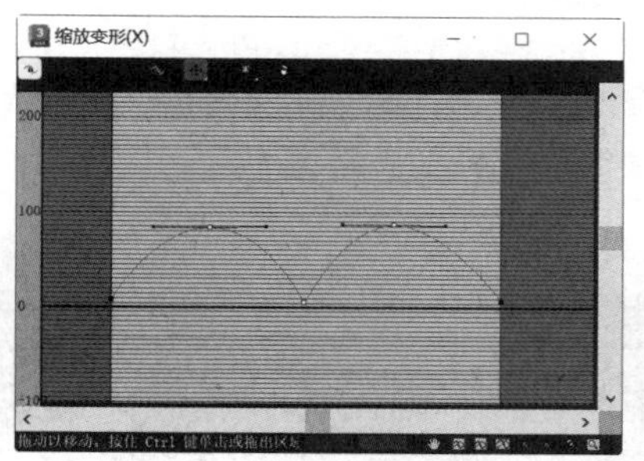

图 5.110　缩放控制曲线

图 5.111　幕布的最终效果

2. 制作背板模型

【步骤 01】在前视图中创建一个矩形，并将其转换为可编辑样条线，调整矩形的形状，为其添加“挤出”修改器，挤出前后的效果如图 5.112 所示。

【步骤 02】在场景中创建长方体，使之与步骤 01 中创建的模型相交，如图 5.113 中的左图所示。先选中长方体，单击复合对象创建面板中的“布尔”按钮 布尔 ，打开“布尔参数”卷展栏，再单击该卷展栏中的“添加运算对象”按钮 添加运算对象 ，然后单击视图中与长方体相交的模型，单击“运算对象参数”卷展栏中的“差集”按钮 差集 ，得到进行差集运算后的模型，如图 5.113 中的右图所示。

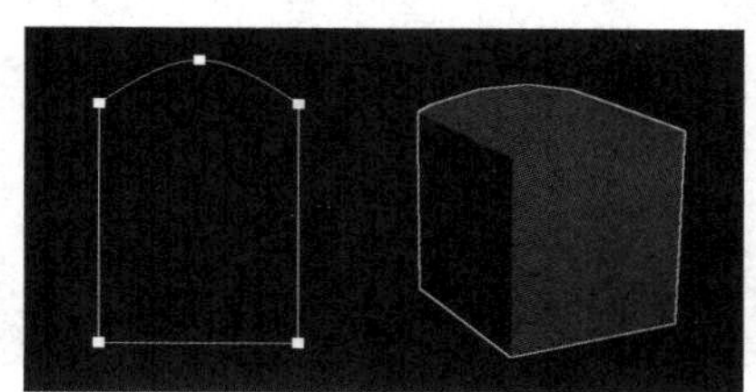

图 5.112　挤出前后的效果

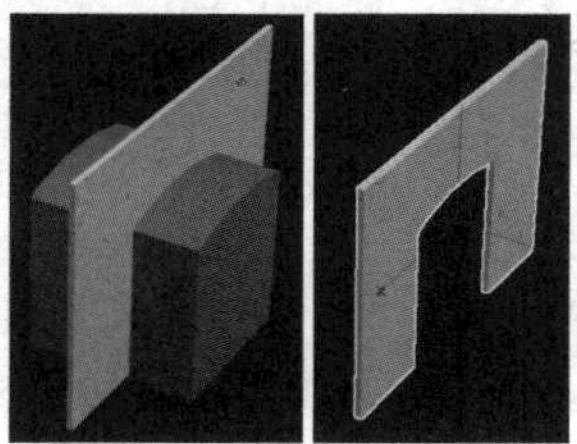

图 5.113　进行差集运算前后的效果

3. 制作中央舞台模型

【步骤 01】在顶视图中创建一个矩形，并将其转换为可编辑样条线，在“顶点”子对象层级，选中右侧的两个顶点，单击“圆角”按钮，将选中的顶点圆角化。添加“挤出”修改器，挤出栏杆条，如图 5.114 所示。

【步骤 02】在顶视图中创建一个圆形，并将其转换为可编辑样条线，在“顶点”子对象层级，单击“优化”按钮，在视图中的样条线上单击，添加一个顶点。在“线段”子对象层级，单击视图中的线段进行删除，得到的路径样条线如图 5.115 所示。

图 5.114　将顶点圆角化和挤出栏杆条

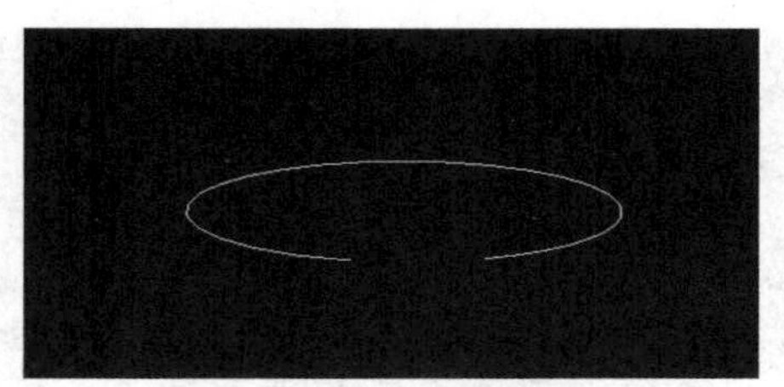

图 5.115　路径样条线

【步骤 03】选中栏杆条，按 Shift+I 组合键，打开“间隔工具”窗口，单击“拾取路径”按钮，然后单击步骤 02 中创建的样条线，栏杆条就分布到样条线上了，同时“拾取路径”按钮变为当前选择的样条线的名称，设置参数，如图 5.116 所示。设置完成后，单击“应用”按钮，使设置生效。

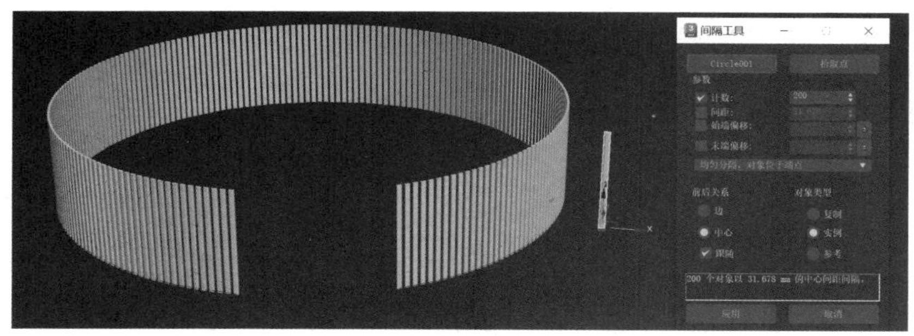

图 5.116　在“间隔工具”窗口中进行设置

【步骤 04】在前视图中创建图形，将其作为放样的截面图形，如图 5.117 所示，将步骤 02 中创建的样条线作为放样的路径图形，进行放样操作，得到边框模型，如图 5.118 所示。选中边框模型后，移动复制一个边框模型，然后对两个边框模型和步骤 03 中创建的对象进行对齐操作，栏杆的整体效果如图 5.119 所示。

图 5.117　放样的截面图形

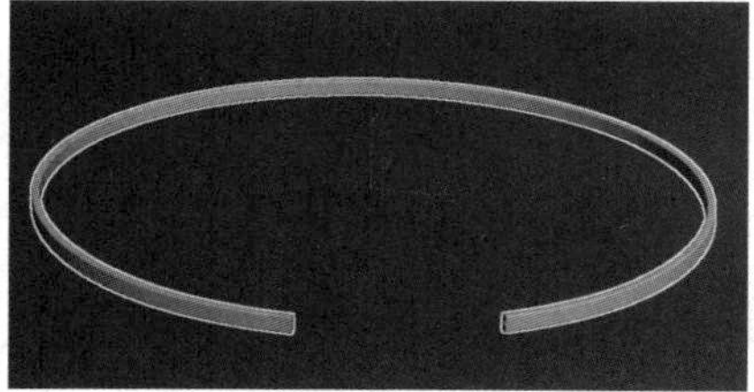

图 5.118　边框模型

图 5.119　栏杆的整体效果

【步骤 05】在前视图中创建文本图形，给文字添加“挤出”修改器，效果如图 5.120 所示。

【步骤 06】给文字添加“弯曲”修改器，调整参数，效果如图 5.121 所示。

图 5.120　文字挤出效果

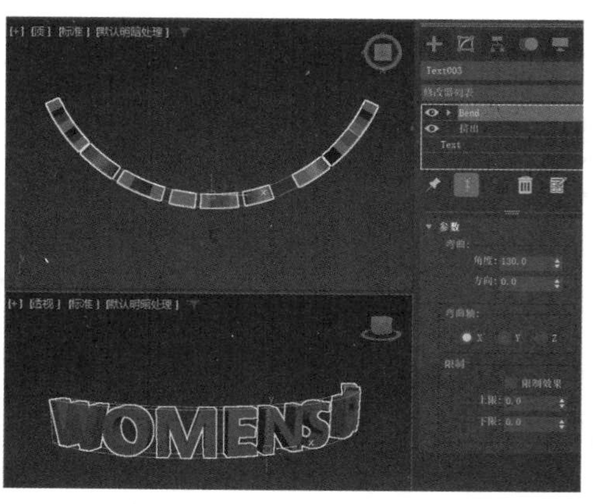

图 5.121　文字弯曲效果

【步骤 07】创建其他模型。美陈 3D 场景的最终效果如图 5.122 所示。

图 5.122　美陈 3D 场景的最终效果

任务拓展

1. 利用“放样”命令制作如图 5.123 所示的牙膏模型。
2. 利用“放样”和“图形合并”命令制作如图 5.124 所示的现代花瓶模型。

图 5.123　牙膏模型

图 5.124　现代花瓶模型

课后思考

1. 什么是复合对象建模？ 3ds Max 2023 中有哪几种复合对象建模命令？
2. “变形”命令的主要用途是什么？利用“变形”命令有哪些限制条件？
3. 在利用“散布”命令创建复合对象模型时，先要选定哪个对象，再选择“散布”命令？
4. 布尔操作有几种运算形式？各产生哪种效果？
5. 在进行图形合并操作时需要先选定哪个对象，再应用“图形合并”命令？

单元 6

修改器建模——制作球形转椅模型

3ds Max 提供了强大的模型修改功能，利用 3ds Max 的 “修改”命令面板和修改器，可以对模型进行修改，得到更完美的造型。

工作任务

完成球形转椅模型的制作，效果如图 6.1 所示。

图 6.1　球形转椅模型制作完成后的效果

任务描述

利用修改器完成球形转椅模型的制作。

任务目标

- 能够自定义配置修改器集。
- 能够熟练使用 “修改”命令面板进行三维模型的创建、修改。
- 能够参照任务实施完成操作任务。

任务资讯

6.1　“修改”命令面板简介

6.1.1　“修改”命令面板组成

“修改”命令面板是用得最多的面板之一，单击命令面板中的（修改）按钮，即可进入“修改”命令面板，在该面板中可以修改任何对象（如二维图形、三维模型、摄像机及灯光等）的参数。使用“修改”命令面板可以执行的操作包括：修改现有对象的创建参数、应用修改器来调整一个对象或一组对象的几何体、更改修改器的参数并选择它们的组件、删除修改器、将参数化对象转化为可编辑对象等。

“修改”命令面板如图 6.2 所示，主要包括名称和颜色字段、修改器列表、修改器堆栈、堆栈编辑器、修改参数面板 5 部分，各部分具有不同的功能。

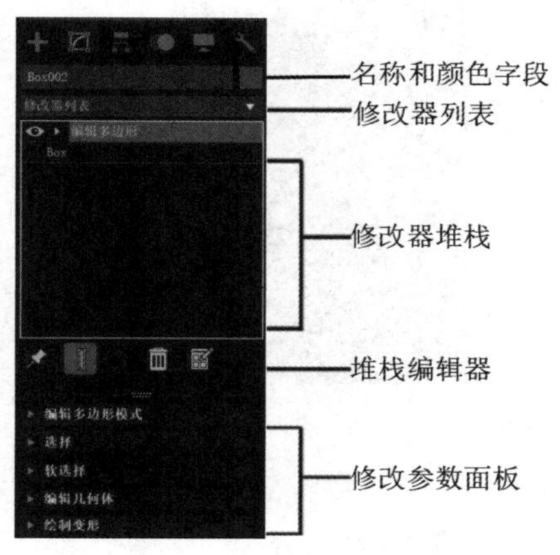

图 6.2　“修改”命令面板

6.1.2　名称和颜色字段

名称和颜色字段显示在所有命令面板的顶部（“创建”命令面板除外）。在“创建”命令面板上，该字段包含在卷展栏中，仅当选定单个对象时可用。图 6.3 中左侧的文本框用于设置名称；图 6.3 中右侧的颜色块用于显示视口中对象的颜色，单击该颜色块可以打开“对象颜色”对话框，在该对话框中可以选择颜色。

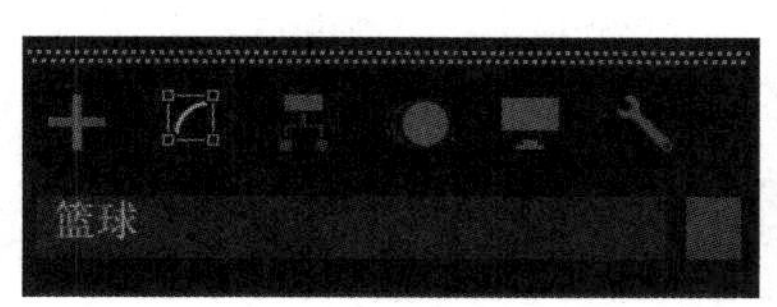

图 6.3　设置名称和颜色

6.1.3　修改器列表等其他部分

1．修改器列表

单击“修改器列表”下拉按钮，可以打开修改器下拉列表，其中会显示 3ds Max 提供的所有修改器的名称，如图 6.4 所示。选择某个修改器的名称选项，即可为当前选定对象添加修改器，如图 6.5 所示。

2．修改器堆栈与堆栈编辑器

修改器堆栈以列表形式显示场景中对象的名称及应用于对象的所有修改器。在为对象应用了几个修改器后，这些修改器会以先后顺序出现在堆栈中。这些修改器的顺序是可以调整的，调整后对象的编辑效果也会发生改变。通过堆栈列表可以任意选择对象使用过的修改器，并调整相应的参数。如果修改器有子对象，则也可以展开其子对象，进入子对象层级进行编辑，如图 6.6 所示。在添加修改器后，修改器名称的前面会同时出现一个眼睛图标，单击该图标，则变成关闭状态，修改器会暂时失效，再次单击该图标，则修改器继续生效。

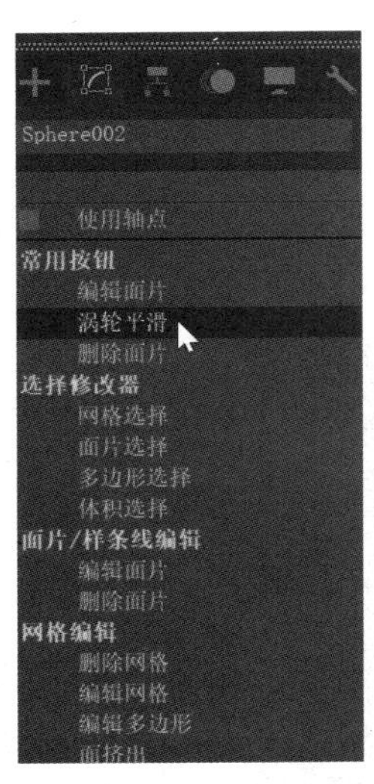

图 6.4 “修改器列表”下拉列表

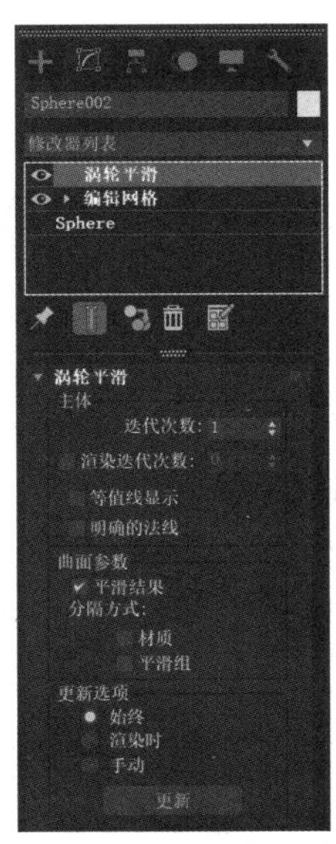

图 6.5 添加修改器

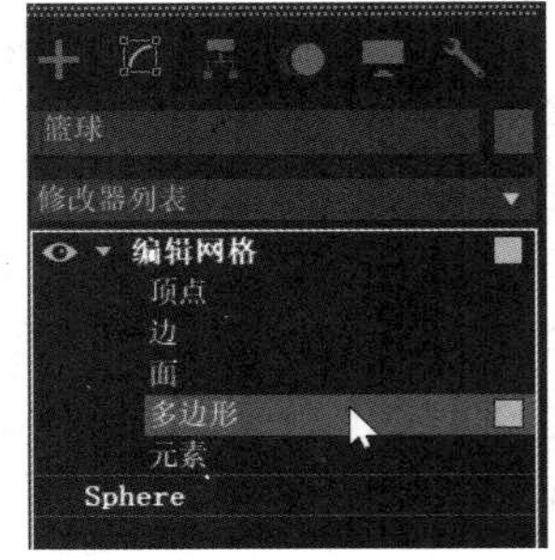

图 6.6 子对象层级

修改器堆栈的下方是堆栈编辑器，堆栈编辑器中各个按钮的作用如下所述。

- （锁定堆栈）按钮：单击该按钮，会锁定修改器，堆栈中的修改器不能调整顺序。
- （显示最终结果开 / 关切换）按钮：单击该按钮，对象的最终编辑结果会被隐藏。
- （使唯一）按钮：以实例或参照方式克隆的对象具有关联性，单击该按钮可以取消对象之间的关联性。
- （从堆栈中移除修改器）按钮：选择一个修改器，单击该按钮可以删除该修改器，同时修改器的编辑效果也会失效。
- （配置修改器集）按钮：单击该按钮会弹出相关菜单，用于重新配置修改器。

3. 修改参数面板

修改参数面板用于修改对象的参数，进入对象层级即可重新设置对象的参数。

6.1.4 自定义修改器集

修改器集是一组应用修改器的快捷按钮，用户通过设置可以选择将这些按钮显示在“修改”命令面板上。“修改器集”菜单中的命令可以用于管理和自定义修改器集。如果频繁地使用某些修改器，则最好把这些命令调整到修改器集里面，便于在设计时方便地使用。下面介绍自定义修改器集的方法。

1. 在“修改”命令面板上显示当前按钮集

单击“修改”命令面板中的（配置修改器集）按钮，在弹出的菜单中选择“显示按钮”命令，则该命令的左侧会出现“√”符号，默认的按钮集即可显示在面板中，如图 6.7 所示。再次选择“显示按钮”命令，则该命令左侧的“√”符号消失，面板中的按钮集也会消失。如果想切换到其他修改器集，则在菜单中选择其他修改器集的名称即可。不同的对象可用的修改器也不同。选中对象，如果某个按钮处于亮显状态，则表示该按钮可用；

如果某个按钮处于灰显状态，则表示该按钮不可用。

2. 自定义修改器集和按钮集

单击（配置修改器集）按钮，在弹出的菜单中选择“配置修改器集”命令，如图 6.8 所示，打开“配置修改器集”对话框，在“集”下拉列表中选择一个修改器集的名称选项，如图 6.9 所示。调整“按钮总数”数值框中的数值，可以设置修改器集显示的按钮的数量，如图 6.10 所示。

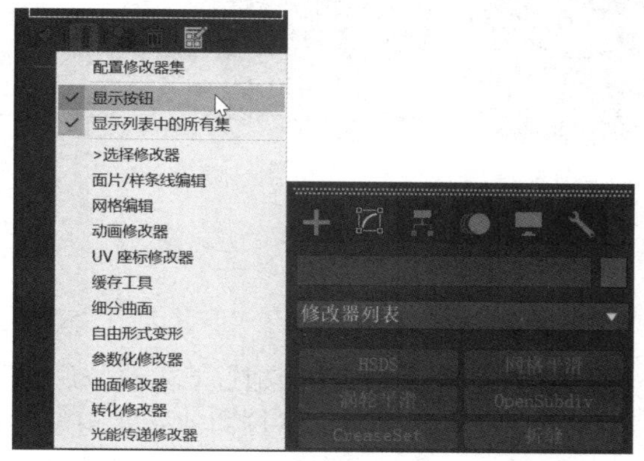

图 6.7　显示按钮集

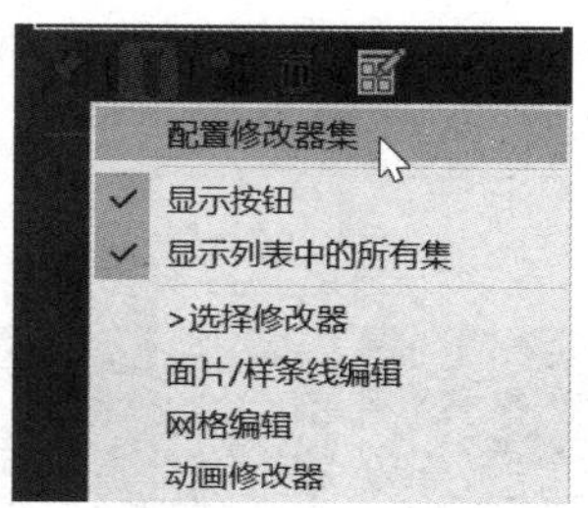

图 6.8　选择“配置修改器集”命令

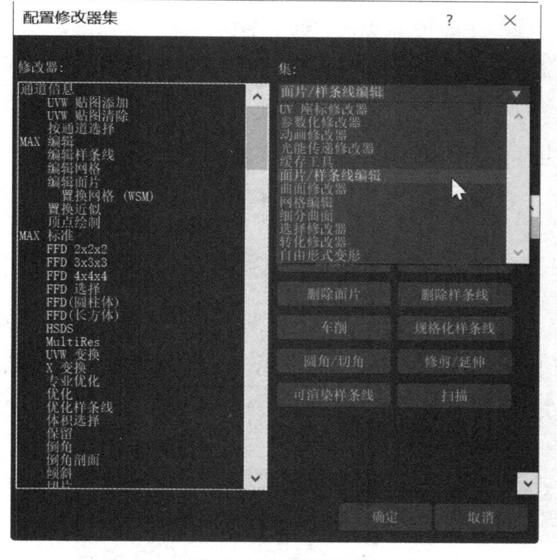

图 6.9　“配置修改器集”对话框

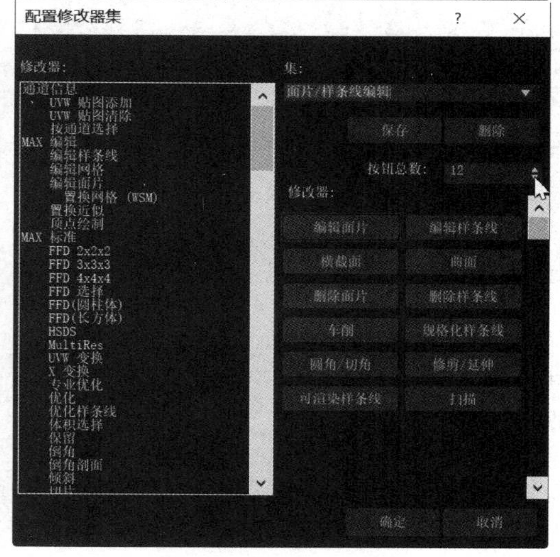

图 6.10　调整显示的按钮的数量

将“修改器”列表框中的修改器名称拖动到“修改器”选区中的按钮上，会替换原来的按钮，这时“集”编辑字段中就会变为空，如图 6.11 所示。设置完成后，单击“确定”按钮，3ds Max 将更新按钮集，如图 6.12 所示。

如果设置的按钮集经常使用，则可以先在“集”编辑字段中输入新集的名称，再单击“保存”按钮，然后单击“确定”按钮，那么设置的按钮集就会保存下来，下次使用时可以在弹出的菜单中找到，如图 6.13 所示。

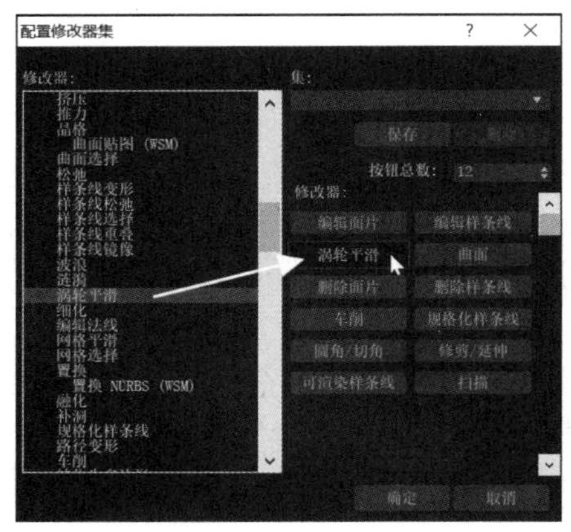

图 6.11　指定修改器集中显示的按钮

图 6.12　更新按钮集

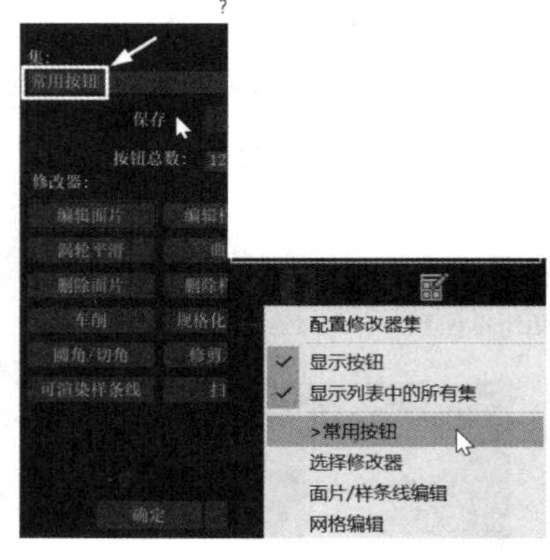

图 6.13　保存按钮集

6.2　参数化修改器

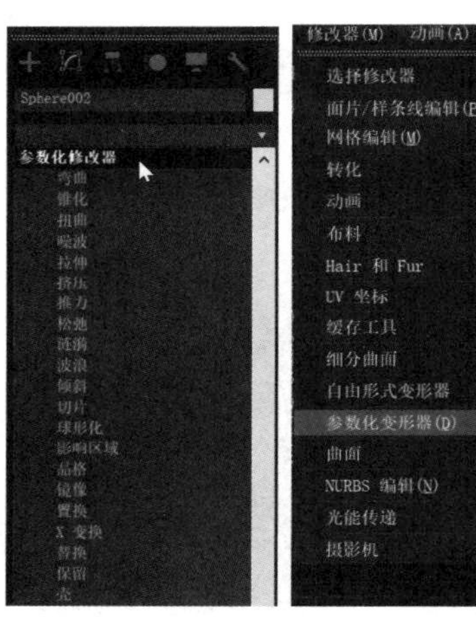

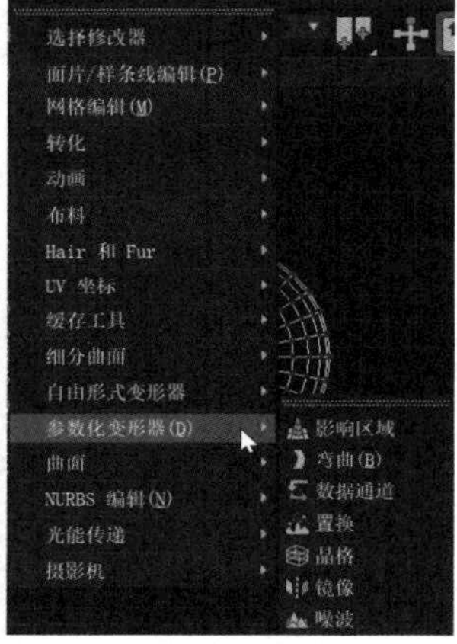

图 6.14　选择参数化修改器

参数化修改器是最具代表性的一组修改器，这些修改器通过推、拉和伸展影响着对象的几何形状，并且可以应用于任何建模类型，包括子对象层级。

要对物体使用参数化修改器，可以在“修改器列表”下拉列表中进行选择，或者在“修改器”菜单的“参数化变形器”子菜单中选择相应命令，如图 6.14 所示。

下面介绍几种常用的参数化修改器。

6.2.1　“弯曲”修改器

“弯曲”修改器可以对物体进行弯曲修改，既可以任意调节弯曲的角度和方向，也可以控制局部弯曲效果。“弯曲”修改器的“参数”卷展栏如图 6.15 所示。给图 6.16 所示的高度分段为 1 的圆柱体设置弯曲角度为 60.0 度，圆柱体并没有产生弯曲，只是产生倾斜，在修改器堆栈内选中 Cylinder 层级，当将高度分段设置为 10 时，圆柱体产生了弯曲，如图 6.17 所示。调整“高度分段”数值框中的数值，可以观察到数值越大，模型越平滑。具有一定的高度分段数是应用“弯曲”修改器的前提条件。

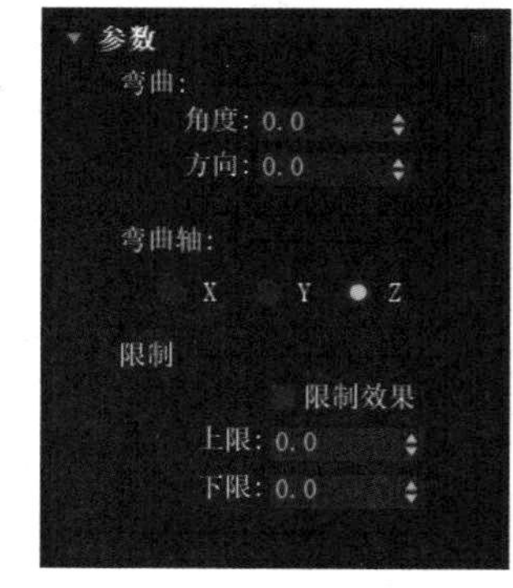

图 6.15　“弯曲”修改器的“参数”卷展栏

“弯曲”选区中的“方向”数值框用于设置弯曲的方向。给图 6.17 所示的圆柱体设置弯曲角度为 180.0 度，默认弯曲轴为 *Z* 轴，设置弯曲方向值为 30.0，设置弯曲方向之前和之后的不同效果如图 6.18 所示。

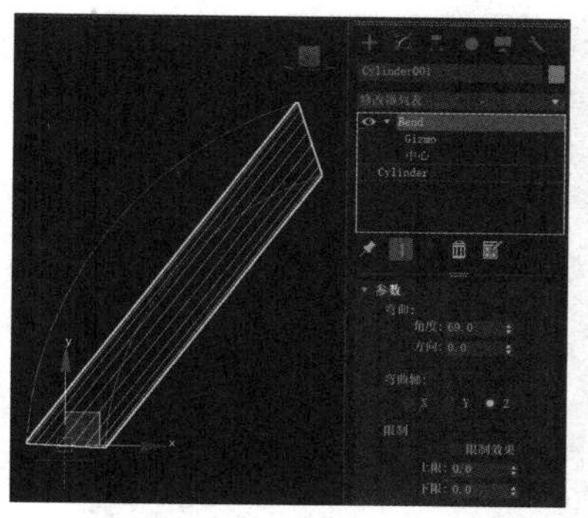

图 6.16　当圆柱体的高度分段为 1 时的弯曲效果

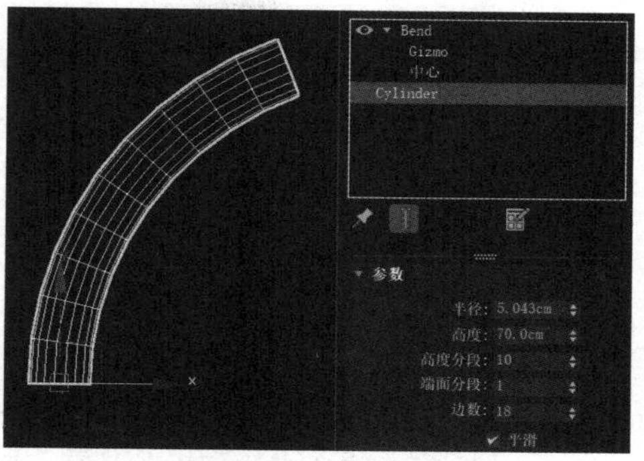

图 6.17　当圆柱体的高度分段为 10 时的弯曲效果

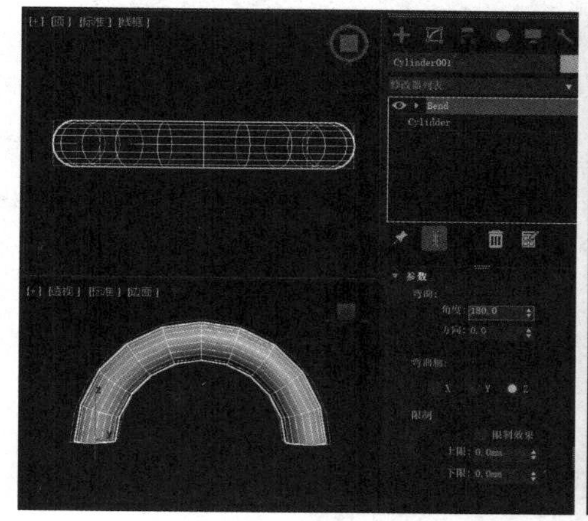

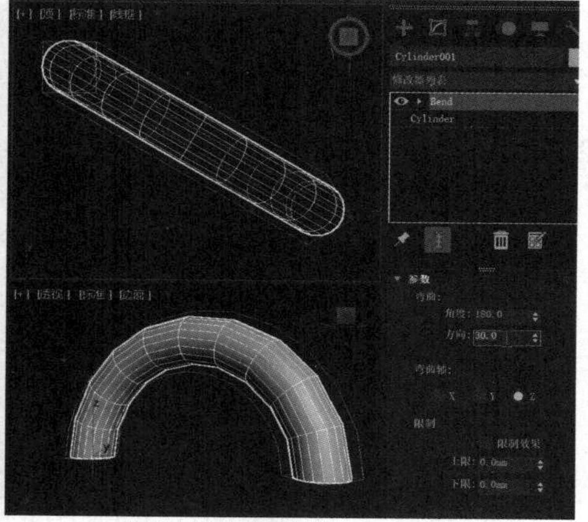

图 6.18　设置弯曲方向之前和之后的不同效果

“弯曲轴”选区用于设置弯曲的轴向，轴向不同，效果不同，如图 6.19 所示。通过限制的方式可以固定物体的弯曲范围，应用限制前需要勾选“限制效果”复选框，“上限”数值框用于设置弯曲中心的正方向范围，“下限”数值框用于设置弯曲中心的负方向范围，如图 6.20 所示。

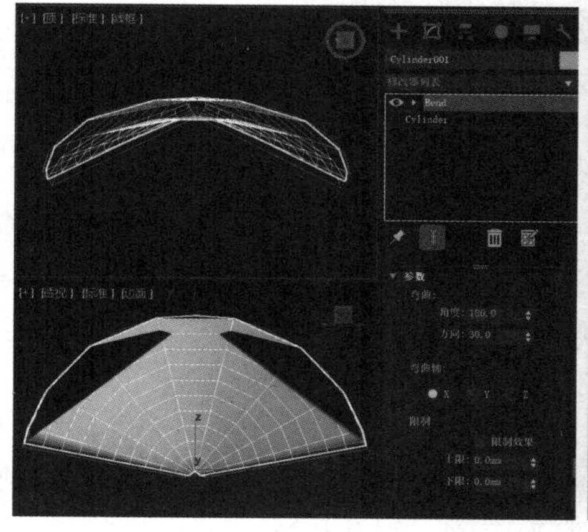

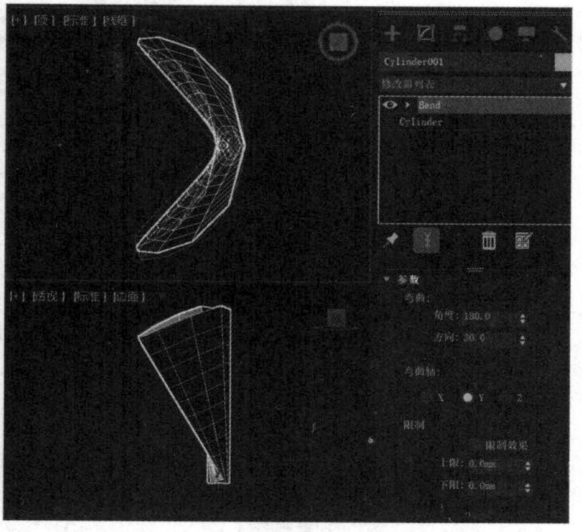

图 6.19　设置弯曲轴为 X 轴和 Y 轴时的不同效果

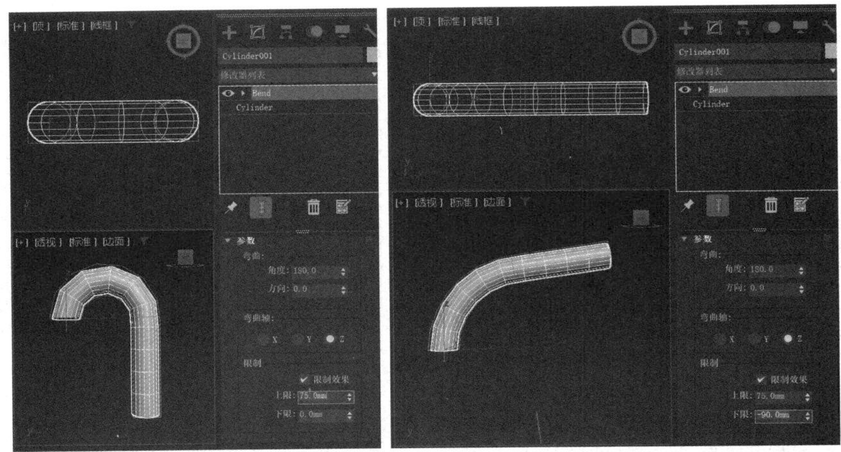

图 6.20　设置上限值、上限值与下限值时的效果

选择修改器堆栈中的“Gizmo”子对象层级，利用移动工具对“Gizmo”子对象进行移动，效果如图 6.21 所示。如果选择修改器堆栈中的“中心”子对象层级，利用移动工具对“中心”子对象进行移动，则改变的是坐标轴的位置。

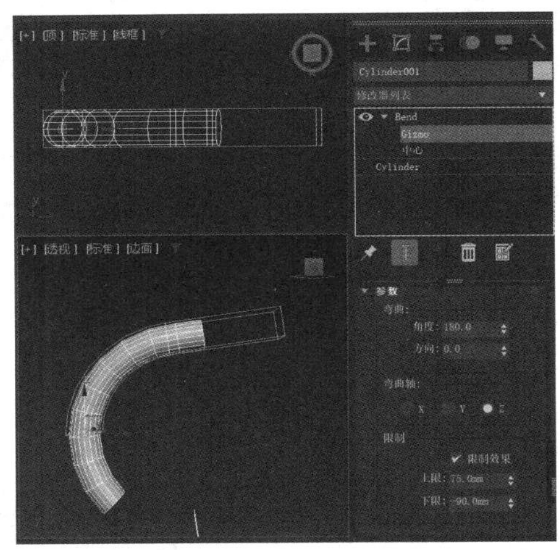

图 6.21　利用移动工具移动“Gizmo”子对象后的效果

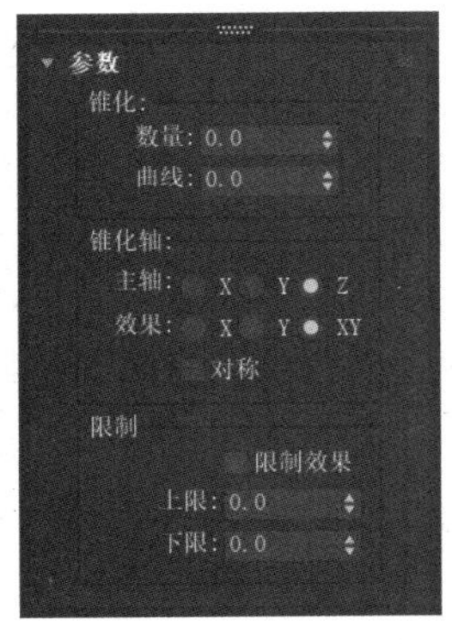

图 6.22　“锥化”修改器的“参数”卷展栏

6.2.2　“锥化”修改器

“锥化”修改器不仅可以缩放物体两端而产生锥形轮廓，从而修改造型，还可以加入光滑的曲线轮廓，限制局部的锥化效果。“锥化”修改器的“参数”卷展栏如图 6.22 所示。

“数量”数值框用于设置锥化的程度。“曲线”数值框用于设置锥化几何体侧面的弯曲程度，如果数值为正值，则几何体侧面向外鼓出；如果数值为负值，则几何体侧面向内凹陷。

“锥化轴”选区用于设置以不同的轴来影响几何体的锥化效果。“主轴”用于设置模型沿着哪条轴进行锥化变形，默认选中“Z”单选按钮。“效果”用于设置以“主轴”以外的轴来进一步影响锥化效果，默认选中“XY”单选按钮。

练一练：遮阳伞模型

【步骤 01】在视图中创建一个星形，如图 6.23 所示。

【步骤 02】给星形添加“挤出”修改器，设置数量和分段，如图 6.24 所示。

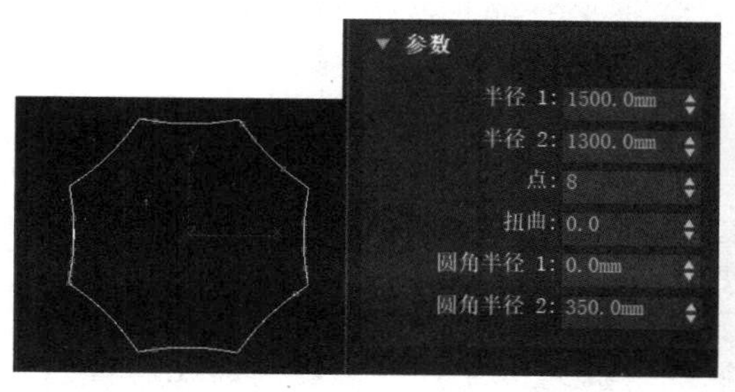

图 6.23　创建星形

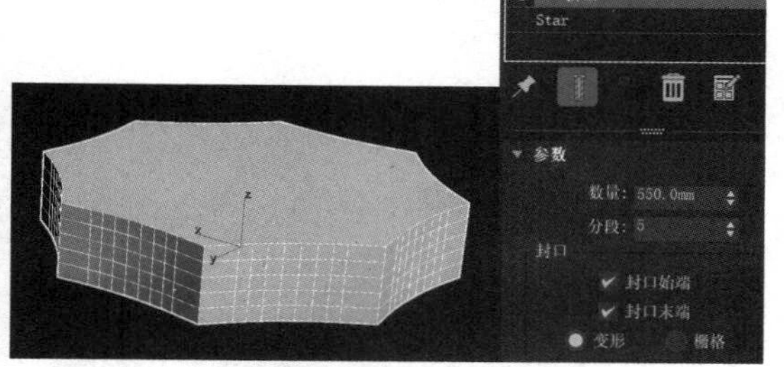

图 6.24　添加“挤出”修改器

【步骤 03】添加“锥化”修改器，在“锥化”选区中设置数量为 -1.0，曲线为 0.67，如图 6.25 所示。

【步骤 04】添加“编辑多边形”修改器，选择“多边形”子对象层级，选中模型底面，删除，如图 6.26 所示。

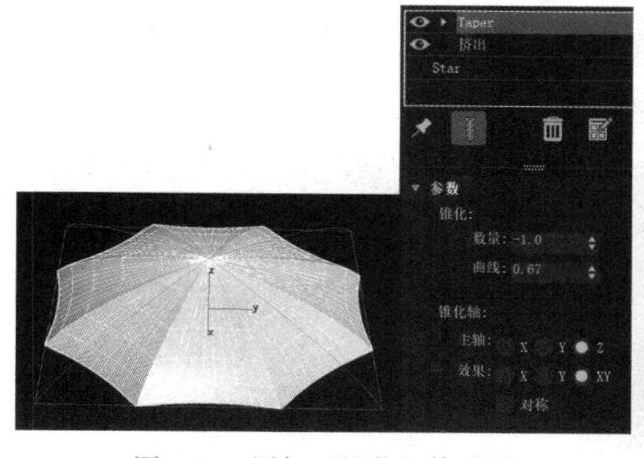

图 6.25　添加“锥化”修改器

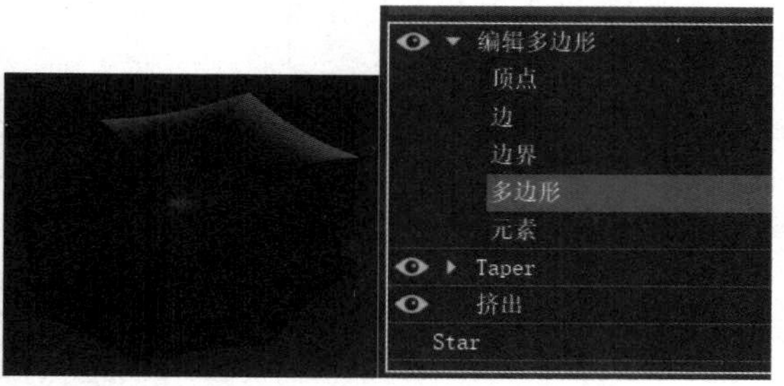

图 6.26　添加“编辑多边形”修改器

【步骤 05】选择“顶点”子对象层级，选中模型顶部的点，单击“塌陷”按钮 塌陷 ，将选中的点塌陷为一个点，如图 6.27 所示。

【步骤 06】选择“边”子对象层级，选中模型顶部凸起的几条边，单击“选择”卷展栏中的“循环”按钮 循环 ，将凸起的边都选中，如图 6.28 所示。

【步骤 07】单击“编辑边”卷展栏中“创建图形”按钮右侧的■（设置）按钮，打开“创建图形”对话框，将图形类型设置为平滑，如图 6.29 所示。

【步骤 08】退出“边”子对象层级，选择创建的图形，在“渲染”卷展栏中勾选“在渲染中启用”和“在视口中启用”复选框，设置径向厚度为 10.0mm，伞骨制作完成，如图 6.30 所示。

图 6.27　塌陷顶部的点

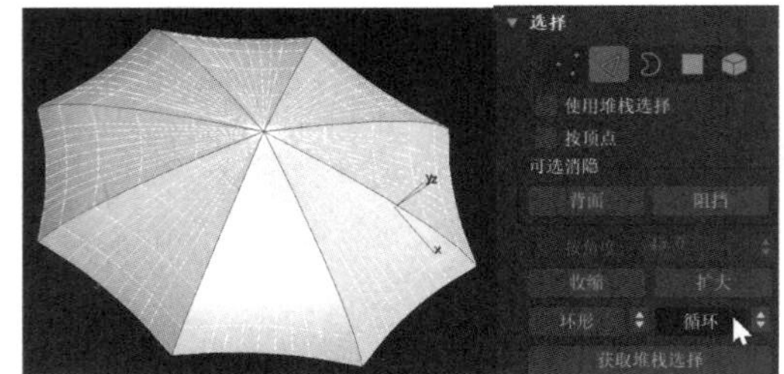

图 6.28　循环选中所有凸起的边

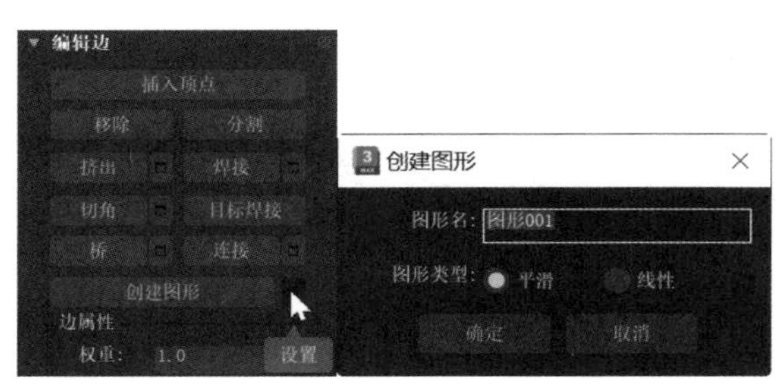

图 6.29　打开“创建图形”对话框并进行设置

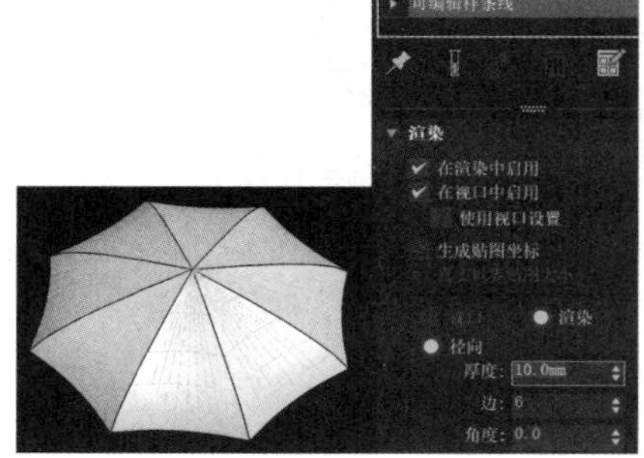

图 6.30　伞骨制作完成

【步骤 09】选中伞骨进行镜像复制，如图 6.31 所示。

【步骤 10】选中复制出来的伞骨，选择“线段”子对象层级，选中上部的线段，删除，生成伞的内部支撑架，如图 6.32 所示，将其移动到合适的位置。

【步骤 11】创建其他模型。遮阳伞模型的最终效果如图 6.33 所示。

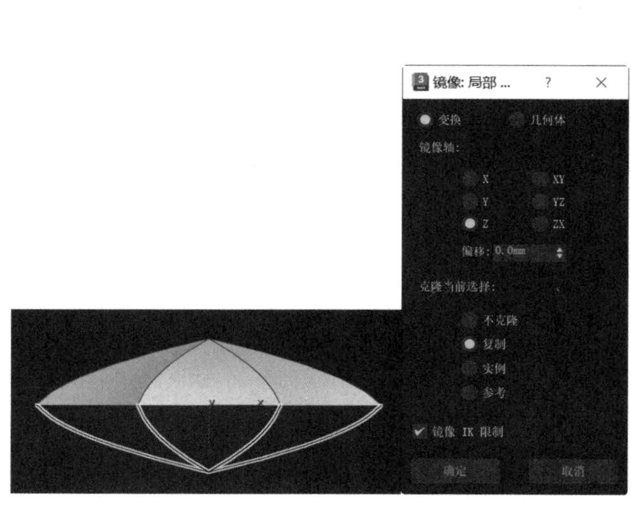

图 6.31　镜像复制伞骨

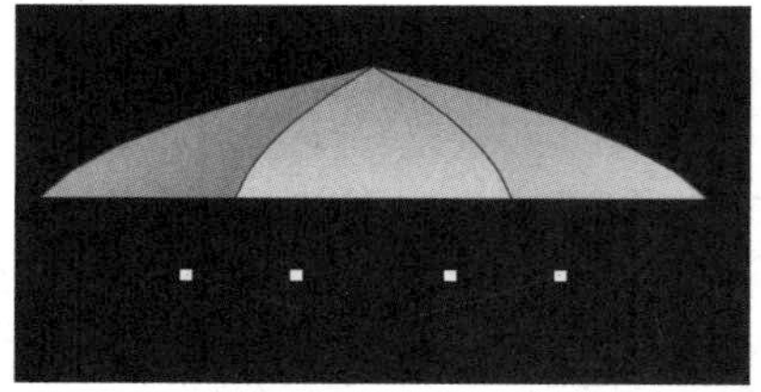
图 6.32　伞的内部支撑架

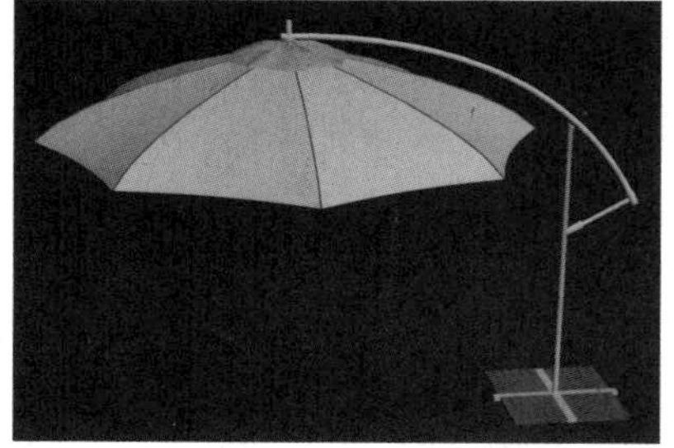
图 6.33　遮阳伞模型的最终效果

6.2.3　“扭曲”修改器

“扭曲”修改器通过在某个轴向上对物体进行扭曲旋转实现扭曲变形效果。“扭曲”修改器的“参数”卷展栏如图 6.34 所示。

“角度”数值框用于设置扭曲度数。“偏移”数值框用于设置扭曲部分在四棱锥所处的位置，如果数值是正值，则扭曲部分远离 Gizmo 中心；如果数值是负值，则扭曲部分接近 Gizmo 中心。“扭曲轴”选区用于设置四棱锥沿哪条轴进行扭曲。“限制”选区用于设置扭曲的范围。如果勾选“限制效果”复选框，就会启用限制功能。

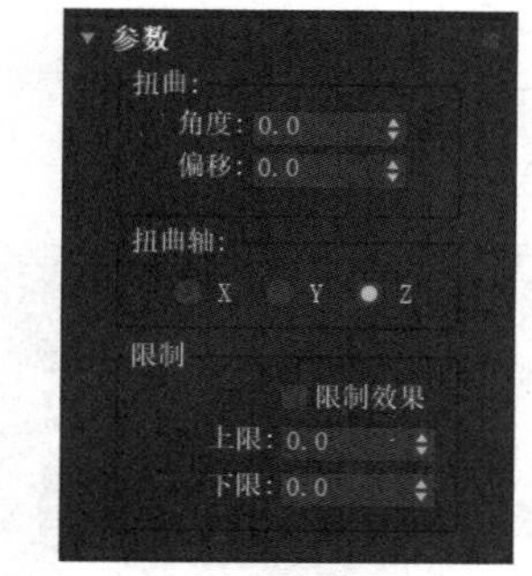

图 6.34　“扭曲”修改器的“参数”卷展栏

练一练：麻花环模型

【步骤 01】创建一个长方体，设置长度和宽度均为 10.0mm，高度为 150.0mm，高度分段为 30，如图 6.35 所示。

【步骤 02】选中长方体并右击，在弹出的快捷菜单中选择“转换为：”子菜单中的“转换为可编辑多边形”命令，如图 6.36 所示。

【步骤 03】切换到“多边形”子对象层级，选择并删除长方体的上下面，如图 6.37 所示。

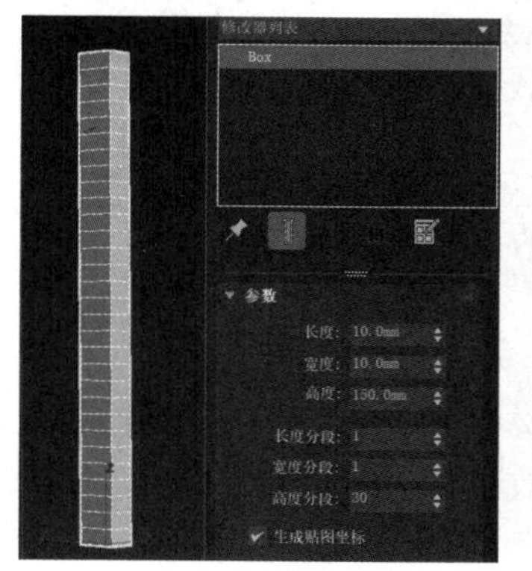

图 6.35　创建长方体并设置参数

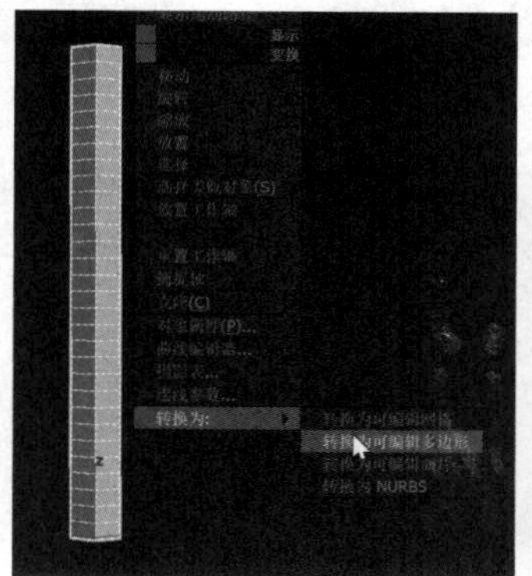

图 6.36　选择“转换为可编辑多边形”命令

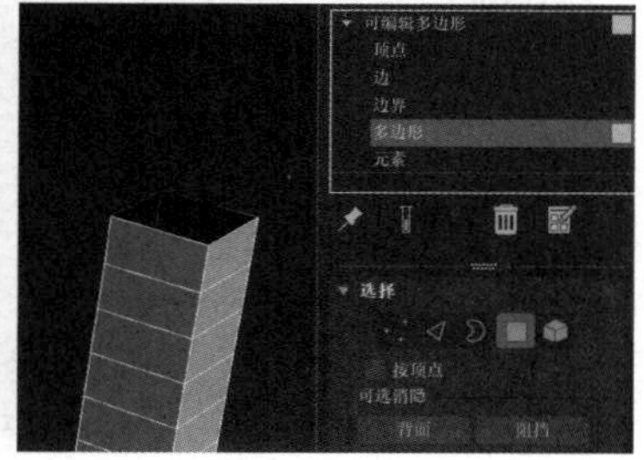

图 6.37　删除长方体的上下面

【步骤 04】退出“多边形”子对象层级，添加“扭曲”修改器，将角度设置为 720.0 度，如图 6.38 所示。

【步骤 05】添加“弯曲”修改器，将角度设置为 360.0 度，如图 6.39 所示。

【步骤 06】将模型转换为可编辑多边形，选择“顶点”子对象层级，框选所有的点，单击“编辑顶点”卷展栏中的“焊接”按钮 焊接 ，将长方体的起始端和末端焊接起来，如图 6.40 所示。

【步骤 07】选择“边”子对象层级，在棱边上双击进行选择，按住 Ctrl 键不放，依次在其他 3 条棱边上双击进行加选操作，如图 6.41 所示。单击“编辑边”卷展栏中的“切角”按钮 切角 右侧的■（设置）按钮，在弹出的面板中设置切角参数，如图 6.42 所示。设置完成后，单击☑（确定）按钮关闭面板。

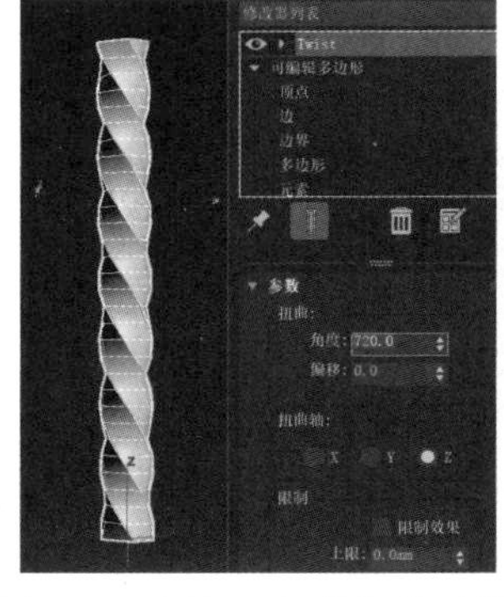

图 6.38 添加“扭曲”修改器

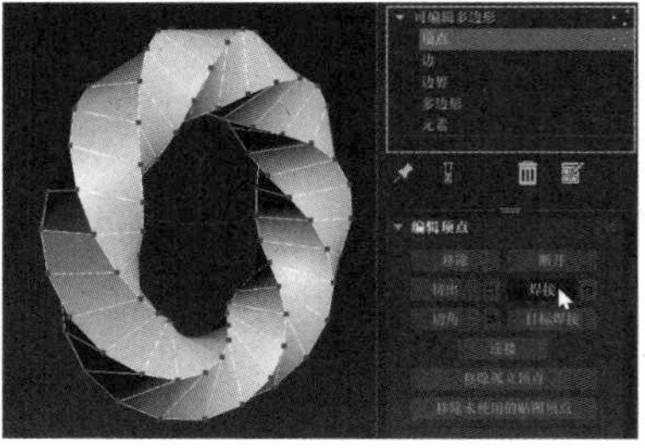

图 6.39 添加“弯曲”修改器　　图 6.40 焊接顶点

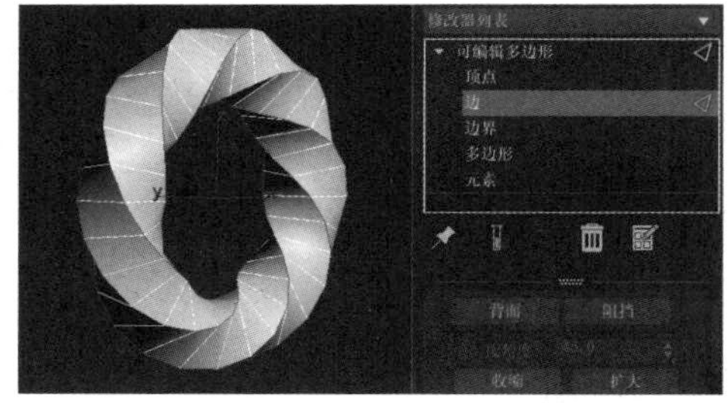

图 6.41 选择 4 条棱边

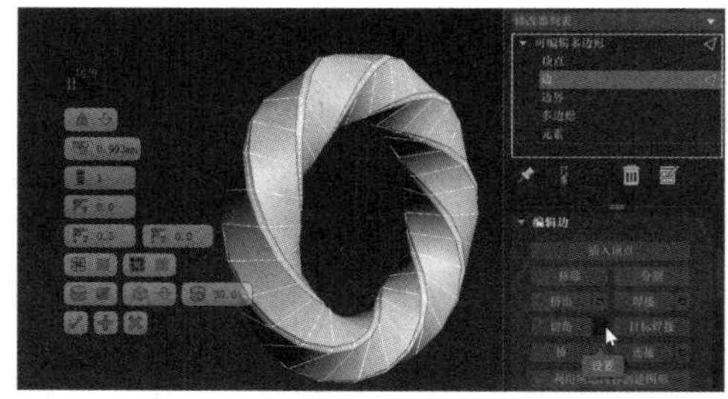

图 6.42 设置切角参数

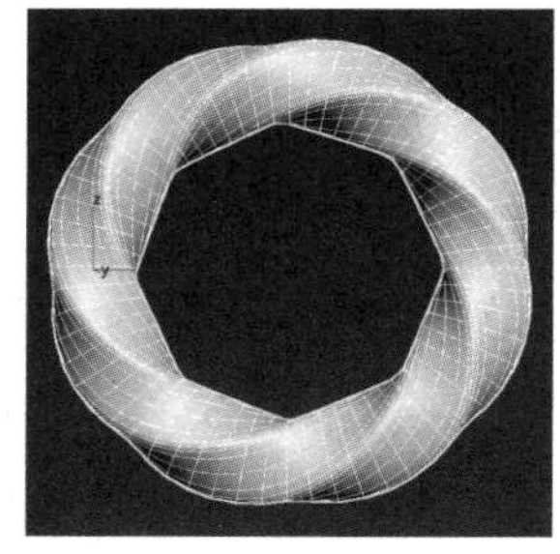

图 6.43 麻花环模型的最终效果

【步骤 08】退出“边”子对象层级，给模型添加“涡轮平滑”修改器。麻花环模型的最终效果如图 6.43 所示。

6.2.4 “噪波”修改器

“噪波”修改器可以使物体表面产生随机的起伏变化，从而形成自然的不规则扭曲等效果，常用来制作群山、坡地、石头等表面不平整物体。

创建一个平面，注意要把高度和宽度的分段数加大，添加“噪波”修改器。设置噪波的强度，在 *Z* 轴方向上设置强度的数值为 80.0，效果如图 6.44 所示。在制作水波效果时，*X* 轴与 *Y* 轴方向上的强度值可以不用设置，用默认的 0.0 即可。

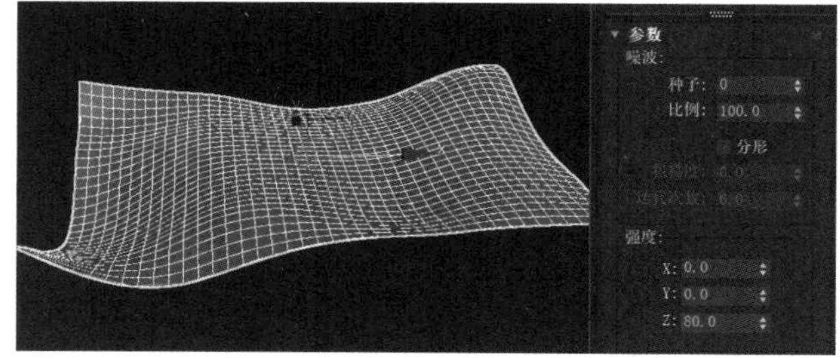

图 6.44 *Z* 轴方向强度为 80.0 时的效果

“比例”数值框用于设置波段的波长，默认数值为 100.0。数值越大，波长越大，平面越平滑；数值越小，波就越尖锐。例如，图 6.45 所示为噪波的比例为 36.0 时的效果。

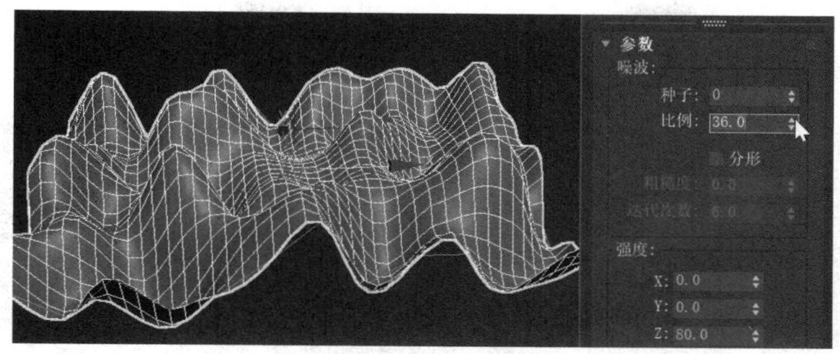

图 6.45　噪波的比例为 36.0 时的效果

“种子”数值框用于设置水波的一个随机效果。例如，图 6.46 所示为噪波的种子为 12 时的效果。

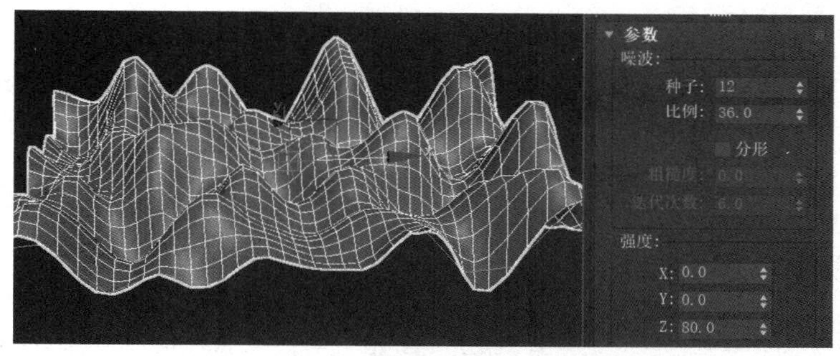

图 6.46　噪波的种子为 12 时的效果

“分形”复选框是不勾选的，使用机会比较少，它有两个参数，粗糙度控制的是水波的起伏强度，迭代次数控制的是起伏的细致程度。勾选“分形”复选框，并在“粗糙度”和“迭代次数”数值框中均设置一个值后，效果如图 6.47 所示。

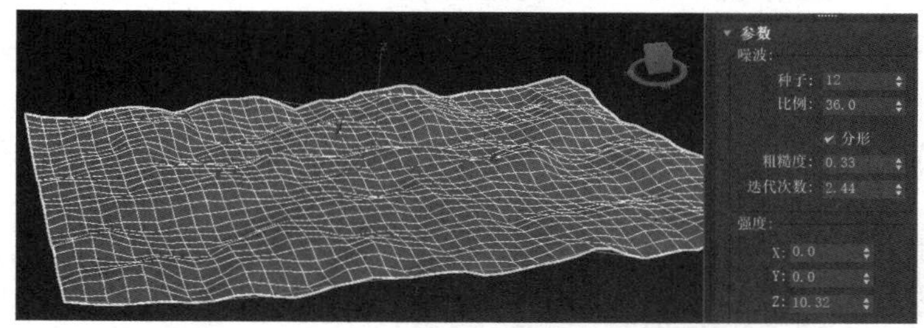

图 6.47　设置分形后的效果

6.2.5　“拉伸”修改器

“拉伸”修改器用于在体积不变的情况下，将物体沿一个方向进行拉伸或挤压变形。“拉伸”修改器的“参数”卷展栏如图 6.48 所示。“拉伸”数值框用于设置拉伸强度，如果数值为正值，则是拉伸效果；如果数值为负值，则是挤压效果。

练一练：帽子模型

【步骤 01】创建一个几何球体，如图 6.49 所示。

【步骤 02】为几何球体添加“拉伸”修改器，设置拉伸为 -0.5，勾选“限制效果”复选框，设置下限值为 -30.0mm，如图 6.50 所示。

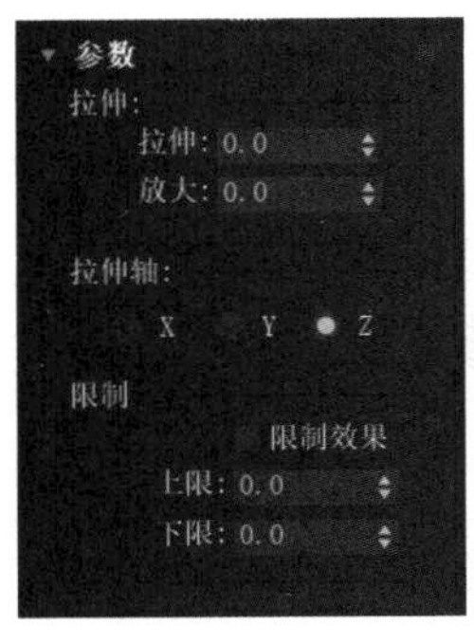

图 6.48 “拉伸”修改器的“参数”卷展栏

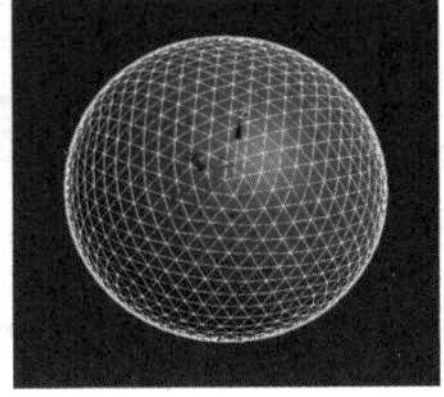

图 6.49 创建几何球体

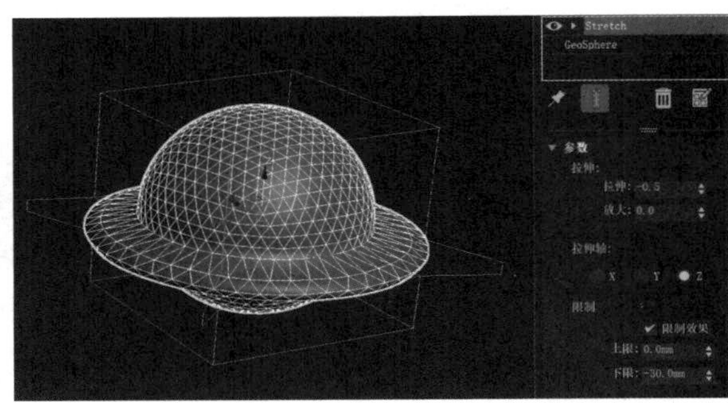

图 6.50 添加“拉伸”修改器

【步骤 03】选择“Gizmo”子对象层级，利用移动工具将“Gizmo”子对象向下移动，如图 6.51 所示。

【步骤 04】选中模型并右击，在弹出的快捷菜单中选择“转换为:”子菜单中的“转换为可编辑多边形”命令。

【步骤 05】选择“多边形”子对象层级，选择并删除底面的多边形，效果如图 6.52 所示。

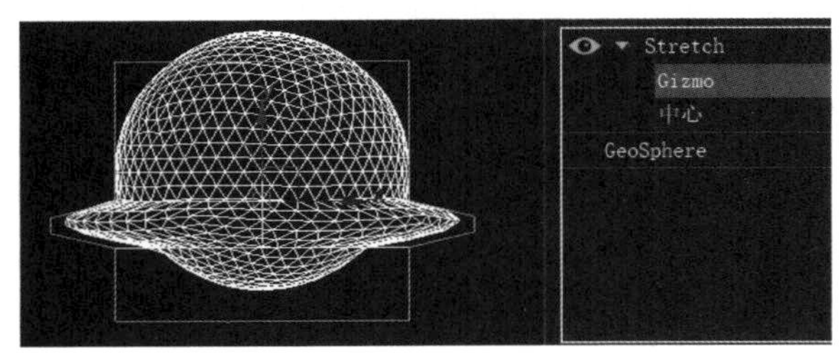

图 6.51 调整“Gizmo”子对象的位置

图 6.52 选择并删除底面的多边形后的效果

【步骤 06】退出“多边形”子对象层级，给模型添加“壳”修改器，如图 6.53 所示。

【步骤 07】制作帽带模型和花朵模型。帽子模型的最终效果如图 6.54 所示。

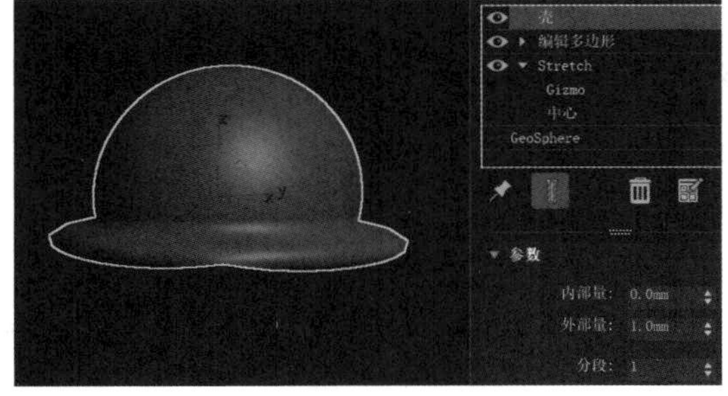

图 6.53 添加“壳”修改器

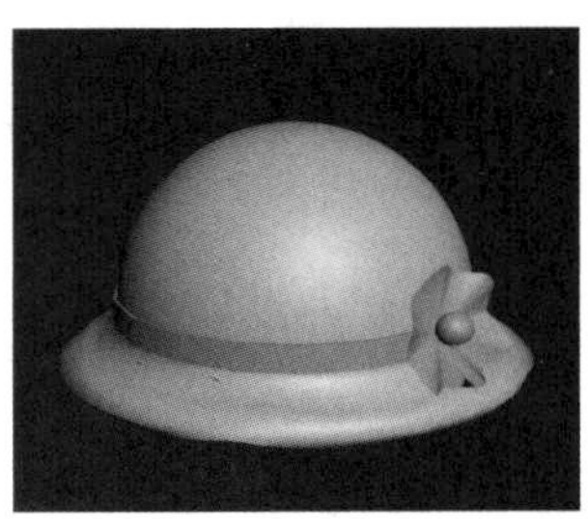

图 6.54 帽子模型的最终效果

6.2.6　“挤压”、“推力”和“松弛”修改器

“挤压”修改器可以沿两个不同的轴膨胀，把靠近一个轴的点移离对象的中心，同时把其他点移向中心，以创建出膨胀的效果。

“推力”修改器可以增大对象的体积。它向内或向外推动对象的顶点，就好像充满了空气一样。“推力”修改器只有一个 “推力值” 参数。该值是相对对象中心移动所产生的距离。推力命令用于对模型表面进行均匀的粗细变形。

“松弛”修改器用于将顶点相对平均中点移近或移远来改变物体表面张力，当顶点向平均中点移近时，对象变得更平滑。

练一练：海星模型

【步骤 01】创建一个圆柱体，如图 6.55 所示。

【步骤 02】给圆柱体添加“编辑多边形”修改器，在“多边形”子对象层级，选中中间的 5 个多边形，单击“挤出”按钮 挤出 右侧的 (设置)按钮，在弹出的面板中设置挤出类型为“按多边形”，调整挤出高度，进行挤出操作，如图 6.56 所示。

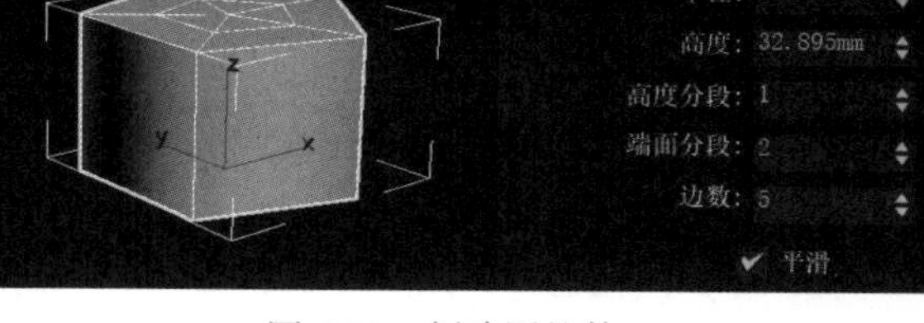

图 6.55　创建圆柱体

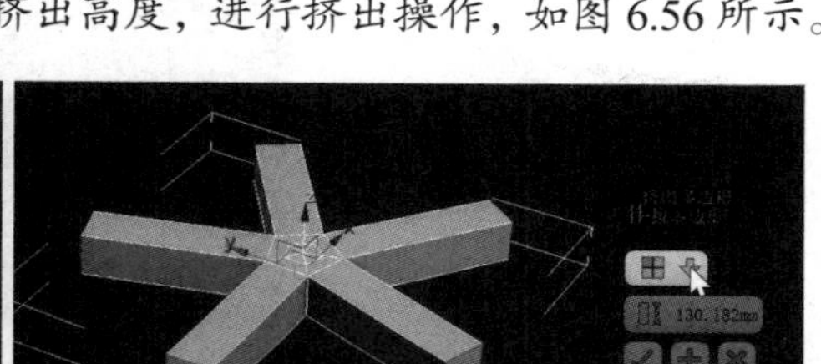

图 6.56　挤出多边形

【步骤 03】选择“边”子对象层级，选中如图 6.57 所示的各边，单击“连接”按钮 连接 右侧的 (设置)按钮，在弹出的面板中将分段数设置为 2。

【步骤 04】退出“边”子对象层级，给模型添加“网格平滑”修改器，将迭代次数设置为 2，效果如图 6.58 所示。

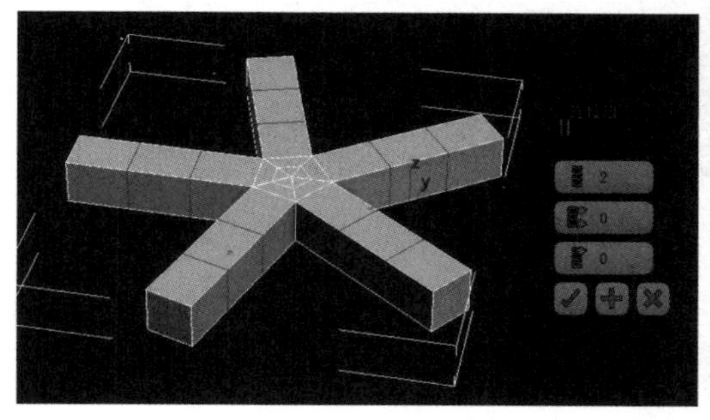
图 6.57　连接操作

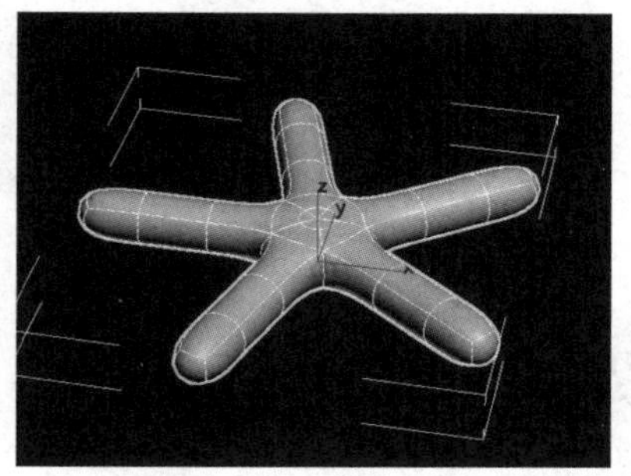
图 6.58　给模型添加“网格平滑”修改器后的效果

【步骤 05】给模型添加“推力”修改器，调整推进值，如图 6.59 所示。

【步骤 06】给模型添加“松弛”修改器，调整松弛值，如图 6.60 所示。

【步骤 07】给模型添加“融化”修改器，调整参数，如图 6.61 所示。

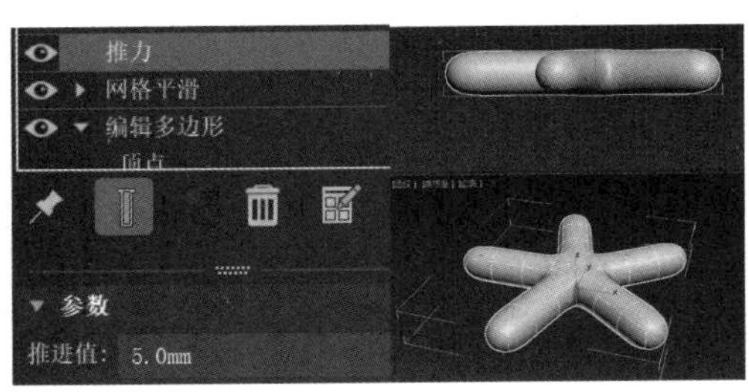

图 6.59　给模型添加“推力”修改器

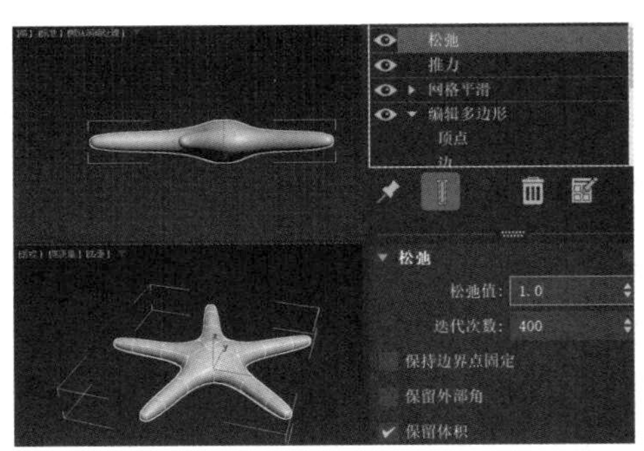

图 6.60　给模型添加“松弛”修改器

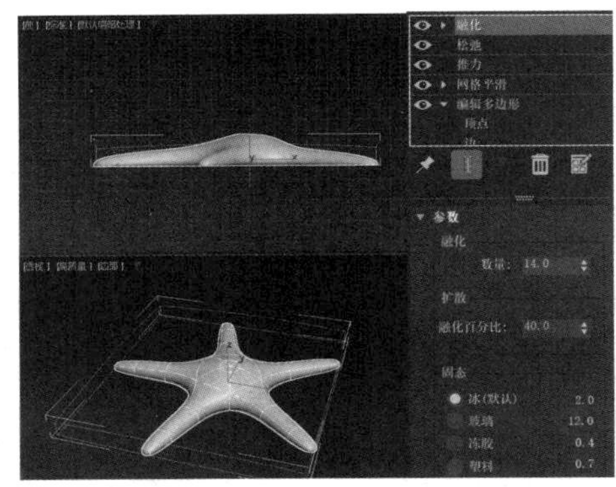

图 6.61　给模型添加“融化”修改器

6.2.7　“涟漪”修改器

“涟漪”修改器可以使对象的表面出现同心的波纹，常用来制作山形、波纹、水纹、室内的造型墙等。例如，图 6.62 所示为对一个平面添加 “涟漪” 修改器后的效果。

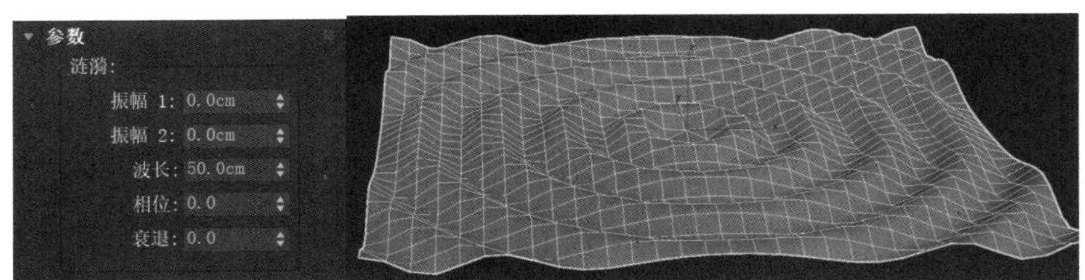

图 6.62　对一个平面添加“涟漪”修改器后的效果

6.2.8　“波浪”修改器

“波浪”修改器用于在对象表面上产生类似波浪的效果。“波浪”修改器的所有参数与“涟漪”修改器一样。区别在于“波浪”修改器产生的波浪是平行的，以直线传播。例如，图 6.63 所示为对一个平面添加 “波浪” 修改器后的效果。

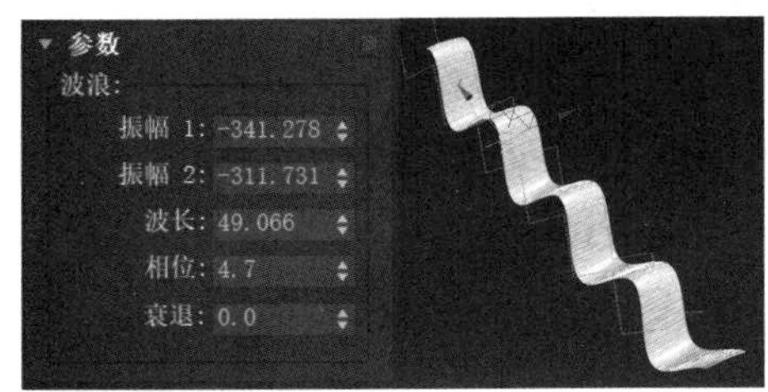

图 6.63　对一个平面添加“波浪”修改器后的效果

6.2.9　“倾斜”修改器

“倾斜”修改器可以使对象在不同轴向上倾斜。在“倾斜”修改器的“参数”卷展栏中可以设置倾斜的数量和方向、选择不同的倾斜轴向、设置倾斜限制等。例如，图 6.64 所示为对一个茶壶添加“倾斜”修改器后的效果。

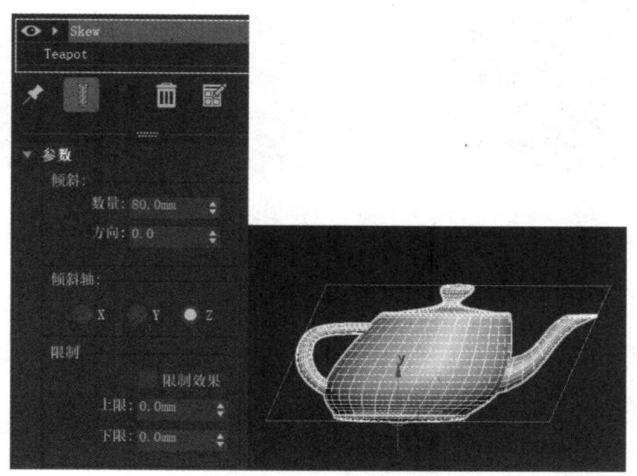

图 6.64　对一个茶壶添加“倾斜”修改器后的效果

6.2.10　“切片”修改器

通过“切片”修改器，可以基于切片平面 Gizmo 的位置，使用切割平面来切片网格，创建顶点、边和面。这样既可以优化（细分）或拆分网格，也可以从平面的一侧移除网格。使用“径向”切片还可以基于最小和最大角度将对象切片。例如，图 6.65 所示为对一个茶壶添加“切片”修改器后的效果。

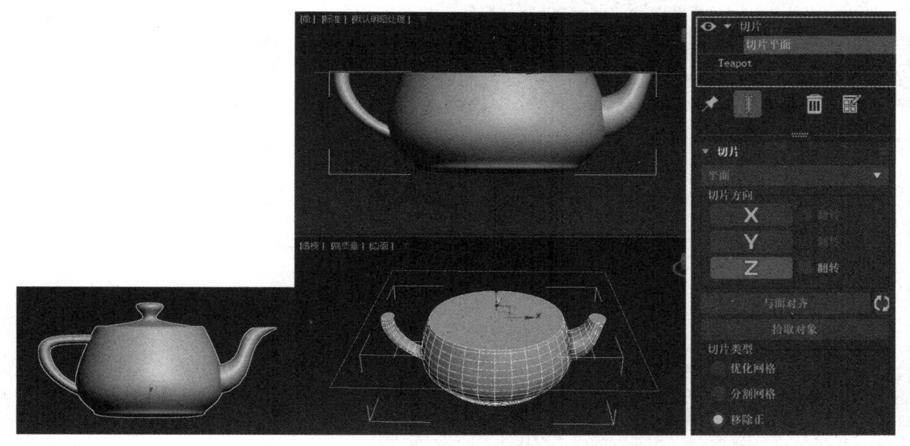

图 6.65　对一个茶壶添加“切片”修改器后的效果

6.2.11　“影响区域”修改器

“影响区域”修改器可以在对象曲面形成膨胀或收缩。通过调整参数，既可以对选中的顶点进行膨胀或收缩操作，也可以围绕选中的顶点调整影响区域的大小。例如，图 6.66 所示为对一个平面添加“影响区域”修改器后的效果。

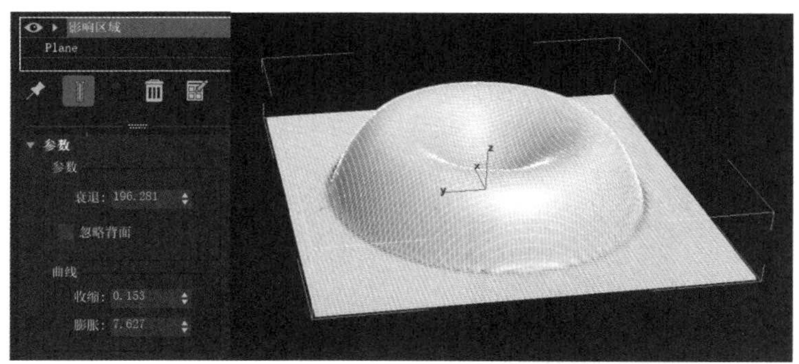

图 6.66　对一个平面添加“影响区域”修改器后的效果

6.2.12　“壳”修改器

“壳”修改器用于添加一组与现有面方向相反的额外面，从而为对象赋予一定的厚度。

练一练：台灯模型

【步骤 01】创建一个圆锥体，如图 6.67 所示。

【步骤 02】给圆锥体添加“编辑多边形”修改器，选择“多边形”子对象层级，选择并删除顶面和底面，效果如图 6.68 所示。

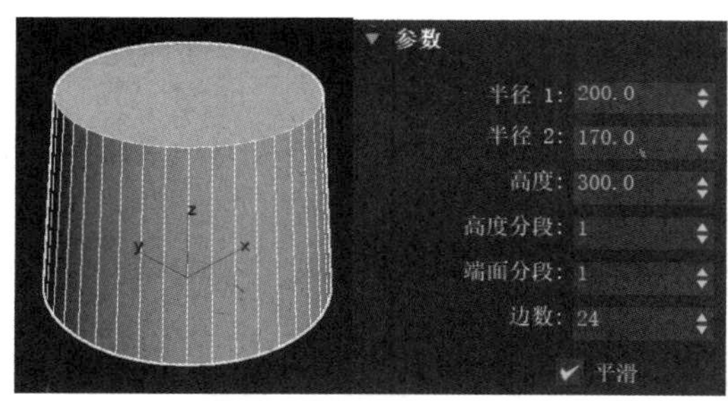

图 6.67　创建圆锥体

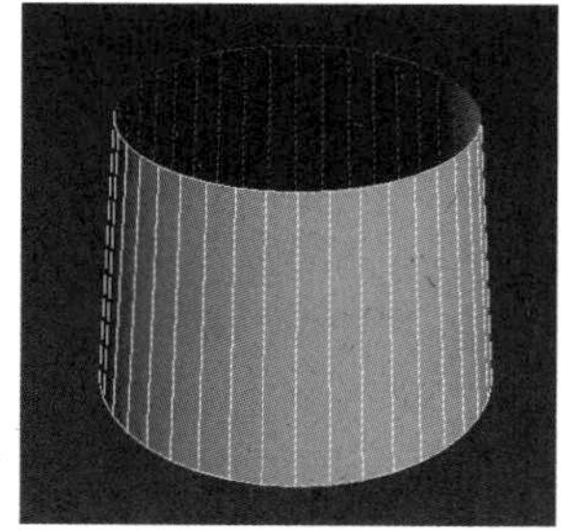

图 6.68　删除顶面和底面后的效果

【步骤 03】退出“多边形”子对象层级，给圆锥体添加“壳”修改器，如图 6.69 所示。

【步骤 04】在前视图中创建样条线，如图 6.70 所示。

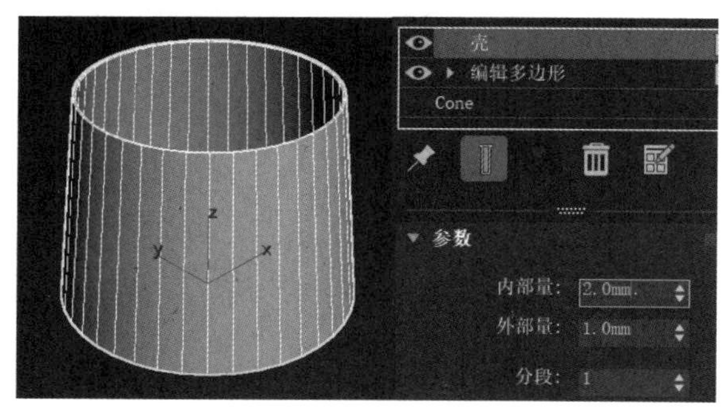

图 6.69　给圆锥体添加“壳”修改器

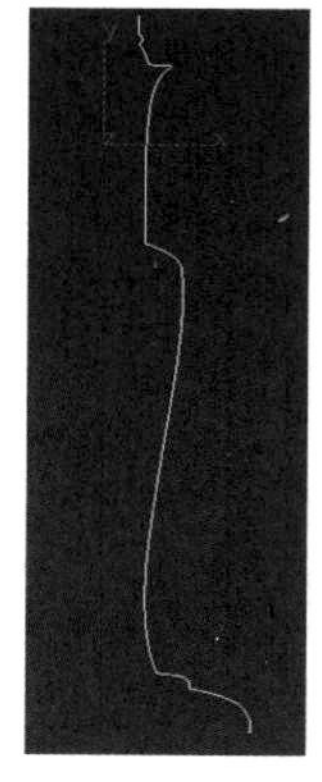

图 6.70　创建样条线

【步骤 05】给样条线添加“车削”修改器，调整轴的位置，得到灯杆模型，如图 6.71 所示。

【步骤 06】调整灯罩模型和灯杆模型的位置，得到台灯模型，最终效果如图 6.72 所示。

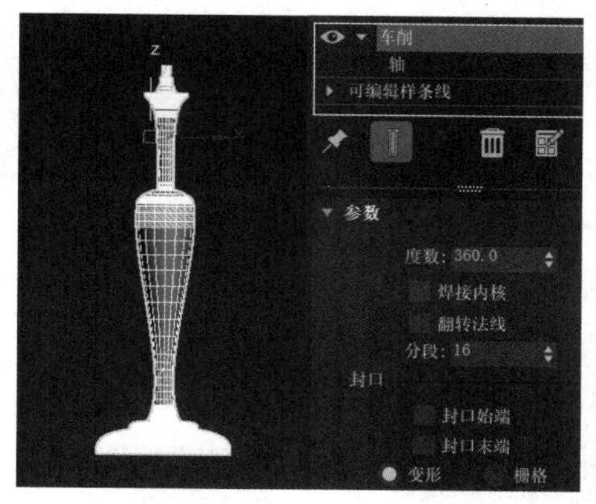

图 6.71　给样条线添加“车削”修改器

图 6.72　台灯模型的最终效果

6.2.13　“球形化”修改器

“球形化”修改器可以将物体表面各个顶点到中心的距离尽量平均，使物体趋向于球状。当“参数”卷展栏的“百分比”数值框中的数值为 100.0 时，模型会变得像个球体。

练一练：球形吊灯模型

【步骤 01】创建一个半径为 200.0mm 的几何球体。

【步骤 02】将几何球体转换为可编辑多边形。

【步骤 03】选择“多边形”子对象层级，选中所有的多边形，单击“编辑多边形”卷展栏中“插入”按钮 插入 右侧的（设置）按钮，在弹出的面板中，设置插入类型为“按多边形”，插入量为 5.0mm，如图 6.73 所示，设置完成后，单击（确定）按钮。

【步骤 04】保持多边形处于选中状态，删除，效果如图 6.74 所示。

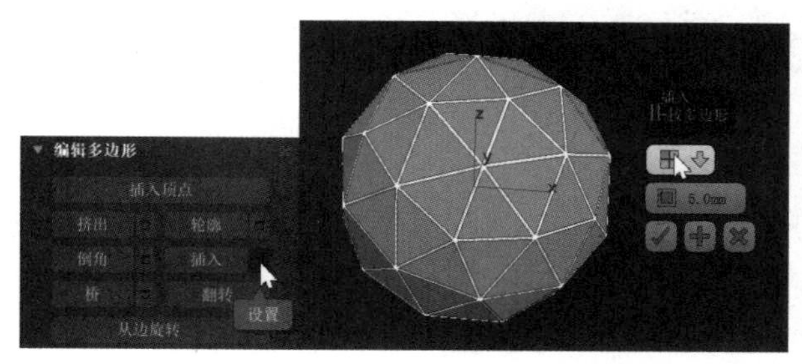

图 6.73　插入操作

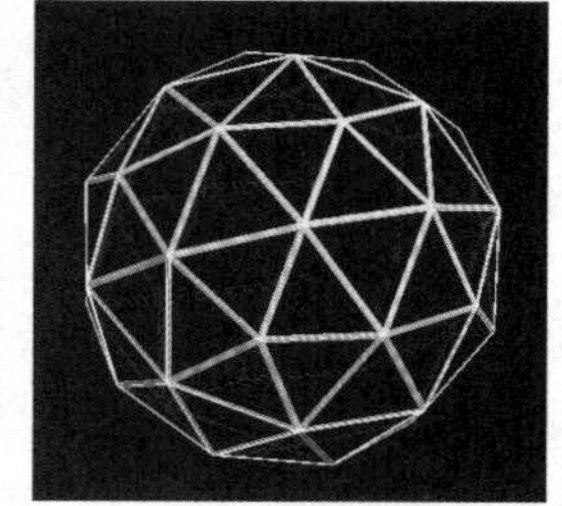

图 6.74　删除多边形后的效果

【步骤 05】连续添加两次“涡轮平滑”修改器，迭代次数默认为 1，如图 6.75 所示。

【步骤 06】添加“球形化”修改器，如图 6.76 所示。

【步骤 07】添加“壳”修改器，如图 6.77 所示。

【步骤 08】添加“涡轮平滑”修改器，迭代次数默认为 1。

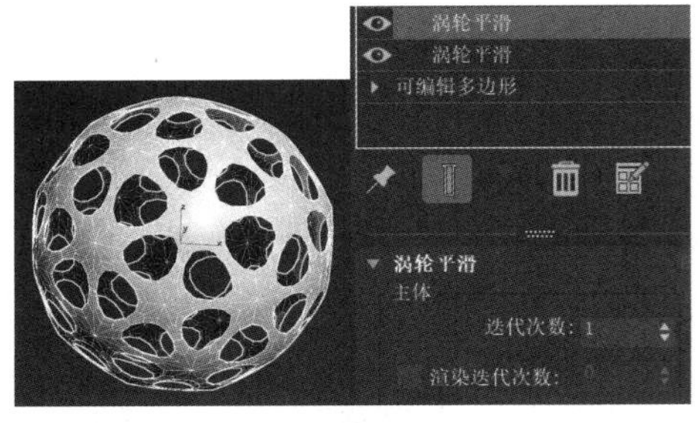

图 6.75 添加“涡轮平滑”修改器

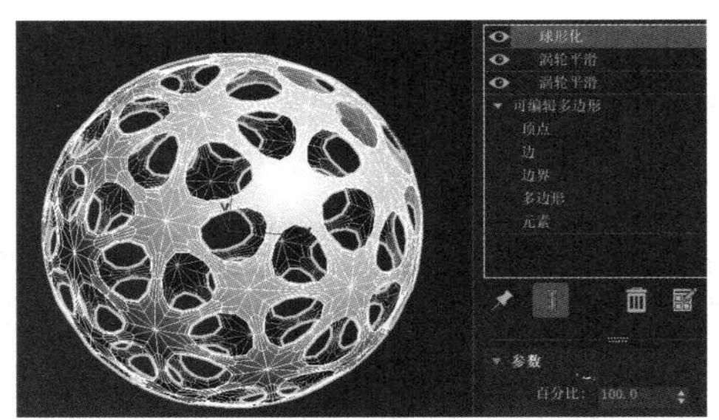

图 6.76 添加“球形化”修改器

【步骤 09】添加“专业优化”修改器，在“优化级别”卷展栏中，将“顶点”左侧数值框中的数值设置为 30.0，勾选“保持纹理”复选框，如图 6.78 所示。

【步骤 10】创建灯、灯杆等模型。球形吊灯模型的最终效果如图 6.79 所示。

图 6.77 添加“壳”修改器

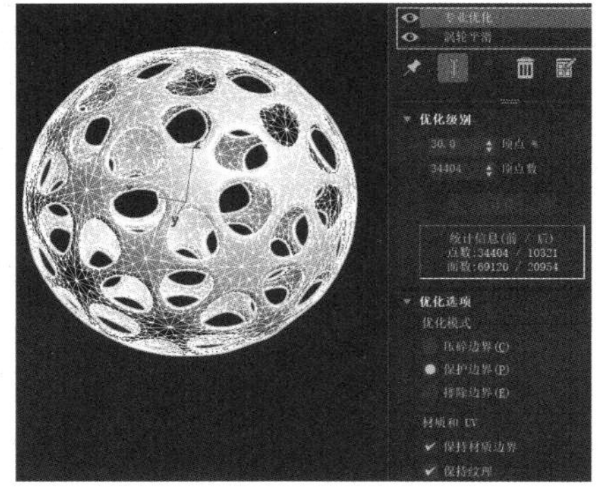

图 6.78 添加“专业优化”修改器

图 6.79 球形吊灯模型的最终效果

6.2.14 “晶格”修改器

“晶格”修改器可以使网格模型的网格显示为线框，去掉所有的表面，将所有的边当作支柱，把所有的顶点转换为节点造型。“几何体”选区用于设置修改器是作用于整体还是只作用于边或顶点。在“支柱”选区中不仅可以设置支柱的半径、分段、边数和材质 ID，还可以设置忽略隐藏边、末端封口和光滑。在“节点”选区中，可以设置节点的类型，以及节点的半径、分段和材质 ID 等。

练一练：纸篓模型

【步骤 01】在顶视图中创建一个圆柱体，如图 6.80 所示。

【步骤 02】给圆柱体添加一个“锥化”修改器，设置锥化数量为 0.3，使圆柱体呈锥体形状，如图 6.81 所示。

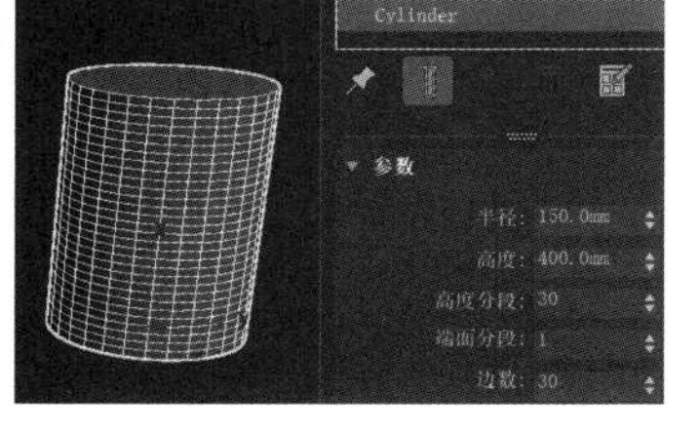

图 6.80 创建圆柱体

【步骤 03】将圆柱体转化为可编辑多边形，选择“多边形”子对象层级，选择并删除圆柱体的顶面，效果如图 6.82 所示。

【步骤 04】选择“多边形”子对象层级，选择中间的多边形，单击“编辑几何体”卷展栏中的“分离”按钮，在弹出的“分离”对话框中进行设置后，单击“确定”按钮，如图 6.83 所示，将其分离出来。

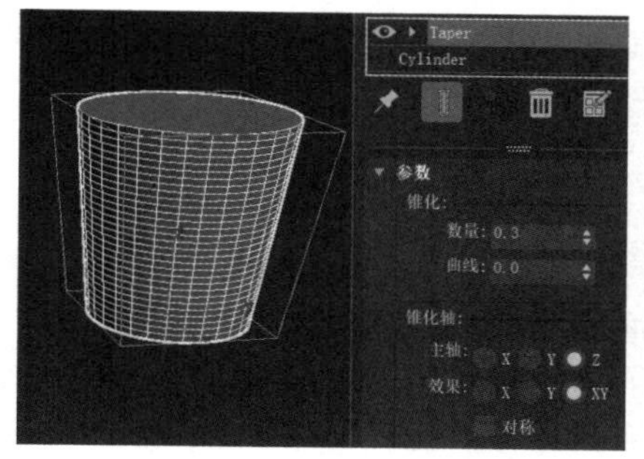

图 6.81　添加“锥化”修改器

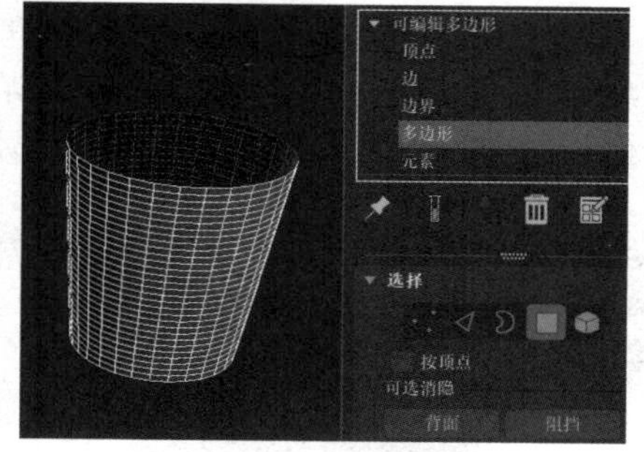

图 6.82　删除顶面后的效果

【步骤 05】选中模型分离出来的部分，给它添加一个“晶格”修改器，在“参数”卷展栏的“支柱”选区中设置半径为 2.0mm，如图 6.84 所示。

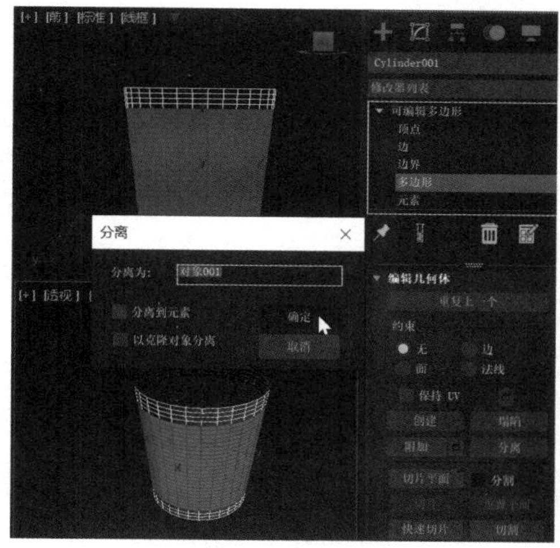

图 6.83　“分离”对话框

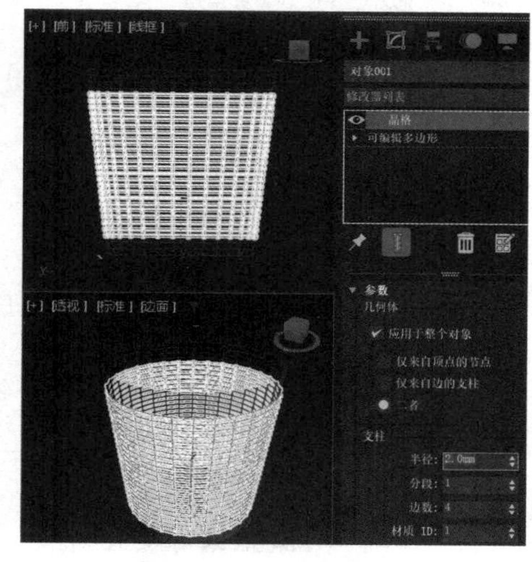

图 6.84　添加“晶格”修改器

【步骤 06】选择模型未分离的部分，给它添加一个“壳”修改器，在“参数”卷展栏中设置内部量为 2.0mm，外部量为 1.0mm。如图 6.85 所示。将模型分离出来的部分和模型未分离的部分结成组，设置材质。纸篓模型的最终效果如图 6.86 所示。

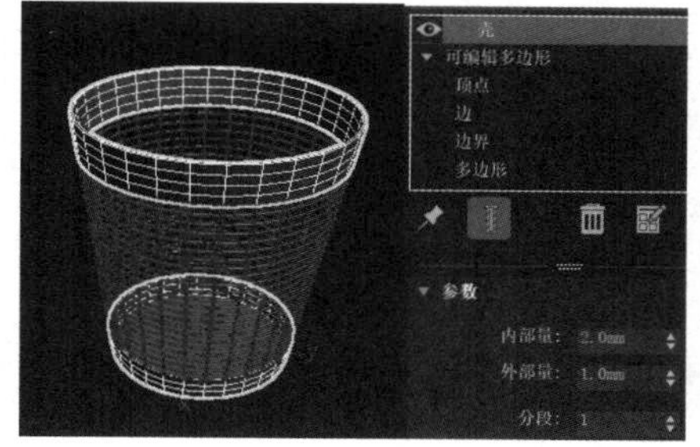

图 6.85　添加“壳”修改器

图 6.86　纸篓模型的最终效果

6.2.15 “置换”修改器

“置换”修改器用于将一个位图图像映射到物体表面，根据图像的灰度值，并利用不同的贴图方式，对物体表面产生变形影响，产生凹凸效果。位图白色部分产生凸起效果，黑色部分产生凹陷效果。该修改器需要较多的分段。

图 6.87　创建平面

练一练：浮雕模型

【步骤 01】创建一个平面，并将“长度分段”和“宽度分段”数值框中的数值设置得大一些，如图 6.87 所示。

【步骤 02】给平面添加“置换”修改器，在“参数”卷展栏的“图像”选区中，单击“位图”下面的按钮，添加如图 6.88 中左图所示的置换图像，并在“置换”选区中设置置换强度，为使模型更加光滑，设置模糊值，如图 6.88 中的右图所示。

【步骤 03】如果图像不能正常显示，则单击“对齐”选区中的“适配”按钮，如图 6.89 中的左图所示。浮雕模型的最终效果如图 6.89 中的右图所示。

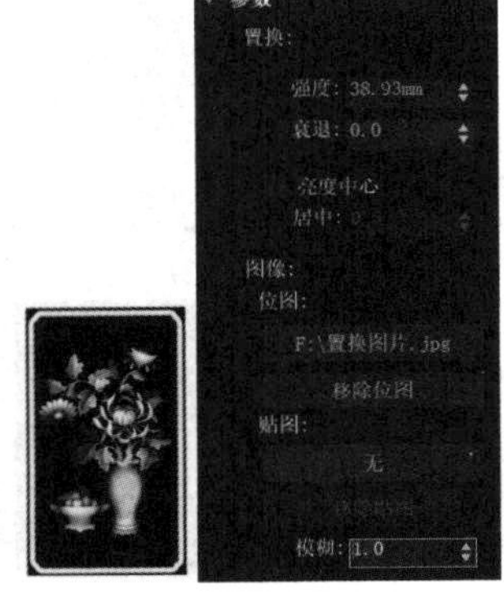

图 6.88　置换图像及“置换”修改器的“参数”卷展栏

图 6.89　“对齐”选区和浮雕模型的最终效果

6.3 FFD（自由形式变形）修改器

FFD（自由形式变形）修改器使用晶格框来包围选中的几何体，通过调整晶格的控制点来更改对象的表面。FFD 修改器根据控制点可以分为“FFD 2×2×2”、“FFD 3×3×3”和“FFD 4×4×4”3 种形式；根据形状可以分为“FFD（长方体）”和“FFD（圆柱体）”两种类型。它们的区别是前三者是固定的点数，后两者可以设定点数。

练一练：苹果模型

【步骤 01】在顶视图中创建一个球体，给该球体添加“FFD（长方体）4×4×4”修改器，如图 6.90 所示。

【步骤 02】选择“控制点”子对象层级，在“FFD 参数”卷展栏的“尺寸”选区中单击“设置点数”按钮，在弹出的“设置 FFD 尺寸”对话框中，设置长度和宽度的点数均为 5，设置高度的点数为 4，如图 6.91 所示。

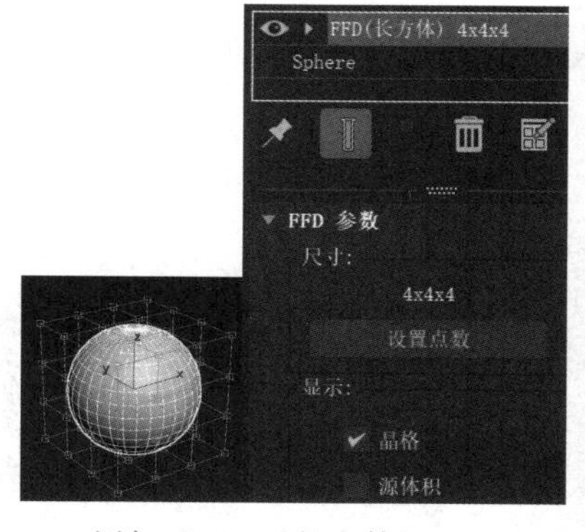

图 6.90　添加“FFD（长方体）4×4×4”修改器

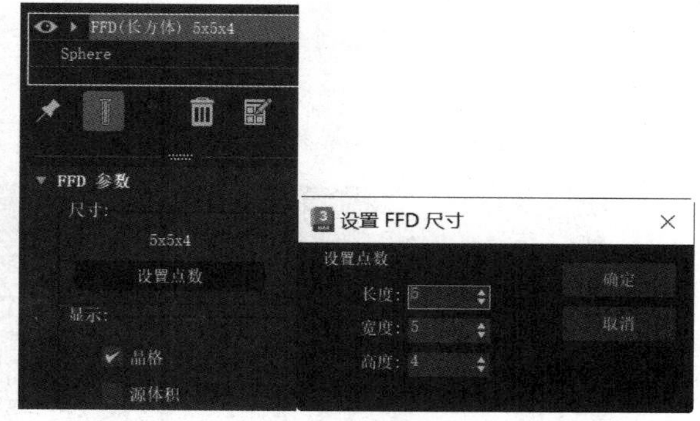

图 6.91　设置点数

【步骤 03】选中场景中模型上部中间的控制点，向下移动，做出苹果上部凹陷效果，如图 6.92 所示。使用相同的操作做出苹果底部凹陷效果。

【步骤 04】选中顶部所有的控制点，进行放大操作，效果如图 6.93 所示。

【步骤 05】选中底部所有的控制点，进行缩小操作，效果如图 6.94 所示。

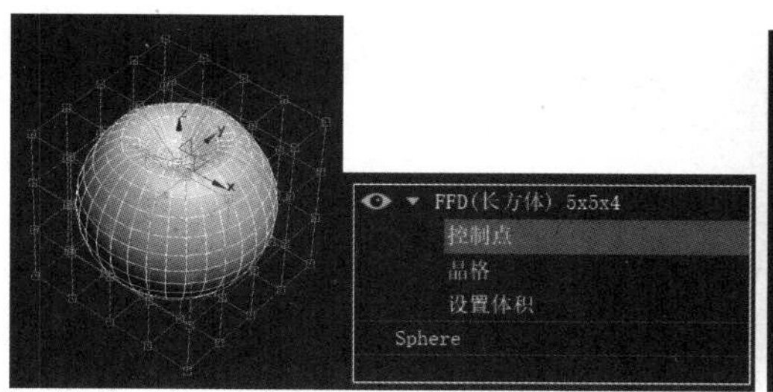

图 6.92　利用控制点调整形状

图 6.93　对模型顶部进行放大操作

图 6.94　对模型底部进行缩小操作

【步骤 06】选中中部的控制点，进行适当调整，如图 6.95 所示。退出“控制点”子对象层级。

【步骤 07】创建苹果把模型。创建一个切角圆柱体，如图 6.96 所示。

【步骤 08】给圆柱体添加“FFD（圆柱体）”修改器，选择“控制点”子对象层级，在“FFD 参数”卷展栏的“尺寸”选区中单击“设置点数”按钮，在弹出的“设置 FFD 尺寸”对话框中，设置侧面、径向、高度的点数分别为 6、3、6，如图 6.97 所示。

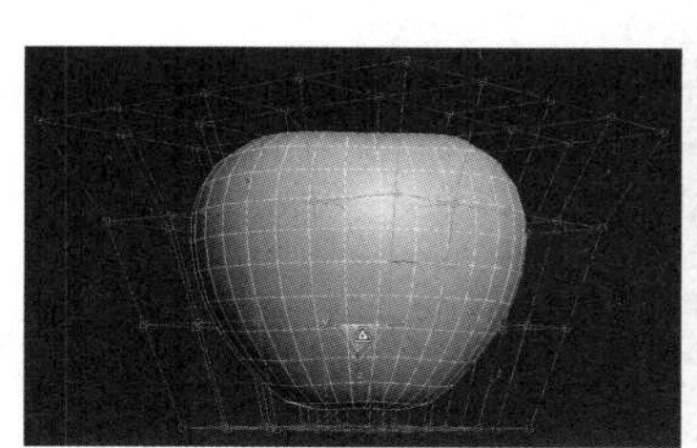

图 6.95　调整中部的控制点

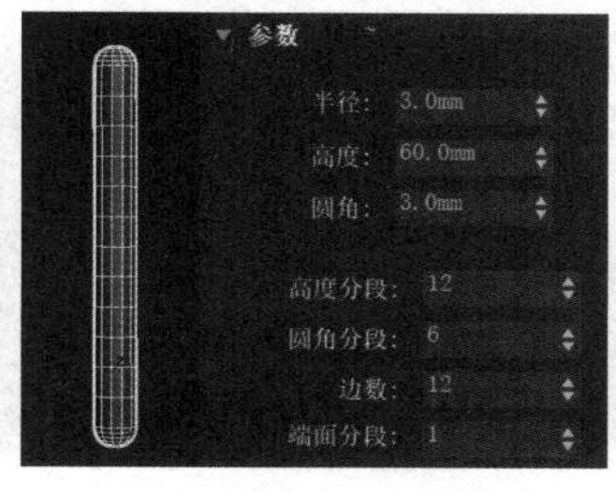

图 6.96　创建切角圆柱体

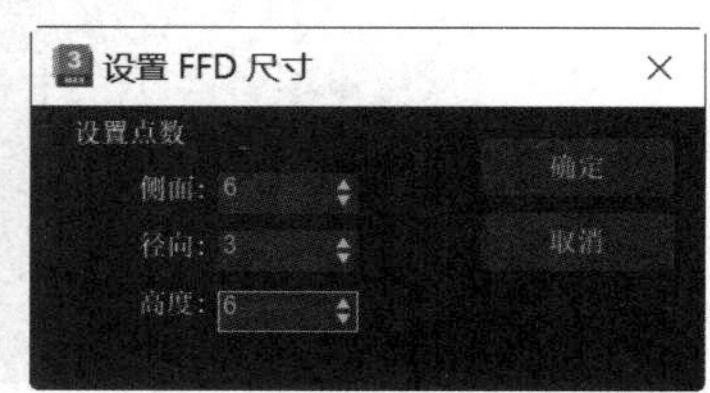

图 6.97　“设置 FFD 尺寸”对话框

【步骤 09】通过选中控制点进行缩小、移动等操作，将圆柱体调整为如图 6.98 所示的形状。

【步骤 10】退出“控制点”子对象层级，给圆柱体添加“弯曲”修改器，调整参数，如图 6.99 所示。

【步骤 11】调整苹果把模型的位置。苹果模型的最终效果如图 6.100 所示。

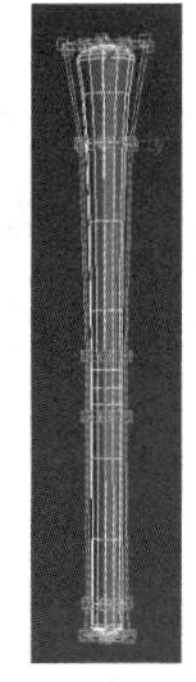

图 6.98　调整圆柱体的形状

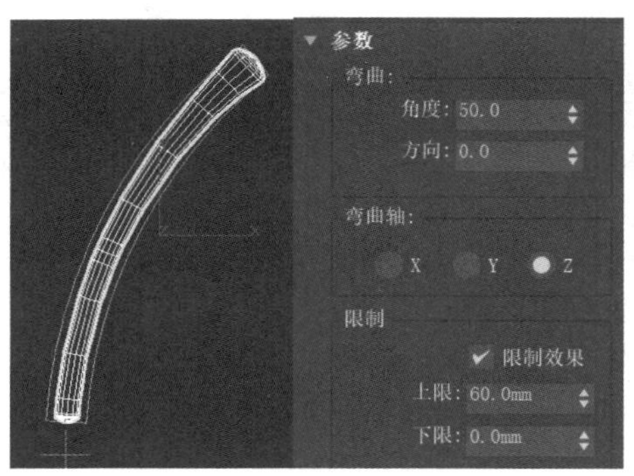

图 6.99　添加“弯曲”修改器

图 6.100　苹果模型的最终效果

6.4　“编辑网格”修改器

3ds Max 模型以点、线、面为基本构成元素，通过给模型添加“编辑网格”修改器，可以对模型的点、线、面进行编辑，从而得到所需的模型。

“编辑网格”修改器有 5 个子对象层级，分别是顶点、边、面、多边形和元素。“编辑网格”修改器可以实现对不同的子对象进行显示、编辑等功能。可以对一组顶点进行缩放操作，对边进行移动、旋转和缩放等操作，对面进行切割、合并和删除等操作。“编辑网格”修改器包含了 3 个卷展栏，分别是“选择”卷展栏、“软选择”卷展栏、“编辑几何体”卷展栏，如图 6.101 所示。

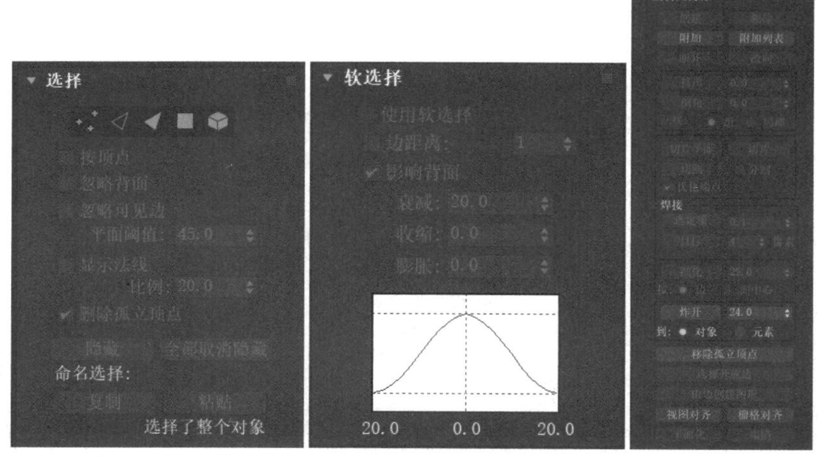

图 6.101　“编辑网格”修改器的卷展栏

1. “选择”卷展栏

“选择”卷展栏用于选择编辑对象的方式，只有选择了编辑对象，有些按钮才处于可用状态。“编辑网格”修改器有“顶点”、“边”、“面”、“多边形”和“元素”5个子对象层级，想要对哪个子对象层级进行操作，必须先选择相应的子对象层级。例如，对“顶点”子对象层级进行操作，在“可编辑多边形”下拉列表中选择“顶点”选项，或者在“选择”卷展栏中单击⁘（顶点）按钮，那么下面进行的操作都是在“顶点”子对象层级中进行的。也可以通过快捷键选择需要操作的子对象层级，“顶点”、“边”、“面”、“多边形”和“元素”子对象层级对应的快捷键分别是1键、2键、3键、4键、5键。

“忽略背面”复选框用于设置是否选择背面的相应对象，如果勾选该复选框，则在选择子对象时，背面的子对象不会被选中。例如，图6.102所示为在勾选“忽略背面”复选框后，在前视图中选择多边形后的效果。

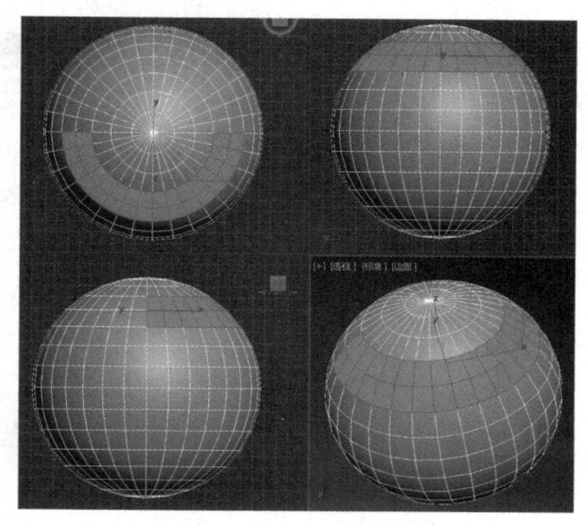

图6.102　勾选“忽略背面”复选框后选择多边形后的效果

2. “软选择”卷展栏

在“软选择”卷展栏中，如果勾选“使用软选择”复选框，则可以在选择编辑某个子对象时，对设定范围内的其他子对象产生相应影响，影响力的大小由该复选框下面的相关参数进行控制。“使用软选择”复选框用于启动和关闭软选择；“衰减”数值框用于设置软选择的影响范围；“收缩”和“膨胀”数值框用于设置对软选择区域内各部分的影响程度，这两个数值框中的数值的调整效果可以从下面的软选择曲线中直接显示。

例如，对一个平面几何体添加“编辑网格”修改器后，在“顶点”子对象层级，按照图6.103中的左图所示进行软选择设置，选择平面中间的一点向上移动后的效果如图6.103中的右图所示。

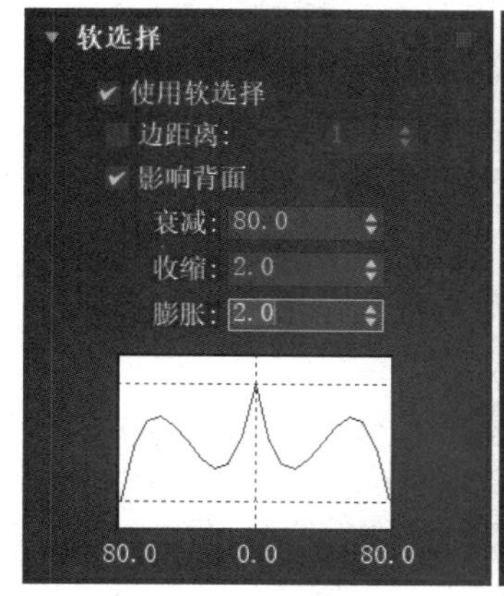

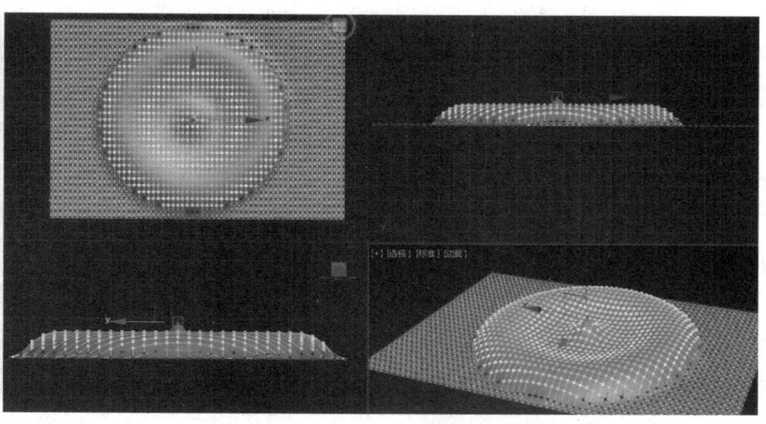

图6.103　进行软选择设置及其效果

3. “编辑几何体”卷展栏

在不同的子对象层级下，“编辑几何体”卷展栏中的一些按钮会呈灰色显示，表示这些按钮在当前子对象层级下不可用。单击“创建”按钮 创建 ，可以在视图中创建子对象（如独立的顶点、面、多边形和元素等），完成之后再次单击该按钮，将其关闭，即可结束操作。单击“删除”按钮 删除 ，可以删除当前选择的子对象，单击该按钮的效果与按键盘上的 Delete 键的效果相同。单击“附加”按钮 附加 ，在视图中的某个物体上单击，即可将其结合到当前网格物体，可以选择多个物体进行结合。单击“分离”按钮 分离 ，打开“分离”对话框，如图 6.104 所示，在“分离为”文本框中可以设置分离对象的名称；如果勾选“分离到元素”复选框，则选中的子对象将分离为当前物体的一个元素级子对象，否则将分离为一个独立的网格物体；如果勾选“作为克隆对象分离”复选框，则以当前选择的子对象的复制物形成新元素或新物体。

选择“顶点”子对象层级，单击“断开”按钮 断开 ，则当前选中的顶点将作为一个断点，将所有与该顶点连接的线从此处断开，每条线都将在此产生一个新的节点。例如，图 6.105 所示为将长方体一角的顶点选中后，单击“断开”按钮 断开 ，重新单击该处节点进行移动后的效果。

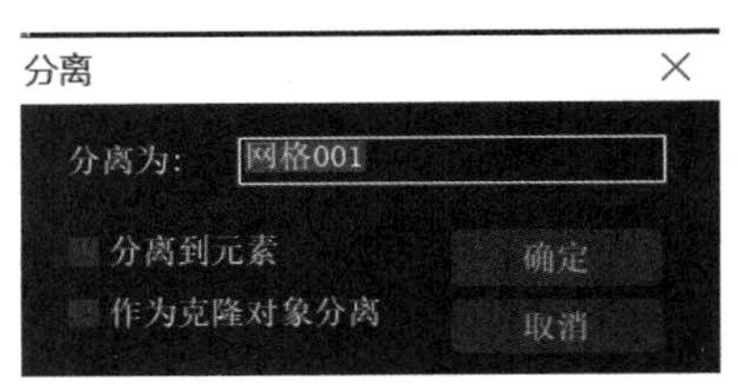

图 6.104 “分离”对话框

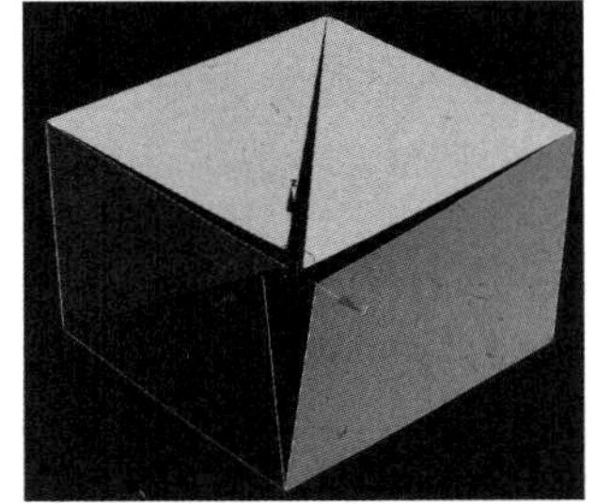

图 6.105 将顶点断开并进行移动后的效果

在除“顶点”子对象层级以外的其他子对象层级中，“断开”按钮 断开 所在的位置显示的是“拆分”按钮 拆分 ，单击该按钮，在视图中的某个子对象上单击，即可对它进行分裂处理，用于产生更多的表面，从而进行编辑。

“挤出”是网格建模中最常用的一种操作命令，利用“挤出”按钮 挤出 可以使当前选定的对象产生向外突出或向内缩进的效果，除了“顶点”子对象层级，该按钮在其他子对象层级下都可应用。给一个圆柱体添加“编辑网格”修改器，在“多边形”子对象层级下，选中该圆柱体顶端的圆面，单击“挤出”按钮 挤出 ，在圆面上按住鼠标左键不放，向上或向下拖动鼠标，即可产生挤出面，效果如图 6.106 所示。也可以在选中多边形之后，单击“挤出”按钮 挤出 ，调整该按钮右侧数值框中的数值，实现挤出效果。

在“顶点”和“边”子对象层级中，“倒角”按钮 倒角 所在的位置显示的是“切角”按钮 切角 ，该按钮用于对选择的面或边进行倒角处理。“倒角”也是一种被广泛应用的编辑命令。例如，图 6.107 所示为对长方体的边进行切角操作后的效果。

“炸开”按钮 炸开 在“面”、“多边形”和“元素”子对象层级中可用。选中某个“面”或“多边形”子对象，单击该按钮，则可以将当前选择的对象打散。如果在单击“炸开”按钮 炸开 之前选中了“对象”单选按钮，则打散的面将分离出当前物体产生独立的新对象；如果在单击“炸开”按钮之前选中了“元素”单选按钮，则打散的面将成为当前物体的新的独立元素。单击“炸开”按钮产生的分离面只有在移动对象后才可以看到，炸开效果如图 6.108 所示。

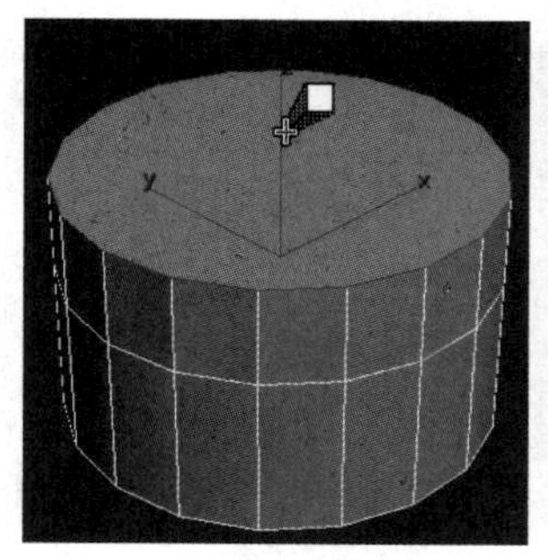

图 6.106 挤出效果

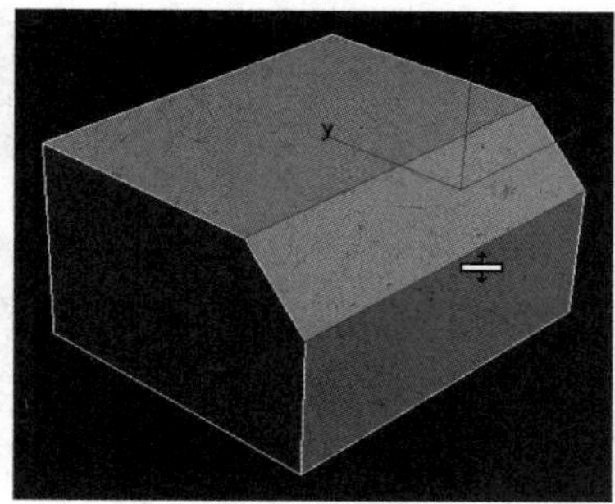

图 6.107 对长方体的边进行切角操作后的效果

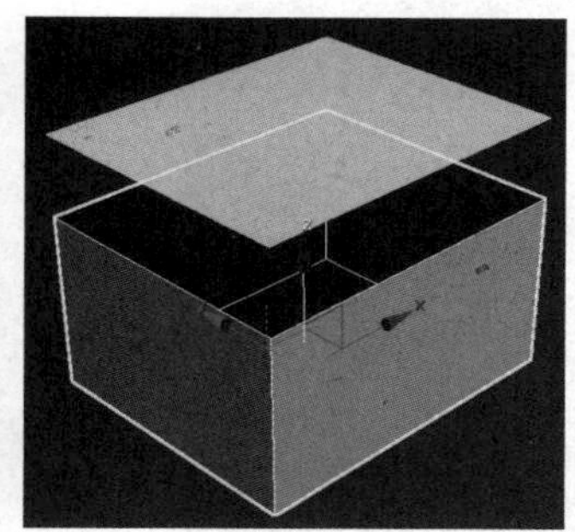

图 6.108 炸开效果

练一练：足球模型

【步骤 01】在扩展基本体创建面板中单击“异面体”按钮，在顶视图中创建一个异面体，设置其半径为 60.0cm，在“系列”选区内选中“十二面体 / 二十面体”单选按钮，在“系列参数”选区内设置“P”数值框中的数值为 0.37，效果如图 6.109 所示。

【步骤 02】单击 （修改）按钮，打开“修改”命令面板，单击“修改器列表”下拉按钮，在弹出的修改器下拉列表中选择“编辑网格”选项，进入网格编辑状态。

【步骤 03】单击“选择”卷展栏中的 （多边形）按钮，进入“多边形”子对象层级的编辑状态。使用 Ctrl+A 组合键全选异面体的多边形子对象。

【步骤 04】在“编辑几何体”卷展栏中，选中“炸开”按钮下的“元素”单选按钮，然后单击“炸开”按钮，在弹出的“炸开”对话框中进行设置，如图 6.110 所示，单击“确定”按钮，即可把异面体的所有多边形面进行分离。

【步骤 05】退出“多边形”子对象层级。单击“修改器列表”下拉按钮，在弹出的修改器下拉列表中选择“网格平滑”选项，添加“网格平滑”修改器，在“细分方法”卷展栏中设置细分方法为“四边形输出”，如图 6.111 所示，其他采用默认设置。

【步骤 06】单击“修改器列表”下拉按钮，在弹出的修改器下拉列表中选择“球形化”选项，添加“球形化”修改器，如图 6.112 所示。

【步骤 07】单击“修改器列表”下拉按钮，在弹出的修改器下拉列表中选择“体积选择”选项，添加“体积选择”修改器，在“参数”卷展栏中选择“面”层级，如图 6.113 所示。

【步骤 08】添加一个“面挤出”修改器，设置数量为 1.0，如图 6.114 所示。

【步骤 09】再次添加一个“网格平滑”修改器，在“细分方法”卷展栏中设置细分方法为“四边形输出”，如图 6.115 所示。这样，足球模型就制作完成了。

【步骤 10】打开“材质编辑器”窗口，选择一个空白的材质示例球，设置为多维 / 子对象材质，设置数量为 2，分别设置足球的五边形面和六边形面的材质 ID，如图 6.116 中的左图所示。赋予材质后即可渲染出图了。足球模型的最终效果如图 6.116 中的右图所示。

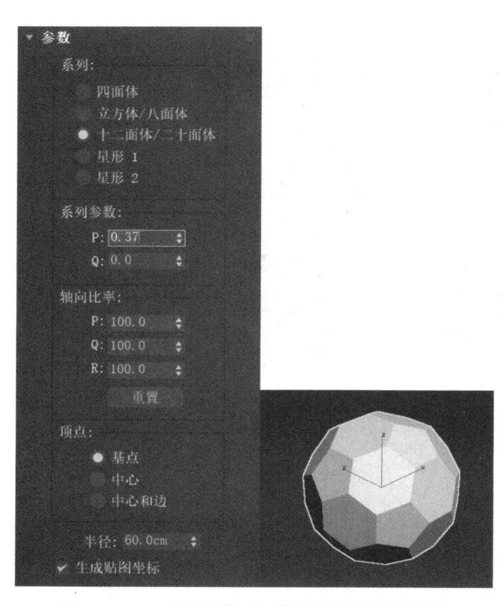

图 6.109　异面体的参数设置及效果

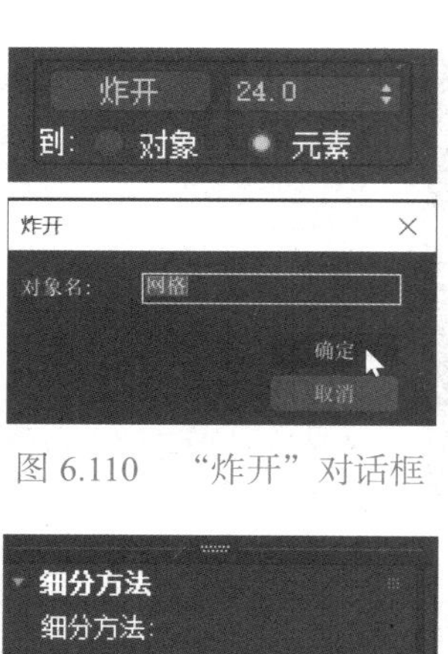

图 6.110　“炸开”对话框

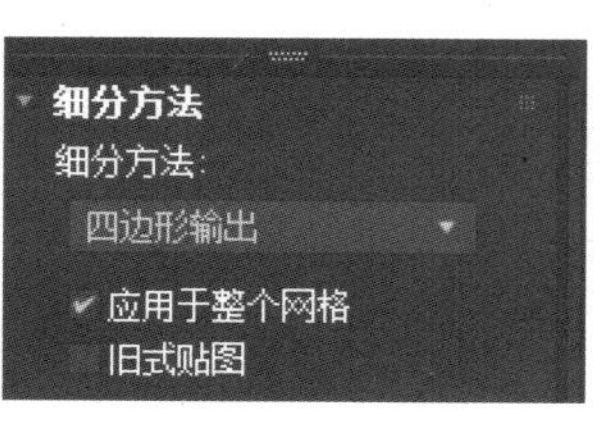

图 6.111　设置细分方法

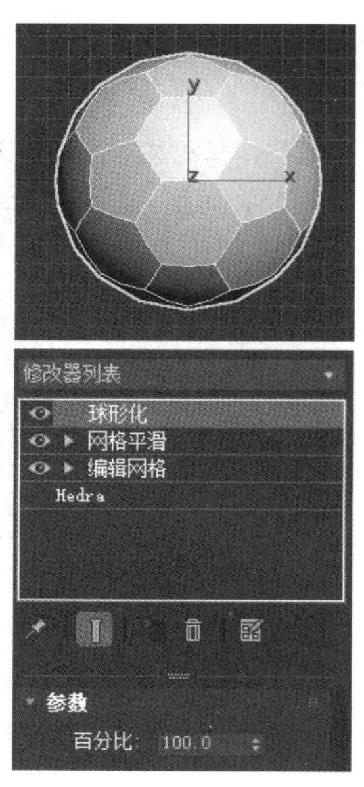

图 6.112　添加“球形化”修改器

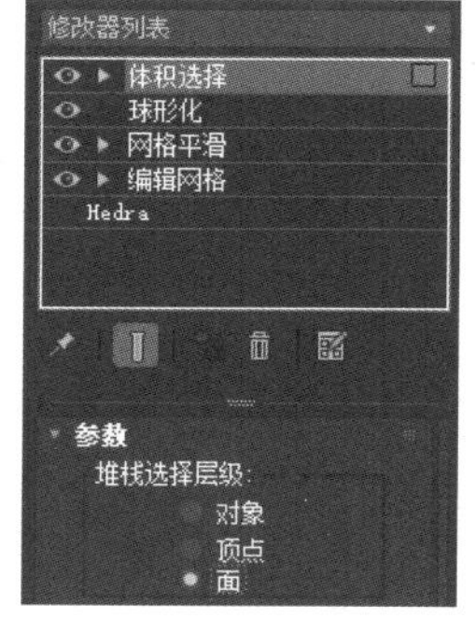

图 6.113　添加“体积选择”修改器和选择“面”层级

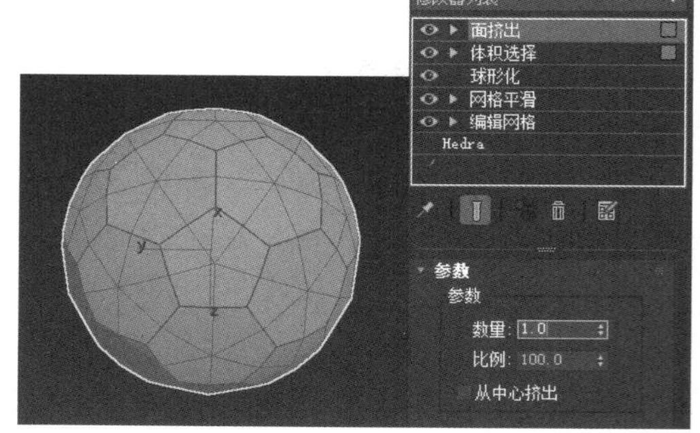

图 6.114　添加“面挤出”修改器

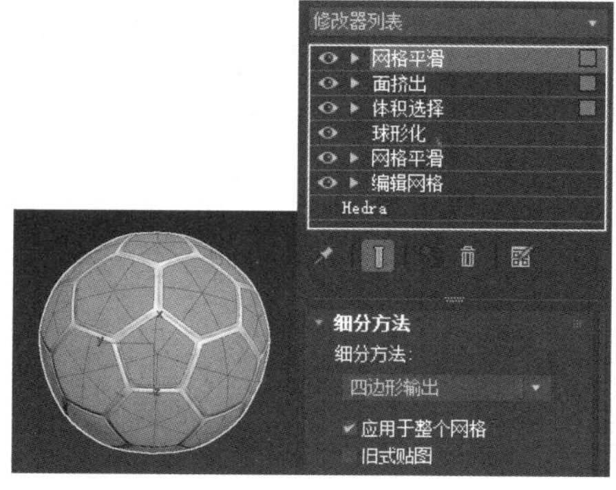

图 6.115　再次添加“网格平滑”修改器

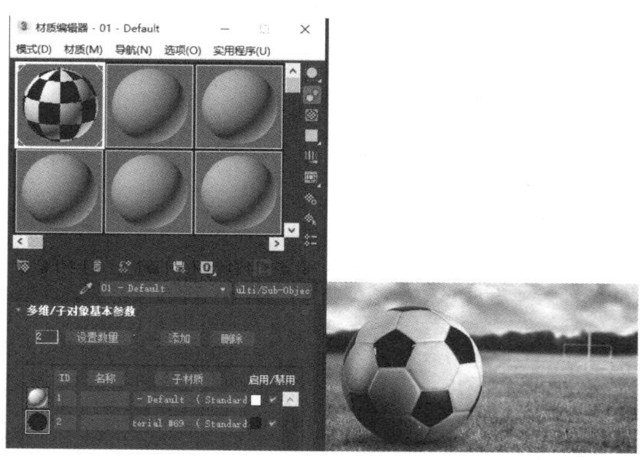

图 6.116　赋予材质及足球模型的最终效果

6.5　“法线”修改器

在 3ds Max 中，每个三维模型都有正反两面，而在默认状态下，模型的反面是不可见的。3ds Max 在模型每个面的正面建立了一条垂直线，垂直线的方向决定了模型正面的朝向，当它们向外时，模型的正面便向外；当它们向内时，模型的正面便向内。这些控制模型表面方向的线被称为法线。在制作模型时，很可能遇到模型每个面的法线方向不一致的情况，也就是说，模型的正面有的朝外、有的朝内，这时便可以使用“法线”修改器将它们的法线方向统一起来。另外，在为模型指定材质时，除非是双面材质，否则材质的效果只在模型的正面表现出来。如果想要控制材质的显示方向，则也可以通过调整法线的方向来达到目的，如图 6.117 所示。

图 6.117　法线翻转效果

6.6　“对称”修改器

“对称”修改器在构建角色模型、船只或飞行器时特别有用。例如，图 6.118 所示为对一个茶壶添加“对称”修改器后，将镜像子对象沿 *X* 轴移动后的效果。选择不同的镜像轴，对称效果也不同。

图 6.118　对一个茶壶添加“对称”修改器后的效果

6.7　可编辑网格

在任意一个对象上右击，在弹出的快捷菜单中选择“转换为：”子菜单中的“转换为可编辑网格”命令，即可将该对象转换为一个可编辑的网格对象，在修改器堆栈中显示为“可编辑网格”，对象原有的参数以及对它所施加的其他修改将在修改器堆栈中完全消失，不能再返回原对象层级进行修改。单击“可编辑网格”左侧的“+”按钮，同样可以展开它的子对象层级，可以选择不同的子对象层级进行编辑，它的编辑方法与应用“编辑网格”修改器完全相同。这种方式可以减少操作的运算量，大大节省系统资源，在模型输出时十分必要。

任务实施：制作球形转椅模型

1. 制作椅座模型

【步骤 01】在顶视图中创建一个长方体，并命名为“椅座”，如图 6.119 所示。

【步骤 02】给长方体添加“编辑网格”修改器，按 4 键切换到“多边形”子对象层级，选择并删除上面和前面的多边形，效果如图 6.120 所示。

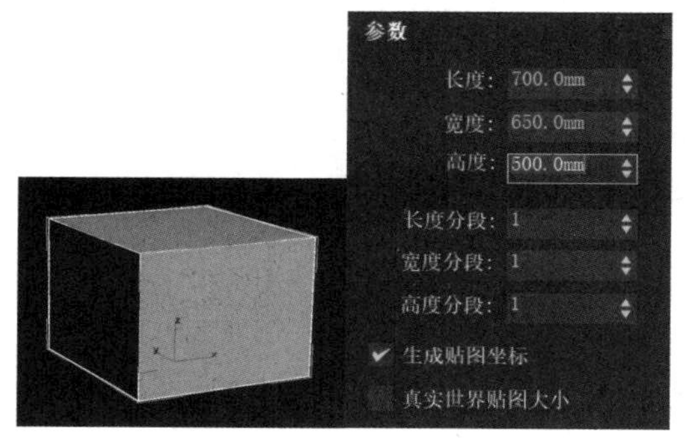

图 6.119　创建长方体

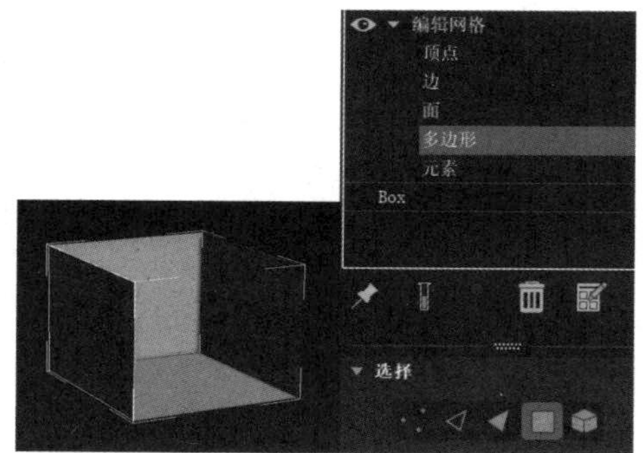

图 6.120　删除上面和前面的多边形后的效果

【步骤 03】为椅座模型添加“涡轮平滑”修改器，将迭代次数设置为 2，如图 6.121 所示。

【步骤 04】为椅座模型添加“编辑网格”修改器，按 1 键切换到“顶点”子对象层级，通过移动等操作调整模型的形状，如图 6.122 所示。

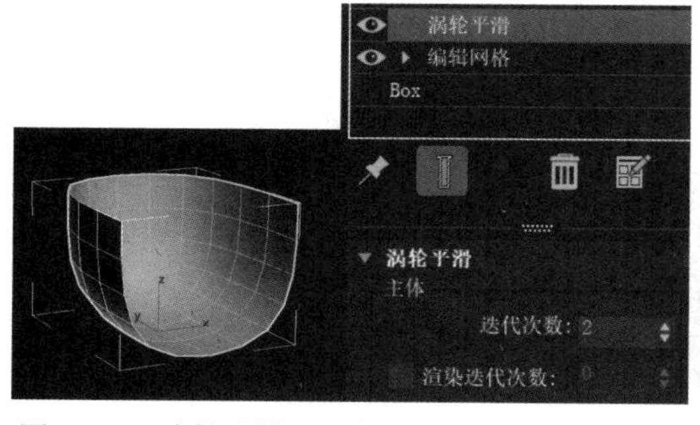

图 6.121　为椅座模型添加“涡轮平滑”修改器

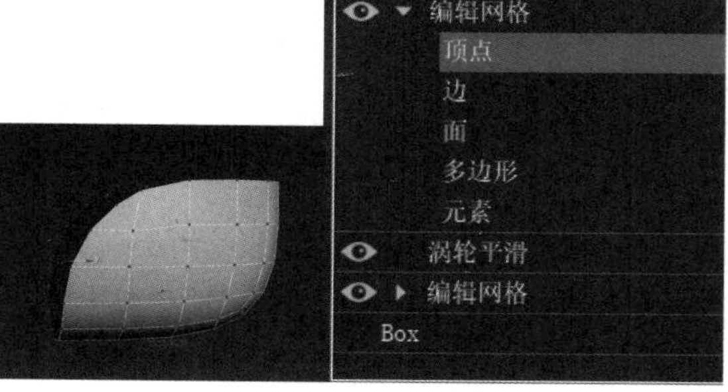

图 6.122　为椅座模型添加“编辑网格”修改器

【步骤 05】退出“顶点”子对象层级，为椅座模型添加“球形化”修改器，调整“百分比”数值框中的数值，如图 6.123 所示。

【步骤 06】移动复制出两个模型，并分别命名为“坐垫”和“内衬”，隐藏备用。例如，图 6.124 所示为复制坐垫模型时的“克隆选项”对话框中的设置内容。

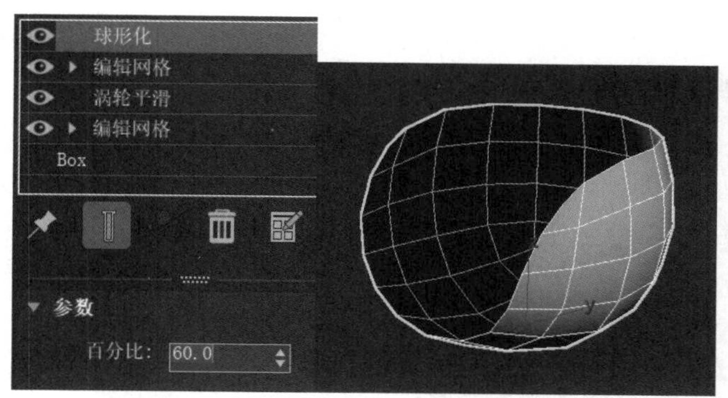

图 6.123　为椅座模型添加“球形化”修改器

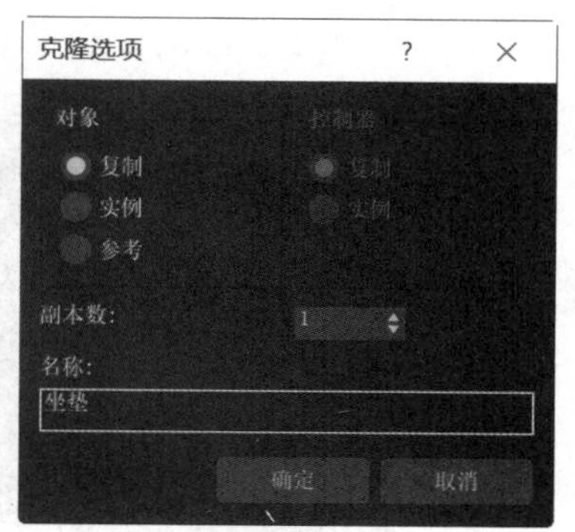

图 6.124　复制坐垫模型时的“克隆选项”对话框

【步骤 07】为椅座模型添加“壳”修改器，设置外部量为 30.0mm，如图 6.125 所示。

【步骤 08】再次为椅座模型添加“涡轮平滑”修改器，设置迭代次数为 2，如图 6.126 所示。

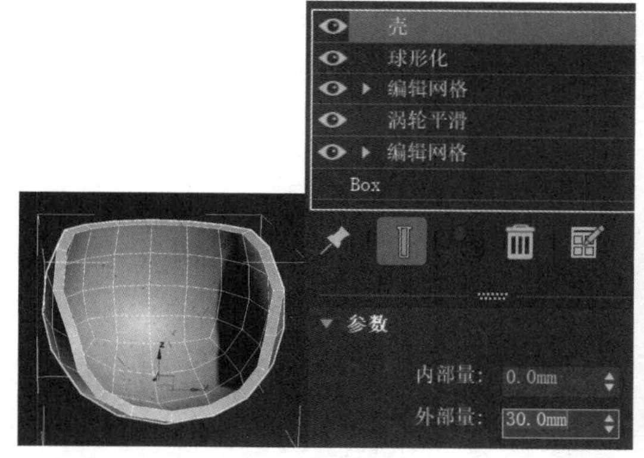

图 6.125　为椅座模型添加“壳”修改器

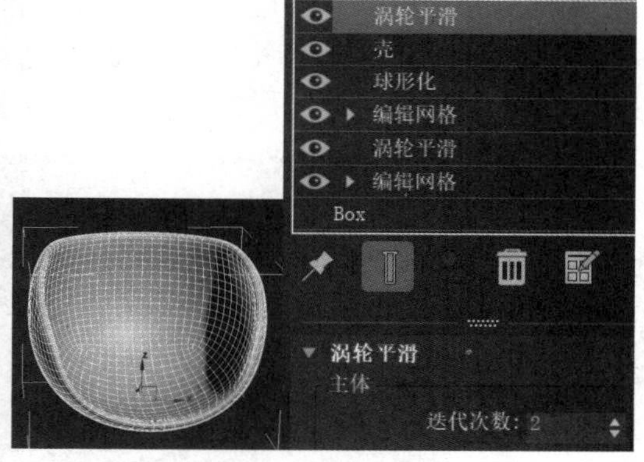

图 6.126　再次为椅座模型添加“涡轮平滑”修改器

【步骤 09】下面制作内衬模型。将步骤 06 中复制出的内衬模型取消隐藏，为该模型添加“壳”修改器，设置内部量为 10.0mm，如图 6.127 所示，然后为该模型添加“涡轮平滑”修改器，设置迭代次数为 1，如图 6.128 所示。

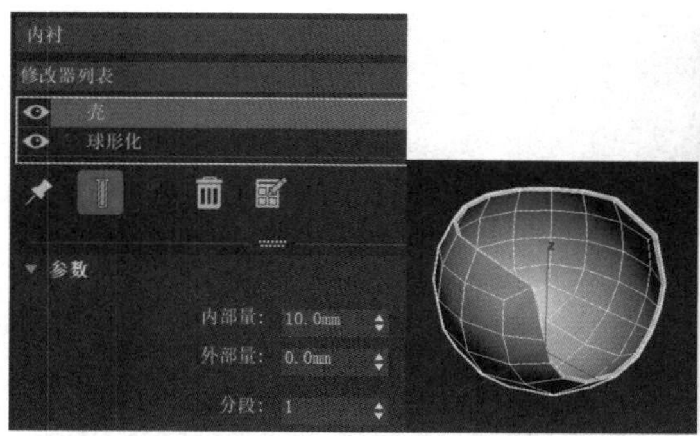

图 6.127　为内衬模型添加“壳”修改器

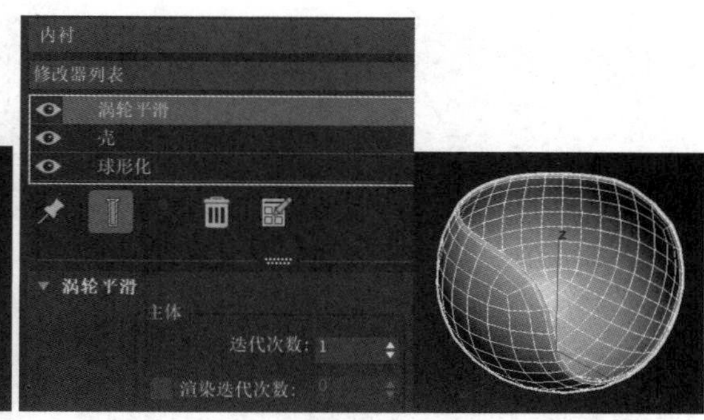

图 6.128　为内衬模型添加“涡轮平滑”修改器

【步骤 10】下面制作椅子腿模型。在前视图中创建样条线，如图 6.129 所示。

【步骤 11】为样条线添加“车削”修改器，效果如图 6.130 所示。

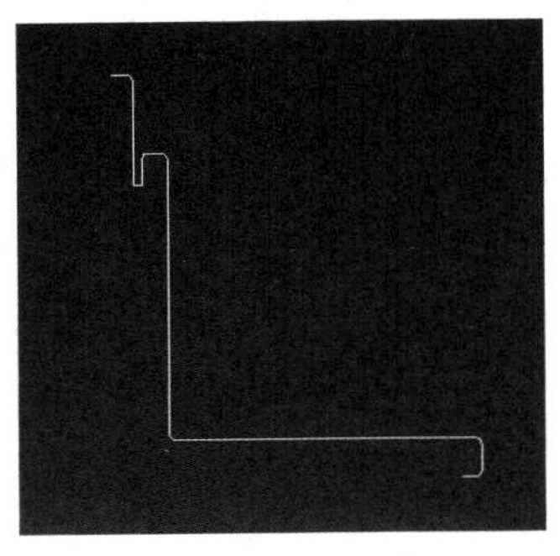

图 6.129　创建样条线

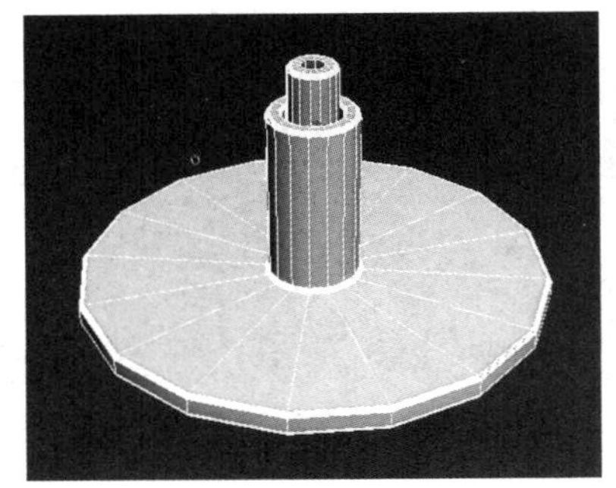

图 6.130　为样条线添加“车削”修改器后的效果

【步骤 12】为椅子腿模型添加“涡轮平滑”修改器，如图 6.131 所示。

2. 制作坐垫模型

【步骤 01】将前面“制作椅座模型”部分的步骤 06 中复制出的坐垫模型取消隐藏，并为该模型添加“编辑网格”修改器，切换到“多边形”子对象层级，选择如图 6.132 中左图所示的红色部分多边形并进行删除，删除后剩余的多边形如图 6.132 中的右图所示。

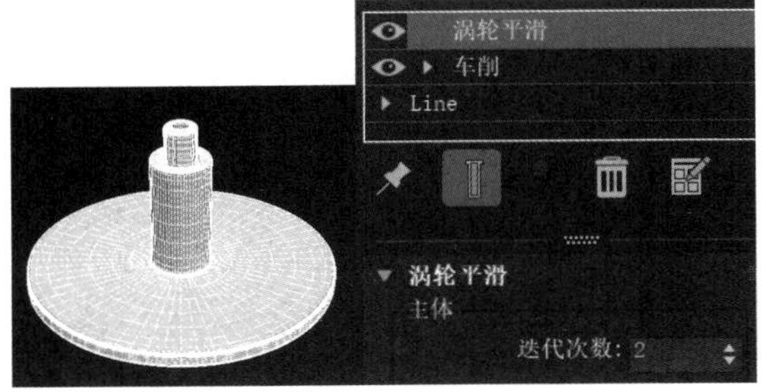

图 6.131　为椅子腿模型添加“涡轮平滑”修改器

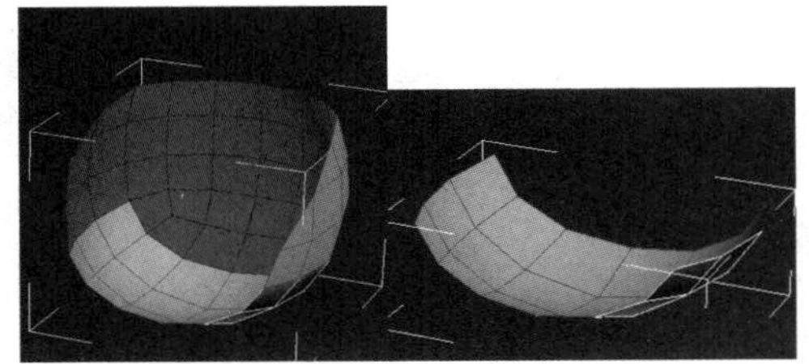

图 6.132　选择并删除多边形

【步骤 02】为坐垫模型添加“壳”修改器，设置内部量为 80.0mm，如图 6.133 所示。

【步骤 03】为坐垫模型添加“涡轮平滑”修改器，设置迭代次数为 2，如图 6.134 所示。

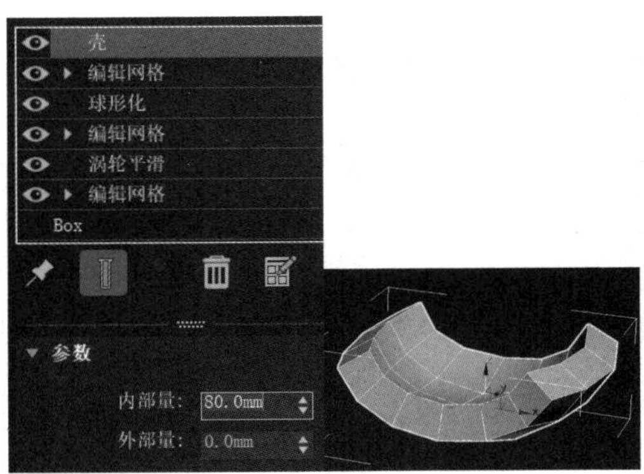

图 6.133　为坐垫模型添加“壳”修改器

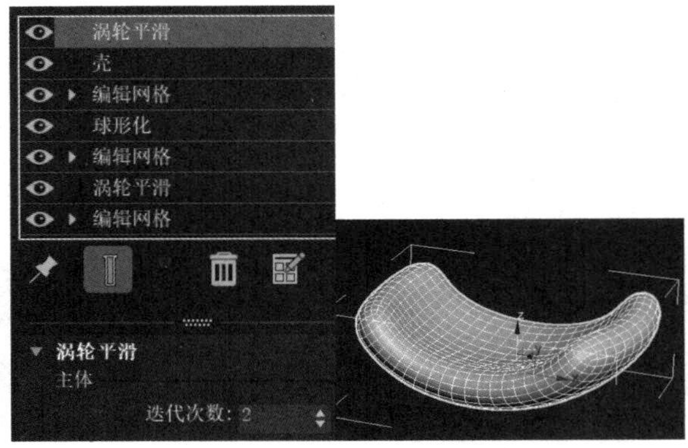

图 6.134　为坐垫模型添加“涡轮平滑”修改器

3. 制作靠垫模型

【步骤 01】下面制作靠垫模型。在顶视图中创建一个长方体，如图 6.135 所示。

【步骤 02】为长方体添加“涡轮平滑”修改器，如图 6.136 所示。

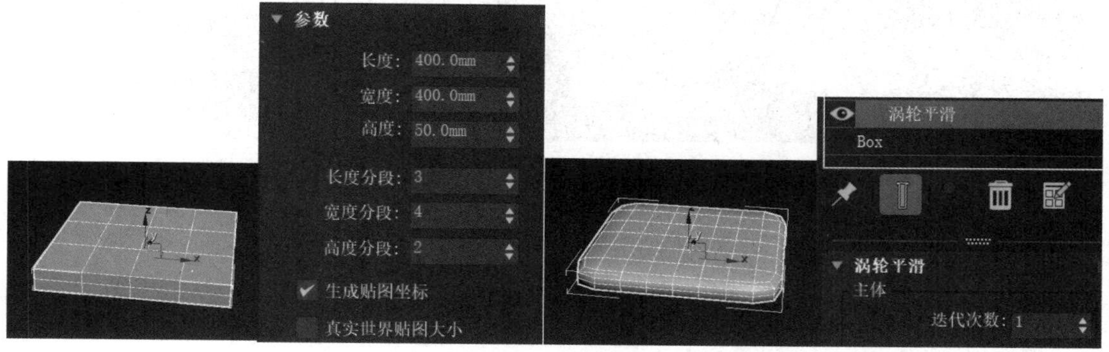

图 6.135　创建长方体　　图 6.136　为长方体添加“涡轮平滑”修改器

【步骤 03】为长方体添加“Cloth”修改器，将重力设置为 0.0，如图 6.137 所示。

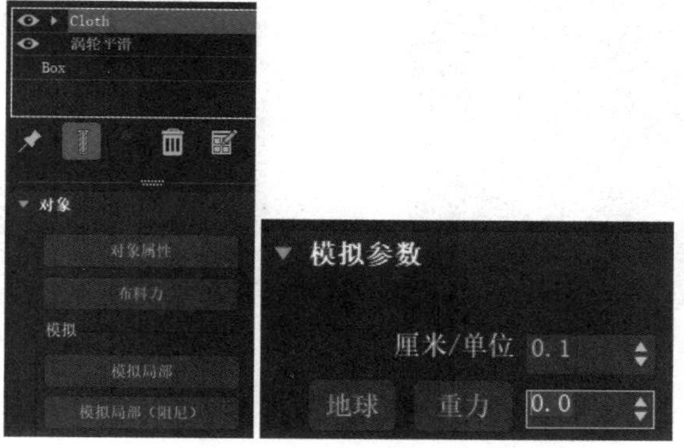

图 6.137　为长方体添加“Cloth”修改器

【步骤 04】单击“对象”卷展栏中的“对象属性”按钮，在弹出的“对象属性”对话框中选择创建的长方体，选中“布料”单选按钮，将压力值设置为 10.0，如图 6.138 所示。

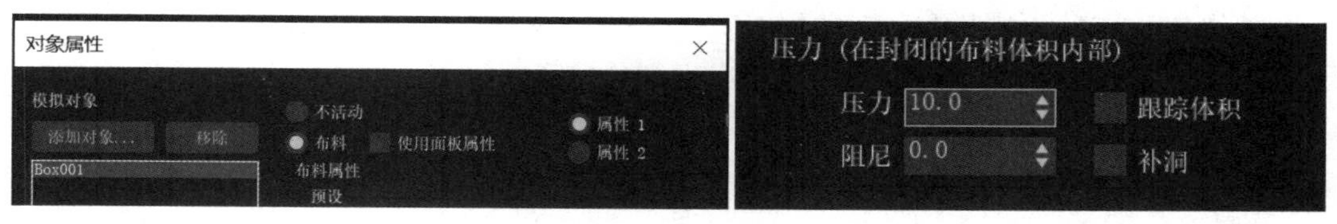

图 6.138　设置对象属性

【步骤 05】单击“对象”卷展栏中的“模拟局部（阻尼）”按钮，如图 6.139 中的左图所示，效果如图 6.139 中的右图所示，再次单击该按钮结束模拟。

【步骤 06】调整各个模型的位置，球形转椅模型的最终效果如图 6.140 所示。

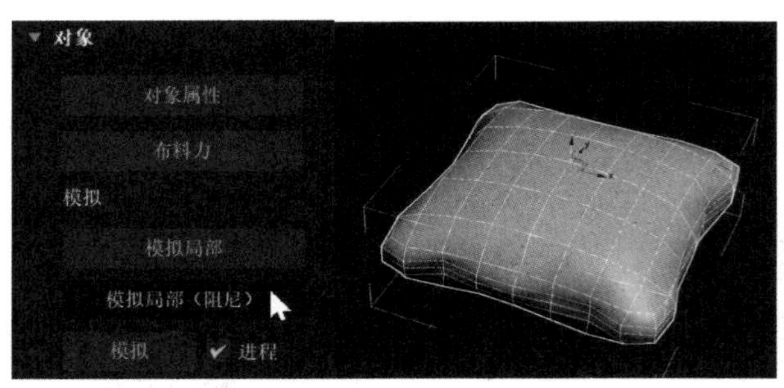

图 6.139　单击“模拟局部（阻尼）”按钮及效果

图 6.140　球形转椅模型的最终效果

任务拓展

1. 制作如图 6.141 所示的帐篷模型。
2. 制作如图 6.142 所示的异形屋顶模型。

图 6.141　帐篷模型

图 6.142　异形屋顶模型

课后思考

1. 常见的参数化修改器有哪几种？如何应用？
2. 利用 FFD 修改器设计与制作一种变形效果。
3. 网格物体分为哪几个子对象层级？
4. 如何进行网格物体多边形面的挤出、细分操作？

单元 7

可编辑多边形建模——制作火箭模型

3ds Max 提供了强大的模型修改功能，我们通常先创建基本模型，然后对模型进行修改，最终完成整个模型。通过将模型转换为可编辑多边形，可以对模型的点、线、面进行操控，以实现对模型的修改，如果再结合其他修改器，则可以完成复杂模型的创建工作。

图 7.1　火箭模型制作完成后的效果

工作任务

完成火箭模型的制作，效果如图 7.1 所示。

任务描述

利用可编辑多边形建模的基本方法和技巧完成火箭模型的制作。

任务目标

- 能够根据模型制作和修改要求选择合适的子对象层级。
- 能够熟练使用 “顶点”、“边”、“边界”、“多边形” 和 “元素” 等子对象层级的操作命令。
- 能够熟练运用可编辑多边形建模的方法和技巧进行建模。
- 能够参照任务实施完成操作任务。

任务资讯

7.1　“编辑多边形”修改器和可编辑多边形

“编辑多边形”修改器的建模对象是几何体，也可以将二维图形及其他对象转换为“可编辑多边形”对象，然后通过编辑子对象进行建模。

在视图内选中物体，在 “修改” 命令面板中单击 “修改器列表” 下拉按钮，在弹出的修改器下拉列表中选择 “编辑多边形” 选项，可以给选中的物体添加 “编辑多边形” 修改器，如图 7.2 所示。在视图内选中的物体上右击，在弹出的快捷菜单中选择 “转换为：” 子菜单中的“转换为可编辑多边形”命令，如图 7.3 中的左图所示，或者在修改器堆栈中右击，在弹出的快捷菜单中选择“可编辑多边形”命令，如图 7.3 中的右图所示，都可以将选中的物体转换为可编辑多边形。与添加“编辑多边形”修改器不同的是，在将模型转换为可编辑多边形后，修改器下拉列表也将塌陷，原对象所有的操作历史会从堆栈中消失，如图 7.4 所示。

图 7.2　添加“编辑多边形”修改器

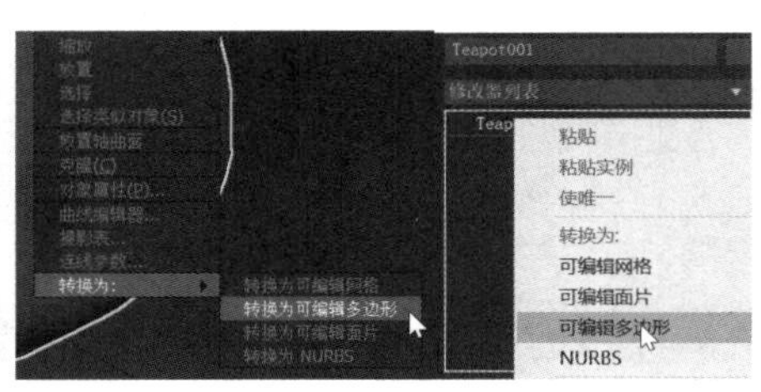

图 7.3　选择将模型转换为可编辑多边形的命令

图 7.4　塌陷的修改器下拉列表

在将一个模型转换为可编辑多边形之后，我们就能对模型的点、线、面进行修改了。这种修改包括平移、旋转和缩放，当然还可以增加或减少点、线和面。这些操作都可以通过不同的命令来完成，在命令面板的下方就有很多命令可以使用。

“编辑多边形”和“可编辑多边形”两者在建模方式上类似，“编辑多边形”是一个修改器，可以起到“可编辑多边形”的大部分功能，但是对对象的所有改变都存储在修改器的缓冲区中，一旦删除这个修改器，几何体又恢复到初始结构。

7.2　可编辑多边形的卷展栏

可编辑多边形有“顶点”、“边”、“边界”、“多边形”和“元素”5 个子对象层级，想要对哪个子对象层级进行操作，必须先选择相应的子对象层级。例如，对“顶点”子对象层级进行操作，在“可编辑多边形”下拉列表中选择“顶点”选项，如图 7.5 所示，或者在“选择”卷展栏中单击（顶点）按钮，如图 7.6 所示。同样地，“边”选项对应（边）按钮，“边界”选项对应（边界）按钮，“多边形”选项对应（多边形）按钮，“元素”选项对应（元素）按钮。也可以通过快捷键选择需要操作的子对象层级，“顶点”、“边”、“边界”、“多边形”和“元素”子对象层级对应的快捷键分别是 1 键、2 键、3 键、4 键、5 键。无论切换到哪个子对象层级，下面进行的操作都是在该子对象层级中进行的。例如，在“边”子对象层级中，单击或框选物体的任意边，进行删除操作，那么选中的边就会被删除。

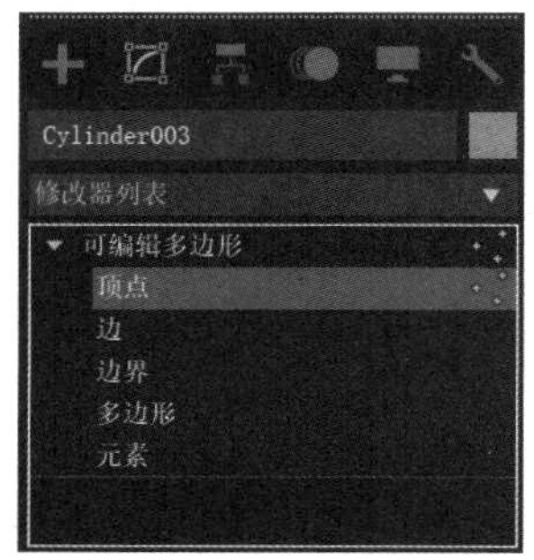

图 7.5　选择“顶点”选项

图 7.6　“选择”卷展栏

7.2.1　“选择”卷展栏

当选择某个子对象层级时，对应的模型的相应部分就可以进行选择。例如，如果选择“顶点”子对象层级，则模型中的点就能够显示出来供我们选择并修改。“边”、“边界”、“多边形”和“元素”子对象层级也是一样的道理。“选择”卷展栏（见图 7.6）是通过单击按钮的方式来选择编辑对象的子对象层级的。如果单击“可选消隐”选区中的“背面”按钮，则在选择“顶点”、“边”、“边界”、“多边形”和“元素”等子对象时，背面的“顶点”等子对象就不会被选中。

“收缩”按钮 收缩 用于对当前选择的子对象进行由外围向内的收缩选择，减少选择的子对象的数量；“扩大”按钮 扩大 用于对当前选择的子对象进行向外围扩展的选择，增加当前选择的子对象的数量；“环形”按钮 环形 只应用于“边”子对象层级，单击该按钮，与当前选中边平行的边也会被选择；“循环”按钮 循环 应用于“边界”和“边”子对象层级，单击该按钮，可以将与当前选中边方向一致的所有边加入选择集。

7.2.2　“编辑”卷展栏

选择不同的子对象层级，下面对应的命令面板也会产生变化，“修改”命令面板中会相应增加一个该子对象的“编辑”卷展栏。例如，选择“顶点”子对象层级，则该卷展栏为“编辑顶点”卷展栏；选择“多边形”子对象层级，则该卷展栏又变为“编辑多边形”卷展栏。不同的子对象层级对应的卷展栏如图 7.7 所示。不同的子对象层级的编辑命令不同，有的命令只能用于某一种子对象层级。

图 7.7　不同的子对象层级对应的卷展栏

7.3　“顶点”参数面板中的常用命令

7.3.1　“软选择”卷展栏

通过对顶点的一些操作，可以制作山脉、丘陵等模型。下面制作如图 7.8 所示游戏场景中的山地模型。

练一练：山地模型

【步骤 01】在场景中利用“平面”按钮 平面 创建一个平面，将其长度分段值和宽度分段值设置得高一些。

【步骤 02】选中地面模型并右击，在弹出的快捷菜单中选择“转换为：”子菜单中的“转换为可编辑多边形”命令。

【步骤 03】选择可编辑多边形的“顶点”子对象层级，在“软选择”卷展栏中勾选“使用软选择”复选框，如图 7.9 所示。

图 7.8　游戏场景

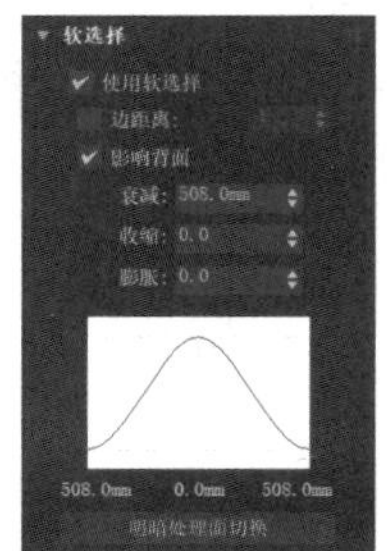

图 7.9　“软选择”卷展栏

【步骤 04】在前视图内选中一个顶点，调整“软选择”卷展栏的“衰减”数值框中的数值，数值越大，以选中的顶点为中心，周围受影响的顶点越多。向上移动选中的顶点，距离圆心越远的顶点向上移动的距离越小。这时平面呈现平滑的隆起状态。通过以上方法选择不同的顶点，调整“衰减”数值框中的数值，进行向上和向下的移动操作，最终获得凹凸不平的山地模型效果，如图 7.10 所示。

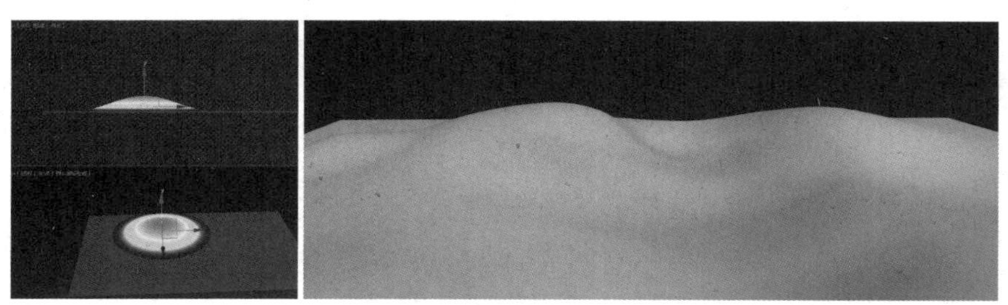

图 7.10　山地模型效果

7.3.2　“编辑顶点”卷展栏

按 1 键切换到“顶点”子对象层级，“修改”命令面板中会出现“编辑顶点”卷展栏，如图 7.11 所示。选中模型中的某个顶点可以进行移除、断开、挤出、焊接等操作。

1. 移除

创建一个平面并将其转换为可编辑多边形。在“顶点”子对象层级，选中平面上的一个顶点，然后单击“移除”按钮 移除 ，则该顶点和相邻的边就会被移除；如果按 Delete 键删除顶点，则顶点所在的面也会一同被删除，如图 7.12 所示。

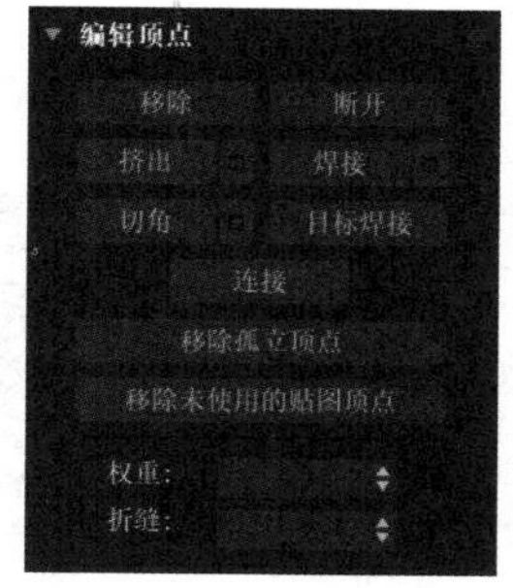

图 7.11　“编辑顶点”卷展栏

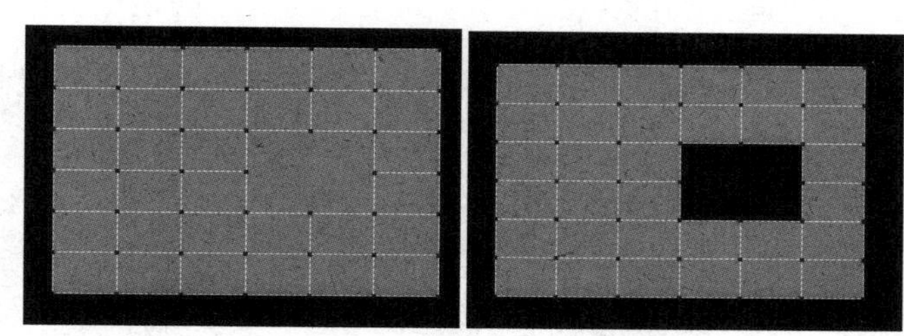
图 7.12　顶点的移除和删除

2. 断开

选中平面上的某个顶点，然后单击“断开”按钮 断开 ，该顶点会断开并形成 4 个独立的顶点，如图 7.13 所示。

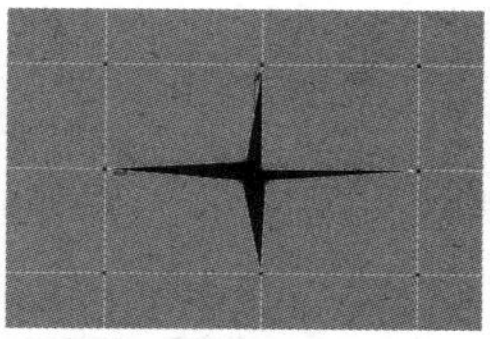

图 7.13　顶点的断开

3. 焊接

对于独立的几个顶点，可以用“焊接”命令将它们焊接成一个顶点，在焊接之前要选中进行焊接的顶点，如果要焊接的顶点是重合的，则选中顶点后直接单击“焊接”按钮 焊接 即可；如果顶点间有距离，则单击“焊接”按钮右侧的■（设置）按钮，在弹出的面板中调整焊接阈值进行焊接，如图 7.14 所示。完成焊接后单击✔按钮，应用当前设置并隐藏该面板。如果想应用焊接设置且不关闭该面板并继续该操作，则可以单击➕按钮。如果想取消焊接设置并退出焊接操作，则可以单击✖按钮。

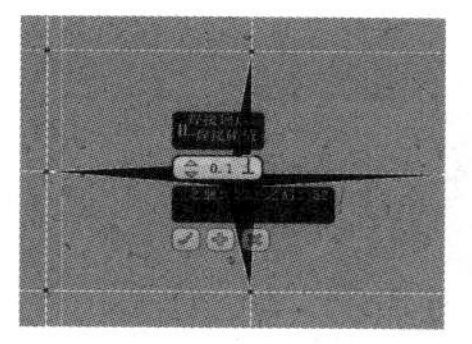
图 7.14　顶点的焊接

4. 挤出

在“顶点”子对象层级，单击“挤出”按钮 挤出 ，在平面上选中一个顶点，按住鼠标左键后，左右和上下拖动鼠标，就会挤出一个模型，如图 7.15 中的左图所示。也可以通过单击“挤出”按钮 挤出 右侧的■（设置）按钮，在弹出的面板中设置参数进行挤出操作，如图 7.15 中的右图所示。

5. 切角

“切角”命令主要用于顶点和边。顶点和边切开后的效果与顶点和边的周边结构有关。在“顶点”子对象层级中，单击“切角”按钮 切角 ，在平面上选中一个顶点，按住鼠标左键后拖动鼠标，就会切出一个平面。也可以通过单击“切角”按钮 切角 右侧的■（设置）按钮，在弹出的面板中设置参数进行切角操作，单击该面板中的▦按钮，则会删除切出的平面，如图 7.16 所示。

6. 目标焊接

“目标焊接”命令和“焊接”命令相似，同样用于合并两个顶点，区别在于前一个顶点被合并到后一个顶点上。操作过程是：单击“目标焊接”按钮 目标焊接 ，先选择一个顶点，再选择另一个顶点，这样，前一个顶点就会被合并到后一个顶点上。例如，图 7.17 所示为中间上面的顶点被焊接到了中间下面的顶点上。

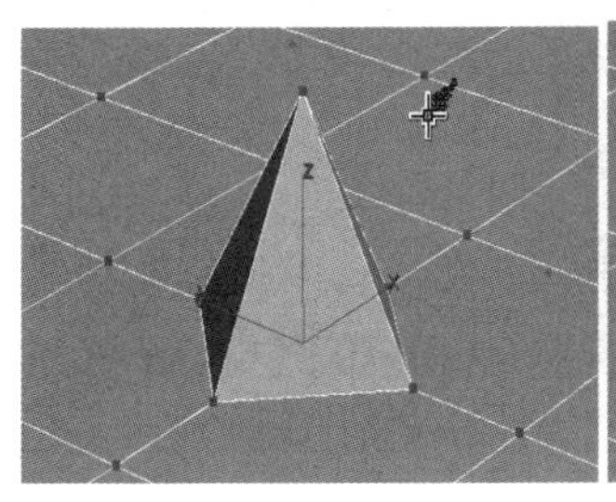

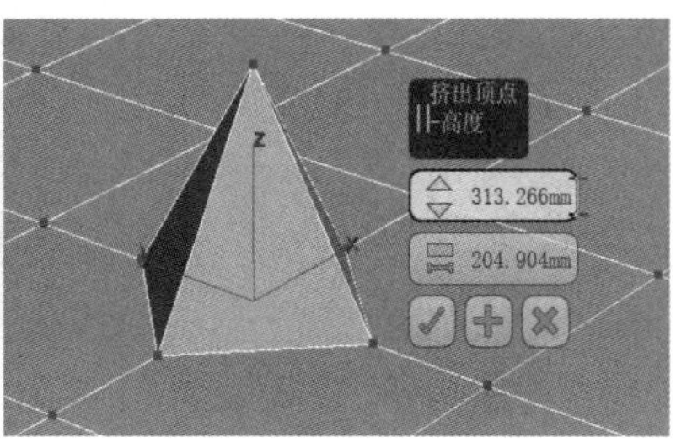

图 7.15　顶点的挤出操作

图 7.16　顶点的切角操作

7. 连接

“连接”命令主要用于“顶点”和“边”子对象层级，它的作用就是在两个顶点或两条线之间增加线。例如，在“顶点”子对象层级中，选中需要连接的两个顶点，单击“连接”按钮 连接 就会在两个顶点之间添加一条新的线，顶点连接前后的效果如图 7.18 所示。如果选择的是两条线或多条线，则会在中间位置产生新的线。

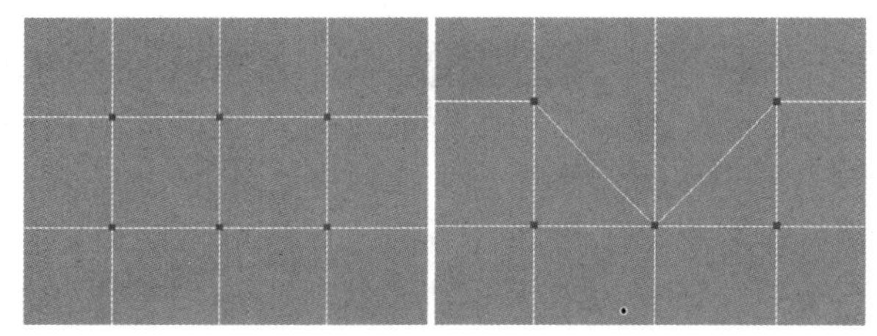

图 7.17　顶点的目标焊接

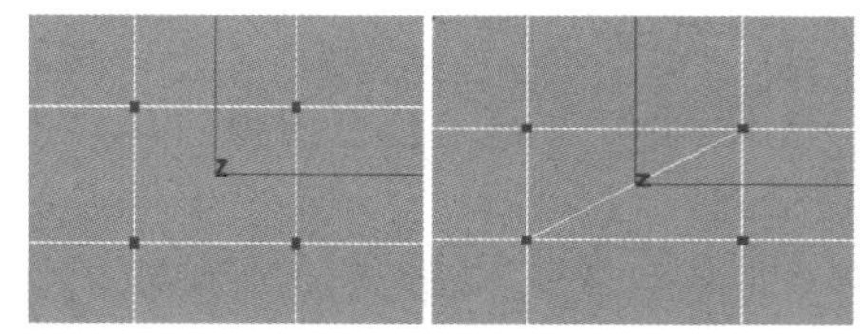

图 7.18　顶点连接前后的效果

8. 移除孤立顶点

“移除孤立顶点”命令用于将不属于任何多边形的所有顶点删除。

9. 移除未使用的贴图顶点

“移除未使用的贴图顶点”命令用于将某些建模操作留下的未使用的（孤立）贴图顶点删除，这些顶点通常会显示在“展开 UVW”编辑器中，但是不能用于贴图。

7.3.3 “顶点”参数面板中的“编辑几何体”卷展栏

“顶点”参数面板中的“编辑几何体”卷展栏提供了用于在主对象层级或子对象层级更改多边形对象几何体的全局控件，如图 7.19 所示。除在以下说明中注明的以外，这些控件在所有层级均相同。

1. 重复上一个

“重复上一个”按钮 重复上一个 用于重复最近使用的命令。例如，如果想要删除球体上的某个顶点，并对其他两个多边形面应用相同的删除效果，则先选中顶点进行删除，再选中需要删除的多边形，单击“重复上一个”按钮即可，效果如图 7.20 所示。

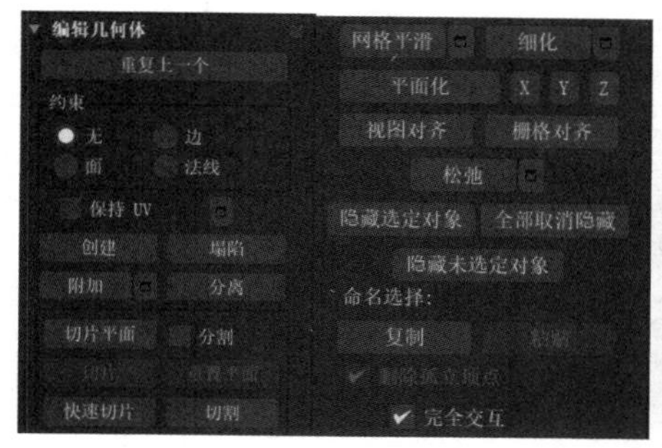

图 7.19　“顶点”参数面板中的“编辑几何体”卷展栏

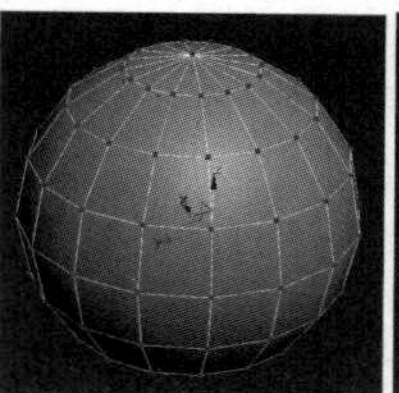
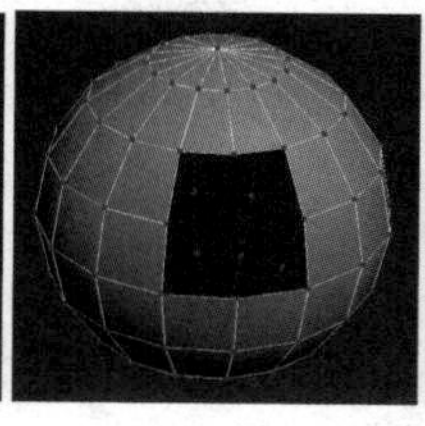
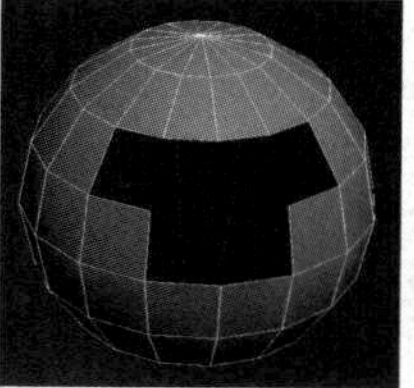

图 7.20　单击“重复上一个”按钮的效果

2. 约束

“约束”选区用于设置使用现有的几何体约束子对象的变换。例如，如果选中“边”单选按钮，则移动顶点会使它沿着现存的其中一条边滑动，具体是哪条边取决于变换方向，如图 7.21 所示。如果选中“面”单选按钮，则顶点移动只发生在多边形的曲面上，如图 7.22 所示。约束设置适用于所有子对象层级。

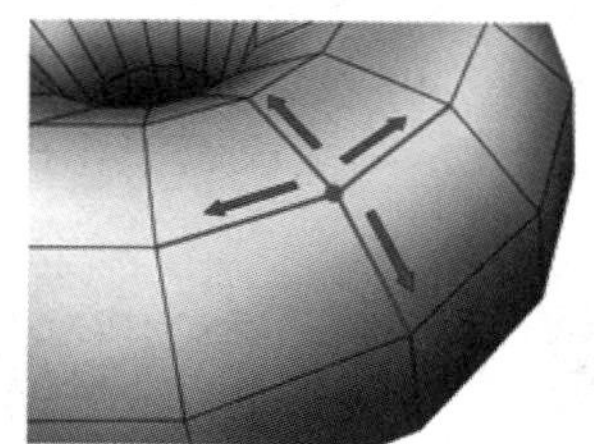

图 7.21　约束设置为边

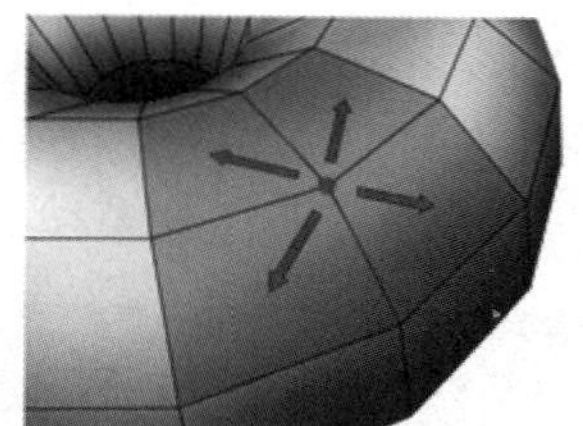

图 7.22　约束设置为面

3. 保持 UV

在勾选“保持 UV”复选框后，可以编辑子对象，而不影响对象的 UV 贴图。如果不勾选“保持 UV”复选框，则对象的几何体与其 UV 贴图之间始终存在直接的对应关系。例如，如果为一个对象贴图，然后移动了顶点，则不管需要与否，纹理都会随着子对象移动。如果勾选“保持 UV”复选框，则可执行少数编辑任务而不更改贴图。例如，图 7.23 所示为勾选“保持 UV”复选框前后的效果，其中，左图表示具有纹理贴图的原始对象，中图表示不勾选“保持 UV”复选框时缩放的顶点，右图表示勾选“保持 UV”复选框时缩放的顶点。

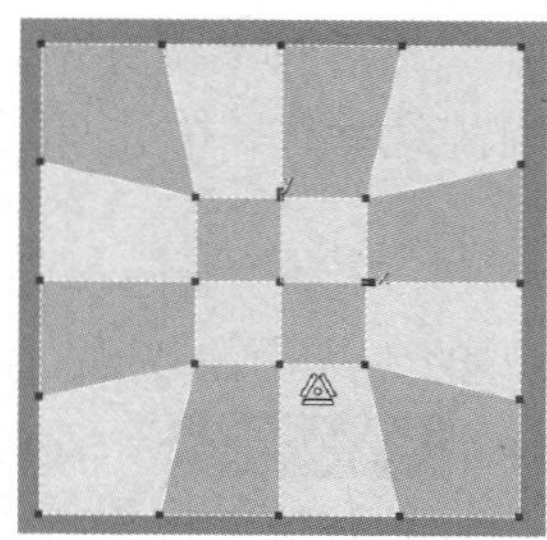
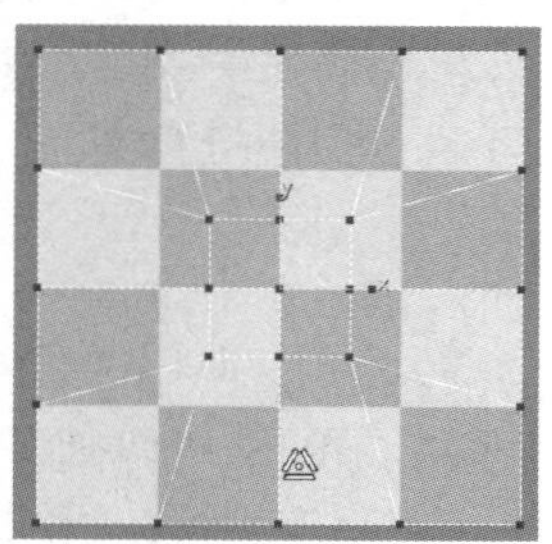

图 7.23　勾选“保持 UV”复选框前后的效果

4. 塌陷

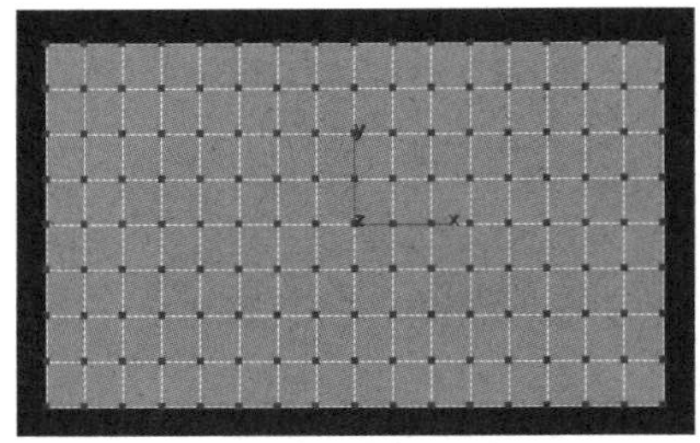

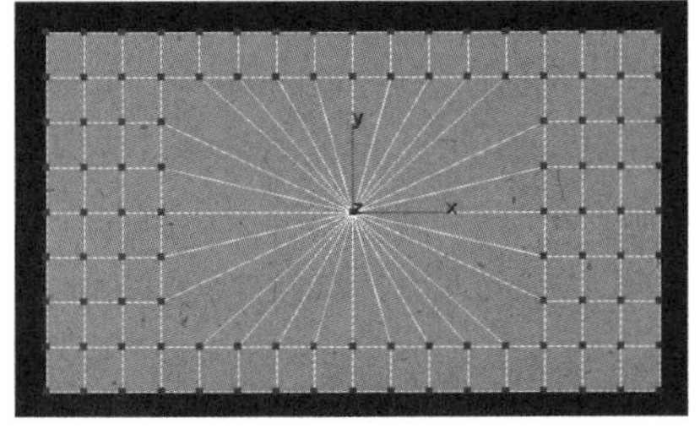

图 7.24　顶点塌陷前后的效果

“塌陷”命令通过将选中的顶点与选择中心的顶点焊接，使连续选定子对象的组产生塌陷。例如，图 7.24 所示为顶点塌陷前后的效果。该命令仅限于“顶点”、“边”、“边界”和“多边形”子对象层级。

5. “切片平面”命令和“切片”命令及“重置平面”命令结合使用

仅当“切片平面”按钮处于高亮状态时，“切片”按钮才可用。例如，对圆柱体进行切片操作，要先单击“切片平面”按钮 切片平面 ，会出现一个切片平面，如图 7.25 所示，调整好该切片平面的位置后，单击“切片”按钮 切片 ，则在切片平面和模型相交处会创建一个顶点集，再次单击“切片平面”按钮 切片平面 ，则结束切片操作。如果想将切片平面的位置调整为初始状态，则单击“重置平面”按钮 重置平面 即可。如果在单击“切片”按钮前勾选了“分割”复选框，则可以在划分边的位置处创建两个顶点集。图 7.26 所示为将两个顶点集分开的效果。“分割”复选框同样适用于快速切片和切割操作。“切片平面”命令只限于子对象层级。

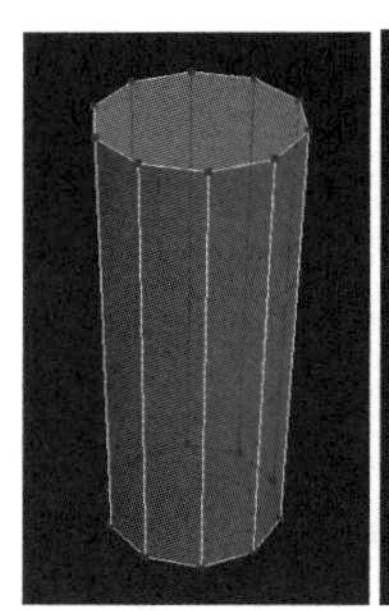

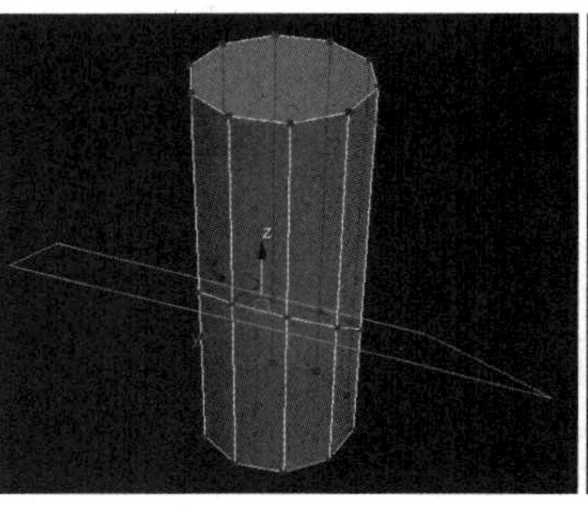

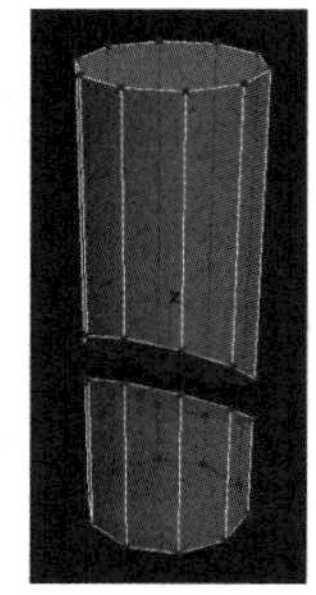

图 7.25　对圆柱体进行切片操作　　图 7.26　将两个顶点集分开的效果

6. 快速切片

“快速切片”命令可以不通过剪切平面而对物体进行快速剪切。在单击“快速切片”按钮后，首先单击确定剪切的起始点，然后移动鼠标指针到结束点上并单击，即可沿起始点和结束点方向对物体进行剪切，可连续操作，右击即可结束操作。

7. 切割

“切割”命令可以使用类似小刀的工具沿着平面（切片）或在特定区域（切割）内细分多边形网格。单击“切割”按钮 切割 ，根据需要将鼠标指针放置在顶点、边或多边形上后单击，然后移动鼠标指针到合适的位置后再次单击，此时出现一条连接边，如果需要结束切割，则右击即可退出当前切割操作，然后可以开始新的切割，或者再次右击退出“切割”模式。进行切割操作前后的效果如图 7.27 所示。在进行切割操作时，鼠标指针图标会变为显示位于其下的子对象的类型，当单击时会对该子对象进行切割操作。例如，图 7.28 所示为将鼠标指针放置在“顶点”、“边”和“多边形”子对象上时的鼠标指针图标。“切割”命令适用于对象层级和所有子对象层级。

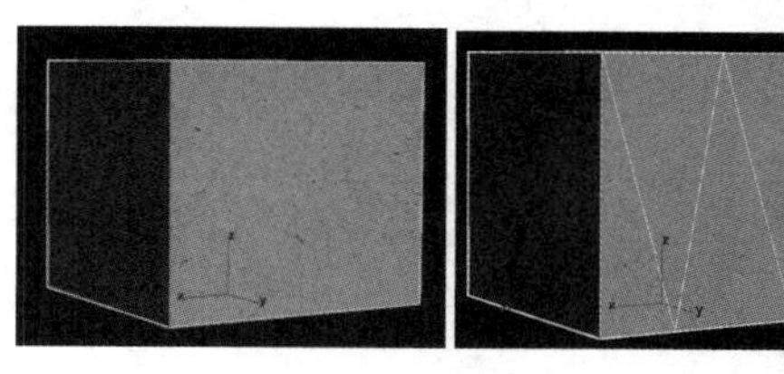

图 7.27　进行切割操作前后的效果

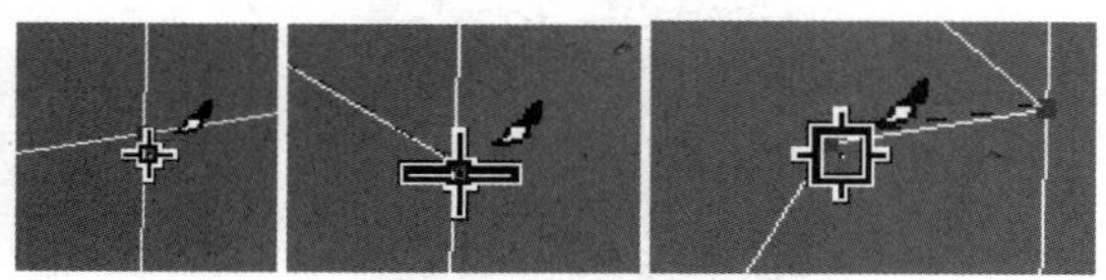

图 7.28　3 种不同的鼠标指针图标

8. 平面化

“平面化”命令用于强制所有选定的子对象成为共面。“平面化”按钮 平面化 右侧的“X”、“Y”和“Z”按钮用于平面化选定的所有子对象，并使该平面与对象的局部坐标系中的相应平面对齐。例如，如果使用的平面是与按钮轴相垂直的平面，则当单击“X”按钮时，可以使该对象与局部 *YZ* 平面对齐，如图 7.29 所示。

9. 隐藏选定对象

“隐藏选定对象”命令用于将选定的子对象隐藏。该命令常结合“全部取消隐藏”和“隐藏未选定对象”命令一起使用。例如，图 7.30 所示为隐藏选定的对象前后的效果。“隐藏选定对象”命令仅适用于“顶点”、“多边形”和“元素”子对象层级。

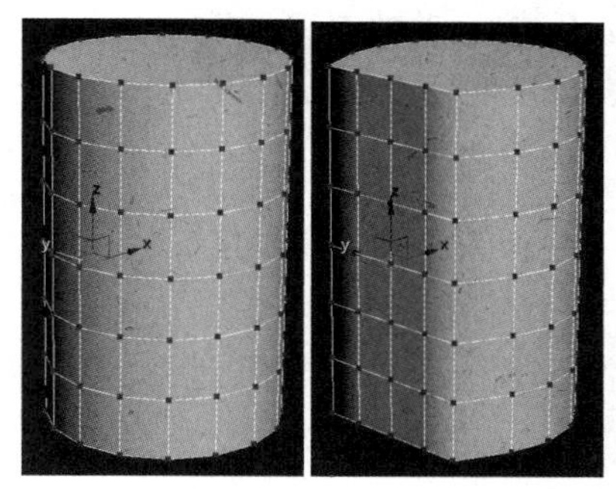

图 7.29　顶点子对象平面化前后的效果

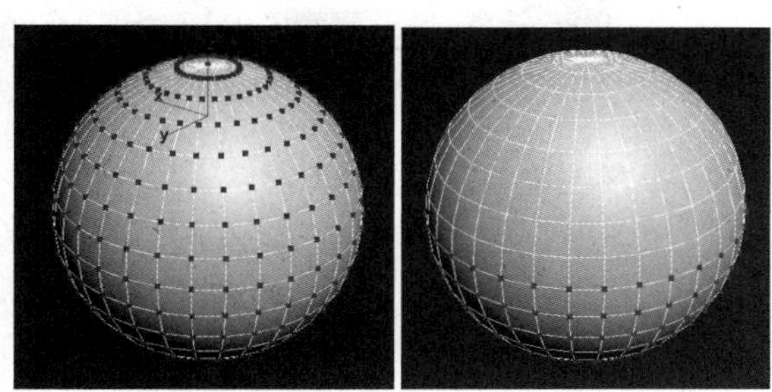

图 7.30　隐藏选定的对象前后的效果

7.4 “边”参数面板中的常用命令

7.4.1 “选择”卷展栏

“选择”卷展栏如图 7.31 所示。如果单击“可选消隐”选区中的“背面”按钮，则在选择边时，背面的边不会被选中。

“选择”卷展栏中的“扩大”、“收缩”、“循环”和“环形”按钮可以辅助选择。创建一个圆柱体并将其转换为可编辑多边形，选中一条边，如果单击“扩大”按钮扩大，则其周围的边会被选中；如果单击“收缩”按钮收缩，则其周围的边取消选中，效果如图 7.32 所示。

图 7.31 “选择”卷展栏

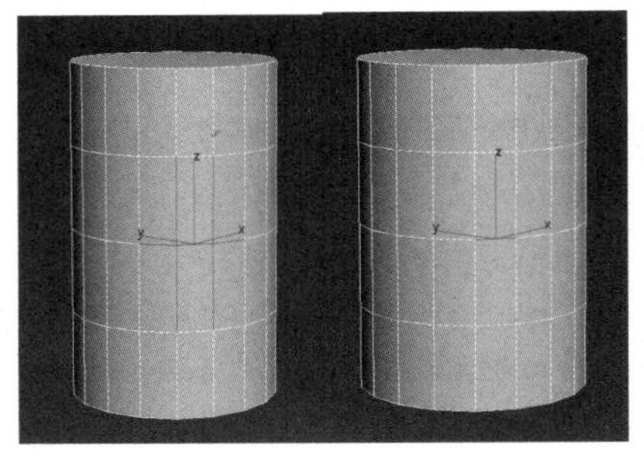

图 7.32 单击“扩大”和“收缩”按钮后的效果

在“边”子对象层级中，选中一条边，如图 7.33 中的左图所示，如果单击“循环”按钮循环，则横向一圈的边都会被选中，也可以选中一条边后双击选择一圈的边，如图 7.33 中的中图所示。选中一条边，如果单击“环形”按钮环形，则纵向一圈的边都会被选中，如图 7.33 中的右图所示。

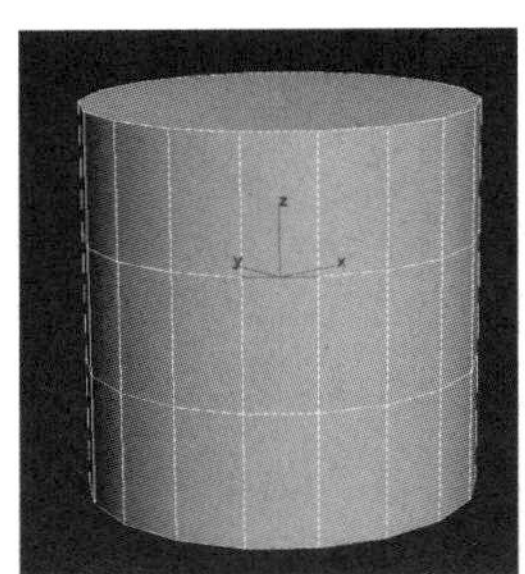
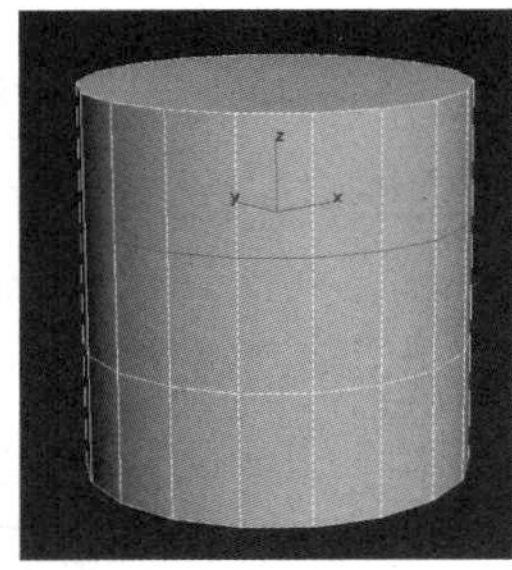
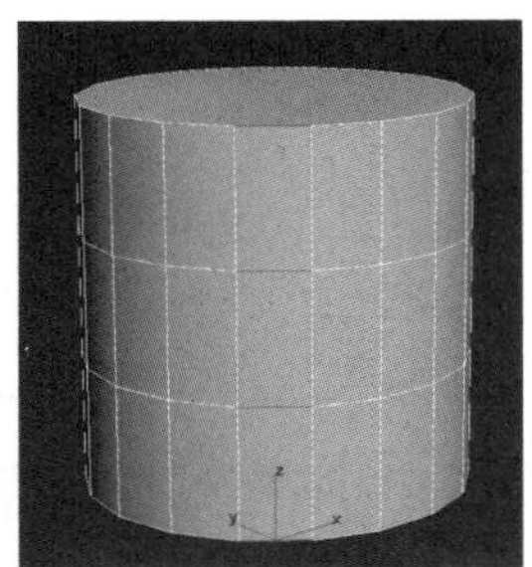

图 7.33 单击“循环”和“环形”按钮后的效果

7.4.2 “编辑边”卷展栏

“编辑边”卷展栏如图 7.34 所示。

1. 插入顶点

单击“插入顶点”按钮插入顶点，在模型的一个边上单击，可以将该边分成两段，插入顶点前后的效果如图 7.35 所示。

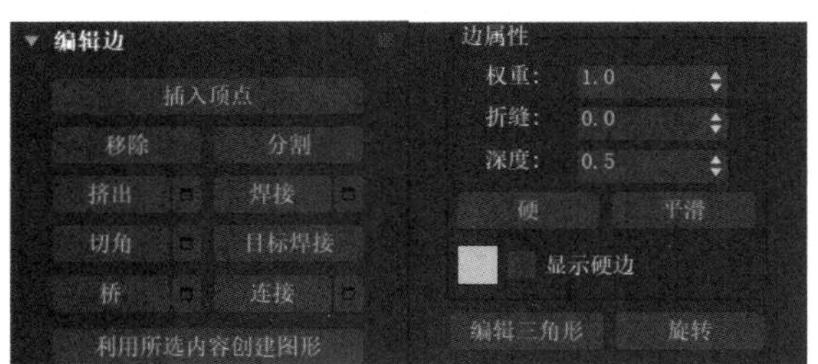

图 7.34 “编辑边”卷展栏

图 7.35 插入顶点前后的效果

2. 移除

选中模型的一条边，单击“移除”按钮 移除 ，则该边会被移除，如图 7.36 所示。

3. 分割

选中图 7.37 中左图所示的模型的一组边，单击“分割”按钮 分割 ，则模型会沿着这组边被分割成两部分，如图 7.37 中的右图所示。

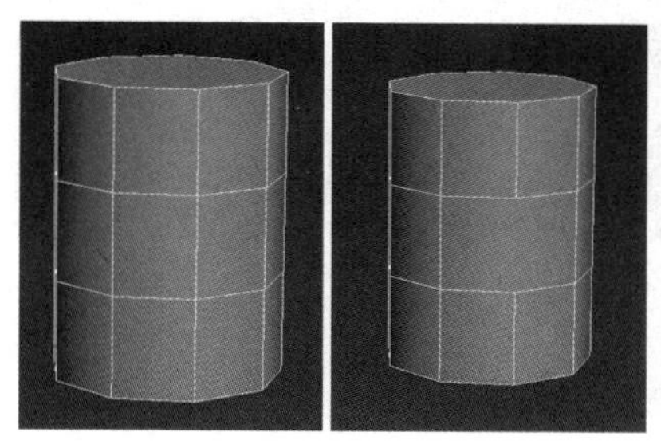

图 7.36　移除边前后的效果

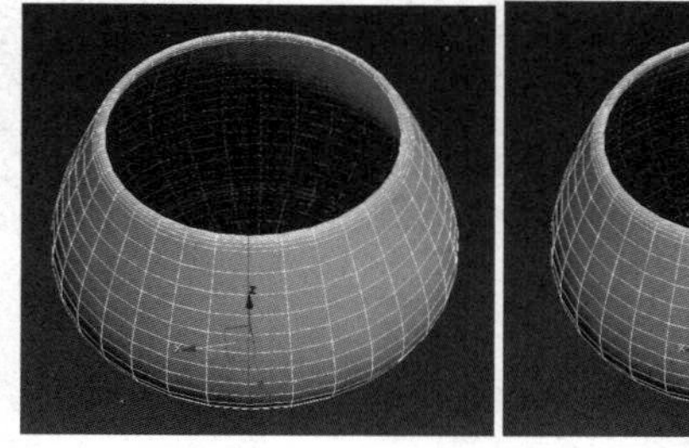

图 7.37　分割边前后的效果

4. 挤出

“挤出”命令在“顶点”、“边”和“多边形”子对象层级均可使用，通常用于“多边形”子对象层级。进行边的挤出操作的方法有两种。方法一：选中一组边，单击“挤出”按钮 挤出 ，在选中的边上按住鼠标左键后上下、左右拖动鼠标，即可得到挤出效果，如图 7.38 所示。方法二：选中边后，单击“挤出”按钮右侧的 （设置）按钮，在弹出的面板中调整参数，调整完成后，单击 按钮，完成挤出操作，如图 7.39 所示。

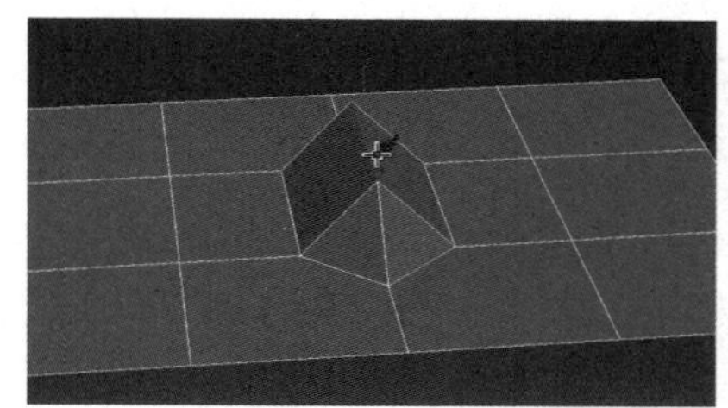

图 7.38　利用“挤出”按钮获得挤出效果

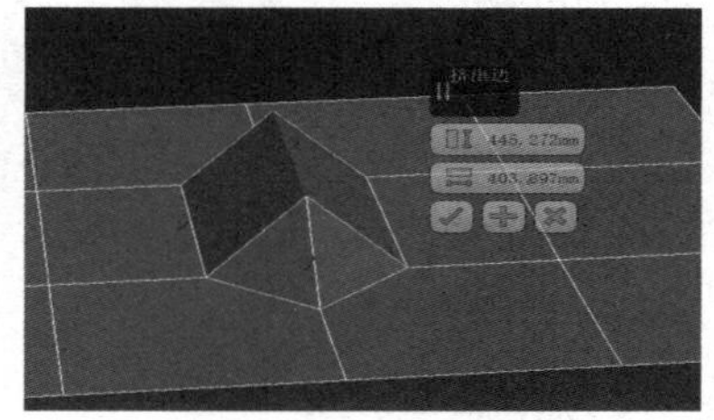

图 7.39　利用挤出面板获得挤出效果

只要按钮后面有 （设置）按钮存在，则除了直接单击按钮进行操作，还可以通过单击 （设置）按钮来完成。

5. 切角

“切角”命令可以让模型变得更加圆润或尖锐，其用法和顶点的“切角”命令相似。例如，在将一个长方体转换为可编辑多边形后，选中长方体的一条边，单击“切角”按钮 切角 右侧的 （设置）按钮，在弹出的面板中进行切角量和分段等参数的设置，设置完成后，单击 按钮进行确定，如图 7.40 所示。

6. 桥

“桥”命令用于将两个开放的边或完整的边界连接到一起，或者将两个不相连的多边形连到一起。凡是不相邻的边、边界、多边形，都可以使用“桥”命令。选中如图 7.41 中左图所示的模型的两条边，单击“桥”按钮 桥 右侧的 （设置）按钮，在弹出的面板中进行参数设置，设置完成后，单击 按钮进行确定，如图 7.41 中的右图所示。

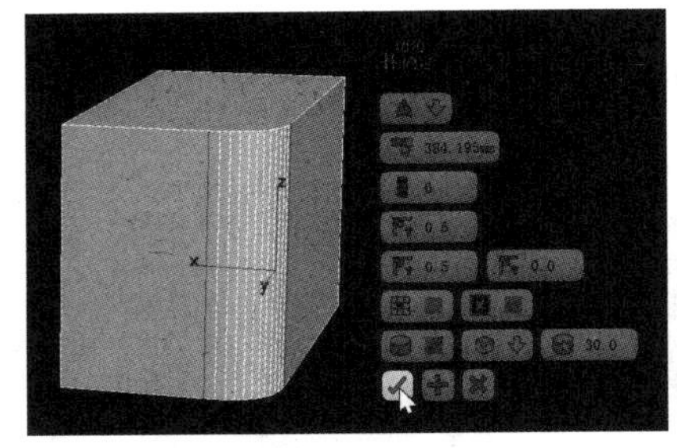

图 7.40　切角效果

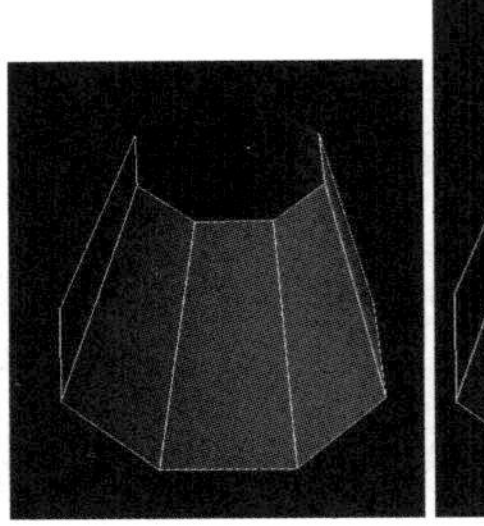

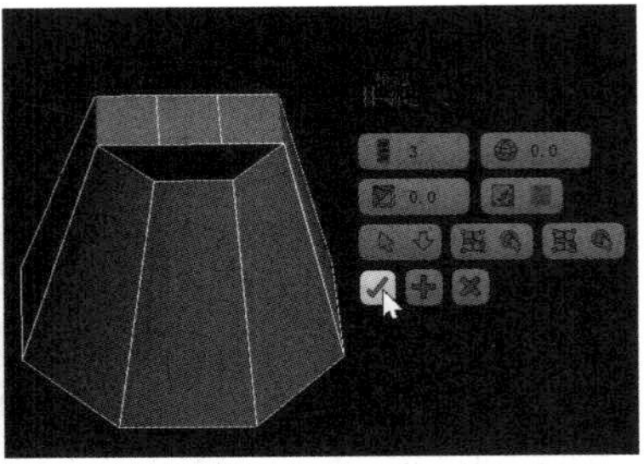

图 7.41　单击“桥”按钮前后的效果

7. 连接

“连接”命令用于在相邻的选定边对之间创建新边。可以使用“连接”面板设置连接的边数、边间距及其常规位置。例如，图 7.42 所示为选择的初始边，图 7.43 所示为分别设置不同的分段值、收缩值、偏移值后得到的效果。

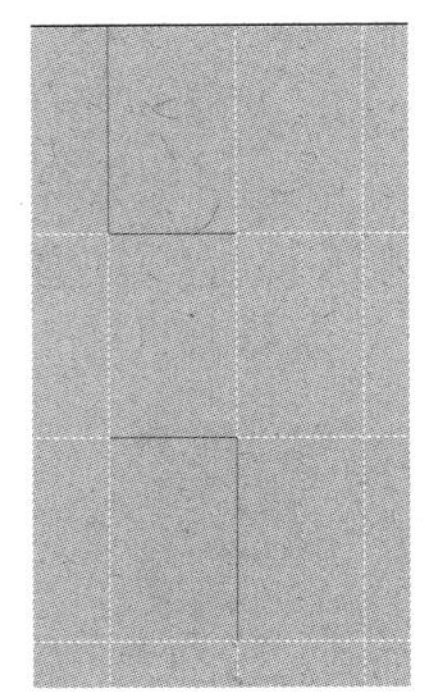

图 7.42　选择的初始边

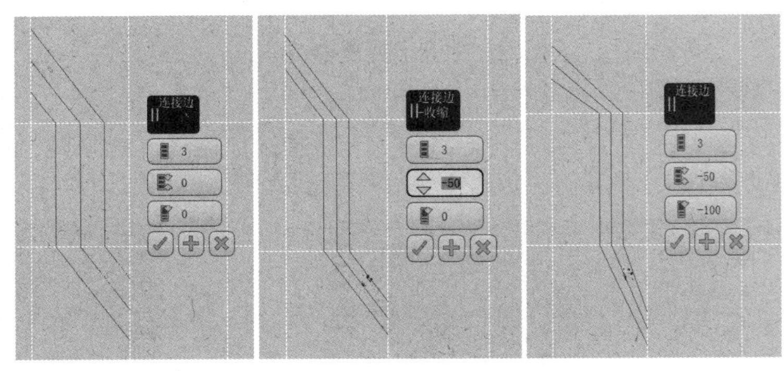

图 7.43　设置不同的分段值、收缩值、偏移值后得到的效果

练一练：菱形窗

【步骤 01】创建一个平面，设置分段数，并将其转换为可编辑多边形，如图 7.44 所示。

【步骤 02】选择“边”子对象层级，全选所有的边，单击“连接”按钮 连接 右侧的 （设置）按钮，在弹出的面板中将分段设置为 1，如图 7.45 所示。

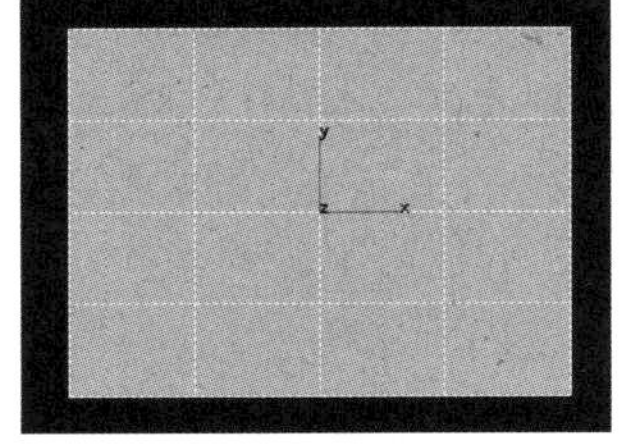

图 7.44　创建平面

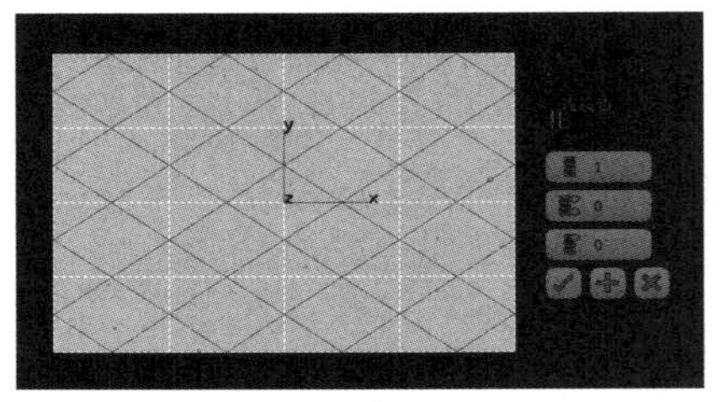

图 7.45　将分段设置为 1

【步骤 03】保持生成的连接边处于选中状态，按 Ctrl+I 组合键反选，单击“移除”按钮 移除 将边移除，效果如图 7.46 所示。

【步骤 04】添加“晶格”修改器，并调整参数，如图 7.47 所示。

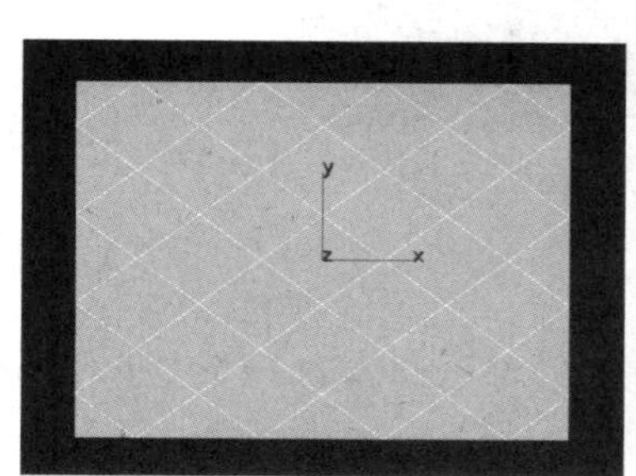

图 7.46　移除边后的效果

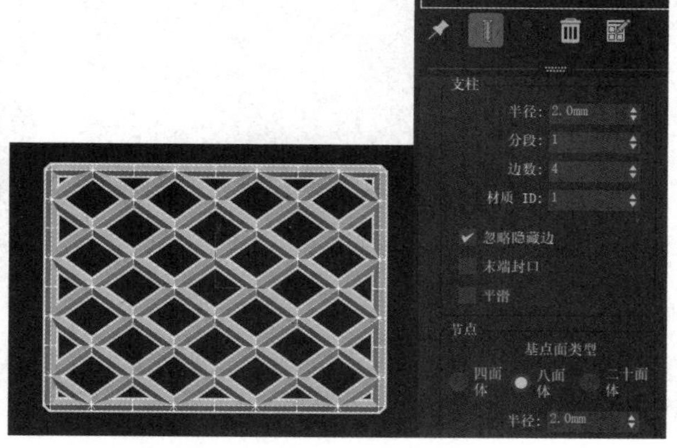

图 7.47　添加“晶格”修改器

8. 利用所选内容创建图形

在选择要形成图形的边后，单击“利用所选内容创建图形”按钮，就可以通过选定的边创建样条线图形。例如，在将一个纺锤体转换为可编辑多边形后，选中一条边，单击“利用所选内容创建图形”按钮，在弹出的“创建图形”对话框中进行设置后，单击“确定”按钮，就会生成一条样条线，如图 7.48 所示。

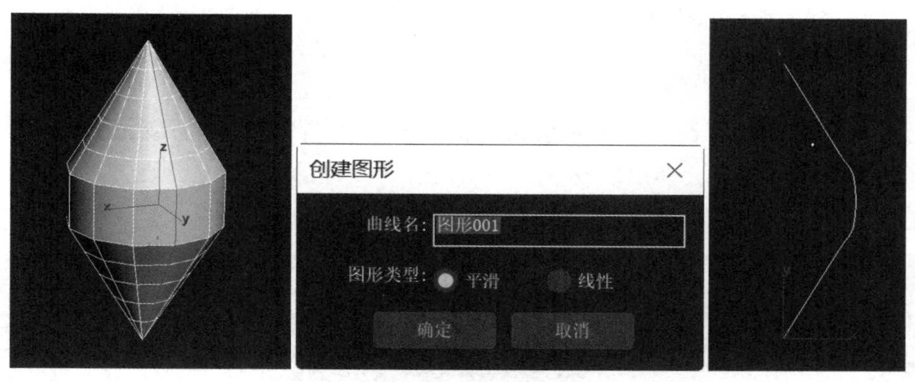

图 7.48　利用所选内容创建图形

7.4.3　“边”参数面板中的“编辑几何体”卷展栏

“边”参数面板中的“编辑几何体”卷展栏如图 7.49 所示。

1. 创建

“创建”命令用于在同一多边形上不相邻的顶点之间添加边。在单击“创建”按钮 创建 后，单击需要创建边的一个顶点，然后单击另一个顶点，则在两个顶点之间就会创建一条边，如图 7.50 所示。

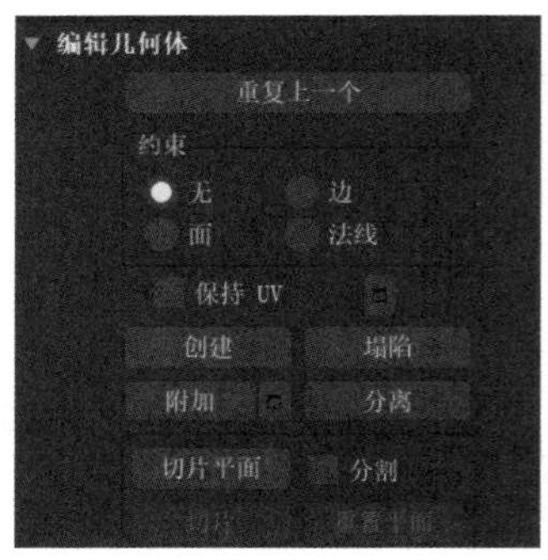

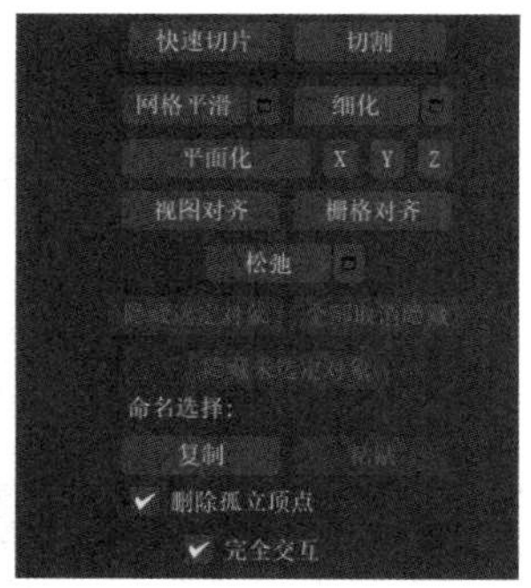

图 7.49　“边”参数面板中的“编辑几何体”卷展栏

2. 塌陷

“塌陷”命令用于将选中的边塌陷为一个顶点。例如，对正方体的一条边进行塌陷操作，效果如图 7.51 所示。

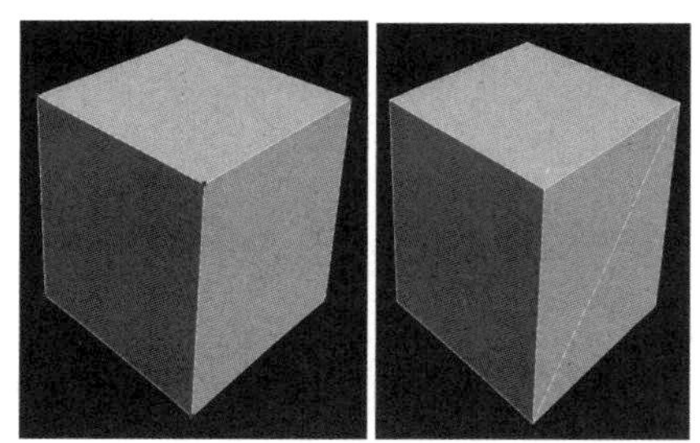

图 7.50　创建边前后的效果

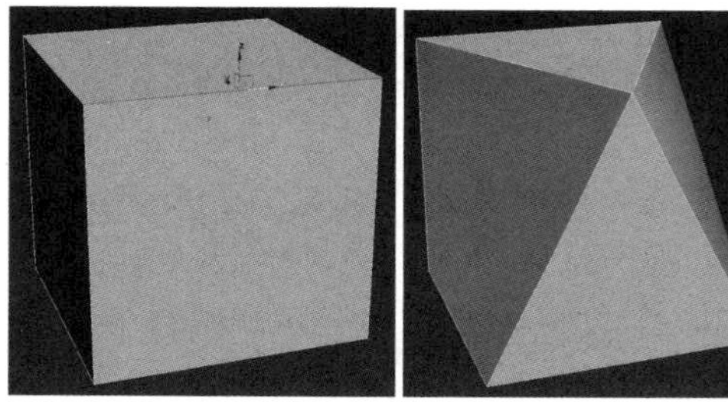

图 7.51　对一条边进行塌陷操作前后的效果

3. 分离

“分离”命令用于将选定的子对象和关联的多边形分隔为新对象或元素。当单击“分离”按钮 分离 时，会弹出“分离”对话框，可以根据需要进行设置。例如，图 7.52 所示为将选中的边分离到元素。“分离”命令仅适用于子对象层级。

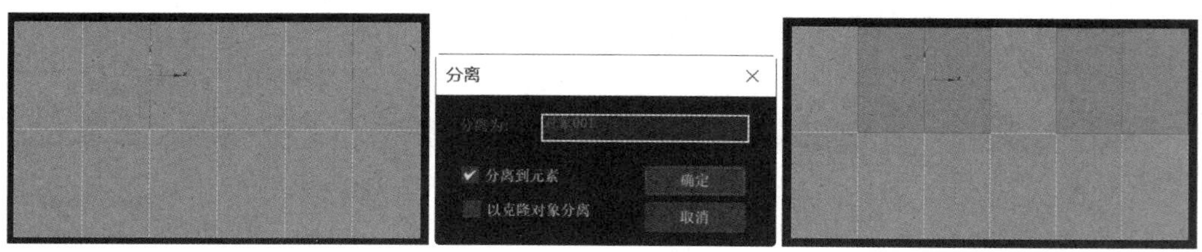

图 7.52　将选中的边分离到元素

7.5　“边界”参数面板中的常用命令

边界可以描述为空洞的边缘，它通常是多边形仅位于一面时的边序列。在“边界”子对象层级中，“修改”命令面板中的编辑子对象卷展栏为“编辑边界”卷展栏，如图 7.53 所示。

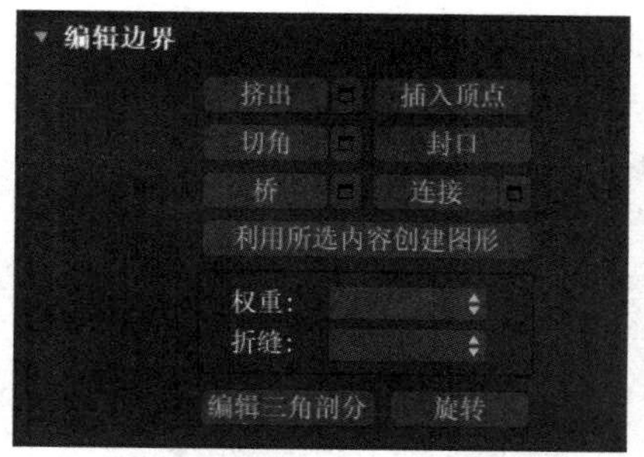

图 7.53 “编辑边界”卷展栏

7.5.1 “编辑边界”卷展栏

1. 插入顶点

“插入顶点”命令用于在边界线上增加顶点，对边界线进行细分。只要“插入顶点”按钮 插入顶点 处于活动状态，就可以连续细分边界线。要停止插入顶点，在视图中右击，或者重新单击“插入顶点”按钮将其关闭即可。

2. 挤出

单击“挤出”按钮 挤出 ，在模型的某个开放边界线上按住鼠标左键，然后拖动鼠标，可以产生相应扩展的边界线，同时在原边界线与扩展边界线之间产生新的多边形表面。也可以单击“挤出”按钮 挤出 右侧的 ■（设置）按钮，在弹出的面板的“挤出高度”数值框 0.0 中可以调节挤出的高度值，在“挤出宽度”数值框 0.0 中调节数值可以改变原始边界线的宽度。单击 ✓ 按钮，应用当前设置并隐藏该面板；单击 ⊕ 按钮，应用挤出设置且不关闭该面板并继续该操作；单击 ⊗ 按钮，取消挤出设置并退出挤出操作。图 7.54 所示为进行挤出操作前后的效果。

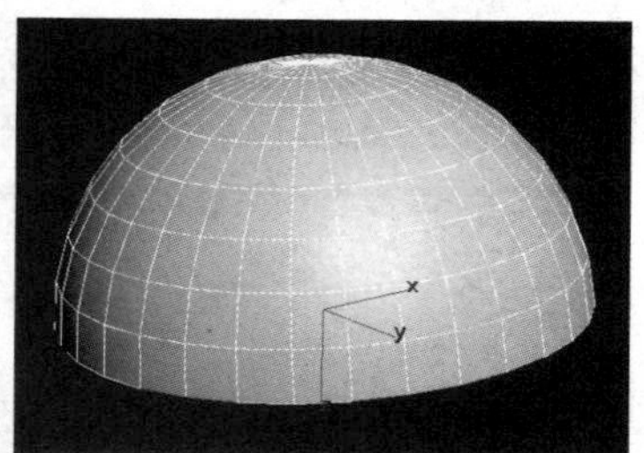

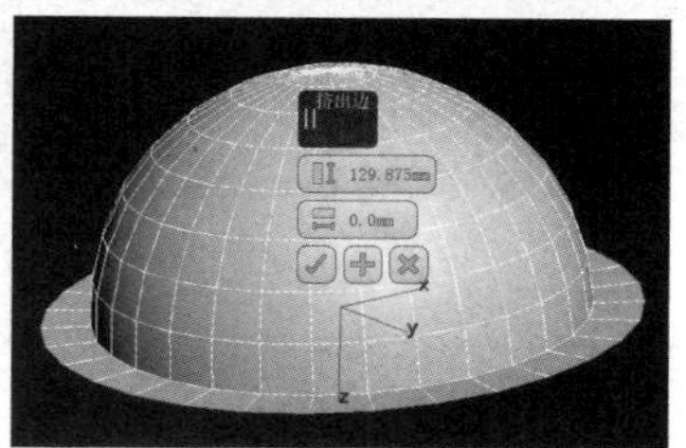

图 7.54 进行挤出操作前后的效果

3. 切角

边界的“切角”命令用于创建与边界线平行的一组新边和使用任意转角的新斜边。这些新边正好是到原始边的“切角量”距离。

单击“切角”按钮 切角 右侧的 ■（设置）按钮，弹出的面板如图 7.55 所示。“边切角量”数值框 0.0 用于设置边的位置；“连接边分段”数值框 1 用于设置分段的数量。如果勾选“打开切角”复选框，则可以删除通过切角操作创建的所有面，如图 7.56 所示；如果勾选“反转打开”复选框，则可以删除通过切角操作创建的面之外的所有面，如图 7.57 所示。如果勾选“平滑”复选框，则在进行切角操作后应用平滑组，也可以通过“平滑类型”按钮和“平滑阈值”数值框 30.0 进行设置。“平滑类型”按钮主要用于设置在勾选“平滑”复选框后，选择如何将平滑应用到切角几何体；“平滑阈值”数值框用于设置在勾选“平滑”复选框后，如果两个相邻面的法线之间的角度小于设置的阈值，则将两个相邻面放在同一个平滑组中。

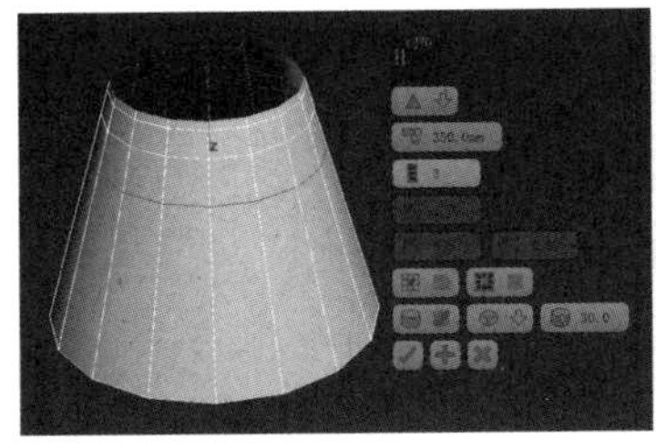

图 7.55 弹出的面板

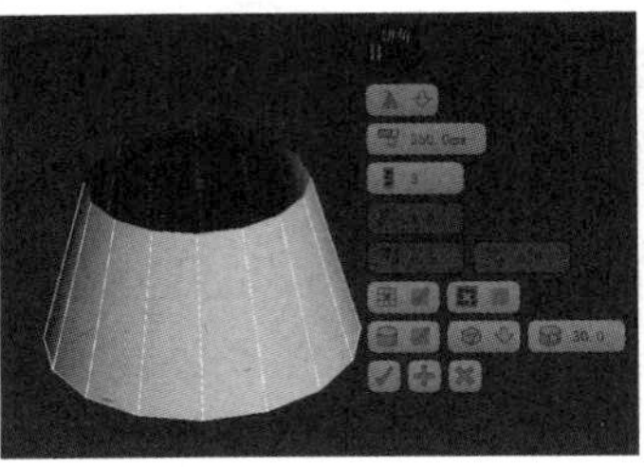

图 7.56 勾选“打开切角”复选框后的效果

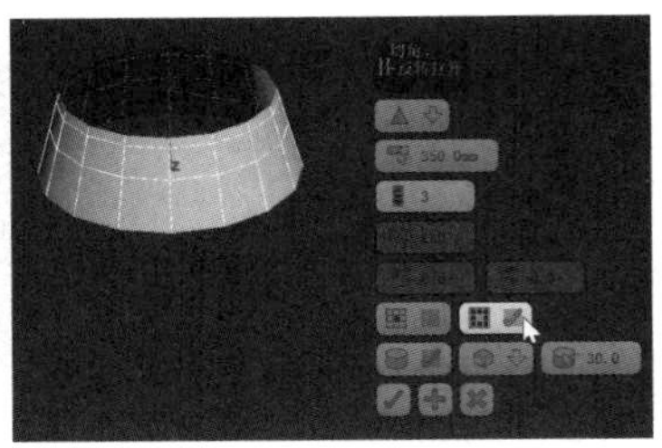

图 7.57 勾选“反转打开”复选框后的效果

图 7.58 应用“封口”命令前后的效果

4. 封口

“封口”命令用于通过单个多边形封住整个边界线。例如，图 7.58 所示为应用“封口”命令前后的效果。

5. 桥

“桥”命令用于在每对选定的边界之间创建桥接。例如，图 7.59 所示为模型的两个元素。选择“边界”子对象层级，单击“桥”按钮 桥 ，在其中一个元素的边界线上单击，移动鼠标会出现一条虚线，将鼠标指针移动到另一个元素的边界线上并单击，这时两个元素就连接成一个元素了，如图 7.60 所示。

如果想精确调整桥的参数，则先选中两条需要进行桥接的边界线，然后单击“桥”按钮 桥 右侧的 （设置）按钮，在弹出的面板中进行参数设置，如图 7.61 所示。“分段”数值框 5 用于设置分段的数量，设置分段数后的效果如图 7.62 所示；“锥化”数值框 0.0 用于设置桥部分的锥化值，设置锥化值后的效果如图 7.63 所示；“偏移”数值框 0.0 用于设置锥化的偏移值，设置偏移值后的效果如图 7.64 所示；“扭曲”数值框 3 用于设置扭曲值，设置扭曲值后的效果如图 7.65 所示；通过设置面板中“平滑”数值框 0.0 内的数值，可以对桥部分进行平滑处理。

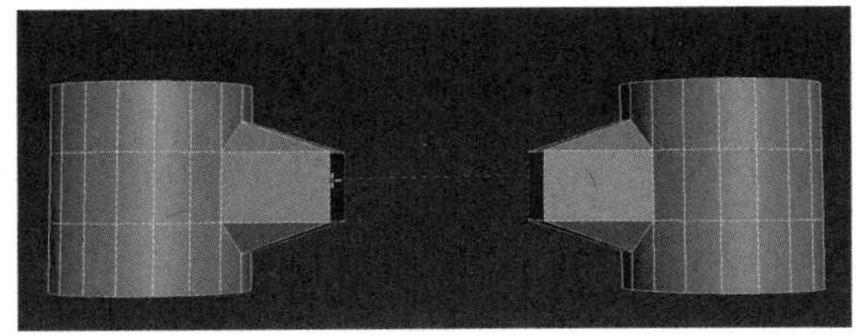

图 7.59 执行“桥”命令前的效果

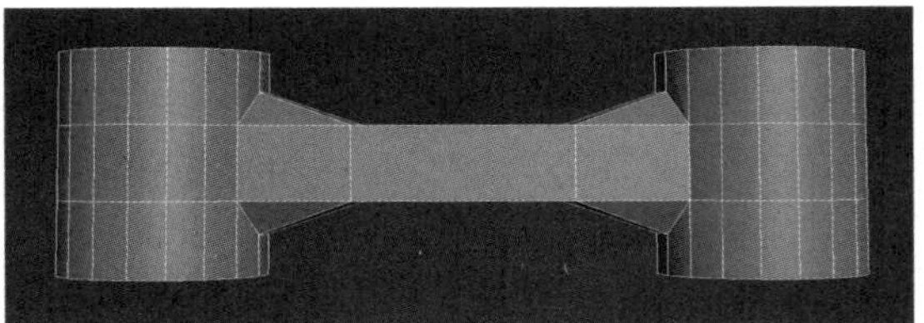

图 7.60 执行“桥”命令后的效果

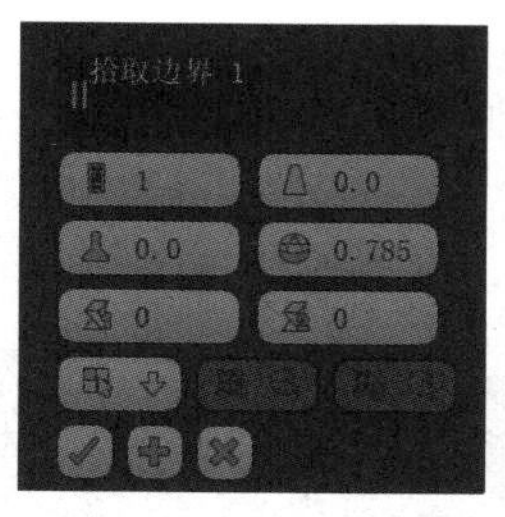

图 7.61　在弹出的面板中进行参数设置

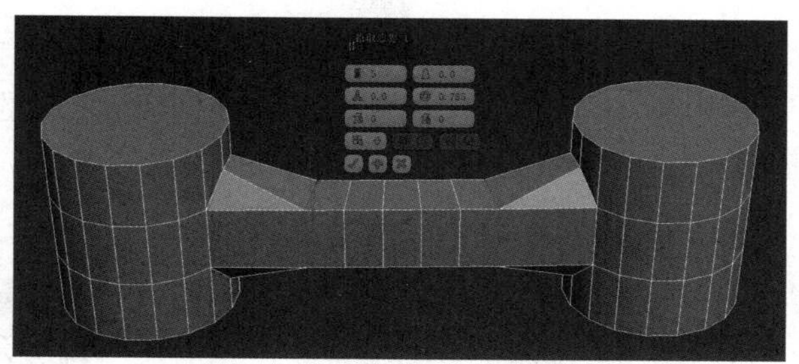

图 7.62　设置分段数后的效果

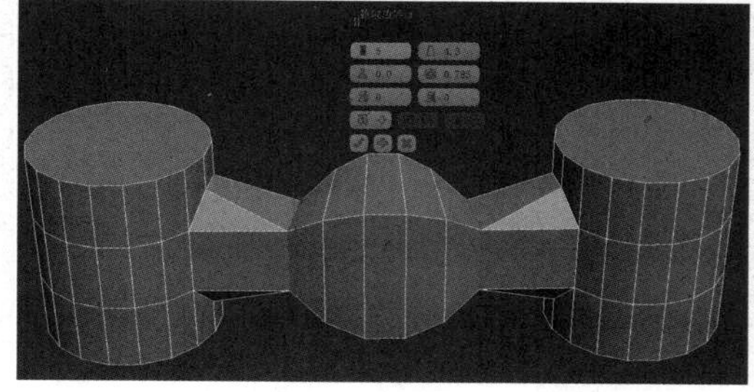

图 7.63　设置锥化值后的效果

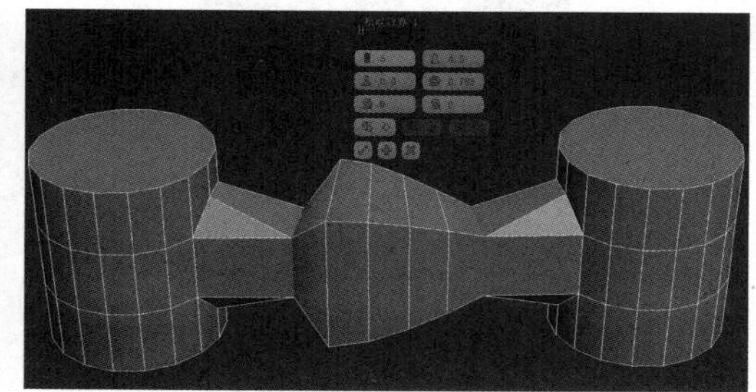

图 7.64　设置偏移值后的效果

6. 连接

“连接”命令用于在选定的一对边界线之间创建新边。只能连接同一多边形上的边界线，连接不会让新的边交叉。例如，图 7.66 所示为上下两个边界线连接前后的效果。

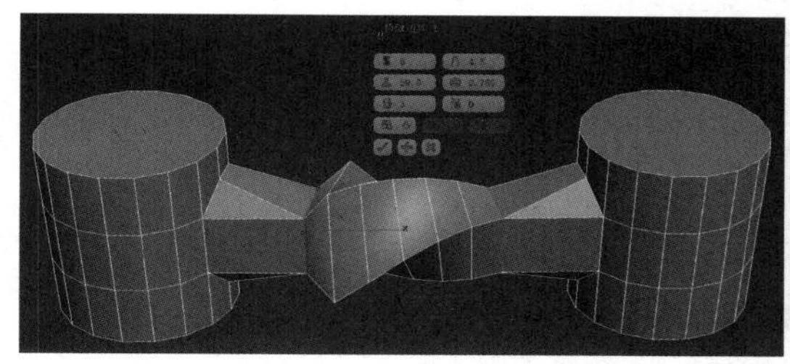

图 7.65　设置扭曲值后的效果

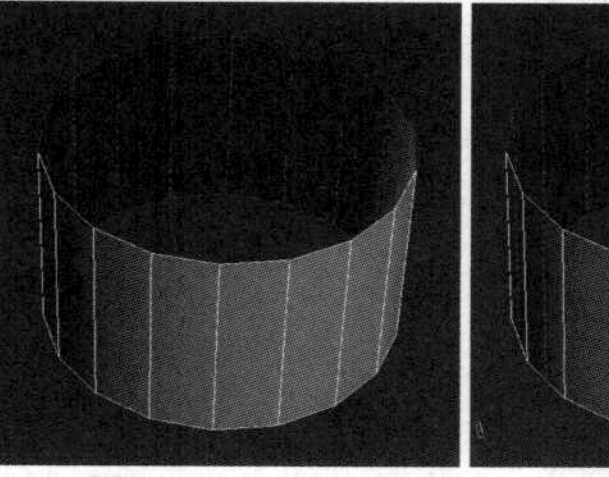

图 7.66　上下两个边界线连接前后的效果

7. 利用所选内容创建图形

在选择模型的一个或多个边界线后，单击“利用所选内容创建图形”按钮，可以通过选定的边创建样条线图形。

7.5.2　“编辑几何体”卷展栏

1. 塌陷

“边界”子对象层级的“塌陷”命令的用法和“边”子对象层级的“塌陷”命令的用法类似。例如，图 7.67 所示为对边界应用“塌陷”命令前后的效果。

2. 分离

对边界应用“分离”命令，可以将边界及关联的多边形面作为新对象或元素分离出来。例如，图 7.68 所示为对边界应用 “分离” 命令。

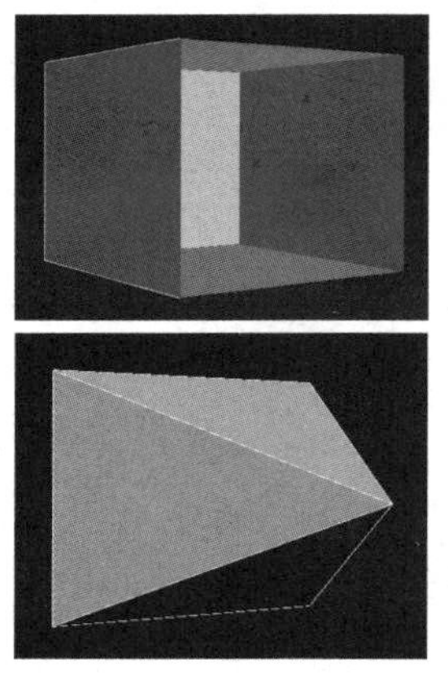

图 7.67　对边界应用“塌陷”命令前后的效果

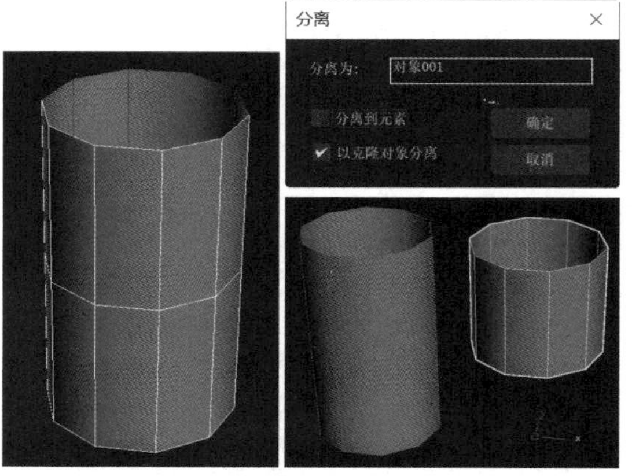

图 7.68　对边界应用“分离”命令

7.6　“多边形”参数面板中的常用命令

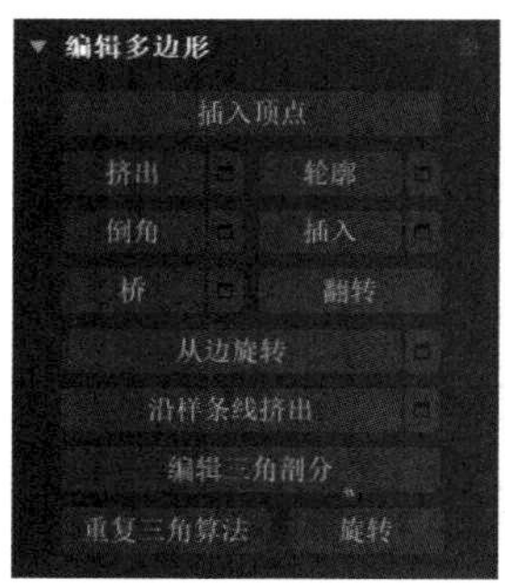

图 7.69　“编辑多边形”卷展栏

多边形是通过曲面连接的三条或多条边的封闭序列。在 “多边形”子对象层级，“修改”命令面板中的编辑子对象卷展栏为“编辑多边形”卷展栏，如图 7.69 所示。

7.6.1　“编辑多边形”卷展栏

1. 插入顶点

“插入顶点”命令用于手动细分多边形。单击 “插入顶点” 按钮 插入顶点 后，单击多边形即可在单击位置添加顶点。例如，图 7.70 所示为插入顶点前后的效果。只要 “插入顶点” 按钮处于活动状态，就可以连续细分多边形。要停止插入顶点，在视图中右击，或者重新单击 “插入顶点”按钮将其关闭即可。

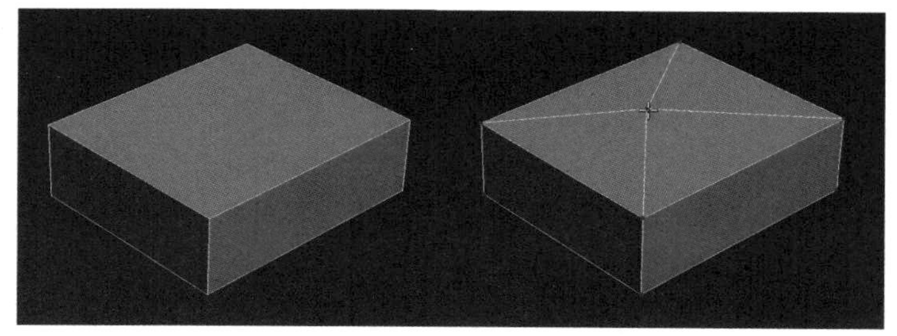

图 7.70　插入顶点前后的效果

2. 插入

“插入”命令用于执行没有高度的倒角操作，在选定多边形的平面内执行该操作。

练一练：花格

【步骤 01】在视图中创建一个平面，将长和宽的分段分别设置为 10 和 6，将平面转换为可编辑多边形，如图 7.71 所示。

【步骤 02】按 2 键切换到“边”子对象层级，随意选中平面的一条边。

【步骤 03】单击石墨工具的多边形建模下的“生成拓扑”按钮，在弹出的“拓扑”对话框内单击某种图形，此时平面中会出现该图形形状的裂纹，如图 7.72 所示。

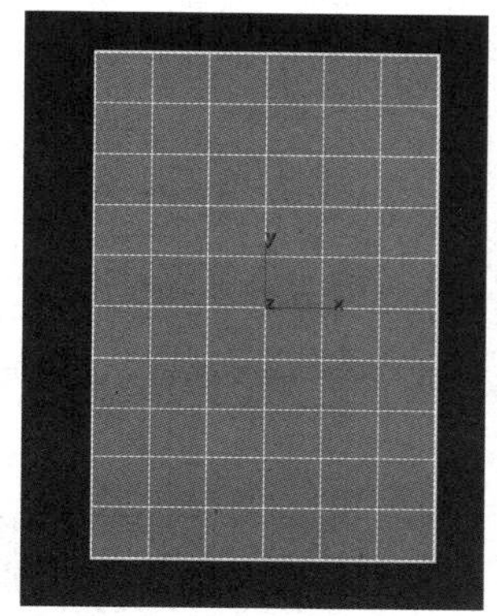

图 7.71　创建平面

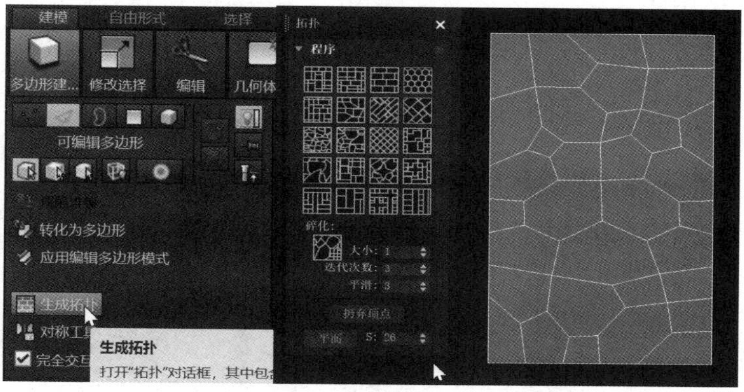

图 7.72　拓扑

【步骤 04】按 4 键切换到“多边形”子对象层级，选中所有的多边形，单击“插入”按钮右侧的 (设置) 按钮，在弹出的面板中设置插入类型为“按多边形”，将插入量设置为 2.8mm，如图 7.73 所示。设置完成后，单击 按钮关闭该面板。按 Delete 键删除选中的多边形，效果如图 7.74 所示。

【步骤 05】退出“多边形”子对象层级，最后给模型添加一个“壳”修改器，如图 7.75 所示。

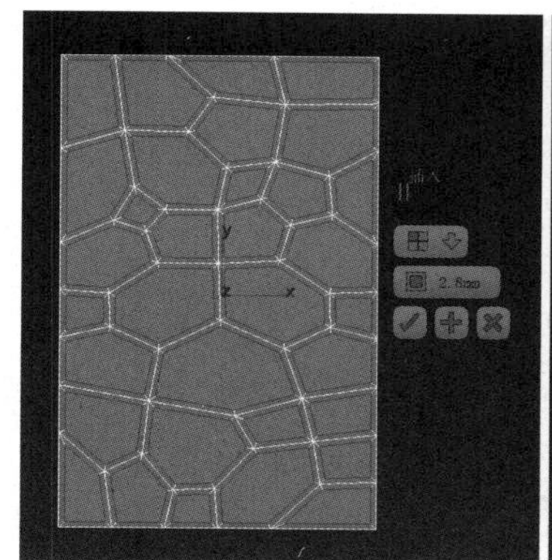

图 7.73　设置插入量

图 7.74　删除多边形后的效果

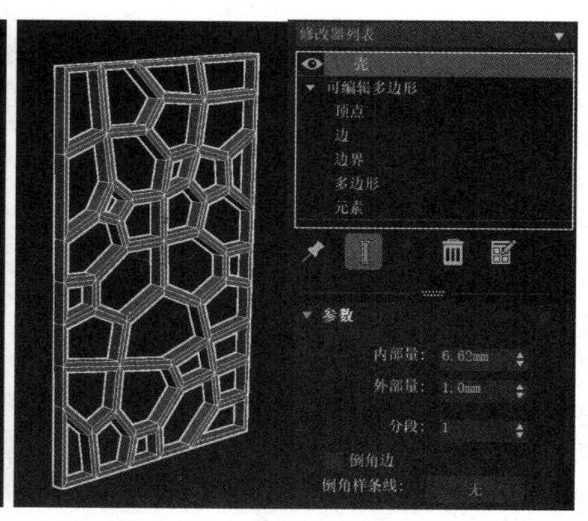

图 7.75　添加“壳”修改器

3. 挤出

“挤出”命令用于创建形成挤出边的新多边形。单击“挤出”按钮 挤出 ，在多边形上按住鼠标左键不放，上下拖动鼠标，挤出的多边形将会沿着法线方向移动，在合适的位置放开鼠标左键，即可完成挤出操作。也可以单击“挤出”按钮 挤出 右侧的 （设置）按钮，在弹出的面板中设置挤出类型和挤出高度，设置完成后，单击 按钮关闭该面板，完成挤出操作。例如，图 7.76 所示为对圆柱体的顶面进行挤出操作前后的效果。

4. 倒角

“倒角”命令类似于“挤出”命令加上“缩放”命令，该命令的用法和“挤出”命令的用法类似，在命令面板中可以设置倒角方式、挤出高度、轮廓参数。例如，图 7.77 所示为对圆柱体的顶面进行倒角操作后的效果。

5. 轮廓

“轮廓”命令用于增大或减小每组连续的选定多边形的外边。在进行挤出或倒角操作后，通常可以使用“轮廓”命令调整挤出面的大小，它不会缩放多边形，只会更改外边的大小。例如，图 7.78 所示为进行图 7.77 的倒角操作后又进行轮廓操作后的效果，对照图 7.77 可以看出，圆柱体顶面最外边一圈的多边形变大了，里面的多边形大小没有变化。

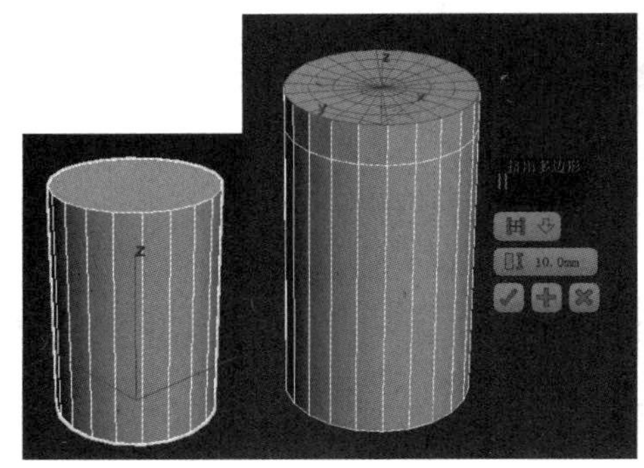

图 7.76　对圆柱体的顶面进行挤出操作前后的效果

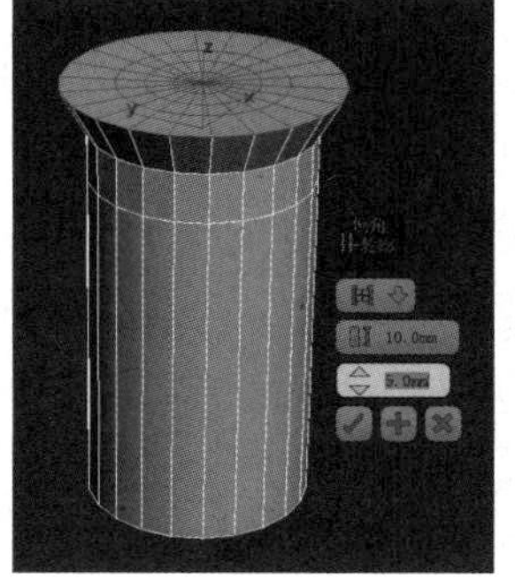

图 7.77　对圆柱体的顶面进行倒角操作后的效果

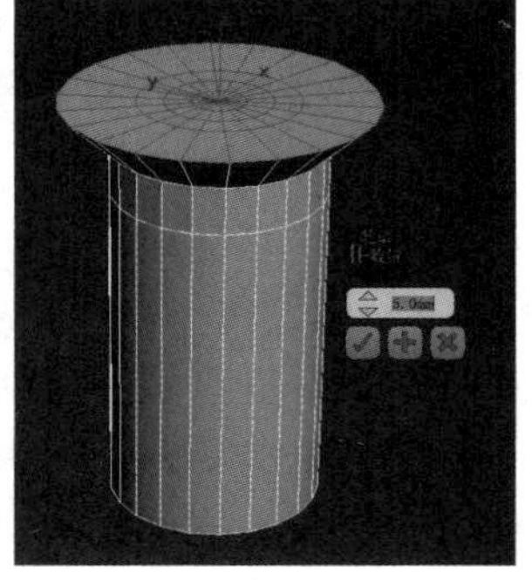

图 7.78　对圆柱体的顶面进行轮廓操作

6. 沿样条线挤出

“沿样条线挤出”命令用于沿样条线挤出当前选定的多边形。例如，图 7.79 所示为沿样条线挤出多边形前后的效果。

7. 桥

“桥”命令用于连接对象的两个选定多边形，也称桥连接。如果桥连接两个子对象，则桥会穿过对象，桥连接的多边形面的法线向内。但是如果创建穿越空白空间的桥，如在两个元素间连接子对象时，则该多边形面的法线向外。要退出“桥”模式，右击当前工作视口或单击“桥”按钮即可。例如，图 7.80 所示为应用“桥”命令前后的效果。多边形的“桥”命令的用法可参照边界的“桥”命令的用法。

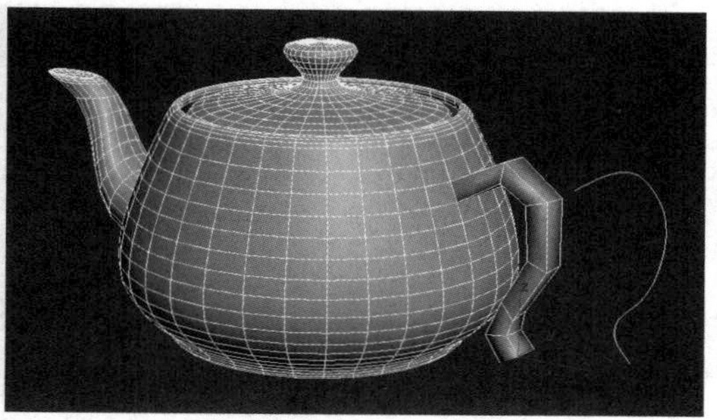

图 7.79　沿样条线挤出多边形前后的效果

8. 从边旋转

“从边旋转”命令用于使选定的多边形沿指定的边旋转。选中“多边形”子对象中的一个多边形，单击“从边旋转”按钮 从边旋转 ，将鼠标指针移动到当前选中的多边形的某条边上，按住鼠标左键后拖动鼠标，可以以该边为轴挤出一个多边形面。如果想精确控制旋转角度及分段，单击“从边旋转”按钮 从边旋转 右侧的 （设置）按钮，可以在弹出的面板中设置挤出面的旋转角度、分段等。例如，图 7.81 所示为应用“从边旋转”命令前后的效果。

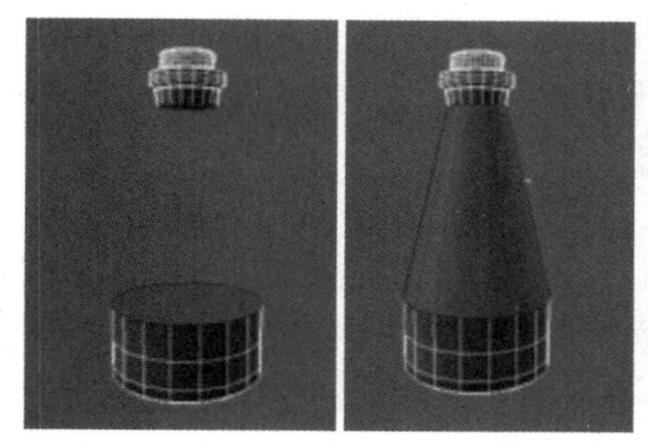

图 7.80　应用“桥”命令前后的效果

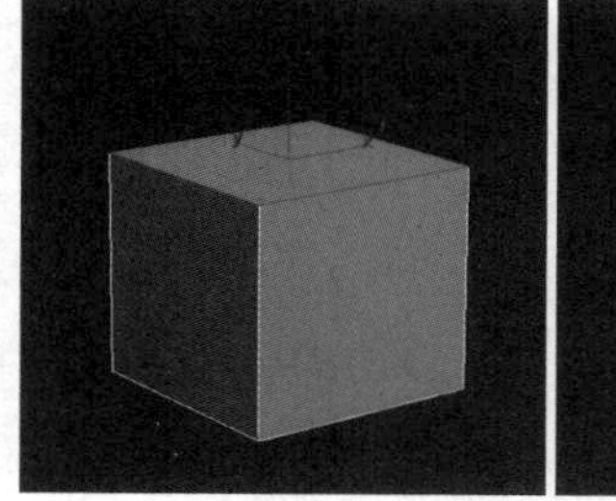
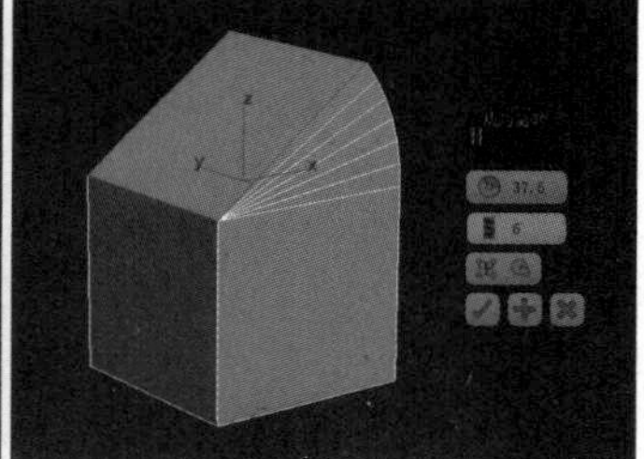

图 7.81　应用“从边旋转”命令前后的效果

9. 翻转

“翻转”命令用于反转选定多边形的法线方向，从而使多边形面向相反的方向。

10. 编辑三角剖分

单击“编辑三角剖分”按钮后，可以查看视口中的当前三角剖分，如图 7.82 所示。还可以通过单击同一多边形中的两个顶点对其进行更改，单击“编辑三角剖分”按钮，在视口中单击多边形的一个顶点，会出现附着在鼠标指针上的橡皮线，如图 7.83 所示，然后单击不相邻顶点，可以为多边形创建新的三角剖分，如图 7.84 所示。

11. 重复三角算法

“重复三角算法”命令允许 3ds Max 对当前选定的一个或多个多边形自动执行最佳的三角剖分操作。“重复三角算法”命令可以用来优化选定的多边形细分为三角形的方式。

图 7.82　查看当前的三角剖分

图 7.83　橡皮线

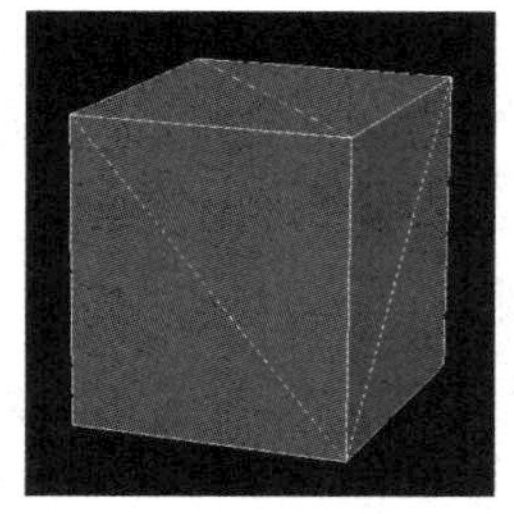

图 7.84　新的三角剖分

12. 旋转

“旋转”命令用于通过单击对角线修改多边形细分为三角形的方式。在激活“旋转”按钮后，对角线可以在模型为线框和边面显示模式时显示为虚线。在“旋转”模式下，单击对角线可更改其位置。要退出“旋转”模式，在视口中右击或再次单击“旋转”按钮即可。

在指定时间，每条对角线只有两个可用的位置，因此，连续两次单击某条对角线，即可将其恢复到原始的位置。但是，更改临近对角线的位置，可以让对角线使用不同的备用位置。

7.6.2　“编辑几何体”卷展栏

“编辑几何体”卷展栏如图 7.85 所示。大部分命令的用法与顶点、边、边界的“编辑几何体”卷展栏中命令的用法相似。下面介绍一下常用的命令。

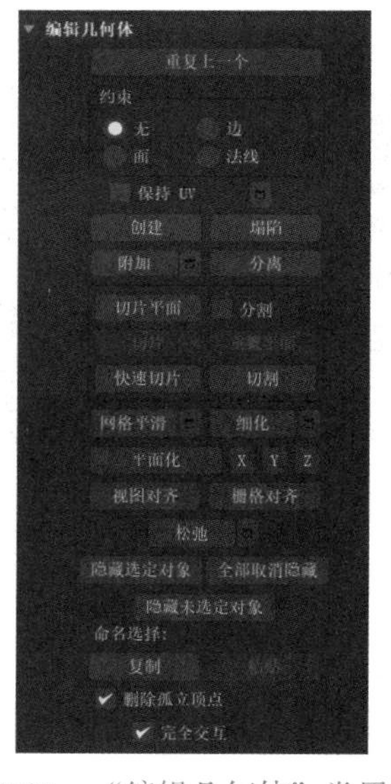

图 7.85　“编辑几何体”卷展栏

1. 塌陷

“塌陷”命令用于将选中的多边形塌陷为一个顶点。例如，图 7.86 所示为对多边形应用“塌陷”命令前后的效果。

2. 分离

“分离”命令用于将选中的多边形面作为新对象或元素分离出来。

3. 切片平面和切片

“切片平面”命令和“切片”命令结合使用，用于对选中的多边形面进行切割。

4. 平面化

“平面化”命令用于将选中的多边形面形成一个平面，这个平面的方向是依据每部分的法线平均值来确定的。例如，图 7.87 所示为对多边形应用“平面化”命令前后的效果。“平面化”按钮右侧的“X”、“Y”和“Z”按钮用于将选中的平面在这 3 个坐标轴上进行平面化。

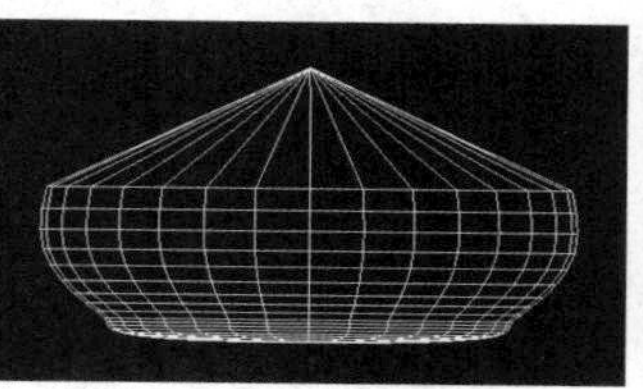

图 7.86　对多边形应用“塌陷”命令前后的效果

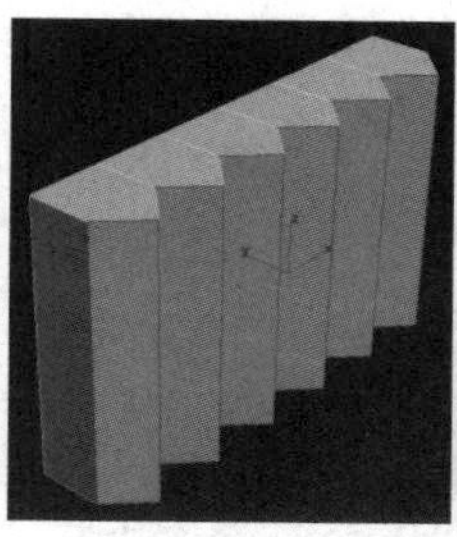

图 7.87　对多边形应用“平面化”命令前后的效果

7.7　“编辑元素”卷展栏

元素就是能够连接到一起的顶点、边、面、多边形的集合，只要它们有边或面能够连接，那么它们就是一个元素，如果对象内部的两个结构没有任何连接，则它们就是两个元素。例如，将茶壶转化为可编辑多边形，则壶体、壶把、壶嘴、壶盖就是元素，如图 7.88 所示。

“编辑元素”卷展栏如图 7.89 所示。该卷展栏中的命令包括“插入顶点”、“翻转”、“编辑三角剖分”、“重复三角算法”和“旋转”，这些命令的用法与“编辑多边形”卷展栏中相应命令的用法类似。

图 7.88　元素

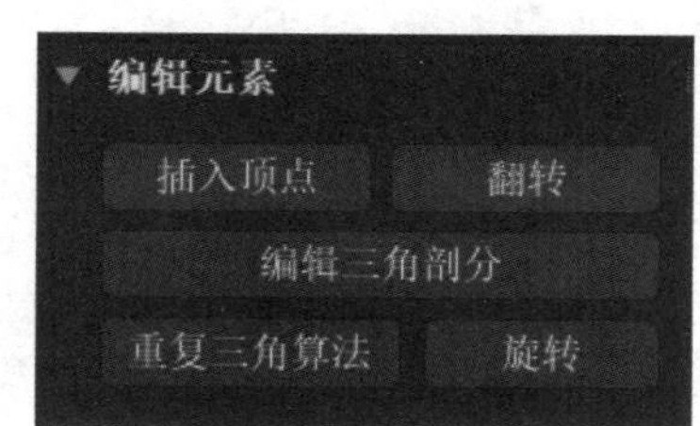

图 7.89　“编辑元素”卷展栏

任务实施：制作火箭模型

火箭模型分为主体和助推器两部分，助推器上有尾翼和发动机。

1. 制作火箭的主体模型

【步骤 01】在场景中创建一个圆柱体，如图 7.90 所示。

【步骤 02】将圆柱体转换为可编辑多边形，如图 7.91 所示。

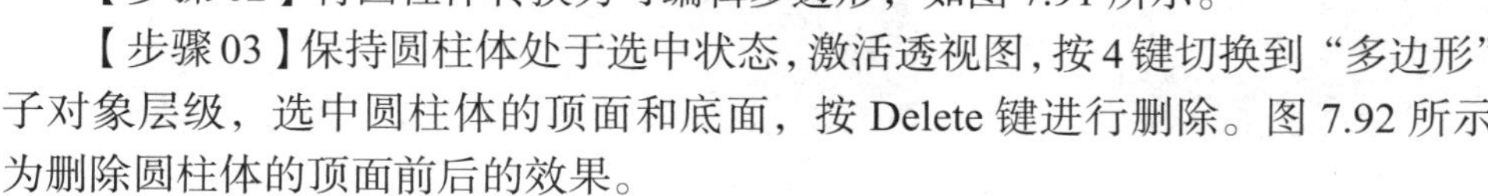

【步骤 03】保持圆柱体处于选中状态，激活透视图，按 4 键切换到“多边形”子对象层级，选中圆柱体的顶面和底面，按 Delete 键进行删除。图 7.92 所示为删除圆柱体的顶面前后的效果。

【步骤 04】按 3 键切换到“边界”子对象层级，选中圆柱体顶部的边界线，按住 Shift 键不放，利用移动工具移动复制出一条边界线，重复上述操作，再复制出一条边界线，如图 7.93 所示。

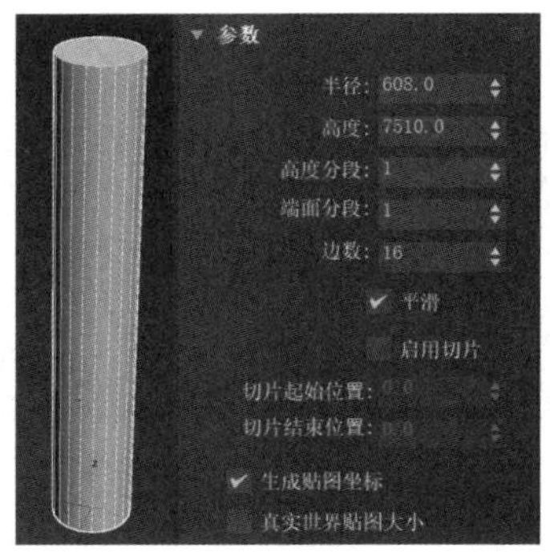

图 7.90　创建圆柱体 1

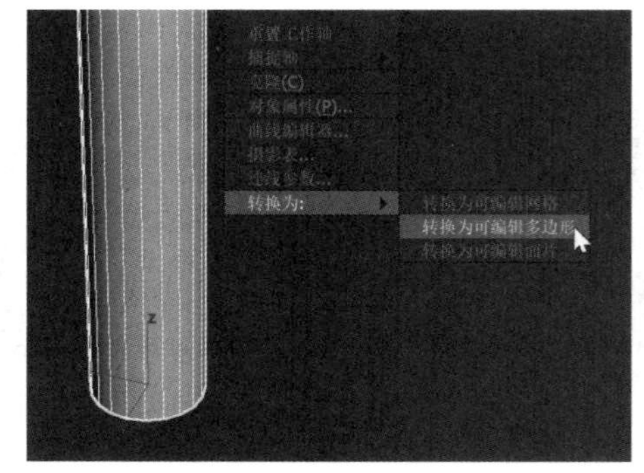

图 7.91　将圆柱体转换为可编辑多边形

【步骤 05】按 4 键切换到“多边形”子对象层级，选中如图 7.94 所示的多边形。

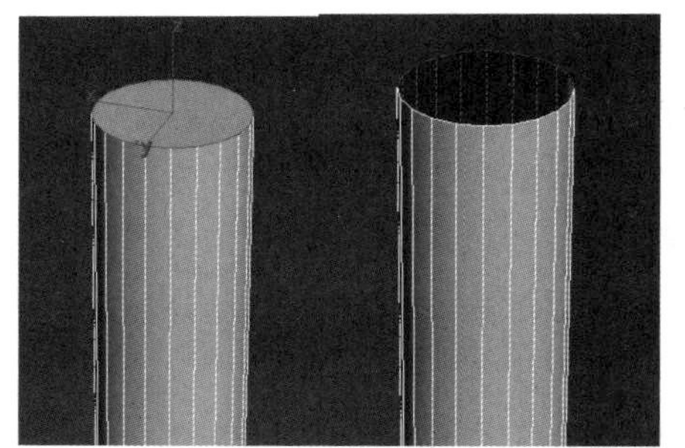

图 7.92　删除圆柱体的顶面前后的效果

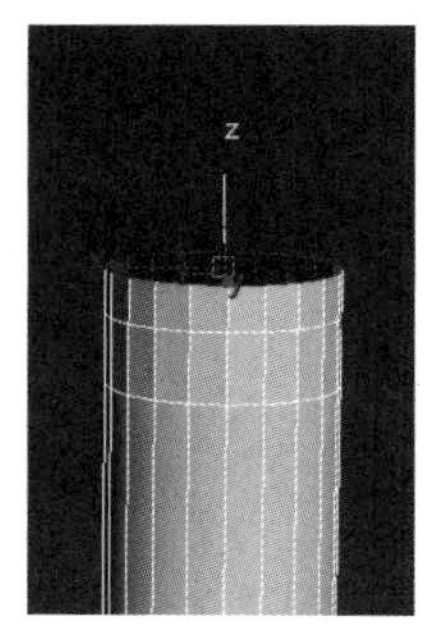

图 7.93　移动复制边界线

图 7.94　选中多边形

【步骤 06】单击“编辑多边形”卷展栏中的“挤出”按钮 挤出 右侧的 （设置）按钮，在弹出的面板中，对选中的多边形按局部法线进行挤出操作，如图 7.95 所示。

【步骤 07】按 3 键切换到“边界”子对象层级，选中圆柱体顶部的边界线，按住 Shift 键不放，利用放大工具放大复制出一条边界线，如图 7.96 所示。

【步骤 08】按 3 键切换到“边界”子对象层级，选中复制出的边界线，按住 Shift 键不放，利用移动工具向上移动复制出一条边界线，如图 7.97 所示。

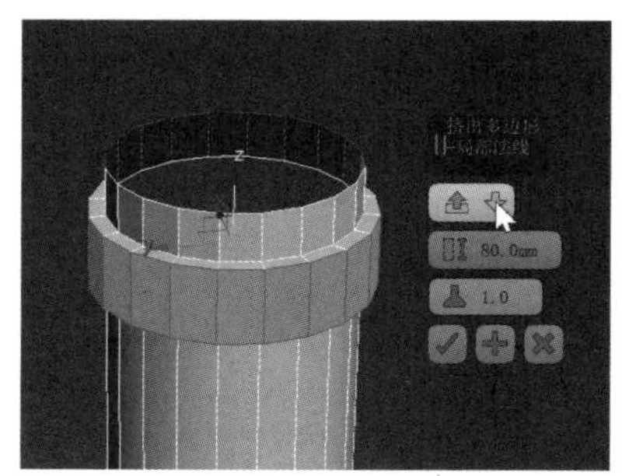

图 7.95　对多边形按局部法线进行挤出操作

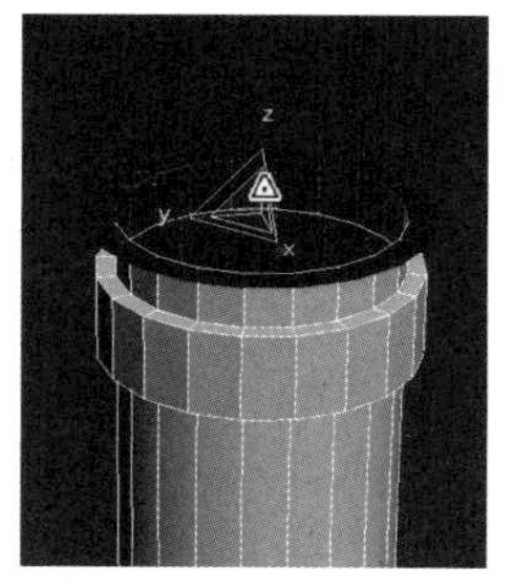

图 7.96　放大复制边界线

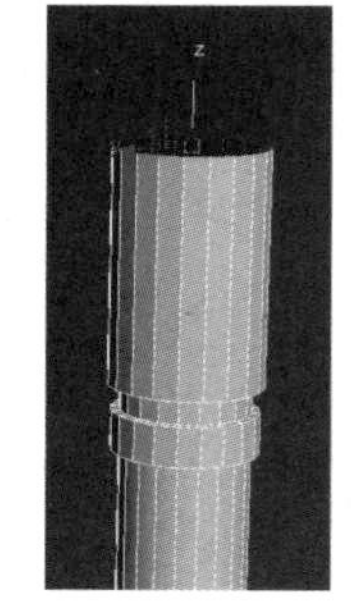

图 7.97　向上移动复制边界线 1

【步骤 09】保持边界线处于选中状态，按住 Shift 键不放，利用移动工具向上移动复制出一条边界线，然后利用缩放工具进行缩小操作，如图 7.98 所示。

【步骤 10】多次重复步骤 09，根据火箭头部形状进行边界线的复制与缩小操作，效果如图 7.99 所示。如果想修改某截面的形状，则可以按 2 键切换到“边”子对象层级，选中其中一个边后双击，将一圈边选中，利用缩放和移动工具进行大小及位置的调整。

【步骤 11】保持边界线处于选中状态，单击“编辑几何体”卷展栏中的“塌陷”按钮 塌陷 ，顶部塌陷后的效果如图 7.100 所示。

图 7.98　向上移动复制并缩小边界线 1

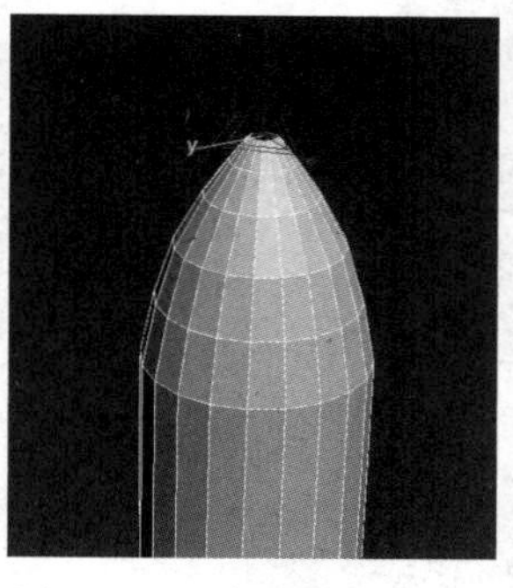

图 7.99　重复步骤 09 后的效果

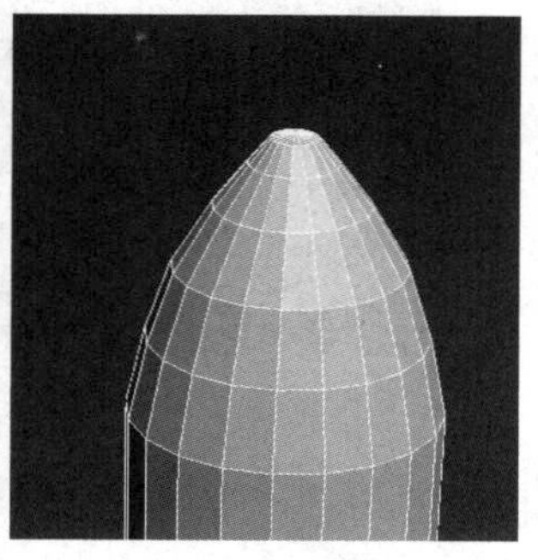

图 7.100　顶部塌陷后的效果

【步骤 12】按 2 键切换到“边”子对象层级，选中如图 7.101 所示的边，单击“编辑边”卷展栏中的“连接”按钮 连接 右侧的■（设置）按钮，在弹出的面板中设置分段为 1，调整滑块值，将连接边移动到合适的位置，如图 7.102 所示。

【步骤 13】按 4 键切换到“多边形”子对象层级，选中如图 7.103 所示的多边形。

【步骤 14】单击“编辑多边形”卷展栏中的“挤出”按钮 挤出 右侧的■（设置）按钮，在弹出的面板中按局部法线挤出多边形，如图 7.104 所示。

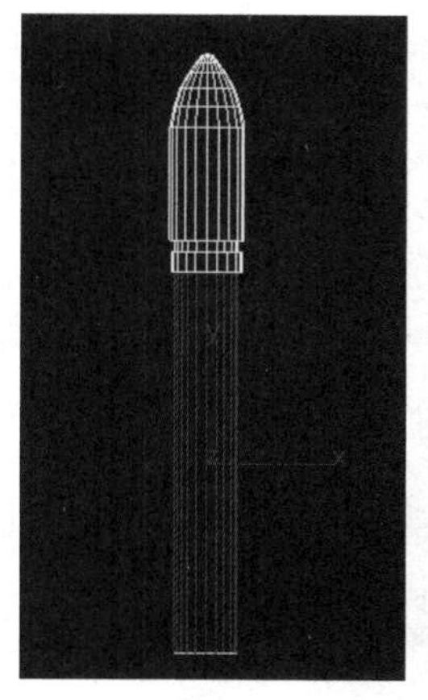

图 7.101　选中边

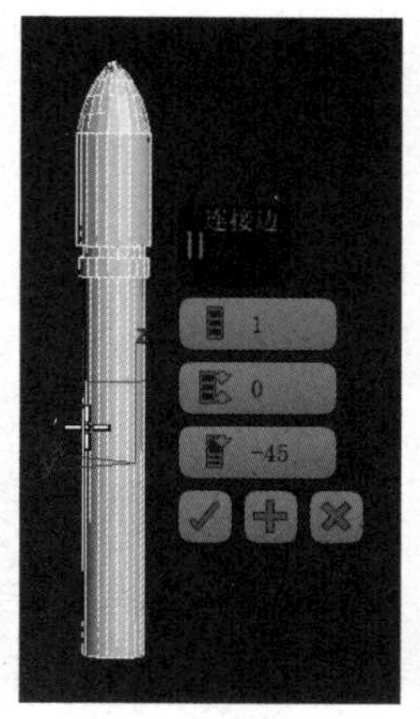

图 7.102　设置分段并调整滑块值

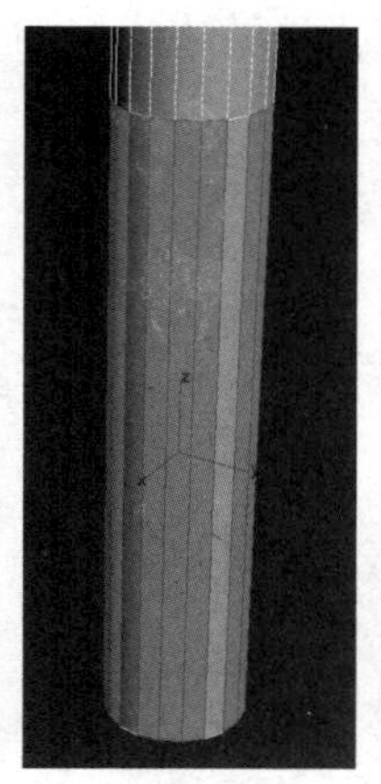

图 7.103　选中多边形

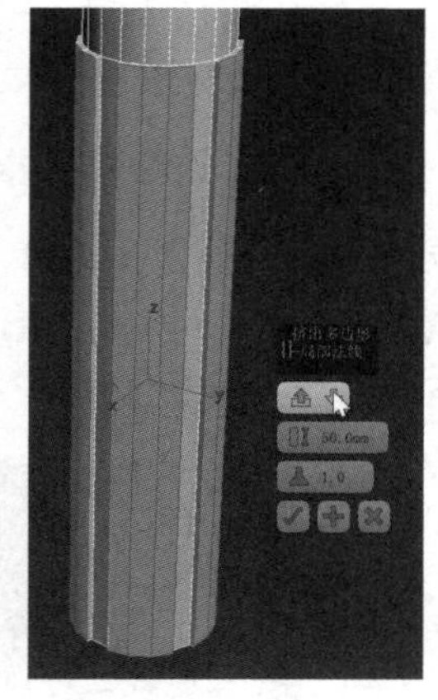

图 7.104　按局部法线挤出多边形

【步骤 15】按 3 键切换到“边界”子对象层级，选中圆柱体底部的边界线，按住 Shift 键不放，利用移动和放大工具制作出如图 7.105 所示的形状。

【步骤 16】对圆柱体的底部进行塌陷操作，效果如图 7.106 所示。

【步骤 17】按 2 键切换到“边”子对象层级，双击选中边，单击“编辑边”卷展栏中的“切角”按钮 切角 右侧的 （设置）按钮，在弹出的面板中对选中的边进行切角操作，如图 7.107 所示。对下部转折处的边进行切角操作，效果如图 7.108 所示。

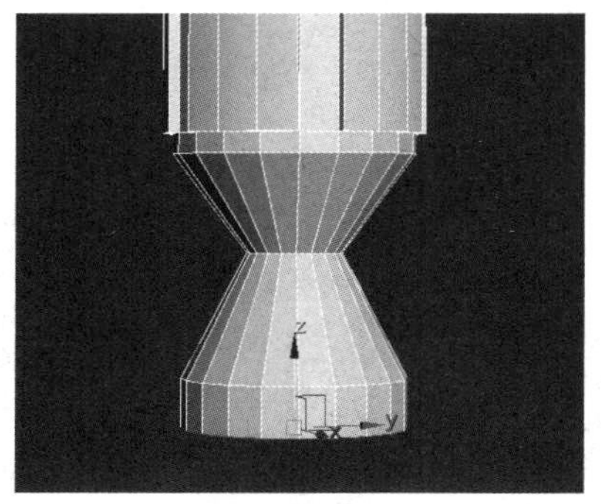
图 7.105　底部形状

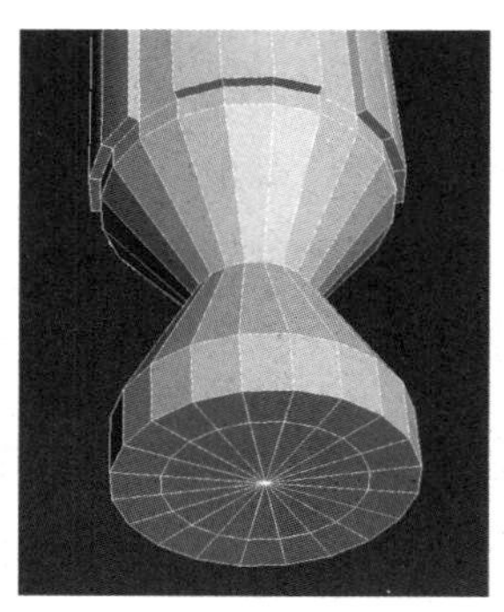
图 7.106　对圆柱体的底部进行塌陷操作后的效果

图 7.107　对选中的边进行切角操作

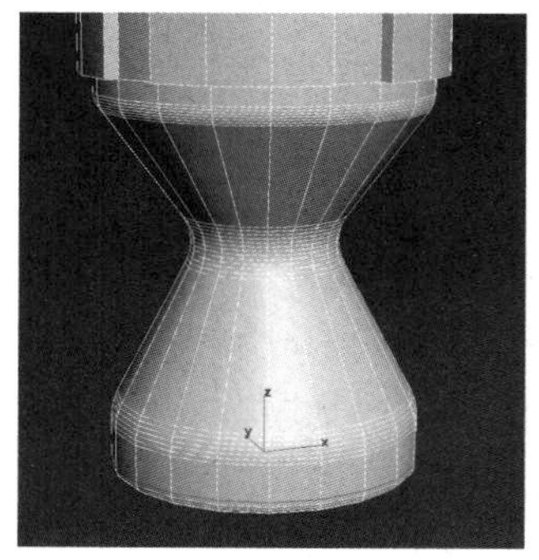
图 7.108　对下部转折处的边进行切角操作后的效果

【步骤 18】对上部转折处的边进行切角操作，效果如图 7.109 所示。至此，火箭的主体模型制作完成。

2. 制作火箭的助推器模型

【步骤 01】在场景中创建一个圆柱体，如图 7.110 所示，并将其转换为可编辑多边形。按 4 键切换到“多边形”子对象层级，选择并删除圆柱体的上面和下面。

图 7.109　对上部转折处的边进行切角操作后的效果

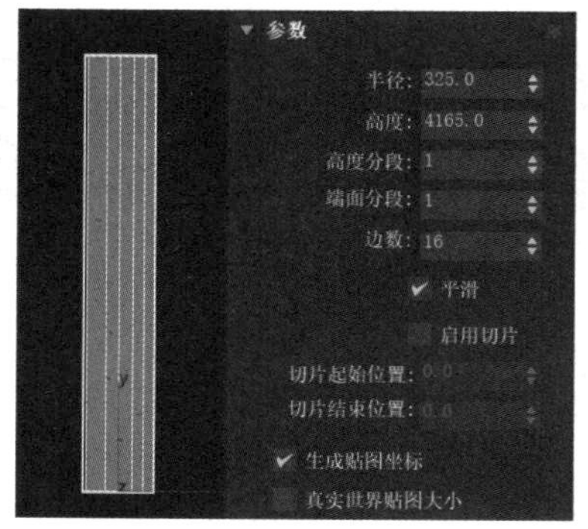

图 7.110　创建圆柱体 2

【步骤 02】按 3 键切换到"边界"子对象层级，选中圆柱体顶部边界，按住 Shift 键不放，先利用移动工具向上移动复制出一条边界线，再利用缩放工具对复制出的边界线进行缩小操作，如图 7.111 所示。

【步骤 03】重复步骤 02，多次向上移动复制边界线并进行缩小操作，最后进行塌陷操作，效果如图 7.112 所示。

【步骤 04】按 1 键切换到"顶点"子对象层级，对顶点进行移动操作，效果如图 7.113 所示。

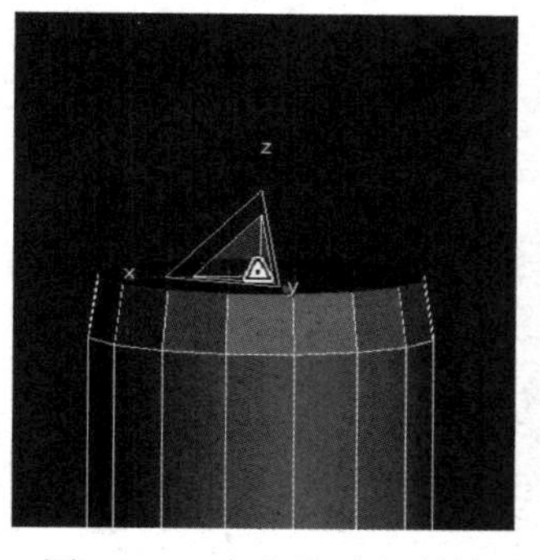

图 7.111　向上移动复制并缩小边界线 2

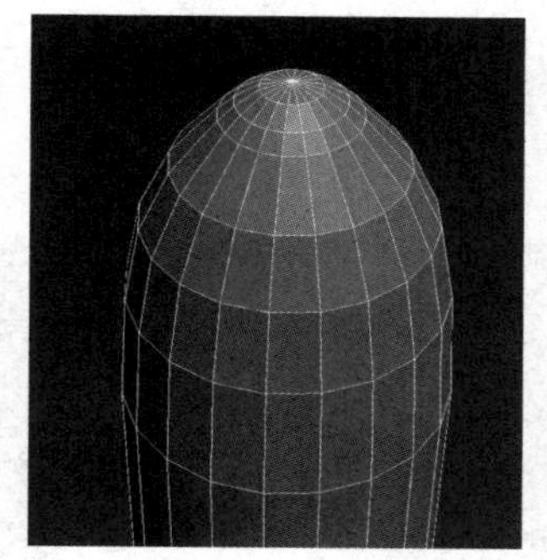

图 7.112　多次复制并缩小边界线后进行塌陷操作的效果

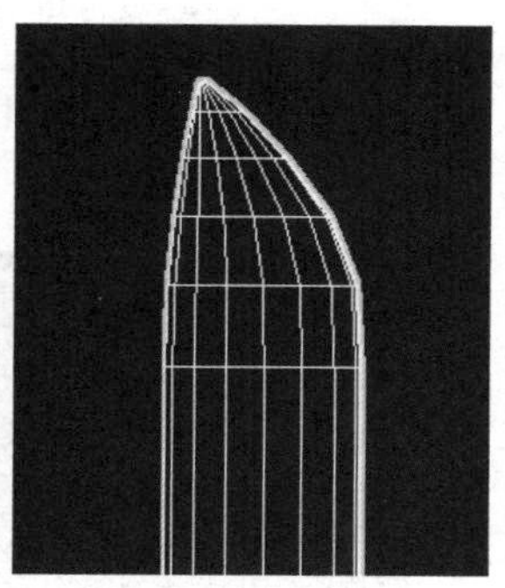

图 7.113　对顶点进行移动操作后的效果

【步骤 05】选中底部的边界线，进行缩小复制，如图 7.114 所示。选中复制的边界线，利用移动工具向上移动复制边界线，如图 7.115 所示。最后对边界线进行塌陷操作，效果如图 7.116 所示。

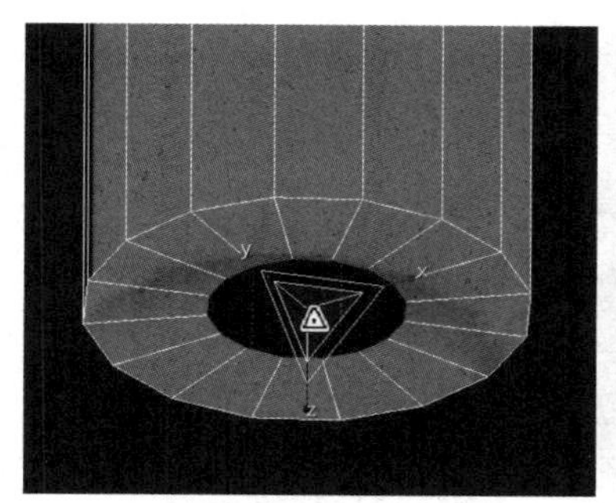

图 7.114　缩小复制底部的边界线 1

图 7.115　向上移动复制边界线 2

图 7.116　对边界线进行塌陷操作后的效果

【步骤 06】对底部直角边进行切角操作，效果如图 7.117 所示。至此，火箭的助推器模型制作完成。

3. 制作火箭助推器上的发动机模型

【步骤 01】创建一个圆锥体，并将其转换为可编辑多边形，选择并删除圆锥体的上面和下面，如图 7.118 所示。

【步骤 02】选中底部的边界线，按住 Shift 键不放，利用缩放工具缩小复制出一条边界线，如图 7.119 所示。

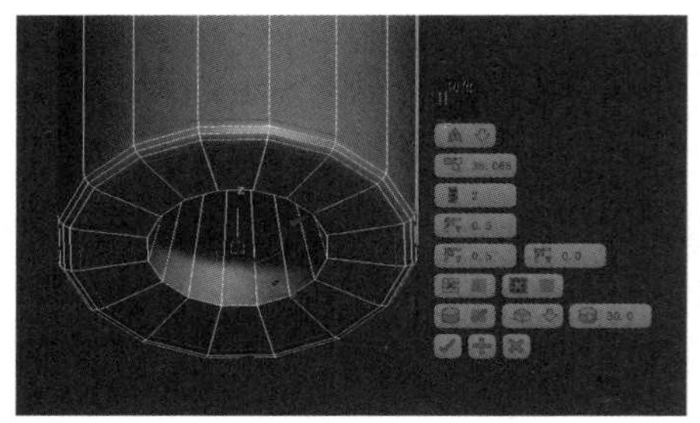

图 7.117　对底部直角边进行切角操作后的效果

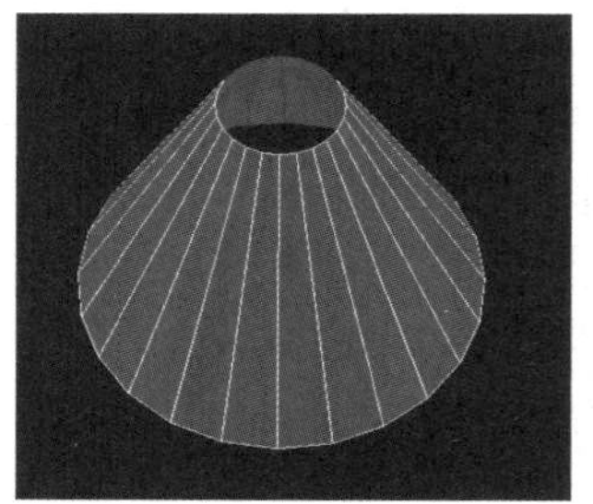

图 7.118　创建圆锥体

【步骤 03】按住 Shift 键不放，利用移动工具向上移动复制出一条边界线，如图 7.120 所示。

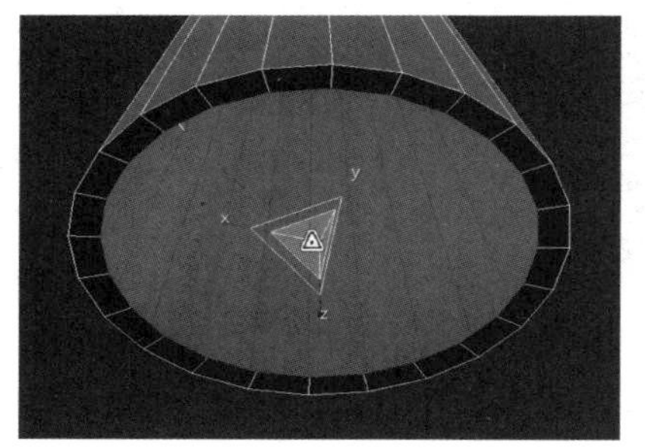

图 7.119　缩小复制底部的边界线 2

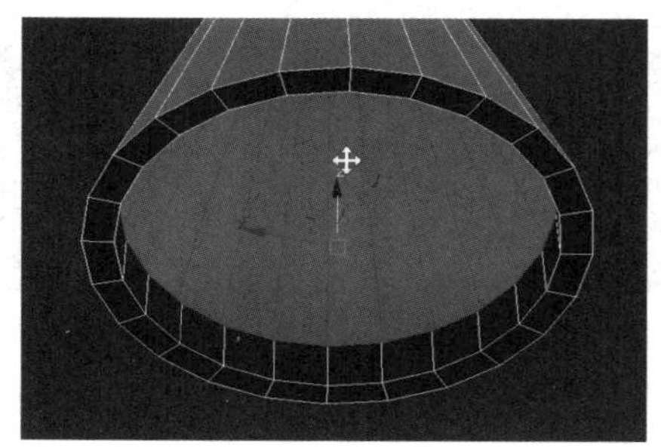

图 7.120　向上移动复制边界线 3

【步骤 04】按住 Shift 键不放，利用缩放工具再次缩小复制出一条边界线，如图 7.121 所示。

【步骤 05】按住 Shift 键不放，利用移动工具向上移动复制出一条边界线，如图 7.122 所示。

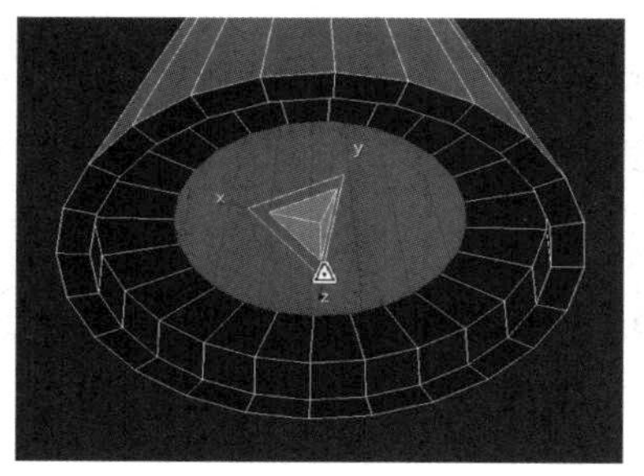

图 7.121　缩小复制边界线

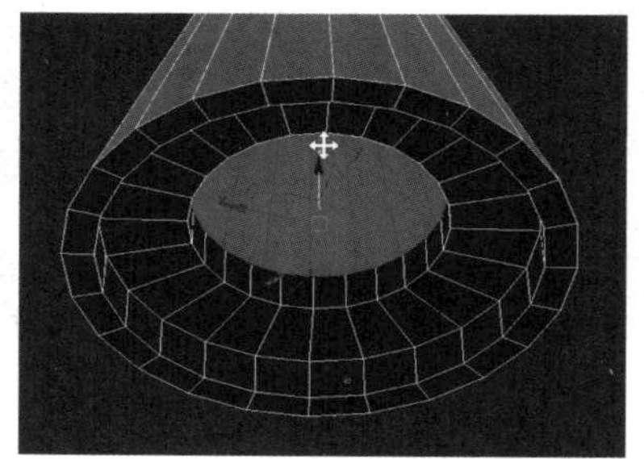

图 7.122　向上移动复制边界线 4

【步骤 06】单击“编辑几何体”卷展栏中的“塌陷”按钮 塌陷 ，对边界进行塌陷操作。

【步骤 07】利用“切角”按钮对模型底部边进行切角操作。至此，火箭助推器上的发动机模型制作完成。实例复制 3 个发动机模型，并放置到合适的位置，如图 7.123 所示。

4. 制作火箭助推器上的尾翼模型

【步骤 01】在前视图中创建样条线，如图 7.124 所示。

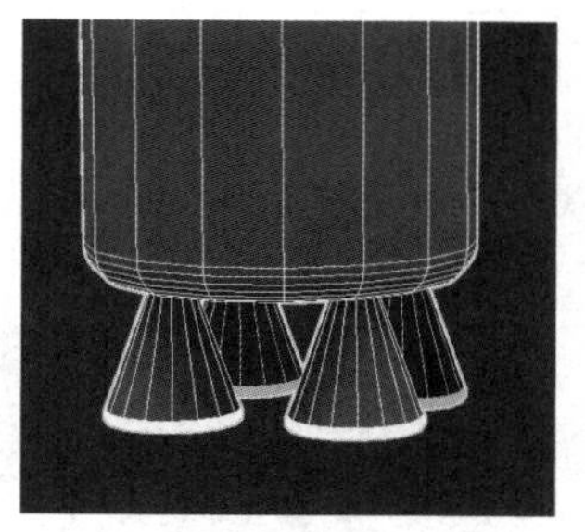

图 7.123　实例复制发动机模型

图 7.124　创建样条线

【步骤 02】给样条线添加 “挤出” 修改器，如图 7.125 所示。

【步骤 03】将模型转换为可编辑多边形。在“边”子对象层级，对直角边进行切角操作，效果如图 7.126 所示。至此，火箭助推器上的尾翼模型制作完成。

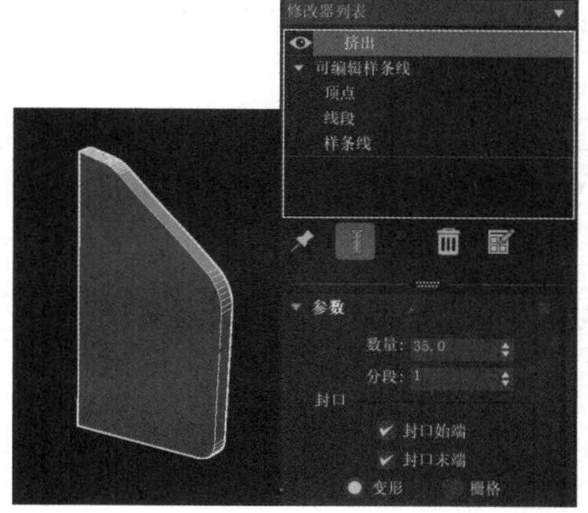

图 7.125　给样条线添加“挤出”修改器

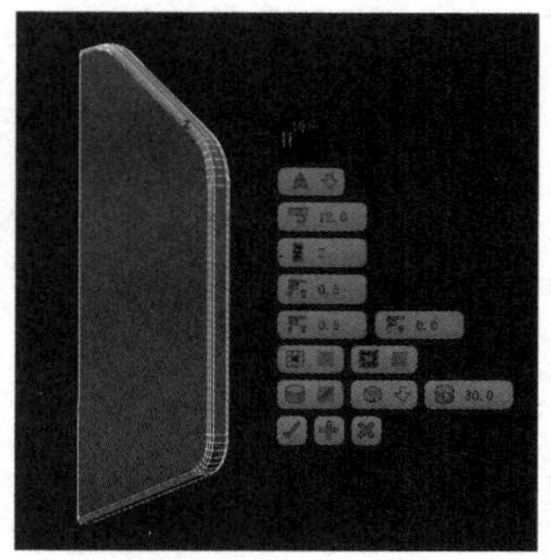

图 7.126　对直角边进行切角操作后的效果

【步骤 04】调整以上所有模型的位置和大小，火箭模型的最终效果如图 7.127 所示。

图 7.127　火箭模型的最终效果

任务拓展

1. 制作如图 7.128 所示的浪板造型吊顶及滑梯模型。
2. 制作如图 7.129 所示的游戏场景模型。

图 7.128　浪板造型吊顶及滑梯模型

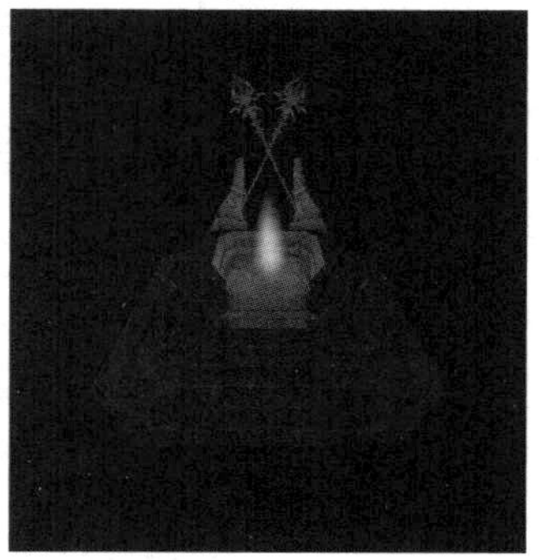

图 7.129　游戏场景模型

课后思考

1. 多边形物体分为哪几个子对象层级？
2. 快速切换到各个子对象层级的快捷键分别是什么？

单元 8

材质与贴图——设置卧室空间材质

在 3ds Max 中，材质用于描述物体如何反射和传播光线，它包括物体的一些表面的信息，如颜色、纹理、图案、材料特征等，使物体更具真实感。材质中的贴图实际上就是一幅图像，可以模拟纹理、应用设计、反射、折射及其他的一些效果。在 3ds Max 中所用到的大部分材质都要使用贴图，贴图与材质相配合还可以产生一些特殊造型效果。材质贴图的应用是决定渲染效果的关键环节。

工作任务

完成卧室空间材质的设置，效果如图 8.1 所示。

图 8.1　完成卧室空间材质设置后的效果

任务描述

利用 3ds Max 中的材质编辑技术，为卧室场景中的物体创建、指定适宜的材质及贴图，制作逼真的实际效果，为作品增色。

任务目标

- 掌握精简材质编辑器的使用。
- 掌握材质类型。
- 掌握贴图类型及贴图坐标。
- 能够参照任务实施完成操作任务。

任务资讯

8.1 精简材质编辑器

精简材质编辑器是一个浮动的窗口，材质与贴图的建立和编辑都是通过“材质编辑器”窗口来完成的。

选择“渲染”菜单的“材质编辑器”子菜单中的“精简材质编辑器”命令，或者在（Slate 材质编辑器）按钮上按住鼠标左键不放，会弹出隐藏的（精简材质编辑器）按钮，选择（精简材质编辑器）按钮，可以打开“材质编辑器”窗口，如图 8.2 所示。如果上次打开的材质编辑器的版本是精简材质编辑器，则也可以按键盘上的 M（不区分大小写）键打开“材质编辑器”窗口。

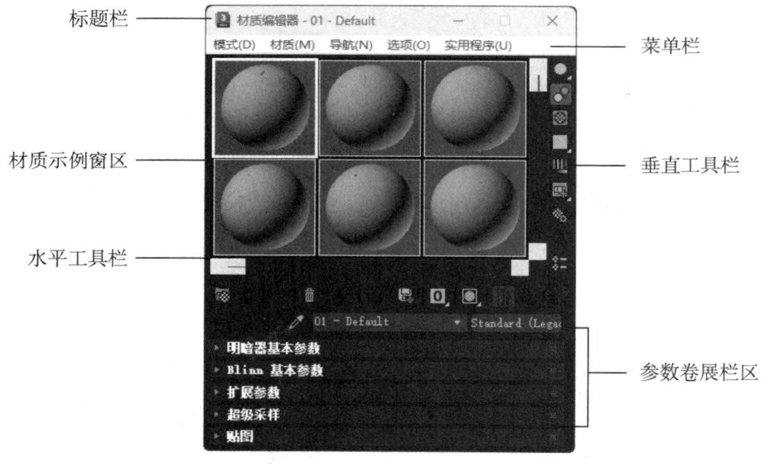

图 8.2 “材质编辑器”窗口

从图 8.2 中可以看到，“材质编辑器”窗口共分为 6 部分：标题栏、菜单栏、材质示例窗区、垂直工具栏、水平工具栏和参数卷展栏区。

8.1.1 材质示例窗区

“材质编辑器”窗口的上方区域为材质示例窗区，该区包含 24 个示例窗，每个示例窗中都有一个灰色的材质示例球，用于显示所编辑材质的近似效果，如图 8.3 中的左一所示。

单击一个示例窗可以激活它，不论什么时候，都只有一个示例窗处于激活状态，被激活的示例窗会被一个白框包围，如图 8.3 中的左二所示。如果要对材质进行编辑，则必须激活其示例窗。用鼠标将材质直接拖动到视图中的物体上，就将材质赋予了物体，此材质便成为同步材质，示例窗的四角便会出现三角形标记，如图 8.3 中的左三和左四所示。当编辑同步材质时，场景中的物体材质也会相应改变。

  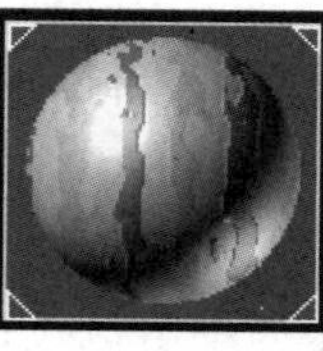 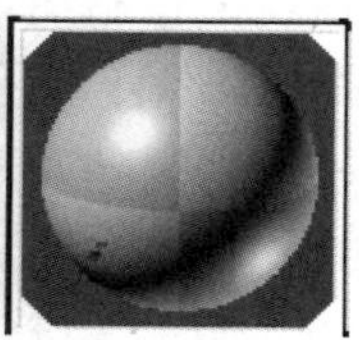

图 8.3　材质示例窗

在选定的示例窗内右击，在弹出的快捷菜单中选择“放大”命令，如图 8.4 中的左图所示，可以将选择的示例窗放置在一个独立的对话框中，如图 8.4 中的右图所示，该效果也可以通过双击示例窗实现，利用鼠标拖动窗口的 4 个边角，可以改变其大小。在快捷菜单的下方是示例窗的显示布局方式命令，利用这些命令可以改变示例窗的显示个数。

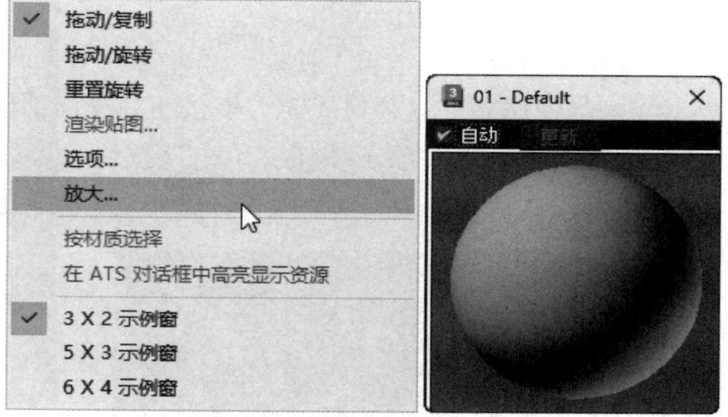

图 8.4　快捷菜单与浮动对话框

8.1.2　水平工具栏

示例窗的下方是由一排按钮组成的水平工具栏，这些按钮的具体功能如下所述。

- （获取材质）按钮：单击该按钮，可以打开“材质 / 贴图浏览器”对话框，该对话框中有“Autodesk Material Library”、“Scene Materials”（场景材质）、“Sample Slots”（示例窗）和“材质”4 个卷展栏，如图 8.5 所示，用于选择已有的材质或贴图，以及场景或示例窗中的材质。

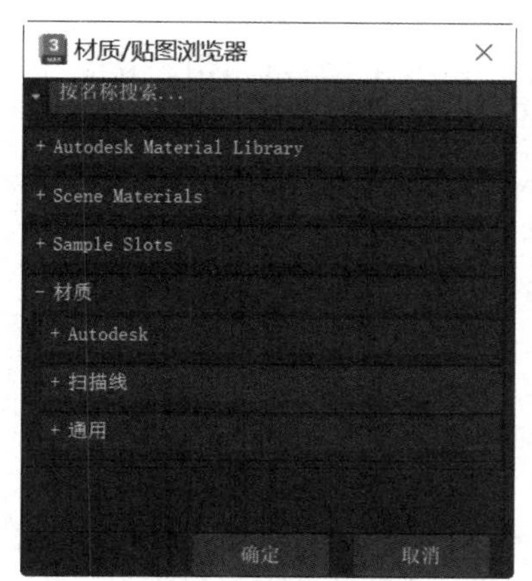

图 8.5　单击“获取材质”按钮打开的“材质 / 贴图浏览器”对话框

- （将材质放入场景）按钮：单击该按钮，将替换场景中与之同名的材质。
- （将材质指定给选定对象）按钮：单击该按钮，可以将当前编辑好的材质赋予场景中被选取的物体，同时该示例窗成为热示例窗，窗口的四角会出现白色三角形标记。
- （重置贴图 / 材质为默认设置）按钮：单击该按钮，可以将所有贴图参数设置恢复为系统默认设置。
- （生成材质副本）按钮：单击该按钮，示例窗将不再是热示例窗，但材质仍然保持其属性和名称，可以调整材质而不影响场景中的该材质。在获得想要的内容之后，可以单击（将材质放入场景）按钮，以更新场景中的材质，再次将示例窗更改为热示例窗。

- （使唯一）按钮：单击该按钮，不仅可以使贴图实例成为唯一的副本，还可以使一个实例化的子材质成为唯一的独立子材质，其可以为该子材质提供一个新材质名。子材质是“多维 / 子对象”材质中的一个材质。
- （放入库）按钮：单击该按钮，可以将当前编辑完成的材质存入材质库，在下次使用时直接载入即可。
- （材质 ID 通道）按钮：单击该按钮，可以设置特殊材质作用通道。
- （视口中显示明暗处理材质）按钮：单击该按钮，可以在视口中显示材质效果，但这会增加系统的负担。
- （显示最终结果）按钮：单击该按钮，可以显示材质最终合成后的效果，特别是当使用多层复合材质时，该按钮处于激活状态才能显示最终效果。
- （转到父对象）按钮：单击该按钮，可以返回上一层材质进行编辑，相应样本框显示上一层的材质属性。
- （转到下一个同级项）按钮：单击该按钮，可以使复合材质的同一子层间进行材质互换。
- （从对象拾取材质）按钮：单击该按钮，可以从视图中某个物体上单击获取其材质，取样到当前示例窗中。
- 贴图 #1（名称下拉列表）：单击右侧的下拉按钮，在弹出的下拉列表中会列出当前材质中的元素，并可以在左侧文本框中更改材质或贴图的名称。
- Standard (Legac（类型）按钮：单击该按钮，可以打开“材质 / 贴图浏览器”对话框，如图 8.6 所示，用于从系统提供的各种材质类型和贴图类型中分别选择所需的材质和贴图。默认的材质类型是“标准（旧版）”材质。

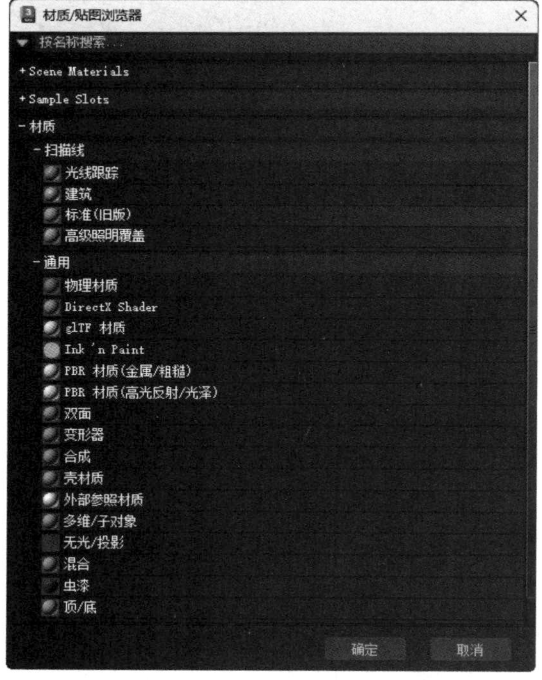

图 8.6　单击“类型”按钮打开的“材质 / 贴图浏览器”对话框

8.1.3　垂直工具栏

示例窗的右侧是由一列按钮组成的垂直工具栏，这些按钮的具体功能如下所述。

- （采样类型）按钮：单击该按钮，可以选择球体、圆柱体、正方体 3 种样本类型。选择与场景中物体形状相似的样本类型，可以在编辑材质时比较容易观察到最后效果。

- （背光）按钮：单击该按钮，可以打开背光，显示出材质立体效果。
- （背景）按钮：单击该按钮，可以在材质示例窗中显示背景，用于查看透明材质的编辑制作效果。
- （采样 UV 平铺）按钮：单击该按钮，可以设置在 *U*（水平）、*V*（垂直）方向上的重复贴图阵列效果，单击该按钮只改变示例窗中材质的显示，对实际的材质与贴图并不产生影响。
- （视频颜色检查）按钮：单击该按钮，可以检查材质表面色彩是否超过视频限制，主要用于动画制作。
- （生成预览）按钮：单击该按钮，可以生成动画材质的预览效果。
- （选项）按钮：单击该按钮，可以打开"材质编辑器选项"对话框，在该对话框中可以设置如何在示例中显示材质和贴图。
- （按材质选择）按钮：单击该按钮，可以打开"选择对象"对话框，如图 8.7 所示，在该对话框中，赋有当前材质的对象的名称处于亮显状态，从而进行选择。
- （材质 / 贴图导航器）按钮：单击该按钮，可以打开"材质 / 贴图导航器"窗口，如图 8.8 所示，它以树状结构显示当前示例窗中材质的层次关系，通过单击任意一个层级，可以在不同层级间进行切换，同时在"材质编辑器"窗口中会显示该层级的状态，便于对其进行编辑。该按钮的功能与水平工具栏中的（转到父对象）按钮、（转到下一个同级项）按钮的功能相似。

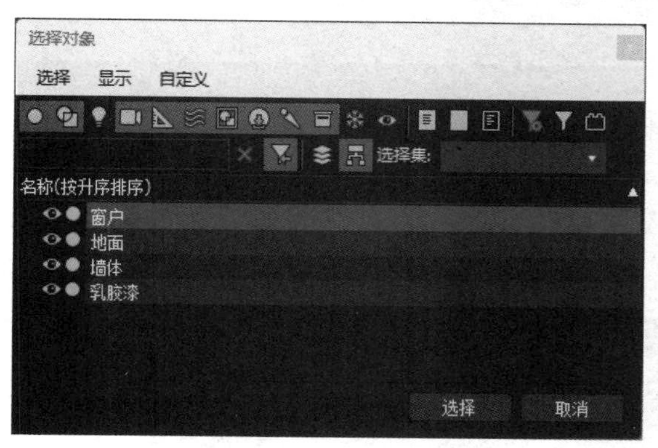

图 8.7　"选择对象"对话框

图 8.8　"材质 / 贴图导航器"窗口

8.1.4　参数卷展栏区

无论何种材质类型，它的编辑都是通过调整与之相关的参数进行的，卷展栏中的参数发生变化，相应的示例窗中材质效果也会发生变化。对应不同的材质或贴图类型，参数卷展栏区的卷展栏中的参数类型也会不同。下面以标准材质为例介绍各个卷展栏的参数情况。

基本的标准材质包括 5 个参数卷展栏，分别是"明暗器基本参数"卷展栏、"基本参数"卷展栏、"扩展参数"卷展栏、"超级采样"卷展栏、"贴图"卷展栏。在卷展栏名称上按住鼠标左键后上下拖动鼠标，可以改变卷展栏的排列顺序。

"基本参数"卷展栏中的参数会随着"明暗器基本参数"卷展栏中明暗器的不同而变化。

1. “明暗器基本参数”卷展栏和“基本参数”卷展栏

(B)Blinn（明暗器类型下拉列表）位于“明暗器基本参数”卷展栏的左侧，根据创建对象的需要可以从该下拉列表中选择相应的明暗器类型选项。明暗器也称阴影模式，在 3ds Max 中，对象表面的质感要通过不同的阴影来表现。

3ds Max 2023 提供了 8 种明暗器类型，如图 8.9 所示。

（1）Blinn。Blinn 是标准的默认明暗器类型，用于以光滑的方式进行表面渲染，宜表现冷色、坚硬的材质，适合大多数普通对象的渲染。“明暗器基本参数”和“Blinn 基本参数”卷展栏如图 8.10 所示。

图 8.9　明暗器类型下拉列表

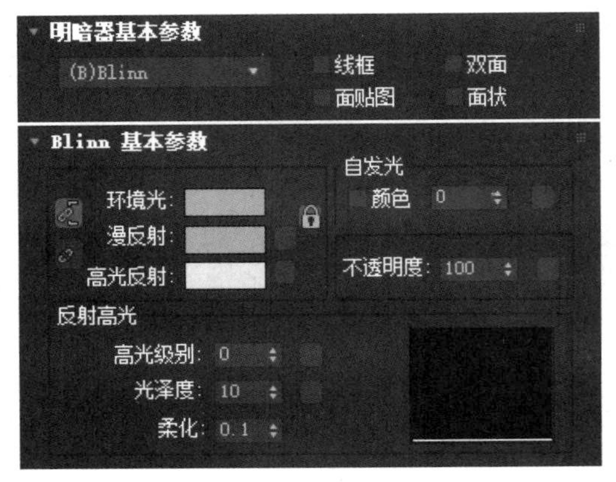

图 8.10　“明暗器基本参数”和“Blinn 基本参数”卷展栏

“明暗器基本参数”卷展栏的右侧是 4 个用于设置着色方式的复选框，其中线框着色方式用于表现物体的结构，线框的宽度可以在“扩展参数”卷展栏中设置；双面着色方式用于使材质出现在物体面的两侧；面贴图着色方式用于把贴图应用于对象的每个单独面上；面状着色方式用于忽略各面之间的平滑性。4 种着色方式的效果如图 8.11 所示。

图 8.11　线框、双面、面贴图和面状着色方式的效果（从左到右）

在“Blinn 基本参数”卷展栏中，左上部为 3 个颜色条，用来控制材质表面 3 个不同区域的颜色，如图 8.12 所示。

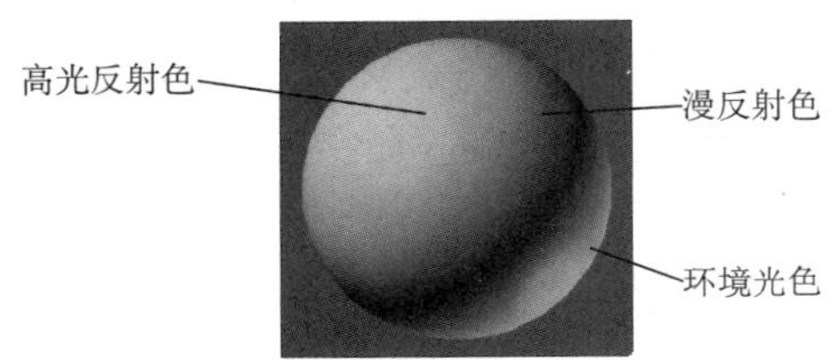

图 8.12　3 种基本的材质特性

漫反射色也称过渡色，它提供物体的最主要色彩；环境光色也称阴影色，一般由灯光的光色决定；高光反射色一般与漫反射色相同，只是饱和度更强一些。通过对这 3 种基本的材质特性的设置，可以建立许多不同的材质。调节方法为：在对应颜色名称右侧的颜色条上单击，在弹出的“颜色选择器”中进行颜色选择。

单击 （锁定）按钮，可以锁定漫反射色、环境光色、高光反射色 3 种材质特性中的两种或全部；单击 （贴图）按钮，在弹出的“材质 / 贴图浏览器”对话框中，可以为相应颜色指定一种贴图效果。设置“自发光”选区内“颜色”复选框右侧数值框中的数值，可以使材质具备自发光效果，常用来制作灯泡、太阳等光源物体，如果勾选了左侧的复选框，则数值框会变为颜色条，可以设置带有颜色的自发光。不透明度是对象拒绝光线穿过的程度，不透明度为 0% 的对象是完全透明的，不透明度为 100% 的对象则完全不透明。在设置“不透明度”数值框中的数值时，单击垂直工具栏中的 （背景）按钮，可以更容易查看不透明度的设置效果。图 8.13 所示为设置不同的不透明度数值（从左到右分别为 10、50 和 80）时的材质效果。

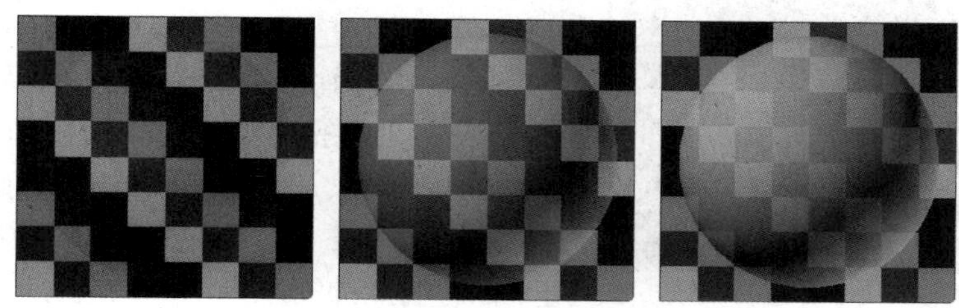

图 8.13　设置不同的不透明度数值时的材质效果

在“反射高光”选区中，“高光级别”数值框用于设置反射高光强度，右侧的图表会显示高光横截面每段距离上的亮度；“光泽度”数值框用于设置高光区的大小，当数值为 100 时会产生极微小的高光区，当数值为 0 时会把高光区增大到图表的边缘；“柔化”数值框用于对高光区的反光进行柔化处理，使它变得模糊、柔和。图 8.14 所示为设置不同的高光度和光泽度时的材质效果。

高光度 70，光泽度 30

高光度 150，光泽度 30

高光度 150，光泽度 0

图 8.14　设置不同的高光度和光泽度时的材质效果

（2）Phong。Phong 明暗器的参数与 Blinn 明暗器相同，并且同样用于以光滑的方式进行表面渲染。Phong 明暗器宜表现暖色、柔和的材质，常用于塑性材质，可以精确地反映出凹凸、不透明、反光、高光和反射贴图效果。图 8.15 所示为 Blinn 明暗器与 Phong 明暗器的对比效果。

（3）各向异性。各向异性明暗器的大多数参数与 Blinn 明暗器相同。“各向异性基本参数”卷展栏的“反向高光”选区中的“各向异性”数值框内的数值越大，高光区域的形状越狭长。各向异性明暗器的这种渲染属性可以用来表现毛发、玻璃和被擦拭过的金属等模型。图 8.16 所示为设置不同的各向异性数值（从左到右分别为 0、50 和 90）时的材质效果。

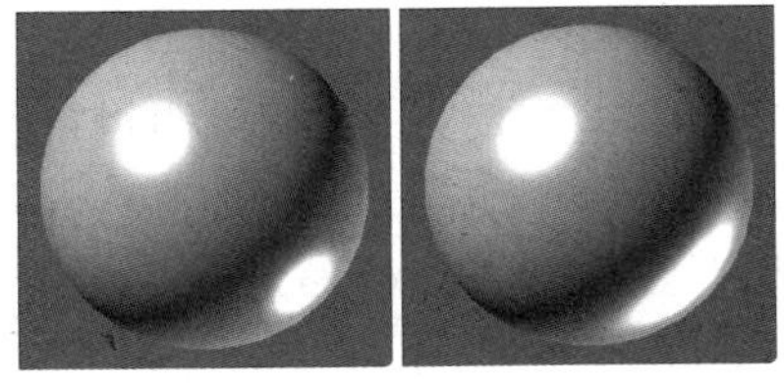

图 8.15　Blinn 明暗器与 Phong 明暗器的对比效果

图 8.16　设置不同的各向异性数值时的材质效果

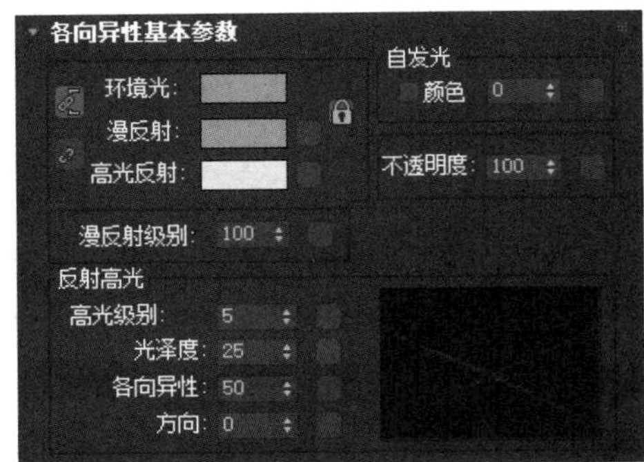

图 8.17　“各向异性基本参数”卷展栏

“各向异性基本参数”卷展栏如图 8.17 所示。通过调节“漫反射级别”数值框中的数值可以在不影响高光部分的情况下增减漫反射色部分的亮度，图 8.18 所示为设置不同的漫反射级别数值（从左到右分别为 10 和 165）时的材质效果。“各向异性”数值框用于设置高光部分的各向异性和形状，当数值为 0 和 100 时，高光部分的形状分别呈椭圆形和窄条形。

（4）金属。金属明暗器用于模拟金属表面的光泽，有明显的高光与阴影的边界变化，专门用作金属的着色方式。图 8.19 所示为设置不同的高光级别数值（从左到右分别为 50、300 和 800）时的材质效果。

图 8.18　设置不同的漫反射级别数值时的材质效果

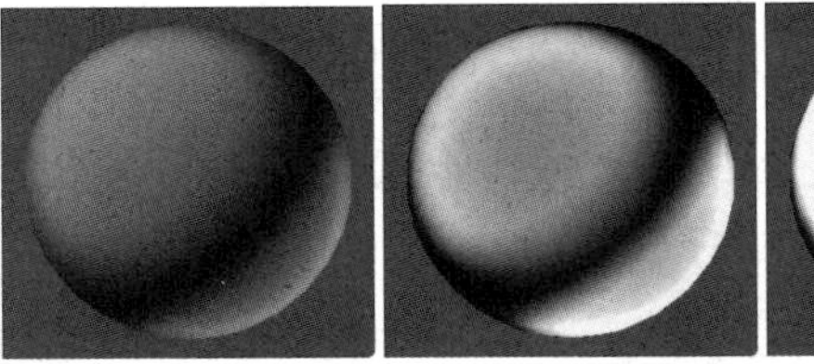

图 8.19　设置不同的高光级别数值时的材质效果

“金属基本参数”卷展栏如图 8.20 所示。对于反射高光，金属明暗器具有不同的曲线。金属表面也拥有掠射高光。金属材质计算其自己的高光颜色，该颜色可以在材质的漫反射颜色和灯光颜色之间变化。不可以设置金属材质的高光颜色。金属明暗器拥有容易区分的高光。由于没有单独的反射高光，两个反射高光数值框与 Blinn 和 Phong 明暗器的数值框行为不同。“高光级别”数值框仍然用于设置高光区域的强度，但“光泽度”数值框同时影响高光区域的大小和强度。

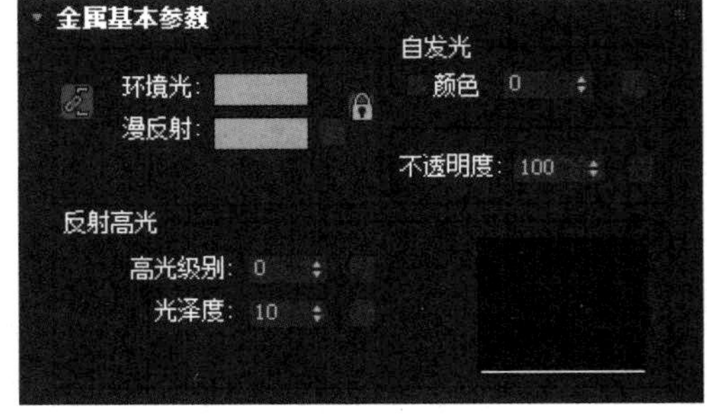

图 8.20　“金属基本参数”卷展栏

（5）多层。多层明暗器有两个“高光反射层”，通过高光区域的分层，可以创建很多不错的特效，通常为表面特征复杂的对象进行着色。“多层基本参数”卷展栏如图 8.21 所示。“粗糙度”数值框用于设置由漫反射部分向环境光部分进行调和的快慢，数值越大，表面的不光滑部分越多，材质显得越暗越平。

（6）Oren-Nayar-Blinn。Oren-Nayar-Blinn 明暗器的渲染属性常用来表现织物、陶制品等粗糙物体的表面。该明暗器包含附加的“高级漫反射”控件、漫反射级别和粗糙度，使用它可以生成无光效果。“Oren-Nayar-Blinn 基本参数”卷展栏如图 8.22 所示。

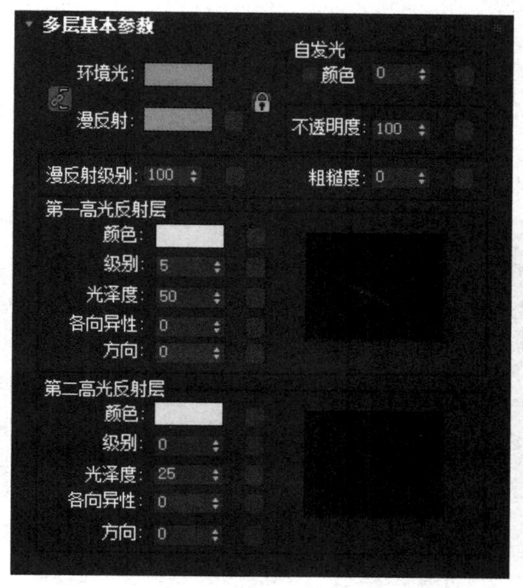

图 8.21　“多层基本参数”卷展栏

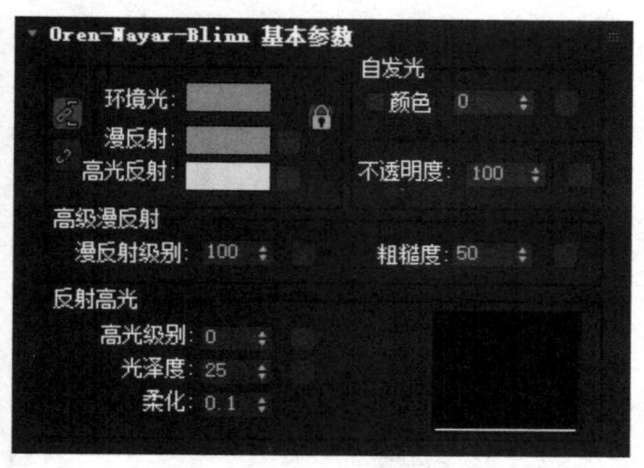

图 8.22　“Oren-Nayar-Blinn 基本参数”卷展栏

（7）Strauss。Strauss 明暗器提供了另一种创建金属材质的方法。“Strauss 基本参数”卷展栏如图 8.23 所示。它只有 4 个参数：颜色、光泽度、金属度和不透明度。“光泽度”数值框用于设置整个高光区域的形状；“金属度”数值框用于设置主要和次要高光，使材质更像金属，由于主要依靠高光表现金属程度，因此需要配合光泽度才能更好地发挥作用。

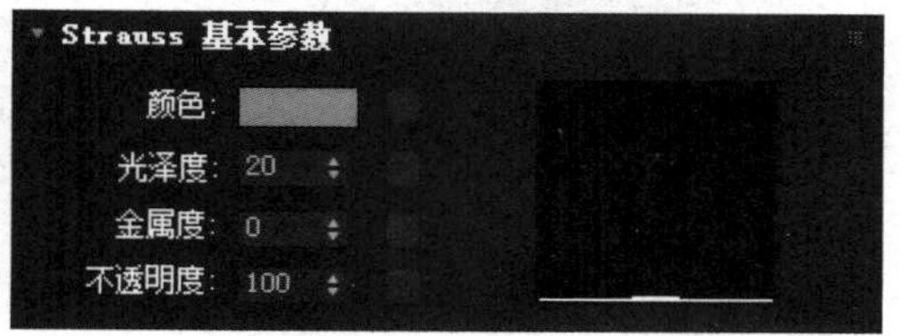

图 8.23　“Strauss 基本参数”卷展栏

（8）半透明。半透明明暗器与 Blinn 明暗器类似，最大的区别在于它允许光线很容易地穿透对象。半透明明暗器一般用于模拟薄而扁平的对象，如窗帘、电影银幕、霜或毛玻璃等，还可以模拟玉石、肥皂、蜡烛等半透明物体。“半透明基本参数”卷展栏如图 8.24 所示。其中，“半透明颜色”颜色条用于设置离散光线穿过物体时所呈现的颜色，“过滤颜色”颜色条用于设置穿透材质的光线的颜色，“不透明度”数值框用于设置材质的透明 / 不透明程度。

2. “扩展参数”卷展栏

标准材质的 8 种明暗器的扩展参数都相同。“扩展参数”卷展栏是“基本参数”卷展栏的延伸，包括“高级透明”选区、“线框”选区和“反射暗淡”选区，如图 8.25 所示。

“高级透明”选区用于控制透明材质的透明衰减设置。如果选中“内”单选按钮，则由边缘向中心增加透明的程度，用于制作玻璃瓶效果；如果选中“外”单选按钮，则由中心向边缘增加透明的程度，用于制作类似云雾、烟雾效果。图 8.26 所示为向内与向外两种衰减方式的效果。

“数量”数值框用于设置内部或外部边缘的透明度；“过滤”用于计算与透明曲面后面的颜色相乘的过滤色；选中“相减”单选按钮，可以根据背景色进行递减色彩的处理；选中“相加”单选按钮，可以根据背景色进行递增色彩的处理，常用作发光体；“折射率”数值框用于设置由灯光穿过透明物体引起的变形的程度。图 8.27 所示为过滤色、相减、相加 3 种方式的透明效果。“线框”选区用于设置渲染时线框的大小或厚度；“反射暗淡”选区用于设置反射的强烈程度。

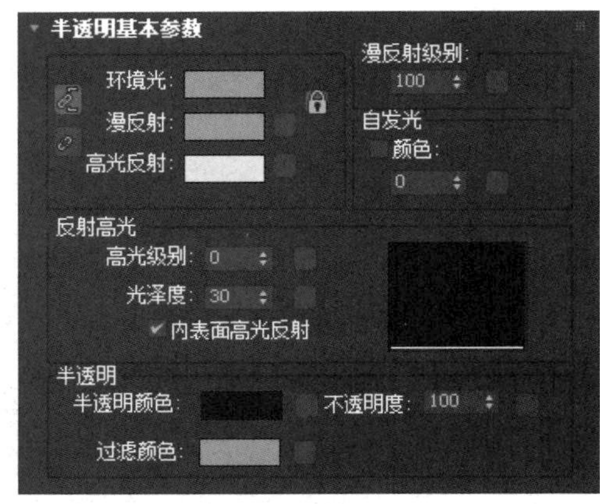

图 8.24　“半透明基本参数”卷展栏

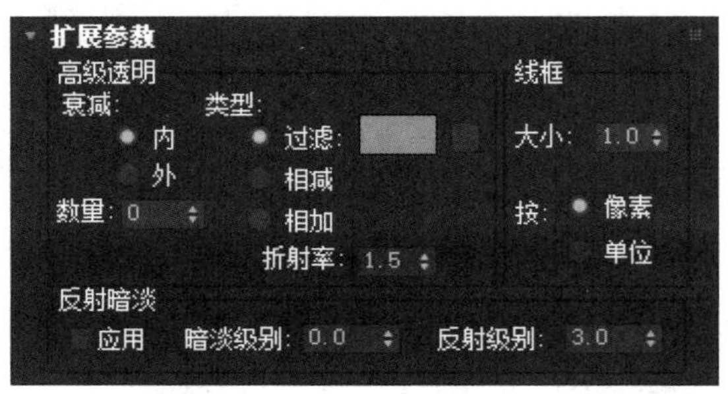

图 8.25　“扩展参数”卷展栏

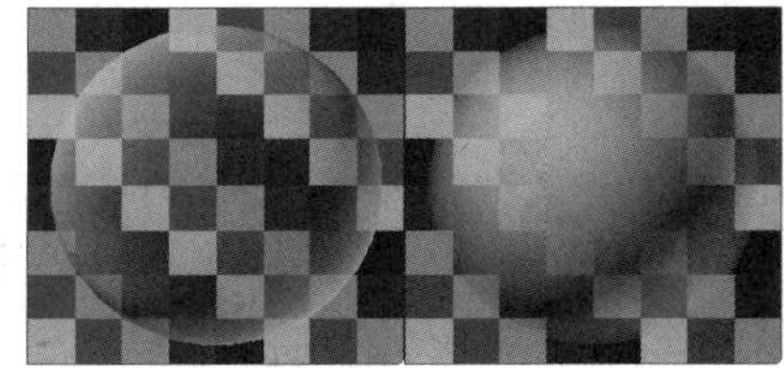

图 8.26　向内与向外两种衰减方式的效果

图 8.27　过滤色、相减、相加 3 种方式的透明效果

3. “超级采样”卷展栏

超级采样功能可以明显改善场景中对象的渲染质量，并对材质表面进行抗锯齿计算，但大量的计算会大大增加渲染的时间，所以在最终渲染结果有明显的锯齿时再使用它。在默认状态下，局部超级采样器处于关闭状态，当需要打开时，取消勾选“使用全局设置”复选框，如图 8.28 所示。“超级采样”卷展栏内的下拉列表中提供了超级采样的 4 种不同类型的选择，如图 8.29 所示，在一般情况下，使用系统默认的选择“Max 2.5 星”便能达到较好的效果。

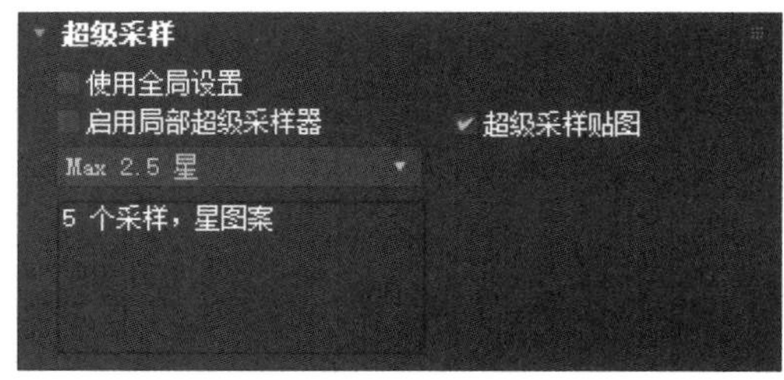

图 8.28　“超级采样”卷展栏

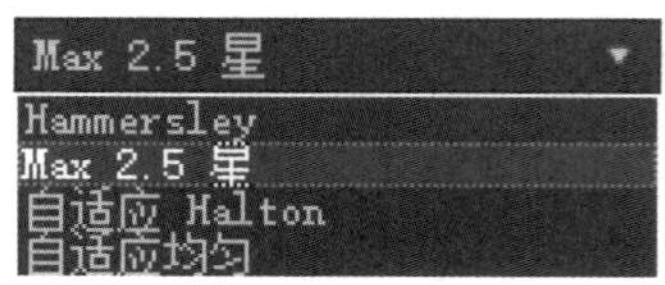

图 8.29　超级采样选择下拉列表

4. “贴图”卷展栏

“贴图”卷展栏如图 8.30 所示。它包括一个可应用于对象的贴图列表，可以设置十几种贴图方式，在物体的不同区域产生不同的贴图效果。为了获得理想的效果，通常需要同时使用多种类型的贴图。

在每种贴图方式的右侧都有一个贴图通道按钮，单击该按钮可以打开“材质 / 贴图浏览器”对话框，该对话框中只提供贴图类型，如图 8.31 所示，如果需要外部的贴图，则选择“贴图”组下的“通用”子组中的“位图”类型。在选择一个贴图类型后，会自动进入其“贴图设置”层级，可以进行相应的参数设置，“贴图”卷展栏中的相应按钮上会显示贴图的名称，左侧复选框会被勾选，表示该贴图方式处于激活状态；如果取消勾选复选框，则会关闭该贴图的影响，此时进行渲染，不会出现贴图效果。在“贴图类型”列中的按钮上按住鼠标左键后进行拖动操作，可以在各种贴图方式之间交换或复制贴图。“数量”列中的数值框用于设置贴图的程度。

（1）“环境光颜色”和“漫反射颜色”贴图方式。“漫反射颜色”贴图方式用于表现材质的纹理效果。在为物体的使用“漫反射颜色”贴图方式的区域添加贴图后，对应的“数量”列内的数值框中的数值默认为 100，表示贴图完全覆盖物体的使用“漫反射色”贴图方式的区域；当将“数量”列内的数值框中的数值设置为 50 时，表示贴图以 50% 的透明度覆盖物体的使用“漫反射色”贴图方式的区域。例如，设置漫反射颜色为蓝色，通过图 8.30 所示的“贴图”卷展栏的“贴图类型”列内的按钮加载“贴图”组下的“通用”子组中的“棋盘格”类型，图 8.32 所示为设置不同的数量数值（从左到右分别为 100 和 50）时的效果，左图只显示棋盘格，右图既显示棋盘格，又显示蓝色。

图 8.30　“贴图”卷展栏　　图 8.31　“材质 / 贴图浏览器”对话框

图 8.32　设置不同的数量数值时的材质效果

（2）“高光颜色”贴图方式。“高光颜色”贴图方式除其贴图效果显示在物体的高光区域以外，其他效果与“漫反射颜色”贴图方式相同，常用于一些非自然材质的表现。图 8.33 所示为使用“高光颜色”贴图方式后的效果。

（3）“高光级别”贴图方式。“高光级别”贴图方式通过贴图来改变物体高光区域的强度。贴图中白色的像素产生完全的高光区域，而黑色的像素则将高光区域彻底移除，处于两者之间的颜色不同程度地削弱高光强度。图 8.34 所示为使用“高光级别”贴图方式后的效果。

图 8.33　使用“高光颜色”贴图方式后的效果

图 8.34　使用“高光级别”贴图方式后的效果

（4）“光泽度”贴图方式。“光泽度”贴图方式通过贴图来影响物体高光出现的位置。贴图中白色的像素将光泽度彻底移除，而黑色的像素则产生完全的光泽，处于两者之间的颜色不同程度地减少高光区域的面积。图 8.35 所示为使用“光泽度”贴图方式后的效果。

（5）“自发光”贴图方式。“自发光”贴图方式通过贴在物体表面的图像产生发光效果，图像中纯黑色的区域不会对材质产生影响，其他区域将会根据自身的灰度值产生不同的发光效果。图 8.36 所示为使用“自发光”贴图方式前后的对比效果。

图 8.35　使用“光泽度”贴图方式后的效果

图 8.36　使用“自发光”贴图方式前后的对比效果

（6）“不透明度”贴图方式。“不透明度”贴图方式利用图像的明暗度在物体表面产生透明效果。贴图颜色越深的地方越透明，贴图颜色越浅的地方越不透明。图 8.37 所示为在长方体模型的使用“漫反射颜色”贴图方式的区域添加位图，在使用“不透明度”贴图方式的区域添加对应该位图的黑白图后的效果。

（7）“过滤颜色”贴图方式。过滤颜色也称半透明颜色，是通过透明或半透明材质（如玻璃）透射的颜色。图 8.38 所示为在透明模型的使用“过滤颜色”贴图方式的区域添加一副彩图后的效果。

图 8.37　使用“不透明度”贴图方式后的效果

图 8.38　使用“过滤颜色”贴图方式后的效果

（8）“凹凸”贴图方式。“凹凸”贴图方式通过图像的明暗强度来影响材质表面的光滑程度，从而产生凹凸的表面效果，白色的部分产生凸起效果，黑色的部分产生凹陷效果，中间色产生过渡。图 8.39 所示为原始图片与在其使用“凹凸”贴图方式的区域添加一幅黑白图后的效果。如果在使用“凹凸”贴图方式的区域添加“噪波”修改器，则可以制作出磨砂效果。

（9）“反射”贴图方式。“反射”贴图方式通常用于表面比较光滑的物体，可以制作出光洁亮丽的质感，如金属的强烈反光质感。图 8.40 所示为地面的反射材质效果。

图 8.39 原始图片与使用“凹凸”贴图方式后的效果

图 8.40 地面的反射材质效果

（10）“折射”贴图方式。“折射”贴图方式用于制作透明材质的折射效果。图 8.41 所示为在透明材质的使用“反射”和“折射”贴图方式的区域添加“光线跟踪”类型的贴图后的效果。

（11）“置换”贴图方式。“置换”贴图方式通过贴图图案灰度分布情况对几何体的表面进行置换，与“凹凸”贴图方式不同，它可以真正改变对象的几何形状。例如，图 8.42 中靠垫的褶皱是使用“置换”贴图方式后的效果。

图 8.41 使用“折射”贴图方式后的效果

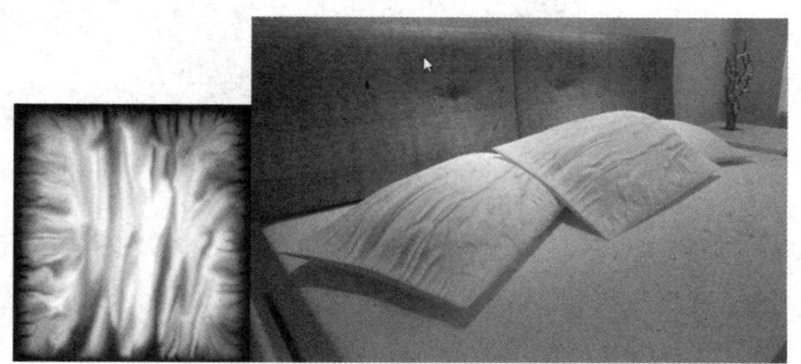

图 8.42 使用“置换”贴图方式后的效果

8.2 材质 / 贴图浏览器

材质 / 贴图浏览器是 3ds Max 中材质构建的重要工具。通过材质 / 贴图浏览器，用户可以选择 3ds Max 提供的各种材质，或者从外界导入要使用的贴图。

8.2.1 “材质 / 贴图浏览器”对话框

“材质 / 贴图浏览器”对话框中默认以图标和文本的方式显示材质和贴图。在任意一个卷展栏上右击，在弹出的快捷菜单的“将组 (和子组) 显示为”子菜单中选择相应命令，如图 8.43 中的左图所示，可以以其他方式显示材质和贴图。

“材质 / 贴图浏览器”对话框中各个选项的功能说明如下。

1. “材质 / 贴图浏览器选项”菜单

单击▼（材质 / 贴图浏览器选项）按钮，会弹出“材质 / 贴图浏览器选项”菜单，如图 8.43 中的右图所示，该菜单用于管理库、组和浏览器自身的多数选项。在该菜单中选择“新组”命令，打开一个对话框，可以创建新的自定义组；选择“新材质库”命令，可以创建新的 MAT 文件；选择“打开材质库”命令，打开一个文件对话框，可以打开现有材质库 MAT 文件。菜单中的其他带“√”符号的组，通过单击可以切换该组的显示状态。

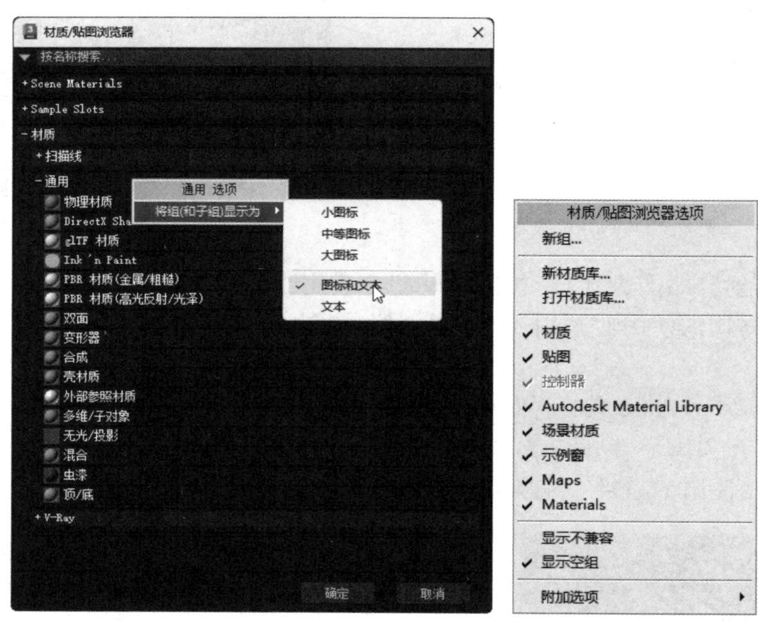

图 8.43 在“将组（和子组）显示为”子菜单中选择相应命令及“材质 / 贴图浏览器选项”菜单

> 提示：在默认情况下，Autodesk 材质不会显示在“材质 / 贴图浏览器”对话框中，除非 ART 渲染器或 Quicksilver 硬件渲染器处于活动状态。

2. “按名称搜索”字段

在“按名称搜索”搜索框中输入文本，可搜索名称以输入的字符开头的材质和贴图。搜索是不区分大小写的。搜索到的材质和贴图将显示在搜索框下的列表中。

3. 材质和贴图的可滚动列表

“材质 / 贴图浏览器”对话框的主要部分是材质和贴图的可滚动列表。该列表分为若干个可展开或折叠的组。多数“材质 / 贴图浏览器”对话框只是按库和组进行组织的材质、贴图和控制器的列表。每个库和组都有一个带有“打开”/“关闭”图标（+/-）的标题栏，该图标可用于展开或折叠列表。组可以有子组，子组有自己的标题栏，某些子组可以有更深层的子组。

“材质”组显示可用于创建新的自定义材质的基础材质；“贴图”组显示可用于创建新的自定义贴图的贴图类型；“场景材质”组列出在场景中使用的材质（有时为贴图），在默认情况下，它始终保持最新，以便显示当前场景状态；“示例窗”组是由精简材质编辑器使用的示例窗的小版本，这是一种“便笺簿”区域，可以在该区域中使用材质和贴图（包括尚未包含在场景中的材质和贴图）。

8.2.2　材质的使用

1．新建材质

在新建材质时，首先要在“材质编辑器”窗口中选择一个新的示例窗，然后使用以下方法之一来新建一种材质。

（1）在“材质编辑器”窗口的水平工具栏中单击（获取材质）按钮，打开“材质 / 贴图浏览器”对话框，在材质或贴图的可滚动列表中所需类型的材质上双击，或者将该类型的材质直接拖动到示例窗中，就进入了该类型的材质的编辑状态。

（2）单击“材质编辑器”窗口中的 Standard (Legac（类型）按钮，打开“材质 / 贴图浏览器”对话框，在材质或贴图的可滚动列表中所需类型的材质上双击，或者将该类型的材质直接拖动到示例窗中，就进入了该类型的材质的编辑状态。

2．更改材质名称

更改材质名称是为了更好地管理、使用材质编辑功能，更方便地完成场景制作。其方法是：在“材质编辑器”窗口的水平工具栏下方的名称下拉列表 01 - Default 中的文本框内输入容易识别的名称即可，如“地面”和“墙”等。

3．赋材质

将材质赋给物体的方法有两种：一是先在场景中选择一个物体，然后在“材质编辑器”窗口中选择一个示例窗内的材质，单击（将材质指定给选定对象）按钮即可；二是直接将示例窗内的材质拖动到场景中的物体上。

4．复制材质

（1）将一个示例窗内的材质直接拖动到一个新的示例窗中，会得到两个名称相同的材质，如果被复制的材质已经赋给场景中的物体，则被复制的材质为同步材质，而新生成的材质为非同步材质。在“材质编辑器”窗口中可以有多个同名材质，但是场景中所使用材质的名称必须是唯一的。

如果将编辑后的非同步材质赋给原物体，则单击（将材质放入场景）按钮即可，也可以单击（将材质指定给选定对象）按钮，但此时会弹出“指定材质”对话框，如图 8.44 所示，可以选中“将其替换？”单选按钮，替换原材质；也可以选中“重命名该材质？”单选按钮，然后在下面的“名称”文本框中输入新名称，单击“确定”按钮即可。

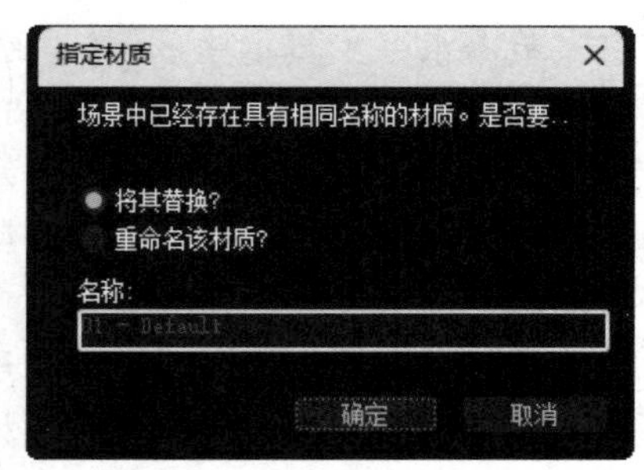

图 8.44　“指定材质”对话框

（2）当示例窗中的材质为同步材质时，（生成材质副本）按钮处于可用状态，此时单击该按钮，则示例窗中的同步材质变为非同步材质，但材质状态没有变化，如果想将该非同步材质赋给原物体或其他物体，则方法与上面（1）中的方法相同。

5. 重置材质

（1）选中某个要去除材质的示例窗，单击（获取材质）按钮，在弹出的“材质/贴图浏览器”对话框中重新选择材质类型，示例窗即可进入初始编辑状态。

（2）选中要删除材质的示例窗，单击（重置材质/贴图为默认设置）按钮，如果示例窗中的材质为非同步材质，则会弹出如图 8.45 所示的“材质编辑器”对话框，单击“确定”按钮即可；如果示例窗中的材质为同步材质，则会弹出如图 8.46 所示的“重置材质/贴图参数”对话框，如果想保留场景中物体的材质，则选中“仅影响编辑器示例窗中的材质/贴图?”单选按钮；如果想将场景中物体的材质也重置，则选中“影响场景和编辑器示例窗中的材质/贴图?”单选按钮。

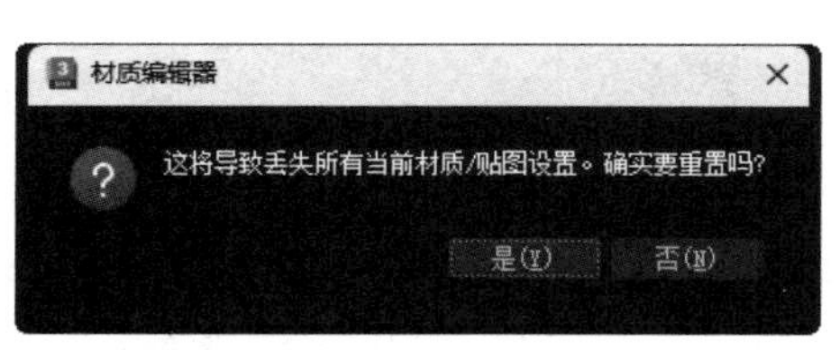

图 8.45 “材质编辑器”对话框

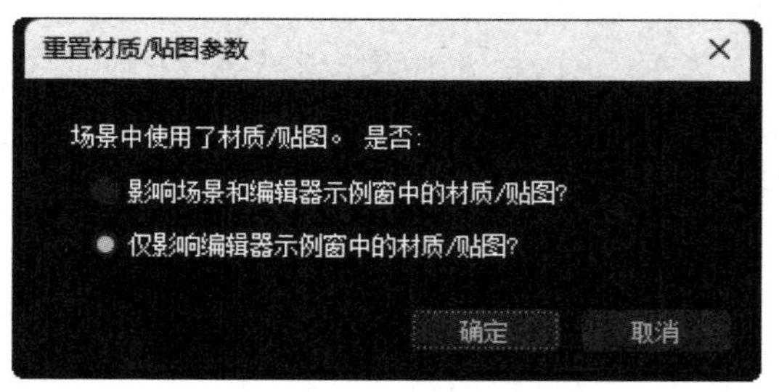

图 8.46 “重置材质/贴图参数”对话框

6. 存储材质

保存场景的同时保存了材质，但该材质只能在本场景中使用。为了能在其他场景中使用编辑好的材质，需要将材质存储到材质库中。选中需要进行材质保存的示例窗，单击水平工具栏中的（放入库）按钮，就将材质保存到了默认的材质库中。

如果想将材质保存到自己命名的材质库中，则首先要单击（获取材质）按钮，打开“材质/贴图浏览器”对话框，单击（材质/贴图浏览器选项）按钮，会弹出“材质/贴图浏览器选项”菜单，选择“新材质库”命令，打开一个对话框，给新库命名并保存为 MAT 文件，库的默认位置为当前项目中的 /materiallibraries 文件夹，如果尚未设置项目文件夹，则会将新库保存在 <3ds Max 程序文件夹 >/materiallibraries 文件夹中。新库将显示在“材质/贴图浏览器”对话框中。材质库创建好后，选中需要进行材质保存的示例窗，单击水平工具栏中的（放入库）按钮，在弹出的菜单选项中选中刚创建的库的名称，在弹出的“放置到库”对话框中输入材质名称，单击“确定”按钮就将材质保存到了材质库中。需要注意的是，一定要保存修改过的材质库，在材质库的卷展栏上右击，在弹出的快捷菜单中选择“关闭材质库”命令，如果材质库没有保存，则会弹出“已修改库”对话框，单击“是”按钮即可。

菜单中的其他带√的组，通过单击可以切换该组的显示状态。

在其他场景中使用创建好的材质库时，打开“材质/贴图浏览器”对话框，单击（材质/贴图浏览器选项）按钮，在弹出的“材质/贴图浏览器选项”菜单中选择“打开材质库”命令，在弹出的文件对话框内选中需要的材质库，打开即可。

7. 从场景中的对象上获取材质

有时需要对场景中物体的材质进行编辑，而在示例窗中又找不到该材质，则选中一个示例窗，然后单击“材质编辑器”窗口的水平工具栏中的（从对象拾取材质）按钮，此时鼠标指针变为吸管的形状，将吸管在场景中的某个物体上单击，则示例窗中就会显示物体的材质或贴图。

8.3 材质介绍

每种材质都属于一种类型。通常，根据要尝试建模的内容和希望获得的模型精度（在真实世界、物理照明方面）来选择材质类型。

3ds Max 提供了许多渲染器。每个渲染器支持一组特定材质，并具有其自身的优点。最好使用特定渲染器设计材质。

如果不关心物理精度，则可以使用扫描线渲染器和标准材质，以及其他非光度学材质，这样可以产生多种物理效果；还可以借助光能传递渲染引擎，使用扫描线渲染器来产生精确的照明效果。在这种情况下，建议使用建筑材质。

在使用光能传递渲染引擎时，还有另一种可选方案，那就是用标准材质设置场景，然后用“高级照明覆盖”材质对它们应用物理特性。

在使用 ART 渲染器时，结合使用 Autodesk 材质类型或 Autodesk Materia Library 库中的材质，再结合使用精确的单位、光度学灯光，可产生最佳效果。

Arnold 渲染器如同 ART 渲染器，采用物理上精确的场景。Quicksilver 硬件渲染器不采用此种场景，但它支持的材质集类似于 ART 渲染器和 Arnold 渲染器支持的材质集。

3ds Max 2023 默认支持 3 种材质类型，包括“通用”材质、“扫描线”材质和“Autodesk”材质，这 3 种类型的材质适用于不同的渲染器，下面对其进行简单介绍。

8.3.1 “通用”材质

“通用”材质可以为各种模型对象制作不同质感的材质效果。例如，为一个器皿类对象制作内、外两种不同的材质；为一个多边形对象的不同面指定不同材质；将对象的投影真实投影到背景贴图上，实现真实的投影效果等。打开“材质 / 贴图浏览器”对话框，展开“材质”组下的“通用”子组，即可看到相关材质，如图 8.47 所示。

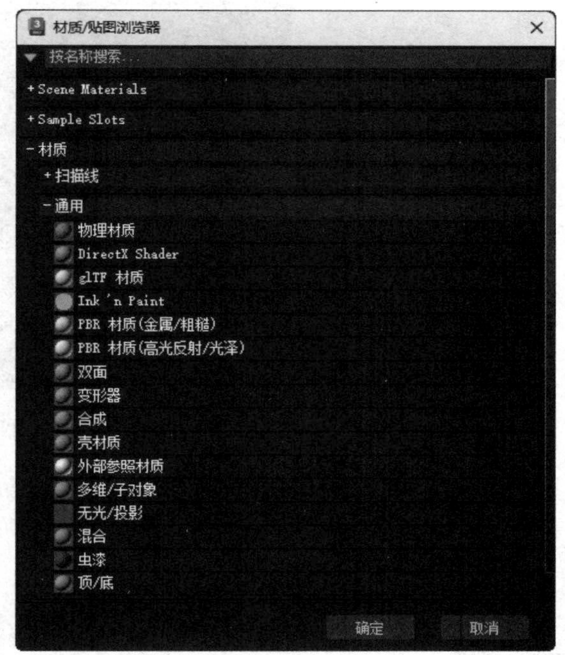

图 8.47　“通用”材质

8.3.2 “扫描线”材质

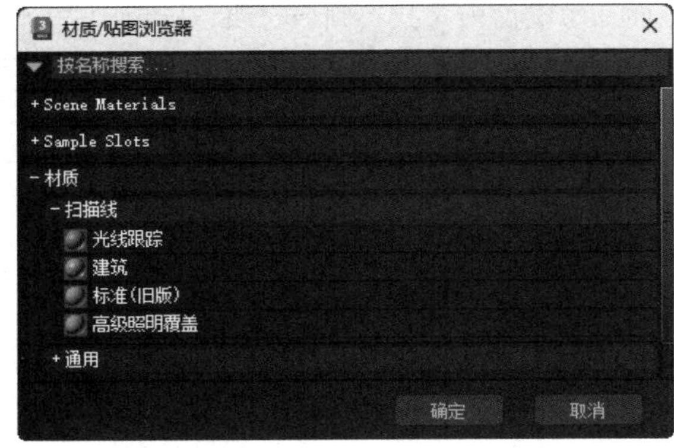

图 8.48 “扫描线”材质

“扫描线”材质可以表现真实的光线跟踪及建筑质感。打开“材质 / 贴图浏览器”对话框，展开“材质”组下的“扫描线”子组，即可看到相关材质，如图 8.48 所示。

8.3.3 “Autodesk”材质

“Autodesk”材质只有使用 ART 渲染器和 Quicksilver 硬件渲染器时才可以显示并使用，该材质可以制作出其他自带渲染器无法比拟的材质效果，并可以进行更精确的渲染输出。打开“材质 / 贴图浏览器”对话框，展开“材质”组下的“Autodesk”子组，即可看到相关材质，如图 8.49 所示。

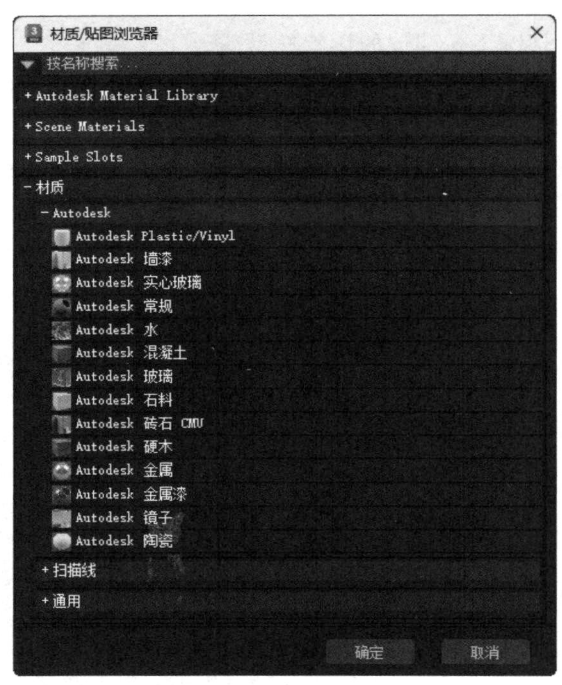

图 8.49 “Autodesk”材质

提示：对于物理上精准的渲染，建议使用“Autodesk Materia Library”库中的材质。这些都是具有精确真实世界属性的常用材质（如陶瓷、混凝土、硬木等）。

8.4 贴图类型

在 3ds Max 中，贴图就是将图案添加到物体表面，使用贴图可以创造出各

种各样的纹理效果。3ds Max 2023 默认支持 4 种贴图类型，分别是“通用”贴图、“扫描线”贴图、“OSL”贴图、“环境”贴图。在“材质编辑器”窗口中，打开“贴图”卷展栏，单击任何贴图通道按钮，就会打开“材质 / 贴图浏览器”对话框，如果要把一个材质加载到示例窗中，则直接双击要加载的材质或在选定要加载的材质后单击“确定”按钮即可。

8.4.1 “通用”贴图

“通用”贴图适用于所有通用材质。例如，为“多维 / 子对象”材质指定“位图”贴图，可以表现一个对象不同部分的不同材质质感；为“双面”材质指定“RGB 染色”贴图，可以表现一个对象双面的不同材质质感等。单击材质的贴图通道按钮，打开“材质 / 贴图浏览器”对话框，展开“贴图”组下的“通用”子组，即可看到相关的贴图，如图 8.50 所示。

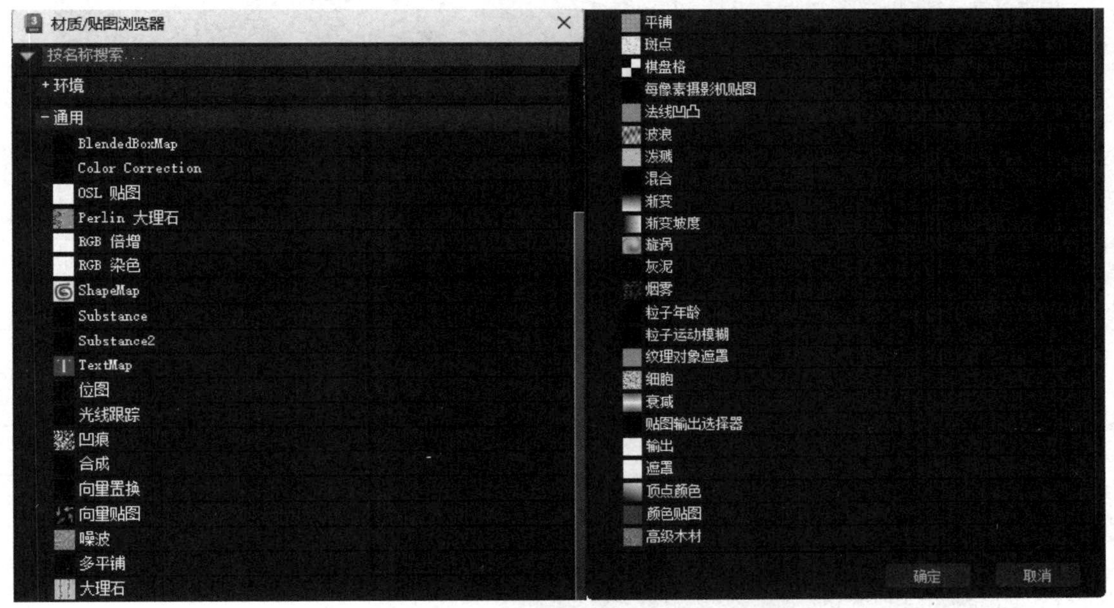

图 8.50 “通用”贴图

8.4.2 “扫描线”贴图

“扫描线”贴图有 3 种，分别是“反射 / 折射”、“平面镜”和“薄壁折射”，它们用于表现高反光物体的反射和折射效果，如玻璃、水、不锈钢等材质的反射和折射。单击材质的贴图通道按钮，打开“材质 / 贴图浏览器”对话框，展开“贴图”组下的“扫描线”子组，即可看到相关的贴图，如图 8.51 所示。

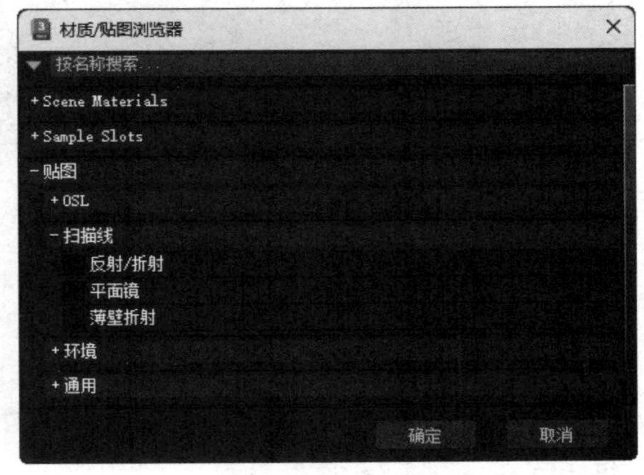

图 8.51 “扫描线”贴图

8.4.3 “OSL”贴图

“OSL”贴图是一种新增的贴图类型，包含 100 多种着色器，从简单的数学节点到完整的程序化纹理，用户可以直接在“材质编辑器”窗口中编辑 OSL 着色器文本，并在视口和渲染器中获得实时更新，其功能非常强大。单击材质的贴图通道按钮，打开“材质/贴图浏览器”对话框，展开“贴图”组下的“OSL”子组，即可看到相关的贴图，如图 8.52 所示。

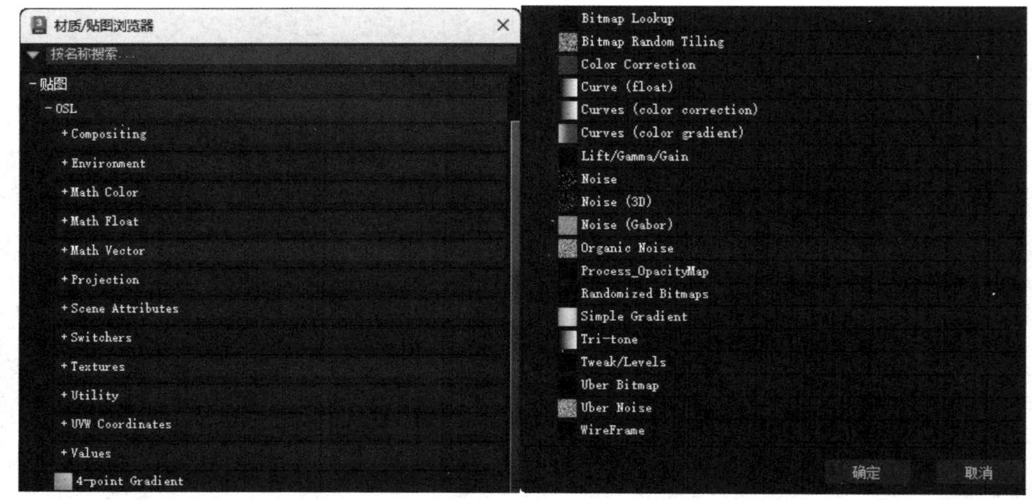

图 8.52 “OSL”贴图

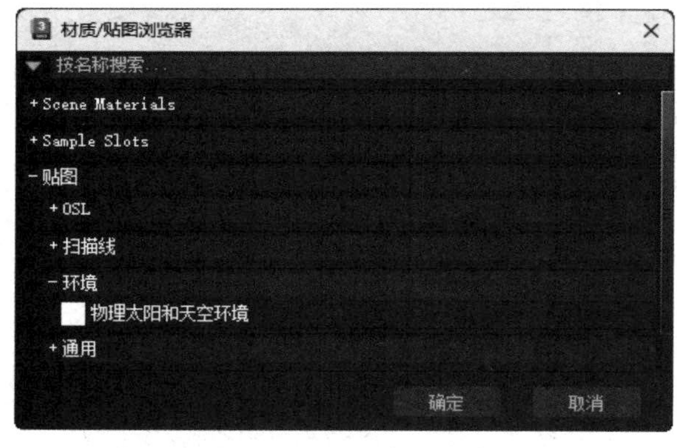

图 8.53 “环境”贴图

8.4.4 “环境”贴图

“环境”贴图是一种创建物理太阳和天空环境的贴图。单击材质的贴图通道按钮，打开“材质/贴图浏览器”对话框，展开“贴图”组下的“环境”子组，即可看到相关的贴图，如图 8.53 所示。

8.4.5 “位图”贴图

“位图”贴图是最常用、最简单的一种贴图类型，表示使用一幅位图图像来模拟对象的外观特征。要想使“位图”贴图真实表现模型对象的外观特征，有时需要对“位图”贴图进行调整。在材质中使用“位图”贴图后，系统会自动切换到“位图”贴图的“坐标”卷展栏中，在该卷展栏中，可以对“位图”贴图进行一系列的设置，包括平铺、位置变化、角度等，使其符合材质的制作要求。下面通过一个实例学习调整“位图”贴图的相关知识。

练一练——调整“位图”贴图

【步骤 01】创建一个长方体对象，为其制作一个标准材质，并为“漫反射”指定“案

例及拓展资源 / 单元 8/ 拼花地砖 01.jpg”位图文件，然后将该材质指定给长方体对象，快速渲染场景，效果如图 8.54 所示。

【步骤 02】展开“坐标”卷展栏，对贴图进行一系列调整，使其满足贴图要求，如图 8.55 所示。

图 8.54　使用“位图”贴图后的效果

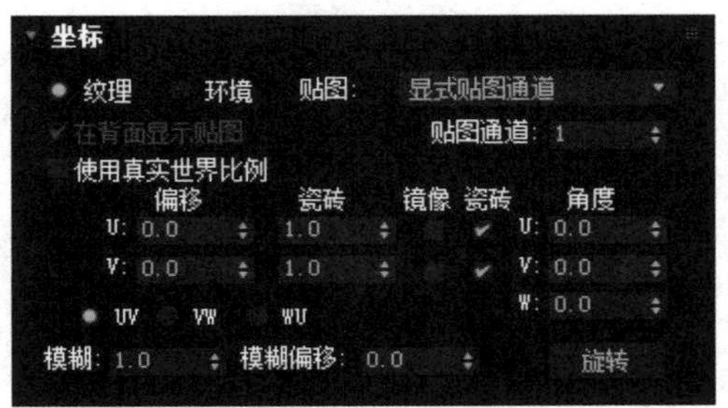

图 8.55　“坐标”卷展栏

- 纹理：选中该单选按钮后，可以将贴图作为纹理贴图应用到物体表面，除制作“环境”贴图以外，大多数情况下都使用“纹理”贴图。可以从“贴图”列表中选择坐标类型。
- 环境：当制作建筑背景贴图时选中该单选按钮，可以将贴图作为“环境”贴图，然后从“贴图”列表中选择“屏幕”坐标类型。
- 贴图：该下拉列表中的选项因选择“纹理”贴图或“环境”贴图而异。当选择“纹理”贴图时，“贴图”下拉列表包括“显示贴图通道”、“顶点颜色通道”、“对象 XYZ 平面”和“世界 XYZ 平面”选项；当选择“环境”贴图时，“贴图”下拉列表包括“屏幕”、“球形环境”、“柱形环境”和“收缩包裹环境”选项。
- 使用真实世界比例：如果勾选该复选框，则使用位图本身真实的宽度值和高度值应用于对象。如果不勾选该复选框，则使用 *UV* 值将贴图应用于对象。不管是否勾选该复选框，都可以通过设置“偏移”和“瓷砖”参数调整贴图。但在一般情况下，应取消勾选该复选框。
- 偏移：沿 *U*（水平）或 *V*（垂直）向对贴图进行水平或垂直偏移，效果如图 8.56 所示。
- 瓷砖：设置贴图在 *U*（水平）向或 *V*（垂直）向的平铺次数。例如，*U* 向和 *V* 向的平铺次数均为 2 次时的效果如图 8.57 所示。

图 8.56　偏移贴图效果

图 8.57　*U* 向和 *V* 向的平铺次数均为 2 次时的效果

- 镜像 / 瓷砖：使贴图在 *U* 向或 *V* 向以镜像方式平铺或以平铺方式平铺。
- 角度：设置贴图沿 *U*（*X*）、*V*（*Y*）、*W*（*Z*）轴向的旋转角度。例如，设置 *W*（*Z*）

轴向的旋转角度为 45 度时的贴图效果如图 8.58 所示。

- 模糊：基于贴图与视图的距离影响贴图的锐度或模糊度。贴图距离越远，模糊度就越大。模糊主要用于消除锯齿。例如，当模糊数值为 15.0 时的贴图效果如图 8.59 所示。

图 8.58　*W*（*Z*）轴向的旋转角度为 45 度时的贴图效果

图 8.59　当模糊数值为 15.0 时的贴图效果

- 模糊偏移：影响贴图的锐度或模糊度，与贴图离视图的距离无关，只模糊对象空间中自身的图像。如果需要对贴图的细节进行软化处理或散焦处理，以达到模糊图像的效果，则可以在该数值框中设置数值。

8.5　贴图坐标

材质使用贴图之后，在大多数情况下并不能与模型匹配，此时就需要为贴图指定贴图坐标，贴图坐标可以对贴图进行调整，以满足贴图要求。本节将介绍贴图坐标的相关知识。

在“坐标”卷展栏中调整贴图，只能调整贴图的平铺次数、旋转角度、模糊度等，要想使贴图与模型完全匹配，还需要为贴图应用“UVW 贴图”修改器。该修改器是一个专用于矫正贴图的特殊命令，可以根据模型的形状选择不同的贴图方式，以矫正贴图在模型上的位置、大小、形状等，使“位图”贴图与模型很好地贴合。

在 8.4.5 节中“练一练”部分的基础上继续操作，选中长方体对象，在“修改器列表”下拉列表中选择“UVW 贴图”选项，在默认设置下，“UVW 贴图”采用“平面”贴图方式，此时贴图效果如图 8.60 所示。

展开“参数”卷展栏，如图 8.61 所示，选择不同的贴图方式，会产生不同的贴图效果。

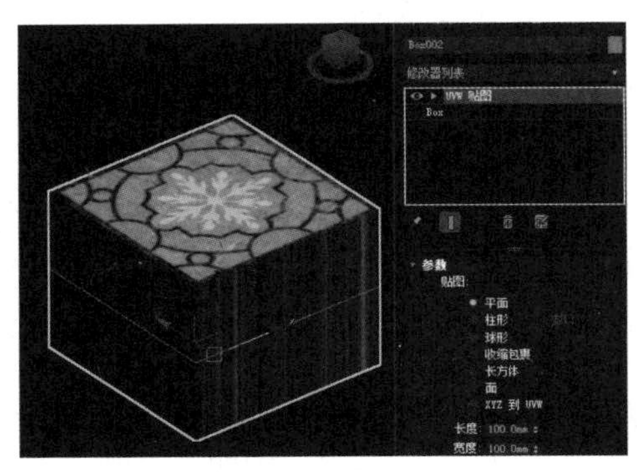

图 8.60　添加“UVW 贴图”修改器后的贴图效果

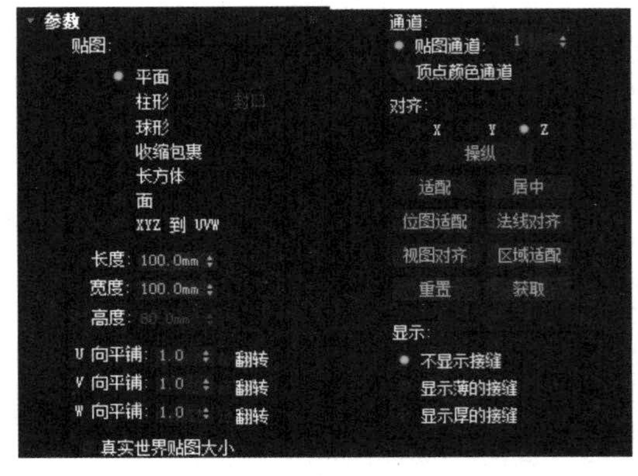

图 8.61　“参数”卷展栏

在“贴图”选区中，“平面”表示使位图图像在对象的一个平面上展开，形成平面贴图形式，适合平面对象贴图（效果见图 8.60）。

“柱形”表示以圆柱形包围的形式将位图图像包裹到模型对象上，适合圆柱形对象贴图，效果如图 8.62 所示。

“球形”表示以球形包裹的形式将位图图像包裹到模型对象上，适合球形对象贴图，效果如图 8.63 所示。

“收缩包裹”表示以收缩包裹的形式将位图图像包裹到模型对象上，不太常用，效果如图 8.64 所示。

图 8.62　“柱形”贴图效果

图 8.63　“球形”贴图效果

图 8.64　“收缩包裹”贴图效果

“长方体”表示以长方体包裹的形式将位图图像包裹到模型对象上，适合长方体对象贴图，效果如图 8.65 所示。

“面”表示将位图图像贴到模型对象的每个面上，适合对象的面贴图，效果如图 8.66 所示。

“XYZ 到 UVW”是一种坐标系贴图方式，不太常用，效果如图 8.67 所示。

图 8.65　“长方体”贴图效果

图 8.66　“面”贴图效果

图 8.67　“XYZ 到 UVW”贴图效果

“长度”、“宽度”和“高度”数值框用于设置贴图的大小，如果参数大于原参数，则将贴图放大；如果参数小于原参数，则将贴图多次平铺，以铺满对象，效果如图 8.68 所示。

提示：贴图被放大或缩小后，单击“对齐”选区中的“适配”按钮，则贴图恢复为原来大小，以适配模型对象。

“U 向平铺”、“V 向平铺”和“W 向平铺”数值框用于设置贴图的平铺次数。例如，设置“U 向平铺”数值框中的数值为 3，则贴图沿 U 向平铺 3 次，效果如图 8.69 所示。

图 8.68 放大或缩小贴图后的效果

图 8.69 设置 *U* 向平铺次数后的效果

任务实施：设置卧室空间材质

打开“案例及拓展资源 / 单元 8/ 任务 / 卧室空间 - 素模 .max”文件，这是卧室空间的三维模型，按快捷键 F9 快速渲染场景，发现该场景设置了简单的灯光效果，但并没有制作任何材质与贴图，效果如图 8.70 所示。为该场景制作材质与贴图后，效果如图 8.71 所示。

图 8.70 卧室空间 - 素模渲染效果

图 8.71 卧室空间材质与贴图渲染效果

1. 制作“白色乳胶漆”材质、“黄色乳胶漆”材质、“木地板”材质与“外景”材质

【步骤 01】使用快捷键 M 打开“材质编辑器”窗口，选择一个空白的材质示例球，在名称下拉列表中将默认的材质名称修改为“白色乳胶漆”，然后选择“Autodesk 常规”材质类型，并设置“常规”卷展栏中的“颜色”为灰白色（R:0.85、G:0.85、B:0.85），其他参数保持默认设置，将制作的材质指定给场景中的白色墙面及顶面对象。

【步骤 02】重新选择一个空白的材质示例球，在名称下拉列表中将默认的材质名称修改为“黄色乳胶漆”，然后选择“Autodesk 常规”材质类型，并设置“常规”卷展栏中的“颜色”为浅黄色（R:0.75、G:0.55、B:0.2），其他参数保持默认设置，将制作的材质指定给场景中的黄色墙面对象。

【步骤 03】重新选择一个空白的材质示例球，在名称下拉列表中将默认的材质名称修改为“木地板”，然后选择“Autodesk 常规”材质类型，并单击“常规”卷展栏中“图像”右侧的“无贴图”按钮，在弹出的“材质 / 贴图浏览器”对话框中双击“贴图”组下的“通用”子组中的“位图”选项，在弹出的“选择位图图像文件”对话框中加载“案例及拓展资源 / 单元 8/ 任务 / 贴图 / 木地板 01.jpg”位图文件；勾选“反射率”卷展栏中的“启用”复选框，设置“直接”参数为 20.0，其他参数保持默认设置，将制作好的材质指定给场景中的地面对象，如图 8.72 所示。

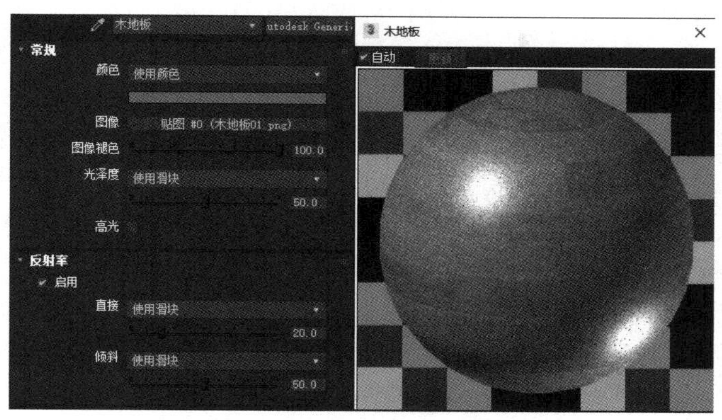

图 8.72　制作“木地板”材质

【步骤 04】通过“修改器列表”下拉列表为地面对象添加“UVW 贴图”修改器，选择“平面”贴图方式，将长度和宽度都设置为 900.0mm，其他参数保持默认设置。

【步骤 05】重新选择一个空白的材质示例球，在名称下拉列表中将默认的材质名称修改为“外景”，然后选择“Autodesk 常规”材质类型，勾选“自发光”卷展栏中的“启用”复选框，设置“过滤颜色”模式为“使用贴图”，单击“过滤颜色”下拉列表下方的“无贴图”按钮，在弹出的“材质 / 贴图浏览器”对话框中双击“贴图”组下的“通用”子组中的“位图”选项，在弹出的“选择位图图像文件”对话框中加载“案例及拓展资源 / 单元 8/ 任务 / 贴图 / 室外背景 01.jpg”位图文件，在“亮度”下拉列表中选择“手机屏幕”选项，其他参数保持默认设置，将制作好的材质指定给场景中的外景对象，如图 8.73 所示。

【步骤 06】按快捷键 F9 快速渲染场景，效果如图 8.74 所示。

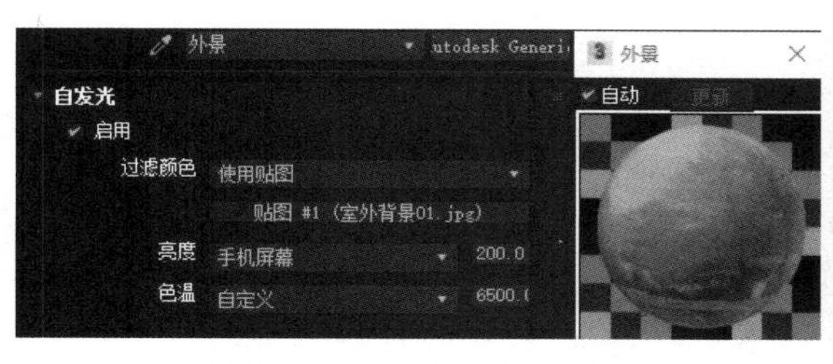

图 8.73　制作“外景”材质

图 8.74　场景渲染效果 1

2. 制作“地毯”材质、“硬包”材质、“玻璃”材质与“窗纱”材质

【步骤 01】再次选择一个空白的材质示例球，在名称下拉列表中将默认的材质名称修

改为“地毯”，然后选择“Autodesk 常规”材质类型，并设置“常规”卷展栏中的“颜色”为暗褐色（R:0.08、G:0.04、B:0.02），其他参数保持默认设置，将制作好的材质指定给场景中的地毯对象。

【步骤 02】重新选择一个空白的材质示例球，在名称下拉列表中将默认的材质名称修改为“硬包”，然后选择“Autodesk 常规”材质类型，并设置“常规”卷展栏中的“颜色”为浅黄色（R:0.95、G:0.85、B:0.55），勾选“反射率”卷展栏中的“启用”复选框，设置“直接”参数为 5，其他参数保持默认设置，将制作好的材质指定给场景中的硬包对象。

【步骤 03】重新选择一个空白的材质示例球，在名称下拉列表中将默认的材质名称修改为“玻璃”，然后选择“Autodesk 常规”材质类型，并设置“常规”卷展栏中的“颜色”为浅绿色（R:0.2、G:0.7、B:0.25），勾选“反射率”卷展栏中的“启用”复选框。勾选“透明度”卷展栏中的“启用”复选框，设置“数量”参数为 80，“半透明”参数为 100，其他参数保持默认设置，将制作好的材质指定给场景中的玻璃对象，如图 8.75 所示。

【步骤 04】重新选择一个空白的材质示例球，在名称下拉列表中将默认的材质名称修改为“窗纱”，然后选择“Standard (Legacy)”材质类型，设置“漫反射”为白色（R:255、G:255、B:255），“不透明度”为 40，其他参数保持默认设置，将制作好的材质指定给场景中的窗纱对象。

【步骤 05】按快捷键 F9 快速渲染场景，效果如图 8.76 所示。

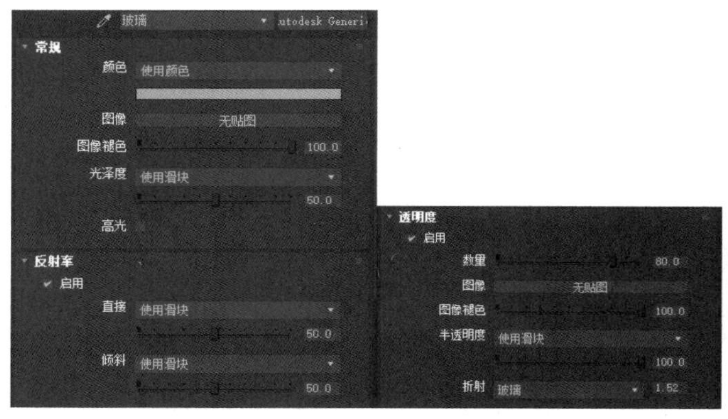

图 8.75　制作“玻璃”材质

图 8.76　场景渲染效果 2

3. 制作“软包”材质、“混油”材质与“不锈钢”材质

【步骤 01】重新选择一个空白的材质示例球，在名称下拉列表中将默认的材质名称修改为“软包”，然后选择“Autodesk 常规”材质类型，并单击“常规”卷展栏中“图像”右侧的“无贴图”按钮，在弹出的“材质 / 贴图浏览器”对话框中双击“贴图”组下的“通用”子组中的“位图”选项，在弹出的“选择位图图像文件”对话框中加载“案例及拓展资源 / 单元 8/ 任务 / 贴图 / 布纹 01.jpg”位图文件，其他参数保持默认设置，将制作好的材质指定给场景中的软包对象。

【步骤 02】通过“修改器列表”下拉列表为软包对象添加“UVW 贴图”修改器，选择“长方体”贴图方式，将长度和宽度都设置为 150mm，其他参数保持默认设置。

【步骤 03】重新选择一个空白的材质示例球，在名称下拉列表中将默认的材质名称修改改为“白色混油”，然后选择“Autodesk 常规”材质类型，并设置“常规”卷展栏中的“颜色”为乳白色（R:0.9、G:0.9、B:0.9），勾选“反射率”卷展栏中的“启用”复选框，设置“直接”参数为 40.0，其他参数保持默认设置，将制作好的材质指定给场景中的白色混油对象。

【步骤 04】重新选择一个空白的材质示例球，在名称下拉列表中将默认的材质名称修改为“不锈钢”，然后选择“Autodesk 常规”材质类型，勾选“反射率”卷展栏中的“启用”复选框，设置“直接”参数为 100.0，其他参数保持默认设置，将制作好的材质指定给场景中的不锈钢对象。

【步骤 05】按快捷键 F9 快速渲染场景，效果如图 8.77 所示。

图 8.77　场景渲染效果 3

> 提示：场景中灯片、灯罩和半透明塑料材质的调整方法与以上材质的调整方法基本相似，这里就不再赘述。

【步骤 06】卧室空间材质设置完成后，将该场景保存为“卧室空间 - 材质与贴图 .max”文件。

本单元讲述了 3ds Max 中材质编辑器的使用、为场景中的物体创建和指定材质与贴图及编辑材质与贴图的方法。适宜的材质、贴图效果，会使制作的场景更加逼真，为作品增色。

任务拓展

根据提供的素材文件“案例及拓展资源 / 单元 8/ 任务拓展 / 卫生间 .max 文件”，为卫生间添加材质和贴图，添加前后的效果如图 8.78 所示。

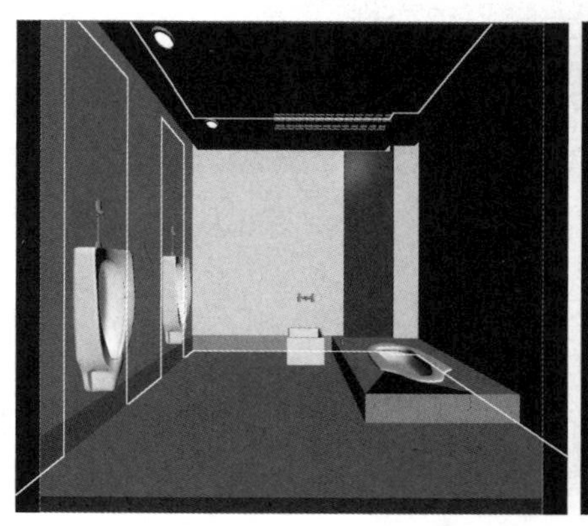

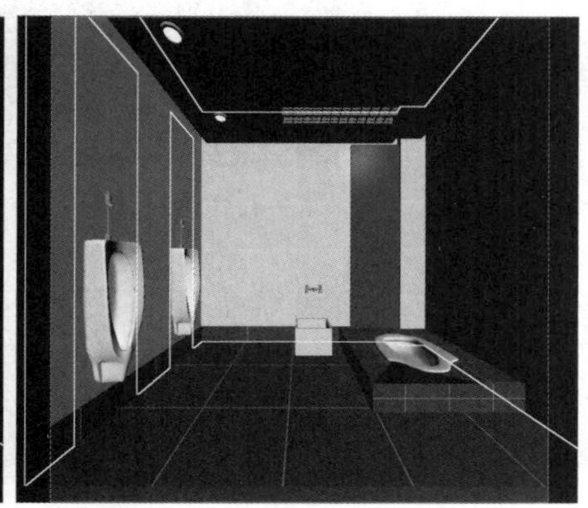

图 8.78　为卫生间添加材质和贴图前后的效果

课后思考

1. 材质有哪几种类型？各有何特点？
2. 贴图有哪几种类型？各有何特点？

灯光与摄影机——制作广场光效

灯光与摄影机对 3ds Max 中所制作场景或动画的最后渲染起着很重要的作用，适宜的照明与环境设置将给平凡的创作增添光彩，一个好的摄影机的放置能够突出场景中的主角，好的镜头切换和摄影机动画能够使整个动画流畅自然。本单元将介绍如何创建和控制场景内的灯光与摄影机。

工作任务

完成广场光效的制作，效果如图 9.1 所示。

图 9.1　广场光效制作完成后的效果

任务描述

通过合理的灯光烘托场景气氛，配合摄影机确定输出视角和表达意图，呈现室外广场完美的视觉效果。

任务目标

- 了解灯光与摄影机的概念。
- 掌握灯光的创建及应用。
- 掌握摄影机的创建及应用。
- 能够参照任务实施完成操作任务。

9.1　灯光基础知识

场景中使用的灯光一般可以分为自然光和人造光两大类。自然光主要用于室外的场景，模拟太阳或月亮光源；人造光通常用于室内的场景，模拟人工灯照效果。当然，也有在室内使用自然光的情况，如穿过窗户的日光等。同样地，也有在室外使用人造光的情况，如路灯、激光灯、霓虹灯等。

9.1.1　自然光和人造光

一般利用从单方向射出平行光线的灯光（如平行光等）创建自然光。自然光的强度依赖于时间、日期和太阳的位置，天气的变化也会影响光线的颜色。例如，当天气晴朗时，太阳光的颜色是浅黄色；在日出和日落时，太阳光的颜色是橘红色。使用 3ds Max 中的太阳定位器能够精确地控制这些内容。

人造光通常由多个较低亮度的灯光生成。室内照明通常采用泛光灯、聚光灯等。

9.1.2　场景的默认灯光

当 3ds Max 场景中没有添加任何灯光时，光线来自系统给出的默认灯光。一旦在场景中设置了灯光，则默认灯光会自动熄灭。当删除了场景中所有的灯光时，默认灯光又会出现，这样会确保场景中的物体始终可见。

选择“自定义”菜单中的“视口配置”命令，或者在任意一个视图的左上角右击，在弹出的快捷菜单中选择“配置”命令，均会弹出“视口配置”对话框，在该对话框中选择“渲染方法”选项卡，如果在“默认照明”选区内选中“一盏灯”单选按钮，则默认在场景中设置一盏灯；如果选中“两盏灯”单选按钮，则默认在对角位置设置两盏灯，效果如图 9.2 所示。

默认灯光只起照明作用，不会在场景中显示出来。这种灯光通常无法满足场景照明效果需求，一般为了更好地表现场景气氛，需要自己设置灯光，效果如图 9.3 所示。

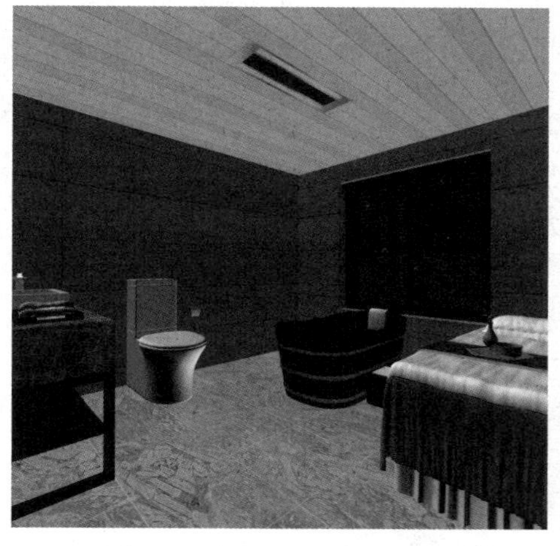

图 9.2　默认灯光的照明效果

图 9.3　设置灯光后的照明效果

9.2 灯光类型与创建

3ds Max 2023 中的灯光类型分为标准灯光、光度学灯光和 Arnold 灯光，这三者的创建方式相同。Arnold 灯光需要配合 Arnold 渲染器使用，并非主流选用方案。本节将主要介绍标准灯光和光度学灯光。

9.2.1 标准灯光类型

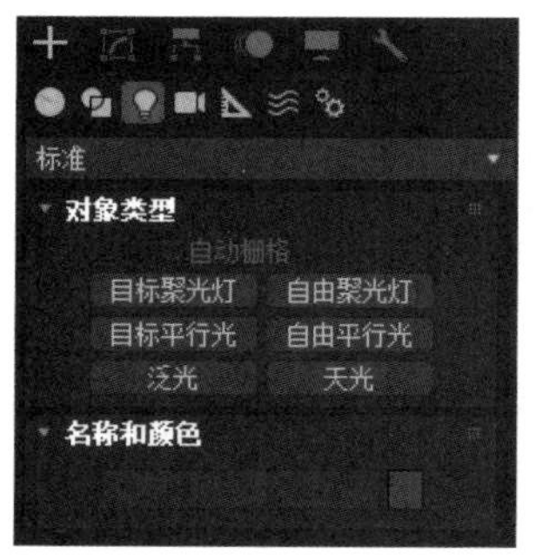

图 9.4 灯光创建面板（标准灯光类型）

单击“创建”命令面板中的（灯光）按钮，即可打开灯光创建面板，如图 9.4 所示，从中可以选择标准灯光类型或光度学灯光类型，进行灯光的创建。灯光的创建方法与一般物体的创建方法相同，选择不同的灯光类型，在场景中单击或拖动鼠标即可创建。

3ds Max 中提供了三大类实体光源：标准灯光、光度学灯光和 Arnold 灯光。灯光类型下拉列表中默认为“光度学”选项，单击下拉按钮，可以在弹出的下拉列表中选择“标准”选项。

“对象类型”卷展栏中显示当前选定灯光类型所包含的各种灯光的创建按钮。图 9.4 所示为标准灯光类型下的灯光创建按钮。除了天光，其他灯光的参数基本相同，只是照明范围不同。

1. 泛光灯

泛光灯类似于普通灯泡，它在所有方向上传播光线，并且照射的距离非常远，能照亮场景中所有的模型。

单击“泛光”按钮 泛光 ，在任意视图中单击即可创建泛光灯。泛光灯在视图中以菱形块形状显示，如图 9.5 所示。单击将其选中，不仅可以利用移动工具移动其位置，还可以在“参数”卷展栏中进行相应设置，调整照明效果。

图 9.5 泛光灯

2. 聚光灯

聚光灯类似于舞台上的射灯，可以控制照射方向和照射范围，它的照射区域为圆锥状。

聚光灯有两种类型：目标聚光灯和自由聚光灯。

目标聚光灯由灯光和目标点组成，单击可以单独选定目标点或灯光，分别进行位置的调节。

单击“目标聚光灯”按钮 目标聚光灯 ，在视图中需要设置灯光的位置，按住鼠标左键后拖动鼠标，到照射目标位置释放鼠标左键，即可创建一盏目标聚光灯，如图 9.6 中的左图所示。

自由聚光灯没有目标点，单击“自由聚光灯”按钮 自由聚光灯 后，在视图中单击即可创建一盏自由聚光灯，如图 9.6 中的右图所示。使用（选择并旋转）按钮可以向任意方向旋转它，调整照明效果。自由聚光灯通常在动画制作中使用。

3. 平行光灯

平行光灯是在一个方向上传播平行的光线，通常用于模拟强大的光线效果（如太阳光、探照灯光等），它的照射区域为圆柱状。

平行光灯也有两种类型：目标平行光灯和自由平行光灯。目标平行光灯与目标聚光灯相似，也包括灯光和目标点两个对象；自由平行光灯与自由聚光灯相似，只有灯光对象。这两种灯光的创建方式与聚光灯相同。图 9.7 中的左图和右图所示分别为目标平行光灯和自由平行光灯。

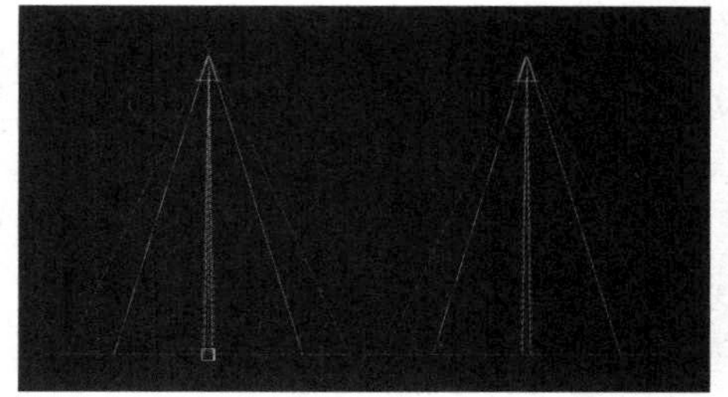

图 9.6　目标聚光灯（左）与自由聚光灯（右）

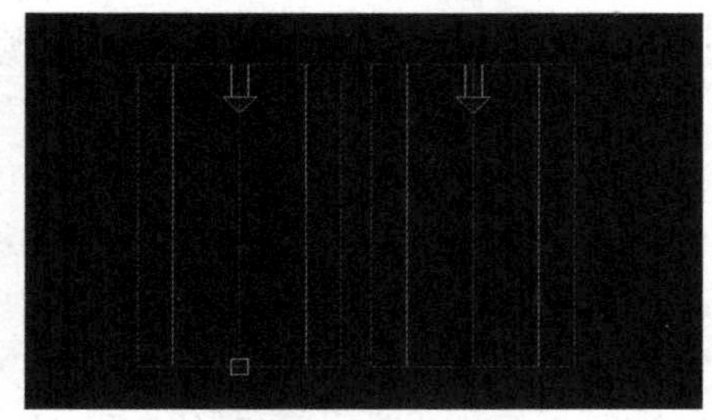

图 9.7　目标平行光灯（左）与自由平行光灯（右）

4. 天光

天光可以用来模拟日光效果，而且可以自行设置天空的颜色或为其指定贴图。在单击“天光”按钮后，在视图中单击即可创建天光，如图 9.8 所示。

图 9.8　天光

9.2.2　光度学灯光类型

光度学灯光可以通过控制光度值、灯光颜色等模拟真实的灯光效果。一般和光能传递渲染引擎配合使用。

在灯光创建面板中，单击灯光类型下拉按钮，在弹出的下拉列表中选择“光度学”选项，“对象类型”卷展栏中即可显示所有光度学灯光的创建按钮，如图 9.9 所示。单击任意一个灯光创建按钮，即可在视图中进行创建，创建方法与标准灯光相同。

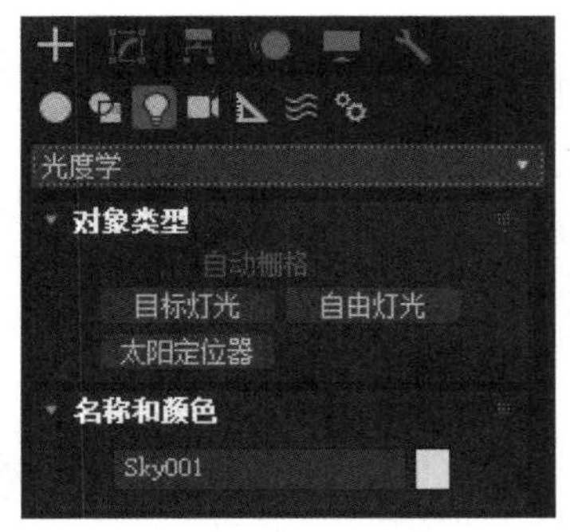

图 9.9　光度学灯光创建面板

1. 目标灯光

目标灯光具有可以用于指向灯光的目标子对象。

2. 自由灯光

自由灯光不具备目标子对象，可以通过使用变换瞄准它。

3. 太阳定位器和物理天空

新的太阳定位器和物理天空是日光系统的简化替代方案，可为基于物理的现代化渲染器用户提供协调的工作流。类似于其他可用的太阳光和日光系统，太阳定位器和物理天空使用的灯光遵循太阳在地球上某个给定位置的符合地理学的角度和运动。使用太阳定位器和物理天空不仅可以选择位置、日期、时间和指南针方向，也可以设置日期和时间的动画。新的太阳定位器和物理天空适用于计划中的和现有结构的阴影研究。此外，使用太阳定位器和物理天空可以对纬度、经度、北向和轨道缩放进行动画设置。

与传统的太阳光和日光系统相比，太阳定位器和物理天空的主要优势是高效、直观的工作流。传统系统由 5 个独立的插件组成：指南针、太阳对象、天空对象、日光控制器和“环境”贴图。它们位于界面的不同位置，例如，日光系统位于系统创建面板中，而其数据位置设置则位于“运动”命令面板中。

此太阳定位器和物理天空位于更直观的位置，即灯光创建面板中。太阳定位器的存在是为了定位太阳在场景中的位置。日期和位置设置位于“太阳位置”卷展栏中。一旦创建了“太阳位置”对象，就会使用适合的默认值创建“环境”贴图和曝光控制插件。与明暗处理相关的所有参数仅位于“材质编辑器”的“物理太阳和天空”卷展栏中。这样可以通过避免重复简化工作流，并减少引入不一致的可能性。

太阳定位器和物理天空与渲染器无关。由渲染器确定是否需要使用多个光源（如扫描线渲染器）或作为简单“环境”贴图（如 ART 渲染器）来内部支持此功能。太阳定位器和物理天空可以实现扫描线明暗处理功能，因此使用扫描线渲染器作为“环境”贴图（而非用于照明），它是功能完备的。第三方渲染器可以利用该功能来轻松地支持太阳 / 天空明暗器，而不必实际执行明暗器。

9.3 灯光的共同参数

无论是标准灯光系统还是光度学灯光系统，大部分的参数选项都是相同或相似的，而且各种灯光对应的修改参数比创建参数更加全面。下面以目标聚光灯的修改参数面板为例进行介绍。

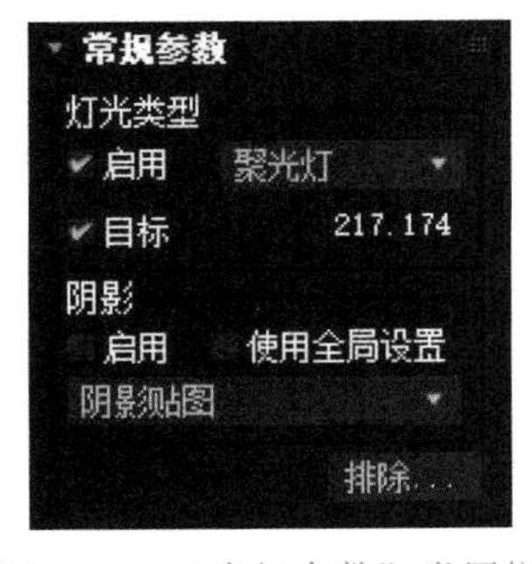

图 9.10 “常规参数”卷展栏

9.3.1 “常规参数”卷展栏

“常规参数”卷展栏如图 9.10 所示。

1. “灯光类型”选区

“启用”复选框用于控制灯光的开关。当取消勾选该复选框时，灯光设置无效。

单击“启用”复选框右侧的灯光类型下拉按钮，在弹出的下拉列表中可以重新选择当前灯光类型。在标准灯光下，灯光类型可以在泛光灯、聚光灯和平行光灯之间转换；在光度学灯光中，灯光类型可以在点光源、线光源和面光源之间转换。灯光类型下拉列表只在“修改”命令面板中有效。

2. “阴影”选区

如果勾选阴影选区中的“启用”复选框，则当前灯光能够产生阴影，可以在下面的阴影方式下拉列表中选择阴影方式，有“阴影贴图”、“光线跟踪阴影”、“高级光线跟踪阴影”和“面阴影”4 种方式。图 9.11 所示为目标聚光灯启用阴影前后的效果。

如果勾选“使用全局设置”复选框，则将会把阴影参数应用到场景中的全部投影灯上。

单击“排除”按钮，在弹出的“排除 / 包含”对话框中可以指定物体是否接受灯光的照射影响，包括照明影响和阴影影响，如图 9.12 所示。

图 9.11　目标聚光灯启用阴影前后的效果

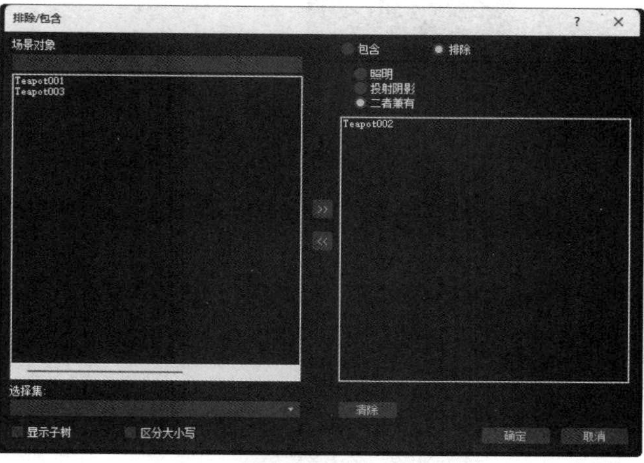

图 9.12　“排除 / 包含”对话框

“排除 / 包含”对话框左侧窗口内显示场景中所有的物体，如果选中一个或同时选中几个物体后单击 >> 按钮，则可以将其转移到右侧窗口中；如果选中右侧窗口中的物体后单击 << 按钮，则可以将其转移到左侧窗口中。右侧上部的单选按钮用于设置当前状态是排除还是包含，是对照明还是对投影或对两者进行设置。如果选中“排除”单选按钮，则右侧窗口中的物体为不被该灯光照射的物体，左侧窗口中的物体为接受该灯光照射的物体。如果选中“包含”单选按钮，则右侧窗口中的物体为接受该灯光照射的物体，左侧窗口中的物体为不被该灯光照射的物体。利用这个功能，可以为场景中的某些模型专门指定灯光。设置完成后，单击“确定”按钮关闭该对话框。

9.3.2　“强度 / 颜色 / 衰减”卷展栏

“强度 / 颜色 / 衰减”卷展栏用于设置灯光的亮度和颜色，以及灯光的衰减情况，如图 9.13 所示。

“倍增”数值框用于设置灯光的照射强度。单击“倍增”数值框右侧的颜色条，可以设置灯光的颜色。“衰退”选区用于设置光线的衰减。“类型”下拉列表提供了 3 种衰减方式，其中“反向”表示按到灯光的距离进行线性衰减；“反向平方”表示按距离的指数进行衰减，这是真实世界中的灯光衰减计算公式，也是光度学灯光的衰减公式，但它会使场景变得过于黑暗，可以通过提高倍增数值来弥补。

当勾选“近距衰减”选区中的“使用”复选框时，灯光亮度在光源位置到指定开始位置之间保持为 0，在开始位置到结束位置之间不断增强，在结束位置灯光亮度达到最大值。“显示”复选框用于设置是否在视图中显示近距衰减的范围线框。

远距衰减与近距衰减正好相反，从开始位置灯光亮度开始衰减，到结束位置灯光亮度降为 0。图 9.14 所示为近距衰减与远距衰减的范围线框。

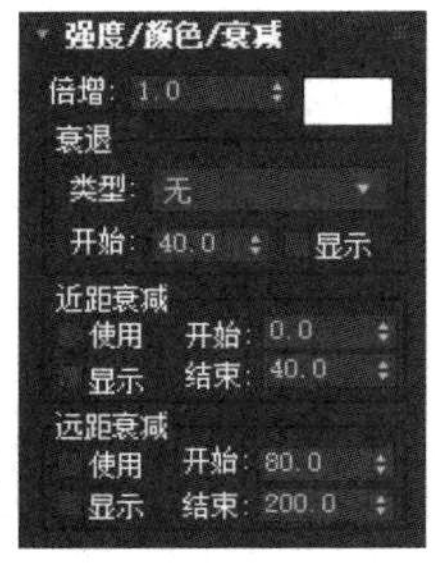

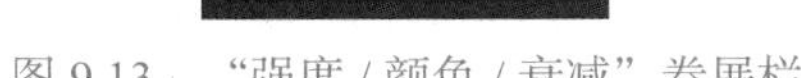
图 9.13 “强度 / 颜色 / 衰减”卷展栏

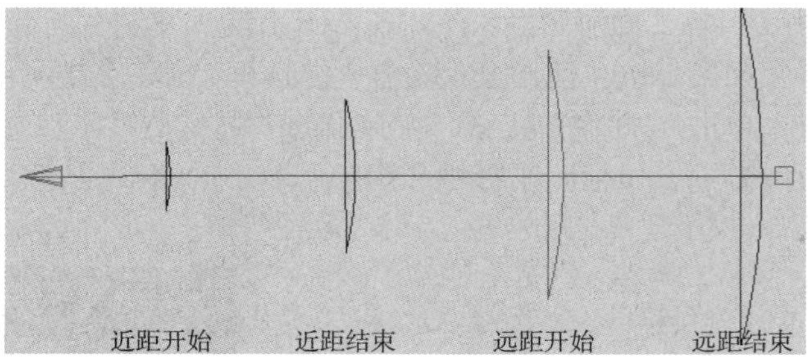

图 9.14 近距衰减与远距衰减的范围线框

9.3.3 “聚光灯参数”卷展栏

当用户创建目标聚光灯、自由聚光灯或以聚光灯方式分布的光度学灯光物体后，就会出现“聚光灯参数”卷展栏，用于设置灯光的聚光区和衰减区，如图 9.15 所示。

如果勾选“显示光锥”复选框，则可以使聚光灯未被选择时仍然在视图中显示范围框，如图 9.16 所示。在范围框中，浅黄色框表示聚光区范围，深黄色框表示衰减区范围。

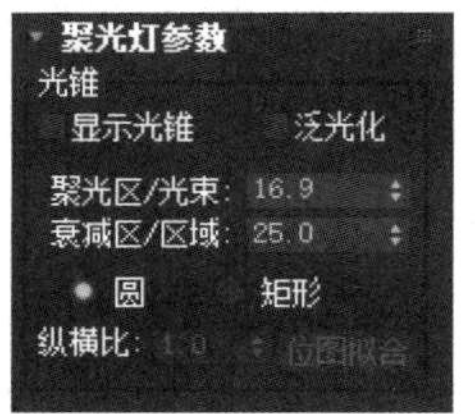

图 9.15 “聚光灯参数”卷展栏

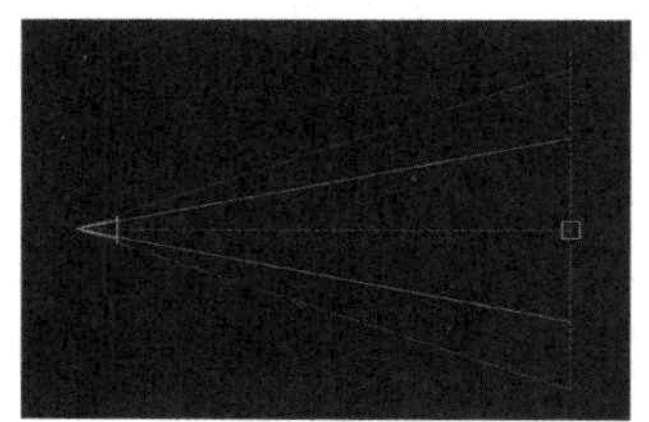

图 9.16 聚光灯光锥

如果勾选“泛光化”复选框，则聚光灯既能照亮整个场景，又能产生阴影效果。

“聚光区 / 光束”数值框用于设置灯光的聚光区范围；“衰减区 / 区域”数值框用于设置灯光的衰减区范围，在该范围外，物体将不受任何光线的影响，在该范围与“聚光区 / 光束”数值框设置的灯光的聚光区范围之间，光线由强向弱进行衰减变化。图 9.17 所示为衰减区增大前后的效果。

“圆”和“矩形”单选按钮分别用于设置产生圆形照射区域和矩形照射区域。默认选中“圆”单选按钮，产生圆锥状灯柱。如果选中“矩形”单选按钮，则会产生立方体灯柱，常用于窗户投影、电影、幻灯机的投影灯效果，如图 9.18 所示。

图 9.17 衰减区增大前后的效果

图 9.18 矩形灯光效果

“纵横比”数值框用于设置矩形照射区域的长宽比。“位图拟合”按钮用于指定一张图像，使用图像的长宽比作为灯光的长宽比，主要为了保持投影图像的比例正确。

9.3.4　“阴影参数”卷展栏

“阴影参数”卷展栏如图 9.19 所示。

“颜色”颜色条用于设置灯光产生的阴影颜色，该项可以设置动画效果；“密度”数值框用于设置阴影的浓度。图 9.20 所示为设置不同的密度数值（从左到右分别为 0.5 和 1）时的阴影效果。勾选“大气阴影”选区中的“启用”复选框，当灯光穿过大气时，大气效果能够产生阴影。

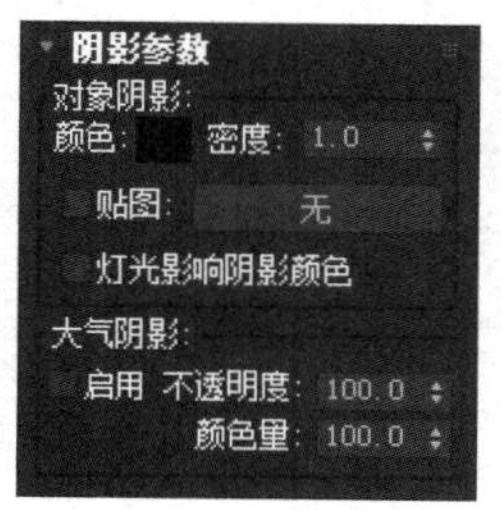

图 9.19　“阴影参数”卷展栏

图 9.20　设置不同的密度数值时的阴影效果

9.3.5　“阴影贴图参数”卷展栏

“阴影贴图参数”卷展栏如图 9.21 所示。“偏移”数值框用于设置阴影与阴影投射物体之间的距离；“大小”数值框用于设置贴图的分辨率，数值越大，阴影越清晰；“采样范围”数值框用于设置阴影中边缘区域的柔和程度，数值越大，边缘越柔和。

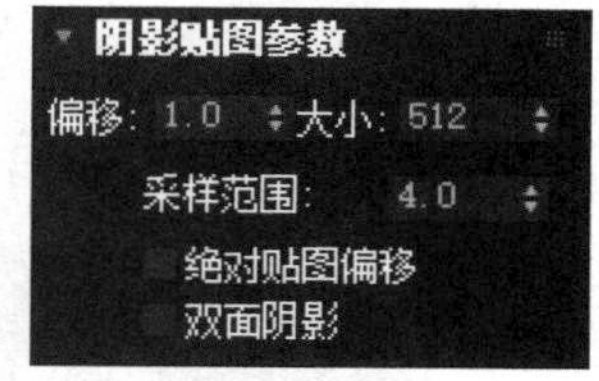

图 9.21　“阴影贴图参数”卷展栏

9.3.6　“高级效果”卷展栏

“高级效果”卷展栏如图 9.22 所示。“对比度”数值框用于设置物体高光区与过渡区之间的对比度，当数值为 0 时是正常效果，对有些特殊效果（如外层空间中刺目的反光等）需要增大对比度数值；如果勾选“漫反射”复选框，则会对整个物体表面产生照射影响；“高光反射”与“漫反射”复选框配合使用，如果勾选“漫反射”和“高光反射”复选框，则既对“漫反射区”进行照射，也对“高光区”进行照射；如果勾选“贴图”复选框，则可以通过单击该复选框右侧的“无”按钮，在弹出的“材质 / 贴图浏览器”对话框中双击“位图”选项，选择一张图像作为投影图。“投影贴图”选区可以使灯光投影出图片效果，如果使用动画文件，则可以投影出动画，和电影放映机一样。图 9.23 所示为投影贴图效果。

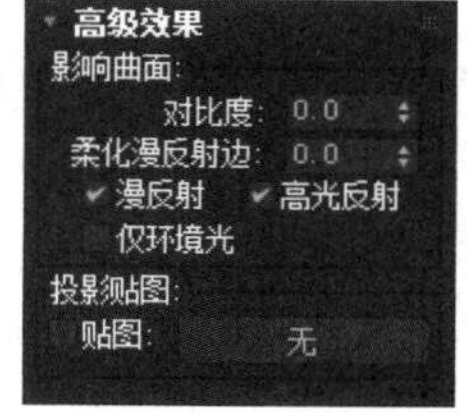

图 9.22　“高级效果”卷展栏

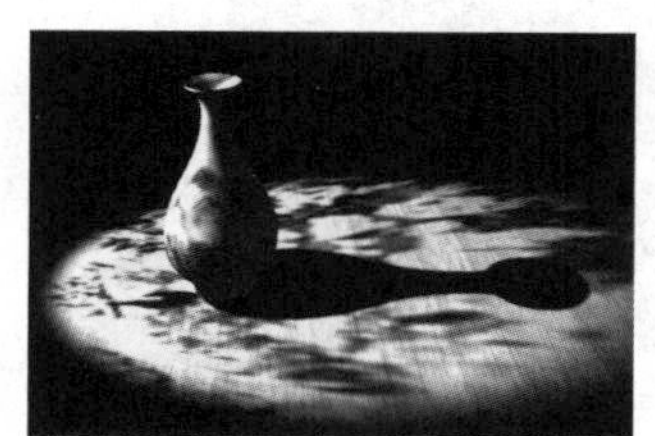

图 9.23　投影贴图效果

9.3.7 “大气和效果”卷展栏

“大气和效果”卷展栏如图 9.24 所示。单击“添加”按钮，会弹出“添加大气或效果”对话框，如图 9.25 所示，在该对话框中可以指定灯光的大气效果，如体积光和镜头效果等，设置完成后，单击“确定”按钮。

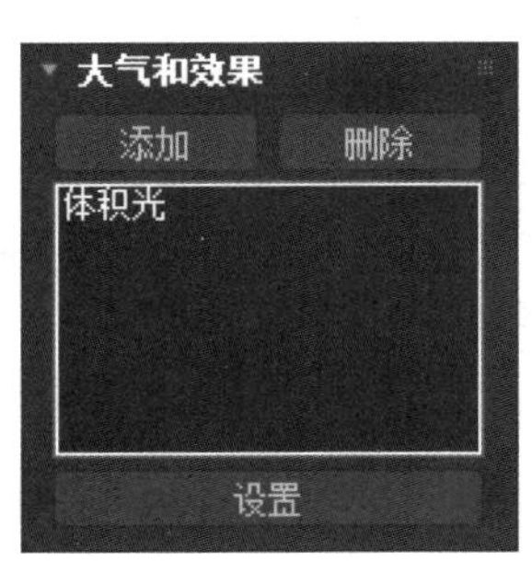

图 9.24 “大气和效果”卷展栏

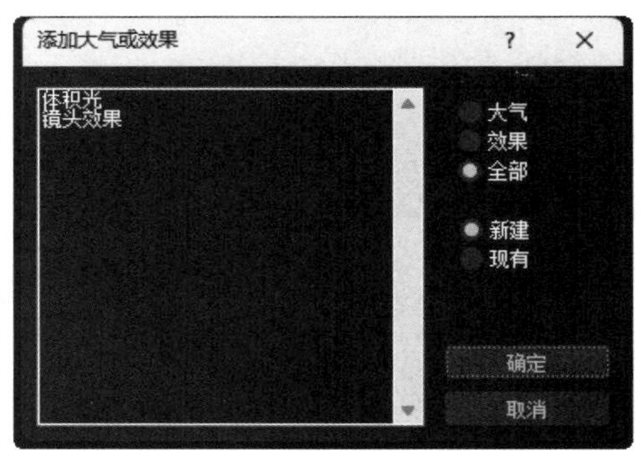

图 9.25 “添加大气或效果”对话框

选中“大气和效果”卷展栏中添加的大气效果，单击“设置”按钮，会弹出“环境和效果”对话框。下面对“环境和效果”对话框的“体积光参数”卷展栏（见图 9.26）中的一些主要参数进行介绍。

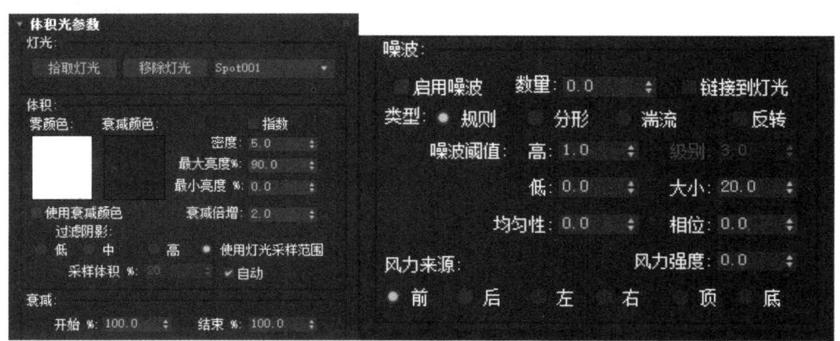

图 9.26 “体积光参数”卷展栏

单击“灯光”选区中的“拾取灯光”按钮，可以在视图中单击一盏灯光应用“体积光”效果。该灯光的名称将显示在右侧的下拉列表中，单击“移除灯光”按钮，可以将下拉列表中灯光的名称移除。

图 9.27 增加了噪波的体积光效果

“体积”选区中的“雾颜色”颜色块用于设置形成灯光体积雾的颜色，对于体积光，它的最终颜色由灯光颜色与雾颜色共同决定；“密度”数值框用于设置雾的浓度，数值越大，内部不透明度越高；“衰减”选区用于设置灯光衰减的开始范围和结束范围；“噪波”选区用于设置体积光的噪波效果，常用来制作云雾和空气中的尘埃等效果。图 9.27 所示为增加了噪波的体积光效果。

9.3.8　“光线跟踪阴影参数”卷展栏

当在“常规参数”卷展栏中选择了“光线跟踪阴影”类型时，会出现“光线跟踪阴影参数”卷展栏，如图 9.28 所示。“光线偏移”数值框用于设置阴影与投射阴影物体之间的距离，使用该项可以避免在自身物体上投射阴影。

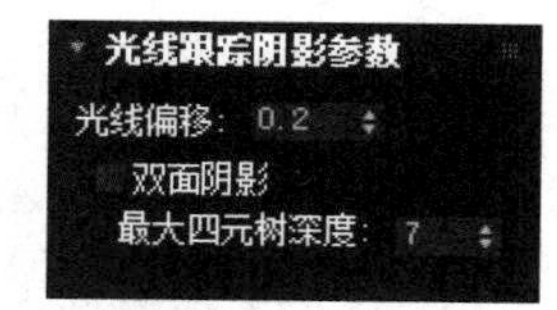

图 9.28　“光线跟踪阴影参数”卷展栏

9.3.9　“区域阴影”卷展栏

当在“常规参数”卷展栏中选择了“区域阴影”类型时，会出现“区域阴影”卷展栏，如图 9.29 所示。“基本选项”选区中的下拉列表提供了 5 种产生阴影的方式，包括简单、长方形灯光、圆形灯光、长方体形灯光、球形灯光。“区域灯光尺寸”选区用于设置面阴影虚拟灯的尺寸。

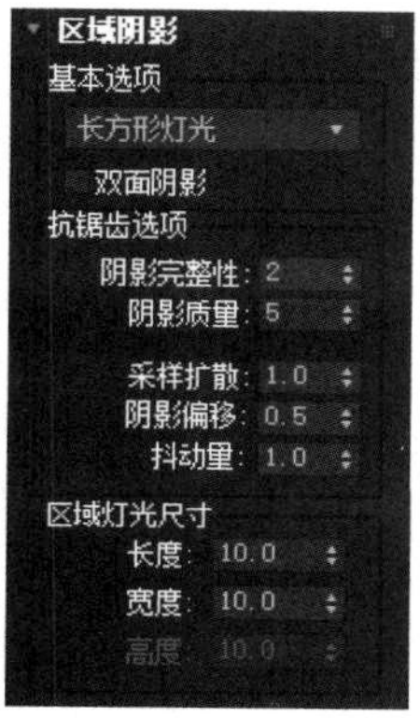

图 9.29　“区域阴影”卷展栏

9.3.10　“常规参数”卷展栏和“分布（光度学 Web）”卷展栏

“常规参数”卷展栏和“分布（光度学 Web）”卷展栏用于设置光度学灯光的颜色和亮度等，分别如图 9.30 和图 9.31 所示。

“灯光分布（类型）”选区中的下拉列表用于设置光线从光源发出后在空间的分布方式，包括“光度学 Web”、“聚光灯”、“统一漫反射”和“统一球形”4 种分布方式。

“光度学 Web”分布方式通过指定光域网文件来描述灯光亮度的分布状况。选择此种方式后，会出现图 9.31 所示的“分布（光度学 Web）”卷展栏，单击该卷展栏中 < 选择光度学文件 > 按钮可以为灯光指定光域网文件。光域网是一种关于光源亮度分布的三维表现形式，存储于 IES 文件中。这种文件通常可以从灯光的制造商那里获得。图 9.32 所示为添加了光域网文件的灯光效果。

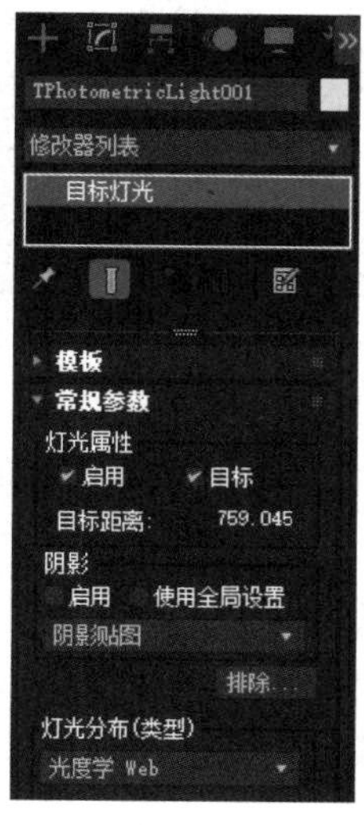

图 9.30　“常规参数”卷展栏

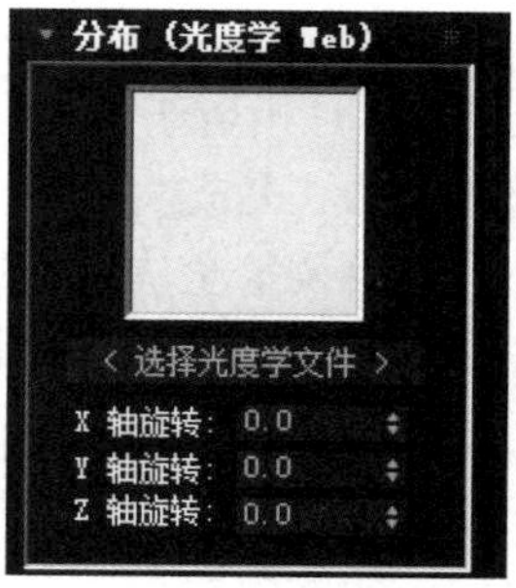

图 9.31　“分布（光度学 Web）”卷展栏

图 9.32　添加了光域网文件的灯光效果

“聚光灯”分布方式像闪光灯一样投影聚焦的光束，这是在剧院中或桅灯下的聚光区。灯光的光束角度控制光束的主强度，区域角度控制光在主光束之外的“散落”。

“统一漫反射”分布方式仅在半球体中投射漫反射灯光，就如同从某个表面发射灯光一样。“统一漫反射”分布方式遵循 Lambert 余弦定理：当从各个角度观看灯光时，它都具有相同明显的强度。

“统一球形”分布方式可以在各个方向上均匀投射灯光。

图 9.33　系统创建面板

9.3.11　太阳光和日光系统

单击“创建”命令面板中的（系统）按钮，打开系统创建面板，如图 9.33 所示，在该面板中可以访问太阳光和日光系统，这些灯光按钮创建的灯光能模拟地理位置、日期、时间和罗盘方向的太阳光。

9.4　全局照明效果

在 3ds Max 中，全局照明是用来模拟充满一个空间、场景或环境的反射光及其余光的方案。全局照明不是一个实体，而是一个层次，它没有确定的焦点和位置，用同一种方式来影响整个实体模型，即对所有受到作用的几何对象上的任意一点施加相同的光照强度。正因为如此，所以可把全局照明看作一个系统参数而不是一个光源。全局照明的强度决定了场景中任何实体模型的最起码的照明。由于全局照明的普遍应用，因此增加其亮度将会减少反差并“平板化”场景。只有全局照明的场景是没有反差或阴影的，其中所有的边和侧面都是用同样的强度来渲染的。

全局照明的控制被放置在“渲染”菜单的“环境”命令中，选择该命令，会弹出“环境和效果”对话框，如图 9.34 所示。

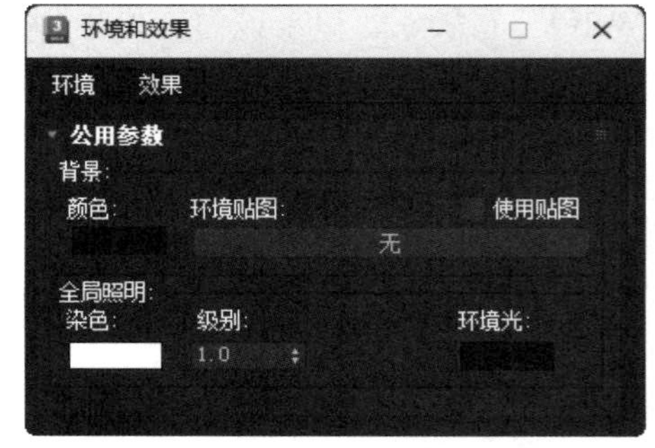

图 9.34　“环境和效果”对话框

在“全局照明”选区中，“环境光”是全局照明的基本色光，它的颜色和强度被施加到所有受到作用的几何对象上的任意一点。“染色”是在环境光的基础上复加的色光，如果“染色”的颜色不是白色，则为场景中的所有灯光（环境光除外）染色。“级别”数值框用于设置全局照明的强度级别，数值的取值范围是 0 ～ 5，当强度级别为 0 时相当于关闭全局照明。

在照明设置的实际过程中，通常的做法是先将环境光颜色设置为黑色，然后设置实体光源，最后根据实际需要，确定是否需要调整全局照明的参数。一个经常发生的错误是把这个光调节得太亮。虽然为了观察原始物体的效果，可以使用亮度在 30 ～ 50 之间的全局照明，但是对于最终的场景，亮度在 7 ～ 15 之间的全局照明是比较常用且比较恰当的。

由于全局照明一直存在，其亮度和颜色就是在投射阴影时所看到的，因此如果想使场景看上去比较接近自然场景，则全局照明的颜色就应该接近阴影投影光，同时，可以设置环境光颜色为主光源色的补色或对比色，以加强空间效果。

利用 3ds Max 中的高级光照特性，可以使用两种独立的全局照明技巧来照亮场景，这两种技巧分别称为光线追踪和光能传递。当自然光照到一个表面时，一些光被吸收了，另一些光被反射了。反射光会一直延伸直到遇到另一个表面，该表面也会受到光的影响。这个过程就在场景中添加了许多细致的光照效果。

9.5 摄影机的设置与调整

9.5.1 摄影机的基本概念

摄影机通常是一个场景中必不可少的组成对象，最后完成的静态、动态图像都要在摄影机视图中表现。

3ds Max 中的摄影机拥有超越现实摄影机的能力，更换镜头可在瞬间完成，无级变焦更是摄影机无法比拟的。对于景深的设置，直观地用范围线表示，不用通过光圈计算。对于摄影机的动画，除了位置变动，还可以表现焦距、视角、景深等动画效果，自由摄影机可以很好地绑定到运动目标上，随目标在运动轨迹上一同运动，同时进行跟随和倾斜；也可以把目标摄影机的目标点连接到运动的物体上，表现目光跟随的动画效果；对于室内外建筑装饰的环游动画，摄影机也是必不可少的。

在介绍具体的摄影机对象之前，有必要先了解一些摄影机的特征。镜头与感光表面间的距离称为焦距。焦距会影响画面中包含物体的数量，焦距越短，画面中能够包含的场景范围越大；焦距越长，画面中能够包含的场景范围越小，但却能够更清晰地表现远处场景的细节。焦距一般以毫米（mm）为单位，通常将焦距为 50mm 的镜头定为摄影的标准镜头，将焦距小于 50mm 的镜头称为广角镜头，将焦距大于 50mm 的镜头称为长焦镜头。

视角用来控制场景可见范围的大小，单位为“地平角度”，参数直接与镜头的焦距有关。

9.5.2 摄影机的类型与创建

单击“创建”命令面板中的（摄影机）按钮，即可打开摄影机创建面板，如图 9.35 所示，该创建面板中有 3 种摄影机类型：物理摄影机、自由摄影机和目标摄影机。

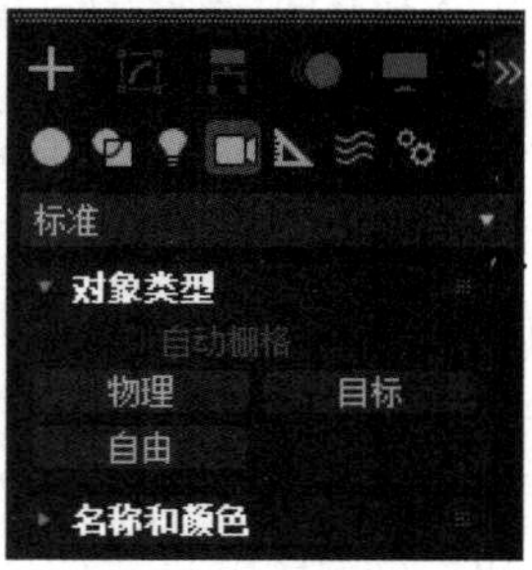

图 9.35 摄影机创建面板

1. 物理摄影机

物理摄影机将场景的帧设置与曝光控制和其他效果集成在一起，是用于基于物理的真实照片级渲染的最佳摄影机类型，物理摄影机功能的支持级别取决于所使用的渲染器。

2. 自由摄影机

自由摄影机用于观察所指方向内的场景内容，多应用于轨迹动画制作。自由摄影机的初始方向是沿着当前栅格的 Z 轴负方向。也就是说，当选择顶视图时，自由摄影机的初始方向垂直向下；当选择前视图时，自由摄影机的初始方向由屏幕向内；当选择透视图、用户视图、灯光视图和摄影机视图时，自由摄影机的初始方向垂直向下，沿着世界坐标系统 Z 轴负方向。利用旋转工具可以调节摄影机的方向。

单击摄影机创建面板中的“自由”按钮，在任意视图中单击，即可生成一个自由摄影机。

3. 目标摄影机

目标摄影机用于观察目标点附近的场景内容，与自由摄影机相比，它更易于定位，只需直接将目标点移动到需要的位置上就可以了。摄影机及其目标点都可以设置动画，从而产生各种有趣的效果。在为摄影机和它的目标点设置轨迹动画时，最好先将它们都链接到一个虚拟物体上，再对虚拟物体进行动画设置。

单击摄影机创建面板中的“目标”按钮，在任意一个视图中按住鼠标左键后拖动鼠标，拖动到目标位置后释放鼠标左键，即可生成一个目标摄影机。可以利用移动工具和旋转工具调整摄影机及目标点的位置和方向。

摄影机对象在视图中显示为摄影机图标，它们是不被渲染的。

4. 将视图转换为摄影机视图

在创建摄影机后，可以把任意视图转换成摄影机视图。将鼠标指针放置在视图左上角的视图名称上，当视图名称显示为黄色时，右击，在弹出的快捷菜单中选择“摄影机”子菜单中的摄影机名称，也可以按键盘上的 C 键，在弹出的“选择摄影机”对话框中选择需要的摄影机的名称，即可将当前视图转换为摄影机视图。摄影机视图显示从摄影机中观察到的场景效果。

9.5.3 摄影机的主要参数设置和调节

在视图中创建自由摄影机或目标摄影机后，在参数面板进行相关设置，可以调节摄影机视图的显示效果。

1. “参数”卷展栏

摄影机的“参数”卷展栏如图 9.36 所示。

“镜头”数值框用于设置摄影机的焦距长度，48mm 为标准人眼的焦距，短焦会造成变形（夸张效果），长焦用来观测较远的景色且物体不会变形。“视野”数值框用于设置摄影机的观察范围。单击“备用镜头”选区中的按钮，可以直接选择一种备用镜头设置。单击“类型”下拉按钮，在弹出的下拉列表中可以选择摄影机的类型。如果勾选“显示圆锥体”复选框，则即使不选定该摄影机，视图中也会显示由摄影机视野定义的锥形光线（实际上是一个四棱锥）。锥形光线出现在其他视图中，但是不出现在摄影机视图中。如果勾选“显示地平线”复选框，则在摄影机视图中会显示一条深灰色线条，表示视点的水平线。

“环境范围”选区用于设置环境大气的影响范围，该范围由该选区内的“近距范围”和“远距范围”数值框中的数值确定。

如果勾选“剪切平面”选区中的“手动剪切”复选框，则为摄影机设置一个近点剪切平面和一个远点剪切平面，只有在这两个平面之间的对象才能在摄影机视图中显示或被渲染，两个平面的位置由“近距剪切”与“远距剪切”数值框中的数值确定。利用剪切平面可以排除场景中的一些对象，加快显示或着色速度，或者产生剖面视图的效果。

如果勾选“多过程效果”选区中的“启用”复选框，并在该复选框下面的下拉列表中选择“景深”或“运动模糊”选项，则可以为摄影机指定景深或运动模糊效果。单击“预览”按钮，可以在激活的摄影机视图中预览效果。“目标距离”数值框既可以用于设置目标摄影机与目标点之间的距离，也可以为自由摄影机设置一个不可见的目标点，使其围绕该目标点进行运动。

2. “景深参数”卷展栏

“景深参数”卷展栏如图 9.37 所示。

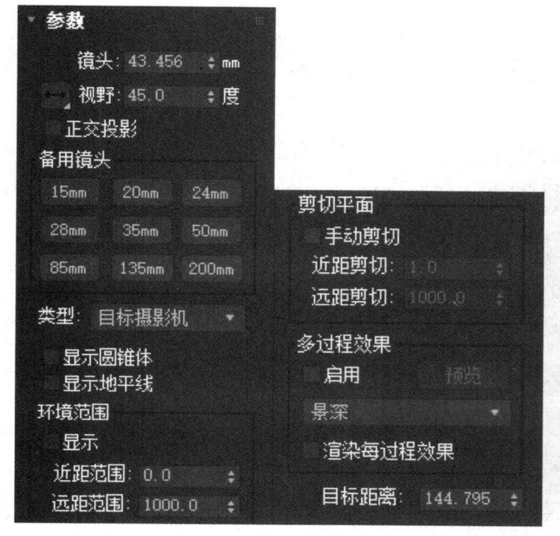

图 9.36　摄影机的“参数”卷展栏

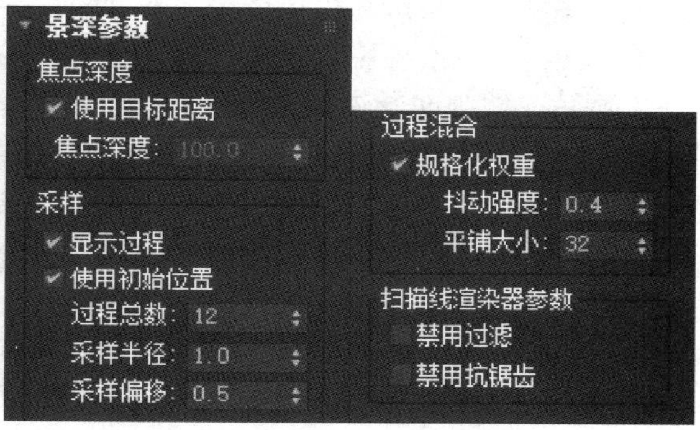

图 9.37　“景深参数”卷展栏

如果勾选“使用目标距离”复选框，则使用目标摄影机的目标点位置作为聚焦位置；如果不勾选“使用目标距离”复选框，则以“焦点深度”数值框中的数值进行摄影机的偏移。

如果勾选“显示过程”复选框，则在渲染时虚拟帧缓存器将显示多过程效果渲染的过程；如果不勾选“显示过程”复选框，则只显示最终效果。如果勾选“使用初始位置”复选框，则在摄影机的初始位置进行首次渲染。“过程总数”数值框用于设置产生特效的周期总数，“采样半径”数值框用于设置场景产生模糊而进行图像偏移的半径值。“采样偏移”数值框用于设置模糊远离或靠近采样半径的权重值，增加该值可以增加景深模糊的量级，产生更为一致的效果；降低该值可以减小景深模糊的量级，产生更为随意的效果。

“抖动强度”数值框用于设置应用于渲染通道的抖动程度。增加该值会增加抖动量，并且生成颗粒状效果，尤其是在对象的边缘上，默认值为 0.4。如果勾选“禁用过滤”复选框，则过滤周期失效，默认为不勾选该复选框。如果勾选“禁用抗锯齿”复选框，则抗锯齿失效，默认为不勾选该复选框。

9.5.4　摄影机视图的控制

3ds Max 提供了一系列比设置和调节摄影机参数更为直观的控制摄影机视图的方法，即利用摄影机视图控制按钮。在当前视图为摄影机视图时，屏幕右下角的摄影机视图控制按钮显示如图 9.38 所示。

图 9.38　摄影机视图控制按钮

（1）（推拉摄影机）按钮：通过推拉改变摄影机与目标点之

间的距离。推拉的结果使画面内容发生变化（决定哪些物体摄入画面），而不会改变摄影机视图的视点、视野或视图中物体之间的透视关系。该按钮为弹出按钮，将鼠标指针移动到该按钮上后按住鼠标左键不放，会弹出（推拉摄影机）按钮、（推拉目标）按钮、（推拉摄影机和目标）按钮，其中（推拉摄影机）按钮通过改变摄影机的机位来实现推拉；（推拉目标）按钮通过改变目标点的位置来实现推拉；（推拉摄影机和目标）按钮通过同时改变目标点的位置和摄影机的机位来实现推拉。

（2）（视野）按钮：改变摄影机视图的视野，相当于移动镜头。在改变视野的同时使画面内容和物体之间的透视关系发生变化。

（3）（透视）按钮：改变摄影机视图中物体之间的透视关系。只改变摄影机视图中物体之间的透视关系，不会改变画面内容。

（4）（平移摄影机）按钮：平行移动摄影机和目标点，使画面内容发生变化。

（5）（侧滚摄影机）按钮：在旋转镜头时摄影机绕视线（摄影机和目标点之间的连线）旋转，使画面发生“倾斜”。

（6）（环游摄影机）按钮：在绕动镜头时摄影机绕目标点旋转。该按钮为弹出按钮，将鼠标指针移动到该按钮上后按住鼠标左键不放，会弹出（环游摄影机）按钮和（摇移摄影机）按钮。在 3ds Max 中，通过（摇移摄影机）按钮，可以使摄影机绕目标点进行垂直旋转；通过（环游摄影机）按钮，可以使摄影机绕目标点进行水平旋转。绕动镜头可以使摄影机从不同角度观察目标物体。

以上几种摄影机视图控制按钮可以和摄影机参数设置、调节配合使用，完成更精确的构图和着色输出设置。

在摄影机位置和运动方式的实际设置中，一般先选择合适焦距、镜头的摄影机，然后确定摄影机的机位和目标点的位置，最后利用摄影机参数设置和摄影机视图控制按钮来实现微调。

任务实施：制作广场光效

打开“案例及拓展资源 / 单元 9/ 乡村振兴主题广场 / 乡村振兴主题广场 .max”文件，这是一个简单室外空间的三维模型，按 F9 键快速渲染场景，发现该场景已经设置了 ART 渲染器、材质与贴图效果，但并没有制作任何固定视角和灯光效果，如图 9.39 所示。为该场景增加摄影机和灯光后，效果如图 9.40 所示。

图 9.39　乡村振兴主题广场默认渲染效果

图 9.40　乡村振兴主题广场最终渲染效果

1. 设置摄影机

【步骤 01】单击摄影机创建面板中的“目标”按钮 目标 ，在顶视图中按住鼠标左键后，拖动鼠标，创建一个目标摄影机 Camera001。在顶视图中单击摄影机图标，右击 （选择并移动）按钮，在弹出的“移动变换输入”窗口中，将“绝对 : 世界”选区中的 Z 值设置为 1800.0mm，表示将摄影机沿 Z 轴向上移动 1800.0mm。

【步骤 02】在顶视图中继续单击摄影机目标（Camera001.Target）图标，右击 （选择并移动）按钮，在弹出的“移动变换输入”窗口中，将“绝对 : 世界”选区中的 Z 值设置为 14000.0mm，表示将摄影机沿 Z 轴向上移动 14000.0mm。

【步骤 03】单击摄影机图标，选定摄影机 Camera001，单击 （修改）按钮，打开“修改”命令面板，在“参数”卷展栏中，设置“镜头”数值框中的数值为“28.0”，然后激活透视图，按 C 键将其切换为摄影机视图，结果如图 9.41 所示。

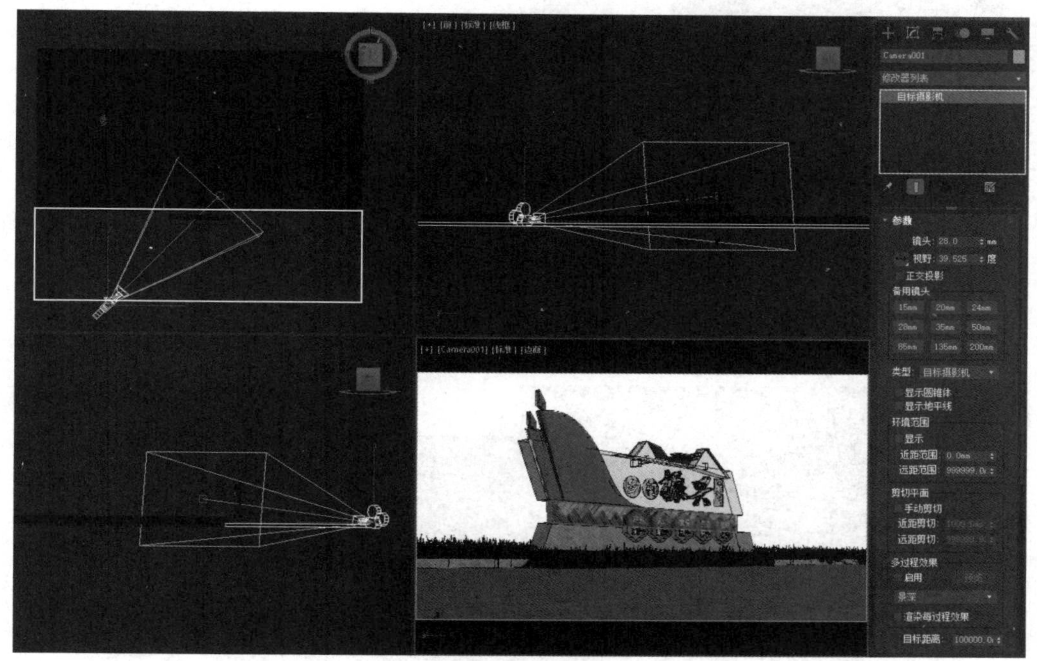

图 9.41　设置摄影机

2. 自然光

本场景已经设置渲染器类型为 ART，渲染参数会在单元 10 中进行详细讲解。接下来为场景创建天光和太阳光。

【步骤 01】首先创建太阳光。单击光度学灯光创建面板中的“太阳定位器”按钮 太阳定位器 ，在顶视图中创建太阳定位器，设置其参数如图 9.42 所示。

【步骤 02】选择“渲染”菜单中的“环境”命令，打开“环境和效果”窗口。太阳定位器创建后，在“环境”选项卡的“公用参数”卷展栏的“背景”选区中会自动生成“物理太阳和天空环境”贴图。“曝光控制”卷展栏将激活“物理摄影机曝光控制”选项，所有参数保持默认设置，如图 9.43 所示。

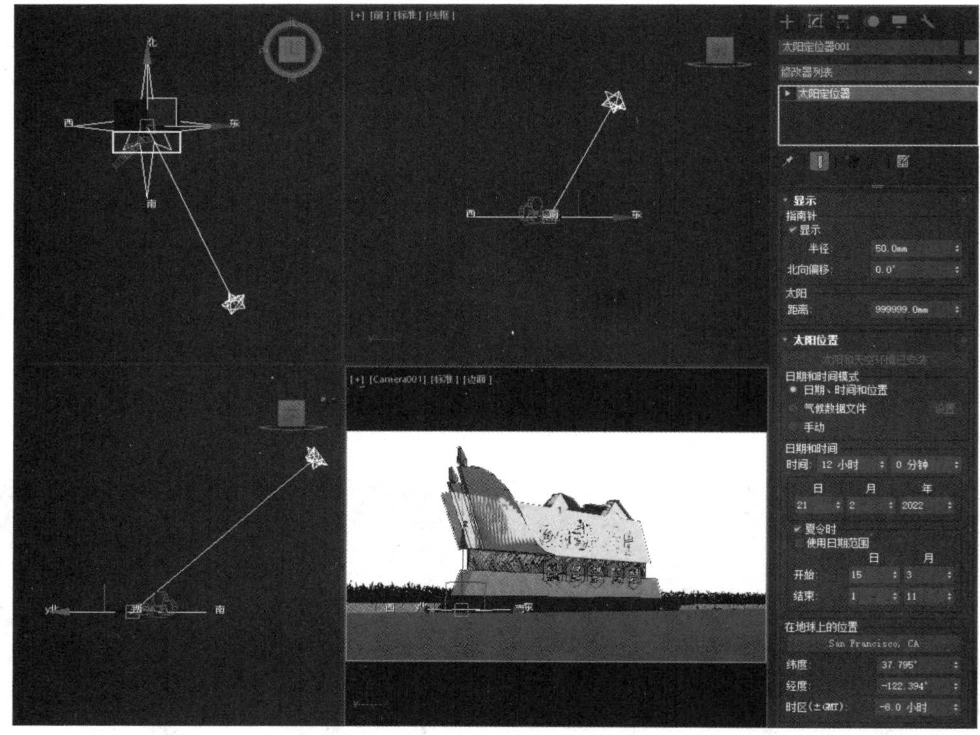

图 9.42　设置太阳定位器的参数

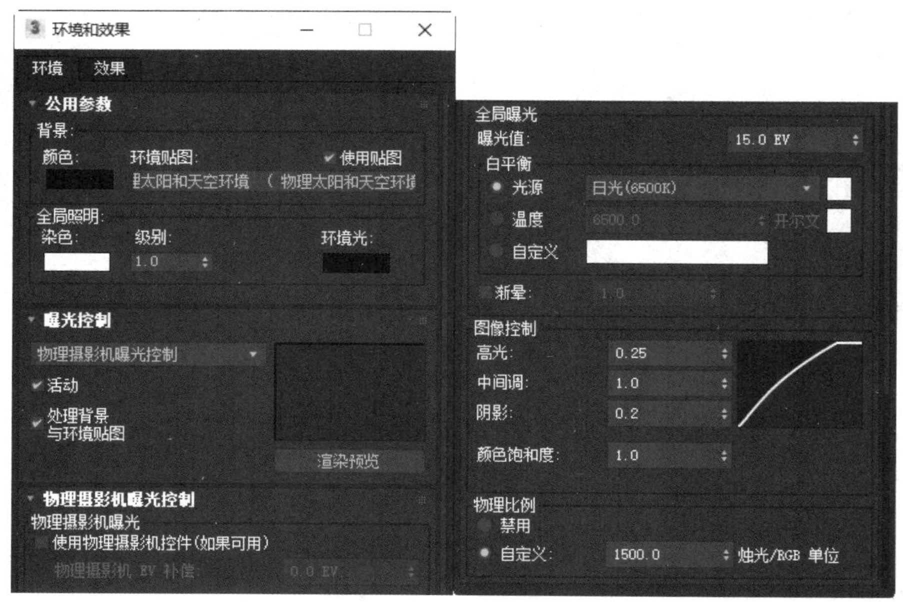

图 9.43　背景贴图和曝光控制

【步骤 03】按 F9 键快速渲染摄影机视图，效果如图 9.44 所示。

【步骤 04】至此，乡村振兴主题广场场景中的灯光和摄影机制作完成，将该场景保存为“乡村振兴主题广场 -ok.max”文件。

图 9.44　场景渲染效果

本单元讲述了 3ds Max 2023 中灯光和摄影机的创建及参数设置方法。合理的灯光能够烘托场景气氛，为制作效果增色。合理的摄影机视图，不仅可以使用户随心所欲地进行任何角度的渲染输出，还可以制作摄影机的动画效果。

任务拓展

为已设置材质的建筑场景添加灯光和摄影机，效果如图 9.45 所示。

图 9.45　为建筑场景添加灯光和摄影机后的效果

课后思考

1. 灯光与摄影机分别有哪几种类型？各有何特点？
2. 泛光灯的创建及基本参数设置方法有哪些？
3. 聚光灯和平行光灯的参数设置方法有哪些？
4. 摄影机的参数设置和调节方法有哪些？

单元 10

渲染设置篇——各类场景渲染及表现

渲染就是依据所指定的材质、所使用的灯光及诸如背景与大气等环境的设置，将在场景中创建的几何体以实体化形式显示出来，也就是将三维的场景转化为二维的图像，更形象地说，就是为创建的三维场景拍摄照片或录制动画。通过“渲染设置”窗口可以对各种渲染选项进行设置，并将渲染结果保存到文件中，渲染的结果还能够通过渲染帧窗口显示在屏幕内。

工作任务

完成各类场景渲染及表现，效果如图 10.1 所示。

图 10.1　各类场景渲染及表现完成后的效果

任务描述

渲染是三维场景设计中的最后环节，也是最重要的操作内容，只有对场景的分辨率、渲染参数进行合理的设置和存储才能得到预想的结果。

任务目标

- 了解渲染工具与渲染类型。
- 掌握扫描线渲染器的参数与使用。
- 掌握光跟踪器渲染引擎的参数与使用。
- 掌握光能传递渲染引擎的参数与使用。
- 掌握 ART 渲染器的参数与使用。

任务资讯

10.1　渲染工具与渲染类型

10.1.1　渲染命令

在默认状态下，主要的渲染命令集中在主工具栏的右侧，由“渲染设置”、“渲染产品”、“渲染迭代”、“ActiveShade”、“A360 在线渲染”和“渲染帧窗口”6 个按钮组成，通过单击相应的按钮可以快速执行这些命令。

- （渲染设置）按钮：这是最标准的渲染命令，单击该按钮会打开“渲染设置”对话框，在该对话框中可以进行各项渲染设置。
- （渲染产品）按钮：单击该按钮，可以打开“虚拟帧缓存器”窗口，根据“渲染设置”对话框中的参数设置对场景进行渲染，主要用于图像或动画最终的渲染输出。
- （渲染迭代）按钮：单击该按钮，可以在迭代模式下渲染场景，而无须打开“渲染设置”对话框。迭代渲染会忽略文件输出、网络渲染、多帧渲染、导出到 MI 文件，以及电子邮件通知。在图像（通常对各部分迭代）上执行快速迭代时使用该项，如处理反射或者场景的特定对象或区域。同时，在迭代模式下进行渲染时，渲染选定对象或区域会使渲染帧窗口的其余部分保留完好。
- （ActiveShade）按钮：单击该按钮，可以提供预览渲染，帮助查看场景中更改照明或材质的效果。当调整灯光和材质时，ActiveShade 窗口交互地更新渲染效果。
- （A360 在线渲染）按钮：单击该按钮，可以使用 3ds Max、Maya 和 Arnold 渲染引擎的云渲染服务。
- （渲染帧窗口）按钮：单击该按钮，可以打开“虚拟帧缓存器”窗口，如图 10.2 所示，在该窗口中，不仅可以查看渲染的进度和结果，还可以利用顶部提供的工具按钮完成渲染区域、渲染视口、渲染预设、保存打印图像、显示通道等操作。

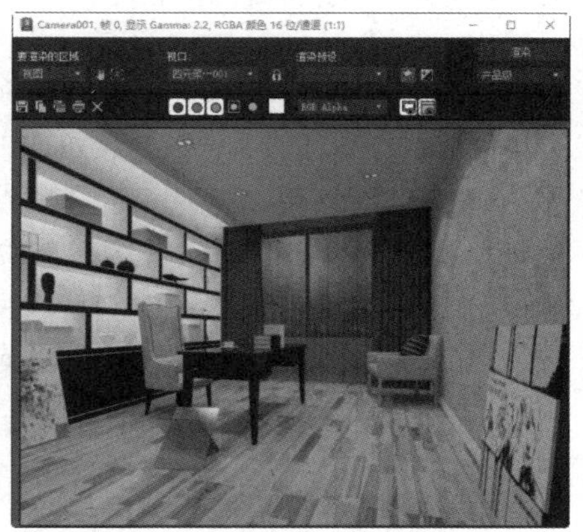

图 10.2　“虚拟帧缓存器”窗口

10.1.2 渲染器通用参数

单击 （渲染设置）按钮，打开“渲染设置”对话框，该对话框中的“公用参数”卷展栏如图 10.3 所示。

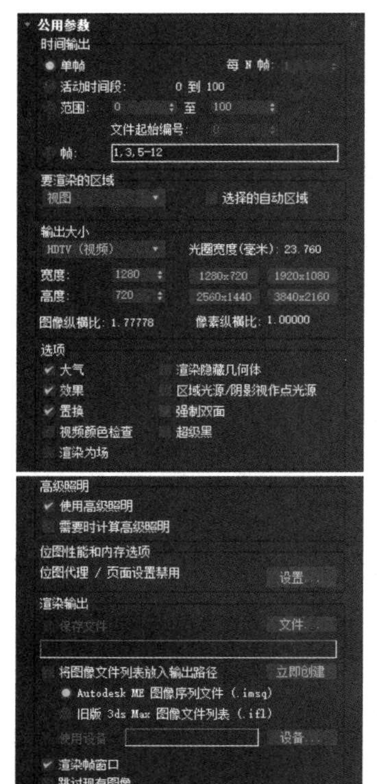

图 10.3 “公用参数”卷展栏

在“时间输出”选区中，如果选中“单帧”单选按钮，则只对当前帧进行渲染，得到静态图像；如果选中“活动时间段”单选按钮，则可以渲染场景中的所有帧，输出场景动画；如果选中“范围”单选按钮，则可以自定义渲染帧的范围；如果选中“帧”单选按钮，则可以指定单帧或时间段进行渲染，单帧用“,”隔开，时间段之间用“-”连接；“每 N 帧”数值框用于设置渲染的间隔帧数，通常只在预览动画时为了节约渲染时间才使用；“文件起始编号”数值框用于设置渲染帧的文件名，如果将该数值框中的数值设置为 50，则渲染的第一帧图像会由默认的“文件 0001”变为“文件 0051”。

“要渲染的区域”选区用于设置要渲染的区域，可以根据渲染的需要在下拉列表中选择“视图”“选定对象”“区域”“裁剪”“放大”等选项。

“输出大小”选区用于根据输出的类型快速地设置渲染尺寸。“光圈宽度（毫米）”数值框用于设置摄影机的光圈大小；“宽度”和“高度”数值框分别用于设置渲染图像的宽度与高度；“图像纵横比”数值框用于设置渲染图像的长宽比；“像素纵横比”数值框用于为其他显示设备设置像素的形状，该项用于修正渲染的动画在其他显示设备上播放时产生的变形。

“选项”选区用于对输出效果进行选项设置。如果勾选“大气”复选框，则会对场景中的大气效果进行渲染；如果勾选“效果”复选框，则会对场景设置的特殊效果进行渲染；如果勾选“置换”复选框，则会对场景中的“置换”贴图进行渲染计算；如果勾选“视频颜色检查”复选框，则会检查渲染图像的颜色是否超过 NTSC 制或 PAL 制电视的阈值，如果超过，则将对它们做标记或转化为允许的范围值；如果勾选“渲染为场”复选框，则可以消除图像输出到电视上所产生的抖动，使画面稳定；如果勾选“渲染隐藏几何体”复选框，则会对场景中的所有对象进行渲染，包括被隐藏的对象；如果勾选“区域光源 / 阴影视作点光源”复选框，则会将所有的区域光源或阴影都当作点光源进行渲染，以加快渲染的速度；如果勾选“强制双面”复选框，则会对物体的内、外两个表面都进行渲染；如果勾选“超级黑”复选框，则会为了进行视频压缩而限制几何体渲染的黑色程度。

“高级照明”选区用于对是否应用高级照明效果进行设置。

“渲染输出”选区用于保存文件。单击“文件 ...”按钮，在弹出的“渲染输出文件”对话框中可以指定输出文件名、格式及路径；如果勾选“将图像文件列表放入输出路径”复选框，则可以创建图像序列文件，并将其保存在与渲染相同的目录中；单击“立即创建”按钮，可以手动创建图像序列文件，首先必须为渲染自身选择一个输出文件。“使用设备”复选框用于设置是否使用渲染输出的视频硬件设备；如果勾选“渲染帧窗口”复选框，则在渲染时会打开“虚拟帧缓存器”窗口来显示渲染的进度和结果；如果勾选“跳过现有图像”复选框，则当发现存在与渲染图像名称相同的文件时，将保留原来的文件，不进行覆盖。

图 10.4 所示为“电子邮件通知”卷展栏，用于设置是否在渲染时发送电子邮件。如果勾选“启用通知”复选框，则渲染器会在出现情况时发送电子邮件通知。

图 10.5 所示为“脚本”卷展栏，用于加载预渲染或渲染后期已设置好的渲染脚本文件。

图 10.6 所示为“指定渲染器”卷展栏，用于设置不同渲染应用的渲染器。

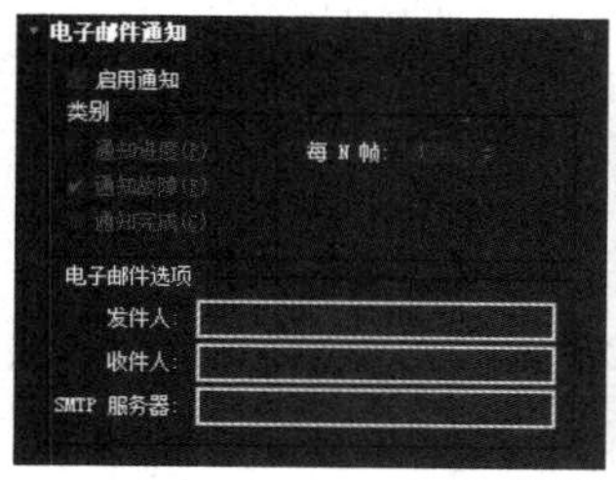

图 10.4　“电子邮件通知”卷展栏

图 10.5　“脚本”卷展栏

图 10.6　“指定渲染器”卷展栏

10.2　扫描线渲染器

“扫描线渲染器”卷展栏如图 10.7 所示。

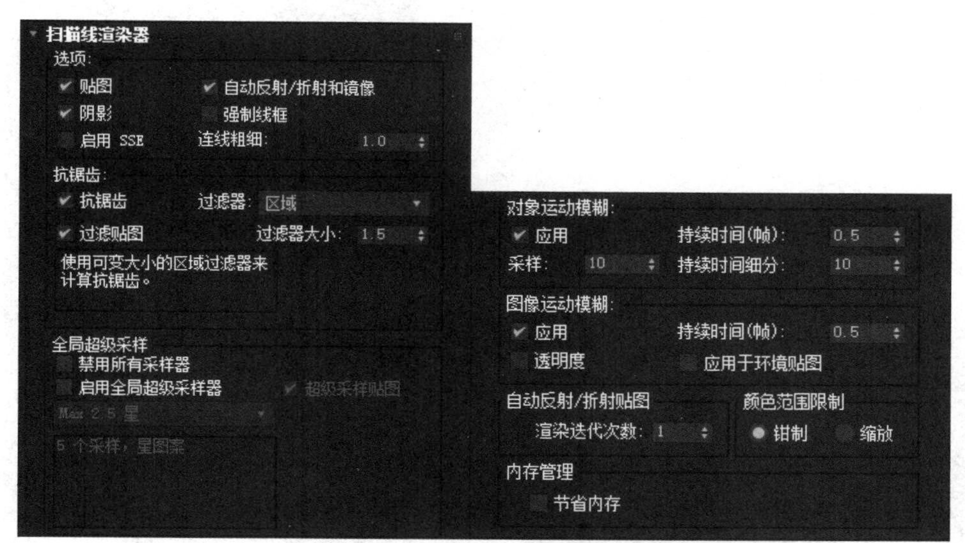

图 10.7　“扫描线渲染器”卷展栏

“选项”选区用于设置渲染输出选项，只有勾选了左侧对应复选框的选项，才可以渲染输出。

“抗锯齿”选区用于设置是否开启抗锯齿功能，如果开启抗锯齿功能，则会增加渲染时间；“过滤贴图”复选框用于设置是否开启贴图的过滤功能，勾选该复选框后，可以得到更加精细的贴图效果。

“全局超级采样”选区用于设置采样器的启用与禁止。

“对象运动模糊”选区用于对渲染时对象运动模糊进行设置。在勾选“应用”复选框后，可以渲染物体的运动模糊。“持续时间”数值框用于设置摄影机快门开启的时间，数值越大，运动模糊的效果就越强烈。

在“自动反射 / 折射贴图”选区中，“渲染迭代次数”数值框用于设置对象间在非平面自动反射 / 折射贴图上的反射次数，数值越高，反射、折射的效果越真实，但是渲染时间也会成倍增加。

如果勾选“内存管理”选区中的“节省内存”复选框，则渲染将使用更少的内存，但是会增加渲染时间。

任务 1 实施：场景漫游

【步骤 01】打开“案例及拓展资源 / 单元 10/ 任务 / 场景漫游 / 场景漫游 .max”文件。该场景中的模型、材质和灯光都已经设置完成，并设置了动画，如图 10.8 所示。

【步骤 02】选择“工具”菜单的“预览 - 抓取视口”子菜单中的“创建预览动画”命令，打开“生成预览”对话框，如图 10.9 所示。在“预览范围”选区内选中“自定义范围”单选按钮，单击“创建”按钮进行渲染，渲染结束后系统会自动播放动画。

图 10.8 “场景漫游 .max”文件

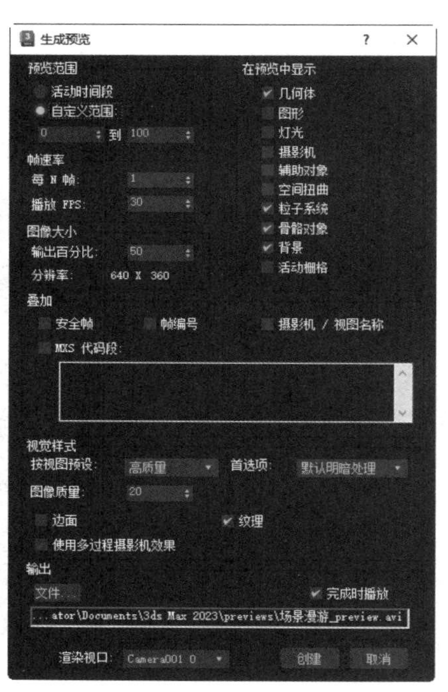

图 10.9 “生成预览”对话框

【步骤 03】渲染单帧图像以测试场景中的灯光和材质效果。按快捷键 F10 打开“渲染设置”窗口，然后选择“渲染器”选项卡，在“全局超级采样”选区中勾选“启用全局超级采样器”复选框，开启超级采样。

提示：预览渲染是一种用于测试动画效果的渲染方式，这种渲染方式会忽略场景中的材质和灯光设置，渲染的效果与视图中的显示相同，因此渲染速度非常快。

【步骤 04】确认摄影机视图被激活，然后按快捷键 F9 对场景进行渲染，结果如图 10.10 所示。

当对动画与渲染设置的结果感觉满意后，开始渲染动画。

【步骤 05】重新按快捷键 F10 打开“渲染设置”窗口，选择“公用”选项卡，在“公用参数”卷展栏的“时间输出”选区内选中“活动时间段”单选按钮，在“输出大小”选区的下拉列表中选择“HDTV（视频）”选项，单击“1280 × 720”按钮设置渲染尺寸，如图 10.11 所示。

图 10.10　渲染摄影机视图后的结果

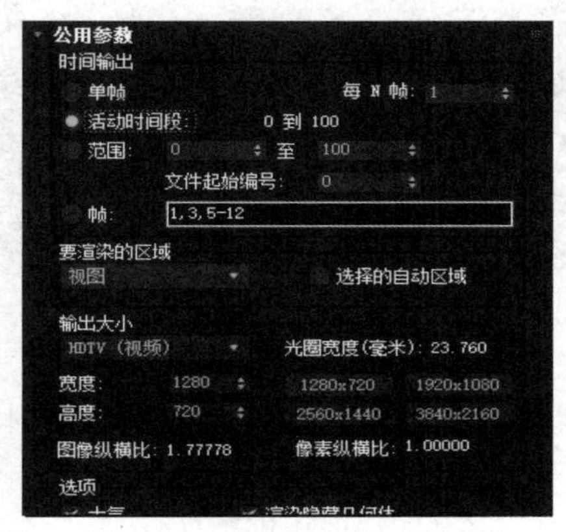

图 10.11　在“公用参数”卷展栏中设置参数

单击“渲染输出”选区中的“文件 ...”按钮，打开“渲染输出文件”对话框。在“保存在”下拉列表中选择动画保存的路径，在“文件名”下拉列表中输入动画的文件名。在“保存类型”下拉列表中选择动画的格式，比如选择 .avi 格式，单击“保存”按钮后，会弹出一个对话框，用于对选择的动画格式进行具体的设置，其他保持默认设置，单击“确定”按钮。

【步骤 06】单击“渲染设置”窗口中的“渲染”按钮或按快捷键 F9，进行动画的渲染输出。

【步骤 07】渲染完成后，打开动画保存路径所在目录，双击刚刚渲染输出的 .avi 文件，即可利用系统默认的播放器进行动画的播放。

10.3　光跟踪器渲染引擎

光跟踪器是一种使用光线跟踪技术的全局照明系统，它通过在场景中进行点采样并计算光线的反弹（反射），从而创建较为逼真的照明效果。尽管光跟踪器方式并没有精确遵循自然界的光线照明法则，但产生的效果却已经很接近真实效果了，操作时也只需进行细微的设置就可以获得满意的效果。光跟踪器渲染引擎通常与天光结合使用。

10.3.1　激活高级照明渲染引擎

单击 （渲染设置）按钮或按快捷键 F10 打开“渲染设置”窗口，在“渲染器”下拉列表中选择“扫描线渲染器”选项（此时该对话框的标题栏变为“渲染设置：扫描线渲染器”），选择“高级照明”选项卡，展开“选择高级照明”卷展栏，在下拉列表中可以选择“光跟踪器”或“光能传递”选项，如图 10.12 所示。

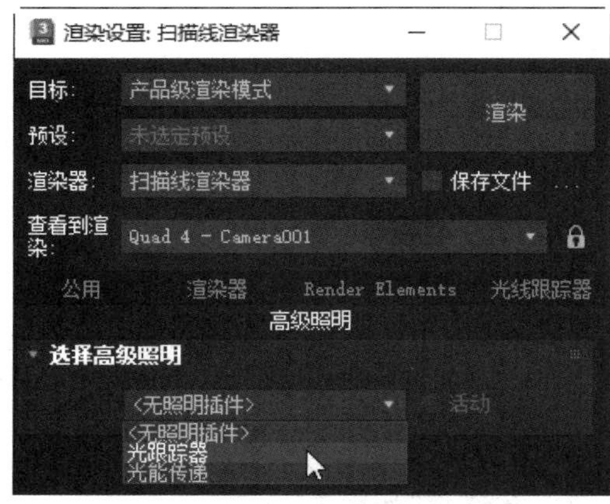

图 10.12　“渲染设置：扫描线渲染器”窗口

10.3.2　光跟踪器渲染引擎的参数

在图 10.12 所示窗口的“选择高级照明”卷展栏的下拉列表中选择“光跟踪器”选项，其“参数”卷展栏如图 10.13 所示。光追踪器的设置大体分为两部分：一是光线的强度，二是采样的质量。

在“常规设置”选区中，“全局倍增”数值框用于设置整体的照明级别，默认为 1.0，过高的设置可能导致表面反射出比实际收到的光线更多的光，产生不真实的发光效果；“对象倍增”数值框用于单独设置场景中物体反射的光线级别，默认为 1.0，只有当“反弹”数值框中的数值大于或等于 1.0 时，该项设置才有明显的效果；如果勾选“天光”复选框，则将会对天光进行再聚集处理，该复选框右侧的数值框用于设置天光的强度；“颜色溢出”数值框用于设置颜色溢出的强度，当“反弹”数值框中的数值大于或等于 1.0 时，该项设置才有明显的效果；“光线 / 采样”数值框用于设置每个采样点投射的光线数量，数值越大，得到的效果越平滑，但同时会增加渲染时间；“颜色过滤器”颜色条用于过滤所有照射在物体上的光线，当设置为白色以外的颜色时，可以对全部效果进行染色，默认为白色；“过滤器大小”数值框主要用于降低噪波的影响，类似于对噪波进行融合处理；“附加环境光”颜色条用于设置物体的环境色；“光线偏移”数值框用于调整反射光线的位置，用于校正渲染失真；“反弹”数值框用于设置追踪光线反弹的次数，增加该值能够增加颜色溢出的程度，降低该值能够加快渲染速度，但图像的精度会降低，亮度会很暗；“锥体角度”数值框用于设置投射光线的分布角度，通过该项可以设置阴影的投射范围；如果勾选“体积”复选框，则可以将大气特效作为光源，数值越大，大气特效的发光越强烈。

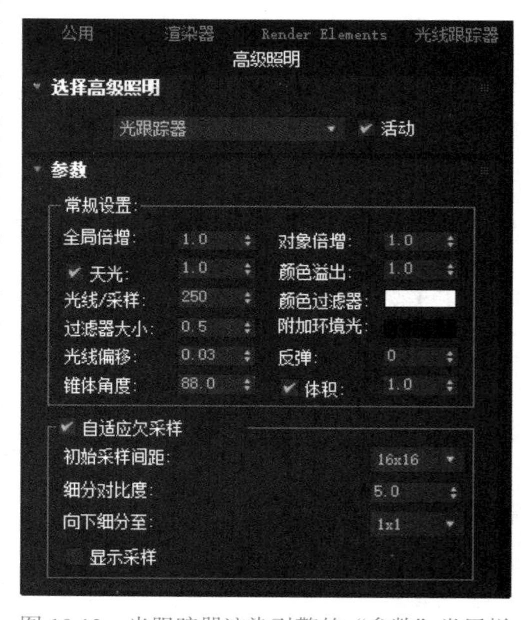

图 10.13　光跟踪器渲染引擎的“参数”卷展栏

在“自适应欠采样”选区中，“初始采样间距”下拉列表用于设置对图像进行初始采样时的网格间距，数值越大，初始采样时的网格间距就越大；“细分对比度”数值框用于设置对比度阈值，决定何时对区域进行进一步的细分，增大数值将减少细分，减小数值可能导致不必要的细分；“向下细分至”下拉列表用于设置网格细分的最小间距，数值越小，采样越精确；如果勾选“显示采样”复选框，则采样点的位置会被渲染为红点，用于显示场景的采样情况。

任务 2 实施：渲染游戏场景

【步骤 01】打开“案例及拓展资源 / 单元 10/ 任务 / 光跟踪器 / 光跟踪器 01.max”文件，场景中的材质已经设置完成。渲染摄影机视图，没有设置灯光前的效果如图 10.14 所示。

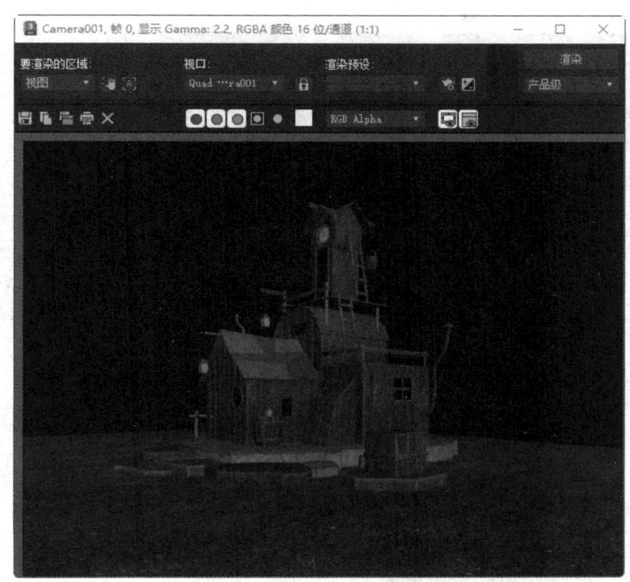

图 10.14　没有设置灯光前的效果

【步骤 02】单击“创建”命令面板中的 （灯光）按钮，在灯光类型下拉列表中选择“标准”选项，打开标准灯光创建面板，单击“天光”按钮 天光 ，在顶视图中创建天光，设置“天空颜色”为“红 60、绿 120、蓝 255”，如图 10.15 所示。

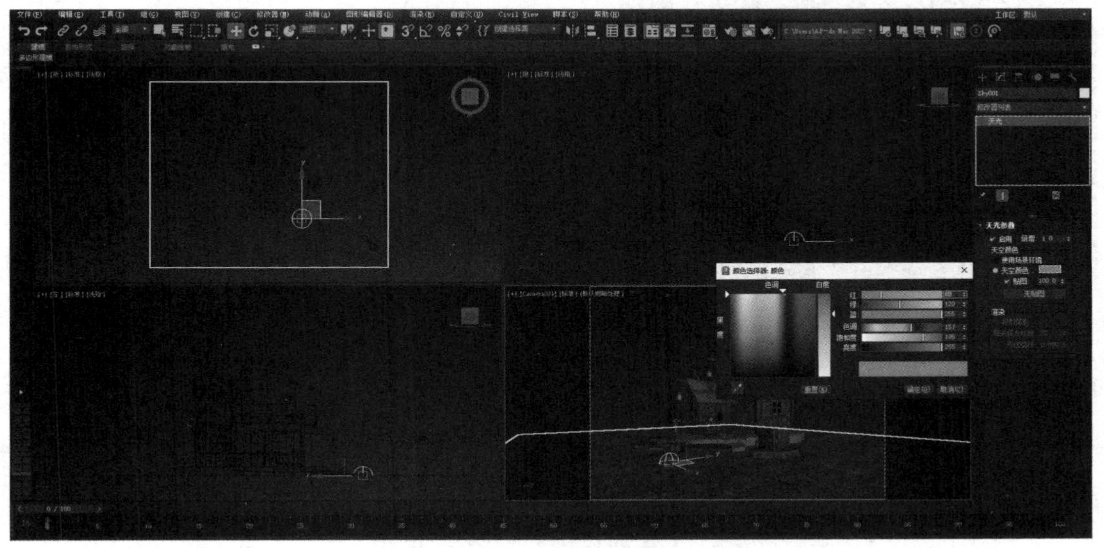

图 10.15　创建天光

【步骤 03】单击工具栏中的（渲染设置）按钮或按快捷键 F10，打开“渲染设置”窗口，选择“高级照明”选项卡，展开“选择高级照明”卷展栏，在下拉列表中选择“光跟踪器”选项，展开“参数”卷展栏，设置“光线 / 采样”数值框中的数值为 50，“反弹”数值框中的数值为 1，其他参数保持默认设置，如图 10.16 所示。

【步骤 04】渲染摄影机视图，天光灯的照明效果如图 10.17 所示。

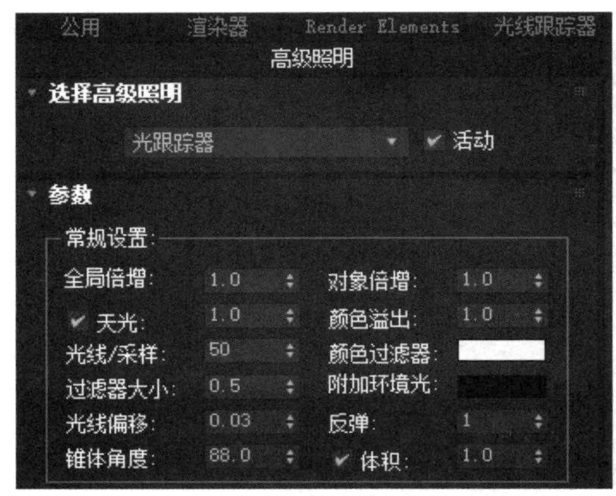

图 10.16　设置参数 1

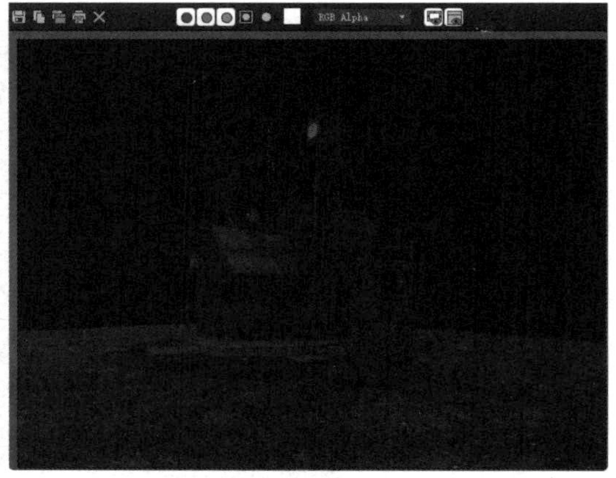

图 10.17　天光灯的照明效果

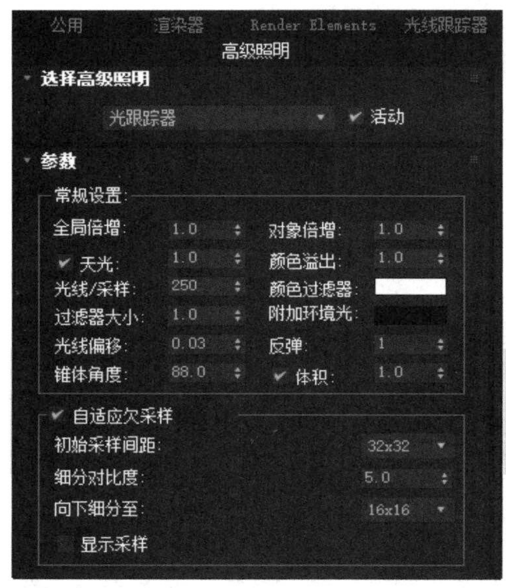

图 10.18　设置参数 2

【步骤 05】提高光跟踪器的采样以降低噪波。按快捷键 F10 打开“渲染设置”窗口，选择“高级照明”选项卡，展开“参数”卷展栏，设置“光线 / 采样”数值框中的数值为 250，“过滤器大小”数值框中的数值为 1.0，在“初始采样间距”下拉列表中选择“32 × 32”选项，在“向下细分至”下拉列表中选择“16 × 16”选项，如图 10.18 所示。

提示：照明追踪和天光配合不能产生材质的高光效果，解决的方法是在场景中添加一盏标准灯光来投射高光。

【步骤 06】单击标准灯光创建面板中的“目标平行光”按钮 目标平行光 ，在顶视图中创建目标平行光，如图 10.19 所示。

【步骤 07】选择目标平行光，打开“修改”命令面板，展开“常规参数”卷展栏，勾选“阴影”选区中的“启用”复选框开启阴影，在下拉列表中选择阴影方式为“高级光线跟踪”。

【步骤 08】展开“强度 / 颜色 / 衰减”卷展栏，设置“倍增”数值框中的数值为 2.0，颜色为“红 255、绿 100、蓝 50”。

【步骤 09】在“平行光参数”卷展栏中，设置“聚光区域 / 光束”数值框中的数值为 8000.0mm。

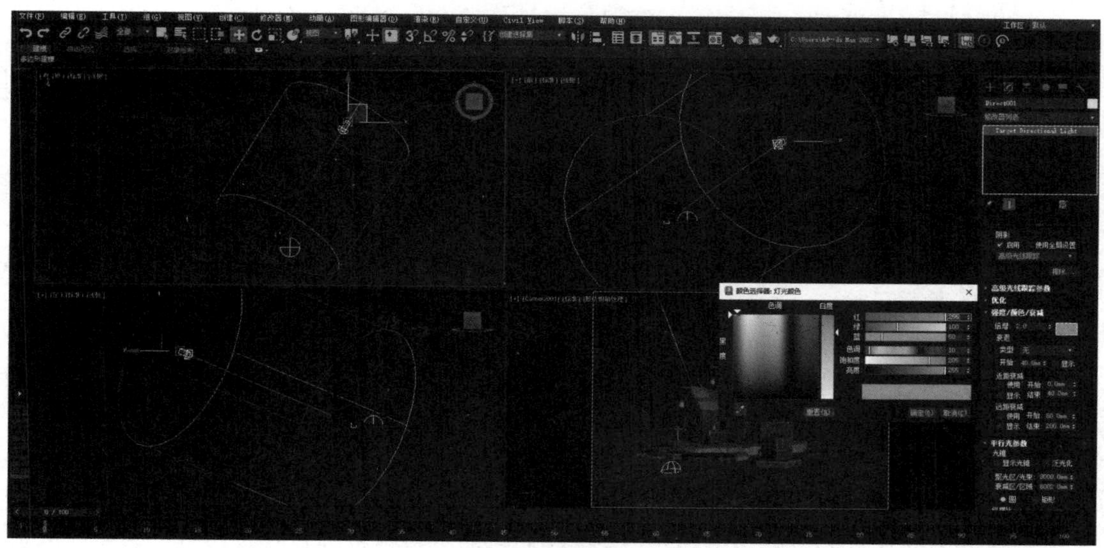

图 10.19　创建目标平行光

【步骤 10】渲染摄影机视图，场景的最终效果如图 10.20 所示。将完成的场景保存为“光跟踪器 02.max”文件。

图 10.20　场景的最终效果

10.4　光能传递渲染引擎

光能传递是一种能够真实模拟光线在环境中相互作用的全局照明渲染技术，它能够重建自然光在场景对象表面上的反弹，从而实现更真实和精确的照明结果。其工作原理是：首先将模型表面的网格细化为更小的网格，然后计算从一个网格到另一个网格的灯光量，最后将光能传递值保存在每个网格中。

在图 10.12 所示窗口的“选择高级照明”卷展栏的下拉列表中选择“光能传递”选项，该卷展栏下面会显示“光能传递处理参数”卷展栏，如图 10.21 所示。

如果单击“全部重置”按钮，则会清除上一次光能传递计算记录在光能传递渲染引擎中的场景信息；如果单击“重置”按钮，则只将纪录的灯光信息从光能传递控制器中清除，而不清除几何体信息；如果单击“开始”按钮，则进行光能传递求解；如果单击“停止”按钮，则停止光能传递求解。

在“处理”选区中，“初始质量”数值框用于设置停止“初始质量”阶段的质量百分比，数值越大，能量分配就越平均；“优化迭代次数（所有对象）”数值框用于设置整个场景执行优化迭代的程度，该项可以提高场景中所有对象的光能传递品质，可以解决经常出现的黑斑和漏光等问题；“优化迭代次数（选定对象）”数值框用于对场景中选择的物体设置细化迭代值；如果勾选“处理对象中存储的优化迭代次数”复选框，则在单击“重置”按钮重新进行光能传递求解时，每个对象都会按照步骤自动进行优化处理；如果勾选“如果需要，在开始时更新数据”复选框，则当解决方案无效时，必须重置光能传递渲染引擎，然后重新计算。

在“交互工具”选区中，“间接灯光过滤”数值框通过用周围的元素均匀化间接照明级别来降低表面元素间的噪波数量；“直接灯光过滤”数值框通过用周围的元素均匀化直接照明级别来降低表面元素间的噪波数量；“未选择曝光控制”显示当前曝光控制的名称，在改变曝光控制后，这里的名称也会自动更改；单击“设置 ...”按钮可以打开“环境”对话框，在该对话框中可以设置曝光类型和曝光参数；“在视口中显示光能传递”复选框用于设置是否显示光能传递计算的结果。

“光能传递网格参数”卷展栏如图 10.22 所示，用于控制光能传递网格的创建及其大小，网格分辨率细分得越细，照明细节越精确，但时间和内存占用越多。

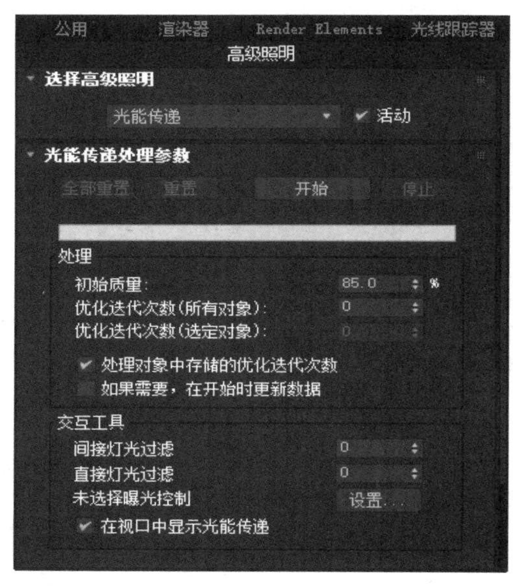

图 10.21　“光能传递处理参数”卷展栏

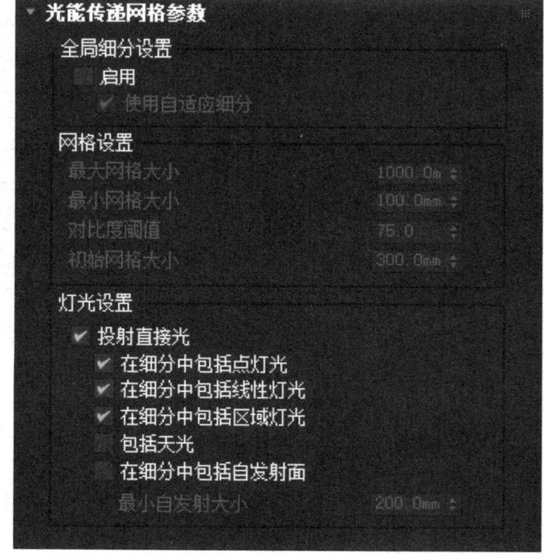

图 10.22　“光能传递网格参数”卷展栏

如果勾选“全局细分设置”选区中的“启用”复选框，则全部场景将使用网格化，进行快速测试时应取消勾选该复选框。“使用自适应细分”复选框用于设置是否启用自适应细分，默认勾选该复选框，即默认设置为启用自适应细分。只有在勾选“使用自适应细分”

复选框后，“网格设置”选区中的某些项才可用。

在“网格设置”选区中，“最大网格大小”数值框用于设置自适应细分之后最大面的大小，在禁用自适应细分后，该项用于设置光能传递网格的大小，光能传递网格的尺寸越小，照明细节越精确，但是会消耗更多的时间和内存；“最小网格大小”数值框用于设置细分时的最小网格大小；“对比度阈值”数值框用于细分具有顶点照明的面，顶点照明因多个对比度阈值设置而异；在改进面图形之后，不细分小于“初始网格大小”数值框中数值的面。

在“灯光设置”选区中，在勾选“投射直接光”复选框后，将根据该复选框下面的选项来解析计算场景中所有对象上的直射光。“在细分中包括点灯光”、“在细分中包括线性灯光”、“在细分中包括区域灯光”和“包括天光”复选框用于设置当投射直射光时是否使用该种灯光；“在细分中包括自发射面”复选框用于设置当投射直射光时如何使用自发射面；“最小自发射大小”数值框用于计算其照明时用来细分自发射面的最小大小，使用最小大小而不是采样数目，使较大面的采样数多于较小面，该项仅在“在细分中包括自发射面”复选框被勾选时才可用。

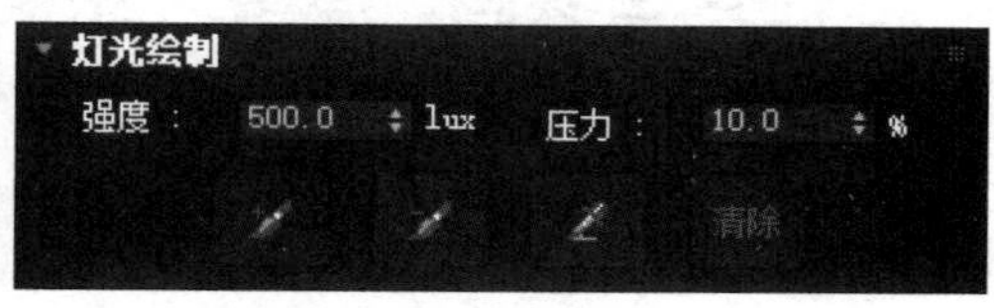

图 10.23　“灯光绘制”卷展栏

“灯光绘制”卷展栏如图 10.23 所示。使用该卷展栏中的灯光绘制工具可以手动设置阴影和照明区域。“强度”数值框用于设置照明强度；“压力”数值框用于设置添加或移除照明处理的采样能量百分比；按钮用于在选定物体的节点处添加照明；按钮用于在选定物体的节点处删除照明；按钮用于在选定的表面采样照明量；清除按钮用于清除全部手动附加的光照效果。

“渲染参数”卷展栏如图 10.24 所示。

如果选中“重用光能传递解决方案中的直接照明”单选按钮，则会根据光能传递网格来计算阴影，阴影的质量取决于网格的细分程度。这种方式得到的阴影效果较差，但是渲染速度较快。如果选中“渲染直接照明”单选按钮，则会用标准渲染器计算阴影，能够产生质量更高的图像，但渲染时间会更长一些。

在“重聚集间接照明”选区中，“每采样光线数”数值框用于设置每次采样光线的数量，数值越大，得到的光照效果就越精确，但是渲染时间也会成倍增加；“过滤器半径 (像素)”数值框用于设置将每个采样与它相邻的采样进行平均，以减少噪波效果；“钳位值 (cd/m^2)”复选框右侧的数值框用于设置重聚集过程中亮度的上限，避免亮斑的出现。

在“自适应采样”选区中，“初始采样间距”下拉列表用于设置图像最初的采样间隔；“细分对比度”数值框用于设置对比度阈值，决定何时对区域进行进一步的细分，增大数值将减少细分，减小数值可能导致不必要的细分；“向下细分至”下拉列表用于设置网格细分的最小间距，数值越小，采样越精确；如果勾选“显示采样”复选框，则采样点的位置会被渲染为红点，用于显示场景的采样情况。

“统计数据”卷展栏用于显示光能传递处理的相关信息，如图 10.25 所示。

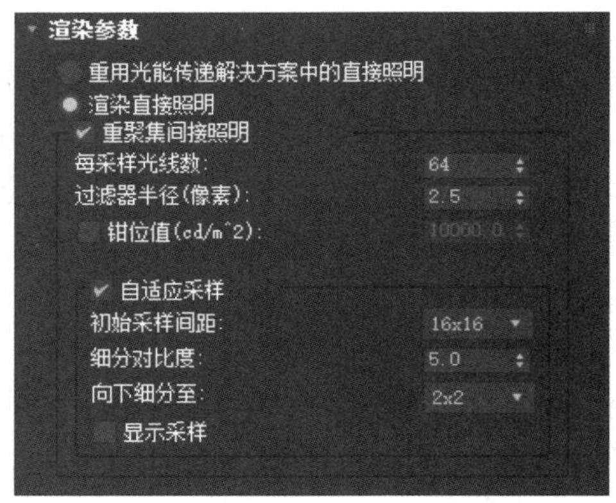

图 10.24　“渲染参数”卷展栏

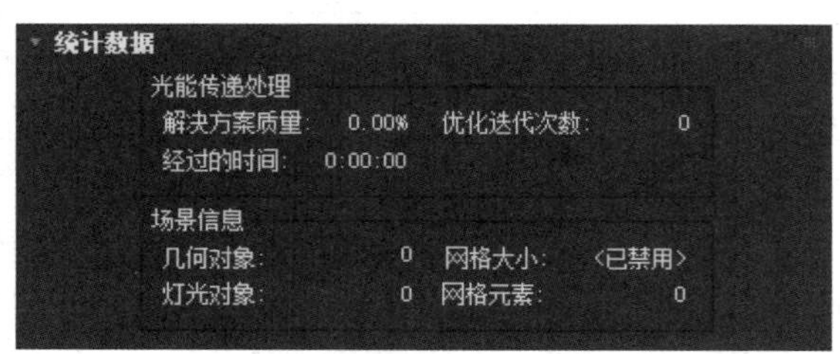

图 10.25　“统计数据”卷展栏

任务 3 实施：渲染家装书房

【步骤 01】打开“案例及拓展资源 / 单元 10/ 任务 / 光能传递 / 光能传递 01.max”文件，场景中的灯光和材质都已经设置完成，效果如图 10.26 所示。

图 10.26　书房默认效果

【步骤 02】本项目模拟书房夜景，场景中在筒灯位置创建了 6 盏具有相同属性的自由灯光，在“常规参数”卷展栏的“阴影”选区中勾选“启用”复选框，在下拉列表中选择“高级光线跟踪”选项，在“灯光分布（类型）”选区的下拉列表中选择“光度学 Web”选项，在“分布（光度学 Web）”卷展栏中加载“单元 10/ 案例及拓展资源 / 光能传递 / 贴图 /9.ies”文件，在“强度 / 颜色 / 衰减”卷展栏中设置强度为 1000.0cd，其他参数保持默认设置，效果如图 10.27 所示。

【步骤 03】按快捷键 F10 打开“渲染设置”窗口，选择“高级照明”选项卡，展开“选择高级照明”卷展栏，在下拉列表中选择“光能传递”选项。

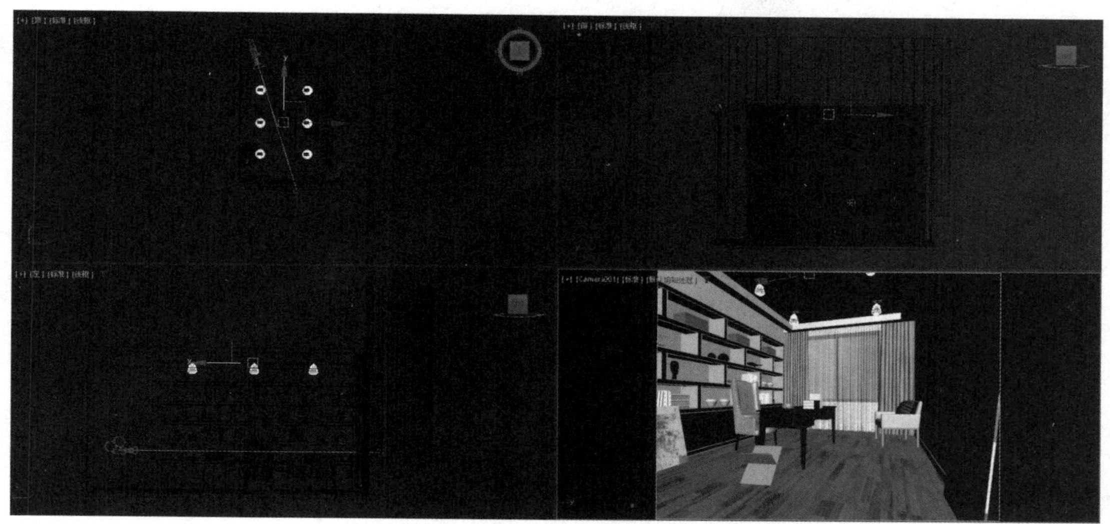

图 10.27　场景灯光效果

【步骤 04】展开“光能传递处理参数”卷展栏，设置“初始质量”数值框中的数值为 90.0。

【步骤 05】展开“光能传递网格参数”卷展栏，在“全局细分设置”选区中勾选“启用”复选框；在“网格设置”选区中设置“最大网格大小”数值框中的数值为 160.0mm，“最小网格大小”和“初始网格大小”数值框中的数值均为 80.0mm；在“灯光设置”选区中勾选“包括天光”复选框，如图 10.28 所示。

【步骤 06】选择“渲染”菜单中的“环境”命令，打开“环境和效果”窗口，展开“曝光控制”卷展栏，在下拉列表中选择“对数曝光控制”选项；展开“对数曝光控制参数”卷展栏，设置“物理比例”数值框中的数值为 15000.0，如图 10.29 所示。

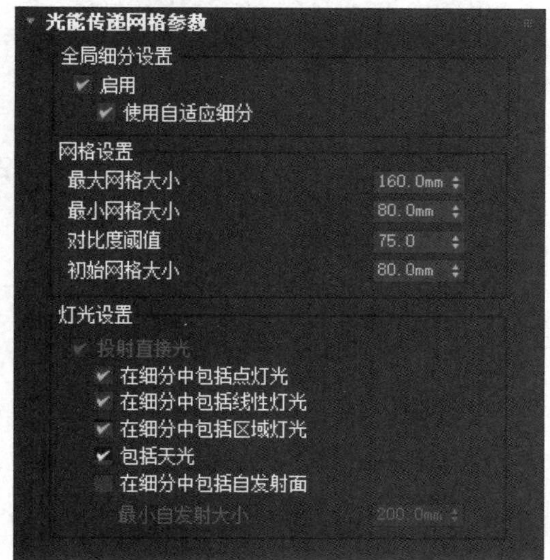

图 10.28　在“光能传递网格参数”卷展栏中设置参数

【步骤 07】回到“渲染设置”窗口，展开“光能传递处理参数”卷展栏，设置“间接灯光过滤”数值框中的数值为 2、“直接灯光过滤”数值框中的数值为 1，单击“开始”按钮，进行光能传递计算。计算结束后，场景中的效果如图 10.30 所示。

【步骤 08】展开“渲染参数”卷展栏，勾选“重聚集间接照明”复选框，设置“每采样光线数”数值框中的数值为 300，“过滤器半径（像素）”数值框中的数值为 15.0，在“初始采样间距”下拉列表中选择“4×4”选项，在“向下细分至”下拉列表中选择“8×8”选项，如图 10.31 所示。

图 10.29　设置曝光控制

图 10.30　初次渲染后的效果

【步骤 09】渲染摄影机视图，场景的最终效果如图 10.32 所示。将完成的场景保存为“光能传递 02.max”文件。

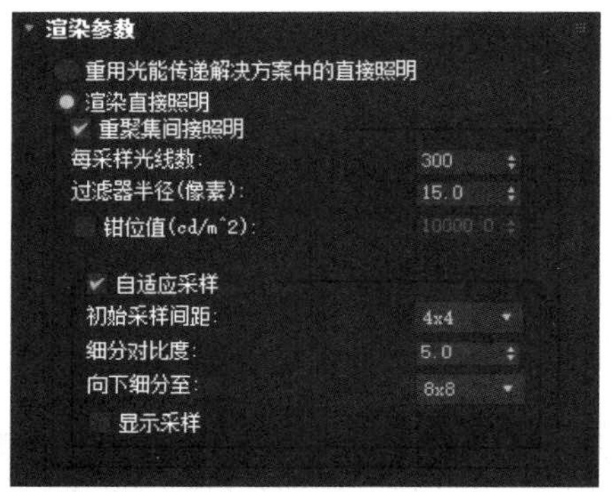

图 10.31　设置重聚集间接照明

图 10.32　场景的最终效果

10.5　ART 渲染器

10.5.1　ART 渲染器简介

ART 渲染器是一种仅使用 CPU 且基于物理方式的快速渲染器，适用于建筑、产品和工业设计渲染与动画。

ART 渲染器提供几乎没有学习难度的最少量设置，以及熟悉的工作流，供用户从 Revit、Inventor、Fusion 360 和其他使用 Autodesk Raytracer 的 Autodesk 应用程序中进行迁移。借助 ART 渲染器，可以渲染大型、复杂的场景，并通过 Backburner 在多台计算机上利用无限渲染。

10.5.2　ART 渲染器的参数

3ds Max 默认渲染器是扫描线渲染器，要使用 ART 渲染器，需要将它激活，激活 ART 渲染器的方法如下所述。

方法一：单击主工具栏中的 （渲染设置）按钮，打开“渲染设置”窗口，在“渲染器”下拉列表中选择“ART 渲染器”选项，选择“ART 渲染器”选项卡。

方法二：选择“渲染”菜单中的“渲染设置”命令，打开“渲染设置”窗口，在“渲染器”下拉列表中选择“ART 渲染器”选项，选择“ART 渲染器”选项卡。

方法三：按快捷键 F10 打开“渲染设置”窗口，在“渲染器”下拉列表中选择“ART 渲染器”选项，选择“ART 渲染器”选项卡。

1.“渲染参数”卷展栏

“渲染参数”卷展栏如图 10.33 所示，该卷展栏由“渲染质量”和“照明和材质保真度”选区组成，主要用于设置 ART 渲染器的基本功能和参数。

渲染质量是以信号噪波比（SNR）来测量的，以分贝（dB）为单位。滚动条和“目标质量”数值框用于设置停止渲染的质量级别。质量级别越高，渲染时间越长。

“即使未达到所需质量也停止渲染”选区用于设置停止渲染的时间，而不考虑渲染质量。如果勾选“时间”复选框，并在该复选框右侧的数值框中设置数值，则在经过设置的时间后停止渲染，时间可以按小时、分钟和秒来设置；如果勾选“迭代次数”复选框，并在该复选框右侧的数值框中设置数值，则在设置的迭代次数后停止渲染。

“照明和材质保真度”选区中的“渲染方法”下拉列表用于设置渲染图像的方法。低噪波模式通过牺牲照明和明暗处理保真度，可以快速生成无噪波的图像。路径跟踪模式提供了非常高的保真度，但是渲染无噪波的图像需要花费较长的时间。高级路径跟踪模式的特点是：保真度非常高，渲染复杂的灯光交互，渲染时间较长。快速路径跟踪模式的特点是：保真度高，优化的间接照明可减少噪波，建议用于产品级渲染。

2.“过滤”卷展栏

“过滤”卷展栏如图 10.34 所示。

噪波过滤可以完全消除渲染图像的噪波，但代价是损失一些细节。图像噪波越大，损失的细节越多。过滤器强度允许混合已过滤的图像和未过滤的图像。

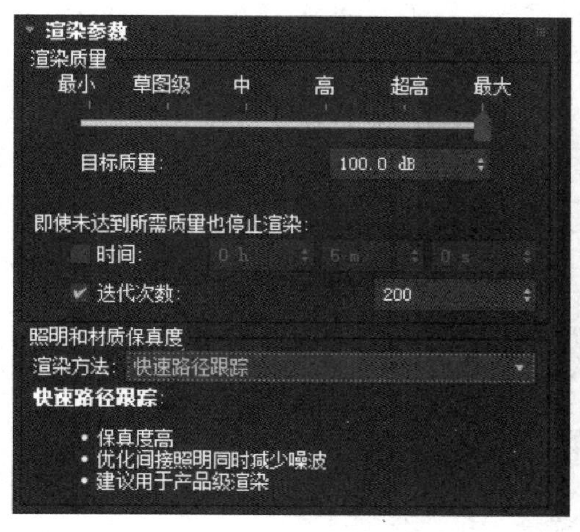

图 10.33　“渲染参数”卷展栏

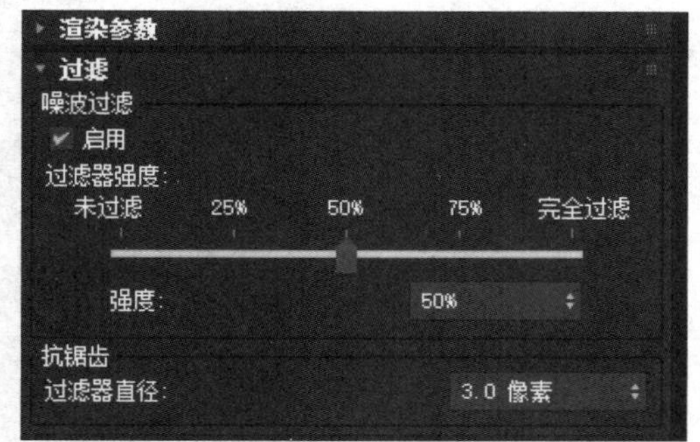

图 10.34　“过滤”卷展栏

如果勾选“噪波过滤”选区中的“启用”复选框，则可以过滤渲染中的噪波。“过滤器强度”滚动条和“强度”数值框用于设置噪波过滤的百分比，其中 100% 表示无噪波，0% 表示包括所有噪波。

提示：因为 100% 表示无噪波，所以它可用于创建草稿；50% 适用于最终帧，因为它可以显著减少噪波，同时保留大多数细节。

“抗锯齿”选区中的“过滤器直径”数值框用于设置抗锯齿过滤器的直径。增加数值可以向渲染图像添加一些模糊效果，但可以平滑粗糙（锯齿）边。

3.“高级”卷展栏

图 10.35 “高级”卷展栏

“高级”卷展栏如图 10.35 所示。

在“场景”选区中，如果在“点光源直径”数值框中设置数值，则会将所有点灯光渲染为所设置直径的球形或圆盘形灯光，同样地，会将线性灯光渲染为所设置直径 / 宽度值的圆柱形或矩形灯光；如果勾选“所有对象接收运动模糊”复选框，则将对场景中的所有对象启用运动模糊，而无论这些对象是否在“对象属性”中启用了运动模糊。

在“噪波图案”选区中，如果勾选“动画噪波图案”复选框，则将改变动画渲染的每一帧的噪波图案。这对高质量动画渲染十分重要，因为看起来更自然，类似于胶片颗粒。

提示：适用于高质量动画渲染的动画噪波图案看起来更自然，类似于胶片颗粒；对于低质量（草图级）渲染，静态噪波图案可能就足够了。

任务 4 实施：工装会议室

【步骤 01】打开“案例及拓展资源 / 单元 10/ 任务 /ART/ART01.max”文件，场景中的灯光和材质都已经设置完成，没有设置 ART 渲染器时的效果如图 10.36 所示。

图 10.36 没有设置 ART 渲染器时的效果

【步骤 02】在此场景中创建了 12 盏具有相同属性的自由灯光，在“常规参数”卷展栏的“阴影”选区中勾选“启用”复选框，在下拉列表中选择“高级光线跟踪”选项，在“灯光分布（类型）”选区的下拉列表中选择“光度学 Web”选项，在“分布（光度学 Web）”卷展栏中加载“案例及拓展资源 / 单元 10/ 任务 / 光能传递 / 贴图 /8.ies”文件，在“强度 / 颜色 / 衰减”卷展栏中设置强度为 4000.0cd，其他参数保持默认设置。

【步骤 03】按快捷键 F10 打开“渲染设置”窗口，在“渲染器”下拉列表中选择“ART 渲染器”选项。

【步骤 04】选择“ART 渲染器”选项卡，设置“目标质量”数值框中的数值为 40.0dB，勾选“迭代次数”复选框，并在该复选框右侧的数值框中设置数值为 500，在“渲染方法”下拉列表中选择“快速路径跟踪”选项；在“过滤”卷展栏的“噪波过滤”选区中勾选“启用”复选框，其他参数保持默认设置，如图 10.37 所示。

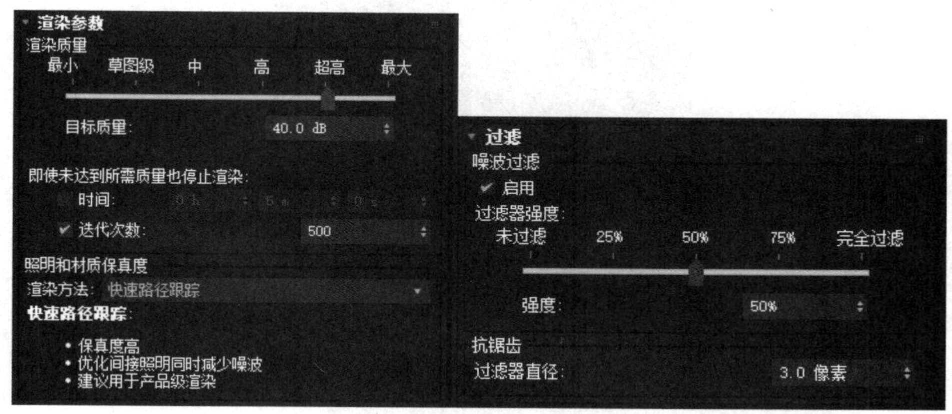

图 10.37　设置渲染参数

【步骤 05】渲染摄影机视图，场景的最终渲染效果如图 10.38 所示。将完成的场景保存为“ART02.max”文件。

图 10.38　场景的最终渲染效果

光跟踪器渲染引擎在室外场景渲染中更能发挥自身的优势，光能传递渲染引擎在室内场景渲染中则表现完美，ART 渲染器无论是在室内场景中还是在室外场景中都可以做到不错的效果。对于不同的场景，可以选择不同的渲染方法进行实践学习。

任务拓展

制作如图 10.39 所示的效果。（操作提示：场景分析，选择渲染器，光效模拟，渲染设置。）

图 10.39　任务拓展参考效果

课后思考

1. 3ds Max 中集成了几种渲染器？各自的优缺点是什么？
2. 了解其他 3ds Max 渲染器插件的使用和优势，如何做到取长补短？

单元 11

基础动画篇——制作简单动画

动画是多幅静态图像的连续，对于三维爱好者来说，三维动画更具感染力，但是动画的制作过程是非常复杂的。本单元将在前面知识的基础上讲述动画的一些基础知识。

工作任务

完成简单动画——火箭升空的制作，效果如图 11.1 所示。

图 11.1　火箭升空动画制作完成后的效果

任务描述

通过对动画制作原理和相关设置的学习，能够对关键帧动画和控制器动画有所了解，并灵活应用动画技术完成简单动画的制作。

任务目标

- 掌握 3ds Max 2023 在动画制作方面的原理和方法。
- 熟悉动画的播放界面。
- 能进行基础关键帧动画的制作。

- 能使用轨迹视图进行动画的制作。
- 能使用动画控制器控制动画。

任务资讯

动画其实是视觉的一种反应，在看一个物体时，视觉会对该物体有一个短暂的停留，即视觉停留。利用这个原理，可以让多幅静止的画面连续显示，形成动态的图像效果。这也是3ds Max中最难掌握的部分，因为它在三维的基础上又加入了一个时间维度。在3ds Max中要为建造的模型制作动画，就必须为场景中的模型设定时间，也就是说，在某个时间，模型应该处于什么空间位置。在3ds Max中，凡是能够被制作或修改的对象都可以设置成动画。单击动画控制区相关按钮，3ds Max将记录下对场景做的所有变化，对每个变化都建立一个关键帧，所有信息都及时地存储在关键帧处。

11.1 动画的帧速率、时间与配置

11.1.1 帧速率

研究表明，人眼的视觉停留大约是1/24秒，也就是说，看一个物体时，视觉会对该物体有一个短暂的停留，停留时间大约是1/24秒。根据这个原理，在一般的影视制作中，采用的帧速率为24FPS；在高清影视中，采用的帧速率为48FPS，画面更加细腻、流畅。

那么什么是帧速率呢？帧速率是指每秒播放的画面数。例如，帧速率为24FPS是指每秒播放24幅画面，帧速率为48FPS是指每秒播放48幅画面。

在3ds Max动画制作中，将动画的每幅画面称为帧，帧速率是指动画每秒播放的画面数，其单位是“帧/每秒”（FPS）。在一般的动画制作中，帧速率都采用24FPS。当然，对动画品质的要求不同，其帧速率的设置也不同。例如，一些要求高的动画会将帧速率设置为48FPS，一些要求低的动画会将帧速率设置为12FPS或更低的帧速率。帧速率越低，动画品质就越差，简单来说就是动画播放不流畅。

11.1.2 动画配置

动画配置是指配置动画的帧速率、时间等相关设置。在3ds Max 2023动画制作中，时间是指动画的播放时间长度，短则几秒，长则十几分钟、几十分钟，甚至几小时不等，这取决于动画的播放要求。当然，时间越长，帧速率越高，文件也就越大，系统的负担也就越重。

想要制作动画，首先要会设定时间。在3ds Max 2023中，时间的设定是在“时间配置”对话框中进行的。单击动画播放界面右下方的（时间配置）按钮，打开“时间配置”对话框，如图11.2所示。

“时间配置”对话框分为5部分，分别是“帧速率”选区、“时间显示”选区、“播放”选区、“动画”选区、“关键点步幅”选区。

“帧速率”选区用于设置动画播放的不同国际标准。如果选中“NTSC”单选按钮，

则系统会以美国和日本的主流电视标准确定帧速率，默认帧速率为每秒 30 帧；如果选中“电影”单选按钮，则系统会以电影的播放制式确定帧速率，默认帧速率为每秒 24 帧；如果选中“PAL”单选按钮，则系统会以欧洲媒体确定帧速率，默认帧速率为每秒 25 帧，这也是我国应用的电视播放制式；如果选中“自定义”单选按钮，则用户可以自由地确定帧速率，在“FPS”数值框中输入数值就可以确定帧速率。

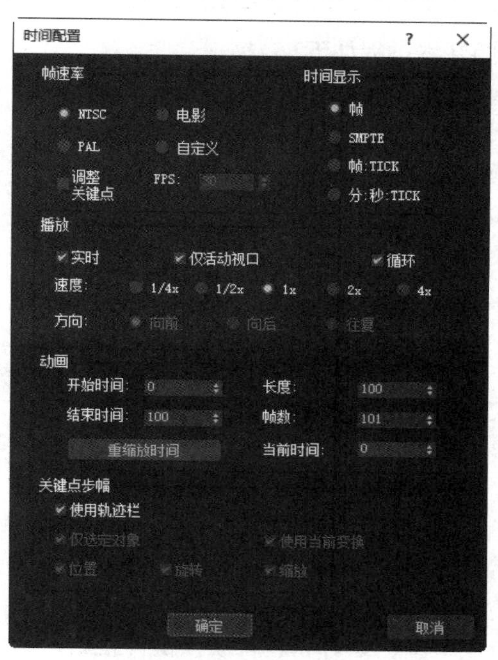

图 11.2　“时间配置”对话框

“时间显示”选区用于设置时间滑块上时间显示的方式。如果选中“帧”单选按钮，则时间滑块上将以帧作为基本单位显示时间；如果选中“SMPTE”单选按钮，则时间滑块上将以“分 : 秒 : 帧”的形式显示时间；如果选中“帧 :TICK”单选按钮，则时间滑块上将以“帧 : 滴答”的形式显示时间；如果选中“分 : 秒 :TICK”单选按钮，则时间滑块上将以“分 : 秒 : 滴答”的形式显示时间。

“播放”选区用于设置动画播放的相关属性。如果勾选“实时”复选框，则动画将以匀速的方式播放；如果勾选“仅活动视口”复选框，则动画只在激活的视图中播放；“速度”区域中提供了 5 种速度，分别是“1/4× 倍速”、“1/2× 倍速”、“1× 倍速”、“2× 倍速”和“4× 倍速”；“方向”区域用于设置动画的播放方向。

“动画”选区用于设置动画时间长度的相关属性。“开始时间”数值框用于设置动画的开始时间，“结束时间”数值框用于设置动画的结束时间；“长度”数值框用于设置动画的播放时间；“帧数”数值框用于设置动画将渲染的帧数；“当前时间”数值框用于设置时间滑块的当前帧；“重缩放时间”按钮用于重新设置编辑过的时间参数，单击该按钮，“动画”选区中的所有参数将恢复到系统默认的状态。

“关键点步幅”选区用于设置关键帧的相关选项。如果勾选“使用轨迹栏”复选框，则可以在“轨迹视图 - 曲线编辑器”窗口中编辑关键帧；如果勾选“仅选定对象”复选框，则系统只对被选中的物体进行帧的编辑；如果勾选“使用当前变换”复选框，则系统仅对被变形过的物体进行时间设置；如果勾选“位置”、“旋转”或“缩放”复选框，则系统才能够对进行过对应变换操作的物体进行编辑。

11.2 3ds Max 中动画制作的基本过程

3ds Max 中动画制作的基本过程如下：

（1）创建需要的模型。

（2）打开动画记录按钮，对动画进行记录。

（3）对模型进行变换或对参数进行调节，在重要的地方设定关键帧。

（4）通过轨迹视图对动画进行精确编辑。

（5）通过视频合成对动画进行后期合成，这个工作可以在后期合成软件中完成。

（6）渲染输出动画。

11.3 3ds Max 中动画的基本类型

3ds Max 中动画的基本类型包括基本变换动画、参数动画、角色动画、粒子动画、动力学动画。

（1）基本变换动画：通过记录对物体进行的移动、旋转和缩放等操作变化制作的动画，这是最简单的动画，只需要打开动画记录按钮对物体进行移动、旋转和缩放等操作即可。

（2）参数动画：通过记录对物体进行的各种参数变化制作的动画，3ds Max 中几乎所有参数的变化都可以记录成动画，如灯光、材质、摄像机或对物体的变换修改等。参数动画的制作方法也非常简单，打开动画记录按钮对物体进行参数调节即可。

（3）角色动画：用来模拟人物（或动物）动作表情的动画。角色动画是比较复杂的，它涉及的知识包括骨骼、皮肤、表情变形、动力学等。

（4）粒子动画：主要用来模拟一些特殊效果，如河流、烟花、雨雪等。粒子动画的制作方法比较简单，打开动画记录按钮进行参数调节就可以了。

（5）动力学动画：用来模拟物体的受力、碰撞等效果。使用动力学动画可以非常真实地模拟物体的各种受力状况，如摩擦、风力、重力、弹力等。

11.4 动画的播放界面

在 3ds Max 2023 中，动画播放时间的基本单位是“帧”，一帧就是一幅图像。动画的播放界面在屏幕的下方，包括时间滑块、动画控制按钮和动画播放按钮，如图 11.3 和图 11.4 所示。

图 11.3 时间滑块

图 11.4　动画控制按钮和动画播放按钮

下面分别介绍动画播放界面中动画控制按钮的功能。

- （转至开头）按钮：单击该按钮，可以返回动画的开始帧。
- （上一帧）按钮：单击该按钮，可以使画面切换到当前帧画面的前一帧，如果当前帧画面为最后一帧，则移动到第 0 帧。
- （播放动画）按钮：单击该按钮，可以在当前激活的视图中播放动画。在该按钮上按住鼠标左键不放，会弹出隐藏的（播放选定对象）按钮，单击（播放选定对象）按钮，可以在当前激活的视图中播放选择物体的动画。
- （下一帧）按钮：单击该按钮，可以将时间滑块向后移动一帧，如果当前帧为第 0 帧，则移动到第 1 帧。
- （转至结尾）按钮：单击该按钮，可以进入动画的结束帧。
- （关键点模式切换）按钮：单击该按钮后，（上一帧）按钮和（下一帧）按钮分别变为（上一关键点）按钮和（下一关键点）按钮，0 / 100（时间滑块）按钮两侧的（后退一个时间单位）按钮和（前进一个时间单位）按钮的作用也由原来帧的移动变为关键点的移动，单击它们，动画将在关键点之间跳跃。
- 0【当前帧（转到帧）】数值框：在该数值框中输入数值，可以使时间滑块直接移动到当前帧。
- （后退一个时间单位）按钮：单击该按钮，可以后退一个时间单位。
- 0 / 100（时间滑块）按钮：用鼠标左右拖动该按钮可以调整当前帧所在的位置。
- （前进一个时间单位）按钮：单击该按钮，可以前进一个时间单位。

11.5　关键帧动画

关键帧动画就是在不同的帧上设置动画对象的变化，从而形成连续的变化，以产生动画效果。

练一练：茶壶倒水动画

下面以茶壶倒水动画的制作为例，演示关键帧动画的一般制作步骤。

【步骤 01】打开“案例及拓展资源 / 单元 11/ 茶壶倒水动画 / 茶壶倒水 .max”文件，如图 11.5 所示。

【步骤 02】为茶壶设置倒水的动作。单击茶壶将其选中，单击屏幕下方动画控制区中的“自动关键点”按钮，这时时间轴变为红色，表明动画录制功能被启动。

【步骤 03】移动鼠标指针到时间滑块上，拖动时间滑块到第 20 帧。在摄影机视图中，选中茶壶，将茶壶沿 Z 轴向上拖动，可以看到茶壶上升了。再单击（选择并旋转）按钮，将茶壶沿 Y 轴旋转，使茶壶壶嘴朝向茶杯方向，如图 11.6 所示。

【步骤 04】拖动时间滑块到第 40 帧，在时间滑块上右击，打开“创建关键点”对话框，采用默认设置，单击“确定”按钮关闭该对话框，这步操作为在第 40 帧创建一个与第 20 帧同样内容的关键帧，这样，茶壶的倾斜状态即可持续 20 帧的时间。

图 11.5　茶壶倒水场景

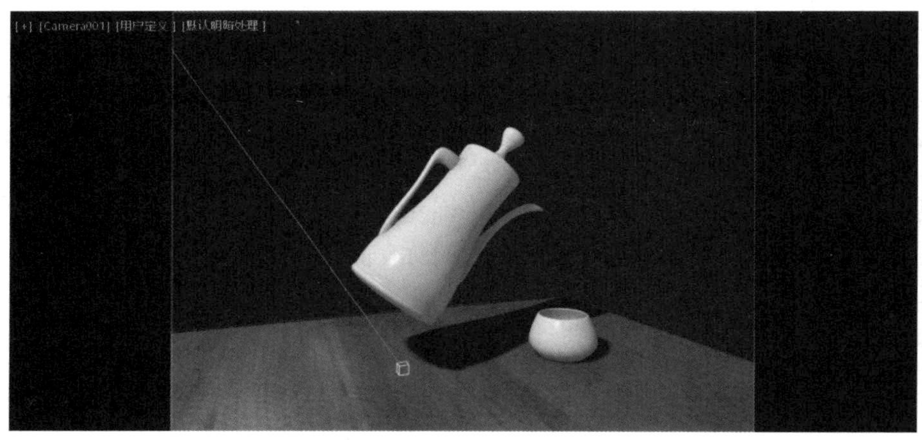

图 11.6　添加移动和旋转动画

【步骤 05】让茶壶重新回到台面上，将鼠标指针移动到第一个关键帧标志处，当鼠标指针变成十字形时单击，该标志变为白色，表示将其选中，这时鼠标指针呈双向箭头显示，按住键盘上的 Shift 键的同时按住鼠标左键，拖动鼠标，到第 60 帧处释放鼠标左键和 Shift 键，即可将第 1 帧的内容复制到第 60 帧，并在第 60 帧处形成一个新的关键帧，可以看到茶壶又恢复为初始的状态。

【步骤 06】单击“自动关键点”按钮结束动画录制。拖动时间滑块回到第 0 帧处，单击▶（播放动画）按钮，即可看到刚才设置的动画效果。至此，应用关键帧动画完成茶壶倒水。

【步骤 07】渲染输出动画。单击主工具栏中的（渲染设置）按钮，打开“渲染设置”窗口，在“渲染器”下拉列表中选择“扫描线渲染器”选项（此时该对话框的标题栏变为“渲染设置：扫描线渲染器”），选择“公用”选项卡，选中“公共参数”卷展栏的“时间输出”选区中的“范围”单选按钮，勾选“渲染输出”选区中的“保存文件”复选框，将文件保存到指定位置，设置保存类型为 .avi 格式，单击“保存”按钮，如图 11.7 所示，然后单击对话框上端的“渲染”按钮即可。

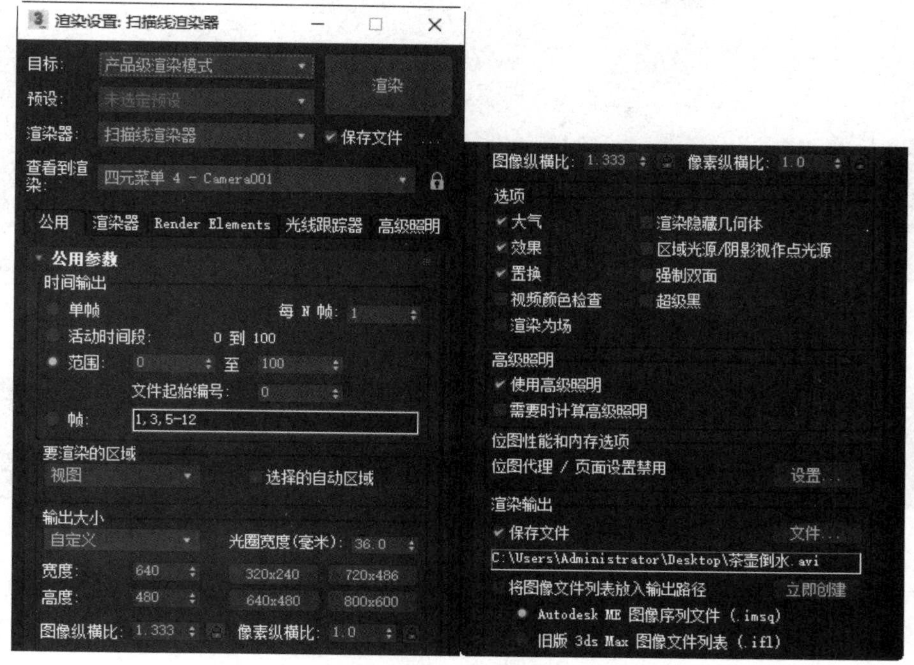

图 11.7　渲染设置

11.6　使用轨迹视图

11.6.1　轨迹视图简介

“轨迹视图”窗口是制作动画时最重要的帮手之一，用“轨迹视图”窗口可以进行各种动画编辑。它就像一个百宝箱，也可以称它为整个动画的“中枢神经”，它显示了场景中每个对象相关的动画参数。“轨迹视图”窗口的具体功能有以下几点。

（1）管理场景中的物体结构：在“轨迹视图”窗口中，可以像在 Windows 系统中一样对文件进行管理，使各个物体及场景中的设置以树状结构显示出来。

（2）为每个物体制定专门的运动控制器：物体的每种运动都专门由一种运动控制器加以控制、调整。

（3）控制运动的各个属性：比如对位置、角度、大小和时间的编辑修改。

（4）进行视频合成：将视频和音频结合起来。

在“图形编辑器”菜单中选择“轨迹视图 - 曲线编辑器”命令，可以打开“轨迹视图 - 曲线编辑器”窗口，如图 11.8 所示。

也可以单击时间轴左侧的（打开迷你曲线编辑器）按钮，打开“轨迹栏”窗口，如图 11.9 所示，该窗口的功能和图 11.8 所示的“轨迹视图 - 曲线编辑器”窗口的功能相同。

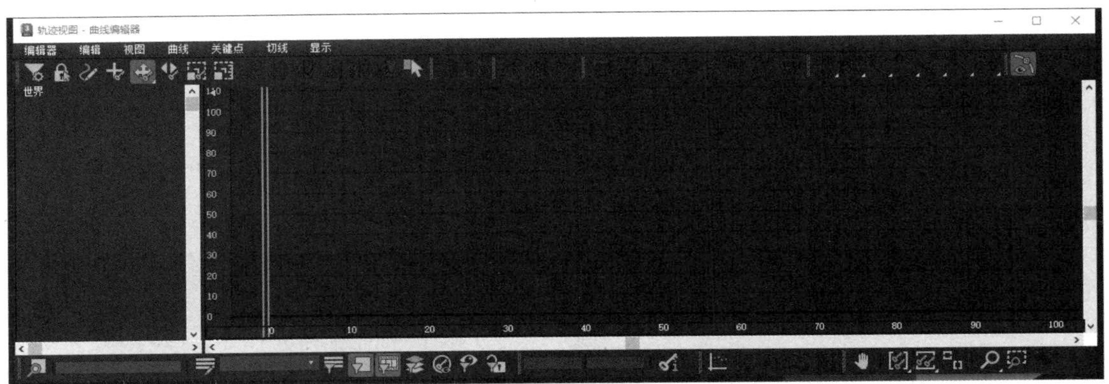

图 11.8　“轨迹视图 - 曲线编辑器”窗口

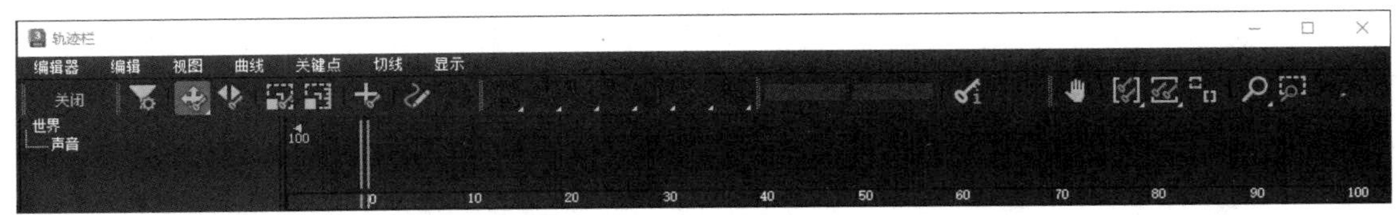

图 11.9　“轨迹栏”窗口

“轨迹视图 - 曲线编辑器”窗口由菜单栏、工具栏、层级列表、轨迹编辑窗口组成。

菜单栏包括“编辑器”、“编辑”、“视图”、“曲线”、“关键点”、“时间”和“显示”等菜单，用于显示“曲线编辑器”的大部分功能。

工具栏包括多种操作工具。

层级列表包括“声音”、“全局轨迹”、“环境”、“渲染效果”、“渲染器”和“场景材质”等项，通过轨迹视图进行动画控制。

轨迹编辑窗口用于显示轨迹和功能曲线，表示时间与参数值的变化。

除了“曲线编辑器”窗口模式，还有一种“摄影表”窗口模式，用于将动画显示为方框栅格上的关键点和范围，并允许用户调整运动的时间控制。在“轨迹视图 - 曲线编辑器”窗口中，选择“编辑器”菜单中的“摄影表”命令，即可切换到“摄影表”窗口模式。

11.6.2　轨迹视图的应用实例

1. 参数曲线超出范围类型应用

练一练：循环运动的茶壶

【步骤 01】在顶视图中创建一个茶壶，设置半径为 20.0cm，坐标值为原点，选中茶壶。

【步骤 02】单击“自动关键点”按钮自动关键点，开始自动记录动画，将时间滑块拖动到第 20 帧，右击移动工具，打开“移动变换输入”窗口，参数设置如图 11.10 所示，将茶壶沿 Z 轴向上移动 20.0cm，如图 11.11 所示。

【步骤 03】将时间滑块拖动到第 40 帧，右击移动工具，打开“移动变换输入”窗口，在“绝对 : 世界”选区中将 Z 轴参数设置为 0.0，这样茶壶就回到了原来的位置，单击“自动关键点”按钮自动关键点，结束动画记录。

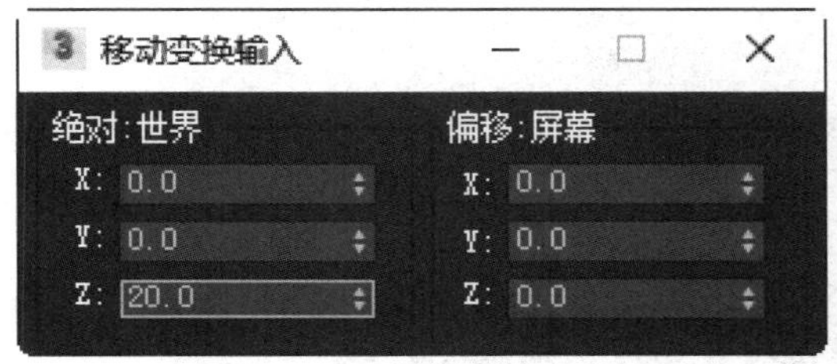

图 11.10　“移动变换输入”窗口中的参数设置

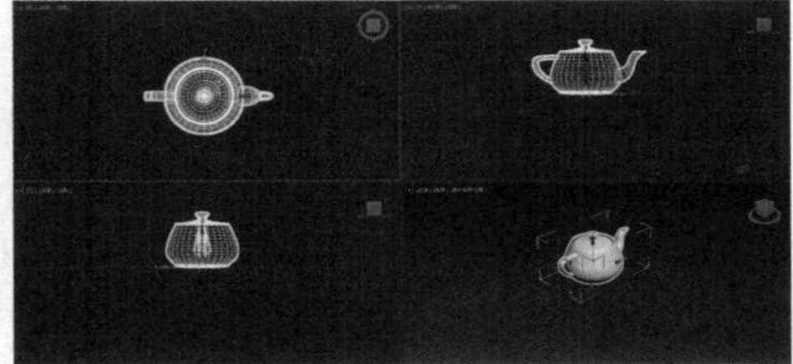

图 11.11　茶壶向上移动

【步骤 04】按住 Ctrl 键不放，在时间轴中单击各个关键帧标记，将建立的 3 个关键点全部选中，如图 11.12 所示。

图 11.12　选定关键点

【步骤 05】选择“图形编辑器”菜单中的“轨迹视图 - 曲线编辑器”命令，打开“轨迹视图 - 曲线编辑器”窗口，在菜单栏中单击“编辑”菜单的“控制器”子菜单中的（超出范围类型）按钮，在弹出的“参数曲线超出范围类型”对话框中选择“循环”选项，单击“确定”按钮。

单击“播放动画”按钮观看动画，茶壶将沿垂直方向上下循环移动。

试着选择其他不同的曲线超出范围类型，观看茶壶的运动方式有什么不同。

2. 添加可视性轨迹的应用

在上面的茶壶案例中继续添加可视性轨迹。打开“轨迹视图 - 曲线编辑器”窗口，在层级列表中单击茶壶，在菜单栏中选择“编辑”菜单的“可见性轨迹”子菜单中的“添加”命令。在层级列表中 Teapot001 的下面增加一个“可见性”项目，单击“可见性”，视图中会出现一条蓝色的直线，如图 11.13 所示。

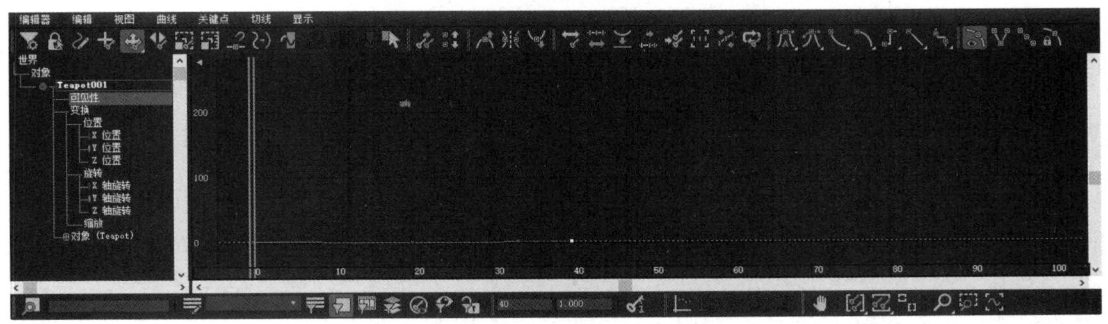

图 11.13　添加可见性轨迹

单击工具栏中的（增加关键点）按钮，在轨迹编辑窗口中编辑关键帧。单击（移动关键点）按钮，在轨迹编辑窗口中对添加的关键点进行编辑，具体设置如图 11.14 所示，设置第 20 帧的可见性值为 0，第 0 帧和第 40 帧的可见性值均为 1。

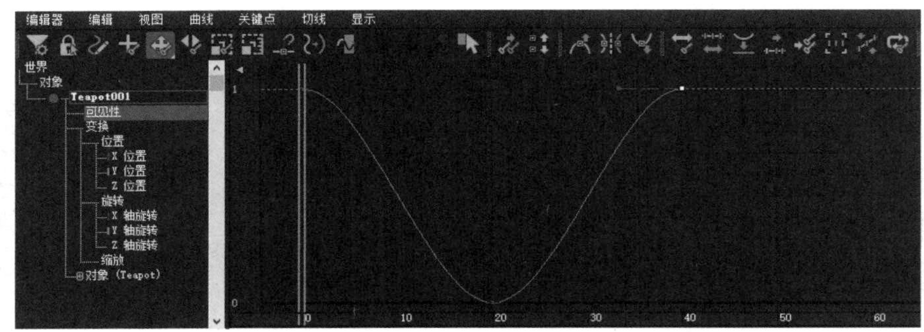

图 11.14　设置关键点参数

拖动时间滑块观看动画，茶壶从第 0 帧到第 20 帧由清晰到透明，从第 20 帧到第 40 帧由透明到清晰，结合曲线超出范围类型的效果，整个动画效果为茶壶在上升的过程中逐渐消失，在回落的过程中又再次出现。在“可见性”编辑状态，当关键点的纵向坐标处于 0 以下时，物体将不可见；当关键点的纵向坐标处于 0 或 0 以上时，物体将可见。

11.7　动画控制器

动画控制器可以控制对象运动的规律。通过动画控制器不仅可以指定对象的位置、旋转、缩放等控制，还可以调节物体的运动速率等。动画控制器可以在“运动”面板和动画菜单中指定。单击（运动）按钮，进入“运动”面板，单击“参数”按钮，展开“指定控制器”卷展栏，在列表框中选择“变换”、“位置”、“旋转”和“缩放”中的任意一个选项，可以设置不同的动画控制器。在操作时，首先要选择其中一个选项，然后单击左上角的（指定控制器）按钮，会打开“指定位置控制器”对话框，在列表框中选择一个动画控制器选项，单击“确定”按钮，就完成了动画控制器的指定工作。在指定动画控制器后，在参数面板下方就会出现相应的控制面板，可以继续进行相关设置。

下面将通过实例介绍几种常用控制器的使用方法。

11.7.1　噪波位置控制器

噪波位置控制器能够对指定对象进行一种随机不规则的运动，适用于随机运动的对象。下面应用噪波位置控制器制作一个球体跳动效果。

练一练：跳动的小球

【步骤 01】创建球体，单击（运动）按钮，打开“运动”命令面板，选择“参数”选项卡，展开“指定控制器”卷展栏，在列表框中选择“位置：位置 XYZ”选项，如图 11.15 所示，单击左上角的（指定控制器）按钮，打开“指定位置控制器”对话框，如图 11.16 所示。

【步骤 02】在列表框中选择“噪波位置”选项，单击“确定”按钮，此时弹出“噪波控制器：Sphere001\ 位置”对话框，在该对话框中进行相应参数设置，如图 11.17 所示，关闭该对话框，播放动画，会发现球体出现了跳动效果。可反复修改参数，观察球体运动效果的不同。

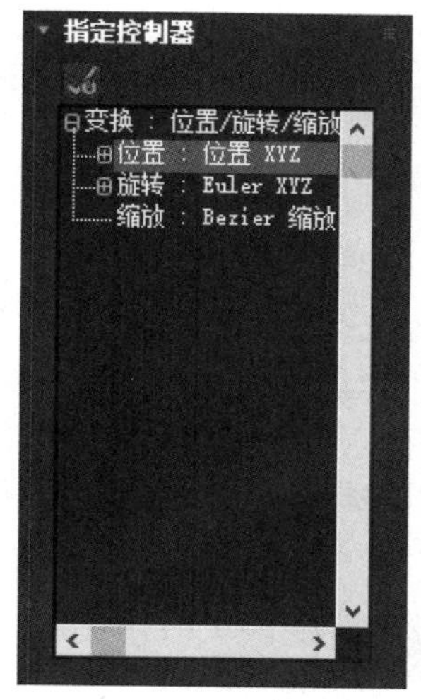

图 11.15 “指定控制器”卷展栏

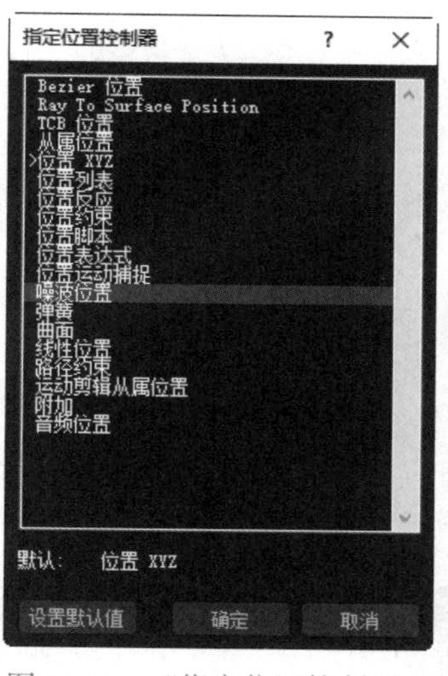

图 11.16 “指定位置控制器”对话框

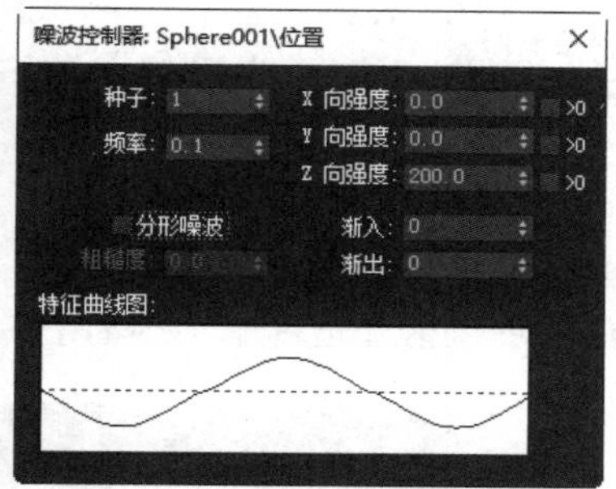

图 11.17 “噪波控制器：Sphere001\ 位置”对话框

11.7.2 路径约束控制器

练一练：旋转的茶壶

【步骤 01】在顶视图中创建一个茶壶，设置半径为 20.0cm。

【步骤 02】单击图形创建面板中的“圆”按钮，在顶视图中创建一个圆形，设置其半径为 130.0cm，效果如图 11.18 所示。

【步骤 03】选中茶壶，单击 （运动）按钮，打开“运动”命令面板，选择“参数”选项卡，展开“指定控制器”卷展栏，在列表框中选择“位置：位置 XYZ”选项，单击左上角的 （指定控制器）按钮，打开“指定位置控制器”对话框，在列表框中选择“路径约束”选项，单击“确定”按钮。

【步骤 04】在“运动”面板的“路径参数”卷展栏中，单击“添加路径”按钮，在视图中单击圆形，单击“播放动画”按钮，可以看到茶壶沿圆形做圆周运动。

【步骤 05】在“运动”面板中，勾选“路径参数”卷展栏中的“跟随”复选框，再次单击“播放动画”按钮，可以看到茶壶始终与圆形保持切线关系做圆周运动，如图 11.19 所示。

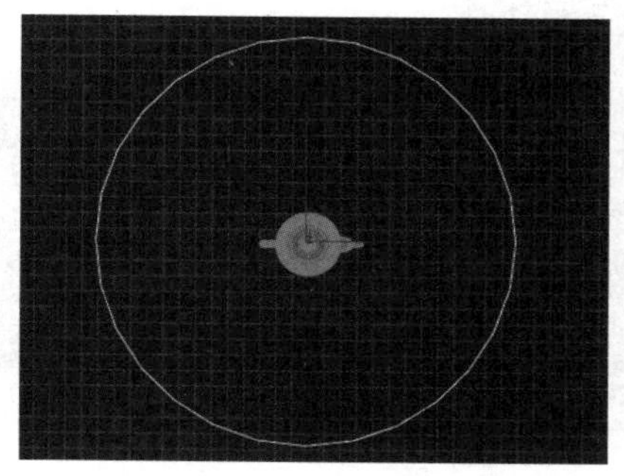

图 11.18 创建茶壶和圆形

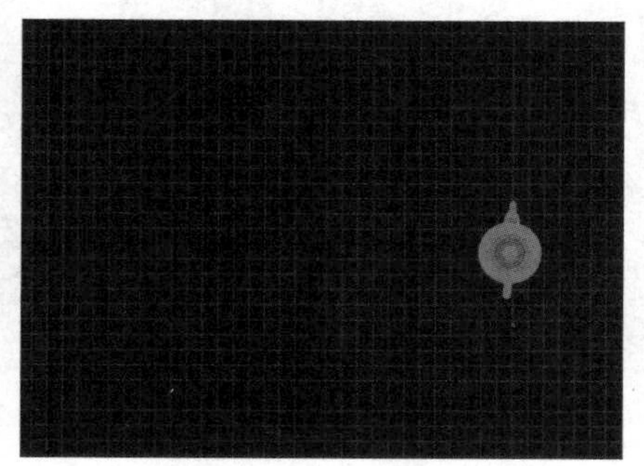

图 11.19 茶壶跟随路径约束运动

11.7.3 注视约束控制器

练一练：目光约束

【步骤 01】在前视图中创建一个球体，设置其半径为 40.0，分段为 32，将其命名为“球体 01”。

【步骤 02】单击（修改）按钮，打开“修改”命令面板，在“修改器列表”下拉列表中选择“编辑网格”选项，选择“多边形”子对象层级，单击（窗口 / 交叉）按钮，使（窗口）按钮处于激活状态，在顶视图中按住鼠标左键后拖动鼠标选择如图 11.20 所示的区域，在“曲面属性”卷展栏的“材质”选区的“设置 ID”数值框中，设置被选中区域的 ID 号为 1，如图 11.21 所示。

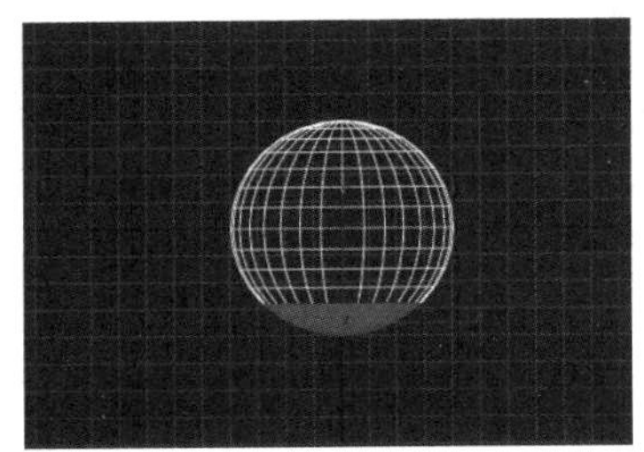

图 11.20　选择多边形区域

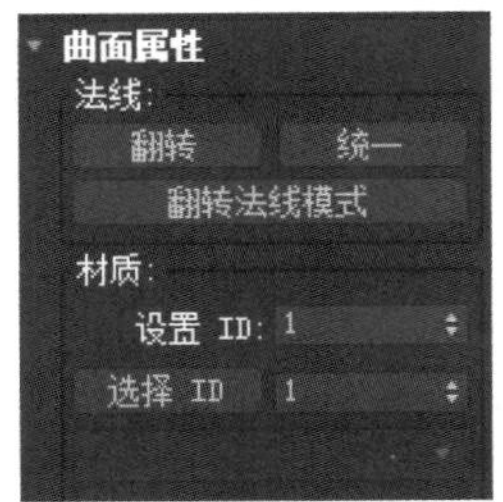

图 11.21　设置被选中区域的 ID 号

【步骤 03】选择“编辑”菜单中的“反选”命令，选中球体的其余部分，如图 11.22 所示，在“曲面属性”卷展栏的“材质”选区的“设置 ID”数值框中，设置被选中区域的 ID 号为 2，如图 11.23 所示。

【步骤 04】单击修改器堆栈中的“编辑网格”，使之呈蓝色显示。按 M 键打开“材质编辑器”窗口，单击Standard (Legac（类型）按钮，在弹出的“材质 / 贴图浏览器”对话框中，双击“材质”组下“通用”子组中的“多维 / 子对象”选项，进入“多维 / 子对象”材质编辑面板，设置材质的数量为 2，并调节材质 1 为黑色、材质 2 为白色。单击材质编辑面板中的（将材质指定给选定对象）按钮，给场景中的球体赋予材质。

【步骤 05】在前视图内选中球体，按住 Shift 键不放，沿 X 轴复制一个球体，并将其命名为“球体 02”，如图 11.24 所示。

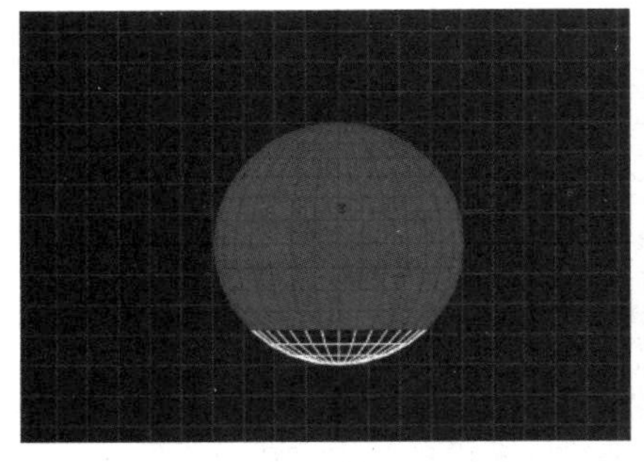

图 11.22　反选球体

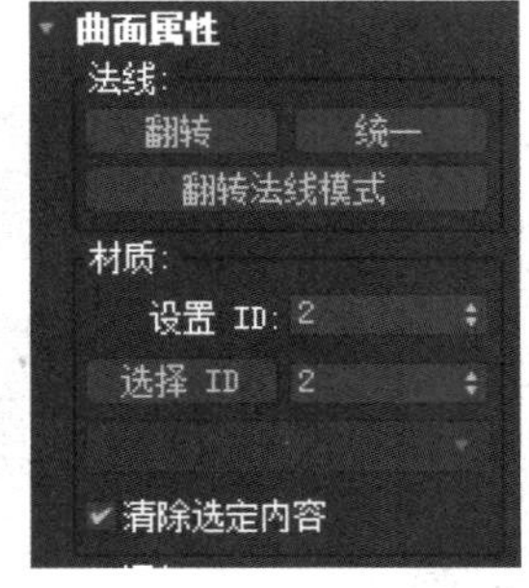

图 11.23　设置反选区域的 ID 号

图 11.24　复制球体

【步骤 06】单击“创建”命令面板中的（辅助对象）按钮，在下拉列表中选择“大气装置”选项，在“对象类型”卷展栏中单击“球体 Gizmo”按钮，在前视图中创建“球体 Gizmo”对象，并将其命名为“Gizmo01”，如图 11.25 所示。按住 Shift 键不放，沿 *X* 轴复制该“球体 Gizmo”对象，并将其命名为“Gizmo02”，然后将其放置在球体 02 的位置上与其重合。

【步骤 07】选中球体 01，在主工具栏中单击🔗（选择并链接）按钮，在球体 01 上按住鼠标左键后，将鼠标指针拖动到球体 Gizmo01 上，这时球体 Gizmo01 的边缘会闪一下，说明链接成功。使用同样的方法链接球体 02 和球体 Gizmo02。

【步骤 08】在前视图中再创建一个“球体 Gizmo03”，如图 11.26 所示。

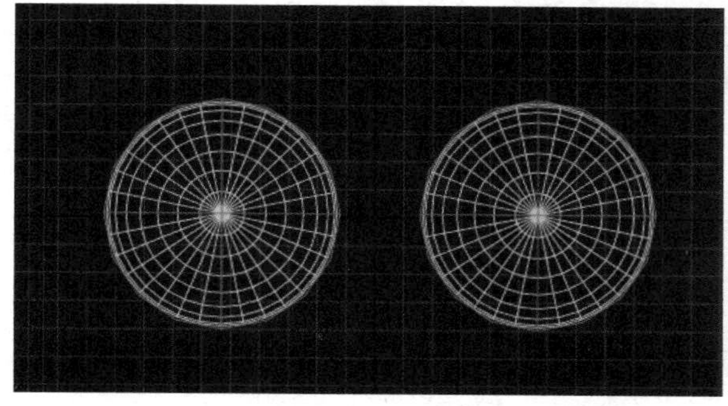
图 11.25　创建球体 Gizmo01

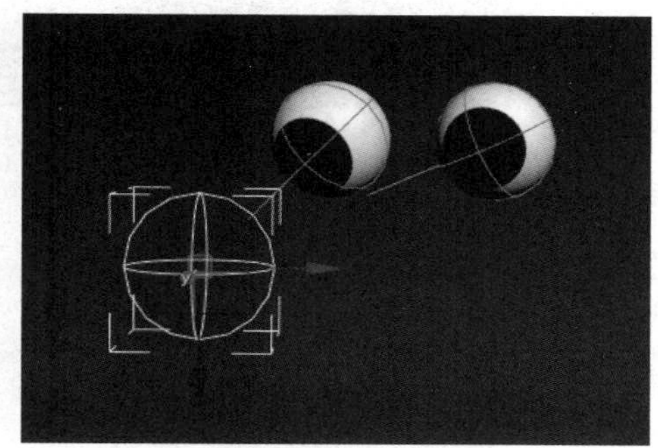
图 11.26　创建球体 Gizmo03

【步骤 09】选中球体 Gizmo01，在菜单栏中选择“动画”菜单的“约束”子菜单中的“注视约束”命令，将鼠标指针移动到球体 Gizmo03 上并单击，这样球体 Gizmo01 的约束设置就完成了。使用同样的方法设置球体 Gizmo02 的约束设置。

【步骤 10】用鼠标上下、左右拖动球体 Gizmo03，两个球体会随着球体 Gizmo03 的转动而转动，就像两个眼睛永远注视着一个目标对象一样。

任务实施：制作简单动画

【步骤 01】打开“案例及拓展资源 / 单元 11/ 火箭升空动画 / 火箭模型 .max”文件。在顶视图中创建一个目标摄影机，激活透视图，按 C 键将其切换为摄影机视图 Camera001，按 Shift+F 组合键显示摄影机视图安全框，调整摄影机角度，直至火箭模型完全显示在摄影机视图中，如图 11.27 所示。

【步骤 02】为场景添加一盏灯光。单击灯光创建面板中的“天光”按钮，在顶视图中添加一盏天光，参数设置如图 11.28 所示。

【步骤 03】按快捷键 8 打开“环境和效果”窗口，单击“环境贴图”下方的“无”按钮，打开“材质 / 贴图浏览器”对话框，双击“位图”选项，选择素材文件夹中的“天空”图片，为场景添加一幅蓝天白云的背景图片，如图 11.29 所示。按 M 键，打开“材质 / 贴图浏览器”对话框，将“贴图 #2（天空 .jpg）”拖至空白的材质示例球上，设置该材质贴图模式为“屏幕”。

【步骤 04】选择“视图”菜单的“视口背景”子菜单中的“配置视口背景”命令，打开“视口配置”对话框，选择“背景”选项卡，勾选“使用环境背景”复选框，单击“确定”按钮，效果如图 11.30 所示。

图 11.27　摄影机视图效果

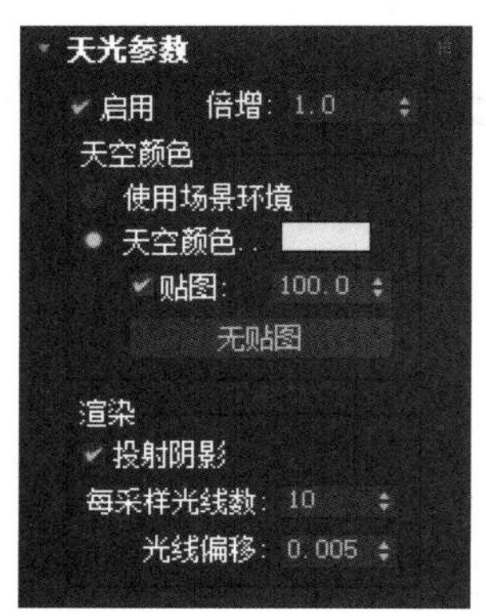

图 11.28　天光参数设置

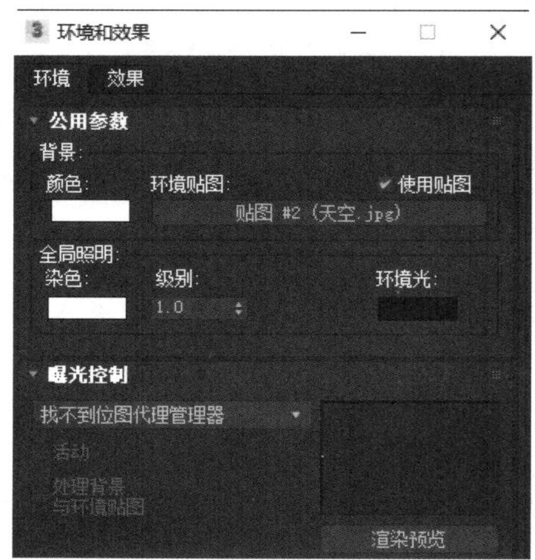

图 11.29　“环境和效果”窗口

图 11.30　添加背景图片后的效果

【步骤 05】制作火箭升空动画。选中火箭模型，单击“自动关键点”按钮，启动动画记录。将时间滑块移动到第 100 帧，使用移动工具拖动火箭模型沿 Z 轴向上移动，直到消失在视图内，单击“自动关键点”按钮结束动画记录。单击“播放”按钮，测试动画效果。

【步骤 06】单击“创建”命令面板中的（辅助对象）按钮，在下拉列表中选择“大气装置”选项，在“对象类型”卷展栏中单击“球体 Gizmo”按钮，在顶视图中创建“球体 Gizmo”对象，并将其命名为“Gizmo”，设置其半径为 600，并在参数设置中勾选“半球”复选框，在前视图内选中球体 Gizmo，单击（镜像）按钮，打开“镜像：屏幕 坐标”对话框，参数设置如图 11.31 所示。单击（对齐）按钮，并选中视图内的火箭模型，此时打开“对齐当前选择（火箭）”对话框，如图 11.32 所示。

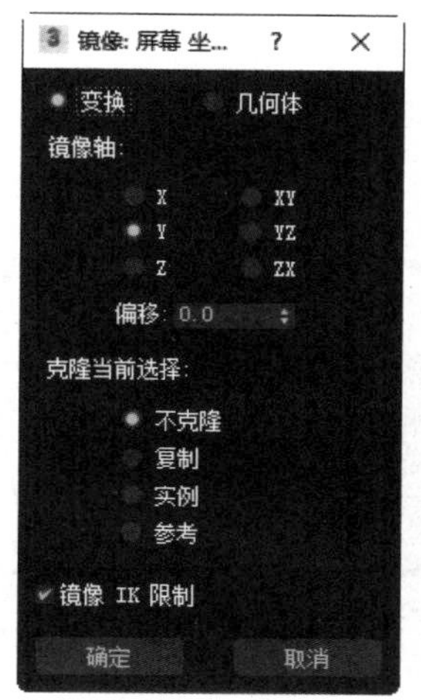

图 11.31　“镜像：屏幕 坐标”对话框

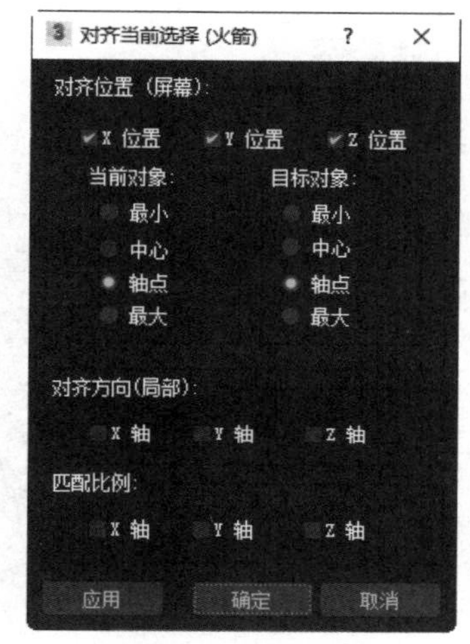

图 11.32　“对齐当前选择（火箭）”对话框

【步骤 07】选中球体 Gizmo，使用缩放工具对球体 Gizmo 进行拉伸变形，如图 11.33 所示。在“大气和效果”卷展栏中单击“添加”按钮，打开“添加大气或效果”对话框，选择火效果，单击“确定”按钮，结果如图 11.34 所示。

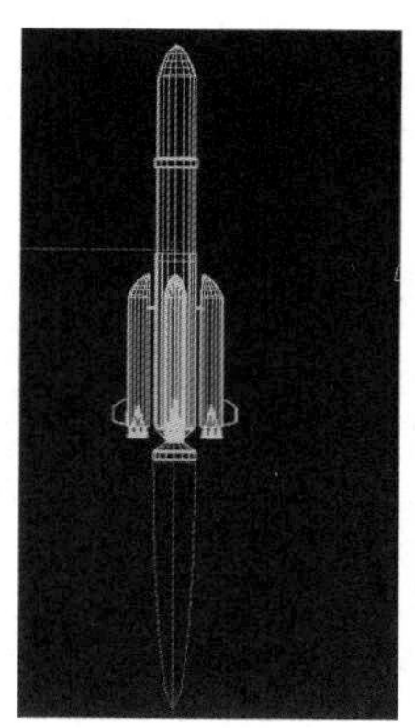

图 11.33　对球体 Gizmo 进行拉伸变形

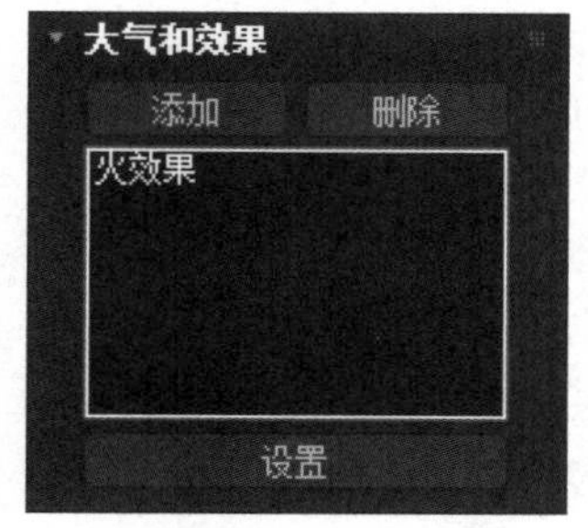

图 11.34　添加火效果后的结果

【步骤 08】选中“大气和效果”卷展栏的列表框中添加的大气效果，单击“设置”按钮，打开“环境和效果”对话框，在“火效果参数”卷展栏的“图形”选区内，选中“火舌”单选按钮，在“拉伸”数值框中设置数值为 25.0，单击“确定”按钮。

【步骤 09】选中球体 Gizmo，在主工具栏中单击 （选择并链接）按钮，在球体 Gizmo 上按住鼠标左键后，将鼠标指针拖动到火箭模型上，将球体 Gizmo 链接到火箭模型上，这样可以实现球体 Gizmo 跟随火箭升空。

【步骤 10】单击 （渲染设置）按钮，打开“渲染设置”窗口，展开“公用参数”卷展栏，在“时间输出”选区内选中“活动时间段”单选按钮，在“输出大小”选区的下拉列表中选择“自定义”选项，选择“800×600”选项，将文件保存到本地磁盘，保存类型为 .avi 格式，单击窗口右上方的“渲染”按钮，即可开始渲染输出动画效果，最终效果如图 11.1 所示。

任务拓展

练习制作如图 11.35 所示花园场景的漫游动画效果。

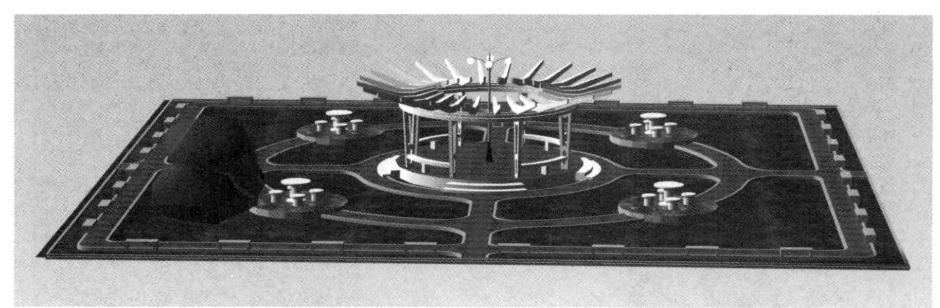

图 11.35　花园场景

课后思考

1. 动画的制作流程是什么？
2. 如何使用轨迹视图？
3. 动画控制器有几种？怎样使用？

单元 12

项目制作——制作室内效果图

室内效果图是 3ds Max 2023 三维设计的重要内容之一。本单元我们将绘制客厅的室内效果图，根据甲方的要求，客厅要体现简单、实用、以人为本的设计理念，以暖色为主色调，整个空间要清新、优雅。

工作任务

完成客厅场景的制作，效果如图 12.1 所示。

图 12.1　客厅场景制作完成后的效果

任务描述

渲染是三维场景设计中的最后环节，也是最重要的操作内容，只有对场景的分辨率、渲染参数进行合理的设置和存储，才能得到预想的结果。

任务目标

- 能够设置系统单位。
- 了解室内模型制作、材质与贴图。

- 了解室内灯光的布置方法。
- 了解渲染。

任务实施：客厅建模

客厅建模首先要从结构建模开始，其次是创建摄影机，以便观察场景，最后合并室内的各个模型。

1. 单位设置

在三维空间中创建模型，选择一种恰当的单位十分重要，这是以后精确建模的依据。

选择“自定义”菜单中的“单位设置”命令，在弹出的“单位设置”对话框中单击“系统单位设置”按钮，打开“系统单位设置”对话框，在“系统单位比例”选区中将单位设置为“毫米”（这是室内设计中常用的单位），即 1 单位 =1.0 毫米，如图 12.2 所示，然后单击“确定”按钮。

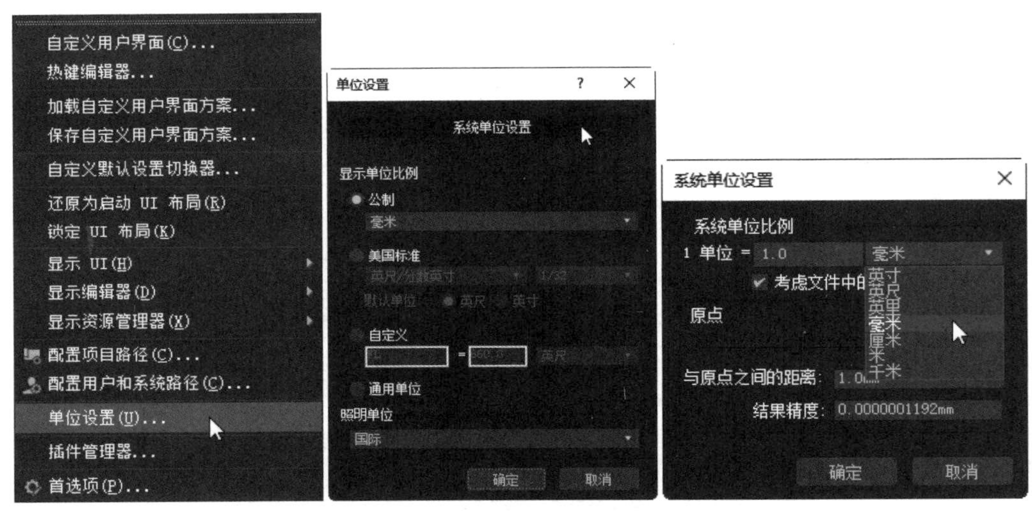

图 12.2　设置系统单位

2. 创建客厅结构模型

【步骤 01】导入“*.dwg”文件。

选择“文件”菜单的“导入”子菜单中的“导入”命令，在打开的“选择要导入的文件”对话框中选择“案例及拓展资源 / 单元 12/ 客厅 / 客厅平面 .dwg”文件，在随后弹出的“AutoCAD DWG/DXF 导入选项”对话框中采用系统默认设置，单击“确定”按钮，将利用 AutoCAD 制作的办公室线框图导入 3ds Max 场景，效果如图 12.3 所示。

【步骤 02】设置捕捉选项。

在主工具栏中单击 2.5（2.5D 捕捉）按钮，将其激活。右击该按钮，在弹出的“栅格和捕捉设置”窗口中勾选“顶点”和“中点”复选框，如图 12.4 所示。

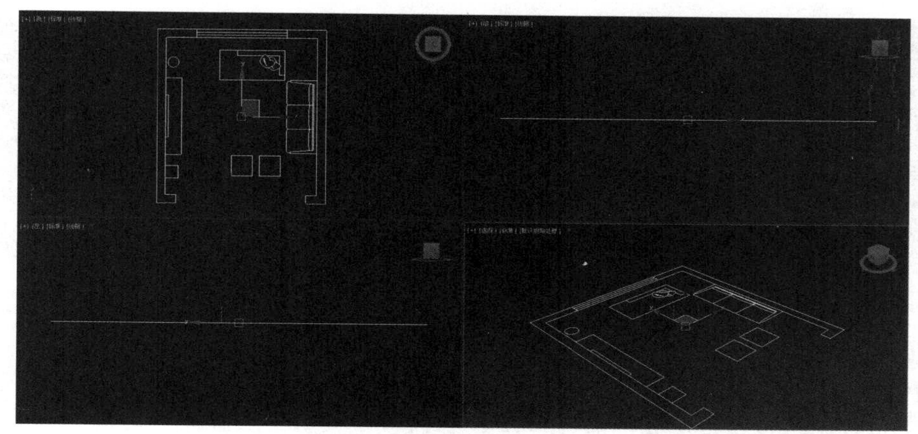

图 12.3　导入“客厅平面 .dwg”文件后的效果

【步骤 03】创建墙体。

单击图形创建面板中的“线”按钮 线 ，在顶视图中捕捉导入曲线的顶点，绘制如图 12.5 所示的曲线，然后单击曲线开始处的端点，打开“样条线”对话框，单击“是”按钮，将曲线封闭。

单击 （修改）按钮，打开“修改”命令面板，在“修改器列表”下拉列表中选择“挤出”选项，将曲线命名为“墙体”，在“参数”卷展栏中将数量设置为 2700.0。

其对应的窗户墙体曲线做法相同，将窗台和窗梁的挤出高度分别设置为 600.0mm 和 500.0mm，如图 12.6 所示。

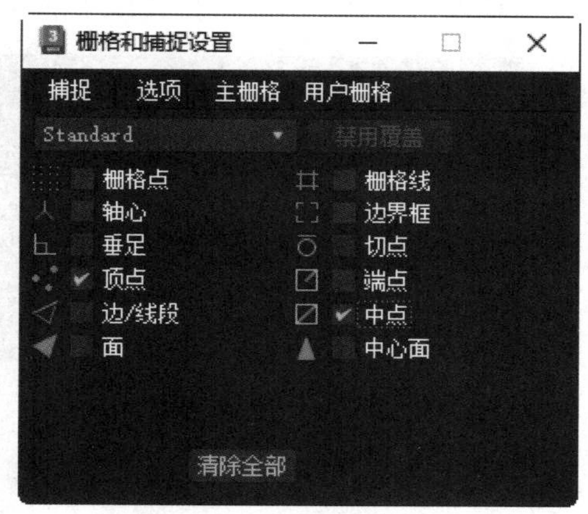

图 12.4　设置捕捉选项

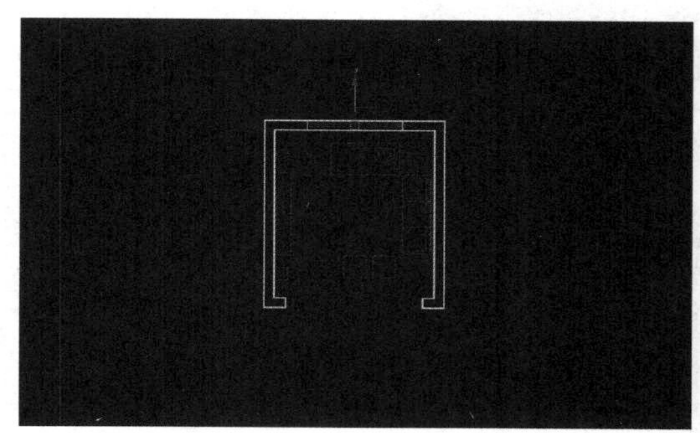

图 12.5　绘制“墙体”曲线

图 12.6　挤出墙体

【步骤 04】创建窗框。

使用同样的方法在前视图中绘制“窗框”曲线，添加“编辑样条线”修改器，在“样条线”子对象层级下选定绘制的曲线，在“几何体”卷展栏中设置“轮廓”数量为 50。再次添加“挤出”修改器，在“参数”卷展栏中将数量设置为 260.0，将曲线命名为“窗框”，并移动到与墙体对齐，如图 12.7 所示。

图 12.7 绘制“窗框”曲线并挤出窗框

【步骤 05】创建窗户。

使用同样的方法在前视图中绘制“窗户”曲线，添加“编辑样条线”修改器，在“样条线”子对象层级下选定绘制的曲线，在“几何体”卷展栏中设置“轮廓”数量为 40。再次添加“挤出”修改器，在“参数”卷展栏中将数量设置为 60.0，将曲线命名为“窗户”，并移动到与窗框对齐，如图 12.8 所示。

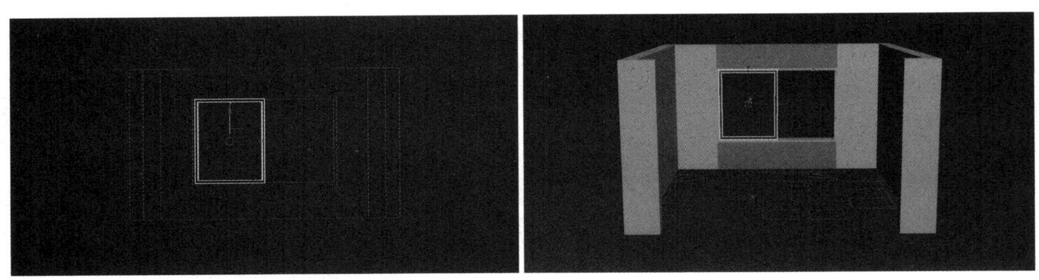

图 12.8 绘制“窗户”曲线并挤出窗户

提示：使用移动复制操作（Shift 键＋移动工具）即可完成另一扇窗户的制作。

【步骤 06】创建地面。

单击标准基本体创建面板中的“长方体”按钮 长方体 ，在顶视图中捕捉墙顶点创建长方体地面，设置长度为 4980.0mm，宽度为 4680.0mm，高度为 –100.0mm，将其名称修改为“地面”。

【步骤 07】创建屋顶造型。

单击图形创建面板中的“矩形”按钮 矩形 ，在顶视图中创建一个距离窗户为 200mm 的矩形作为“屋顶造型”，添加“编辑样条线”修改器，在“样条线”子对象层级下选定绘制的曲线，在“几何体”卷展栏中设置“轮廓”数量为 600。再次添加“挤出”修改器，在“参数”卷展栏中将数量设置为 100.0，调整位置如图 12.9 所示。

【步骤 08】创建屋顶。

选择“地面”模型，在左视图中使用移动复制的方法做出“屋顶”模型，并将其与墙体最高点对齐，如图 12.10 所示。

提示：电视背景与沙发背景模型的做法同上，这里不再赘述。

【步骤 09】创建摄影机。

单击摄影机创建面板中的“目标”按钮 目标 ，在顶视图中创建一个目标摄影机，如图 12.11 所示。

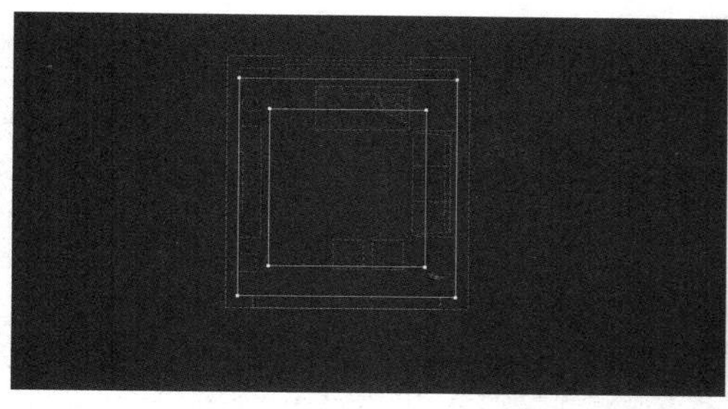
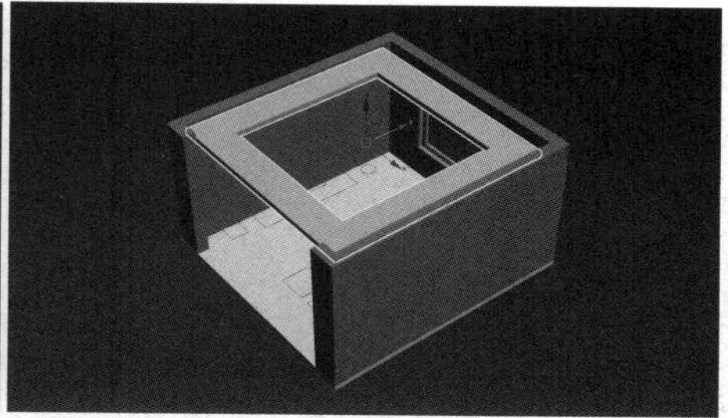

图 12.9　绘制并挤出屋顶造型

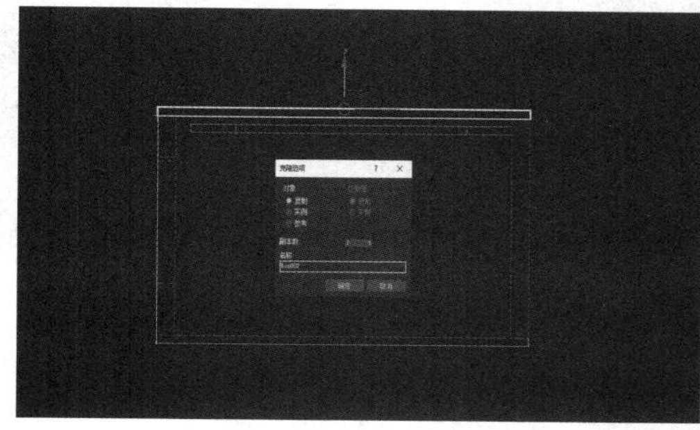

图 12.10　移动复制屋顶并与墙体最高点对齐

在摄影机的“参数”卷展栏中设置“镜头”数值框中的数值为 24.0，右击透视图，将其切换为当前视图，按键盘上的 C 键切换为摄影机视图，并在各个视图中移动摄影机，直到在摄影机视图中观察感到合适。图 12.12 所示为摄影机视图效果。

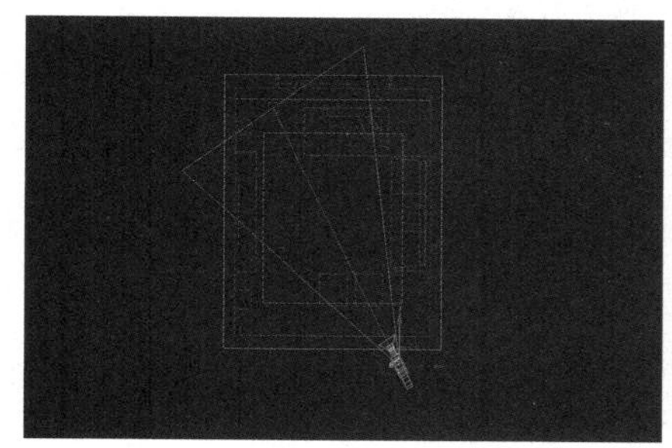

图 12.11　创建目标摄影机

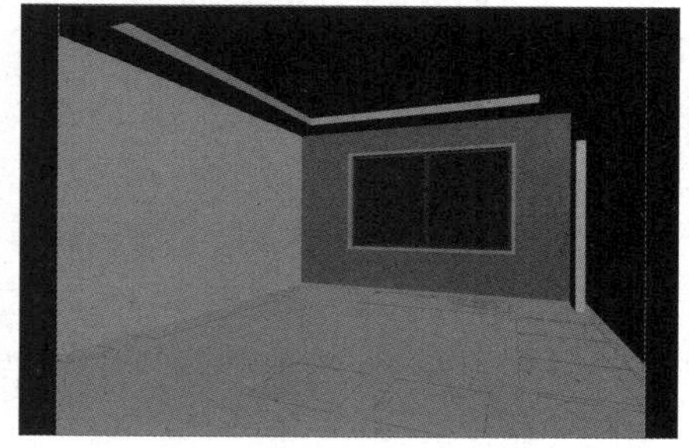

图 12.12　摄影机视图效果

【步骤 10】合并客厅家具。

选择“文件”菜单的“导入”子菜单中的“合并”命令，在弹出的“合并文件”对话框中选择“案例及拓展资源 / 单元 12/ 客厅 / 客厅家具 .max”文件，单击“打开”按钮，在弹出的“合并”对话框中选择所有物体，单击“确定”按钮将其合并，如图 12.13 所示。

3. 赋予客厅各物体材质

因为本单元中的实例应用 ART 渲染器进行最终渲染，所以在赋予材质时选择“物理材质”和“标准”材质类型更能提高工作效率和图片质量。

进行材质设置前先要激活 ART 渲染器，按快捷键 F10 打开“渲染设置”窗口，在“渲染器”下拉列表中选择“ART 渲染器”选项。

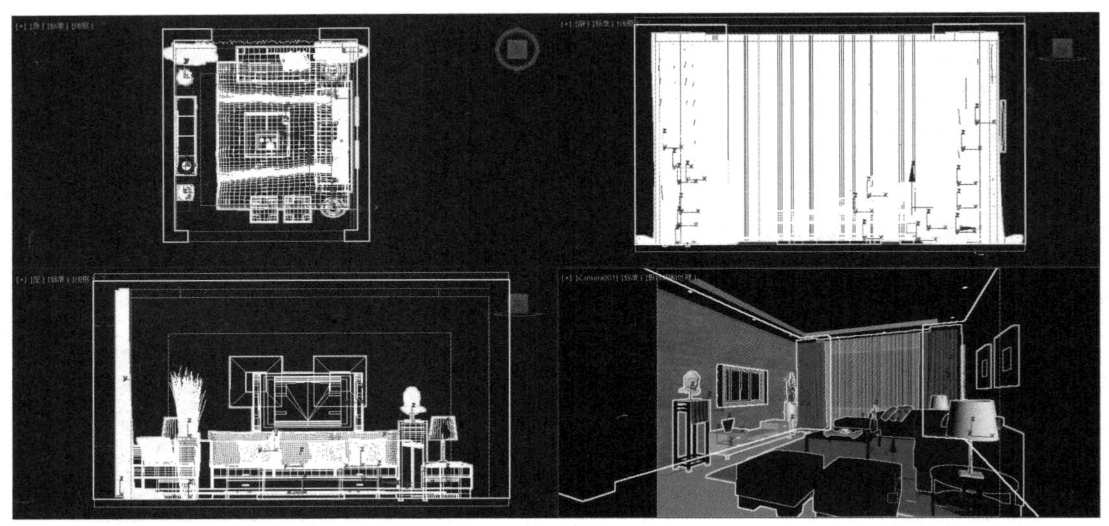

图 12.13　合并客厅家具

【步骤 01】赋予“地面”材质。

按键盘上的 H 键，在弹出的“选择对象”对话框中选择“地面”物体，单击“选择”按钮确定选择。

单击工具栏中的 （材质编辑器）按钮，打开“材质编辑器”窗口，选择第一个默认的材质示例球，在名称下拉列表中将默认的材质名称修改为“地面”，单击 （将材质指定给选定对象）按钮，把材质赋予“地面”物体。

选择“物理材质”材质类型，在“预设”卷展栏的下拉列表中选择“抛光花岗岩”选项，在“基本参数”卷展栏的“基础颜色和反射”选区中，单击 （基础颜色）按钮右侧的 按钮，打开“基础颜色和贴图”对话框，在“位图参数”卷展栏中加载“案例及拓展资源 / 单元 12/ 客厅 / 贴图 / 地砖 01.jpg”文件作为位图贴图，如图 12.14 所示。

【步骤 02】赋予“乳胶漆”材质。

选择一个默认的材质示例球，在名称下拉列表中将默认的材质名称修改为“乳胶漆”，并把材质赋予场景中的“墙体”、“沙发背景墙 01”、“沙发背景墙 02”、“屋顶造型”和“屋顶”物体。

选择“物理材质”材质类型，在“预设”卷展栏的下拉列表中选择“磨光”选项，单击 （基础颜色）按钮，在弹出的对话框中设置红、绿、蓝的数值均为 1，其他参数保持默认设置，如图 12.15 所示。

【步骤 03】赋予“玻璃”材质。

选择一个默认的材质示例球，在名称下拉列表中将默认的材质名称修改为“玻璃”，并把材质赋予场景中的“玻璃杯”物体。

选择“物理材质”材质类型，在“预设”卷展栏的下拉列表中选择“玻璃(薄几何体)”选项，其他参数保持默认设置，如图 12.16 所示。

【步骤 04】赋予“沙发”材质。

选择一个默认的材质示例球，在名称下拉列表中将默认的材质名称修改为“沙发”，并把材质赋予场景中的“沙发”物体。

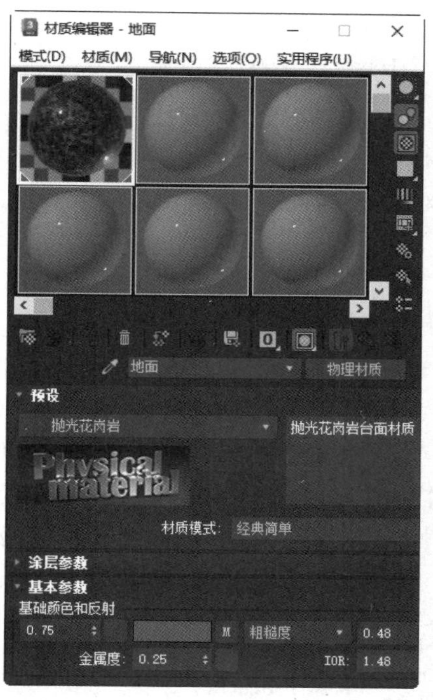

图 12.14　赋予“地面”材质

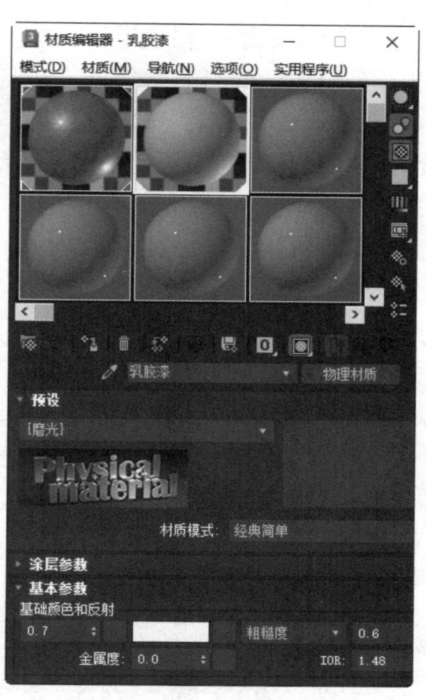

图 12.15　赋予“乳胶漆”材质

选择“物理材质”材质类型，在“预设”卷展栏的下拉列表中选择“磨光”选项，在“基本参数”卷展栏的“基础颜色和反射”选区中，单击（基础颜色）按钮右侧的M按钮，打开“基础颜色和贴图”对话框，在“位图参数”卷展栏中加载“案例及拓展资源 / 单元 12/ 客厅 / 贴图 / 布纹 02.jpg”文件作为位图贴图，如图 12.17 所示。

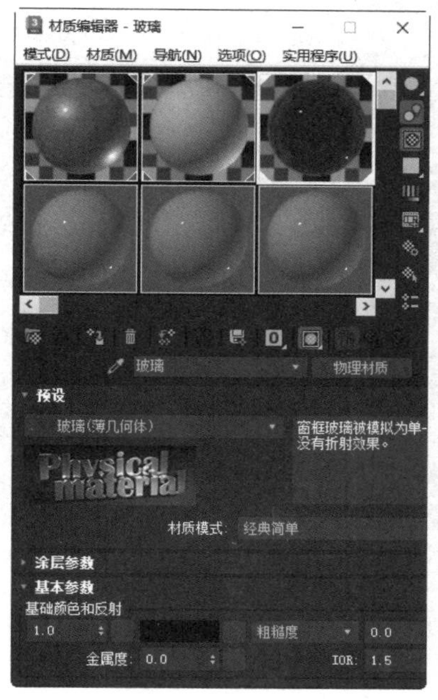

图 12.16　赋予“玻璃”材质

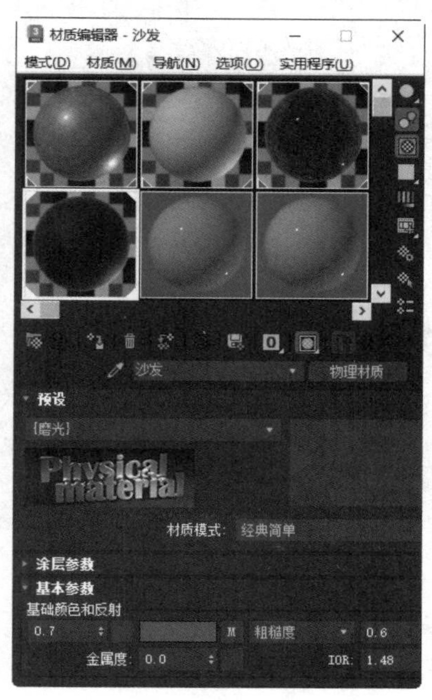

图 12.17　赋予“沙发”材质

【步骤 05】赋予“白色混油”材质。

选择一个默认的材质示例球，在名称下拉列表中将默认的材质名称修改为“白色混油”，并把材质赋予场景中的“白色混油”物体。

选择“物理材质”材质类型，在“预设”卷展栏的下拉列表中选择“油漆光泽的绘制”选项，单击（基础颜色）按钮，在弹出的对话框中设置红、绿、蓝的数值均为 1，其他参数保持默认设置，如图 12.18 所示。

【步骤 06】赋予“实木”材质。

选择一个默认的材质示例球，在名称下拉列表中将默认的材质名称修改为“实木”，并把材质赋予场景中的“实木”物体。

选择“物理材质”材质类型，在“预设”卷展栏的下拉列表中选择“光滑油漆的木材”选项，在“基本参数”卷展栏的“基础颜色”选区中，单击（基础颜色）按钮右侧的 M 按钮，打开“基础颜色和贴图”对话框，在“位图参数”卷展栏中加载“案例及拓展资源 / 单元 12/ 客厅 / 贴图 / 实木 03.jpg”文件作为位图贴图，如图 12.19 所示。

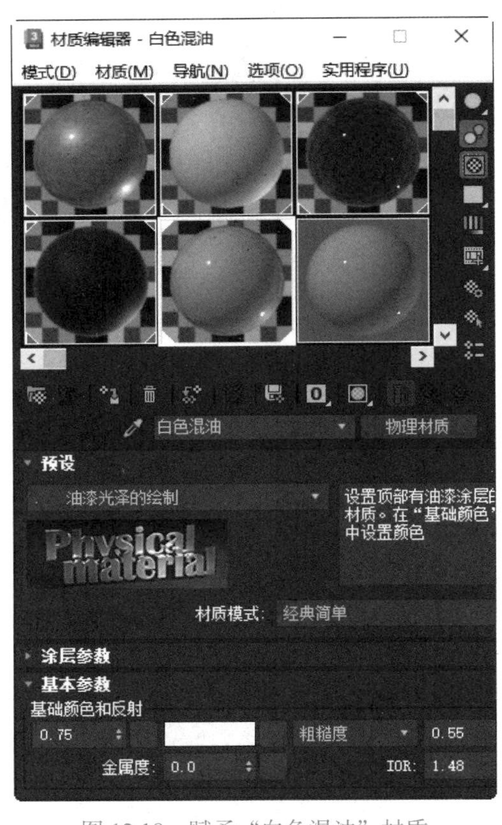

图 12.18 赋予“白色混油”材质

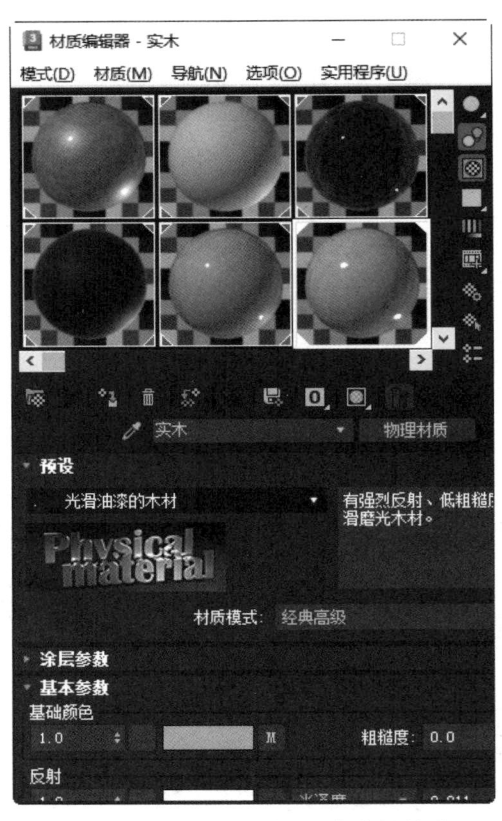

图 12.19 赋予“实木”材质

场景中的其他材质可以参考“材质编辑器”窗口中的设置，这里不再一一列举。

4. 创建夜景灯光

【步骤 01】创建自然光。

在完成建模和材质设置后，接下来就是布置场景中的灯光了。下面我们来制作夜景效果，这里主要用“光度学”灯光类型中的自由灯光来满足整个场景的夜晚照明需要。

单击光度学灯光创建面板中的“自由灯光”按钮 自由灯光，在前视图中的窗框位置创建自由灯光，展开“常规参数”卷展栏，勾选“阴影”选区中的“启用”复选框，并设置阴影类型为“高级光线跟踪”；在“灯光分布（类型）”选区的下拉列表中选择“统一漫反射”选项；在“强度 / 颜色 / 衰减”卷展栏中设置“过滤颜色”为“红 0、绿 100、蓝 255”，设置强度为 500.0cd；在“图形 / 区域阴影”卷展栏的“从（图形）发射光线”下拉列表中选择“矩形”选项，设置长度为 1600.0mm，宽度为 2500.0mm。将自由灯光放置到窗框的外侧，使光照朝向室内，效果如图 12.20 所示。

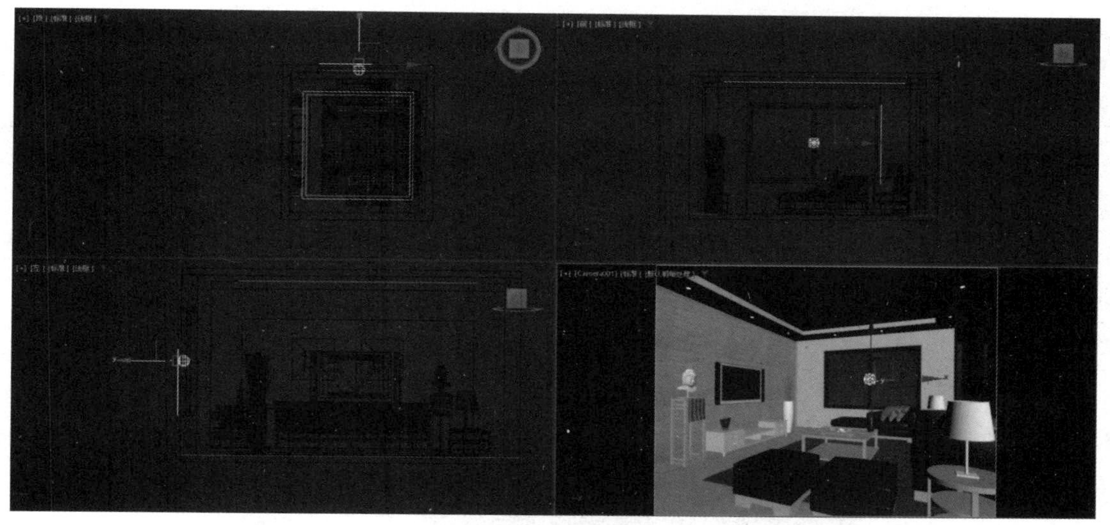

图 12.20　创建自然光后的效果

【步骤 02】创建人工光。

在自然光设置完成后，为了烘托整体氛围和提高整体亮度，要进行室内人工光的布置。

单击光度学灯光创建面板中的“自由灯光”按钮 自由灯光，在顶视图中的筒灯位置创建自由灯光，展开“常规参数”卷展栏，勾选“阴影”选区中的“启用”复选框，并设置阴影类型为“高级光线跟踪”；在“灯光分布（类型）”选区的下拉列表中选择“光度学 Web”选项；在“分布（光度学 Web）”卷展栏中单击 < 选择光度学文件 > 按钮，在打开的“打开光域 Web 文件”对话框中载入“案例及拓展资源 / 单元 12/ 客厅 / 贴图 /8.ies”文件；在“强度 / 颜色 / 衰减”卷展栏中设置强度为 2000.0cd。设置完成后关联复制到其他筒灯位置，效果如图 12.21 所示。

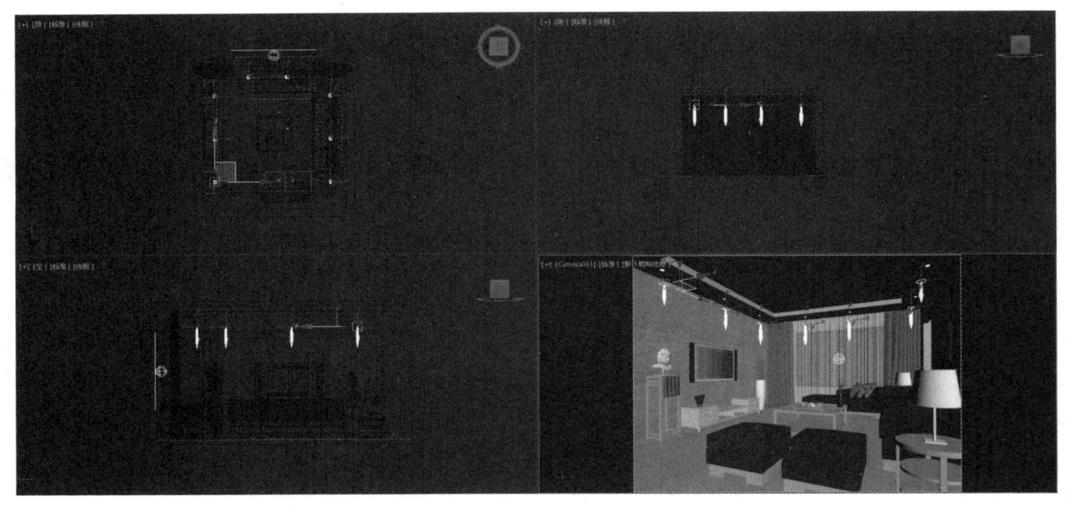

图 12.21　创建人工光后的效果

【步骤 03】按快捷键 F9 快速渲染摄影机视图，效果如图 12.22 所示。

图 12.22　添加灯光后的渲染效果

5. 设置 ART 渲染器参数

材质、灯光设置完成并不表示渲染效果就完美了，还需要配合渲染器的正确设置来达到完美的设计表现。

【步骤 01】按快捷键 F10 打开“渲染设置”窗口，在“渲染器”下拉列表中选择“ART 渲染器”选项。

【步骤 02】选择“ART 渲染器”选项卡，设置“目标质量”数值框中的数值为 60.0dB，勾选“迭代次数”复选框，并在该复选框右侧的数值框中设置数值为 500，在“渲染方法”下拉列表中选择“快速路径跟踪”选项；在“过渡”卷展栏的“噪波过滤”选区中勾选“启用”复选框，其他参数保持默认设置，如图 12.23 所示。

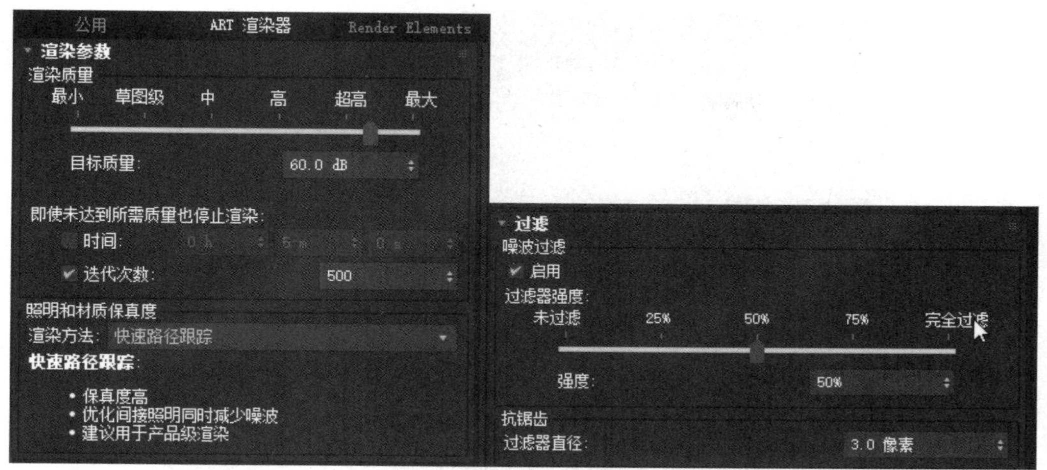

图 12.23　设置渲染参数

【步骤 03】最终渲染。渲染器选项设置完成后，就可以进行最终渲染出图了。保存文件后，激活摄影机视图，按快捷键 F9 进行场景的最终渲染，效果如图 12.24 所示。

图 12.24　最终渲染效果

本单元讲述了 3ds Max 中室内效果图制作的一般方法，只有从建模、材质、灯光和渲染等方面入手，才会使制作的场景更加逼真、动人。

任务拓展

根据提供的素材文件“案例及拓展资源 / 单元 12/ 任务拓展 / 卧室 .max”进行任务制作，参考效果如图 12.25 所示。

图 12.25　卧室空间任务制作参考效果

课后思考

1. 创建模型的方法有哪些？如何提高工作效率？
2. 物理材质有哪几种类型？各有何特点？

单元 13 项目制作——制作室外效果图

室外效果图也是 3ds Max 2023 三维设计的内容之一。本单元我们将制作办公楼的室外效果图和简单动画，内容包括室外效果图制作的一般过程、室外场景布光原则、材质表现，以及动画设置的一般方法。

工作任务

完成办公楼室外场景的制作，效果如图 13.1 所示。

图 13.1　办公楼室外场景制作完成后的效果

任务描述

本单元将在已有模型的基础上完成材质、灯光、动画和渲染输出设置，最终完成效果图和动画的制作，旨在加快三维动画制作软件操作技术向实际应用能力的转换。

任务目标

- 了解室外场景材质设置。
- 能够设置摄影机和灯光。
- 了解动画制作。
- 了解渲染输出。

任务实施

1. 创建摄影机、材质和灯光

【步骤 01】打开“案例及拓展资源 / 单元 13/ 办公楼 / 办公楼 .max”文件。该场景中的模型已经制作完成，如图 13.2 所示。

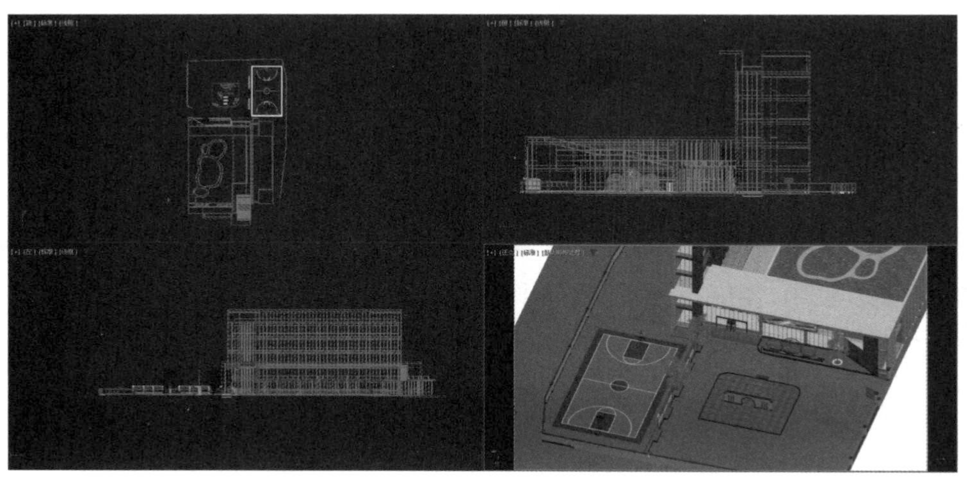

图 13.2　办公楼模型

【步骤 02】创建摄影机。

单击摄影机创建面板中的“目标”按钮目标，在顶视图中创建一个目标摄影机。在摄影机的“参数”卷展栏中设置“镜头”数值框中的数值为“15.0”，右击透视图，将其切换为当前视图，按键盘上的C键切换为摄影机视图，将摄影机和目标的Z轴坐标均设置为1700.0mm。图 13.3 所示为摄影机视图效果。

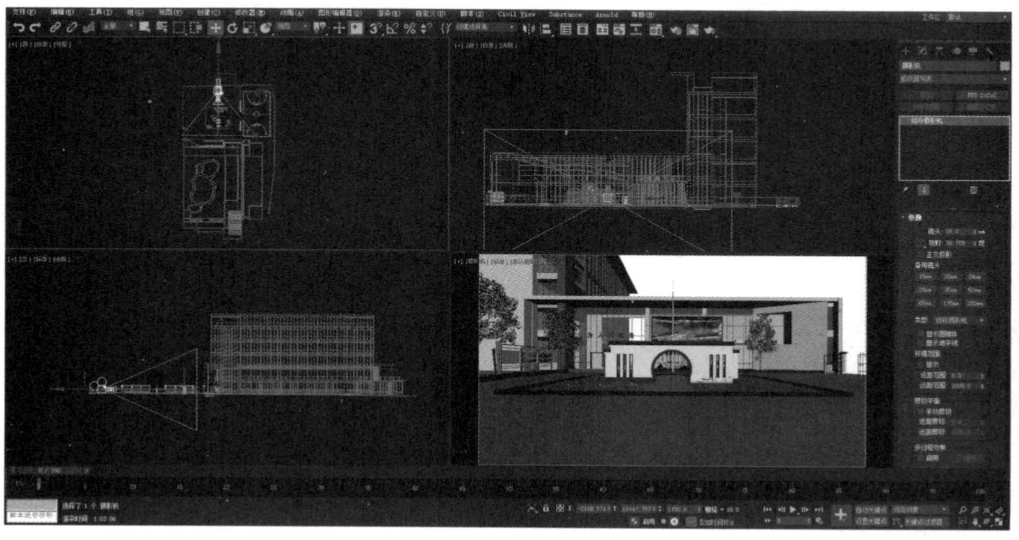

图 13.3　摄影机视图效果

2. 制作场景材质

【步骤 01】按快捷键 F10 打开“渲染设置”窗口，在“渲染器”下拉列表中选择“ART 渲染器”选项。

【步骤 02】赋予“水泥地面”材质。

按键盘上的 H 键，在弹出的“选择对象”对话框中选择“水泥地面”物体，单击“选择”按钮确定选择。单击工具栏中的（材质编辑器）按钮，打开“材质编辑器”窗口，选择第一个默认的材质示例球，在名称下拉列表中将默认的材质名称修改为“水泥地面”，单击（将材质指定给选定对象）按钮，把材质赋予“水泥地面”物体。选择“物理材质”材质类型，在“预设”卷展栏的下拉列表中选择“精练水泥”选项，如图 13.4 所示。

【步骤 03】赋予“黑色石材”材质。

选择一个默认的材质示例球，在名称下拉列表中将默认的材质名称修改为“黑色石材”，并把材质赋予场景中的“黑色石材”物体。选择“物理材质”材质类型，在“预设”卷展栏的下拉列表中选择“抛光花岗岩”选项，其他参数保持默认设置，如图 13.5 所示。

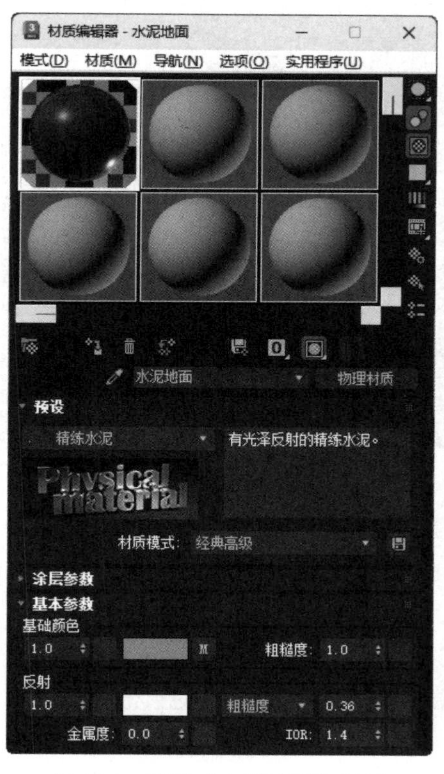

图 13.4　赋予“水泥地面”材质

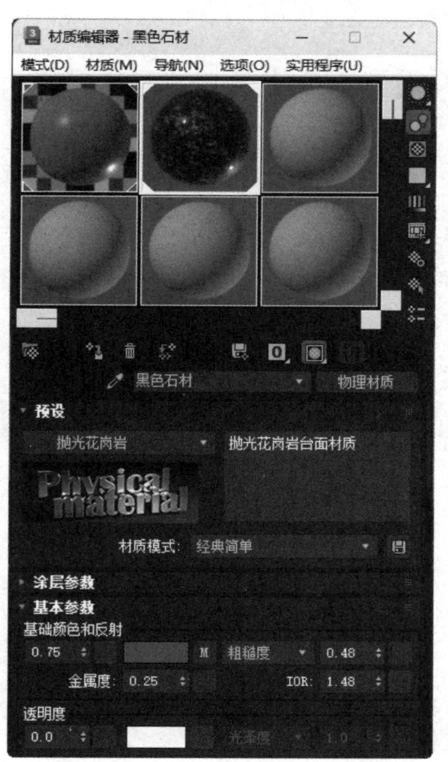

图 13.5　赋予“黑色石材”材质

【步骤 04】赋予“建筑玻璃”材质。

选择一个默认的材质示例球，在名称下拉列表中将默认的材质名称修改为“建筑玻璃”，并把材质赋予场景中的“建筑玻璃”物体。选择“物理材质”材质类型，在“预设”卷展栏的下拉列表中选择“玻璃(实心几何体)”选项，其他参数保持默认设置，如图 13.6 所示。

【步骤 05】赋予“草地”材质。

选择一个默认的材质示例球，在名称下拉列表中将默认的材质名称修改为“草地”，并把材质赋予场景中的“草地”物体。

选择“物理材质”材质类型，在“预设”卷展栏的下拉列表中选择“磨光”选项，在“基本参数”卷展栏的“基础颜色”选区中，单击（基础颜色）按钮右侧的按钮，打开“基础颜色和贴图”对话框，在“位图参数”卷展栏中加载“案例及拓展资源 / 单元 13/ 办公楼 / 贴图 / 草地 01.jpg”文件作为位图贴图，如图 13.7 所示。

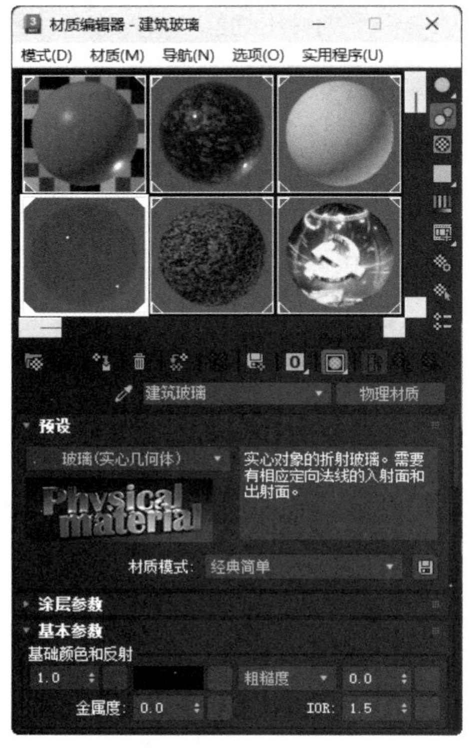

图 13.6　赋予“建筑玻璃”材质

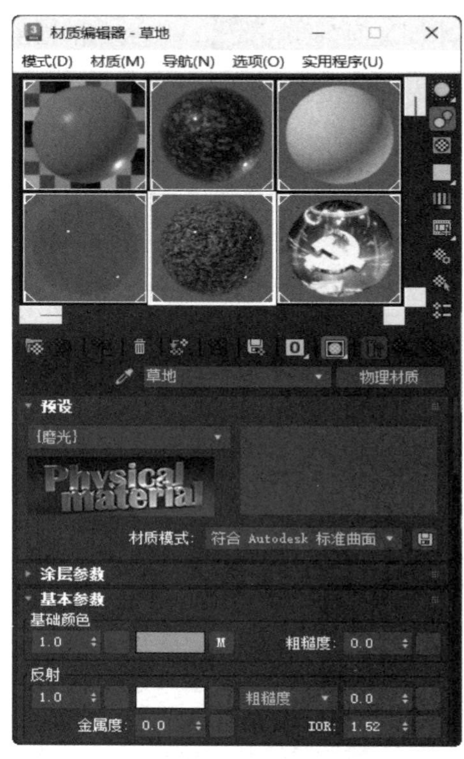

图 13.7　赋予“草地”材质

【步骤 06】赋予“白色涂料”材质。

选择一个默认的材质示例球，在名称下拉列表中将默认的材质名称修改为“白色涂料”，并把材质赋予场景中的“白色涂料”物体。

选择“物理材质”材质类型，在“预设”卷展栏的下拉列表中选择“光泽绘制”选项，单击（基础颜色）按钮，在弹出的对话框中设置红、绿、蓝的数值均为 1，其他参数保持默认设置，如图 13.8 所示。

【步骤 07】赋予“红色油漆”材质。

选择一个默认的材质示例球，在名称下拉列表中将默认的材质名称修改为“红色油漆”，并把材质赋予场景中的“红色油漆”物体。

选择“物理材质”材质类型，在“预设”卷展栏的下拉列表中选择“油漆光泽的绘制”选项，单击（基础颜色）按钮，在弹出的对话框中设置红、绿、蓝的数值分别为 1、0、0，其他参数保持默认设置，如图 13.9 所示。

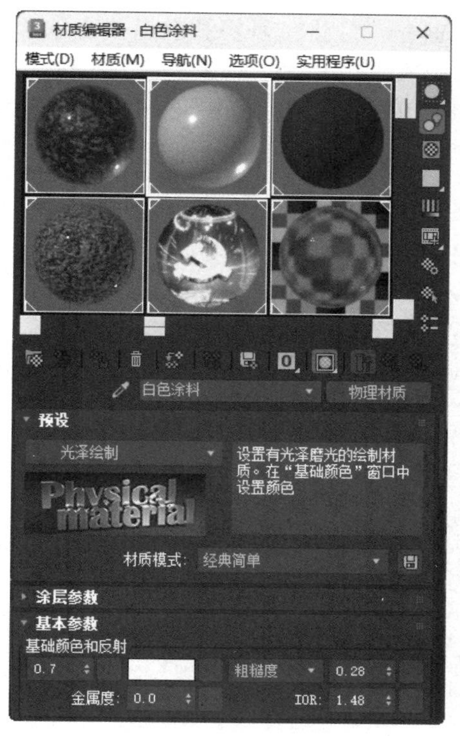

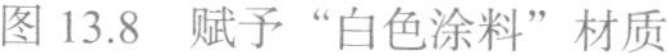

图 13.8　赋予“白色涂料”材质

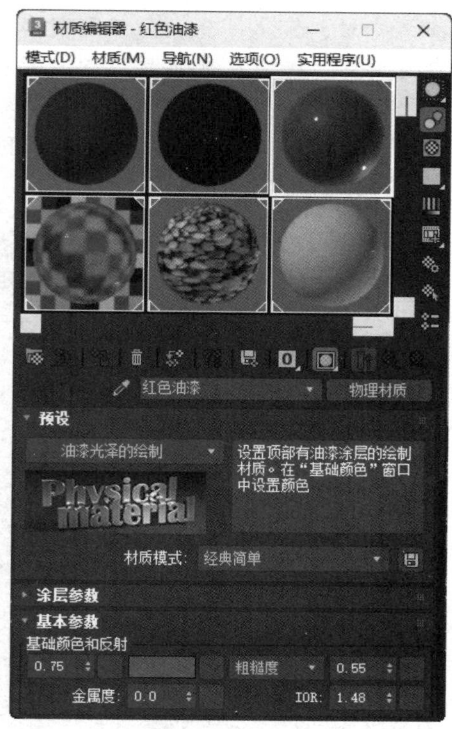

图 13.9　赋予“红色油漆”材质

场景中的其他材质可以参考“材质编辑器”窗口中的设置，这里不再一一列举。

3. 创建自然光

【步骤 01】创建太阳光。

单击光度学灯光创建面板中的“太阳定位器”按钮 太阳定位器 ，在顶视图中创建太阳定位器，其参数设置如图 13.10 所示。

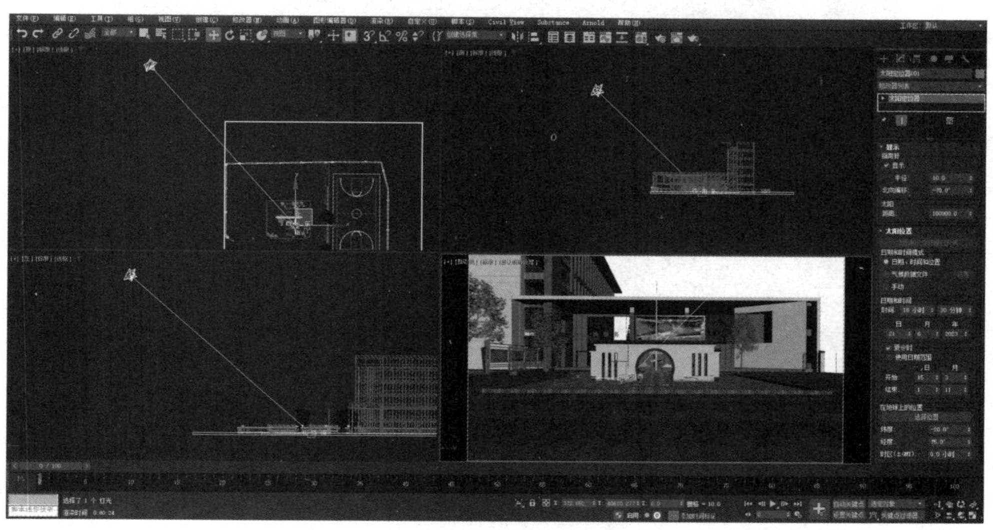

图 13.10　太阳定位器的参数设置

【步骤 02】选择“渲染”菜单中的“环境”命令，打开“环境和效果”窗口。太阳光创建后，在“环境”选项卡的“公用参数”卷展栏的“背景”选区中自动生成“物理太阳和天空环境”贴图；在“曝光控制”卷展栏的下拉列表中选择“物理摄影机曝光控制”选项，其他参数保持默认设置，如图 13.11 所示。

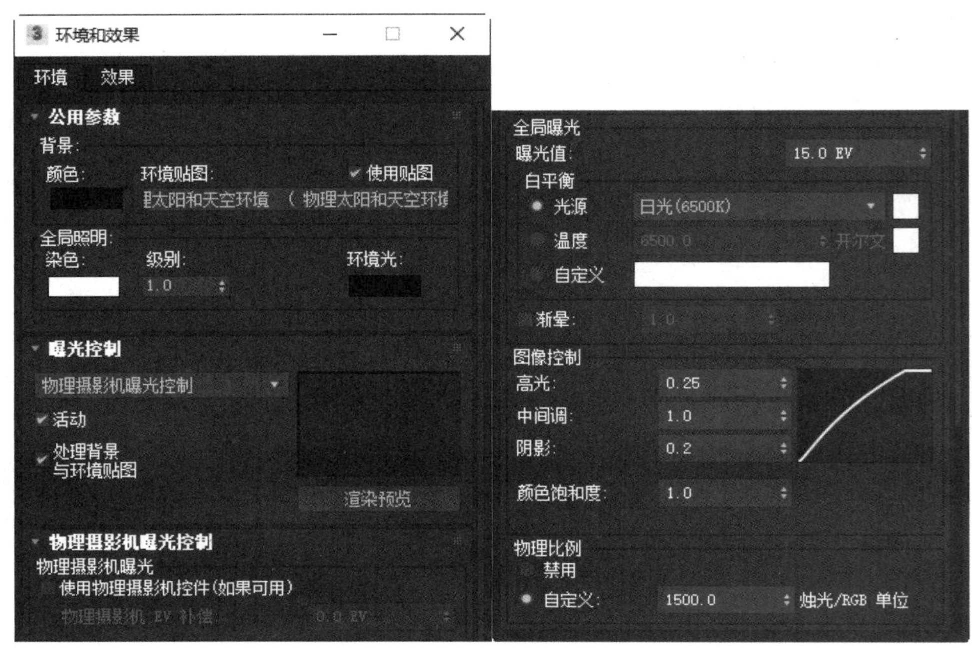

图 13.11　设置背景贴图和曝光控制

【步骤 03】按快捷键 F9 快速渲染摄影机视图，效果如图 13.12 所示。

图 13.12　场景渲染效果

4. 创建摄影机动画

【步骤 01】单击动画播放界面右下方的（时间配置）按钮，打开“时间配置”对话框，设置动画结束时间为 240，如图 13.13 所示。

【步骤 02】单击“自动关键点”按钮自动关键点，开始自动记录动画，将时间滑块拖动到第 240 帧，如图 13.14 所示。

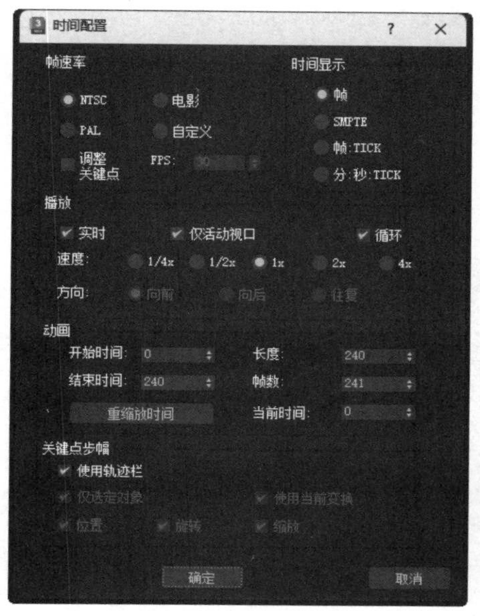

图 13.13　设置动画时长

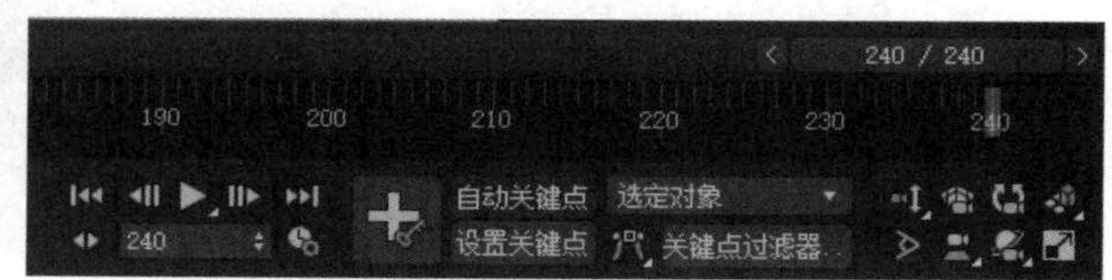

图 13.14　设置自动关键点和时间滑块

【步骤 03】在顶视图内选中摄影机，在 Y 轴方向向下移动 5000 单位，如图 13.15 所示。

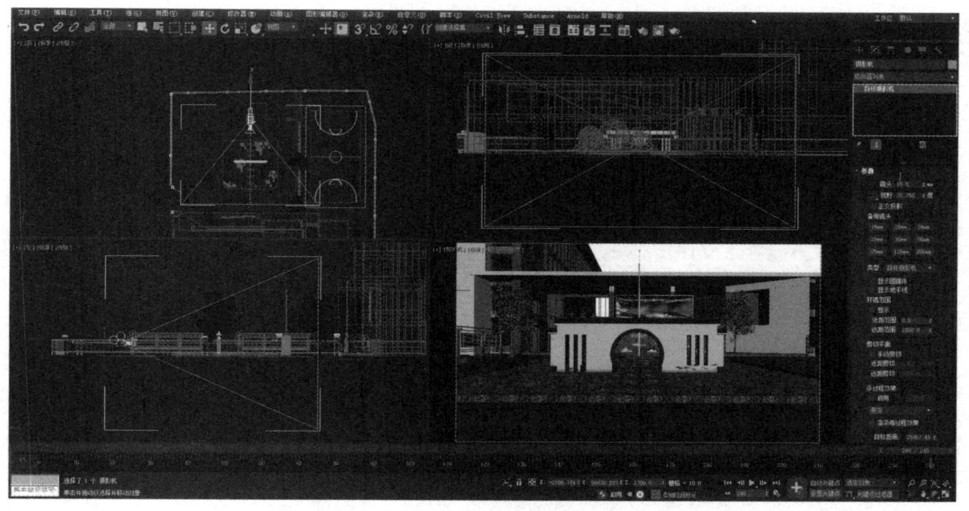

图 13.15　设置摄影机动画

【步骤 04】再次单击“自动关键点”按钮自动关键点，结束自动记录动画。至此，摄影机动画设置完成。

5. 渲染动画

【步骤 01】设置 ART 渲染器参数。

按快捷键 F10 打开“渲染设置”窗口，在“渲染器”下拉列表中选择“ART 渲染器”选项；选择“ART 渲染器”选项卡，设置“目标质量”数值框中的数值为 33.0dB，在“渲染方法”下拉列表中选择“快速路径跟踪”选项；在“过滤”卷展栏的“噪波过滤”选区中勾选“启用”复选框，其他参数保持默认设置，如图 13.16 所示。

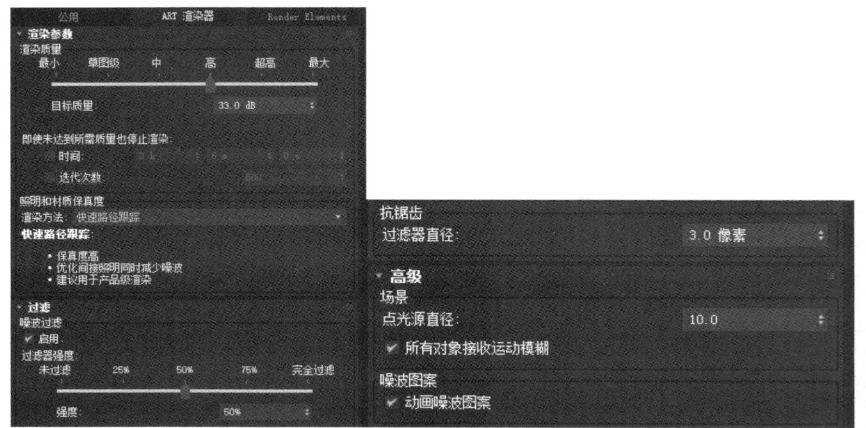

图 13.16 设置渲染参数

【步骤 02】渲染输出。

按快捷键 F10 打开“渲染设置”窗口，选择“公用”选项卡，在“公用参数”卷展栏内，选中“时间输出”选区中的“活动时间段”单选按钮，在“输出大小”选区中，设置“宽度”数值框中的数值为 1280，“高度”数值框中的数值为 720；在“渲染输出”选区内单击 文件... 按钮，打开“渲染输出文件”对话框，保存文件到指定文件夹并设置文件名和保存类型（Targa 图像文件或 TIF 图像文件），其他参数保持默认设置，如图 13.17 所示。

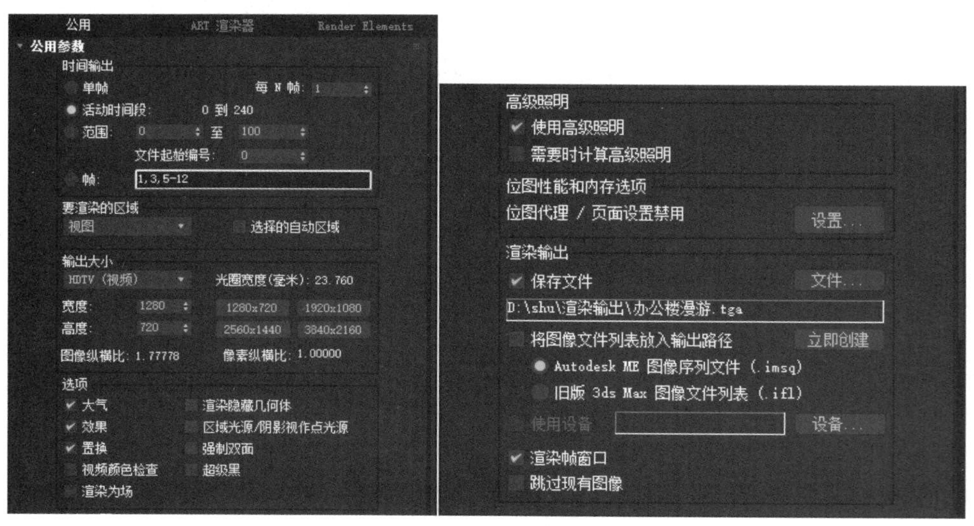

图 13.17 设置渲染输出

渲染器选项设置完成后，就可以进行最终渲染输出了。保存文件后，激活摄影机视图，按 Shift+Q 组合键进行场景的最终渲染。

本单元讲述了 3ds Max 中室外效果图和动画制作的一般方法，场景模型、材质、灯光和渲染输出只是三维制作的一部分，效果图或动画还需要使用 Photoshop 和 After Effects 等软件进行后期处理，以达到预期效果，本书就不做深入讲解了。

任务拓展

根据提供的“案例及拓展资源 / 单元 13/ 任务拓展”文件夹中的素材文件进行任务制作，参考效果如图 13.18 所示。

图 13.18　室外空间任务制作参考效果

课后思考

1. 如何在 3ds Max 2023 中应用建筑 CAD 图形？
2. 观察周围的建筑，试着在 3ds Max 2023 中创建模型。
3. 动画的制作流程是什么？

参考文献

[1] 王丽萍. 3ds Max 2012 基础与实训 [M]. 北京：电子工业出版社，2013.

[2] 骆驼在线课堂. 中文版 3ds Max 2020 实用教程（微课视频版）[M]. 北京：中国水利水电出版社，2020.